KB160946

독성학의
분자-생화학적 원리

The Molecular & Biochemical Principles of Toxicology

독성학의 분자-생화학적 원리

The Molecular & Biochemical Principles of Toxicology

박영철 지음

"독성기전의 Central dogma"

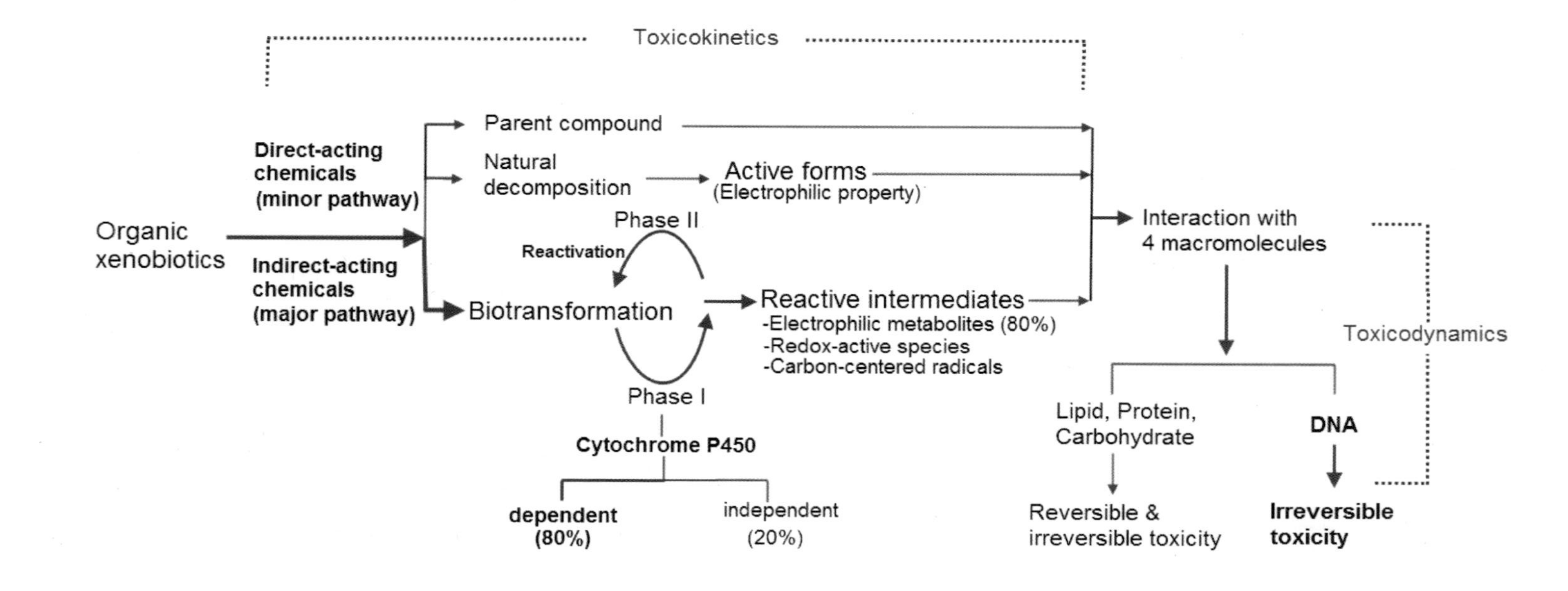

책을 발간하면서

『독성학의 분자－생화학적 원리』라는 책을 발간하면서 독자들께서 '이 책은 무엇을 담았을까' 하는 의문부터 가질 것으로 생각이 든다. 그만큼 각론적인 측면에서 독성학은 세분화되지 못한 젊은 학문이라고 할 수 있다. 독성학 분야에 대해 강의와 연구를 하면서 항상 생각한 것은 어떻게 하면 화학물질에 의한 독성의 기본원리를 간단하고 핵심적으로 설명할 수 있을까 하는 부분이었다. 이러한 생각은 독성학 저서들이 단독저술이 아니라 대부분 공동저술에 기인하여 독성기전의 전반적인 흐름을 이해하는데 어려움을 줄 수 있다는 점에 기인한다. 여기서 논하는 독성물질은 무기물질보다 인체독성의 90% 이상을 차지하는 유기물질의 독성 유발에 있어서 공통적 기전이 고려의 대상이었다. 독성기전을 핵심적으로 설명하기 위해 분자생물학의 "Central dogma"를 응용하였다. 분자생물학의 핵심을 간단히 설명하는 데 있어서 DNA복제 → 전사 → 번역으로 요약되는 'Central dogma'가 가장 많이 이용되고 있다는 것은 널리 알려져 있다. 이 책에서도 '독성학의 분자-생화학적 원리'에 대한 'Central dogma'가 고안되어 유기물질의 체내 독성기전을 단계적으로 설명되었다. 따라서 독성학의 분자-생화학적 원리는 유기물질의 독성기전이 'Central dogma'를 통한 이해이며 모든 유기화학물질의 공통적인 독성기전이기도 하다.

오늘날 BT 산업이 국가동력과제로 자리 잡고 있으며 특히 신약개발은 핵심의제이다. 역으로 독성학의 분자-생화학적 원리에 대한 접근은 독성물질의 체내 동태와 관련된 효소의 활성과 저해에 대한 이해를 돕는다. 필자는 이를 통해 새로운 약물 및 기능성식품의 개발에 응용되길 바라는 마음으로 저술하였다. 또한 더 나아가 약물유전체의 응용과 기초가 되길 바란다.

『독성학의 분자-생화학적 원리』는 기존의 책에서 표현된 것들과 일부 겹칠 수 있지만 대부분 연구논문을 참조하여 저술되었다. 그러나 광범위한 독성학의 원리에 대해 'Central dogma'라는 측면에서 축약하여 서술되었기 때문에 부족하거나 다소 비약된 내용도 있을 수 있다. 또한 새로운 측면에서 접근이라 충족되지 못한 부분도 있을 수 있다. 독성학 발전이라는 측면과 상호이해를 위해 아낌없는 지적과 의견교환을 통해 보다 좋은 내용으로 새롭게 수정되길 간절히 바라고 있다. 끝으로 『독성학의 분자-생화학적 원리』가 나오기까지 아낌없는 지원을 해준 대구가톨릭대학교 GLP 센터의 연구원선생님, 그리고 한국학술정보(주)의 대표님과 관계 선생님들께 진심으로 감사의 마음을 전한다.

인류의 건강과 독성학이란 이름으로 희생된 수많은
실험동물에게 감사의 마음을 전하면서

저자 박영철

차 례

제1장 독성학의 분자-생화학적 원리와 Central dogma

제1장의 주제

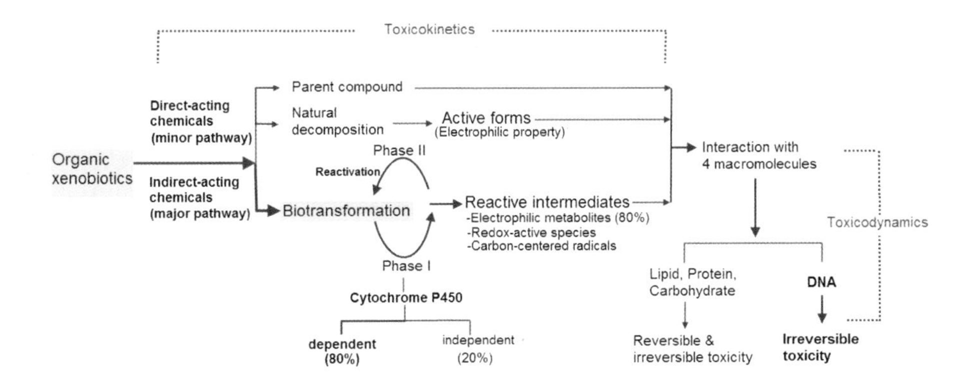

◎ 주요 내용

- 독성학의 분자-생화학 원리와 Central dogma
- 독성발현을 위한 화학결합 및 화학적 특성
- 유기화학물질과 독성물질의 개념과 분류
- Biotransformation의 개념

1. 독성학의 분자-생화학적 원리와 Central dogma

◎ 주요 내용

- 독성학의 출발은 toxicokinetics와 toxicodynamics에 대한 이해이다.
- 독물동태학에서는 물질의 친지질성과 친수성, 독물독력학에서는 물질의 친전자성이 독성기전에 중요한 역할을 한다.
- 'The molecular & biochemical principles of toxicology'는 외인성물질의 생체전환을 통해 생체구성의 4대 거대분자 중 특히 DNA와의 상호작용을 통해 유발되는 irreversible toxicity에 대한 기전으로 설명된다.
- 'The molecular & biochemical principles of toxicology'는 4가지 측면을 기초로 고안된 'Central dogma'를 통해 설명된다.
- 유기성 외인성물질에 의한 발암에 있어서 'Central dogma'는 외인성물질의 생체전환과 독성기전의 과정을 요약하여 나타내는 독물동태학 및 독물독력학의 좋은 모델이다.

- **독성학의 출발은 toxicokinetics와 toxicodynamics에 대한 이해이다.**

독성학(toxicology)이란 화학물질이 생물체 내에서 독성 또는 유해성(Hazard, 유해작용을 야기하는 물질의 능력)을 유발하는 기전을 연구하는 학문이다. 또한 생물체에서 얻은 화학물질의 유해성에 대한 정보를 사람에게 응용하여 위해성(risk, 개인이나 인구집단이 특정 화학물질에 특정농도로 노출되었을 경우 유해한 결과가 발생할 가능성<likelihood>)을 평가하거나 이를 바탕으로 예방에 대한 대책을 제시하는 것도 오늘날 독성학의 중요한 분야이다. 독성학에서 화학물질이란 외인성물질(xenobiotics, xenos=foreign, bios=life, 생명체에는 외인성이라는 뜻)을 의미하는데 체내에 들어오는 약물, 한약재 그리고 환경오염물질 등 인체 내에서 생성되지 않으면서 정상정인 식이(diet)에 포함되지 않는 모든 물질을 말한다. 이와 같이 독성학 개념에서 화학물질은 중금속 및 미량원소와 같은 무기물과 탄소를 주 골격으로 하는 유기물 등이 있다. 그러나 중금속 등의 노출을 통한 독성문제도 상당히 중요하지만 약물 및 환경오염물질 등의 노출에 의하여 발생하는 유기화학물질의 문제는 더욱 심각하다. 특히 IARC(International Agency for Research on Cancer)에 따르면 사람에게서 암을 유발하는 Group 1에 속하는 61종 발암물질 중 90% 이상이 유기물질이라는 것은 유기물질의 독성기전에 대한 중요성을 잘 대변해 준다. 그러나 유기물의 독성기전은 무기물의 독성기전과는 근본적인 차이가 있으며 이를 비교 설명하기에는 다소 어려운 점이 있다. 따라서 본문에서는 유기화합물에 국한하여 외인성물질의 독성에 있어서 분자-생화학적 원리를 논한다.

외인성물질에 대한 독성의 강도와 기전 등에 대한 독성정보는 동물 또는 동물-유래 세포를 비롯하여 미생물 등의 in vivo와 in vitro 실험 등의 다양한 생명체 시스템을 통해 얻게 된다. 이러한 시스템을 통해 독성정보를 얻기 위한 기본적인 접근은 <그림 1-1>과 <그림 1-3>에서처럼 독성물질의 두 가지 측면인 독물동태학(toxicokinetics 또는 독동학)과 독물독력학(toxicodynamics 또는 독력학)을 통해 이루어진다.

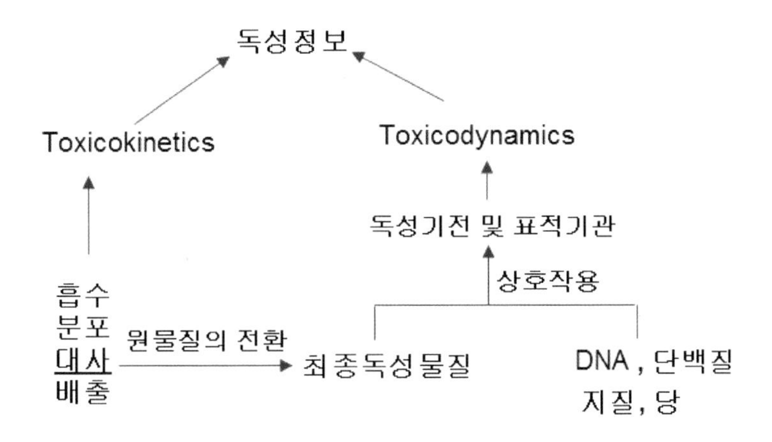

〈그림 1-1〉 **독물동태학과 독물독력학의 개념:** 독물동태학은 생체 내에서 물질의 이동과 대사, 독물독력학은 독성작용의 형태와 그 결과에 대한 이해를 위한 분야이다. 따라서 새로운 화학물질에 대한 독성정보를 위해서는 독물동태학과 독물독력학이 출발점이다.

이들 독물동태학 및 독물독력학의 기원은 약물학의 약물동태학(pharmacokinetics) 및 약물약력학(pharmacokinetics) 등에서 비롯되었다. 약물동태학 및 약물약력학은 약물에 대한 효능과 적절한 투여농도 등에 대한 결정을 위해 수행되는 약물학 분야이다. 독물동태학 및 독물독력학 분야는 이러한 약물학 분야로부터 독성의 출발 농도 및 농도-의존성 독성반응 및 효능 그리고 최종독성물질 구조 등에 대한 규명을 위해 응용되었다. 그러나 역설적으로 독성물질에 대한 독물동태학 및 독물독력학은 약물의 보다 높은 안전성을 위해 약물개발 분야에 오늘날 응용되고 있다.

독물동태학은 독성물질의 독성농도 및 무해농도를 이용하여 독성물질의 체내 흡수(absorption), 분포(distribution), 대사(metabolism) 그리고 체외배출(excretion) 과정을 통해 시간에 따른 물질의 체내 이동(time-dependent movement)을 밝히는 분야이다. 독물동태학은 다루는 4개의 분야의 첫 글자를 조합하여 간단히 AMDE라고 불리기도 한다. 특히 AMDE는 독성물질의 흡수부터 배출까지 전반적 과정에 대한 이해를 통해 체내 지속성 및 농도에 따른 독성현상 등에 대한 독성정보를 얻을 수 있는 중요한 분야이다.

먼저, 흡수란 독성물질이 환경으로부터 체내에 들어가는 과정을 말한다. 독성물질의 흡수에 영향을 미치는 중요한 요인은 크게 노출경로(exposure route), 접촉부위에서의 독성물질의 농도 그리고 독성물질의 화학적, 물리적 성질로 요약된다. 독성물질이 체내에 흡수되는 경로는 일반적으로 위장관계(gastrointestinal tract), 호흡기계(respiratory system) 그리고 피부(skin) 등의 세 분야로 구분된다. 분포는 체내에 흡수된 물질이 각 조직 또는 기관으로의 이동을 의미한다. 또한 독성물질의 분포는 대사에 따른 독성물질의 화학적 특성 변화와 세포막 수용체 또는 운반체와의 결합 등에 영향을 받는다. 독성물질의 이러한 변화와 결합은 특정기관이나 조직에 축적되어 독성을 유발하는 표적기관(target organ) 설정에 결정적인 역할을 한다. 이와 같이 특정 화학물질에 의해 특정기관의 독성을 유발하는 것을 '표적기관독성(target organ toxicity)'이라고 한다. 특정 화학물질에 의한 분포 및 표적기관 선정에 있어서 또 다른 중요한 요소는 물질의 생체전환 또는 대사 과정이다. 외인성물질이 소장을 통해 체내로 들어오면 간문맥을 통해 간으로 들어온다. 간에서는 들어온 외인성물질 중 90% 이상이 대사된다. 이러한 대사는 외인성물질의 화학적 특성을 변형시켜 분포에 큰 영향을 준다.

대사에 대한 연구는 체내에 흡수된 원물질(parent compound)이 어떠한 효소에 의해 어떠한 형태로 전환되는가에 대한 대사체(metabolites)의 분석 과정이다. 이러한 전환의 결과에 의해 생성된 최종대사체의 화학적 특성 또는 변화가 독성화(intoxication) 및 무독화(detoxication) 경로를 결정하게 된다. 일반적으로 생명체 유지를 위해 식이에 포함된 영양물질이 효소에 의해 생체 내에서 수행되는 화학적 반응(chemical reaction)을 대사(metabolism)라고 한다. 외인성물질인 경우에는 영양물질의 '대사'와 구분하여 체내에서 제1상반응 및 제2상반응의 효소를 통해 전환되는 과정을 생체전환(biotransformation)이라고 한다. 생체 내에서 일어나는 화학적 반응이라는 측면에서 생체전환은 대사의 일부분이지만 외인성물질의 대사라는 측면과 독성작용의 잠재성이 있기 때문에 영양물질의 대사와는 구별된다. 엄격한 의미에서 외인성물질의 체내에서 전환을 생체전환이라는 용어를 사용하여야 타당하나 일반적으로 대사라는 단어와 구분 없이 독성학 분야에서도 혼용되고 있다. AMDE에서 마지막 과정은 외인성물질의 원물질 자체 및 대사체(metabolites)의 배출이다. 배출은 체내에 들어온 원물질 또는 생체전환에 의해 생성된 대사체가 체외로 빠져나가는 과정을 의미한다. 대부분 대사체가 친수성으로 전환되기 때문에 소변배출(urinary Excretion)이 주를 이루지만, 담즙배출(bile excretion), 배기호흡(exhaled air) 등을 비롯하여 소수경로인 모유(mother's milk), 땀(sweat), 침샘(saliva) 등의 기관 및 조직을 통해 배출된다.

독물독력학은 원물질 또는 생체전환을 통해 변형된 대사체가 조직과 세포에서 어떻게 독성을 유발하는가를 규명하는 것으로 독성작용의 양상(mode of toxic action) 기전에 대해 연구하는 분야이다. 기전에 대한 주요 내용은 생체를 구성하고 항상성 유지에 필요한 생체의 4대 구성 거대분자인 지질, 단백질, 당 그리고 핵산 등과 독성물질의 상호작용 그리고 결과적으로 발현되는 독성현상을 의미한다(본문에서는 생체 5대 구성분자인 미네랄에 대한 외인성물질의 영향은 제외하고 논하였음). 그러나 생체 내 생리활성을 주도하는 호르몬 및 특정 효소 등과 같이 유사한 구조를 가져 독성을 유발할 수 있는 원물질을 제외하고 체내에 들어오는 대부분의 외인성물질은 독성을 유발하기 위해 4대 거대분자와 결합 또는 상호작용할 수 있는 활성(activity) 또는 화학적 특성을 가져야 한다. 만약 체내에 들어오기 전에 이미 외인성물질이 활성이 있다면 노출되는 주변 환경과의 반응 및 결합을 하기 때문에 체내로 들어오기는 어렵다. 따라서 체내에서 독성을 유발하기 위해서는 어떠한 형태로든 체내에서의 전환을 통한 활성을 가져야 한다. 예를 들어 대부분의 발암물질(carcinogen)을 발암전구물질(pro－carcinogen)이라고 부르는 이유도 DNA와 결합할 수 있는 활성을 체내에서 얻기 때문이다. 이러한 활성은 체내 환경에 따른 자연분해(natural decomposition)와 생체전환(biotransformation) 등 두 가지 방법을 통해 형성된다. 독물독력학은 체내에서 전환되어 활성을 지닌 물질이 4대 거대분자와 상호작용을 통해 어떤 독성결과를 유발하는가를 확인하는 분야이다. 독성의 결과는 일시적 기능 상실의 가역적 독성 또는 영원히 기능을 상실하거나 암과 같이 개체의 죽음을 초래하는 비가역적 독성으로 나타난다.

- **독물동태학에서는 물질의 친지질성과 친수성, 독물독력학에서는 물질의 친전자성이 독성기전에 중요한 역할을 한다.**

유기성 외인성물질이 체내 유입부터 독성을 유발하는 표적기관(target organ)에 도달하기 위해서 <그림 1－2>에서처럼 혈액을 통해 여러 세포막을 통과하여야 한다. 생체는 결국 기본단위인 세포로 구성되어 있기 때문에 외인성물질이 어떤 경로를 통해 들어오든 세포막을 통과해야 한다. 따라서 외인성물질이 흡수 및 표적기관으로의 이동을 위해서는 세포막에 대한 특성을 이해하는 것이 중요하다. 세포나 세포소기관의 막(membrane)은 단백질이 내부 및 외부에 존재하는 인지질이중층(phosphlipid bilayer)이다. 생물체 막의 지질은 여러 종류가 있지만 인지질(phospholipid)과 콜레스테롤(cholesterol) 등이 주종을 이루며 적은 양의 스핑고지질(sphingolipid)이 있다. 외인성물질이

막 통과를 위한 막의 중요한 성분은 인지질분자인데 막은 인산염으로 된 머리와 지질로 된 꼬리로 구성되어 있다. 인산염 머리는 극성을 띠며 친수성(hydrophilic)이며 반면에 지질 꼬리는 친지질성(lipophilic)이다. 그리고 세포막에 내재된 단백질 역시 막을 간통하는 채널(channel) 또는 운반체(carrier)를 형성하여 물질이동의 통로가 된다. 이러한 세포막 구조를 통한 물질이동 기전은 수동확산(passive diffusion), 선택적 수송(facilitated diffusion), 능동수송(active transport), filtration(여과) 그리고 음세포작용(pinocytosis) 등으로 요약된다. 생물체는 진화 과정을 통해 생명유지를 위해 필요한 영양물질을 빠르고 효율적으로 흡수하기 위해 단백질로 구성된 운반체를 가지고 있다. 이러한 운반체에 의한 물질이동을 운반체-매개성(carrier-mediated) 수송이라고 하는데 선택적 수송(facilitated diffusion)과 능동수송으로 구분된다. 선택적 수송은 막 내외의 농도구배에 의한 운반체를 통한 확산이다. 즉 운반체를 통해 물질이 농도가 낮은 곳으로 이동한다. 능동수송은 운반체를 통한 물질이동에 있어서 에너지가 소모되기 때문에 농도구배에 영향을 받지 않고 막의 운반체를 통과하는 기전이다. 이들 수송기전에 있어서 막의 운반체는 기질특이성(substrate-specificity)이 있다. 이 특이성은 운반동태학(transport kinetics) 측면에서 운반체의 물질 포화(saturation)에 의한 영차반응(zero-order reaction)을 유도한다.

반면에 약물을 포함한 외인성물질은 생명체의 항상성을 유지하기 위해 반드시 필요한 물질이 아니기 때문에 이들에 대한 막의 운반체는 없다. 따라서 외인성물질은 막의 많은 부분을 차지하는 지질부분을 통해 이동하는 단순확산에 의존한다. 외인성물질의 막 통과에 있어서 가장 중요한 요인은 막의 주요 구성성분인 지질과의 친화성(lipophilicity)이다. 지질막을 통과하는 외인성물질은 지질용해도(lipid solubility)가 높고 비이온화 형태(non-ionized form)의 이온화 강도(degree of ionizations)가 낮은 특성을 가지고 있다. 지질용해도는 유지-물 분배계수(oil/water partition coefficient)로 계산되는데 물과 지질의 혼합 시 지질영역(lipid phase)과 수상영역(aqueous phase)에 분배되는 물질 농도의 비율을 말한다. 외인성물질의 분배계수가 높으면 막을 통과 또는 체내 축적될 수 있는 가능성이 크다는 것을 의미하다. 외인성물질의 이온화 정도는 산의 해리상수에 음성로그를 취한 pK_a로 나타내는데 물질의 pK_a와 통과하는 막 주변의 pH에 따라 달라진다. 또한 물질의 이온화 강도는 일반적으로 Handerson-Hasselbach 공식을 통해 확인할 수 있는데 주변의 pH와 물질의 pK_a가 같으면 절반은 이온화 형태이며 절반은 비이온화 형태를 의미한다. 주변 pH가 물질 pK_a보다 높으면 높을수록 물질은 양성자(proton)를 상실하게 되어 이온화가 촉진된다. 이러한 외인성물질의 분배계수 및 이온화 강도를 통해 체내 흡수 정도를 확인할 수 있다. 그러나 생체의 환경은 대단히 역동적이기 때문에 분배계수와 이온화 정도의 변화를 유도할 수 있고 또한 외인성물질 자체의 흡수와 분포에 영향을 줄 수 있다.

여기서 논하는 대부분의 물질은 친지질성 외인성물질이지만 친수성 외인성물질은 단순확산과는 달리 막의 구멍(pore) 또는 물의 이동채널을 통해 이동하는 여과(filtration) 기전에 의존하여 세포막을 통과한다. 여과에서는 물질의 친수성과 크기(size)가 외인성물질의 막 통과를 결정하는 중요한 요인이며 또한 농도구배보다 막 내외의 수압력 차이도 중요한 요인이다. 여과를 통한 물질 이동은 분자량이 100 이하 물질이 적합하기 때문에 이보다 훨씬 큰 유기성 외인성물질의 세포막 통과를 위한 주요 경로는 아니다. 또한 함입되는 막에 포함되어 외인성물질이 이동하는 특수한 기전을 음세포작용이라 하는데 폐에서 드물게 이러한 기전에 의해 외인성물질이 흡수되기도 한다. 그러나 친수성물질은 거의 체내 흡수가 어렵고 또한 체내에 유입이 되더라도 여러 세포막을 통과하여 표적기관 및 세포에 도달하기 어렵다.

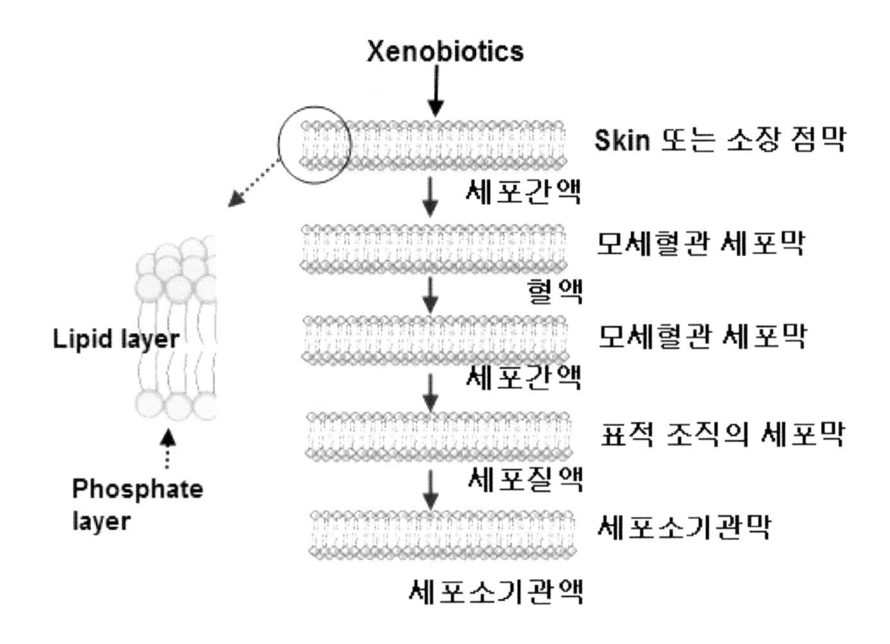

〈그림 1－2〉 외인성물질의 이동과 다양한 조직의 세포막: 체내 흡수 시 외인성물질은 결국 세포막을 통해 이동하게 된다. 세포막은 친지질성이기 때문에 외인성물질 역시 지질과의 친화성이 높아야 체내 흡수 및 분포에 용이하다.

외인성물질은 생체전환 과정을 통해 친수성으로 전환되어 혈액 및 신장을 통해 체외로 배출된다. 이러한 외인성물질의 친수성은 일반적으로 생체전환의 제1상반응을 거친 후 제2상반응 단계를 통해 획득된다. 독성이 없는 외인성물질이 생체전환을 통해 친수성으로 전환되어 배출되지만 외인성물질에 의한 독성유발은 대부분 제1상반응을 통해 생성되는 친전자성의 화학적 특성에 기인한다. 이러한 친전자성은 외인성물질에서 전자가 부족한 친전자성부위를 형성하여 전자가 풍부한 4대 거대분자 내의 친핵성부위와 결합을 통해 독성을 유발하게 된다. 따라서 독물동태학과 독물독력학에 있어서 외인성물질의 친지질성, 친수성 그리고 친전자성 등의 특성과 전환 과정이 체외배출 또는 4대 거대분자와 결합을 통한 독성유발을 결정하는 가장 중요한 화학적 특성이다.

- **'The molecular & biochemical principles of toxicology'는 외인성물질의 생체전환을 통해 생체구성의 4대 거대분자 중 특히 DNA와의 상호작용을 통해 유발되는 irreversible toxicity에 대한 기전으로 설명된다.**

독성학의 분자-생화학적 원리는 분자생물학과 생화학 측면에서 독성학에 대한 기본원리를 이해하는 분야이다. 따라서 분자-생화학적 원리의 '분자' 및 '생화학적' 개념에 대한 이해가 필요하다. 독성학의 분자-생화학적 원리에서 '분자'의 의미는 두 가지 측면에서 이해할 수 있다. 첫 번째는 분자생물학(molecular biology)에서 분자의 개념이다. 분자생물학의 주 내용은 DNA 합성-전사-번역 등의 Central dogma(중심이론 또는 핵심이론)로 요약, 표현되는데 유전자의 발현과 조절 기전에 대한 이해이다. 독성학의 분자-생화학적 원리에서도 외인성물질의 생체전환을 촉매하는 효소와 관련된 유전자의 발현과 조절기전이 설명되었기 때문에 분자생물학에서의 '분자'라는 단어가 선택되었다. 두 번째는 DNA를 지칭하는 분자의 개념이다. 외인성물질에 의한 생물체 독성에 있어서 가장 치명적인 결과는 외인성물질과 DNA의 상호작용 및 결합을 통해 이루어진다. 결과적으로 돌연변이와 암을 초래하는 외인성물질의 가장 대표적인 비가역적 독성(irreversible toxicity)이 유발된다. 따라서 독성학의 분자-생화학적 원리에서 분자의 또 다른 개념은 DNA와 DNA 손상을 의미한다.

다음으로 독성학의 분자-생화학적 원리에서 '생화학적'이란 개념에 대한 이해이다. 생물학의 한 부분인 생화학(biochemistry)이란 생물체 내에 존재하는 물질의 화학반응을 통하여 생명현상을 연구하는 학문이다. 또한 생화학은 '효소에 의한 물질대사(metabolism by enzyme)'를 연구하는 분야로 요약된다. 특히 유기체의 발생과 생활 중에 일어나는 변화는 곧 생체의 4대 거대분자인 핵산, 단백질, 지질 그리고 당 등의 효소에 의한 대사에 의해 유도된다. 따라서 독성학의 분자-생화학적 원리에서 '생화학적'이란 외인성물질이 어떤 효소에 의해 생체전환 되어 어떤 화학적 특성을 가지며 이는 결과적으로 생체를 구성하는 거대분자와의 상호작용을 통해 어떤 독성을 유발하는가의 독성기전에 대한 이해를 위한 도구라고 할 수 있다. 이러한 측면에서 본문에서는 외인성물질의 제1상반응 및 제2상반응 그리고 이에 관련된 효소와 대사체의 화학적 특성 등에 대한 이해를 통해 독성학의 생화학적 원리가 설명되었다.

간단히 요약하면, '독성학의 분자-생화학적 원리'란 외인성물질의 생체전환을 통해 생성된 최종독성물질이 4대 거대분자 중 특히 DNA와의 상호작용으로 유발되는 독성작용까지의 관련 효소 및 유전자 발현 그리고 독물독력학에 대한 설명이다. 그러나 DNA 외에도 나머지 거대분자인 당, 지질 그리고 단백질과 외인성물질의 직접적인 상호작용에 의한 독성에 대한 이해가 중요하지 않는 것은 아니다. 단백질, 지질 그리고 당 등의 거대분자도 DNA와 마찬가지로 최종독성물질과 상호작용하여 독성을 유발한다. 특히 지질 및 단백질은 최종독성물질과의 상호작용을 통한 지질과산화(lipid peroxidation)와 protein carboxylation(단백질 카르보닐기화) 과정을 통해 비가역적 손상을 유발하는 것으로 많이 알려져 있다. 따라서 본문에서는 DNA에 대한 손상을 중심으로 외인성물의 지질 및 단백질 등에 의한 직접적인 손상과의 관련을 독물독력학 측면에서 논의가 이루어졌다. 특히 외인성물질에 의한 DNA 손상 결과는 발암과 밀접한 관계가 있는데 이를 화학적 발암화를 통해 논하였다.

- **'The molecular & biochemical principles of toxicology'는 4가지 측면을 기초로 고안된 'Central dogma'를 통해 설명된다.**

일반적으로 유기성 외인성물질의 독성은 생체전환 과정의 유무에 따라 <표 1-1>에서처럼 직접-작용 독성물질(direct-acting toxicants)과 간접-작용 독성물질(indirect-acting toxicants)로 구분된다. 직접-작용 독성물질은 제1상반응과 제2상반응의 생체전환 과정이 없이 원물질(parent compound) 자체 또는 자연분해(natural decomposition)를 통해 독성을 유발하는 물질을 의미한다. 이들에 의한 독성의 특성은 체내 호르몬과 같은 생리활성물질과 유사한 구조를 가졌거나 비특이적 독성작용부위 그리고 대사에 소요되는 시간이 없기 때문에 신속한 독성유발 등으로 요약된다. 특히 체내 호르몬과 같은 체내 생리활성물질과 유사한 구조를 가진 직접-작용 독성물질을 제외하고는 대부분의 직접-작용 독성물질은 체내에서 자연분해를 통해 4대 거대분자와 결합할 수 있는 활성을 갖는다. 이와 같이 자연분해에 의해 활성을 띠는 직접-작용 독성물질의 전환형을 활성형물질(active form 또는 reactive form)이라고 한다. 반면에 제1상반응 및 제2상반응의 생체전환을 통해 활성을 띠는 대사체를 활성중간대사체(reactive intermediates)라고 하며 이들의 생성을 통해 독성을 유발하는 물질을 간접-작용 독성물질이라고 한다. 물론 독성을 유발한다는 측면에서 직접 또는 간접-작용 독성물질 모두가 중요하다. 그러나 여기서 다루는 유기물질 중 90% 이상이 생체전환을 통해 생성된 독성대사체에 의해 독성이 유발되기 때문에 직접-작용 독성물질보다 간접-작용 독성물질에 의한 독성기전에 연구가 좀 더 많은 관심의 대상이 될 수밖에 없다.

〈표 1-1〉 Direct-acting 및 Indirect-acting toxicants

Direct-acting toxicants	Indirect-acting toxicants
gilvocarcin V, cisplatin, mitomycin C, formaldehyde, tetrodotoxin, TCDD, methylisocyanate, HCN 등	Polycyclic aromatic hydrocarbons(PAHS), cyclophosphamide, dibromochloropropane(DBCP) 등 대부분의 유기성 외인성물질

특히 활성형물질 및 활성중간대사체의 화학구조적 변화의 결과는 친전자성이지만 활성중간대사체인 경우에는 친전자성대사체(electrophilic metabolite) 외에도 redox-reactive species(RAS, 산환-환원순환 대사체)와 carbon-centered radical(탄소-중심 라디칼) 등이 제1상반응을 통해 생성된다. 그렇다면 생체에 독성을 유발하는 주요 외인성물질인 직접-작용 독성물질과 간접-작용 독성물질의 인체노출에 있어서 비율은 어느 정도인가? 체내에 유입되는 모든 외인성물질의 80% 이상은 제1상반응과 제2상반응의 생체전환 과정을 통해 전환되는 간접-작용 독성물질이다. 특히 생체전환을 통해 독성을 나타내는 활성중간대사체는 대부분 제1상반응을 통해 생성된다. 또한 제1상

반응에서 활성중간대사체의 생성은 크게 cytochrome P450 - dependent(의존성) 기전과 cytochrome P450 - independent(비의존성) 기전으로 구분할 수 있다. 그러나 활성중간대사체 중 약 80% 이상이 cytochrome P450 효소에 의한 전환기전인 cytochrome P450 - dependent 기전을 통해 생성되는 것으로 추정되고 있다. 따라서 유기성 외인성물질의 체내 유입 후 독물동태학적 측면에서 직접 - 작용 독성물질 경로는 minor pathway(소수경로)이고 간접 - 작용 독성물질 경로는 major pathway(다수경로)로 구분할 수 있다. 또한 major pathway의 활성중간대사체 생성에 있어서도 cytochrome P450 - independent 기전보다 cytochrome P450 - dependent 기전이 다수경로이다. 즉 대부분의 유기성 외인성물질은 효소에 의한 생체전환을 통해 독성을 나타내며 이러한 독성을 생성하는 활성중간대사체는 cytochrome P450 - dependent 기전을 통해 생성된다는 것이다. 비록 소수경로이지만 직접 - 작용 독성물질의 동태 및 독성이 중요하지 않다는 것은 아니며 실제적으로 이들은 빠른 체내 효능 및 독성 신속한 유발의 특성 때문에 항암제 등 다양한 약물로 많이 개발되고 있다.

하나의 외인성물질의 생체전환 과정을 통해 여러 형태의 활성중간대사체가 있지만 이러한 과정을 통해 형성된 활성중간대사체는 4대 거대분자와 결합을 통해 독성유발이 가능한 최종독성물질(ultimate toxicants)이 된다. 대표적인 최종독성물질인 친전자성대사체는 전자가 부족하여 전자가 풍부한 생체 내 4대 거대분자의 친핵성부위와의 공유결합 및 상호작용을 통해 가역적 및 비가역적 독성을 유도한다. 대체적으로 4대 거대분자 중 DNA를 제외한 당, 지질 그리고 단백질과 최종독성물질과의 상호작용은 물질이 제거되며 원상태로 회복되는 가역적 독성을 유발하는 경향이 있다. 그러나 활성중간대사체 및 활성형물질과 지질 및 단백질 그리고 당과의 상호작용을 통해서도 암과 같은 비가역적 독성이 유발된다. 지질과산화를 통해 생성된 malondialdehyde(MDA)의 발암성 그리고 비 - 유전독성 발암물질의 수용체 - 매개 내분비호르몬 조율 등은 이러한 지질과 단백질과의 상호작용에 의한 비가역적 독성의 유발기전이 있어서 중요한 예이다.

또한 비가역적 또는 가역적 독성유발에 있어서 최종독성물질과 4대 거대분자와의 결합 방식은 외인성물질의 독물독력학을 이해하는 데 중요한 요소이다. 간접-작용 독성물질의 친전자성대사체와 DNA와 결합은 공유결합의 대표적인 예이다. 마찬가지로 직접-작용 독성물질인 활성형물질 역시 친전자성을 띠며 거대분자와 공유결합을 통해 독성을 유도한다. DNA와의 상호 작용하는 직접-작용 독성물질의 활성형물질로는 대표적으로 항암제인 cisplatin을 예로 들 수 있다. 이 cisplatin은 세포 내에서 효소에 의한 생체전환 과정이 없이 2번의 수화(hydration)를 거쳐 생성된 *cis*-diaquadiammineplatinum의 활성형물질에 의한 DNA adduct를 유발한다. 이와 같이 간접-작용 독성물질의 활성중간대사체이나 직접-작용 독성물질의 활성형물질 등은 대부분 4대 거대분자와의 공유결합을 통한 비가역적 결합을 유도한다. 그러나 직접-작용 독성물질의 원물질인 경우에는 핵수용체-리간드, 즉 TCDD-AhR의 결합처럼 비공유적인 결합이며 가역적인 ionic bonds, hydrogen bond와 Van der Waals force 등의 반응에 의한 효소와의 결합을 통해 독성을 유발한다. 특히 생체 내에서 정상적인 수용체와 리간드의 결합에 있어서 또한 공유결합과 같은 비가역적 결합은 거의 없다. 이와 같이 독성물질과 4대 거대분자와의 공유결합 및 비공유결합 등의 결합 방식 역시 독성기전을 이해하는 데 중요하다. 본문에서 이러한 결합의 중요성과 더불어 대부분의 유기성 외인성물질에 의한 독성의 유발기전을 아래와 같이 4가지 측면으로 설명된다.

- 자연분해 또는 생체전환의 대사 측면
- 제1상반응에서 P450-의존성 및 P450-비의존성 생체전환의 측면
- 친전자성물질, RAS와 carbon-centered radical 등의 활성중간대사체 측면
- 외인성물질에 의한 DNA 손상기전 및 화학적 발암화

이러한 4가지 측면을 기초하여 본문에서는 독성학의 분자-생화학적 원리에 대한 이해를 위해 'Central dogma'를 고안하여 접근하였다. 분자생물학의 학문 영역을 유전자의 복제(replication)-전사(transcription)-번역(translation) 과정으로 나타내는데 이를 도식화한 것을 "Central dogma"이라고 한다. 여기서도 이를 응용하여 '유기물질에 의한 독성기전의 Central dogma(Central dogma for toxic mechanisms of organic xenobiotics)"를 통해 독성학의 분자-생화학적 원리를 설명하였다. 즉 모든 유기성 외인성물질에 의한 독성은 <그림 1-3>에서처럼 "Central dogma"의 과정을 통해 유발된다.

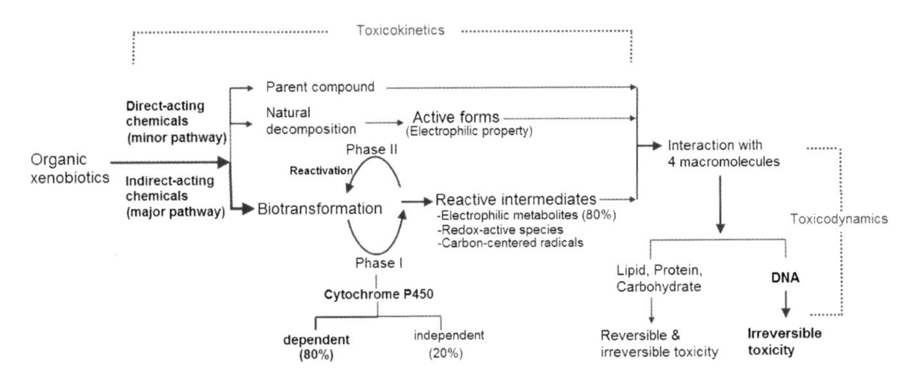

〈그림 1-3〉 독성학의 분자-생화학적 원리에 있어서 Central dogma: 유기독성물질은 생체전환 유무에 따라 직접-작용 독성물질(direct-acting toxicants)과 간접-작용 독성물질(indirect-acting toxicants)로 구분되며 직접-작용 독성물질은 자연분해 유무에 따라 원물질(parent compound)과 활성형물질(active form)로 구분된다. 간접-작용 독성물질은 대부분 제1상반응의 생체전환(biotransformation)을 통해 독성을 유발하는 활성중간대사체(reactive intermediates)로 전환된다. 결국 이들 물질들은 체내 4대 거대분자인 당, 단백질, 지질 등과 상호작용을 통해 가역적 독성 및 비가역적 독성을 유발한다. 체내에 독성을 나타내는 모든 외인성물질의 80% 이상은 생체전환(biotransformation)을 통해 전환되는 간접-작용물질에 기인한다. 또한 독성을 유발하는 활성중간대사체 중 80% 이상은 cytochrome P450 효소에 의해 생성되며 친전자성대사체(electrophilic metabolites)이다. 따라서 유기성 외인성물질의 체내 동태학적 측면에서 직접-작용 독성물질 경로는 'minor pathway'이고 간접-작용 독성물질은 'major pathway'이다. 물론 최종독성물질과 4대 거대분자와의 상호작용을 통한 가역적 또는 비가역적 독성이 반드시 이와 같이 거대분자의 종류에 따라 구분되어 나타나지는 않지만 발암화의 가능성 때문에 DNA와 상호작용은 비가역적 독성으로 분류되었다.

- **유기성 외인성물질에 의한 발암에 있어서 'Central dogma'는 외인성물질의 생체전환과 독성기전의 과정을 요약하여 나타내는 독물동태학 및 독물독력학의 좋은 모델이다.**

그러나 Central dogma는 모든 유기성 외인성물질에 대한 전반적인 독성기전을 포함하지만 대체적으로 구조를 통해 외인성물질의 잠재적 독성을 확인하는 QSAR(Quantitative Structure Activity Relationship, 독성예측을 위한 분자 모델링)을 통한 독성정보 획득은 직접-작용 독성물질의 minor pathway보다 우선적으로 간접-작용 독성물질의 major pathway를 통하는 것이 효율적이다. 왜냐하면 노출되는 모든 유기화학물질이 체내에서 자연분해와 생체전환의 비율이 약 20 : 80으로 추정되기 때문이다. 따라서 새롭게 합성되거나 발견된 유기화학물질에 의한 독성유발은 cytochrome P450-dependent biotransformation → electrophilic metabolites → 지질, 단백질과 탄수화물 → 가역적 또는 비가역적 독성의 경로 또는 cytochrome P450-dependent biotransformation → electrophilic metabolites → DNA → 비가역적 독성 등의 경로인 major pathway가 우선적으로 고려된다. 특히 유기성 외인성물질의 비가역적 독성 측면에서 화학적 발암화(chemical carcinogenesis)는 본문에서 다루는 독성학의 분자-생화학적 원리에서 독물독력학의 핵심 부분이다. 이를 고려하여 앞서 설명한 '독성학의 분자-생화학적 원리의 Central dogma'를 major pathway 측면으로 간략히 요약하면 '유기성 외인성물질의 발암에 있어서 Central dogma'로 다시 표현이 가능하다. 유기성 외인성물질 또는 발암전구물질은 cytochrome P450-의존성 생체전환 과정을 통해 친전자성대사체로 전환된다. 이는 DNA와의 상호작용을 통해 비가역적 돌연변이 유발에 의한 암을 유도한다. 이러한 과정을 독물동태학적 및 독물독력학적 측면으로 구분하여 <그림 1-4>에서처럼 '유기성 외인성물질의 발암에 있어서 Central dogma'로 표현할 수 있다. 즉 유기화학물질에 의한 발암은 상당 부분 Central dogma의 기전을 통해 설명이 가능하다는 의미이다. 물론 여기서 해당되는 유기화학물질은 화학적 발암화 과정에서 촉진물질이 아니라 개시물질이다.

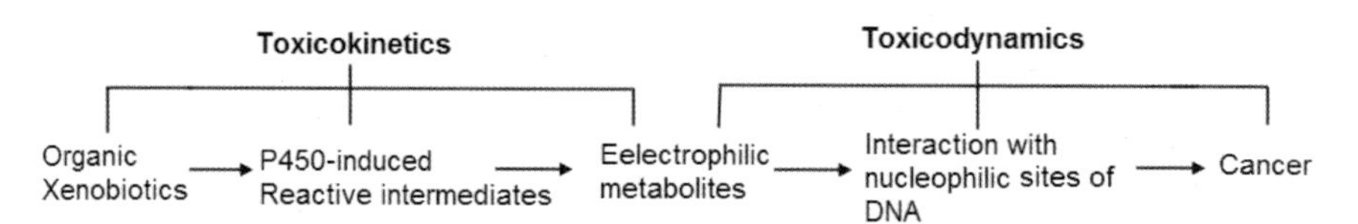

〈그림 1-4〉 유기성 외인성물질에 의한 발암에 있어서 Central dogma: 체내에 들어온 대부분의 유기성 외인성물질에 의한 발암기전은 cytochrome P450(CYP450)에 의한 친전자성대사체로 전환되어 DNA의 친핵성부위와의 결합을 통해 유도된다. 또한 이러한 유기성 외인성물질에 의한 발암기전을 독물동태학적(toxicokinetic) 및 독물독력학적(toxicodynamic) 측면으로 구분할 수 있다.

2. 독성발현을 위한 화학결합 및 화학적 특성

◎ 주요 내용

- 독성학에서 중요하게 언급되는 물질의 화학적 특성은 hydrophilic, lipophilic(또는 hydrophobic), polar, electric charge와 ion 등이다.

- 외인성물질의 생체전환을 통한 비가역적 독성기전에 있어서 가장 중요한 대사체의 화학적인 특성 및 결합은 친전자성과 공유결합이다.

- **독성학에서 중요하게 언급되는 물질의 화학적 특성은 hydrophilic, lipophilic (또는 hydrophobic), polar, electronic charge와 ion 등이다.**

체내로 들어온 외인성물질은 효소적 또는 비효소적 반응을 가지며 이에 따른 화학적 특성의 변화와 더불어 내인성물질 등과의 다양한 반응을 통해 상호작용을 한다. 이러한 화학적 특성은 결국 유기성 외인성물질의 독성과 무독성의 과정을 결정하는 중요한 역할을 하게 된다. 독성학에서 특히 자주 언급되는 화학적 특성 또는 용어는 친수성(hydrophilic), 친지질성(lipophilic 또는 hydrophobic), 극성(polar), 전하(electric charge)와 이온(ion) 등이 있다.

기본적으로 모든 생물체를 비롯한 물체는 더 이상 분할할 수 없는 단위인 원자(atom)로 구성되어 있다. 원자는 현재 114개 정도 있으며 일반적으로 원자핵(양성자+중성자)과 전자로 구성되어 있다. 원자핵은 원자 질량의 대부분을 차지하며 양성자수와 중성자수를 합한 것을 원자량이라 한다. 원자량의 단위는 달톤(dalton)으로 양성자 1개의 무게를 의미한다. 전자는 약 1/1840dalton에 불과하여 원자의 질량에서 무시된다. 양성자수의 차이로 원자가 구분되는데 양성자수에 따라 붙인 이름이 원소(element)이다. 예를 들면 양성자가 하나인 원자는 수소원소이며 두 개인 원자는 헬륨이다. 즉 원소는 원자번호(양성자수=전자수)가 같은 화학적 성질이 유사하며 화학적인 방법으로는 더 이상 간단한 물질로 나눌 수 없는 물질이다. 동위원소(isotope)란 같은 원소이지만 핵을 이루는 중성자수만 다른 원소를 일컫는다.

그리고 2개 이상의 원자가 결합하여 이루어진 단위를 분자(molecule)라고 하는 반면에 화합물(compound)이란 2개 이상의 다른 원소가 결합하여 이루어진 순수분자상태의 물질을 의미한다. 분자와 화합물은 두 가지 이상의 원자가 결합한 형태라는 것은 동일하나 원자의 종류 측면에서 차이가 있다. 동일한 원자들의 결합으로 물질의 성질을 갖는 최소단위가 분자이다. 이에 반해 다른 종류의 원소의 원자들이 서로 분자 내에서 결합하여 구성된 분자는 화합물로 정의된다.

외인성물질에 의한 독성기전은 핵산을 비롯한 효소와 지질 등과 궁극적으로 화학반응을 통한 결합을 통해 이루어진다. 이러한 결합이 아니더라도 결국 생체전환 후 대사체의 화학적 특성이 분포 및 배설에 있어서 크게 영향을 준다. 따라서 대사체의 화학적 특성은 결국 화학적 반응과 연결되기 때문에 반응 또는 화학결합에 대한 이해가 필요하다.

모든 원자들은 안정한 전자배치를 위해, 즉 옥텟법칙(octet rule)에 따라 공유결합을 하거나 이온이 된다. 옥텟법칙이란 원자가 최외각궤도(valence shell)에 8개의 전자를 채우려는 경향을 말한다. 옥텟법칙에 의해 최외각궤도에 8개의 전자가 채워져 있는 상태에서 원자는 안정해진다. 원자들은 전기적으로 중성이며 핵 주위를 돌고 있는 전자의 수와 핵 내부의 양성자수가 똑같다. 전하(electric charge)란 입자 간의 인력(attractive force)을 의미하며 양성자는 양전하, 전자는 음전하 그리고 중성자는 전하를 띠지 않는다. 따라서 양성자와 전자수가 동일한 원자는 전하를 띠지 않는 중성이 된다. 그러나 안정한 전자배치를 위해 옥텟법칙을 따를 때 최외각궤도에 8개 전자를 유지하기 위해 원자는 전자를 방출하거나 받아들여야 한다. 이때 전자가 추가될 때 중성적인 원자는 음전하의 전자가 양전하를 지닌 양성자보다 수가 증가하게 되어 전체적으로 음전하를 띠는 음이온이 된다. 반대로 전자가 소실하게 되면 양전하를 띠게 되어 양이온이 된다. 결국 이온이란 양성자수와 전자수가 같지 않은 원자를 말한다. 예를 들면 Mg는 원자 상태의 금속으로 옥텟을 이루지 못한 상태이다. 옥텟법칙을 따르며 안정하기 위해서는 전자 2개를 잃어야 한다. 전자 2개를 잃고 안정이 되면 양성자가 전자보다 2개 더 많게 되어 양전하를 띤 이온인 Mg^{2+}가 된다. 이러한 이온화는 양으로 하전된 이온과 음으로 하전된 이온 간의 전기적 인력에 의한 이온결합(ionic bond)을 유도하게 된다. 이온결합의 예로 Na^{+}와 Cl^{-}의 결합인 NaCl을 들 수 있다.

외인성물질은 제1상반응을 통해 극성(polarity)을 갖는데 이는 제2상반응을 위해 요구되는 중요한 화학적 특성이다. 극성은 '전자를 끌어당기는 힘'으로 화학결합이 이루어질 때 전하분포가 불균일할 때 발생한다. 즉 원자와 원자가 결합할 때 원자의 핵이 다른 쪽 원자의 핵보다 상대 원자의 전자를 끌어당기는 힘을 의미한다. 산소와 수소가 결합할 때 산소의 원자핵은 수소의 원자핵보다 더 많기 때문에 전자를 끌어당겨 부분적으로 음전하를 띠는 반면에 수소는 부분적으로 양전하를 띠게 된다. 이러한 극성을 약한 음전하 및 약한 양전하라고 한다. 특히 이들 사이의 전기적 인력에 의한 결합 또는 극성을 띤 원자 간의 결합을 수소결합(hydrogen bond)이라고 하며 2개 이상의 원자가 하나의 수소원자를 공유하는 결합이다. 수소결합은 상대적으로 다른 화학결합보다 약하나 상호작용을 통해 튼튼히 결합하여 생물학적으로 중요한 여러 분자의 형태를 안정화시킨다.

- **외인성물질의 생체전환을 통한 비가역적 독성기전에 있어서 가장 중요한 대사체의 화학적인 특성과 결합은 친전자성과 공유결합이다.**

생물체 내에서 공유결합과 비공유결합은 생물학적 특징과 의미에서 차이가 있다. 공유결합의 생물학적 의미는 방향성이 강해서 생물체 내에서 분자를 강하게 구성하여 구조를 지지하는 역할이다. 그러나 방향성은 결합과 분리를 통한 효소-기질 반응 등의 물질대사에서는 장애가 된다. 반면에 비공유결합은 약한 결합을 통해 생물분자의 가역상호작용(reversible interaction)이 가능하여 물질대사, 유전자 복제, 단백질 3차원구조와 신호분자의 감지 등의 세포의 항상성 유지에 관여한다. 이와 같이 생물체 내에서 공유결합과 비공유결합의 생물학적 의미에서 차이가 있듯이 독성학에서도 그 중요성에서 차이가 있다. 특히 외인성물질의 생체전환을 통해 생성된 최종독성물질이 궁극적으로 독성을 유발하기 위해서는 이러한 공유결합 또는 비공유결합을 통해 이루어진다. 비공유결합으로는 이온결합이나 수소결합 외에도 van der Waals 결합이 있다. 거대하고 복잡한 구조를 하고 있는 수많은 생명물질들은 전자가 항상 움직이고 있기 때문에 일시적인 전하를 띨 수 있다. 서로 상반된 전하의 화학그룹이 서로 접근할 때 일어나는 분자 사이 또는 분자 내 역동적인 인력을 van der Waals 결합이라 한다. 공유결합(covalent bond)은 한 개 또는 그 이상의 전자쌍이 2개의 원자에 의해 공유될 때 형성되는 강한 결합이다. 독성학 측면에서 공유결합은 그 자체의 강한 결합에 기인하는 독성물질의 비가역적 독성유발에 있어서 가장 중요한 역할을 하는 반응이다. 외인성물질이 생체전환 후 생성되는 대부분의 활성중간대사체는 DNA 등과의 상호작용을 통해 유발되는 독성이 공유결합에 기인한다. 반면에 세포소기관 등의 구조형성을 제외하고 생체 내 생리적 기능을 위해 수반되는 대부분 내인성물질의 상호작용은 비공유결합을 통해 이루어진다. 이러한 점은 쉽게 결합하고 분리되어 생물분자의 가역작용과 재활용성을 위해서이다. 공유결합인 경우에는 <표 1-2>에서처럼 물속에서 생리적 기능을 위해 가역적인 반응을 수행하기에는 결합이 너무 강하기 때문이다. 따라서 독성기전 측면에서 가장 중요한 결합은 공유결합이며 이는 독성이 비가역적 독성결과를 유발하는 데 있어서 가장 중요한 역할을 한다.

독성물질의 가장 중요한 화학적 특성은 친전자성(electrophilic)이다. 친전자성물질(electrophiles) 또는 친전자성대사체(electrophilic metabolites)란 분자를 구성하고 있는 특정 원자가 전자-부족(electron deficient)하여 전자를 받아들일 수 있는 분자 및 대사체를 의미한다. 따라서 친전자성이란 전자가 부족한 상태를 의미한다. 특히 친전자성대사체는 외인성물질이 제1상반응의 생체전환을 통해 생성되는데 제1상반응 후 대사체가 극성이냐 친전자성이냐에 따라 독성과 무독성의 경로가 결정된다. 친전자성대사체는 생체 내 4대 거대분자의 친핵성부위와 공유결합 또는 원자나 원자단의 교환으로 이루어지는 치환반응 등을 통해 독성을 유발하는 유기성 외인성물질의 핵심대사체이다. 친핵성(nucleophilic)이란 전자-풍부(electron sufficient)하여 전자를 제공할 수 있는 특성을 의미한다. 따라서 4대 거대분자의 친핵성부위는 친전자성대사체의 공유결합의 주요 표적이 된다.

그 외 친수성 및 친지질성, 소수성은 외인성물질의 체내 흡수와 배출과 밀접한 관계가 있는 물질의 특성을 나타낸다. 친지질성이란 유기용매에 대하여 분자 간 인력에 의해 강한 친화력을 갖는 특성을 의미하며 소수성(hydrophobic)이다. 이러한 소수성 물질은 물에서 비극성을 나타내며 비극성 분자들 간의 상호작용인 소수성 상호작용(hydrophobic attractions)을 유발하기 때문에 물에서 친수성의 극성물질처럼 용해되지 않는다. 외인성물질의 제2상반응 후 배출되는 대부분의 대사체는 친수성인데 물분자와 쉽게 결합되는 성질을 의미한다. 일반적으로 친수성은 극성을 띠며, 극성을 띠지 않으면 소수성이 된다. 즉 외인성물질이 친지질성의 특성을 통해 체내흡수 되어 생체전환 후 친수성으로 전환되어 체외배출이 된다.

〈표 1-2〉 생물에 전형적으로 나타나는 화학의 결합의 종류와 세기

결합 종류	결합 세기(kcal/mol)
공유결합	50 이하
비공유결합:	
이온화 상호작용	1-20
수소결합	3-7
반 데르 발스 힘	1-2.7
소수성 상호작용	1-3

3. 유기화학물질과 독성물질의 개념과 분류

◎ 주요 내용

- 모든 독성물질은 생체 내에서 합성되어 생리적 기능을 수행하는 내인성물질과 구별되는 외인성물질로 표현된다.
- 유기화합물은 탄소화합물을 의미하며 결합 형태에 따라 다양한 종류가 있다.
- Phytochemicals은 akaloids, phenolics, terphenoid 그리고 glycoside 등으로 구분되며 식물성-유래 약재가 약 35,000여 종이 있어 유기성 외인성물질 노출의 주요 근원이다.

- **모든 독성물질은 생체 내에서 합성되어 생리적 기능을 수행하는 내인성물질과 구별되는 외인성물질로 표현된다.**

체내에서 독성을 유발하는 물질을 일반적으로 독성물질이라고 하는데 독성작용을 유발하는 물질에 대한 용어와 정의가 항상 일정하게 사용되지는 않는다. 가장 일반적인 용어로 독물(toxicant), 독소(toxin), 독(poison), 독성물질(toxic substance), 독성화학물질(toxic chemical) 등이 있으며 <표 1-3>에서처럼 몇 가지로 구별하여 요약할 수 있으며 본문에서 다루는 유기성 외인성물질(organic xenobiotics)은 독물에 가장 가깝다고 할 수 있다.

〈표 1-3〉 유래와 독성 강도에 따른 독의 용어

외인성물질 (xenobiotics)	우리 생체 내에서 생성되지 않으면서 정상정인 식이(diet)에 포함되지 않는 모든 물질 또는 생체이물이라고도 함.
내인성물질 (endogeneous materials)	효소, 호르몬을 비롯하여 생체 내에서 생성 또는 합성되어 생명체 유지를 위해 이용되는 물질.
독물 (toxicants)	어떤 성질에 의해 유해한 생물학적 작용을 나타내는 물질, 천연에 있는 화학물질이거나 또는 합성물질을 의미하며 급성 및 만성 등의 다양한 형태의 독성을 나타냄, 독성물질(toxic substance), 독성화학물질(toxic chemical) 등으로 표현되기도 함.

독소 (toxins)	생물체에 의해 생산된 특정 단백질(버섯독소 또는 파상풍독소). 대부분 즉각적인 작용을 보임.
독 (poisons)	아주 적은 양으로 노출 시 즉사나 병을 유발하는 강한 독물.

일반적으로 독성물질이란 산업장에서 다루는 화학물질 그리고 환경에서 오염물질 등을 지칭하는 개념이다. 그러나 실제로 독성학에 있어서 독성물질은 약물 및 한약재 등을 포함한다. 이러한 경우 질병치료에 유용하고 의도적으로 노출되기 때문에 반드시 피해야 할 산업장에서의 화학물질 및 오염물질 등의 독성물질과는 다소 차이가 있다. 따라서 독성물질의 개념은 독성을 유발한다는 공통점은 있지만 어떤 분야에서 발생하느냐에 따라 의미가 달라질 수 있다. 생체에서 독성물질에 의한 생물학적 영향은 결국 효소, 호르몬을 비롯하여 생체 내에서 생성 또는 합성되어 생명체 유지를 위해 이용되는 내인성물질(endogeneous materials)과의 상호작용을 통해 이루어진다. 따라서 이러한 내인성물질과 대별적인 용어로 생체이물질보다는 외인성물질로 규정하는 것이 이해와 이용에 편리하다. 이러한 개념적 규정과 더불어 외인성물질의 크기 또한 중요하다. 일반적으로 내인성물질은 단백질, 당 그리고 지질 성분을 바탕으로 하기 때문에 분자량이 크다. 그러나 외인성물질은 크기가 클 경우에는 일반적으로 세포막을 통과하지 못한다. 이럴 경우에는 통과되는 물질들과 전혀 다른 동태학적 또는 독력학적 특성으로 나타난다. 따라서 여기서 논하는 외인성물질은 1,000dalton(달톤: 수소원자의 질량, 16.7×10^{-24}g) 이하 크기의 유기화합물을 의미한다.

- **유기화합물은 탄소화합물을 의미하며 결합 형태에 따라 다양한 종류가 있다.**

유기화합물이란 탄소화합물을 의미한다. 광물에서 얻을 수 있는 무기화합물에 대한 상대적인 개념이며 물론 합성되는 경우도 많지만 유기화합물은 살아있는 유기체에서 얻어지는 물질이라는 개념도 포함한다. 유기화합물 또는 탄소화합물은 하나 이상의 탄소원자가 주로 수소, 산소와 질소를 비롯한 다른 원소의 원자와 공유결합을 이루고 있는 화합물로 정의된다. 그러나 CO_2, H_2CO_3(탄산) 그리고 H_2CO_3의 수소원자가 금속원자와 바뀌어 된 화합물인 탄산염 등의 간단한 구조는 무기화합물로 분류된다. 화합물의 수는 모든 비유기화합물의 수를 훨씬 넘으며 다양한 종류와 특성을 갖고 있다. 이는 탄소원자가 다른 탄소원자 및 다른 원소와 공유결합을 형성할 수 있는 유일한 원소이기 때문이다. 원자는 양전하를 띠고 있는 핵과 핵 주위를 돌며 음전하를 띤 전자로 이루어져 있다. 두 원자가 2개의 전자를 공유할 때 공유결합이 형성된다. 탄소원자는 그 원자구조 때문에 전자를 얻거나 잃는 것보다 전자를 공유하기가 더 쉽기 때문에 탄소원자는 4부분 모두에서 결합이 가능한 특성이 있다. 탄소원자는 다른 탄소원자와 결합과 동시에 다른 원소나 화합물에 연결될 수 있기 때문에 분자량이 매우 다양하다. 즉 탄소화합물은 주로 탄소에 수소 및 산소가 붙어 있어 이를 바탕으로 주요 구성성분으로 구분된다. 특히 탄소에 N, S, P 등과 주기율표의 Ⅶa족을 구성하는 5개의 비금속성 할로겐(hallogen) 원소인 플루오르(F), 염소(Cl), 브롬(Br), 요오드(I), 아스타틴(At) 등이 결합하여 작용기(functional group)를 형성하는데 이는 유기화합물의 다양한 특성 및 종류의 원천이다. 이러한 다양한 종류와 특성 때문에 유기화합물은 생물을 구성하는 중요한 성분이며 기능을 수행할 수 있다. 생명체를 구성하는 4대 거대분자 외에도 천연, 합성, 대부분의 연료, 약물, 한약재 그리고 플라스틱 등 또한 유기화합물이며 쉽게 접하게 된다. 이러한 합성이나 천연에서 생성된 유기화합물 등의 노출을 통해 체내 유기화합물과의 상호작용에 의한 독성문제가 부각되면서 독성학 분야는 크게 그 영역이 넓혀지는 계기가 되었다.

유기화합물의 구조는 <그림 1-5>에서처럼 가장 기본이 되며 탄소와 수소로 구성된 탄화수소(hydrocarbon)의 분류를 통해 이해할 수 있다. 탄화수소는 탄소 사이의 결합 형태에 따라 단일결합으로만 이루어진 포화탄화수소(saturated hydrocarbon)인 알칸(Alkane 또는 알케인, C_nH_{2n+2})과 단일결합이 아닌 이중결합의 불포화탄화수소(unsaturated hydrocarbon)인 알켄(Alken, C_nH_{2n}) 그리고 삼중결합의 불포화탄화수소인 알킨(Alkyne 또는 알카인, C_nH_{2n-2}) 등이 있다. 탄소의 수에 따라 meth-, eth-, prop-, but-, pent- 그리고 hex-를 붙이고 결합 종류에 따라 －ane(단일결합), －엔(ene) 또는 －일렌(이중결합)과－인(in)(삼중결합)을 붙여 명명한다. 또한 탄소 골격이 사슬모양인 것과 고리모양인 것으로도 나눌 수 있으며 고리 모양 포화탄화수소를 시크로알칸(cycloalkane, C_nC_{2n})이라고 하며 고리모양 불포화탄화수소를 방향족(aromatic)이라고 한다. 또한 지방족탄화수소는 방향족탄화수소를 제외한 나머지 탄화수소를 의미한다. <그림 1－5>에서처럼 지방족탄화수소의 수소원자가 다른 원자나 원자단으로 치환된 화합물을 지방족탄화수소의 유도체라고 하며, 공통의 성질을 나타내는 원자단을 작용기(functional group)라고 한다.

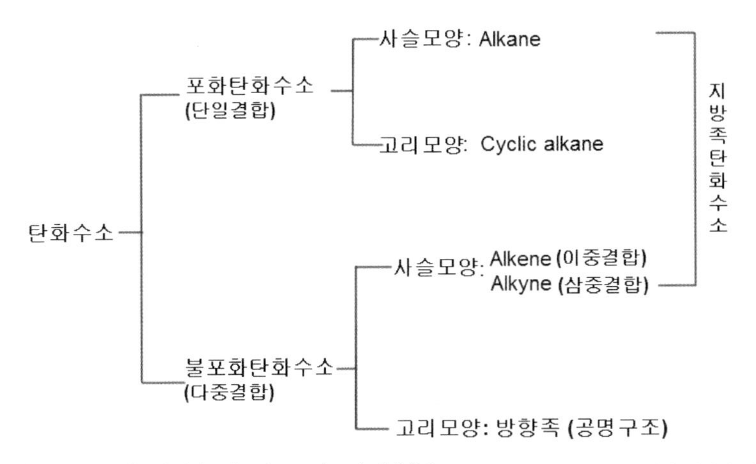

〈그림 1－5〉 탄화수소(hydrocarbon)의 분류: 탄화수소는 탄소 사이의 결합 형태에 따라 단일결합으로만 이루어진 포화탄화수소(saturated hydrocarbon)와 단일결합이 아닌 이중결합의 불포화탄화수소(unsaturated hydrocarbon) 등이 있다. 또한 탄소골격이 사슬모양인 것과 고리모양인 것으로도 나눌 수 있으며 고리모양 포화탄화수소를 시크로알칸(cycloalkane)이라 하며 고리모양 불포화탄화수소를 방향족(aromatic)이라 한다.

방향족탄화수소(aromatic hydrocarbon)는 식물체를 비롯하여 자연 곳곳에 존재하며 발암전구물질(pro－carcinogen)로 알려져 있기 때문에 독성학에서는 중요한 연구대상이다. 분자 내 벤젠(C_6H_6)환을 기본으로 하는 방향족탄화수소는 크게 두 가지인 단환방향족탄화수소(monocyclic aromatic hydrocarbons)와 다환방향족탄화수소(polycyclic aromatic hydrocarbons)로 분류된다. 단환방향족탄화수소(monocyclic aromatic hydrocarbon)는 하나의 벤젠환에 다양한 결사슬이 결합된 화합물을 말하며 다환방향족탄화수소(polycyclic aromatic hydrocarbon, PAH)는 두 개 또는 그 이상의 벤젠환이 직접 일직선상으로 결합되어 있거나 가지를 친 결합 그리고 밀집으로 결합되어 있는 화합물을 말한다. PAH는 <그림 1-6>에서처럼 벤젠환이 2개 붙은 모양의 방향족탄화수소인 나프탈렌(naphthalene, $C_{10}H_8$), 벤젠환이 3개 붙은 모양의 방향족탄화수소인 안트라센(anthracene, $C_{14}H_{10}$)과 페난트린(phenanthrene) 그리고 4개 붙은 피렌(pyrene, $C_{16}H_{10}$)과 Benzo[a]anthracene 등과 그 외 다양한 작용기가 붙은 유도체가 있다.

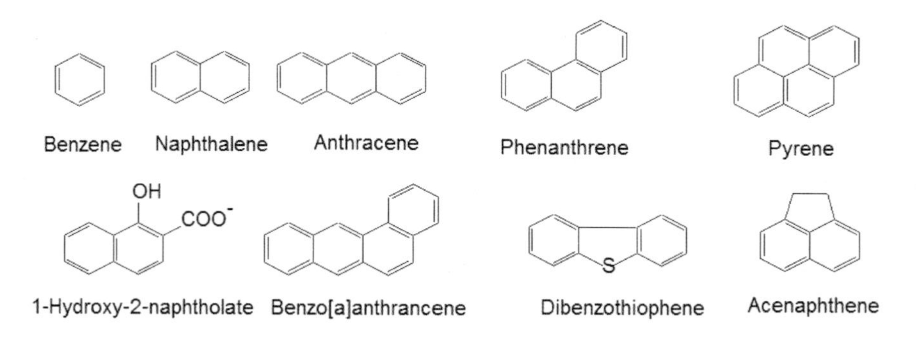

〈그림 1-6〉 방향족탄화수소의 기본 구조: 분자 내에 벤젠(C6H6)고리를 기본으로 하는 방향족탄화수소는 크게 단환방향족탄화수소(monocyclic aromatic hydrocarbons)와 다환방향족탄화수소(polycyclic aromatic hydrocarbons) 두 가지로 분류된다.

이와 같이 탄소화합물의 기본구성인 탄화수소 측면에서 간단하지만 탄화수소의 수소에 다양한 원자나 분자의 결합이 가능하기 때문에 실제적으로 탄소화합물이 수백만 종이 되고 매년 수천 종이 합성 또는 발견된다. 탄소화합물은 탄화수소 외에 광범위한 탄화수소 유도체가 가역적인 유기반응으로 이루어진다. 가장 중요한 유기반응 형태 중 하나인 치환반응은 탄소원자에 결합되어 있는 수소가 다른 물질로 치환되는 반응인데 한 분자 성분이 다른 것으로 바뀌는 경우도 치환반응이다. 또한 탄화수소 유도체는 축합반응이나 가수분해반응 그리고 첨가반응을 통해서도 생성된다. 축합반응은 물이나 알코올과 같은 분자가 생성되면서 탄소-탄소 결합이 생겨나는 반응이다. 즉 축합반응은 작은 분자들이 많이 모여 분자량이 큰 화합물을 만드는 반응인데 분자 내에서 원자나 원자단이 재배열하는 반응을 통해 탄화수소 유도체가 생성된다. 또한 한 분자가 다른 분자에 첨가되어 새로운 분자 하나가 만들어지는 첨가반응 그리고 물과 반응하여 각각 분자를 분해하는 가수분해반응을 통해서도 탄화수소 유도체가 생성된다.

탄소화합물에서 포화와 불포화 그리고 지방족과 방향족 등은 물리적 특성에 따른 분류라면 탄화화합물의 유도체는 화학적 특성을 나타낸다. 탄소화합물의 수소가 원자나 분자의 결합에 형성된 작용기에 따라 구분되어 다양화 종류가 된다. 탄소화합물은 C－H 결합 특성에 의해 이루어지는 작용기도 있지만 할로겐을 포함하는 작용기, 산소를 포함하는 작용기, 질소를 포함하는 작용기, 인과 황을 포함하는 작용기 등으로 구분된다. 작용기는 유기분자들 내에서 반응성이 일어나는 자리이기 때문에 외인성물질의 생체전환 단계에서 대단히 중요하다. 방대한 유기화학물구조에 비하면 반응성이 일어나는 유기화합물에서의 일정한 자리, 즉 작용기는 그리 많지가 않으므로 작용기에 따른 분류는 다음과 같다.

① 주요 탄화수소와 작용기: 작용기는 π결합의 수와 배치에 따라 다른 화학반응을 보인다. 아래 <표 1－4>에는 C－H 결합으로 이루어진 작용기들이며 각각의 반응성은 모두 다르다.

〈표 1－4〉 탄화수소와 작용기

화합물	작용기	화학식	구조식
Alkane	알킬기	RH	$R(\ )_n$
Alkene	알케닐기	$R_2C=CR_2$	R_1, R_3, R_2, R_4 ($R_1R_2C=CR_3R_4$)
Alkyne	알카이닐기	$RC\equiv CR'$	$R-\equiv-R'$

화합물	작용기	화학식	구조식
벤젠 유도체	페닐기	RC_6H_5 RPh	R
톨루엔 유도체	벤질기	$RCH_2C_6H_5$ RBn	R

② 할로알칸 - 할로겐을 포함하는 작용기를 가진 탄화수소 유도체: <표 1 - 5>에서처럼 할로알칸(haloalkane, 할로겐화 알킬<alkyl halide> 또는 염화불화탄소)은 탄소 - 할로겐 결합을 가진 분자들을 의미한다. 아이오도알칸(iodoalkane)의 결합은 다른 결합에 비해 상대적으로 약하나 플루오로알칸(fluoroalkane)의 결합은 안정하다. 플루오르화된 화합물을 제외하고 클로로알칸(chloroalkane) 등의 할로알칸은 일반적으로 친핵성 치환반응이나 제거반응을 잘 일으킨다. 어느 반응이 우세한지는 할로알칸의 구조, 사용되는 친핵체의 염기성 및 용매 등의 외부조건에 따라 달라진다.

〈표 1 - 5〉 할로알칸의 종류

화합물	작용기	화학식	구조식
Haloalkane	할로기	RX	R—X
Fluoroalkane	플루오로기	RF	R—F
Chloroalkane	클로로기	RCl	R—Cl
Bromoalkane	브로모기	RBr	R—Br
Iodoalkane	아이오도기	RI	R—I

③ 산소를 포함하는 작용기를 가진 탄화수소 유도체: <표 1 - 6>과 같이 산소를 포함하는 작용기를 가진 탄화수소는 단일 또는 이중의 C - O 결합이 이루어지며 C - O 결합의 위치와 오비탈의 혼성에 영향을 받는다.

〈표 1-6〉 산소를 포함하는 작용기를 가진 탄화수소

화합물	작용기	화학식	구조식
Acyl halide	할로포르밀기	RCOX	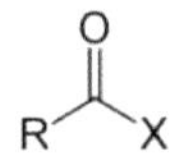
Alcohol	하이드록시기	ROH	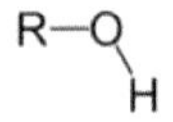
Ketone	카보닐기	RCOR'	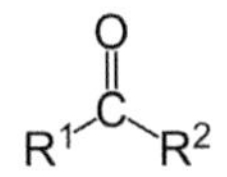
Aldehyde	알데하이드기	RCHO	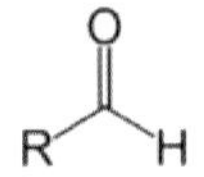
Carboxylic ester	카복실산 에스터기	ROCOOR	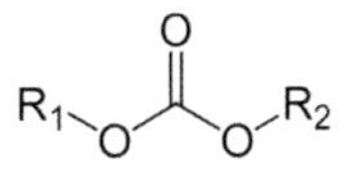
Salt of Carboxylic acid	카복실산염	RCOO−	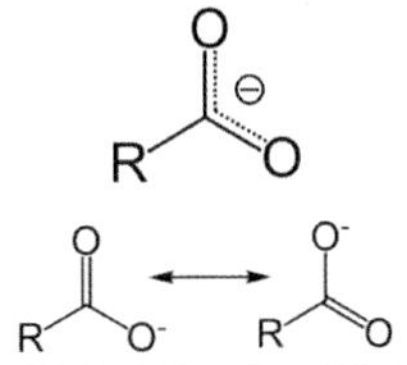
Carboxylic acid	카복실기	RCOOH	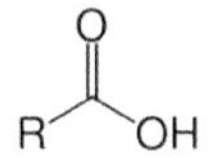
Ether	에테르	ROR'	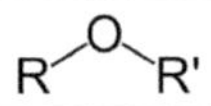
Ester	에스터	RCOOR'	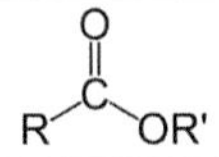
Hydrogen preoxide	하이드로페록시기	ROOH	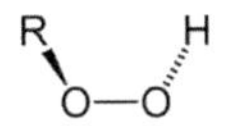
Peroxide	페록시기	ROOR	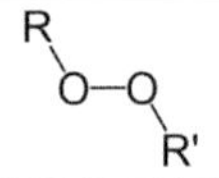

④ 질소를 포함하는 작용기를 가진 탄화수소 유도체: <표 1-7>과 같이 질소(nitrogen)와 탄소가 결합하여 C-N 결합을 통해 질소를 포함하는 작용기를 가진 탄화수소 유도체가 형성되는데 아마이드기와 같이 C-O 결합을

가지고 있는 유도체도 있다.

〈표 1-7〉 질소를 포함하는 작용기를 가진 탄화수소

화합물	작용기	화학식	구조식
amide	아마이드기	$RCONR_2$	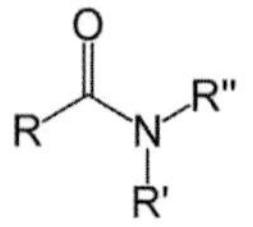
amine	1차 아민	RNH2	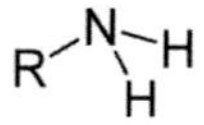
	2차 아민	R_2NH	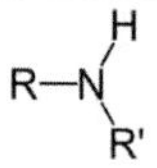
amine	3차 아민	R_3N	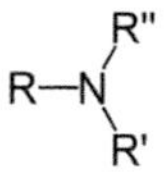
	4차 암모늄 염	R_4N^+	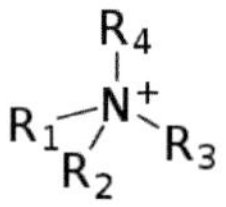
imine	1차 케티민	RC(=NH)R'	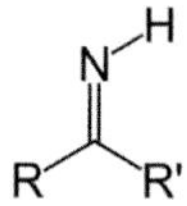
	2차 케티민	RC(=NR)R'	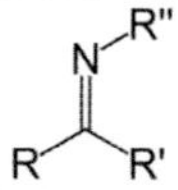
	1차 알디민	RC(=NH)H	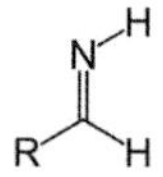
	2차 알디민	RC(=NR')H	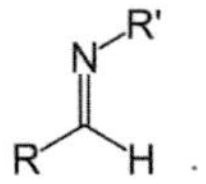
imide	이미드기	RC(=O)NC(=O)R'	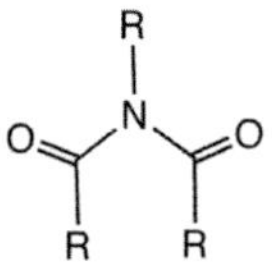
azid	아지드기	RN_3	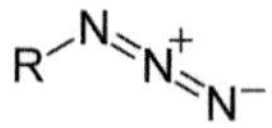

화합물	작용기	화학식	구조식
azo compound	Azo (Diimide)	RN_2R'	R—N=N—R'
cyanic acid	시안산	ROCN	R—O—C≡N
	이소시안	RNC	$R-\overset{+}{N}\equiv C^-$
isocyanic aicd	이소시안산	RNCO	R—N=C=O
	이소티오시안산	RNCS	R—N=C=S
nitrate(질산염)	질산	$RONO_2$	$R-O-N^+(=O)-O^-$
cyan compound	니트릴	RCN	R—≡N
nitrite(아질산염)	나이트록시	RONO	R—O—N=O
nitro compound	니트로기	RNO_2	$R-N^+(=O)-O^-$
nitroso compound	니트로소기	RNO	R—N=O
pyridine derivatives	피리딘기	RC_5H_4N	R—(4-pyridyl), R—(3-pyridyl), R—(2-pyridyl)

⑤ 인과 황을 포함하는 작용기를 가진 탄화수소 유도체: <표 1 - 8>과 같이 인(**phosphate**)과 황(**sulfur**)을 포함하는 화합물의 경우, 질소나 산소와 같이 같은 족에 속하지만 가벼운 원자에 비해 더 많은 결합을 할 수 있기 때문에 다른 특별한 화학반응을 보인다.

〈표 1-8〉 인과 황을 포함하는 작용기를 가진 탄화수소

화합물	작용기	화학식	구조식
phosphine	포스핀기	R_3P	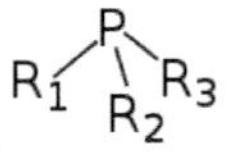
phosphodiester	인산기	$HOPO(OR)_2$	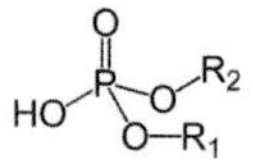
phosphonic acid	포스포닉산기	$RP(=O)(OH)_2$	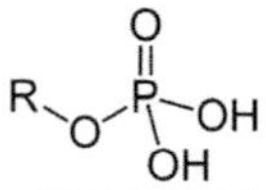
phosphoric acid	인산기	$ROP(=O)(OH)_2$	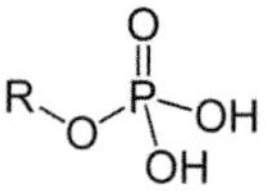
Thioether (황화물)		RSR'	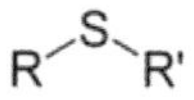
sulfone	술폰기	RSO_2R'	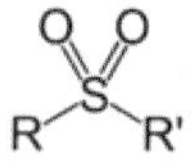
sulfonic acid	술폰산기	RSO_3H	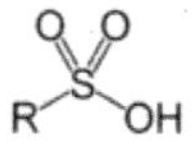
sulfonate (술폰산염)	술폰산기	RSOR'	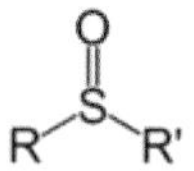
thiol	메르캅토기	RSH	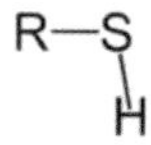
thiocyanic acid	티오시안산기	RSCN	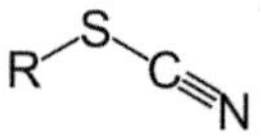
disulfide	이황화물	RSSR'	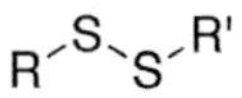

- **Phytochemicals은 akaloid, phenolics, terphenoid 그리고 glycoside 등으로 구분되며 식물성-유래 약재가 약 35,000여 종이 있어 유기성 외인성 물질 노출의 주요 근원이다.**

WHO에 따르면 오늘날 전 세계 인구의 80%가 식물-유래 약재(herbal medicine)를 사용한다고 확인되었다. 이러한 식물-유래 약재는 약 35,000여

종이 있으며 양약재의 약 7,000종이 이들로부터 분리 추출되었을 정도로 광범위하게 약리 효능이 확인되었다. 식물-유래 약재의 약리 효능 그리고 대사와 관련된 식물의 주요 물질은 식물체 내 생성되는 2차대사산물(secondary metabolite)이다. 일반적으로 생체를 구성하는 4대 거대분자인 당, 단백질과 핵산을 비롯하여 지질 등을 1차대사산물(primary metabolite)이라고 하며 이들로부터 새롭게 합성되어 생리적 기능을 수행하는 물질을 2차대사산물 또는 식물성천연화학물질(phytochemicals)이라고 한다. 식물이 자외선과 외부 환경에 대항하여 자신을 보호하려는 목적에서 생성하는 물질, 즉 식물의 방어용 분비물질을 총칭하여 불리는 물질이 식물성천연화학물질이다. 이러한 특성 때문에 식물성천연화학물질은 의약품, 항생제 등의 개발을 위해 광범위하게 이루어져 왔고 특히 오랜 기간을 걸쳐 이용된 한방 처방에 있어서 약효의 기본적 근원이 된다. 이들 식물성천연화학물질은 구조에 따라 4가지, 즉 질소를 가진 환상구조인 alkaloids, phenol 환상구조를 가진 phenolics, terpene 구조를 가진 terpenoids 그리고 aglycone에 glucose가 붙은 glycosides 등으로 구분된다. 대부분의 이들 물질은 한약재에 포함되어 있어 체내에 노출되며 생체전환을 통해 직간접적으로 영향을 주게 되어 독성학 측면에서 중요한 연구대상의 화학물질이다.

이 외에도 식물성천연화학물질의 생체전환에 대한 이해는 중요하다. 지구에서 생물체의 출현부터 식물과 같은 독립영양체를 동물과 같은 종속영양체가 식이하면서 외인성물질의 효소에 의한 대사계가 발달되었기 때문이다. 따라서 오늘날 존재하는 대부분의 화학물질은 이들 효소계에 의해 생체전환이 된다.

① 알카로이드화합물(Akaloids): 알카로이드는 일반적으로 질소원자를 가진 환상구조(heterocyclic ring)의 식물성천연화학물질이다. 식물-유래 알카로이드는 약 10,000가지가 있으며 기본적으로 식물에서만 발견된다고 보고되어 왔지만 최근에는 동물에서도 발견되고 있다. 알카로이드는 개화식물에서 많이 발견되며 전체 식물 중 약 40%가 최소한 한 가지 정도는 함유하고 있다. 알카

로이드는 atropine, codeine, morphine과 vincristine 등과 같이 다양한 약리 효능이 확인되어 약물로 개발, 응용되고 있어 인간의 질병치료제로 연구가 많이 이루어지고 있다. 그러나 conine 및 strychnine 등과 같이 독성을 나타내기도 하며 특히 cocaine 및 muscimol 등은 환각효과(hallucinogenic effect)를 나타내기도 한다. 알카로이드의 이러한 구조적 특성과 독성은 질소저장 역할 및 초식동물로부터 스스로를 보호하는 역할도 하는 것으로 추정되고 있으나 논란이 있다. 알카로이드의 분류는 기본적으로 pyrrolidine 및 piperidine 등과 같이 환상구조의 형태에 따라 이루어지나 식물체 내에서 단백질의 아미노산으로부터의 생합성 기원에 따라 이루어지기도 한다.

② 페놀화합물(phenolics): 페놀성 또는 polyphenol(다환페놀성) 물질은 하나 또는 그 이상의 수산기(hydroxyl groups)가 붙은 방향족 환상구조의 식물성천연화학물질이다. 대부분의 페놀성 식물성천연화학물질은 자연적으로 글리코시드 형태의 당과 결합하여 생성되며 친수성으로 식물세포의 내부 또는 액포에 존재한다. 그러나 메틸화(O－methylation)된 것은 친지질성을 나타내어 세포막이나 식물체 표면의 분비물에 존재한다. 식물－유래 페놀화합물은 자연에서 약 8,000여 종이 존재하며 이 중 약 절반 정도는 플라보노이드(flavonoid)이다. 플라보노이드는 15개 탄소의 이질환상 구조인 플라본(flavone)을 기본골격으로 하는 유사 화학구조를 가진 물질들의 총칭이다. 페놀화합물은 구조와 기원에 따라 분류되나 명확한 기준은 아직 없다. 가장 간단한 페놀화합물은 페놀(phenol)을 비롯하여 phenolic acid와 phenol ketone 등이 있다. Phenylpropanoid는 C_6-C_3 환구조를 기본골격으로 하는데 coumarin, chromone과 chromene 등 다양한 유도체가 상당히 많은 그룹이다. 기타 분류군으로는 xanthone($C_6-C_1-C_6$ 골격), stibenoid($C_6-C_2-C_6$ 골격) 그리고 quinone 등이 있다. 식물성 기원 측면에서 페놀화합물은 크게 다섯 가지로 구분된다. 꽃의 색소 그룹인 anthocyanin 종류와 anthochlor 종류가 있으며 비교적 유도체 적은 플라보노이드인 flavanone 종류, dihydroflavonol 종류와 dihydrochalcone 종류 등의 그룹이 있다. 또한 식물－유래 플라보노이드는

가장 많고 다양한 구조를 가진 favone 종류와 flavonol 종류, 콩과식물(Leguminosae)에서만 발견되는 isoflavonoid 종류 그리고 단백질과 결합력을 가지고 있는 tannin 종류 등으로 분류되기도 한다.

③ 테르페노이드(terpenoid): 테르페노이드는 식물성천연화학물질 중 가장 많은 종류가 있으며 약 20,000여 종이 존재한다. 테르페노이드는 두 개의 5－탄소 전구체인 isoprene으로부터 식물체 내에서 합성되기 때문에 isoprenoid라고 하기도 한다. 두 개의 5－탄소 전구체에서 합성된 후 또 다른 5－탄소와 또는 기타 중간체 등과 더불어 농축되면서 5배수의 더 많은 탄소를 가진 다양한 종류의 테르페노이드가 생성된다. 이러한 합성 과정에서 다양한 중간체가 생성되는데 C_{10} 중간체를 monoterpenoid, C_{15} 중간체를 sesquiterpenoid, C_{20} 중간체를 diterpenoid, C_{15} 중간체 2개의 농축으로 생성되는 C_{30} 중간체를 squalene이라고 한다. 특히 C_{30} 테르페노이드는 8개 군으로 다시 나눌 수 있는데 triterpenoid와 steroid saponin 군, phytosterol 군, cardenolide와 bufadienolid 군, cucurbitacin 군, limonoid와 quassinoid 군 등이 있다. 마지막으로 C_{20}의 두 분자가 농축되어 생성된 C_{40} 테르페노이드를 phytoene이라고 한다. 대표적인 식물－유래 테르페노이드는 camphor, limonene, abscisic aicd, aucubin, gossypol, gibberellic acid, digitalin 그리고 β－carotene 등이 있다.

④ 글리코시드(glycosides): 식물성천연화학물질 중 glycoside는 약리 효능을 가져 약품개발에 많이 이용되고 있다. 글리코시드는 당의 아노머 탄소(anomeric carbon)가 다른 물질에 glycosidic bond로 결합된 물질을 말한다. 글리코시드 중 당 부분을 glycone, 비당 부분을 aglycone이라 하는데 glycone은 단당(monosaccharide)과 다당(oligosaccharide)으로 구성된다. 인삼의 ginsenoside가 대표적인 glycoside의 일종이다.

4. Biotransformation의 개념

◎ 주요 내용

- 체내에 유입된 외인성물질은 제1상반응과 제2상반응 과정을 통해 생체전환이 이루어지며 친지질성 → 극성 → 친수성 등의 화학적 특성으로 전환된다.
- 생체전환의 결과는 외인성물질의 극성 및 친수성으로의 전환의 bioinactivation과 외인성물질의 친전자성으로의 전환인 bioactivation으로 구분된다.
- 제1상반응과 제2상반응에 관여하는 분류는 기준에 따라 차이가 있지만 제1상반응에서는 P450, 제2상반응에서는 UGT 효소에 의해 가장 많은 외인성물질의 촉매반응이 이루어진다.

- **체내에 유입된 외인성물질은 제1상반응과 제2상반응 과정을 통해 생체전환이 이루어지며 친지질성 → 극성 → 친수성 등의 화학적 특성으로 전환된다.**

생체전환(biotransformation)이란 외인성물질이 생체 내에서 제1상반응(phase Ⅰ) 및 제2상반응(phase Ⅱ)을 통해 대사체로 전환되는 과정을 의미한다. 체내에 유입되는 외인성물질은 대부분 '친지질성'의 화학적 특성을 가지고 있기 때문에 막의 지질이중층을 쉽게 통과한다. 체내에 들어온 유기성 외인성물질은 세포 내 환경에 따라 <그림 1-7>에서처럼 자연분해를 통해 활성형물질로 전환될 수 있지만 대부분은 생체전환 과정을 거친다. 생체전환이 없다면 이들 물질은 체내 배출이 늦고 축적되어 개체에 심각한 영향을 줄 수 있다. 따라서 생체전환은 다음과 같은 중요성이 있다.

- 친수성으로의 전환을 통해 세포막 통과의 가능성이 감소되어 다른 조직으로 확산 예방
- 빠른 체외배출을 유도하여 생물학적 반감기(biological half-life) 단축
- 원물질의 독성 감소

<그림 1 - 7>은 외인성물질의 화학적 특성인 친지질성, 극성 및 친수성 등에 따라 흡수부터 체내 동태에 대한 일반적 경향을 가장 잘 나타낸 도식이다. 본문에서 다루는 유기화학물질은 대부분 친지질성을 갖지만 지질에 대한 친화도에 따라 고친지질성(highly lipophilic), 친지질성, 극성 그리고 친수성 등의 화학적 특성으로 구분된다. 이러한 화학적 특성은 외인성물질의 생체 내 동태학적 측면에 중요한 영향을 준다. 우선적으로 고친지질성 물질은 쉽게 체내에 유입되어 생체전환 단계 이전에 지방에 축적된다. 이들 물질은 높은 친지질성 때문에 생체전환에 대한 저항성이 높고 체내에 머무는 시간이 길어 긴 반감기를 가진다. 그러나 고친지질성 물질과 다르게 보통의 친지질성을 가진 물질은 생체전환을 통해 빠르게 배출된다. 극성을 가진 외인성물질은 생체전환의 제1상반응을 거치지 않고 직접적으로 제2상반응 후 배출된다. 제1상반응을 거치지 않는 이유는 극성부위가 직접적으로 제2상반응에 관련된 효소의 표적이 되기 때문이다. 그러나 친수성 외인성물질은 체내에 들어오지 못하거나 체내 흡수가 이루어지더라도 바로 배출된다. 이와 같이 화학적 특성에 따라 외인성물질들의 동태학적 특성이 달라지며 결국 체내에 머무는 시간을 나타내는 반감기에 영향을 주게 된다. 극성과 친수성을 가진 물질은 체내 유입이 어렵거나 유입이 되더라도 생체에 영향을 줄 수 있는 화학적 특성을 갖지 못하고 독성이 또한 없다. 그러나 높은 또는 보통의 친지질성을 가진 물질은 체내에 축적되거나 생체전환 과정을 거치는 핵심적 기질이기 때문에 외인설물질의 친지질성은 독성동태적 측면에서 가장 중요한 화학적 특성이라고 할 수 있다.

생체전환은 두 가지 반응단계로 구성되어 있는데 제1상반응의 작용기화(functionalization 또는 관능기화, 기능기화)와 제2상반응의 포합반응(conjugation)을 통해 이루어진다. 제1상반응에서는 원물질이 효소에 의해 산화(oxidation), 환원(reduction)과 가수분해(hydrolysis) 등의 반응이 이루어진다. 이러한 반응을 통해 산소와 같은 특정 원자단이 결합하여 원물질은 다른 화학적 특성을 지닌 대사체로의 전환이 유도된다. 원물질의 또 다른 화학적 특성은 원물질에 새롭게 생성된 - OH 등의 작용기에 기인하는데 이러한 작용기의 생성 과정을 작용기화라고 한다. 새로운 원자단이 결합했을 경우에

대부분의 원물질은 '극성(polar)'을 띠게 된다. 특히 생체전환의 제1상반응 과정에서 생성된 이들 극성부위는 제2상반응을 위한 부위로 제공된다. 따라서 제2상반응은 당유도체, 아미노산을 비롯한 메틸기 등의 다양한 내인성물질들이 효소에 의해 극성부위에 포합되는 과정이다. 제2상반응에서 극성의 대사체는 '친수성'으로 전환된다. 따라서 <그림 1 - 7>에서처럼 친지질성을 가진 외인성물질들은 제1상반응과 제2상반응을 거치면서 친지질성 → 극성 → 친수성으로 화학적 특성이 전환된다.

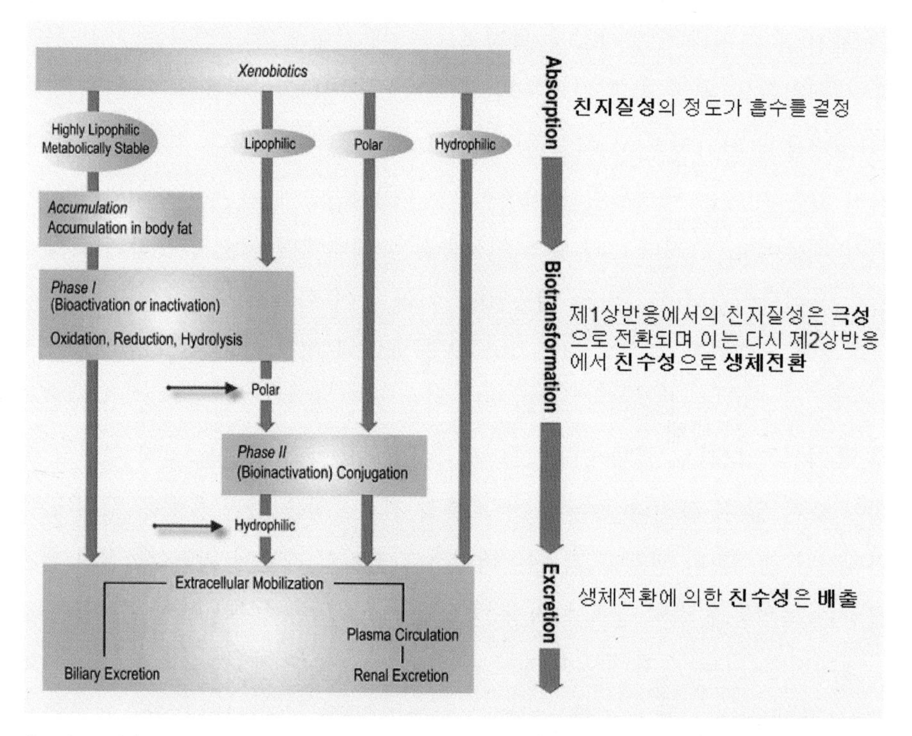

〈그림 1 - 7〉 친지질성, 극성 및 친수성 등을 가진 외인성물질의 체내 흡수, 생체전환과 배출: 친지질성물질은 제1상반응(Phase Ⅰ)과 제2상반응(Phase Ⅱ), 극성물질은 Phase Ⅱ 그리고 친수성물질은 생체전환 없이 바로 배출된다. 그러나 대부분 극성 또는 친수성을 지닌 외인성물질은 지질의 세포막을 통과하기 어려워 체내 유입이 안 된다. 따라서 생체전환은 친지질성물질이 주요 대상이며 이들은 제1상반응을 통해 극성, 제2상반응을 통해 친수성으로 화학적 특성의 변화가 이루어진다. Xenobiotics: 외인성물질, Lipophilic: 친지질성, Polar: 극성, Hydrophilic: 친수성, Bioactivation: 생체활성화, Bioinactivation: 생체불활성화, Conjugation: 포합, Extracellular mobilization: 세포 외 이동, Plasma circulation: 혈장순환, Biliary excretion: 담즙 배출, Absorption: 흡수, Biotransformation: 생체전환, Excretion: 배출(참고: Liska).

• **생체전환의 결과는 외인성물질의 극성, 친수성으로의 전환의 bioinactivation과 외인성물질의 친전자성으로의 전환인 bioactivation으로 구분된다.**

일반적으로 생체전환의 제1, 2상반응을 통해 외인성물질이 친수성대사체로 전환되어 배출되는 과정을 무독화(detoxication) 과정 또는 생체불활성화(bioinactivation) 과정이라고 한다. 체내에 들어온 외인성물질이 독성이 없다는 것은 대부분 이런 기전을 거치게 된다. 그러나 외인성물질이 반드시 친지질성－극성－친수성 등의 화학적 특성 변화를 통해 생체불활성화가 되는 것은 아니다. 생체전환의 두 반응 단계 중 특히 제1상반응을 통해 외인성물질이 전자가 부족한 친전자성대사체라는 활성중간대사체(reactive intermediates)가 생성되는 경우가 있다. 친전자성대사체는 전자가 부족하여 주변에 있는 전자가 풍부한 단백질, 지질, 당과 DNA 등의 친핵성물질과 높은 반응성을 가지고 있다. 결과적으로 친전자성대사체는 이들 거대분자들과의 결합, adduct(부가물) 형성을 통해 다양한 독성을 유발하게 된다. 이러한 친전자성대사체의 형성은 제2상반응에서는 극히 드물며 주로 제1상반응을 통해 형성되는데 원물질보다 생체전환을 통해 더욱 독성이 강한 대사체가 생성되며 이러한 과정을 생체활성화(bioactivation) 과정이라고 한다. 대부분의 발암전구물질(pro－carcinogen)을 비롯하여 독성물질은 이러한 생체활성화를 통해 생성되어 독성을 유발하기 때문에 이를 또한 독성화(toxication) 과정이라고 한다. 그러나 친전자성대사체도 제2상반응의 glutathione 포합반응을 통해 친수성으로 전환되어 배출되는 무독화 과정으로 진행될 수 있다.

이와 같이 생체전환을 통해 원물질보다 독성이 낮아지거나 높아지는 경우가 있지만 약물인 경우에는 생체전환을 통해 독성보다 효능이 더 있을 수도 있다. 그러나 화학적 특성에 따라 외인성물질의 생체전환은 다양한 결과를 가져올 수 있지만 독성학 측면에서 친지질성을 지닌 대부분의 외인성물질은 <그림 1－8>에서처럼 제1, 2상반응을 통해 생체활성화와 생체불활성화의 경로를 거치게 된다. 생체활성화는 외인성물질의 독성유발에 있어서 핵심 기전이다.

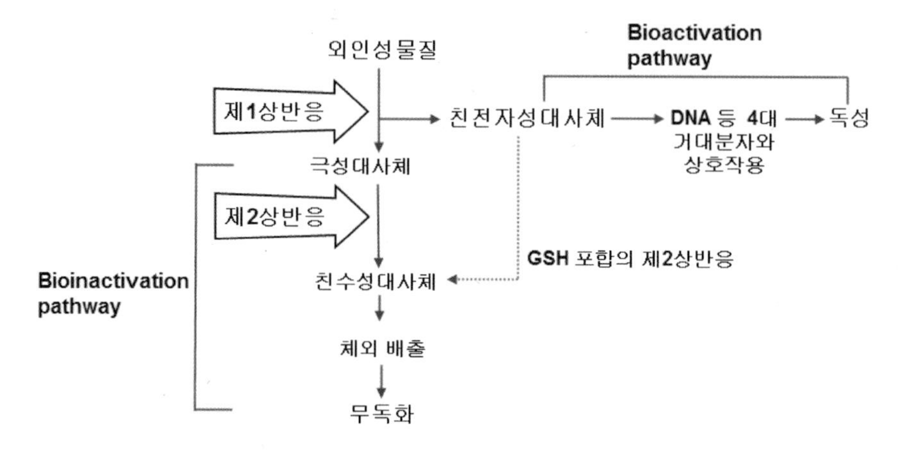

〈그림 1-8〉 외인성물질의 bioinactivation 및 bioactivation 경로: 비록 생체활성화 과정에서 생성된 친전자성대사체 또한 제2상반응의 GSH포합을 통해 체외배출 될 수 있지만 생체전환은 친수성대사체 형성을 통한 무독성기전 생체불활성화(bioinactivation)와 친전자성대사체 형성을 통한 독성기전인 생체활성화(bioactivation) 과정으로 구분된다.

- **제1상반응과 제2상반응에 관여하는 분류는 기준에 따라 차이가 있지만 제1상반응에서는 P450, 제2상반응에서는 UGT 효소에 의해 가장 많은 외인성물질의 촉매반응이 이루어진다.**

생체전환을 통한 외인성물질이 친지질성에서 친수성으로 전환되기 위해서는 <표 1-9>에서처럼 각각의 반응단계마다 다양한 효소의 촉매반응이 이루어진다. 외인성물질의 극성으로 전환을 유도하는 제1상반응에서는 산화, 환원과 가수분해 등의 반응이 있으며 제2상반응에서는 포합반응이 있다. 제1상반응과 제2상반응을 수행하는 효소의 활성은 다양한 기관에서 발생할 수 있으나 생체전환의 주요 장소인 간에서 가장 높다. 간은 위와 장의 모든 정맥혈이 간문맥(portal vein)을 통해 직접적으로 들어오는 기관이기 때문에 경구를 통해 흡수된 모든 외인성물질은 간에서 우선적으로 대사되어 혈액을 통해 전신에 분포된다. 따라서 경구를 통해 들어오는 모든 외인성물질의 90% 이상이 간에서 생체전환이 이루어지며 간은 외인성물질의 생체전환 또는 대사에 있어서 중심기관이다. 다양한 세포가 존재하는 간에서 생체전환은 실질세포(parenchymal cells)인 간세포(hepatocytes)에서 대부분 발생한다. 또한 제1상반응 및 제2상반응과 관련된 대부분의 효소는 <표 1-9>에서처럼 미크로좀(microsome)의 SER(smooth endoplasmic reticulum, SER, 활면소포체)과 세포질 등의 세포소기관에 집중적으로 위치한다. 특히 지질에 대한 용해성이 높은 경우, 외인성물질은 세포질에서보다 SER에서 생체전환이 더 잘 이루어진다.

생체전환에 관련된 효소들은 제1상반응과 제2상반응 중 어느 반응에 관여하는 것에 따라 분류되고 있으나 화학반응의 종류에 따라 분류되기도 한다. 특히 quinone reductase와 epoxide hydrolase는 무독화 과정이라는 측면에서는 제2상반응으로 분류되지만 환원이나 가수분해의 화학반응이라는 측면에서 제1상반응으로 분류되기도 한다. 특히 두 효소는 무독화 과정에서 중요하기 때문에 제1상반응으로 분류되었지만 본문에서는 기능적인 측면을 고려하여 제2상반응으로 분류하였다. 외인성물질의 제1상반응에 관여하는 효소는 cytochrome P450(CYP450 또는 P450)과 flavin-containing monooxygenase(FMO) 등이 있다. 제2상반응에서 당유도체, 황산, 아세틸기, 메틸기, 아미노산을 비롯하여 glutathione 등을 대사체의 극성부위에 포함하는 주요 효소는 UDP-glucuronosyltransferase(UGT), sulfotransferase(SULT), N-acetyltransferase(NAT), methyltransferases(MT)와 glutathione-S-transferase(GST) 등이 있다. 그러나 외인성물질의 생체전환에 있어서 효소들 중 제1상반응에서는 CYP450, 제2상반응에서는 UGT 효소가 기질의 촉매반응에 가장 많이 참여한다. CYP450 효소체계는 내인성물질의 대사에 관여하기도 하지만 체내에 들어오는 약물을 포함한 외인성물질의 70~80% 이상의 대사에 관여하며 제1상반응에 있어서 가장 중요하다. 그 외 제1상반응에서 FMO는 산소원자를 기질에 결합시키는 산화반응을 유도한다는 점에서 P450 효소와 유사하다. 그러나 P450 효소의 기질은 단순히 친지질성이지만 FMO의 기질은 친지질성과 더불어 전자가 풍부한 친핵성 외인성물질도 있다. UGT는 전체 제2상반응의 약 30% 정도로 가장 많은 외인성물질의 대사에 관여한다. 제1상반응과 제2상반응의 각각의 효소에 의한 생체전환에 있어서 가장 중요한 특징과 기능은 다음과 같이 요약된다.

- 제1상반응에 있어서 -OH, -COOH, -SH, -O- 또는 NH_2 등의 작용기가 도입되어 외인성물질의 친지질성에서 극성으로 전환
- 제2상반응에 있어서 내인성물질인 당유도체, 황산, 아세틸기, 메틸기, 아미노산을 비롯하여 glutathione 등이 제1상반응에서 생성된 극성부위의 포합반응을 통한 친수성으로 전환

〈표 1-9〉 제1상반응과 제2상반응의 화학반응 종류와 관련 효소

화학반응	효소	세포 내 위치
	Phase Ⅰ	
Oxidation	**Alcohol dehydrogenase**	Cytosol
	Aldehyde dehydrogenase	Mitochondria, cytosol
	Aldehyde oxidase	Cytosol
	Xanthine oxidase	Cytosol
	Monoamine oxidase	Mitochondria
	Diamine oxidase	Cytosol
	Prostaglandin H synthase	Microsomes
	Flavin-mono oxygenase	Microsomes
	Cytochrome P450	Microsomes
Reduction	Azo-and nitro-reduction	Microsomes
	Carbonyl reduction	Microflora,
	Disulfide reduction	Cytosol
	Sulfoxide reduction	Cytosol
	Quinone reductase	Cytosol, Microsomes
	Reductive dehalogenation	Microsomes
Hydrolysis	Carboxylesterase	Microsomes, Cytosol
	Peptidase	Microsomes, Cytosol, Blood, Lysosomes
	Epoxide hydrolase	Microsomes, Cytosol
	Phase Ⅱ	
Conjugation	**Glucuronide conjugation**	Microsomes
	Sulfate conjugation	Cytosol
	Glutathione conjugation	Cytosol, Microsomes
	Amino acid conjugation	Mitochondria, Microsomes
	Acetylation	Mitochondria, Cytosol
	Methylation	Cytosol

※ 굵은 글씨의 효소가 본문에서 다루는 주요 효소 군이다. Quinone reductase 및 Epoxide hydrolase 등은 환원 및 가수분해라는 반응 측면에서 보면 제1상반응이지만 대사체의 생체전환 측면에서는 제2상반응에 해당된다. 이러한 제1상반응 및 제2상반응의 구분은 논란이 많다. 본문에서는 제1상반응으로 구분하였지만 실제적으로 제2상반응에 포함되어 설명되었다.

제 2장 제1상반응(Phase I reaction) - Cytochrome P450 - 의존성 생체전환

제2장의 주제

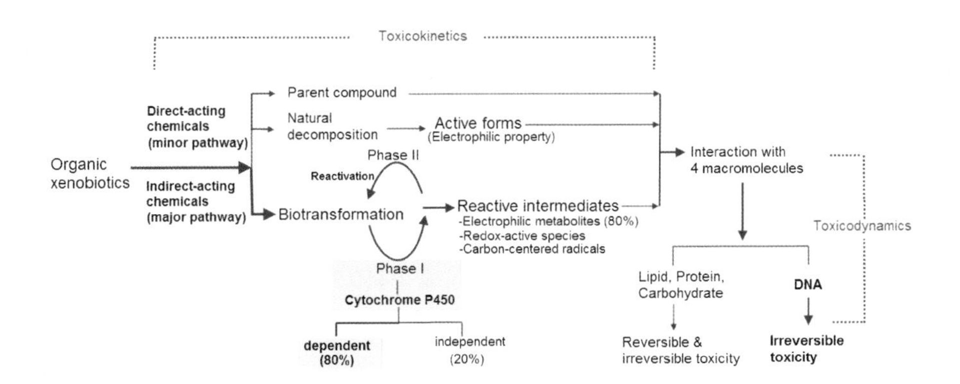

◎ 주요 내용

- Cytochrome P450의 발견과 분류
- Cytochrome P450의 구조(topology)와 기질특이성
- P450의 분포하는 조직, 세포 그리고 세포소기관에 있어서 특이성(specificity)
- Cytochrome P450의 촉매반응 사이클(catalytic cycle)
- P450에 의한 4가지 주요 촉매반응
- P450 유전자 및 유도기전(induction mechanism)
- P450의 활성저해기전

- Toxicants – drug metabolism enzyme families: CYP1, 2, 3
- Extrahepatic tissues에서의 P450 발현 – CYP1, CYP2와 CYP3 계열
- P450의 유도개시와 효소분해

1. Cytochrome P450의 발견과 분류

◎ **주요 내용**

- Cytochrome P450에서 P는 색소, 450(nm)은 최대흡광도를 나타낸다.
- P450의 분류는 효소의 염기서열 또는 아미노산서열의 동일성을 기준으로 이루어지며 현재까지 276군(family)의 약 5,500여 종이 확인되었다.

- **Cytochrome P450에서 P는 색소, 450(nm)은 최대흡광도를 나타낸다.**

Cytochrome P450은 Klingenberg에 의해 P450의 Fe^{2+}에 일산화탄소(Co)가 결합된 형태로 1958년에 최초로 확인되었다. 이후 P450은 미크로좀(microsome: 세포를 파쇄 후 원심분리 시 소포체가 포함되는 분획) Co – 결합 색소(microsomal Co – binding pigment)와 미크로좀 막 – 결합 햄단백질(microsomal memebrane – bound hemoprotein)이라는 것이 밝혀졌으며 1962년에 이르러 Omura와 Sato에 의해 문헌상으로 'cytochrome P450'이라는 단어가 처음 언급되었다. 용어는 'pigment(색소)'에서 'P' 그리고 <그림 2 – 1>에서처럼 Co가 결합한 형태로 450 nm에서 최대 흡광도를 나타낸다는 의미에서 '450'을 합친 'pigment 450' 또는 'P450'에서 유래한다. 또한 cytochrome P450에 대한 기능이 1963년 Estrabrook 등에 의해 확인된 후 다양한 동질효소(isozyme, 동일 촉매반응을 하는 다른 구조의 효소)가 발견되면서 P450, CYP 그리고 CYP450 등으로 약칭되고 있다.

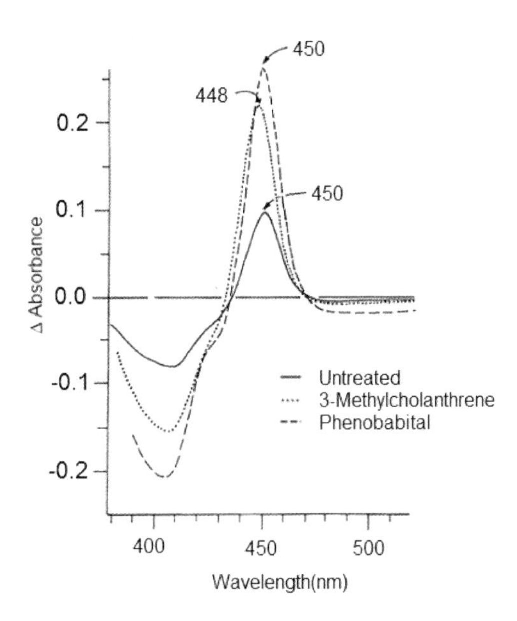

〈그림 2-1〉 **Cytochrome P450의 분광광도 분석 (spectrophotometric analysis):** P450의 발현 유도물질인 phenobarbital와 3-methylcholanthrene 처리 후 미크로좀 분획에서 활성이 증가되는 파장 450 또는 448 nm에서 증가되는 것을 확인할 수 있다(참고: Hasler).

- **P450의 분류는 효소의 염기서열 또는 아미노산서열의 동일성을 기준으로 이루어지며 현재까지 276군(family)의 약 5,500여 종이 확인되었다.**

P450은 1968년에 Lu와 Coon에 의해서 간의 미크로좀에서 처음으로 분리된 후, 현재까지 식물, 박테리아에서부터 사람까지 276군(family)의 약 5,500여 종이 확인되었다. 이 중 포유류에서는 약 1,300여 종이 있으며 이에 대한 유전자 염기서열도 확인되었다. 수많은 종류의 P450에 대한 분류는 1987년 Nebert에 의해 제안된 명명법에 따라 <표 2-1>에서처럼 효소의 염기서열 또는 아미노산서열의 유사성을 기준으로 이루어지고 있다. 일반적으로 염기서열에 있어서 동일성(identity)이 40% 이상일 때 같은 '군'으로 분류되며 동일한 숫자로 표기된다. 염기서열 동일성이 60% 이상일 때는 같은 '하위군(subfamily)'으로 분류하며 '군' 다음에 알파벳으로 표시한다. 마지막 3번째 분류는 각각의 개별 P450 동질효소이며 숫자로 표시된다. 또한 동일한 종에

서 하위군의 유전자들은 동일한 염색체 내 유전자 집단(gene cluster)을 형성하여 존재한다. 지금까지 발견된 P450효소와 새롭게 발견되는 P450에 대한 정보가 웹사이트(drnelson.utmem.edu/CytochromeP450)에 소개되고 있다. 종에 따른 P450의 분류에 따르면, family 1에서 family 49까지는 포유동물이나 곤충, 50에서 99까지는 식물이나 효모 그리고 100 이상에는 세균의 P450이 각각 해당된다. P450의 아미노산 구성에 있어서 동일성이 약 40% 이하로 차이가 있는 군을 형성하는 분기(divergence)까지는 약 2백만 년 그리고 60% 이하 차이가 있는 하위군이 형성하기까지는 약 4억 년이 걸리는 것으로 추정되고 있다.

〈표 2－1〉 Cytochrome P450의 명명법

분류	염기서열의 동일성(identity)	명명 및 표기 (예: CYP2E1)
군(family)	40% 이상	숫자(CYP2)
하위군(subfamily)	60% 이상	영문알파벳(CYP2E)
동질효소(isozyme)	각각의 P450	숫자(CYP2E1)

P450 유전자는 사람의 경우에는 단백질 발현의 능력이 없는 58개의 위유전자(pseudogene)와 기질에 대해 활성이 있는 57개가 있다. 또한 57개의 유전자에서 발현되는 P450은 앞서 언급한 웹사이트의 ‘CYP 명명법위원회(Cytochrome P450 Nomenclature Committee)’에 의해서 <표 2－2>에서처럼 18군과 43하위군으로 분류된다. 대부분의 종에서 P450 유전자가 특정 염색체의 특정 부위에 집단으로 존재하듯이 사람에게 있어서 P450 유전자의 하위군도 특정 염색체에 유전자 하위군 집단지역(gene family cluster region)을 형성하여 위치한다. 동물은 인간보다 P450 유전자가 더 많은 101개를 가지고 있다. 동물이 사람보다 더 많은 이유는 동물이 P450의 기질이 되는 외인성물질을 식물성 먹이를 통해 더 다양하고 더 많이 섭취하기 때문일 것으로 추정된다. 또한 식물성 먹이에 함유되어 있는 heterocyclic amine 및 polyaromatic hydrocarbon 등과 같은 독성물질의 대사에 관여하는 P450이 사람에게는 없

지만 동물에 존재하기도 한다. 특히 P450 효소가 외인성물질의 생체전환을 통해 반드시 무독화 과정만 유도하는 것이 아니라 독성화 과정도 유도한다. 이러한 독성물질에 대한 P450의 유전자의 조절 및 효소 기능에 있어서 사람과 동물 또는 동물과 동물 상호간 차이가 있으며 이러한 차이는 독성물질에 대해 종에 따라 감수성의 차이를 유발하는 주요 원인이 된다. 또한 특정 발암물질의 생체전환과 관련된 P450 효소의 존재 유무는 종에 따라 발암 유무를 추정할 수 있다. 따라서 P450 종류의 차이를 무시할 경우에 동물에서 얻은 결과를 인간에게 적용할 때 왜곡될 수도 있다.

식물 및 하등생물군에서의 P450 활성은 의학적으로 중요한 물질을 생성하는 생합성 반응(synthetic reaction)과 관련되기도 한다. 테르페노이드(terpenoid)는 대표적인 식물성천연화학물질인데 식물의 P450에 의한 생체전환을 통해 생성되어 인체에 생리활성을 주는 2차대사물이다. 하등동물인 세균 *Saccharopolyspora erythraea*에서는 CYP107A1에 의한 macrolide 6-deoxyerythronolide B의 C_6-수산화를 통해 항생제 'erythromycin'이 생성된다. 이와 같이 P450은 사람과 동물을 비롯하여 식물 그리고 하등 생물군인 박테리아, 효모, 곰팡이 등 모든 생물종에 존재하며 또한 모든 생물체에 대한 유전체 프로젝트에 의해 새로운 P450 유전자가 확인되고 있다.

〈표 2-2〉 사람에게 있어서 P450의 분류

군(families)	하위군(subfamilies)	P450 동질효소(P450 isozymes)
CYP1	3 subfamilies, 3 genes, 1 pseudogene	CYP1A1, CYP1A2, CYP1B1
CYP2	13 subfamilies, 16 genes, 16 pseudogenes	CYP2A6, CYP2A7, CYP2A13, CYP2B6, CYP2C8, CYP2C9, CYP2C18, CYP2C19, CYP2D6, CYP2E1, CYP2F1, CYP2J2, CYP2R1, CYP2S1, CYP2U1, CYP2W1
CYP3	1 subfamily, 4 genes, 2 pseudogenes	CYP3A4, CYP3A5, CYP3A7, CYP3A43
CYP4	6 subfamilies, 11 genes, 10 pseudogenes	CYP4A11, CYP4A22, CYP4B1, CYP4F2, CYP4F3, CYP4F8, CYP4F11, CYP4F12, CYP4F22, CYP4V2, CYP4X1, CYP4Z1
CYP5	1 subfamily, 1 gene	CYP5A1

군(families)	하위군(subfamilies)	P450 동질효소(P450 isozymes)
CnYP7	2 subfamilies, 2 genes	CYP7A1, CYP7B1
CYP8	2 subfamilies, 2 genes	CYP8A1(prostacyclin synthase), CYP8B1(bile acid biosynthesis)
CYP11	2 subfamilies, 3 genes	CYP11A1, CYP11B1, CYP11B2
CYP17	1 subfamily, 1 gene	CYP17A1
CYP19	1 subfamily, 1 gene	CYP19A1
CYP20	1 subfamily, 1 gene	CYP20A1
CYP21	2 subfamilies, 2 genes, 1 pseudogene	CYP21A2
CYP24	1 subfamily, 1 gene	CYP24A1
CYP26	3 subfamilies, 3 genes	CYP26A1, CYP26B1, CYP26C1
CYP27	3 subfamilies, 3 genes	CYP27A1(bile acid biosynthesis), CYP27B1(vitamin D3 1-alpha hydroxylase, activates vitamin D3), CYP27C1 (unknown function)
CYP39	1 subfamily, 1 gene	CYP39A1
CYP46	1 subfamily, 1 gene	CYP46A1
CYP51	1 subfamily, 1 gene, 3 pseudogenes	CYP51A1(lanosterol 14-alpha demethylase)

(참고: Cytochrome P450 Nomenclature Committee)

2. Cytochrome P450의 구조(topology)와 기질특이성

◎ 주요 내용

- P450은 4개 α-helix와 β1에서 β5에 이르는 4-5개의 β-sheets로 구성되어 있다.
- P450의 활성부위는 heme prosthetic group이다.
- P450은 6개의 substrate-recognition site가 있으며 P450의 기질특이성을 결정한다.

- P450에는 약 11개의 channel이 있으며 기질에 대한 유연성을 높이고 새로운 기질의 출현 시에 gene duplication이 발생한다.

- **P450은 4개 α - helix와 β1에서 β5에 이르는 4 - 5개의 β - sheets로 구성되어 있다.**

P450은 리보좀(ribosome)이 붙지 않은 활면소포체(SER, smooth endoplasmic reticulum)의 막에 존재하는 막 - 내재 단백질(membrane - associated protein)이며 아미노산 약 400개에서 500개 정도로 구성되어 있다. P450 구조는 1987년 Poulos에 의해 박테리아의 CYP101이 햄단백질 도메인(hemeprotein domain)의 3차원적 분석을 통해 최초로 확인되었다. 또한 여러 세균 - 유래 P450의 X - ray crystallography(X - 선 결정학)를 통해 모든 P450 구조가 protein folding(단백질 접힘) 및 loop(고리) 형성 등의 단백질 위상학(protein topology) 측면과 기능적 측면에서도 유사성이 있는 것으로 밝혀졌다. 일반적으로 P450은 비단백질부분인 heme prosthetic group(햄 - 보결분자단)을 지닌 단백질이다. P450의 군마다 다소 차이가 있지만 A에서 L에 이르는 일련의 14개 α - helix(α - 나선구조)와 β1에서 β4에 이르는 4 - 5개의 β - sheets(β - 병풍구조)로 구성되어 있다. <그림 2 - 2>는 사람의 P450 효소 중에서 가장 많은 외인성물질의 생체전환에 관여하는 CYP3A4에 대한 X - ray crystallography를 이용한 구조이다. 각각의 나선구조와 병풍구조는 P450의 외인성물질에 대한 생체전환에 있어서 다양한 역할을 수행하는 구조를 형성한다.

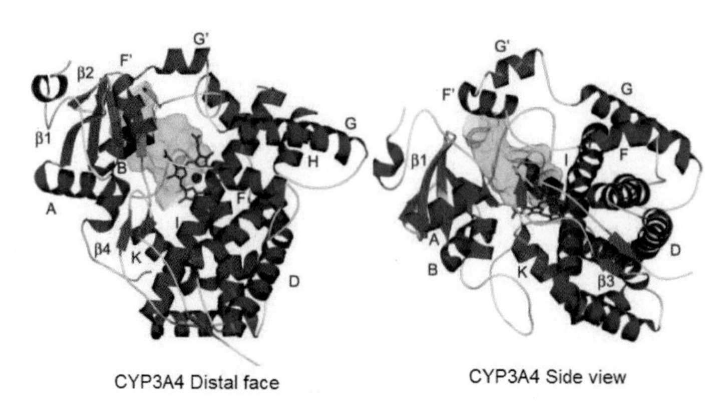

〈그림 2-2〉 **CYP3A4의 X-ray crystallography을 이용한 구조:** Helix 구조는 청색, sheet 구조는 갈색, 코일형 구조는 회색 그리고 heme의 붉은색 막대형으로 표시되었다. Helix와 sheet는 영문대문자와 β로 표기되었다(참고: Yano).

- **P450의 활성부위는 heme prosthetic group이다.**

<그림 2-3>에서처럼 P450의 heme prosthetic group(햄-보결분자단)은 I-helix와 L-helix 사이에서 3가철이온(Fe^{III})-protoporphyrin-IX으로 구성되어 있다. 철이온은 단백질 내부의 인접한 cysteine 리간드의 S와 공유결합으로 연결되어 있다. Heme prosthetic group의 철이온은 전자를 받아들이며 산소와 복합체를 형성하여 기질 산화를 촉매하는 활성부위(active site)이다. 활성부위의 cysteine 잔기를 비롯한 염기서열은 대부분의 P450에서 공통적으로 확인되고 있다.

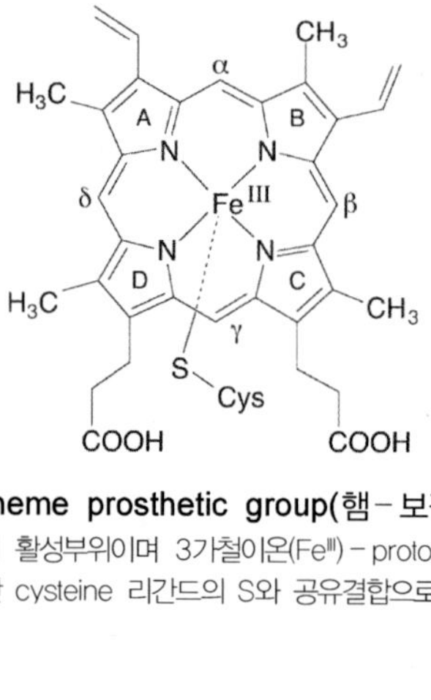

〈그림 2-3〉 **P450의 heme prosthetic group(햄-보결분자단):** 햄-보결분자단은 P450의 활성부위이며 3가철이온(Fe^{III})-protoporphyrin-IX가 단백질 내부의 인접한 cysteine 리간드의 S와 공유결합으로 연결되어 있다.

- **P450은 6개의 substrate－recognition site가 있으며 P450의 기질특이성을 결정한다.**

P450 구조의 기능적인 측면에서 기질 산화가 이루어지는 활성부위와 더불어 기질을 인식하는 기질인식부위(substrate－recognition site, SRS)가 있다. P450 X－ray crystallography를 통해 P450 효소에 존재하는 SRS의 수는 SRS1부터 SRS6까지의 6개로 확인되었다. SRS1은 B－와 C－helix 사이의 고리(loop), SRS2와 SRS3은 F와 G helix 사이에 위치, SRS4는 heme 위로 뻗어 있는 I helix에 위치, SRS5는 1－4β－plated sheet의 N－terminus 그리고 SRS6은 촉매반응부위로 돌출된 4번 β－plated sheet의 말단에 위치한다.

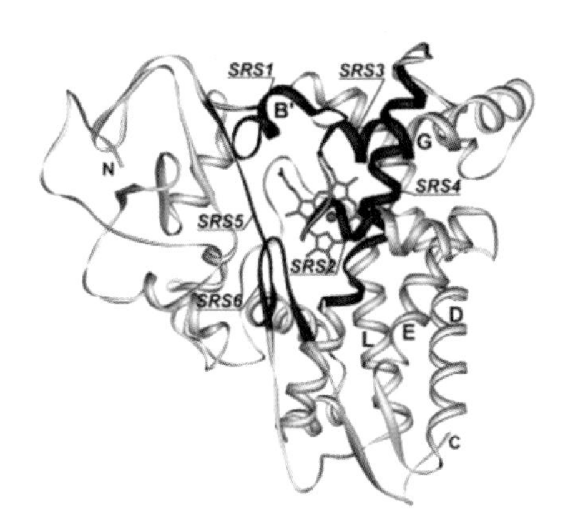

〈그림 2－4〉 Cytochrome P450의 Substrate Recognition Sequence(SRS): 특이적으로 SRS는 단백질의 형태를 결정지어 주는 folding 또는 loop가 있는 곳에 위치한다. 그림에서 검은 부분에 SRS가 존재한다. SRS1은 B와 C helix 사이의 고리(loop), SRS2와 SRS3은 F와 G helix 사이에 위치, SRS4는 heme 위로 뻗어 있는 I helix에 위치, SRS5는 1－4β－plated sheet의 N－terminus 그리고 SRS6은 촉매반응부위로 돌출된 4번 β－plated sheet의 말단에 위치한다(참고: Denisov).

P450 내 SRS는 α－helix와 β－sheets에 의해 형성된 loop 지역에 특이적으로 존재한다. 이들 영역은 모든 P450의 아미노산서열 차이에 있어서 20% 이하 정도로 동일성이 확인되고 있다. 그러나 이러한 미미한 차이에도 불구하고 SRS가 서로 다른 기질특이성을 갖는 이유는 SRS 내 특정아미노산 잔기에서의 차이와 SRS의 C－terminal과 N－terminal 차이에 의한 Cα backbone

(Cα는 아미노산의 −COO−와 −NH_2의 연결하는 탄소)의 차이에 기인한다. 이들 차이는 SRS 내의 에너지 크기, 공간 및 거리 등의 물리적 차이를 유발하여 기질을 선택적으로 접촉하게 하는 SRS의 기질−인식 기전(substrate−recognition mechanism)에 있어서 가장 중요한 요인이다. 특히 SRS의 Cα backbone은 P450 활성부위의 heme을 가로로 지나고 있기 때문에 이와 병행하는 구조를 지닌 기질의 접촉에 중요하다. <그림 2−5>는 박테리아에서 분리된 CYP3A4의 SRS와 주요 기질 인식 아미노산을 나타낸 것이다. SRS1에서는 Ser−119, SRS2에서는 Leu−210, SRS4에서는 Ile−301, SRS5에서는 Leu−373, SRS6에서는 Leu−479가 주요 기질−인식 아미노산잔기인 것으로 추정되고 있다. 이들 아미노산에는 적어도 하나 이상의 기질과 접촉하는 원자를 가지고 있다. 즉 여러 SRS 아미노산서열 중 기질과 접촉하는 원자가 어느 아미노산서열에 있느냐에 따라 기질의 종류가 달라진다. SRS4는 C−terminal 말단에 이러한 원자가 있는데 이곳에는 방향족 구조를 가진 기질이 접촉한다. 반면에 SRS4의 N−terminal 말단에는 탄소사슬 구조를 지닌 기질과 접촉하는 원자가 있다. 이와 같이 SRS에 의한 기질−인식 차이 또는 기질 특이성은 다음과 같이 2가지 요인에 의해 결정된다.

- SRS의 Cα backbone에 상대적인 기질의 정향성
- 기질과 접촉하는 SRS 내의 특정 아미노산잔기의 위치

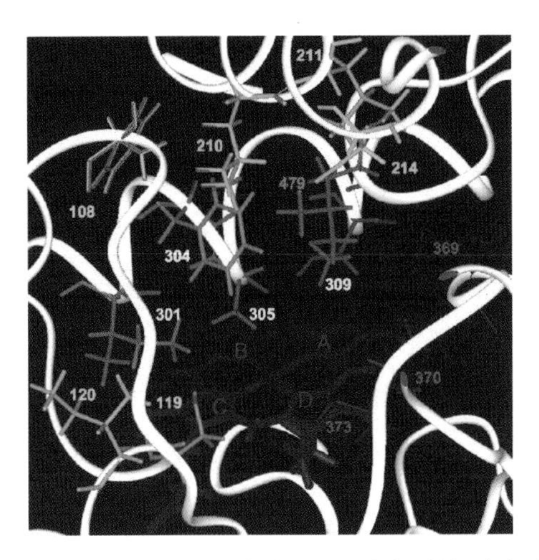

〈그림 2－5〉 박테리아의 **CYP3A4**의 **SRS**와 주요 기질 인식 아미노산: SRS1: 엷은 청색, SRS2: 녹색, SRS4: 노란색, SRS5: 자주색, SRS6: 오렌지색, Heme의 pyrrole ring: 붉은색의 영문대문자(SRS3는 안 보임). SRS1에서는 Ser－119, SRS2에서는 Leu－210, SRS4에서는 Ile－301, SRS5에서는 Leu－373, SRS6에서는 Leu－479가 주요 기질－인식 아미노산잔기인 것으로 추정되고 있다(참고: Yamaguchi).

- **P450에는 약 11개의 channel이 있으며 기질에 대한 유연성을 높이고 새로운 기질의 출연 시에 gene duplication이 발생한다.**

P450의 구조에 있어서 또 다른 특징적인 것은 채널(channel)이다. 채널은 14개 α－helix와 4 또는 5개의 β－sheets에 의해 형성된 folding과 loop로 형성된다. 채널은 P450의 A－L helix 중 어느 helix에 위치하느냐에 따라 class 1에서 5까지를 비롯하여 물채널(water channel)과 용매채널(solvent channel) 등 7종류로 분류된다. 또한 동일한 helix이라도 loop 구조와 β－sheets와의 관련성에 따라 하위군(subclass)으로 분류된다. 대부분의 P450에서 가장 일반적인 채널은 P450의 활성부위를 덮고 있는 F－와 G－helix에 있다. 현재까지 모든 P450 효소 중에서 약 11개의 channel이 확인되었다. 각 채널의 기능은 기질의 촉매반응부위가 heme이 존재하는 활성부위로의 접근을 유도하고 P450 효소의 촉매반응을 통해 생성된 생성물의 방출을 유도하는 것이다. 또한 채널은 반응과 관련된 전자, 양자 그리고 물의 이동통로 역할을 하는 것으로 추정되고 있다. 특히 용매채널인 경우에는 물분자뿐만 아니라 기질과 생

성물의 이출입을 담당하는 역할도 한다. <그림 2-6>에서처럼 SRS와 더불어 채널은 다양성과 유연성으로 인하여 P450의 광범위한 기질을 촉매할 수 있는 또 다른 기전으로 추정된다.

대부분의 효소는 촉매반응에 있어서 특정 물질만 촉매하는 기질특이성(substrate specificity)이 있다. P450도 마찬가지로 특정 외인성물질만 촉매하는 기질특이성이 있다. 그러나 P450이 일반적인 효소들의 기질특이성과 비교하여 다른 점은 체내에 들어오는 다양한 종류의 외인성물질에 대해 촉매반응을 수행할 수 있도록 기질에 대해 다양성 및 광범위성을 가지고 있다는 것이다. 즉 일반적인 효소는 생명체의 항상성 유지에 필요한 물질을 신속하고 다량으로 공급해야 한다는 중요성 때문에 기질마다 촉매반응을 수행하는 효소가 있어 기질의 수가 제한적인 특성을 갖는다. 그러나 P450은 항상 존재하는 내인성물질과는 달리 간헐적으로 체내에 들어오는 외인성물질마다 촉매반응을 수행하여야 한다. 이러한 외인성물질은 개체가 지금까지 경험하지 못한 물질인 경우가 많으며 또한 개체마다 경험하는 물질의 종류가 다르다. 따라서 외인성물질의 새로운 기질이라는 것에 대해 항상 탄력적으로 대응하여 촉매반응을 수행할 수 있는 기질에 대한 구조적 유연성(flexibility)이 필요하다. 그러나 여러 기질에 대해 유연성을 가진다고 기질특이성이 상실하는 것은 아니다. 유사한 기질에 대해 탄력적으로 대응하여 결합할 수 있는 유연한 구조를 가지고 있다. 예를 들면 CYP3A4는 체내에 들어오는 외인성물질의 약 40% 정도의 촉매반응을 관여할 정도로 광범위한 기질의 촉매반응을 수행할 수 있는 기질에 대해 유연성을 가지고 있다. 이러한 구조적 유연성은 기질이 결합할 수 있는 결합부위의 변형에 의해 이루어지는데 이는 channel의 유연성에 기인한다. 이러한 channel의 유연성이 P450에 의해 수많은 기질이 생체전환이 가능한 주요 원인이다.

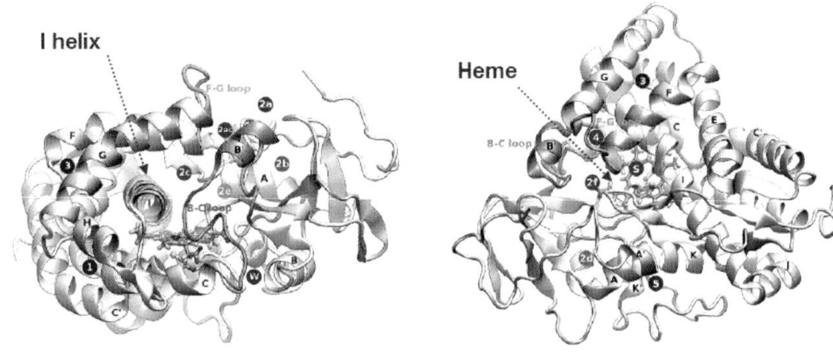

〈그림 2-6〉 **Cytochrome $P450_{cam}$(CYP101)의 결정구조:** 명명법에 의하면 CYP101군인 세균의 P450의 이름은 포유동물과는 다르게 불리고 있다. $P450_{cam}$은 *Pseudomonas putida*으로부터 분리되었으며 최초로 x-ray crystallography를 통해 3차원적 구조가 확인되었다. 이러한 연유로 cytochrome P450의 일반적 모델로 많이 사용되고 있다. 약 400~500개의 아미노산으로 구성된 P450 단백질은 14개 α-helix와 5개의 β-sheets 형태이다. 이들은 접힘(folding)과 고리(loop)를 형성하여 여러 channel를 만든다. 이들 채널은 촉매반응에 필요한 물과 산소뿐 아니라 기질이 햄이 있는 활성부위에 접근하는 통로가 된다. (A)는 측면에서 본 I helix 방향, (B)는 위쪽에서 본 heme 방향의 그림이다. 영문대문자는 helix와 sheet를 나타내며 loop는 B-C loop와 F-G loop가 있다. 숫자와 알파벳(2c, 2ac, 2a, 2f, 2b. 2e, 2d, 4, 1, 3)은 여러 channel를 나타내며 특히 푸른색의 S는 기질의 channel이며 w는 물분자를 위한 channel이다. 하늘색의 heme 구조에는 여러 색의 원자들이 결합되어 있다(참고: Cojocaru).

<그림 2-7>은 세균, 포유류 등으로부터 분리된 P450의 채널에 대한 결정구조이다. P450의 종류에 따라 채널의 모양은 다르다. 이러한 차이점은 채널을 이출입하는 기질에 대한 특이성을 제공한다. 특히 채널은 SRS에서 인식할 수 없는 기질의 촉매반응을 유도할 수 있는 또 다른 통로이기 때문에 P450의 기질에 대한 광범위성을 제공하는 또 다른 구조물이다. 따라서 P450의 SRS 구조는 기질특이성, channel은 기질의 다양성을 결정하는 요인이며 구조적 특징은 다음과 같다.

- α-helix와 β-sheets에 의해 형성된 loop 지역에 특이적으로 존재하는 6개의 SRS
- A-L helix에 위치한 class 1에서 5까지를 비롯하여 물채널(water channel)과 용매채널(solvent channel) 등 11 종류의 channel

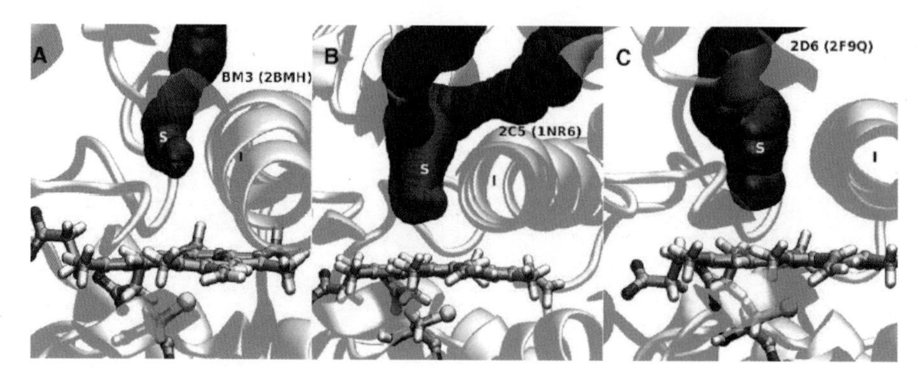

〈그림 2 - 7〉 여러 P450 효소의 다양한 용매채널(Solvent channel): (A) 세균의 $P450_{BM3}$의 물이 통과하는 좁은 용매채널, (B)는 두 개의 가지(branch)를 지닌 포유류 CYP2C5의 용매채널이며 물분자 통과, (C)는 포유류 CYP2D6의 용매채널로 비교적 넓고 기질과 생성물의 이출입이 이루어진다(참고: Cojocaru).

이와 같이 SRS 및 channel은 기질특이성과 기질의 다양성을 결정하는 P450의 중요한 구조이다. 그러나 이들에 의한 기질특이성과 기질의 다양성은 수천만 식물의 종에 포함되어 있는 수많은 식물성천연화학물질 전체에 대한 대사에는 한계가 있을 수밖에 없다. 또한 새로운 식물의 탄생으로 새로운 기질에 대한 기존의 P450의 촉매반응에는 한계가 있다. 새로운 기질에 대한 한계 때문에 새로운 P450 동질효소의 필요성을 가진 유전자는 이웃한 위치에서 <그림 2 - 29>에서처럼 유전자중복을 통해 새로운 P450 유전자를 만들게 된다. 이를 통해 새로운 기질에 대한 촉매반응 한계를 극복하면서 P450의 새로운 동질효소가 탄생하게 된다. 이러한 연유로 현재까지 모든 생명체에서 오랜 시간을 걸쳐 약 5,500종류의 수많은 P450 유전자가 존재하게 되고 또한 동일한 염색체의 일정한 부위에 다수의 P450 유전자가 위치한 'P450 gene family cluster region'이 형성된 이유이다. 이와 같이 P450 효소는 외인성물질에 대한 P450의 기질특이성과 광범위한 기질의 다양성은 다음과 같이 3가지 요인으로 요약된다.

- 6개의 SRS: 기질특이성
- 11개의 channel: 기질특이성과 기질다양성
- Gene duplication: 기질다양성

3. P450의 분포하는 조직, 세포 그리고 세포소기관에 있어서 특이성(specificity)

◎ 주요 내용

- P450은 외인성물질의 이화작용뿐만 아니라 생리활성물질의 동화작용에도 관여하기 때문에 기관, 조직과 세포 등에 있어서 분포에 대한 특이성이 있다.

- P450이 분포되어 있는 세포소기관은 활면소포체의 막과 및 미토콘드리아의 내막이다.

- 세포소기관인 미토콘드리아와 소포체에 대한 P450 분포는 signal sequence에 의존한다.

- **P450은 외인성물질의 이화작용뿐만 아니라 생리활성물질의 동화작용에도 관여하기 때문에 기관, 조직과 세포 등에 있어서 분포에 대한 특이성이 있다.**

독성학 측면에서 P450 기능이 외인성물질의 이화작용(catabolic reaction)이라면 P450 분포는 당연히 해독의 중추기관인 간에 집중되어 설명된다. 그러나 <그림 2-8>에서처럼 P450은 생체 내에서 동화작용(anabolic reaction)을 통해 생리활성물질의 합성에도 관여하여 생체의 항상성(homeostasis)을 유지하는 데 중요한 역할을 한다. 이러한 생체의 항상성 유지를 위한 P450의 기능으로는 호르몬 합성과 대사(hormone biosynthesis and metabolism), 지방산 대사(fatty acid metabolism), 담즙산 생합성(bile acid biosynthesis) 그리고 thromboxane 합성(thromboxane synthesis) 등이 있다.

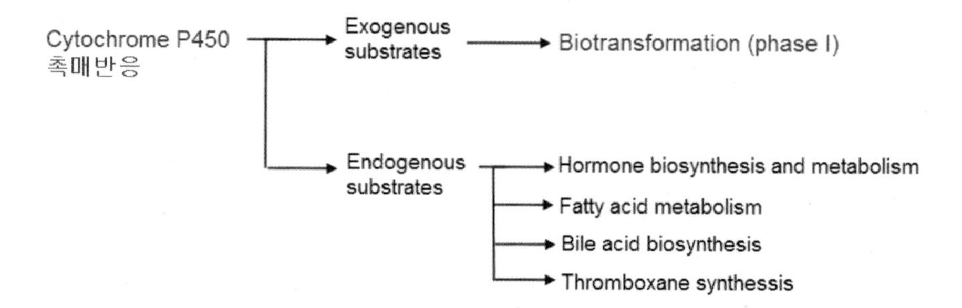

〈그림 2-8〉 Cytochrome P450의 주요 기능: 외인성물질의 생체전환뿐 아니라 P450은 생체의 항상성 유지에 대한 기능으로는 호르몬 합성과 대사, 지방산 대사, 담즙산 합성 그리고 thromboxane 합성 등 중요한 역할을 한다.

항상성을 위해 이러한 중요한 역할을 수행하기 때문에 다양한 조직, 세포 및 세포소기관에서 P450의 특이적 발현 및 활성이 이루어진다. <표 2-3>은 sterol, fatty acid, eicosanoids, vitamin과 외인성물(xenobiotics) 등의 기질 종류에 따라 포유동물에서 P450의 생리적 기능 그리고 조직 및 기간에서의 분포 등을 요약한 것이다. 포유동물에서 P450은 간을 비롯한 신장, 폐, 부신, 생식선, 뇌 그리고 여러 다양한 조직에서 동시 다발적으로 발현된다. 이러한 포유동물의 조직 및 세포에 있어서 P450 분포의 비율은 종마다 차이가 있다. 랫드의 경우에는 전체 P450 중 70%가 간에 존재하며 나머지는 신장을 비롯하여 소장, 폐 등에 약 25% 그리고 심장, 근육과 뇌에 소량 존재한다. 사람에 있어서 P450의 약 57종도 <표 2-3>에서처럼 촉매하는 기질에 따라 분류되며 'unknown(불확실)'에서처럼 15종류의 P450은 정확한 기질이 알려지지 않았거나 기능이 확인되지 않았다. 약물 및 독성물질 등과 같은 외인성물질 대사에 주로 관여하는 P450은 대부분 CYP1, CYP2와 CYP3 군이며 '독물-약물 대사효소군(toxin-drug metabolism enzyme families)'이라고 한다. 일반적으로 P450은 세포 내에서 두 세포소기관인 소포체를 포함하는 미크로좀과 미토콘드리아 내막에 분포하는데 대부분 독물-약물 대사효소군의 P450은 간의 소포체에 집중되어 존재한다. 다수의 P450이 내인성물질 대사에 관여하는 효소로 분류되지만 외인성물질 대사에도 관여하며 마찬가지로 P450이 독물-약물 대사효소군으로 분류되지만 내인성물 대사에도 관여한다. 예를 들어 CYP3A4와 CYP2D6은 간으로 들어오는 외인성물질 70% 이상의 대사에 관여하지만 내인성물질인 vitamin D3의 25-hydroxylation에서 oxysterol과 담즙산 생합성에 관여한다.

〈표 2-3〉 기질의 종류에 따른 cytochrome P450의 분류와 분포

기질	생리적 역할	분포의 주요 기관 및 조직
Sterols		
1B1	Androgen metabolism, retinoic acid metabolism	Adrenal gland, ovary, testis, lung, prostate
7A1	Bile acid synthesis	Liver
7B1	Bile acid synthesis	Brain, testis, ovary, prostate, liver, colon, kidney, small intestine
8B1	Bile acid synthesis	Liver
11A1	Steroid hormone synthesis - first step	Steroidogenic tissues
11B1	Steroid hormone synthesis	Adrenal cortex
11B2	Steroid hormone synthesis	Adrenal cortex
17	Steroid hormone synthesis	Adrenal cortex
19	Steroid hormone synthesis(Estrogen)	Brain, placenta and gonads
21A2	Steroid hormone synthesis	Adrenal cortex
27A1	Bile acid synthesis(also hydroxylation of vit. D_3)	Liver+many other tissues
39	Bile acid synthesis	Liver
46	Cholesterol homeostasis un the brain	Brain
51	Cholesterol synthesis	Ubiquitously expressed, highest levels in testis, ovary, adrenal, prostrate, liver, kidney, lung
Fatty acids		
2J2	Arachidonic acid epoxidation	Heart, kidney+other tissues
2U1	Hydroxylation of ling chain fatty acids	Thymus, brain
4A11	ω-and(ω-1)-hydroxylation of saturated fatty acids	Kidney, liver
4B1	ω-and(ω-1)-hydroxylation of saturated fatty acids	Lung
Eicosanoids		
4F12	Leukotriene metabolism	Small intestine, liver, colon, heart
4F2	Leukotriene metabolism	Liver
4F3	Leukotriene metabolism	Leukocytes

기질	생리적 역할	분포의 주요 기관 및 조직
4F8	Production of 19R- hydroxyprostaglandins	Seminal vesicle, prostate, liver
5A1	Thromboxane-A_2 synthase	Platelets, lung, kidney, spleen, macrophages, lung, fibroblasts
8A1	Prostaglandin-I_2 synthase	Heart, vascular endothelial cells, ovary, skeletal muscle, lung, prostate...
Vitamins		
2R1	25-hydroxylation of vit. D_3	Liver
24	24-hydroxylation of 1,25-dihydroxyvitamin D_3	kidney
26A1	Retinoic acid metabolism	Highest levels in adult liver, heart, pituitary gland, adrenal gland, placenta, brain
26B1	Retinoic acid metabolism	Highly expressed in brain, particularly in the cerebellum, pons
26C1	Retinoic acid metabolism	Low levels in most tissues
27B1	25-hydroxylation of vit. D_3 1-alpha-hydroxylase	Kidney
Xenobiotics	(toxin-drug metabolism enzyme families)	
	1A1, 1A2, 2A6, 2A13, 2B6, 2C8, 2C9, 2C18, 2C19, 2D6, 2E1, 2F1, 3A4, 3A5, 3A7	
Unknown	2A7, 2S1, 2W1, 3A43, 4A22, 4F11, 4F22, 4V2, 4X1, 4Z1, 20, 27C1	

※ 다수의 P450이 내인성물질 대사에 관여하는 효소로 분류되지만 외인성물질 대사에도 관여하기 때문에 본 분류가 절대적이지는 않다(참고: Seliskara).

<그림 2-9>에서처럼 P450의 내인성물질의 대사와 관련하여 대표적인 기질은 arachidonic acid이며 그 외 epoxyeicosatrienonic acid와 hydroxyeicosatetraenoic acid 등이 있다. 이들 기질은 P450 대사에 의해 다양한 생리활성물질로 전환된다. 이러한 P450에 의한 내인성물질의 대사경로는 간에서 처음으로 확인되었지만 뇌, 신장, 폐, 심장을 비롯하여 혈관 등에서도 확인되고 있다. 특히 P450에 의한 조직-특이적 arachidonic acid 대사는 항상성 조절에 중요한 역할을 한다. CYP2 계열(사람의 2B, 2C8, 2C9, 2C10과 2J2)은 epoxygenase 역할을 통해 arachidonic acid를 비롯한 다양한 epoxide 화합물을 생성한다. 또한 CYP4A 계열은 arachidonic acid ω-hydroxylase 역할을

통해 ω와 ω－1 hydroxyeicosatetraenoic acid 생성을 유도하여 혈관 조절 기능에 있어서 중요한 역할을 한다. CYP51의 경우에는 <그림 2－9>에서처럼 콜레스테롤 합성의 첫 단계에서 중요한 역할을 하는데 사람을 비롯한 다양한 포유동물의 고환, 난소, 부신(adrenal grand), 간, 신장, 전립선 그리고 폐 등에 존재한다. 일반적으로 CYP51은 소포체에 존재하는데 정자에서는 선체(acrosome)의 발달에 관련된 골지체에 존재한다. 이러한 측면은 P450이 세포가 필요한 기능을 위해 여러 세포소기관으로 이동하여 역할을 한다는 것을 의미한다.

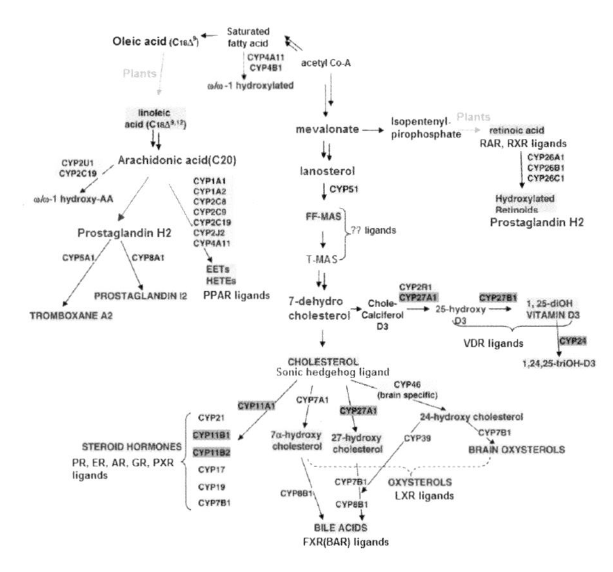

〈그림 2－9〉 **내인성물질의 대사에 관련된 P450의 종류:** 미토콘드리아 P450은 오렌지색, 미크로좀 또는 소포체 P450은 노란색, P450에 의한 주요 생성물은 보라색으로 표시되었다. Linoleic acid와 retinoic acid는 사람에게 있어서 필수지방산인데 식물에서만 생성된다(참고: Seliskara).

- **P450이 분포되어 있는 세포소기관은 활면소포체의 막과 및 미토콘드리아의 내막이다.**

세포소기관에서의 P450의 특이적 활성은 미크로좀 및 미토콘드리아 등 두 소기관에서 기능적 측면을 통해 이해할 수 있다. 간세포에 있어서 P450의 세포소기관의 분포는 미크로좀막(microsomal membrane)에 약 80%가 존재하며 나머지는 미토콘드리아내막(inner mitochondria membrane)에 존재한다. 사람에 있어서 미토콘드리아의 P450은 스테로이드와 vitamin D3 생합성에 관여한다. 일반적으로 미토콘드리아 내막의 P450을 Type Ⅰ 또는 mitochondrial P450 그리고 미크로좀의 리보좀(ribosome)이 부착되지 않은 활면소포체(SER, smooth endoplasmic reticulum)에 존재하는 P450을 Type Ⅱ 또는 microsomal P450으로 구분된다. Microsomal P450인 경우 대부분 SER에 존재하는 것으로 알려졌으나 일부 리보좀이 붙어 있는 조면소포체(rough endoplasmic reticulum, RER)에도 존재하는 것으로 최근 확인되고 있다. Microsomal P450 및 mitochondrial P450 등의 두 종류에서 가장 큰 차이는 P450의 촉매반응에 필요한 전자(electron, NAD(P)H로부터 공여)를 전달하는 전자전달계(electron-transfer chain)의 차이에 기인한다. Type Ⅰ P450의 전자전달계는 ferredoxin reductase(페레독신 환원효소)이며 Type Ⅱ P450은 NADPH cytochrome P450 reductase(또는 P450 oxidoreductase, 환원효소가 전자를 전달되는 과정에서 산화형 또는 환원형이 되기 때문에 산화-환원효소)이다. 그러나 최근에는 다양한 P450 유전자가 확인되면서 NAD(P)H로부터 P450의 반응부위에 어떻게 전자가 전달되는가에 따라 4 class로 분류된다. Class Ⅰ는 FAD-containing reductase인 ferredoxin reductase에 의해 전자를 받는 P450, Class Ⅱ는 FAD/FMN-containing reductase인 NADPH cytochrome P450 reductase에 의해 전자를 받는 P450, Class Ⅲ은 전자공여가 없이 자체적으로 전자를 해결하는 P450 그리고 Class Ⅳ는 NAD(P)H로부터 직접적으로 전자를 받는 P450으로 구분되기도 한다. 그 외 P450의 기질에 따라 다소 차이가 있으며 <표 2-4>에서처럼 인간의 57개 P450 유전자 중 7개가 Type Ⅰ 그리고 50개가 Type Ⅱ P450 유전자이다. 그러나 외인성물질 대사와 관련된 대부분의 P450은 NADPH cytochrome P450 reductase에 의해 전자가 공급되며 미크로좀 막에 위치하는 Type Ⅱ이다.

〈표 2-4〉 P450의 Type I과 Type II 비교

	Type I 또는 mitochondrial P450	Type II 또는 microsomal P450
세포소기관의 위치	포유동물의 미토콘드리아 (특히 뇌조직)와 박테리아	포유동물의 활면소포체
전자전달계	ferredoxin reductase	NADPH cytochrome P450 reductase(또는 P450 oxidoreductase)
기질 또는 기능	sterol 생합성	외인성물질 대사 외에 sterol, fatty acid, eicosanoid 생합성
P450 하위군 종류(인간)	57 종류 중 7 효소: CYP11A1, CYP11B1, CYP11B2, CYP24, CYP27A1, CYP27B1, CYP27C1	57종류 중 50효소

- **세포소기관인 미토콘드리아와 소포체에 대한 P450 분포는 signal sequence에 의존한다.**

미토콘드리아에 존재하는 대부분의 단백질은 핵의 유전자로부터 mRNA 전사, 세포질에서 합성 그리고 미토콘드리아로의 이동 등의 순서를 통해 생성된 것이다. 이와 마찬가지로 P450 단백질도 핵에서 전사, 세포질에서 합성되어 자체 단백질의 signal sequence(신호성 아미노산서열)에 의해 미토콘드리아 내막 또는 활면소포체에 위치한다. 대부분의 경우에 signal sequence는 P450 단백질의 N-terminus에 있으나 몇몇 경우에는 C-terminus에 존재하기도 한다. 그러나 이들 signal sequence가 모든 P450 단백질에 공통아미노산서열(consensus sequence)로 존재하는 것은 아니다. Signal sequence는 양이온성 및 소수성을 지닌 아미노산잔기 영역을 포함하고 있어 친수성과 소수성을 모두 갖고 있는 양친매성(amphiphilic)의 2차구조를 형성하고 있다. P450의 미토콘드리아로의 이동을 위해 signal sequence의 양친매성 중 친수성 부위가 미토콘드리아 외막에 존재하는 음이온성 아미노산잔기가 풍부한 수입수용체(import receptor)에 의해 인식된다. 또한 signal sequence의 양친매성 중 소수성 부위는 소수성을 나타내는 아미노산 잔기에 붙어 있는 signal recognition particle(SRP, 신호인식입자)이며 활면소포체의 막에 존재하는 SRP 수용체에 의해 인식되어 P450 결합에 기여한다. P450의 signal sequence와

미토콘드리아 외막의 수입수용체 또는 활면소포체의 SRP 수용체가 각각의 특성에 의한 상호작용을 통해 인식하는 기전을 signal - receptor recognition (신호 - 수용체 인식작용)이라고 한다. 이러한 인식기전에 의해 세포질에서 합성된 P450이 각각 미토콘드리아와 소포체로 이동한다. 특히 미토콘드리아 외막의 수입수용체에 인식되어 외막을 통과한 P450은 내막의 수송단백질(translocase)에 의해 미토콘드리아 기질(matrix)로 이동하게 된다. 기질에서 P450 signal sequence의 N - terminus는 단백분해효소(protease)에 의해 제거되며 기질 쪽으로 향하여 내막에 안착하게 된다.

<그림 2 - 10>은 CYP2B1이 세포질의 cAMP의 농도에 따라 활면소포체와 미토콘드리아에 안착하는 기전을 설명한 것이다. CYP2B1의 N - terminus에는 ER(endoplasmic reticulum, 소포체) - targeting/transmembrane 도메인, mitochondria - targeting 도메인 그리고 Ser128 위치의 인산화 도메인 등이 있다. 합성된 CYP2B1은 세포질에서 SRP에 의해 처음으로 인식된다. SRP는 ribonucleoprotein 복합체이며 리보좀에서 합성된 CYP2B1의 ER - targeting/transmembrane 도메인에 결합하여 활면소포체의 SRP 수용체(SRP receptor)에 결합하여 위치한다. 그러나 세포질에 cAMP 농도가 높을 경우 CYP2B1의 Ser128 위치에 인산화가 유도되어 SRP가 결합할 수 없으며 동시에 미토콘드리아 외막의 수입수용체와 양이온성의 mitochondria - targeting 도메인과 signal - receptor recognition을 통해 미토콘드리아로 이동한다.

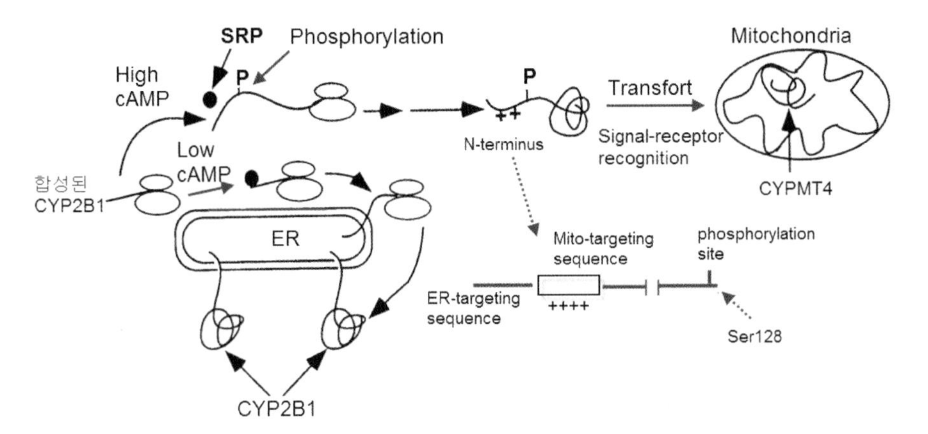

〈그림 2-10〉 **CYP2B1의 미토콘드리아로의 이동 기전:** CYP2B1의 N-terminus에 존재하는 signal sequence의 chimeric 특성은 세포질 내의 cAMP 농도에 반응하여 활면소포체 또는 미토콘드리아로 이동한다. ER: endoplamic reticulum, Mito: mitochondria, SRP: signal recognition particle(참고: Hindupur).

4. Cytochrome P450의 촉매반응 사이클(catalytic cycle)

◎ 주요 내용

- P450은 기질에 산소원자를 첨가하며 이에 필요한 전자를 NADPH로부터 얻기 때문에 monoxygenase라고 한다.
- P450의 catalytic cycle은 9단계로 구분되는 다단계 반응 과정이다.
- P450의 촉매반응에서는 rate-limiting step이 존재하며 shunt pathway에 의해 ROS가 생성될 수 있다.

- **P450은 기질에 산소원자를 첨가하며 이에 필요한 전자를 NADPH로부터 얻기 때문에 monooxygenase라고 한다.**

일반적으로 P450에 의한 촉매반응은 Type Ⅱ인 microsomal P450에 의한 과정을 의미한다. P450에 의한 대사는 산소분자의 원자 하나를 기질에 첨가하여 이루어지는 반응이기 때문에 일산소화반응(monooxygenation)이라고 하며 P450은 일산소화효소(monooxygenase)라고 한다. <그림 2-11>에서처럼 일산소화반응 과정에서 NADH 또는 NADPH으로부터 P450을 통해 기질에 전자가 제공되는데 P450에 전자를 전달하는 효소체계를 전자전달계(electron transport system)라고 한다. P450의 기질 촉매반응과 관련하여 전자전달을 수행하는 대표적인 효소는 cytochrome P450 reductase이며 때에 따라 cytochrome b_5도 전달에 관여한다. 물론 전자전달에 관여하는 효소도 P450과 이웃하여 활면소포체의 막에 결합되어 있다. 이와 같이 기질에 산소를 추가하는 과정에서 P450뿐만 아니라 여러 효소가 관여하는 과정이기 때문에 혼합기능-산화반응(mixed-function oxidation)이라고 한다. 또한 여러 효소로 구성된 시스템 속에서 산화반응이 이루어지기 때문에 P450은 혼합기능 산화효소(mixed-function oxidase, MFO)라고 불리기도 한다. 그러나 최근에는 P450에 대한 명칭은 MFO보다 cytochrome P450 system(또는 P450 system)로 불리고 있으며 기능적인 측면의 효소 분류에서 일산소화효소로 일반화되어 가고 있다. 특히 일산소화효소는 기질에 하나의 산소원자를 추가하는데 환원력(reducing power)의 전자를 어떻게 획득하느냐에 따라 2가지, 즉 내인성 일산화효소(internal monooxidase)와 외인성 일산소화효소(external monooxidase)로 구분된다. 내인성 일산소화효소는 환원력을 위한 전자를 기질에서 발췌하며 외인성 일산소화효소는 NADPH와 같이 외부 환원제(external reductant)에서 전자를 얻는다. 따라서 P450인 경우에는 전자를 NADPH로부터 얻기 때문에 외인성 일산소화효소라고 할 수 있다.

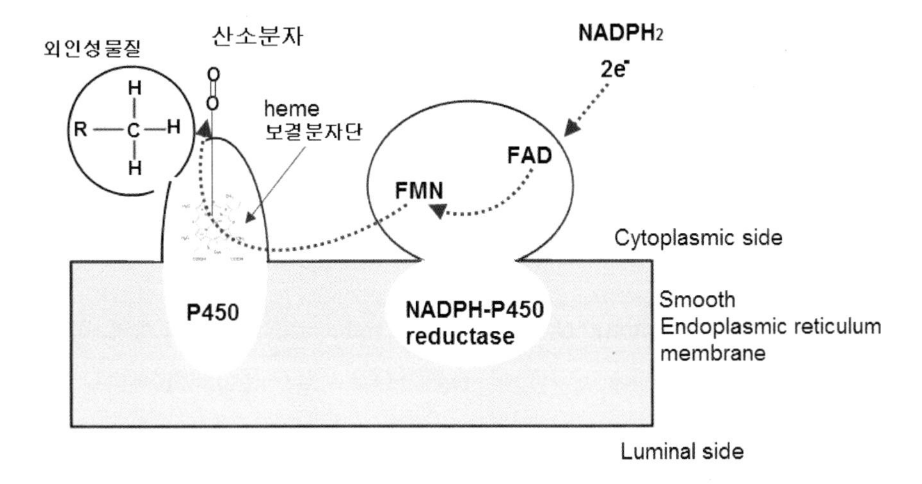

〈그림 2-11〉 P450 system과 cytochrome P450 reductase의 전자전달계: (⋯→)는 전자의 이동경로를 나타내며 P450의 촉매반응에 필요한 2개의 전자가 활면소포체 막에 존재하는 cytochrome P450 reductase에 의해 NAD(P)H로 P450으로 전달된다. 때론 cytochrome P450 reductase에서 cytochrome b_5를 거쳐 전자가 P450에 전달되기도 한다. Cytochrome b5에 의한 전자전달은 촉매반응을 지연시키는 rate-limiting step으로 일컫는다.

- **P450의 catalytic cycle은 9단계로 구분되는 다단계 반응 과정이다.**

P450에 의한 기질 촉매반응(catalytic cycle)은 전자 2개의 환원과 더불어 산소분자의 1개 원자는 기질(R)에 전달되고 산소분자의 다른 원자는 물에 전달되면서 기질이 수산화(-OH)되는 과정이다. P450에 의한 전체적인 산화반응은 아래와 같이 대략적으로 9단계로 진행되며 반응식은 다음과 같다.

$$RH + O_2 + 2H^+ + 2e^-(\text{from 2 NADPH}) \rightarrow ROH + H_2O + (2\ NADP^+)$$

Step 1. **기질(RH)의 결합**(Substrate binding): 기질이 P450의 활성부위에 결합하여 heme의 말단 가까이 위치하게 된다. 이때 heme의 철이온은 3가(ferric iron, Fe^{3+})로 전환되어 Fe^{3+}-RH 복합체를 형성한다.

Step 2. **환원**(Reduction): Heme의 Fe^{3+}(3가 철이온)이 NADPH-P450 reductase로부터 하나의 전자를 받아 2가 철이온(ferrous iron, Fe^{2+})으로 환원

된다. 따라서 $Fe^{3+}-RH$ 복합체는 전자 획득의 환원을 통해 $Fe^{2+}-RH$ 복합체가 된다.

Step 3. **산소의 결합**(O_2 binding): 산소분자 O_2가 heme의 Fe^{2+}와 결합하여 $Fe^{2+}-O_2-RH$ 복합체를 형성한다.

Step 4. **환원**(Reduciton): NADPH－P450 reductase에 의해 1개의 전자가 $Fe^{2+}-O_2-RH$ 복합체에 추가되어 $Fe^{2+}-O_2^{-}-RH$ 복합체가 된다. 때론 NADPH－P450 reductase로부터 나온 전자가 또 다른 전자전달계 효소인 cytochrome b_5를 통해 $Fe^{2+}-O_2-RH$ 복합체로 전달되기도 한다.

Step 5. **수소이온**(H^+, proton)**의 첨가**: 수소이온이 $Fe^{2+}-O_2^{-}-RH$ 복합체에 첨가되어 $Fe^{2+}-OOH-RH$ 복합체가 된다.

Step 6. **O－O 결합의 절단**: $Fe^{2+}-OOH-RH$ 복합체는 수소이온 첨가와 동시에 산소분자의 O－O 결합이 절단되면서 산소원자는 분리되고 $Fe-O^{3+}-RH$ 복합체가 형성된다. 복합체에서 분리된 산소원자는 2개의 수소이온과 결합하여 H_2O가 생성된다.

Step 7. **수소발췌**(H abstraction): 현재까지 P450 활성부위 결합된 기질은 여전히 RH 상태인 $Fe-O^{3+}-RH$ 복합체인데 복합체 자체는 전자가 부족하여 결합력이 높은 원자가(valence) 상태이다. 이러한 상태는 기질 RH에서 수소원자 발췌를 유도하여 R•(유기라디칼성 기질)을 가진 $Fe-OH^{3+}-R•$ 복합체 생성을 유도한다.

Step 8. **산소 재결합**(oxygen rebound): $Fe-OH^{3+}-R•$ 복합체의 R•에 $Fe-OH^{3+}$의 산소가 이동함으로써 일시적으로 $Fe^{3+}-ROH$ 복합체 형태가 된다.

Step 9. ROH의 분리: Fe^{3+} – ROH 복합체에서 ROH가 분리되면서 기질의 수산화(–OH)가 완성된다. P450의 heme 철이온은 Fe^{2+}로 환원되어 또 다른 기질과 결합하는 새로운 P450의 촉매반응 사이클이 시작된다.

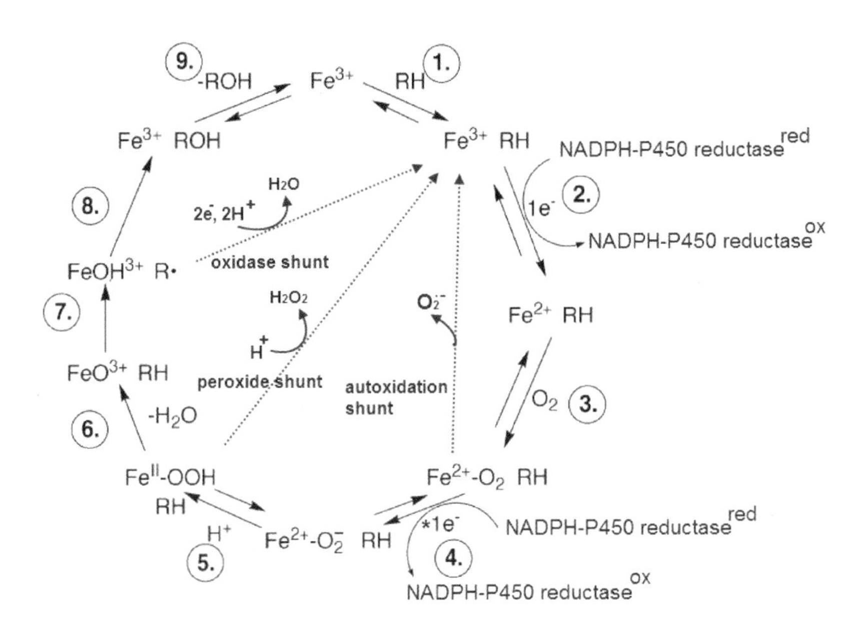

〈그림 2-12〉 **일반적인 P450의 촉매반응 사이클:** R: 유기화합물 또는 유기원자단, H: 기질의 수소, ROH: RH에 산소가 결합하여 수산화된 기질, R•은 유기라디칼성 기질을 나타낸다. *: ④에서는 때론 NADPH-P450 reductase로부터 나온 전자가 또 다른 전자전달계 효소인 cytochrome b_5를 통해 $Fe^{2+}-O_2$ 복합체로 전달되기도 한다(참고: Isin, Grinkova, Denisove의 혼합).

- **P450의 촉매반응에서는 rate–limiting step이 존재하며 shunt pathway에 의해 ROS가 생성될 수 있다.**

P450에 의한 산화촉매반응은 다른 효소에 의한 반응과 유사하지만 기질과 P450의 종류에 따라 좀 더 복잡하며 반응속도에서도 차이가 있다. 일반적으로 효소에 의한 촉매반응에 있어서 다양한 기전을 통해 반응속도가 조절되는 단계가 있는데 이를 속도조절단계(rate–limiting step)라고 한다. 일반적으로 속도조절단계에서는 반응속도를 지연시키는 것을 의미한다. P450에 의한 촉

매반응에서의 속도조절단계는 Step 4에서 이해할 수 있다. 촉매 과정에서 2개의 전자가 각각 전달되는 단계는 Step 2와 Step 4이지만 Step 2보다 Step 4에서 전자전달의 역학적 측면에서 더 어려움이 있다. Cytochrome b_5 효소는 Step 2에서는 관여되지 않고 Step 4에서만 P450의 종류에 따라 전자전달에 관여하게 된다. 이는 전자전달에 있어서 한 단계 더 추가되어 반응속도를 지연시키는 원인이 되어 P450의 촉매반응에 있어서 주요한 속도조절단계에 해당된다. Step 4 외에도 속도조절단계는 P450 및 기질의 종류에 따라 더 존재하는데 전자가 전달되는 Step 2와 4 그리고 수소발췌와 생성물이 분리되는 Step 7과 9 등이 있다.

또한 이러한 정상적이고 일반적인 외인성물질에 대한 P450의 촉매반응 외에도 <그림 2-12>에서처럼 촉매 과정에서 3가지 shunt pathway(우회경로)를 통한 반응이 있다. 먼저 oxy-ferrous 효소의 자동산화에 의해 superoxide anion radical $Fe^{2+}-O_2-RH$ 복합체가 산소결합 전의 $Fe^{3+}-RH$ 복합체로 다시 되돌아가는 autoxidation shunt가 있다. 두 번째로 $Fe^{2+}-OOH-RH$ 복합체의 peroxide(-OOH)가 복합체에서 분리되면서 수소와 반응하여 peroxide를 발생하는 peroxide shunt가 있다. 결과적으로 $Fe^{2+}-OOH-RH$ 복합체는 $Fe^{3+}-RH$ 복합체로 되돌아간다. 세 번째로는 $Fe-OH^{3+}-R\bullet$ 복합체에서 산소가 기질의 산화 대신에 물로 전환되는 oxidase shunt가 있다. 이와 같이 정상적인 P450 촉맨반응 사이클이 아닌 이러한 shunt의 결과로 ROS(reactive oxygen species, 유해활성산소: H_2O_2<hydrogen peroxide>, HO.<hydroxyl radical>)와 $O_2^{\cdot -}$<superoxide anion> 등이 있음)를 생성하여 독성작용을 유발할 수 있다. 특히 이러한 shunt에 의해 생성되는 ROS가 P450 활성 그 자체로도 항상 생성된다는 인식을 주고 있다. 그러나 shunt pathway를 통한 ROS 생성이 독성을 유발할 수 있는 가능성은 있지만 P450 활성 그 자체가 항상 이러한 shunt를 유발하지는 않는다. P450 활성에 의한 ROS 생성은 미토콘드리아의 전자전달계에서 ROS가 생성되는 기전처럼 전자의 이동에서 uncoupling reaction(부조화반응 또는 비공역반응)을 통해 발생할 수 있다.

5. P450에 의한 4가지 주요 촉매반응

◎ 주요 내용

- 탄소수산화(C-hydroxylation, carbon hydroxylation)는 P450에 의한 가장 대표적인 촉매반응이다.

- Heteroatom oxygenation은 헤테로 원자들의 비결합 전자쌍이 P450의 Fe에 전자전달을 통해 일산소화가 이루어진다.

- P450에 의한 heteroatom release는 두 개의 alkyl로 분리되어 이루어진다.

- P450에 의한 epoxidation는 외인성물질의 독성을 유발하는 중요한 생체전환기전이다.

- P450에 의한 group migration은 NIH shift와 유사한 과정으로 이루어지며 그 외 P450에 의한 다양한 촉매반응이 있다.

P450에 의한 기본적인 촉매반응은 C-hydroxylation, heteroatom oxygenation, heteroatom release(또는 deakylation), epoxide formation 그리고 1, 2-migration 등이 기본인데 이 외에도 더 복잡한 반응들이 최근 확인되고 있다.

- **탄소수산화(C-hydroxylation, carbon hydroxylation)는 P450에 의한 가장 대표적인 촉매반응이다.**

P450의 촉매반응 사이클에서 유기물질의 탄화수소에서의 수산화는 P450의 가장 보편적인 반응이다. 기질의 탄소수산화는 <그림 2-13>과 같이 탄화수소(RH)에서 수소발췌(hydrogen abstraction)와 산소원자결합(oxygen rebound)에 의한 C-OH 생성 반응이다. 가장 간단한 경우로 알칸 또는 스테로이드 화합물에서 탄소수산화에 의한 알코올 형성의 예를 들 수 있다.

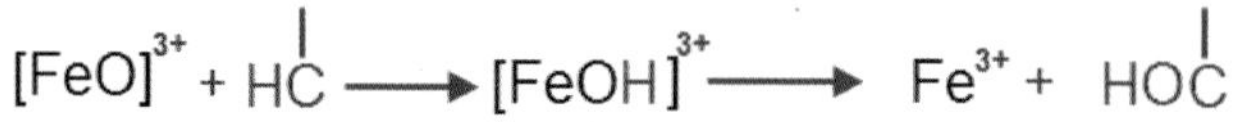

$$[FeO]^{3+} + HC \longrightarrow [FeOH]^{3+} \longrightarrow Fe^{3+} + HOC$$

〈그림 2-13〉 **P450에 의한 탄화수소의 수산화:** 수산화는 P450에 의한 탄화수소의 대표적인 촉매반응이다.

또한 P450에 의한 탄소수산화는 CYP2E1에 의한 에탄올(ethanol, CH_3CH_2OH) 및 아세트알데히드(acetaldehyde, CH_3CHO)의 산화반응도 좋은 예이다. <그림 2-14>는 CYP2E1에 의한 수소발췌로 카르보닐기(carbonyl group)가 생성된 후 카르복실산(carboxyl acid)으로의 전환을 통한 에탄올의 탄소수산화 과정을 보여 주고 있다. 에탄올의 P450에 의해 수산화된 카르보닐기는 CYP2E1에서 분리되면서 탈수반응을 통해 카르복실산으로 전환된다. P450에 의한 탄소수산화 반응은 일반적으로 화학물질의 무독화 과정의 일환이지만 N-nitrosamine α-oxidation과 safrole의 benzylic acid 산화 과정에서는 활성중간대사체를 형성하여 독성을 유발하기도 한다.

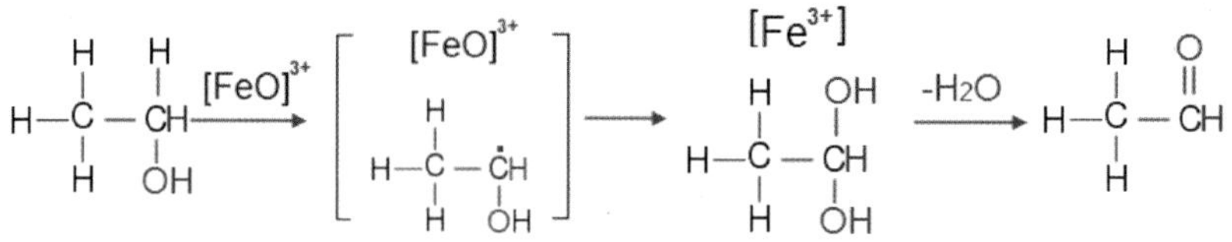

$$H_3C-CH_2OH \xrightarrow{[FeO]^{3+}} \left[[FeO]^{3+} \; H_3C-\dot{C}H(OH) \right] \longrightarrow [Fe^{3+}] \; H_3C-CH(OH)_2 \xrightarrow{-H_2O} H_3C-CHO$$

〈그림 2-14〉 **CYP2E1에 의한 에탄올 수산화:** CYP2E1에 의한 수소발췌로 카르보닐이 생성된 후 카르복실산 생성을 통해 에탄올의 탄소수산화가 이루어진다(참고: Guengerich).

- Heteroatom oxygenation은 **헤테로 원자들의 비결합 전자쌍이** P450의 Fe**에 전자전달을 통해 일산소화가 이루어진다.**

<그림 2-15>에서 X는 N, S, P 등을 나타내는데 탄소화합물에서 탄소가 아닌 다른 원자를 헤테로원자(heteroatom 또는 이원자)라고 한다. P450에 의해 이들 원자에 산소원자가 추가되는 반응을 헤테로원자 산화반응(heteroatom oxygenation)이라고 한다. P450에 의한 헤테로원자 산화반응은 헤테로 원자들의 비결합전자쌍(non-bonded electron pair)이 P450의 FeO^{3+}에 직접적

공격을 통해 산화가 이루어지기보다는 <그림 2-15>에서처럼 단계적인 전자 전달에 의해 산화가 이루어지는 것으로 추정되고 있다. 또한 산소원자 결합은 일반적으로 P450 촉매반응에서 두 번째 전자이동이 이루어진 후 발생하나 헤테로원자 산화반응에서는 전자이동 전에 발생하는 것으로 추정되고 있다. 산소가 결합한 헤테로원자 산화반응의 결과로 생성된 N-oxide나 S-oxide 등은 원물질의 독성을 감소시키게 된다. 그러나 arylamine과 heterocyclic amine 등에 대한 P450의 N-oxidation 촉매반응은 원물질의 독성을 더욱 강화시키는 원인이 되기도 한다.

$$[FeO]^{3+}\ :\overset{|}{X} \longrightarrow [FeO]^{2+}\ \overset{+}{\cdot}\overset{|}{X} \longrightarrow Fe^{3+}\ \underset{\bullet}{O}\text{-}\underset{+}{\overset{|}{X}}\text{—}$$

〈그림 2-15〉 **P450에 의한 헤테로원자의 산화반응**: P450에 의해 비결합전자쌍(: X)의 헤테로원자에 일산소가 결합하여 산화가 이루어진다(참고: Guengerich).

• **P450에 의한 heteroatom release은 2개의 alkyl로 분리되어 이루어진다.**

P450에 의한 헤테로원자 방출(heteroatom release)은 알킬기이탈(dealkylation) 반응으로 헤테로원자의 주변에 있는 탄소의 수산화(hydroxylation)에 의해 이루어진다. 헤테로원자 방출은 P450에 의해 탄소와 헤테로원자 X 사이가 절단되어 2개의 알킬(alkyl)로 분리되어 이루어진다. 이러한 과정은 <그림 2-16>에서처럼 P450에 의한 N-deakylation(질소-탈알킬화)을 예로 들 수 있다. 기질이 결합한 P45O의 FeO^{3+} 복합체는 전자이동을 통해 FeO^{2+}-aminium radical 복합체로 전환된다. 이는 FeO^{2+} 복합체의 aminium cation radical로부터 양성자가 제거되면서 동시에 수소발췌에 의해 FeO^{3+}-탄소라디칼의 복합체를 유도한다. FeO^{2+}-탄소라디칼 복합체에서 탄소라디칼은 산소를 유도하여 수산화의 동력을 제공하게 된다. 복합체의 3가철이온을 가진 P450이 복합체에서 분리와 더불어 OH가 분리되면서 기질의 질소와 탄소의 결합을 절단하여 N-deakylation이 이루어진다. P450에 의한 헤테로원자 방

출반응은 2개의 전자에 의한 산화 또는 1개의 전자에 의한 산화반응 등에서처럼 물질에 따라 다소 차이가 있다. 또한 P450에 의한 헤테로원자 방출은 원물질의 독성을 증가시키는 생체활성화 또는 원물질의 독성을 감소시키는 생체불활성화를 유도하기도 하는데 기질의 특성에 따라 다양한 독성의 결과를 가져온다. 예를 들면 항히스타민제제인 terferadine의 경우에는 P450에 의한 헤테로원자 방출을 통해 무독한 대사체가 생성되나 N, N－dimethyformamide의 경우에는 헤테로원자 방출을 통해 methyl isocyanate를 생성하여 원물질의 독성을 더 증가시키는 원인이 된다.

Aminium cation radical
탄소라디칼

$[FeO]^{3+} + R\ddot{N}(R'')-CH_2R' \longrightarrow [FeO]^{2+} + R\dot{N}^{+}(R'')-CH_2R' \longrightarrow [FeO]^{3+} + R\ddot{N}(R'')-\dot{C}HR'$

$\longrightarrow Fe^{3+} + R\ddot{N}(R'')-CH(OH)R' \longrightarrow Fe^{3+} + R\ddot{N}H(R'') + R'CHO$

분리된 2개의 alkyl

〈그림 2－16〉 **P450에 의한 헤테로원자 방출 기전:** 헤테로원자 N은 P450에 의해 2개의 알킬로 분리되면서 방출된다(참고: Guengerich).

- **P450에 의한 epoxidation는 외인성물질의 독성을 유발하는 중요한 생체전환기전이다.**

P450에 의한 기질의 epoxidation은 독성기전을 이해하는데 중요한 화학반응이다. 외인성물질에 의한 독성은 대부분 대사 후 생성되는 친전자성대사체(electrophilic metabolites)에 기인한다. 이는 친전자성대사체가 전자가 부족하여 전자가 풍부한 세포 내 DNA를 비롯한 단백질 등의 친핵성 그룹(nucleophilic group)과 결합할 수 있는 활성을 갖기 때문이다. 따라서 제1상반응의 P450에 의해 생성된 친전자성대사체에서 가장 중요한 화학적 구조 중의 하나가 epoixde를 지닌 대사체이다. 특히 대부분의 epoixde type의 친전자성대사체

는 암을 유발하는 독성이 강한 대사체이다. 제1상반응의 효소에 의해 이러한 epoxide 구조가 외인성물질에 형성되는 것을 'epoxidation(에폭시화)'이라고 한다. Epoxide는 또한 원물질인 'ethylene oxide' 또는 'oxirane'이라고 하는데 <그림 2-17>에서처럼 산소원자에 2개의 탄소가 결합하여 형성된 3개의 원자 삼각형 환을 형성한 cyclic ether이다.

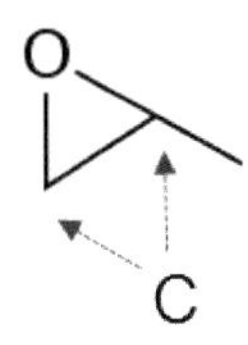

〈그림 2-17〉 전형적인 epoxide 구조: Epoxide 구조는 'ethylene oxide' 또는 'oxirane'이라 하며 이는 외인성물질의 생체전환을 통해 생성되는 대표적인 독성유발 화학구조이다. 예를 들어 epoxide를 지닌 대사체는 DNA와 반응성이 강하여 돌연변이를 통한 발암을 유도한다.

제1상반응의 P450에 의한 에폭시화는 알켄(alkene, C_nH_{2n})화합물, 하나 또는 여러 개의 환구조를 가진 방향족탄화수소화합물, 이원자방향족탄화수소화합물(heterocyclic compound), vinyl chloride 화합물, ethyl carbamate, alkyl vinyl nitrosoamine 등의 외인성물질에서 주로 발생한다. 특히 이들 물질들의 이중결합 부분에서 P450의 산화반응을 통해 epoxide가 많이 생성된다. 이중결합이 아닌 사슬형 탄화수소인 경우에는 C-C결합에서 수소가 떨어져 나오는 'desaturation(탈포화)' 반응에 의해 C=C의 이중결합이 형성된 후 epoxide가 형성된다. 특히 다음과 같은 화합물에서 P450에 의해 epoxide가 형성되는데 이러한 기전에 대한 이해는 일부 외인성물질에 의한 잠재적 독성평가에서 단순히 구조만 통해 독성의 유무를 평가하는 QSAR(Quantitative Structure Activity Relationship, 독성예측을 위한 분자 모델링)에 중요하다.

① 알켄(alkene, C_nH_{2n})화합물과 방향족탄화수소화합물의 epoxidation

<그림 2-18>에서처럼 알켄화합물 또는 'olefin'은 적어도 하나 이상의 탄

소이중결합을 가진 불포화탄화수소이다. 알켄화합물의 에폭시화는 분자 내에서 자연적인 전자의 이동을 통해 형성되는 분자구조의 재배열(rearrangement)과 'NIH shift(NIH 전자이동, 미국 National Institute of Health의 약자에서 유래)'로 설명된다. P450의 heme－Fe^{3+} 복합체는 olefin 내 이중결합의 탄소와 전자를 주고받으면서 양이온성 중간체인 Fe^{3+}－O－C－C＋ 복합체로 전환된다. 이 복합체는 olefin 내의 전자이동에 의한 재배열을 통해 epoxide 구조를 형성한다. 마찬가지로 <그림 2－19>에서처럼 방향족탄화수소는 P450에 의해 산화된 후 역시 'NIH shift'에 의해 에폭시화가 이루어진다.

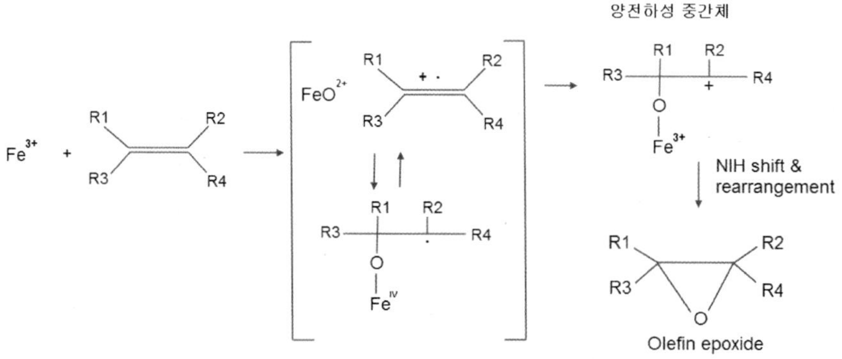

〈그림 2－18〉 **P450에 의한 Olefin epoxidation:** P450의 heme－Fe^{3+}은 olefin의 이중결합의 탄소와 전자를 주고받으면서 양전하성 중간체인 Fe^{3+}－O－C－C＋ 복합체가 형성된다. 이 복합체는 olefin 내의 전자이동을 통한 전자재배열을 통해 epoxide 구조가 형성된다(참고: Guengerich).

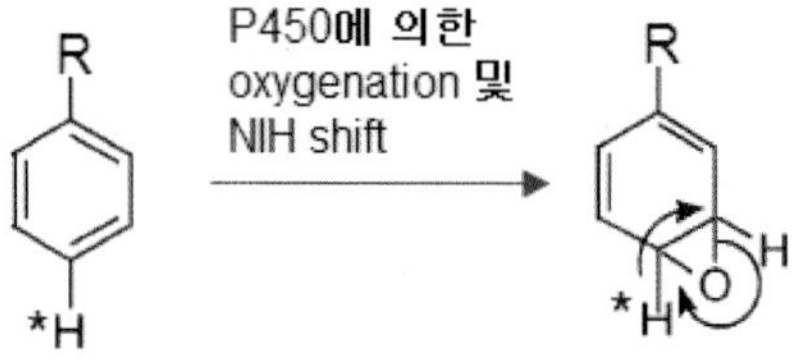

〈그림 2－19〉 **방향족탄화수소의 epoxidation:** P450에 의해 산화된 후 'NIH shift'(*)를 통한 전자재배열(→)로 epoxide가 형성된다(참고: Guengerich).

② 헤테로원자방향족탄화수소화합물(heterocyclic compound)의 epoxidation

헤테로원자방향족탄화수소화합물이란 적어도 1개 이상의 탄소와 탄소 외의 헤테로원자인 S, O와 N 원자 중 하나 이상을 가진 방향족탄화수소화합물을 의미한다. 생체에 독성을 유발하는 대표적인 방향족탄화수소화합물인 heterocyclic compound는 <그림 2 - 20>에서처럼 N 원자를 지닌 5각 환구조의 pyrrole 화합물, 산소원자를 지닌 5각 환구조의 furan 화합물, S원자를 지닌 5각 환구조의 thiophenen 등이 있다. 식물에 함유되어 있는 3 - Methylfuran은 P450에 의해 산소가 결합하면 H_2O의 도움으로 전자의 재배열을 통해 epoxide를 형성한다. 그러나 5각 환구조의 탄소에 어떠한 기능기가 결합하느냐에 따라서 p450의 기질특이성이 달라질 수 있기 때문에 P450 산화촉매반응에 의해 모든 heterocyclic compound에 epoxide가 형성되는 것은 아니다. Aflatoxin B1과 같이 다환구조(polycylic structure)의 heterocyclic compound도 P450에 의해 epoxide가 형성된다.

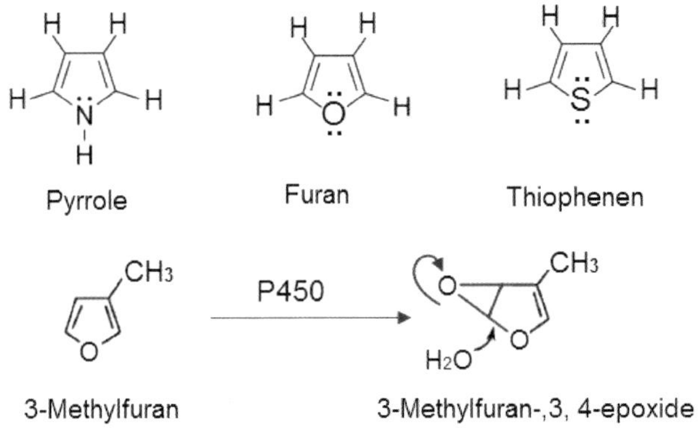

〈그림 2 - 20〉 **Heterocyclic compound의 P450에 의한 epoxide 생성:** Furan계 3 - Methylfuran가 P450에 의해 산화되어 산소원자가 결합하고 H_2O의 도움으로 전자재배열(→)을 통해 epoxide 구조가 형성된다.

③ Vinyl halide의 epoxidation

Vinyl halide(할로겐비닐화합물)는 Cl. F, I와 Br 등의 할로겐원자를 하나 이상 가진 탄소-탄소이중결합의 알켄(C=C)화합물이다. Vinyl halide에 epoxide가 형성된 구조를 'halooxirane'이라고 하며 체내 거대분자와 결합할 수 있는 높은 활성을 가졌다. <그림 2-21>에서처럼 vinyl halide 일종인 vinyl chloride는 P450의 Fe^{3+}-O 복합체가 탄소원자에 결합하면 인접하는 탄소에 양전하를 띠는 'carbocation intermediate(카르보양이온 중간체)'으로 전환된다. 또한 카르보양이온 중간체는 halogen 원자로부터의 전자가 이동하면서 epoxide를 형성하여 친전자성대사체로 전환된다. 그러나 카르보양이온 중간체는 수소로부터 전자의 이동이 이루어지면 활성이 없는 carbonyl group(C=O)을 가진 친수성대사체로 전환되어 배출된다.

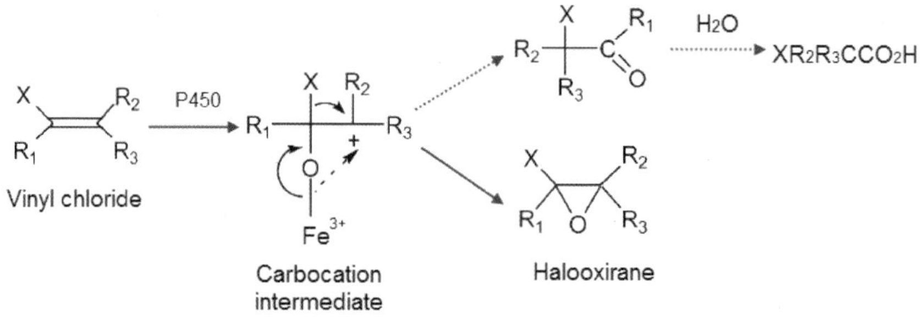

〈그림 2-21〉 **Vinyl chloride의 epoxidation:** P450 효소에 의해 산화되면 양전하를 띠는 'carbocation intermediate(카르보양이온 중간체)'가 생성되며 halogen 원자로부터의 전자이동에 의해 epoxide가 형성된다(참고: Guengerich).

④ Ethyl carbamate의 epoxidation

Carbamic acid(NH_2COOH)를 가진 ethyl carbamate 또는 urethane는 실험쥐에게서는 발암이 확인되었으나 사람에게는 아직 확인되지 않은 발암-가능성 물질이다. Ethyl carbamate는 과일이나 곡물의 발효 과정에서 생성된 에탄올과 carbamyl phosphate가 서로 반응하여 자연발생적으로 생성된다. 조사에 의하면 와인(10～130ppb), 빵(7ppb), 간장(18ppb)과 요구르트(1ppb 이하) 등의 발효-유래 음식 및 술에서 ethyl carbamate가 생성 및 존재하는 것으로 확인되었다. 생체에서는 ethyl carbamate 대사에 관여하는 carbonylesterase와 CYP2E1 등 2가지 효소가 있다. Carboylesterase에 의한 ethyl carbamate 대사는 최종적으로 에탄올, 암모니아 그리고 이산화탄소로 분해, 배출된다. 또한 CYP2E1을 비롯한 다른 P450 효소에 의해 ethyl carbamate는 N-Hydroxylurethane으로 전환되지만 아주 소량이다. Ethyl carbamate의 epoxide-함유 대사체인 vinyl carbamate epoxide는 CYP2E1에 의해 생성된다. 일반적으로 사슬탄화수소에 epoxide가 발생하는 경우에는 대부분 탄소와 탄소의 이중결합(C=C) 부위에서 발생하는데 ethyl carbamate의 경우에는 탄소-탄소 이중결합의 불포화된 부위가 없다. 따라서 우선적으로 CYP2E1에 의해 탈포화(desaturation)가 유도되어 epoxide 대사체가 형성된다. <그림 2-22>에서처럼 산소일분자가 결합한 CYP2E1의 FeO^{3+}에 의해 ethyl carbamate의 methyl group에 'H abstraction(수소발췌)'이 발생한다. P450에 의한 수소발췌를 통해 ethyl carbamate는 ethyl carbamate radical로 전환된 후 다시 CYP2E1에 의한 '산소화'가 이루어진다. 결합된 산소는 탄소와 탄소의 이중결합 중 하나와 공유결합을 형성하여 탈포화(desaturation)되고 또한 전자재배열을 통해 epoxide 대사체인 vinyl carbamate epoxide 형성을 유도한다. Epoxide를 지닌 친전자성대사체는 DNA와 결합하여 'etheno adduct'를 형성하거나 epoxide hydrolase를 통해 분해되어 배출된다. 또한 CYP2E1 외의 다른 P450 효소에 의한 수산화를 통해 ethyl carbamate는 친수성으로 전환되어 쉽게 체외로 배출된다.

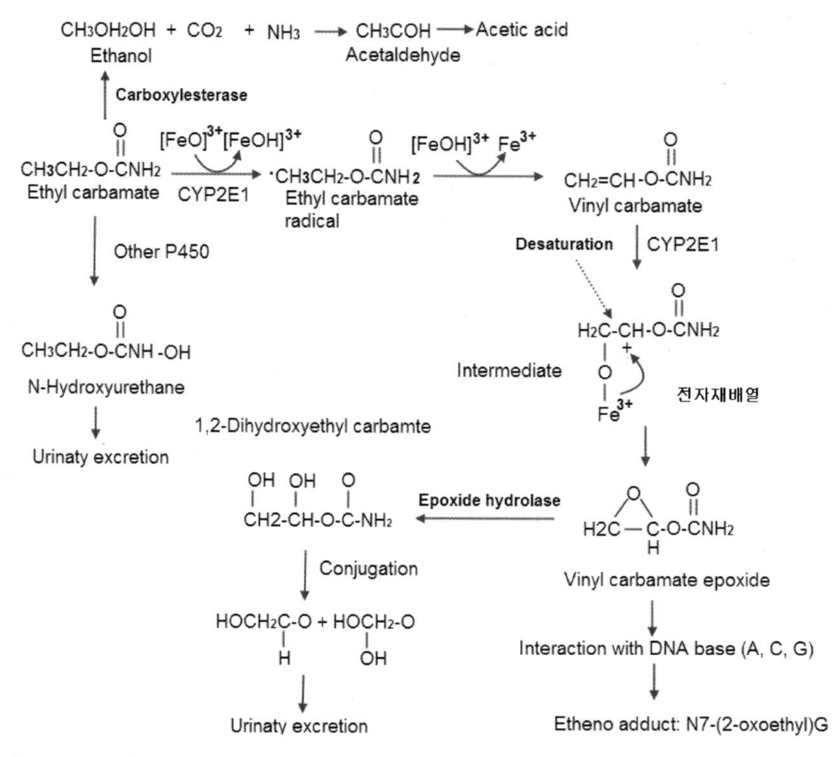

〈그림 2-22〉 **Ethyl carbamate의 CYP2E1에 의한 epoxide 생성 과정:** Ethyl carbamate와 같은 사슬형 탄화수소는 epoixde 형성을 위해 먼저 탄소-탄소 단일결합이 P450에 의해 탈포화(desaturation)가 이루어져 이중결합이 형성되어야 한다. 이중결합부위에서 P450 효소에 의한 일분자산소화를 통한 재결합과 전자재배열을 통해 epoxide 대사체인 vinyl carbamate epoxide가 형성된다(참고: Hoffler, European food safety authority).

⑤ Alkyl vinyl nitrosamine의 epoxidation

Ntirosamine 화합물은 질소(N)와 2차아민($R_1N(-R_2)$)을 가진 $R_1N(-R_2)-N=O$의 화학구조를 가진 발암물질이다. Alkyl vinyl nitrosamine은 R_1과 R_2에 alkyl와 vinyl 형태의 탄화수소가 붙은 화합물이다. <그림 2-23>에서처럼 vinyl 부분의 이중결합이 P450 효소에 의해 절단되면서 epoxide를 지닌 대사체가 형성된다. 이러한 이중결합의 절단과 더불어 '일산소화'에 의한 epoxide 형성은 ethyl carbamate에서처럼 '탈포화'를 통해 이루어진다.

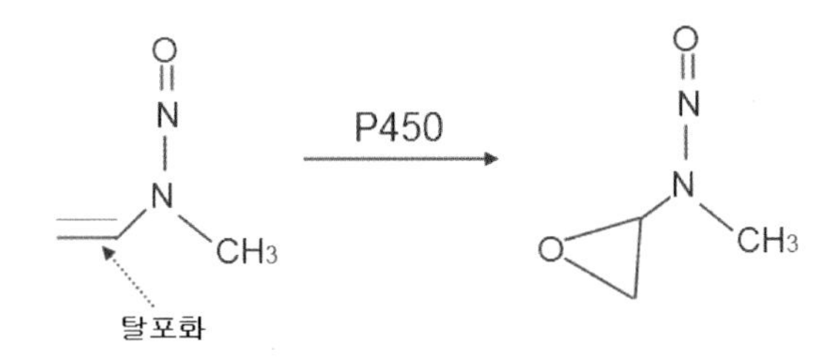

〈그림 2－23〉 **Alkyl vinyl nitrosamine:** Vinyl 부분의 이중결합이 P450 효소에 의한 '탈포화(desaturation)'와 일산화반응에 의해 epoixde 대사체가 형성된다.

⑥ Aflatoxin B_1의 epoxidation

Aflatoxin B_1은 *Aspergillus flavus*와 *Aspergillus parasiticus* 등의 곰팡이(fungus)에서 발생하는 발암성 곰팡이독소(micotoxin)이다. Aflatoxin B_1의 epoxide 형성과 관련하여 다른 화합물과 차이점은 P450 효소에 의해 입체화학적 epoxide가 형성된다는 점이다. <그림 2－24>에서처럼 CYP3A4에 의해 aflatoxin B_1은 aflatoxin B_1 exo 8,9－epoxide, CYP1A2에 의해서는 aflatoxin B_1은 aflatoxin B_1 endo 8,9－epoxide으로 전환된다. 이들 두 epoxide 대사체는 서로 거울상대칭구조를 갖는다. 그러나 비록 두 물질 모두 친전자성대사체이지만 aflatoxin B_1 exo 8,9－epoxide가 aflatoxin B_1 endo 8,9－epoxide보다 훨씬 더 독성이 강하다. Exo－epoixde는 endo－epoxide보다 약 1,000배 정도로 DNA 결합에 대한 활성이 크다. 두 epoxide 대사체는 모두 GSH에 포합되어 배출된다.

CYP3A4
CYP1A2
GSH
GSH

Aflatoxin B_1

Aflatoxin B_1 exo 8,9-epoxide

Aflatoxin B_1 exo 8,9-epoxide-GSH

Aflatoxin B_1 endo 8,9-epoxide

Aflatoxin B_1 exo 8,9-epoxide-GSH

〈그림 2 - 24〉 Aflatoxin B_1의 P450에 의한 epoxidation: Aflatoxin B_1은 CYP3A4에 의해 aflatoxin B_1 exo 8,9 - epoxide, CYP1A2에 의해서는 aflatoxin B_1 endo 8,9 - epoxide으로 에폭시화된다(참고: Guengerich).

- **P450에 의한 group migration은 NIH shift와 유사한 과정으로 이루어지며 그 외 P450에 의한 다양한 촉매반응이 있다.**

앞 장에서 'olefin'의 P450에 의한 에폭시화와 마찬가지로 group migration(원자단 이동)은 NIH shift와 유사한 과정으로 설명된다. 이는 두 기전에서 수소원자뿐만 아니라 수소원자를 포함한 구성물질의 전자이동이 FeO - 복합체에 의해 이루어지는 공통점에 기인한다. 또한 독성학 측면에서 더 중한 것은 <그림 2 - 25>에서처럼 olefin 대사체가 P450의 porphyrin에 결합하여 heme adduct(햄부가물) 형성을 유도하는 것이다. 이는 P450의 porphyrin 구조의 이상 및 파괴를 초래하여 P450 활성의 감소를 유도한다. 외인성물질의 대사에 중심적 역할을 하는 P450에 대한 활성저해는 다른 외인성물질의 대사에 영향을 주기 때문에 독성물질 자체에 의한 독성보다 약물의 상호작용에 의한 독성기전을 이해하는데 있어서 더욱 중요하다.

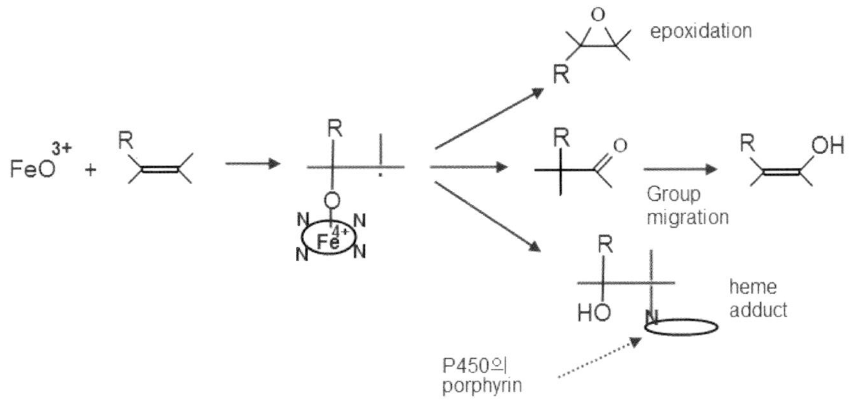

〈그림 2-25〉 Olefin의 P450에 의한 Group migration의 예: 그러나 olefin의 대사체는 P450의 porphyrin 구조와 결합, heme adduct 형성을 통해 P450을 파괴한다(참고: Guengerich).

이와 같이 P450에 의한 기본적인 촉매반응은 C-hydroxylation, heteroatom oxygenation, heteroatom release(또는 deakylation), epoxide formation 그리고 1, 2-migration 등의 4가지로 요약되지만 <그림 2-26>에서처럼 그 외 다양한 촉매반응이 존재한다. 이들 반응은 chlorine oxygenation(염소 일산소화), aromatic dehalogenation(방향족 탈할로겐화), ring contraction(환구조 수축), ring formation(환구조 형성), ring coupling(환-공역반응), oxidative aryl migration (산화성 아릴 이동), dimer formation(이량체 형성) 등이 있다.

P450 4A1에 의해 alkyl chloride(또는 iodide와 bromide)에서 염소 일산소화반응이 이루어진다. 방향족-탈할로겐화반응인 경우에는 CYP101A1 돌연변이형에 의해 chlorobenzene에서 chlorine이 분리되면서 phenol 생성을 통해 이루어진다. 환구조 수축반응은 P4503A4에 의해 tetramethylpiperidine이 dimethylpyrrolidine으로 전환되면서 다른 알킬기의 분리에 의해 수축되어 발생한다. 환구조 형성은 CYP3A 계열에 의한 dimethyl-4,4'-dimethoxy-5,6,5',6'-dimethylene dioxybiphenyl-2,2'-dicarboxylate의 탈메틸화(demethylenation)를 통해 이루어진다. 환-공역반응은 *Streptomyces coelicolor*의 CYP158A2에 의해 2개의 flaviolin 단위체의 결합 또는 다른 환구조의 결합을 통해 유도되는 것으로 확인되었다. 산화성 아릴 이동은 CYP93C에 의한 산화적 전자재

배열을 통해 아릴기가 다른 동일한 환구조 내에서 다른 위치로 이동하는 것에서 확인되었다. CYP2A6에 의한 이량체 형성이 사람에게서 확인되었는데 주로 indole의 결합체인 diindole 또는 indigoid 형성을 통해 확인된다.

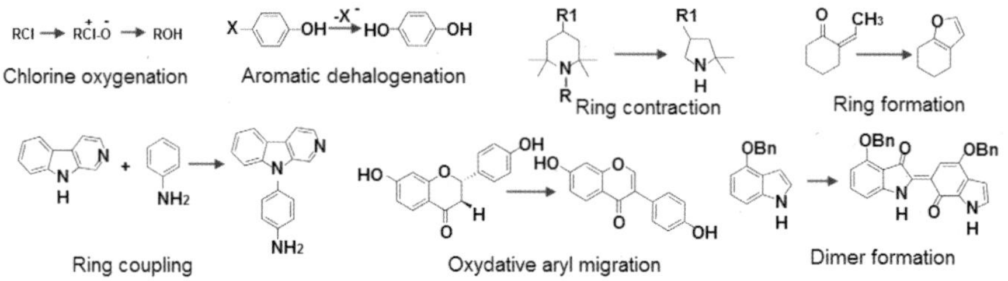

〈그림 2-26〉 그 외 P450에 의한 다양한 촉매반응: P450에 의한 이들 반응은 사람뿐 아니라 미생물 등에서 확인된 반응들이며 기전 이해를 위해 좀 더 많은 연구가 필요하다(참고: Isin).

6. P450 유전자 및 유도기전(induction mechanism)

◎ 주요 내용

- 대부분의 P450 유전자는 family에 따라 gene family cluster region에 존재한다.

- 대부분의 P450 유전자는 nuclear receptor-mediated mechanism을 통해 전사가 이루어진다.

- P450의 전사에 있어서 중심적인 역할은 ligand-activated transcription factor에 의한 nuclear receptor-mediated mechanism이다.

- 핵수용체-매개 기전에 의한 P450 전사는 외인성물질 및 내인성물질 등의 리간드 종류에 따라 다양한 핵수용체에 의해 이루어진다.

- **대부분의 P450 유전자는 family에 따라 gene family cluster region에 존재한다.**

사람을 비롯한 식물이나 하등생물의 P450유전자들은 동일한 군(family) 내의 하위군 유전자들이 염색체상에서 유전자-군-집단지역(gene family cluster region)을 형성하여 위치한다. 예로 사람의 CYP3A4, CYP3A5, CYP3A7과 CYP3A43 등으로 구성된 CYP3A 계열의 4개 유전자는 사람의 7번 염색체 q21-q22.1에 집단으로 존재한다. P450 gene family의 집단으로 한 지역에 존재한다는 것은 이들 유전자가 오랜 시간을 통해 <그림 2-27>에서처럼 유전자중복(gene duplication) 기전 또는 유전체중복(genome duplication)을 통해 형성되었다는 중요한 증거가 된다. 특히 이러한 중복은 새로운 외인성물질의 신속한 생체전환에 필요한 적응을 위해서는 필수적이다.

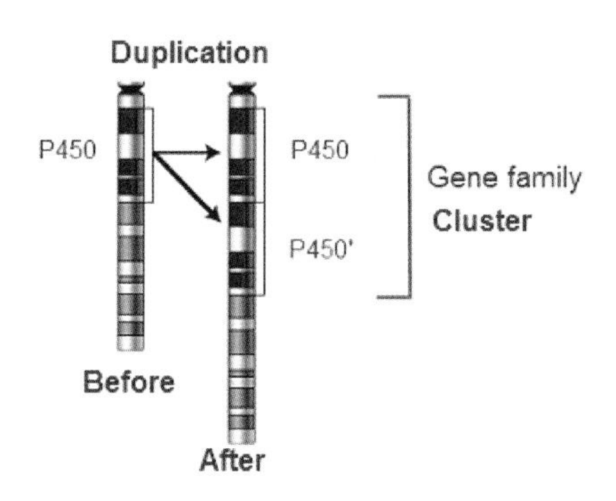

〈그림 2-27〉 염색체 중복에 의한 gene family cluster 형성: 유전자중복에 의한 다른 P450 유전자의 생성은 새로운 식물을 먹이를 할 때 체내에 유입되는 새로운 외인성물질을 대사를 위한 개체의 적응기전으로 이해할 수 있다.

DNA상의 대부분 유전자는 RNA로 전사되는 암호화부위(coding region, mRNA와 그 산물인 단백질을 암호화하는 부위)와 조절부위(regulatory region, 암호화부위의 전사를 조절하는 부위) 등의 두 부분으로 구성되어 있다. 전사(transcription)는 조절부위에 있는 프로모터(promoter, 조절부위 중에서 실제로 RNA 중합효소가 결합하는 부분)라는 DNA 서열이 RNA polymerase에 의해 인식되어 시작된다.

또한 P450 유전자도 조절부위와 암호화부위로 구분되어 구성되어 있다. 일반적으로 P450 유전자의 전사는 외인성물질인 리간드(ligand)와 핵수용체의 결합을 통해 형성된 복합체가 프로모터 내에 존재하는 특이적 염기서열에 결합을 통해 시작된다. 핵수용체를 포함한 복합체가 결합하는 프로모터의 내부에는 핵수용체-특이적 염기배열이 있는데 이를 element(기능적 염기서열 단편)라 한다. 또한 이들 element의 기능에 따라 또는 프로모터상의 위치에 따라 묶어 구분화한 단위가 모듈(module, 단편염기서열의 집단)이라고 한다.

- **대부분의 P450 유전자는 nuclear receptor-mediated mechanism을 통해 전사가 이루어진다.**

일반적으로 P450 유전자 및 단백질의 활성은 전사기전(transcriptional mechanism)과 비전사기전(nontranscriptional mechanism) 등을 통해 이루어진다. 비전사기전에 의한 P450 단백질 활성은 전사에 의한 새로운 합성이 아니라 세포질에 존재하는 P450 단백질의 기능 저하를 감소시키는 기전이다. 비전사기전에 의한 P450 활성의 대표적인 예로 항생제인 trolandomycin의 기능을 들 수 있다. Trolandomycin은 기존에 발현된 CYP3A4 단백질의 활성이 저하되는 것을 막는다. 이러한 P450 활성저하를 감소시키는 근본적인 기전은 이들 물질들이 효소의 안정화를 유도하는 것이다. Trolandomycin 경우 외에도 ethanol, aceton과 isoniazid 등이 CYP2E1 효소의 안정화를 유도하여 자연적인 활성 감소를 예방한다. 이와 같이 특정 물질에 의한 효소 안정화를 통해 활성이 유지되는 것을 번역후기전(posttranslational mechanism)이라고 한다. 또한 P450 효소를 번역하는 mRNA의 안정화를 통해 P450 단백질 활성이 증가되는 것을 번역전기전(pre-translational mechanism)이라고 하며 이 또한 비전사기전의 일종이다.

그러나 대부분 P450 단백질의 활성 유도에 대한 핵심기전은 기존의 P450 단백질의 안정화보다 유전자 전사(gene transcription)를 촉진하는 핵수용체-매개 기전(nuclear receptor-mediated mechanism)을 통해 이루어지는 것이다. 이와 같이 <그림 2-28>에서처럼 핵수용체에 의해 P450 유전자의 전사를 통해 P450 단백질이 발현되는 기전을 유전자 전사기전(transcriptional mechanism)이라고 한다.

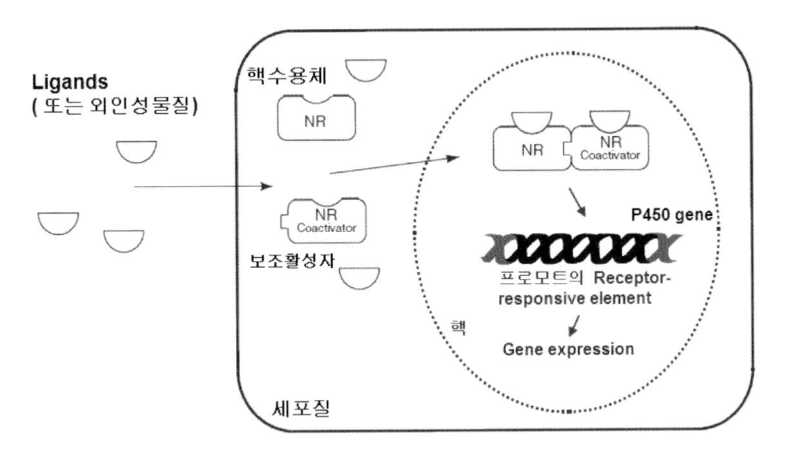

〈그림 2-28〉 P450 유전자의 전사에 있어서 핵수용체-매개 기전: Ligand는 외인성물질이며 NR(nuclear receptor: 핵수용체)이 리간드와 결합하여 복합체를 형성하여 핵으로 이동한다. 복합체는 핵에서 coactivator(보조활성자)와 이종이합체(heterodimer) 또는 동종이합체(homodimer)를 형성하여 P450 유전자의 프로모터의 수용체-반응 element에 결합을 통해 유전자 전사를 유도한다. P450의 계열에 따라 핵수용체 종류가 다르며 또한 프로모터 내의 조절부위도 다르다(참고: Janosek).

P450에 대한 연구는 여러 측면에서 접근하고 있지만 가장 흥미로운 연구분야 중의 하나가 유도효소와 관련된 유전자 발현이다. 일반적으로 유전자 전사기전에 따라 체내에 존재하는 효소들은 유도효소(inducible or adaptive enzyme)와 구성효소(constitutive enzyme)로 구분된다. 유도효소란 유도물질이 체내에 들어오면 유전자 전사의 활성화를 통해 유전자 발현이 현저하게 증가되는 효소를 의미한다. 반면에 구성효소는 유도물질의 존재와는 상관없이 항상 일정한 속도로 합성되고 체내에서 항상 일정한 활성을 나타내는 효소를 의미한다. 이러한 효소 분류의 근본적인 이유는 항상성(homeostasis) 및 기질의 존재 유무에 따른 필요성 때문이다. 구성효소는 생명을 유지하는데 필요한 생리활성과 관련된 내인성기질 대사에 관여하고 유도효소는 간헐적으

로 체내에 들어오는 외인성물질의 대사에 관여한다. 즉 생명의 항상성 유지를 위해 구성효소의 활성은 항상 존재할 필요성이 있고 유도효소는 기질이 존재할 때만 필요하다. 그러나 P450의 발현은 대부분 '유도'되는 것으로 인식되어 왔지만 유도효소이면서 P450의 일부는 구성효소의 특성도 가지고 있다. 이와 같이 P450 효소가 구성효소 및 유도효소의 특성을 갖는 근본적인 이유는 P450 효소의 광범위한 군 및 하위군이 포유동물을 비롯하여 단세포성 생물 등의 다양한 생물체에서 발현되고 또한 기질이 외인성물질뿐만 아니라 내인성물질도 포함되기 때문이다. 내인성물질이 기질인 경우에는 이는 곧 생물체의 항상성과 관련되기 때문에 항상 존재하여 생리적 기능을 수행할 수 있기 위해서는 P450의 구성효소적 특성이 필요하다.

구성효소적 특성을 가진 P450 유전자는 일반적 유전자발현의 신호전달체계와 유사하게 호르몬, cytokine과 growth factor 등에 의해 유도, 발현된다. 따라서 P450 효소의 활성은 외인성물질 및 내인성물질의 대사에 관여하는 특성에 기인하여 외인성물질에 의한 유도성 발현과 내인성물질 대사를 위한 구성효소적 발현이 이루어진다. 그러나 <그림 2-29>와 같이 P450 유전자의 발현은 핵수용체-매개 경로와 구성효소의 유전자들과 관련된 신호전달물질-매개 경로 사이 cross-talk(교차소통)에 의해 이루어지기도 한다.

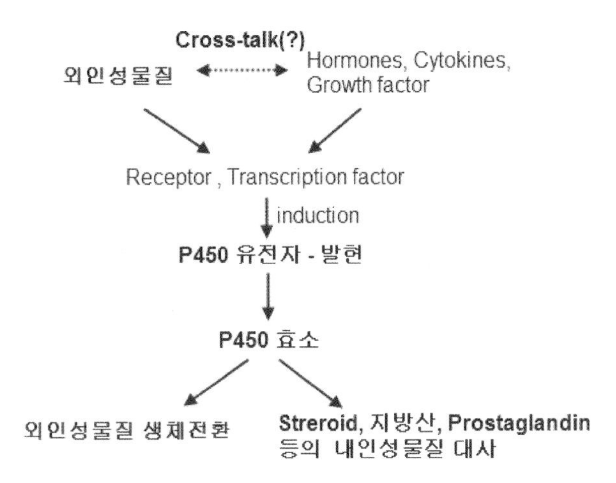

〈그림 2-29〉 외인성물질과 신호전달물질 간의 cross-talk을 통한 P450의 발현기전:P450의 외인성물질에 의한 유도효소적 특성과 내인성물질의 대사에 관련한 구성효소적 특성에 기인하여 유도물질과 일반적인 신호전달물질체계와의 cross-talk을 통해 P450 단백질 발현에 있어서 상호 영향을 줄 수 있다.

- **P450의 전사에 있어서 중심적인 역할은** ligand-activated transcription factor**에 의한** nuclear receptor-mediated mechanism**이다.**

P450 유전자의 발현과 관련하여 무엇보다도 중요한 전사조절인자는 리간드-의존성 전사조절인자(ligand-activated transcription factor)이다. 리간드(ligand)란 화학결합에 있어서 중심적인 역할을 하는 원자나 분자를 의미한다. 여기서 의미하는 리간드란 신호전달체계를 통해 유전자의 전사를 유도하는 최초의 물질이며 외인성물질을 의미한다. 외인성물질의 리간드가 세포질에 들어오면 세포질에서 불활성 상태로 존재하는 전사조절인자들의 활성화가 이루어진다. 활성화되는 인자를 리간드-의존성 전사조절인자 또는 xenosensor(외인성물질감지자)이라고 하는데 P450 유전자의 전사에 있어서 가장 중요한 역할을 한다. 사람에게서만 약 48종류 단백질의 super-family를 구성하고 있는 핵수용체(nuclear receptor)가 전사조절인자이다. 이들 핵수용체들은 구조와 기능에 있어서 서로 유사점을 가지고 있다. 핵수용체의 일반적인 구조는 리간드-결합 부위(ligand-binding domain), 이합체화(dimerization) 영역, 전사활성도메인(transactivation domain)인 AF-1(activation function domain)과 AF－2의 DNA－결합도메인(DNA－binding domain) 등으로 구성되어 있다.

리간드가 핵수용체에 결합하면 리간드－결합도메인의 구조적 변화를 유도하여 AF－2의 재배치를 통해 핵수용체 활성을 유도한다. AF－1은 리간드－비의존성 활성 도메인으로 AF－2와 상호작용한다. 핵수용체는 유전자 전사조절을 위해 보조－조절자(co－regulator)인 보조－억제인자(co－repressor)와 보조－활성인자(co－activator)를 통해 활성과 비활성 시기에 도움을 받는다. 리간드가 결합하지 않은 상태인 비활성 시기에 핵수용체는 보조－억제자와 상호작용을 통해 histone deactylase 활성에 의한 염색질 응축을 유도하여 유전자 전사를 억제한다. 반면에 리간드가 결합한 핵수용체 활성 시기에 핵수용체는 histone acetyltransferase(또는 methyltransferase)의 기능을 보유한 보조－활성자와의 상호작용을 통해 응축된 염색질을 이완하여 P450 유전자의 전사를 유도한다. 핵수용체의 DNA－결합도메인(DNA－binding domain)은 2개의 zinc finger 하부도메인(subdomain)으로 구성되어 있는데 표적유전자(target gene)의 프로모터 내 receptor－response element(RRE, 수용체반응－염기서열 단편) 또는 xenobiotics－response element(XRE, 외인성물질반응－염기서열단편)를 인식하여 핵수용체의 결합을 유도한다. 이러한 receptor－responsive element는 일반적으로 5'－AGGTCA－3' 염기서열을 양쪽 끝으로 하여 중간에 위치하고 있다. 핵수용체는 리간드와 결합 또는 여러 핵수용체 간의 동종이합체(homodimer)와 이종이합체(heterodimer) 등의 이합체화(dimerization)를 통해 표적유전자의 프로모터 내의 receptor－responsive element에 결합한다. 때로는 이들 동종 또는 이종이합체는 보조인자들의 도움을 받아 형성되기도 한다. 이와 같이 핵수용체－매개 P450 유전자의 전사는 <그림 2－30>과 더불어 다음과 같이 요약된다.

- 리간드가 직접적으로 결합하거나 또는 신호전달체계를 통해 핵수용체의 활성화
- 리간드가 결합된 핵수용체는 핵에서 동종이합체 또는 이종이합체를 형성
- 동종 및 이종이합체는 P450 유전자의 프로모터 조절부위의 receptor－responsive

element에 결합
- 프로모터의 활성화를 통한 P450 유전자의 전사

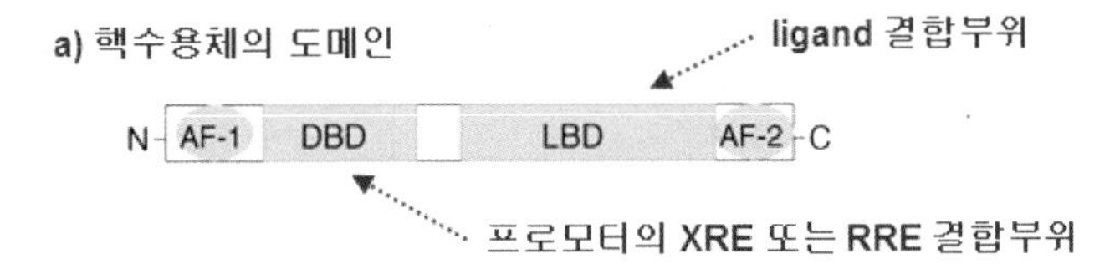

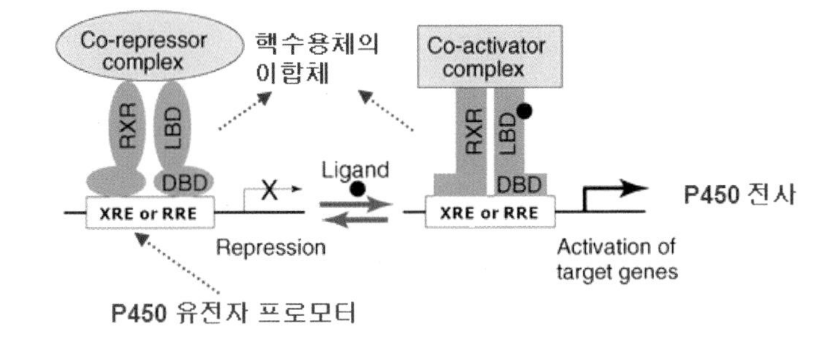

〈그림 2-30〉 핵수용체의 일반적 구조와 핵수용체-매개 P450 전사기전: (a) AF: activation function, DBD: DNA-binding domain, LBD: ligand-binding domain, (b) RRE: receptor-response element, XRE: xenobitoics-response element, RXR: retinoid-X response. 대부분의 핵수용체는 핵에서 동종이합체 또는 이종이합체를 형성하여 프로모터의 조절부위인 XRE 또는 RRE에 결합한다. 리간드가 핵수용체에 결합하면 보조-억제인자(Co-repressor)가 분리되며 보조-활성인자(Co-activator)와 상호 작용하여 유전자 전사가 이루어진다 (참고: Chen).

- **핵수용체-매개 기전에 의한 P450 전사는 외인성물질 및 내인성물질 등의 리간드 종류에 따라 다양한 핵수용체에 의해 이루어진다.**

P450은 외인성물질의 대사뿐만 아니라 스테이로이드 및 여러 내인성물질의 대사에도 관여하기 때문에 관련 유전자의 발현은 다양한 핵수용체에 의해 이루어진다. 특히 핵수용체 간 cross-talk를 통해 P450 유전자 발현이 이루어지기 때문에 하나의 기전으로 설명하는 데 어려움이 있고 더 많은 연구가 필요하다. 일반적으로 외인성물질의 생체전환에만 특이적으로 관여하는 유전자인 CYP1, CYP2B, CYP2C와 CYP3A 계열의 유전자 전사에 관련된 핵수용체는

aryl hydrocarbon receptor(AhR), constitutive androstane receptor(CAR), peroxisome proliferators-actived receptors(PPARs), liver X receptor(LXR), glucocorticoid receptor(GR), vitamin D receptor(VDR), farnesoid X receptor (FXR)와 estrogen receptor(ER) 등이 있다. 이들 핵수용체는 기본적으로 구조적 측면에서 차이가 있을지라도 P450 유전자 및 다른 표적유전자들의 전사에 있어서 리간드-의존성 활성체계와 신호전달체계 등의 측면에서 유사성이 있다. 즉 특정유전자의 프로모터 내에 존재하는 receptor-responsive element에서 구조적 차이가 있더라도 리간드 결합, 선택적 이합체 형성, DNA-결합 부위 선택 그리고 보조-조절자 등의 다양한 조합에 의한 전사기전이라는 측면에서 공통점이 있다. 처음으로 확인된 핵수용체는 CYP3A4의 전사를 유도하는 pregnane X receptor(PXR)이며 다양한 핵수용체에 의해 P450 효소를 유도하는 것이 확인되었다. 외인성물질에 의한 핵수용체-의존성 P450 유전자 전사에 있어서 대표적인 기전은 aryl hydrocarbon receptor(AhR)-의존성 기전이며 그 외 외인성물질의 생체전환과 관련된 주요 핵수용체-의존성 기전을 요약하였다.

① Aryl Hydrocarbon Receptor(AhR)

AhR은 세포질에 존재하며 다양한 조직에서 발현되는 핵수용체 전사조절인자이다. 비활성 상태에서 세포질의 AhR은 샤페론(chaperone, 단백질이 입체적 구조를 갖도록 도와주는 단백질) 단백질인 HSP90(heat shock protein 90, 열충격단백질 90), 보조-샤페론(co-chaperone)인 p23 그리고 면역세포-성장촉진성 단백질(ILP, immunophilin-like protein)인 XAP2(virus X-associated Protein 2, 동의어로 ARA9<Ah receptor-associated protein>, AIP<Aryl hydrocarbon receptor interacting protein> 등이 있음)와 복합체를 형성하여 존재한다.

AhR의 활성화도 리간드-의존성인데 대표적인 리간드는 TCDD(2,3,7,8-Tetrachlorodibenzo-*p*-Dioxin)이다. TCDD가 AhR에 결합하면 AhR의 구조적 변화가 이루어져 TCDD-AhR 복합체는 핵으로 이동한다. 핵에 있는

Arnt(AhR nuclear translocator)는 AhR-TCDD와 결합하여 이합체(dimer)를 형성한다. TCDD-AhR-ARNT 복합체는 P450 유전자의 조절부위인 프로모터 내의 dioxin responsive element(DRE) 또는 xenobiotic-responsive element (XRE) 영역과 상호작용을 통해 유전자 전사를 유도한다. 이러한 전사의 역할 수행에 있어서 <그림 2-31>의 a)에서처럼 핵수용체 AhR 내의 여러 도메인이 중요한 역할을 한다. AhR의 bHLH(basic-Helix-Loop-Helix) 도메인은 Arnt의 bHLH 도메인과 상호작용을 통해 AhR-Arnt의 이종이합체(heterodimer)를 형성한다. 또한 이종이합체의 bHLH 도메인은 P450 유전자의 프로모터 내의 XRE에 결합하여 전사를 유도한다. AhR의 중간에 위치한 PAS(Per-Arnt-Sim) 도메인은 HSP90 또는 리간드와의 결합과 관련된 도메인이며 C-terminal 쪽의 TAD(transcriptional activation domain)는 전사 시작을 유도하는 도메인이다.

TCDD가 AhR에 결합하면 AhR의 구조적 변화가 이루어져 TCDD-AhR 복합체는 핵으로 이동한다. 핵에 있는 Arnt(AhR nuclear translocator)는 AhR-TCDD와 결합하여 이합체화(dimerization)한다. TCDD-AhR-ARNT 복합체는 P450 유전자의 조절부위인 프로모터 내의 dioxin responsive element(DRE) 또는 xenobiotic-responsive element(XRE) 영역과 상호작용을 통해 유전자 전사를 유도한다. 이러한 전사의 역할 수행에 있어서 가장 중요한 부분은 <그림 2-31>의 a)에서처럼 AhR 내의 여러 도메인이다. AhR의 bHLH(basic-Helix-Loop-Helix) 도메인은 Arnt의 bHLH 도메인과 상호작용을 통해 AhR-Arnt의 이종이합체(heterodimer)를 형성한다. 또한 이종이합체의 bHLH 도메인은 P450 유전자의 프로모터 내의 XRE에 결합하여 전사를 유도하는 도메인이다. AhR의 중간에 위치한 PAS(Per-Arnt-Sim) 도메인은 HSP90 또는 리간드가 결합과 관련된 도메인이며 C-terminal 쪽의 TAD (transcriptional activation domain)는 전사 시작을 유도하는 도메인이다.

<그림 2-31>의 b)는 다양한 리간드에 반응하여 AhR-매개 전사기전을 통해 CYP1A1 유전자의 발현 과정을 나타낸 것이다. 핵에서 형성된 AhR-ARNT 이종이합체는 프로모터 내 DRE(또는 XRE)의 5‘-GCGTG-3’(다른 유전자는 대부분 5‘-CACGCNA-3’의 염기서열) 공통염기서열에 결합하여 CYP1A1

유전자의 전사를 유도한다. 전사 후 AhR은 외부신호에 의해 핵에서 세포질로 나오는데 ubiquitin–proteasome–의존성 기전을 통해 빠르게 분해된다. 그러나 분해되지 않은 AhR은 다시 HSP90, p23 그리고 XAP2 등과 결합하여 재사용된다. AhR–의존성 전사가 이루어지는 대표적인 P450 유전자는 CYP1A 계열이며 간에서 주로 발현되는 CYP1A, 폐와 태반의 CYP1A2, 임파구에서 주로 발현되는 CYP1A1 등이 있다.

A) AhR 도메인 구조

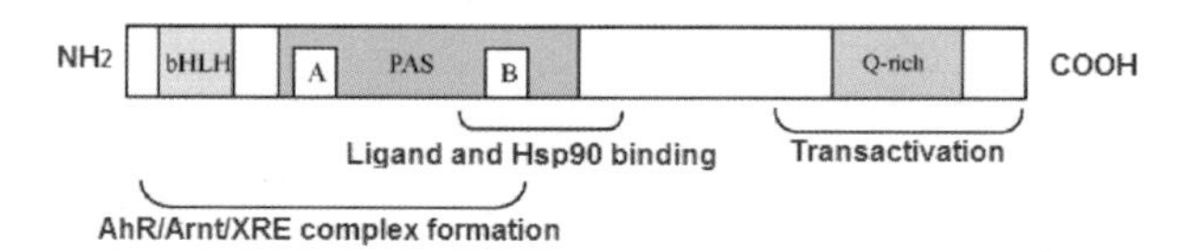

B) Dioxin 등의 리간드에 반응하여 AhR-매개 CYP1A1의 전사기전

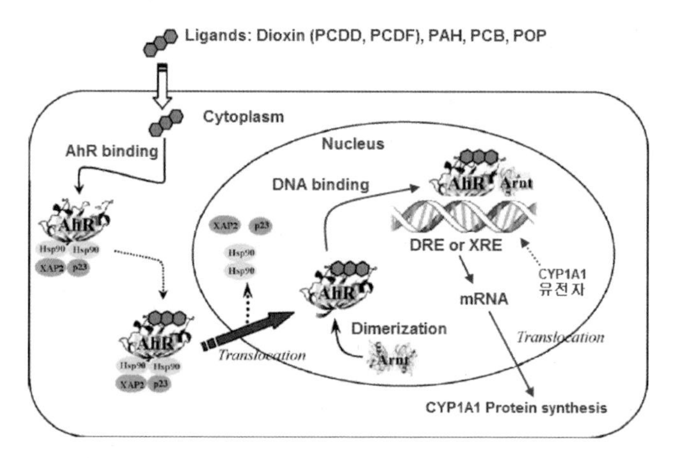

〈그림 2–31〉 **AhR 도메인과 CYP1A1의 전사기전**: (a) AhR 도메인구조, AhR: aryl hydrocarbon receptor, Arnt: AhR nuclear translocator, bHLH: basic helix–loop–helix, PAS: Per–Arnt–Sim domain, 2개의 repeat A와 B, Q–rich: glutamine rich region이며 transcriptional activation domain. (B) AhR–매개 CYP1A1 전사기전: 세포질에서 비활성 상태의 AhR은 샤페론(chaperone, 단백질이 입체적 구조를 갖도록 도와주는 단백질) 단백질인 HSP90(heat shock protein 90, 열충격단백질), 보조–샤페론(co–chaperone)인 p23 그리고 면역세포–성장촉진성 단백질(immunophilin–like protein)인 XAP2(virus X–associated protein 2, ARA9과 AIP와 동의어)와 복합체를 형성하여 있다. AhR은 세포질에서 활성화되어 핵으로 이동, AhR은 Arnt(AhR nuclear translocator)와 이합체(dimerization)를 형성한다. AhR–Arnt 이종이합체는 프로모터 내의 XRE(xenobiotic–responsive element)와 결합하여 CYP1A1의 전사를 유도한다. 또한 CYP1A1의 대사에 의해 생성된 리간드 대사체(inactivated ligand, 불활성화 리간드)는 AhR의 활성화를 막는 negative feedback 조절을 통해 CYP1A1의 전사를 조절한다. PCDD: polychlorinated dibenzo–p–dioxin, PCDF: dibenzofurans, PCB: polychlorinated biphenyls, PAH: polyaromatic hydrocarbon, POP: persistent organic pollutants(참고: Amakura).

AhR 리간드는 다음과 같이 3가지 주요 물질군으로 분류할 수 있다. 첫 번째는 환경오염물질군으로 핵수용체 이름의 기원인 poly aromatic carbon(예: benzo[a] pyrene, 3-methylcholanthrene, benzoflavones과 omeprazole), polyhalogenateted aromatic hydrocarbon(예: polychlorinated dibenzo-dioxins <TCDD: 2,3,7,8-tetrachlorodibenzo-p-dioxin: <그림 2-32>>, dibenzofurans, coplanar biphenyls) 두 번째는 내인성물질군으로 indigo와 indirubin 등과 같은 tryptophan의 유도체와 bilirubin, arachidonic acid의 대사체인 lipoxin A4 prostagladin G, 변형된 low-density lipoprotein 등과 같은 tetrapyroles 그리고 세 번째로 식물성천연화학물질(pytochemicals) 및 여러 종류의 식이성 carotinoids 등이 있다.

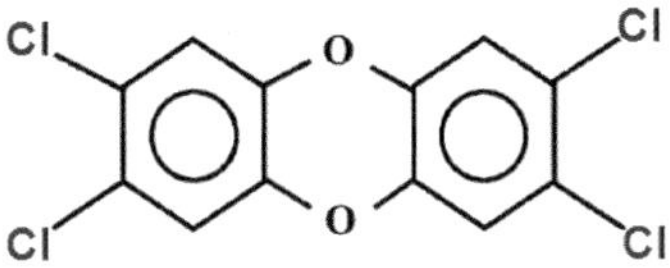

〈그림 2-32〉 AhR 핵수용체의 대표적인 리간드인 TCDD: TCDD는 핵수용체와 직접적으로 이합체를 형성하여 CYP1A1 유전자 프로모터에 결합하여 전사를 촉진하는 AhR-매개 전사기전의 대표적인 물질이다.

② Constitutive Androstane Receptor(CAR)

핵수용체 CAR는 외인성물질의 리간드가 없을 경우에도 retinoic acid response element에 결합하여 전사를 유도하는 호르몬성 핵수용체(hormone nuclear receptor)이다. CAR는 간에서 대부분 활성이 확인되고 있지만 장이나 위에 다소 활성이 확인되고 있다. 다섯 개의 도메인을 가진 대부분의 핵수용체와는 달리 <그림 2-33>에서처럼 사람에서 CAR의 단백질 도메인은 DNA-binding domain(DBD)을 비롯하여 접힘이 가능한 hinge 부위와 분리되지 않고 함께 존재하는 리간드결합/이합체형성/전사활성 도메인 등의 3개로 구성되어 있다. 스테로이드성 핵수용체에서 전형적으로 존재하는 AF-1과 같은 리간드-비의존성 활성 반응 도메인이 CAR의 도메인에는 없는 것이 특징이다.

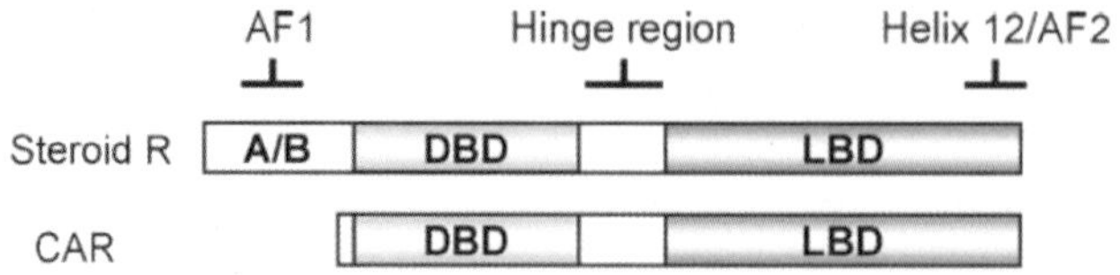

AF1 Hinge region Helix 12/AF2

Steroid R | A/B | DBD | | LBD

CAR | DBD | | LBD

〈그림 2-33〉 CAR와 일반적인 steroid 핵수용체의 도메인 구조 비교: DBD: DNA-binding domain, LBD: ligand-binding domain. CAR은 스테로이드 핵수용체에서 전형적으로 존재하는 AF-1과 같은 리간드-비의존성 활성 반응 도메인이 없다.

일반적으로 P450 발현의 유도에 있어서 대표적인 유도물질로는 phenobarbital(PB)과 3-methyl-chloanthrene(3-MC)이 있다. 리간드 PB에 반응하여 CAR-매개 전사기전을 통해 전사되는 대표적인 P450 유전자는 CYP2B 계열이다. 리간드에 반응하기 전인 비활성 상태에서 CAR는 CAR-cytoplasmic retention protein(CCRP, CAR 세포질-유지 단백질)과 HSP90과 결합하여 세포질에서 존재한다. <그림 2-34>에서처럼 CAR에 의한 P450 유전자의 전사 유도기전은 2가지 기전을 통해 설명된다. AhR-매개 전사기전에서처럼 리간드와 결합하여 핵으로 이동하게 되는 직접-활성화 기전(direct activation mechanism)과 리간드가 결합하지 않고 핵으로 이동하여 전사를 촉진하는 간접-활성화 기전(indirect activation mechanism) 등 2가지의 P450 유전자 전사 활성 기전이 핵수용체 CAR에 의해 이루어진다.

직접-활성화 기전을 유도하는 대표적인 리간드는 1,4-bis [2-(3,5-dichloropyridyloxy)] benzene(TCPOBOP)이다. TCPOBOP는 불활성화 상태인 CAR-CCRP-HSP90 복합체에 결합하여 CCRP와 HSP90을 CAR로부터 분리하여 TCPOBOP-CAR의 복합체를 형성, 핵으로 이동한다. 핵 내에서는 co-activator와 더불어 CAR-TCPBOP 복합체는 RXR(retinoid X receptor)와 이종이합체를 형성한다. 형성된 CAR-RXR-Coactivator-TCPBOP 복합체는 CYP2B 계열의 유전자 프로모터 내의 CAR-RE(CAR-response element)에 결합하여 CYP2B 유전자 전사를 촉진시킨다. 이와 같이 직접-활성화 기전에서는 리간드가 이종이합체의 핵수용체에 결합하여 P450 유전자의 전사에 관여하게 된다. 반면에 간접-활성화 기전에서는 리간드 phenobarbital(PB)의 예를 들 수 있다. 리간드 PB는 확인되지 않은 세포막의 특정 신호체계를 자극하여 protein phosphatase인 PP2A에 의한 CAR의 탈인산화(dephosphorylation) 반응을 유도한다. 탈인산화는 CCRP와 HSP90으로부터 CAR의 분리를 유도하여 핵으로의 이동을 촉진시킨다. CAR는 핵으로 이동하여 co-activator의 도움을 통해 RXR(retinoid X receptor)와 이종이합체를 형성한다. CAR-RXR-Coactivator의 복합체는 P450 유전자 프로모터의 PBREM(PB-responsive enhancer module: CAR-response element와 동일)과 상호작용을 통해 P450 유전자 전사를 유도한다. PBREM 또는 CAR-RE은 약 163bp 정도의 크기이며 다양한 핵수용체와 결합을 할 수 있는 공통염기서열로 구성된 도메인이다.

CAR-매개 전사기전에 의존하는 P450 유전자는 <그림 2-35>에서처럼 대부분 TCPBOP와 PB에 의해 유도되는 CYP2B 계열이 대표적이지만, 일부 교차소통(cross-talk)을 통해 전사가 이루어지는 CYP3A4 유전자도 확인되었다. CAR의 활성을 유도하는 물질은 직접-활성화 기전을 유도하는 TCPOBOP가 있다. 그리고 PB 외에 간접-활성법 기전을 유도하는 물질은 5β-pregnane-3,20-dione, retinoic acids, clotrimazole, chlorpromazine(CPZ), *o,p*-DDT, methoxychlor, 2,3,3,4,5,6-hexachlorobiphenyl, 6-(4-chlorophenyl) imidazo, thiazole-5-carbaldehyde *O*-(3,4-dichlorobenzyl)oxime(CITCO)와 Chinese traditional medicine인 Yin Zhi Huang 등의 외인성물질이 있다. 내인성물질로는 bilirubin과 스테로이드 호르몬성 리간드인 androstane steroidal compounds (예, 3α,5α-androstanol) 등이 있다.

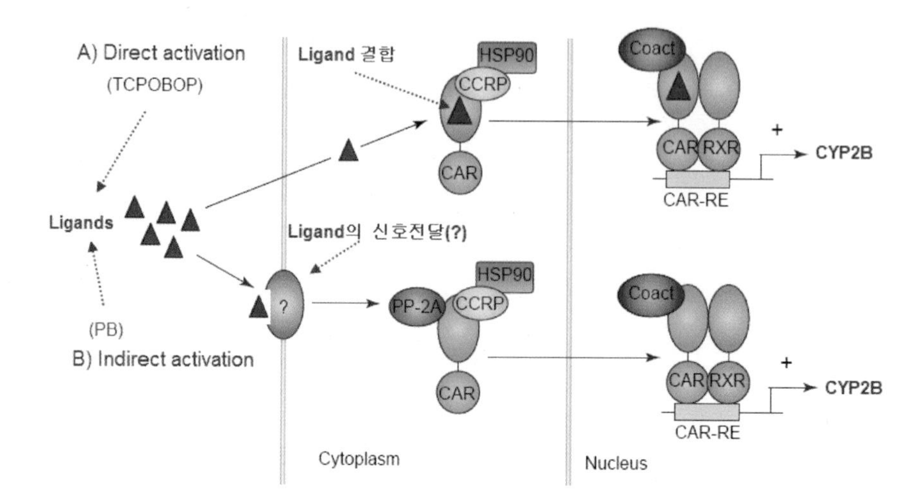

〈그림 2-34〉 리간드에 따른 **Constitutive Androstane Receptor(CAR)의 활성화와 CYP2B의 전사기전:** A) 리간드-직접 활성화(ligand-direct activation): CAR cytoplasmic retention protein(CCRP)과 chaperone 단백질인 HSP90과 결합하여 불활성상태의 CAR이 TCPOBOP(1,4-bis [2-(3,5-dichloropyridyloxy)] benzene) 리간드에 의해 직접 활성화 된다. 활성화된 CAR은 핵으로 이동하여 보조활성인자(Co-activator)와 더불어 RXR(retinoid X receptor) 이종이합체를 형성, CAR-RE(car-response element)에 결합하여 CYP2B 계열의 유전자 전사를 유도한다. B) 리간드-간접 활성화(ligand-indirect activation): 리간드 PB(phenobarbotal)는 CAR과 함께 복합체를 형성하지 않고 막의 확인되지 않은 전달체계를 통해 탈인산화를 유도한다. 탈인산화에 의해 CAR이 CCRP와 HSP90으로부터 분리되어 핵으로 이동한다. 보조-활성인자의 도움으로 RXR과 이종복합체를 형성한 CAR은 CYP2B 유전자의 프로모터 내의 CAT-RE에 결합하여 전사를 촉진한다. 리간드-간접 활성화 기전이 직접-활성화 기전과의 차이점은 리간드가 핵수용체와 결합하지 않고 전사를 유도한다는 점이다(참고: Goodwin).

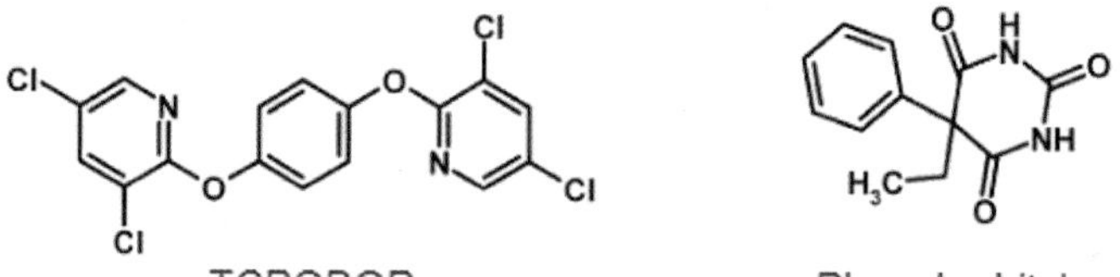

TCPOBOP

Phenobarbital

〈그림 2-35〉 **CAR-매개 CYP2B 유전자 전사의 주요 리간드:** TCPOBOP(1,4-bis [2-(3,5- dichloropyridyloxy)] benzene)는 CYP2B 계열 유전자의 직접-활성 전사기전 그리고 Phenobarbital은 간접-활성 전사기전을 유도한다.

③ Pregnane X receptor(PXR)

체내에 들어오는 약물을 비롯한 전체 외인성물질 중에서 약 60% 이상의 대사에 관여하는 P450 효소가 CYP3A4이다. 따라서 CYP3A4의 유전자는 그 어떤 P450 유전자보다 약물대사 또는 독성학 측면에서 중요하다. 이러한 중요성을 가진 CYP3A4 유전자의 전사를 매개하는 xenosensor가 PXR 핵수용체이다. 또한 담즙산 및 콜레스테롤 등의 내인성물질 대사 조절에 있어서도 중요한 역할을 한다. 이러한 중요한 역할과 더불어 PXR는 CYP3A4뿐만 아니라 다양한 내외인성물질에 반응하여 관련된 유전자 발현에 관여하기 때문에 'promiscuous chemical sensor(무차별 화학물질 감지자)'이라고 한다. <그림 2-36>에서처럼 사람의 PXR 유전자는 434개의 단백질이 암호화된 9개의 exon으로 구성되어 있다. PXR 단백질의 구조는 다른 핵수용체와 유사하게 DNA-결합도메인(DNA-binding domain, DBD), 유동성 hinge 도메인, 리간드-결합 부위(ligand-binding domain, LBD)를 비롯하여 전사활성도메인(transactivation domain)인 AF-1과 AF-2로 구성되어 있다. LBD는 C-terminus 말단에 보조인자(Co-factor)와 상호 작용하는 AF-2(activation function domain)를 가지고 있다. <그림 2-37>은 PXR의 대표적인 리간드인 항생제 rifampicin의 복잡한 화학구조이다. Rifampicin의 복잡한 화학구조에도 불구하고 PXR의 LBD에 결합하는데 이는 LBD의 구조적 특징에 기인한다. <그림 2-38>의 X-ray 결정구조에서처럼 PXR은 극성잔기를 가진 크고 부드러운 리간드 결합부위인 LBD 때문에 구조적으로 결합 가능성이 낮은 리간드를 결합할 수 있는 독특한 능력을 가지고 있다. 특히 LBD 지역에는 <그림 2-36>에서처럼 불활성의 PXR3과는 차이가 있는 아미노산잔기 174에서 214까지 41개의 특이적 아미노산서열이 PXR1에 존재한다. PXR1의 이러한 특이적 아미노산서열은 유연성이 크기 때문에 다양한 종류의 리간드와의 결합을 극대화시키는 역할을 한다. 이러한 특성 때문에 PXR는 다른 핵수용체의 리간드-특이적 xenosensor와는 다르게 '무차별 화학물질 감지자'의 역할을 하게 된다.

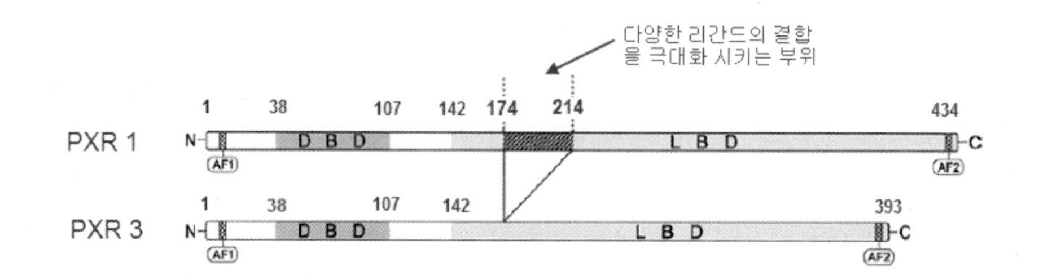

〈그림 2-36〉 **PXR 핵수용체의 동질효소의 구조 비교:** 사람의 간에서 PXR1, PXR2와 PXR3 등 3가지 PXR 동질효소가 존재한다. PXR1을 제외한 PXR2와 PXR3은 거의 전사가 되지 않으며 PXR1이 주종을 이룬다. PXR1은 PXR3과는 달리 LBD(ligand-binding domain)에 아미노산잔기 174-214 사이에 41개 아미노산이 추가적으로 있다. 이 부분은 유연성이 높아 다양한 리간드가 결합할 수 있는 PXR의 독특한 기능을 부여한다. DBD: DNA-binding domain, AF-1, AF-2: activation function domain(참고: Matic).

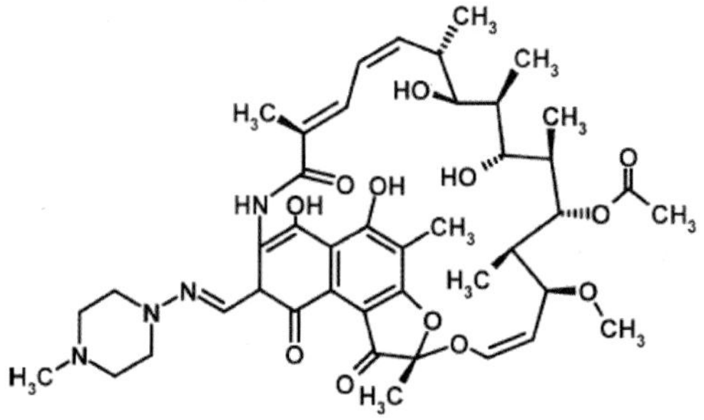

〈그림 2-37〉 **PXR-매개 CYP3A4 전사에 있어서 대표적인 PXR 리간드인 항생제 rimfapicin:** Rimfapicin은 핵수용체 PXR의 대표적인 리간드이다. 이렇게 복잡한 구조의 화학물질이라도 PXR의 독특한 아미노산 구조의 LBD 도메인으로 결합이 가능하다.

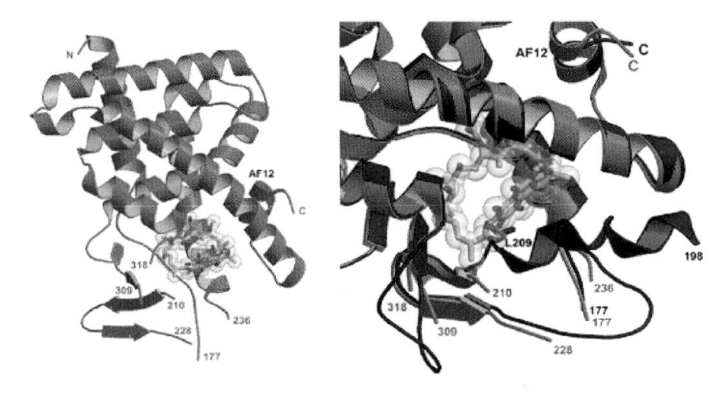

A) 리간드 결합 전의 PXR　　B) 리간드 결합 후의 PXR

〈그림 2-38〉 리간드 rifampicin과 PXR 결합의 X-ray 결정구조 비교: (A): 리간드 rifampicin(녹색)이 PXR의 LBD에 결합하기 전: apo-PXR LBD (B): PXR의 LBD(오렌지색)이 rifampicin이 결합 후 변화한 모습(푸른색). 2개의 loop(잔기 229, 235와 잔기 310, 317)가 rifampicin의 결합으로 뒤틀리며 또한 유연성이 큰 아미노산 174-214 사이의 아미노산인 209 및 198 잔기가 위치를 달리하며 rifampicin과 결합력을 높이게 된다(참고: Timsit).

PXR은 우선적으로 간, 신장 및 소장에서 발현되지만 폐, 위, 말초혈구를 비롯한 뇌-혈관 장벽에서도 발현된다. 불활성화 상태에서의 PXR은 세포질에서 CCRP와 HSP90 등과의 복합체를 형성하여 존재하는데 리간드가 이 복합체에 결합하면 PXR은 분리되어 활성화된다. 리간드는 PXR의 DNA-binding 도메인 중 66-92번째 아미노산잔기들과 접촉을 통해 결합하여 핵으로의 이동을 유도한다. 핵으로 이동한 PXR은 RXR(retinoid X receptor)과 이종이합체인 PXR-RXR을 형성하여 프로모터에 존재하는 xenobiotic responsive enhancer module(XREM)과의 결합을 통해 <그림 2-39>에서처럼 CYP3A4의 전사를 유도한다. 다른 핵수용체-의존성 기전과 비교하여 PXR-의존성 P450 유전자 전사기전이 2가지 측면에서 더 중요하다. 첫 번째는 체내에 들어오는 외인성물질의 대사에 있어서 가장 많이 담당하는 P450 유전자인 CYP3A4의 전사에 관련한다는 것이며 두 번째는 PXR-RXR을 비롯하여 CAR 등 여러 핵수용체와의 cross-talk을 통해 다른 P450 유전자의 전사에도 영향을 준다는 점이다.

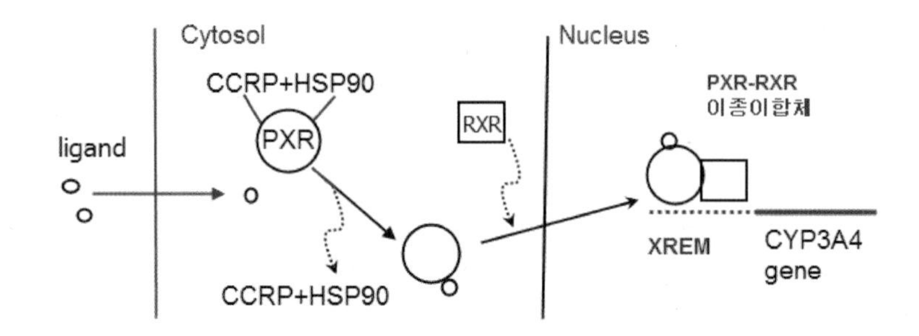

〈그림 2-39〉 **PXR-매개 CYP3A4의 전사기전:** 리간드에 의해 CCRP와 HSP90이 분리되면서 PXR이 활성화된다. 활성화된 PXR(pregnane X receptor)은 RXR(retinoid X receptor)과 이종이합체를 형성하여 CYP3A4 유전자의 XREM(xenobiotic responsive enhancer module)에 위치하여 전사가 이루어진다.

PXR의 활성에 관여하는 리간드는 rifampicin, PB와 nifedipine 등과 같은 칼슘채널차단제(calcium channel blockers), pregnenolone 16α-carbonitrile 등을 비롯하여 clotrimazole, mifepristone, metyrapone과 스테로이드 호르몬 등이 있다. 체내의 정상적인 대사를 통해 생성된 progesterone, estrogens, corticosterone, androstenol과 DHEA 등의 생리활성물질 및 호르몬도 PXR의 리간드 역할을 한다. 또한 식물성 식이에 포함된 sulforaphane와 hyperforin 그리고 살충제인 metolachlor, pretilachlor, bupirimate와 oxadiazo 등이 PXR의 주요 리간드이다.

④ GR 및 ER 그리고 그 외 핵수용체

Glucocorticoid Receptor(GR)는 당합성, 단백질 분해, 수분균형 조절, 칼슘 흡수 감소 등을 비롯하여 조골세포 기능을 위해 cortisone, hydrocortisone, deoxycorticosterone 그리고 dexamethasone 등의 glucocorticoid(척추동물의 부신피질에서 분비되는 스테로이드 호르몬의 총칭) 호르몬에 반응하여 활성화되는 스테로이드 핵수용체(steroid nuclear receptor)이다. 다른 핵수용체와 유사하게 GR은 HSP90과 결합하여 불활성 상태로 세포질에 존재하며 리간드에 의해 분리되어 핵으로 이동, GR-GR 동종이합체(homodimer)를 형성하게 된다. GR 동종이합체는 P450 유전자의 프로모터 영역에 존재하는 glucocorticoid

－responsive element(GRE)와의 결합을 통해 전사를 유도한다. 이러한 직접적인 전사 외에도 GR은 PXR과 CAR의 발현 증가를 유도하여 CAR 및 PXR－의존성 전사 또는 CAR－의존성 전사의 활성화를 더 증가시킨다. GR을 통해 전사가 유도되는 P450 유전자는 CYP2C9와 CYP3A4와 CYP3A5 등이 있다.

Estrogen receptor(ER)는 생식 기능 발달과 항상성 유지를 위한 estrogen(스테로이드 호르몬의 일종으로 17ß－estradiol, estrone, estriol 등이 있음)의 생리적 기능을 매개하는 스테로이드 핵수용체이다. ER의 전사 유도기전은 AhR과 유사한데 AhR이 HSP90과 XAP2와 결합하여 세포질에 불활성 상태로 존재하는 대신에 ER은 HSP90 이외 p60과 결합하여 존재하는 차이가 있다. ER은 구조적으로 차이가 있는 하위군인 ERα와 ERβ 등이 있으며 또한 어류에서만 존재하는 ERγ가 있다. 또한 ER 활성화는 GR과는 다르게 리간드 estradiol이 직접적으로 핵으로 이동하여 ER－ER의 동종이합체 형성으로 이루어진다. 활성화된 ER 동종이합체는 P450 유전자 프로모터 영역 내의 estrogen－responsive element(ERE)와 결합하여 전사를 유도하게 된다. ER의 리간드는 17ß－estradiol와 tamoxifen 등이 대표적이다. ER에 의해 전사가 조절되는 대표적인 P450 유전자는 CYP1B1이다. CYP1B1은 17ß－estradiol 대사에 핵심 효소이다. CYP1B1은 내분비계(endocline, 다른 기관이나 부위에 특이적 효과를 나타내는 물질을 혈액이나 림프액 중에 분비하는 기관 또는 구조)에 의해 조절되는 사람의 조직인 유선조직, 자궁과 난소 등에서 주로 발현된다. 이들 조직에서 CYP1B1 유전자 발현이 ERα에 의해 조절된다. 이러한 발현은 CYP1B1의 프로모터 내의 －63과 －49 사이에 존재하는 estrogen response element(ERE)에 ER 동종이합체의 결합을 통해 이루어지는 것으로 추정되고 있다. 또한 ERα은 AhR과 ARNT와의 cross－talk을 통해 AhR의 활성을 조절한다. AhR의 리간드 TCDD와 ERα의 리간드 17ß－estradiol을 동시에 노출하였을 경우에 TCDD 단독으로 노출하였을 때보다 AhR의 표적유전자인 CYP1A1의 전사가 더욱 증가된다. 이는 AhR－의존성 전사기전에 있어서 ERα의 보조－활성자 역할에 기인하는 것으로 추정된다. 이러한 AhR－의존성 전사기전에서 보조-활성자의 역할은 ERα가 직접적으로 CYP1A1의 프로모터와의 상호작용을 통해 이루어진다.

그 외 핵수용체의 전사조절인자로 FXR(farnesol X receptor)와 HNF4α(hepatocyte nuclear receptor)와 PPARα(peroxisome proliferator-activated receptor-α) 등이 있다. FXR은 CYP7A1과 CYP8B1, HNF4α는 CYP2C1, CYP2C2, CYP2C3, CYP2C9, CYP2D6, CYP2A4와 CYP2D9 등의 유전자 전사조절에 관여한다. PPARα는 지방산의 대사에 관여하는 HNF4α와 상호협조를 통해 CYP4F1 유전자의 전사를 유도한다. 대부분의 이러한 전사조절인자들은 간뿐만 아니라 장, 폐를 비롯한 신장 등 여러 기관에서 작용하여 P450 유전자의 전사를 유도한다. 그러나 외인성물질의 대사가 주로 이루어지는 곳은 간이기 때문에 간-특이적 전사기전이 존재한다. P450 유전자의 프로모터를 분석한 결과, 간-특이적 발현(liver-specific expression)과 관련된 전사조절인자가 결합하는 영역이 확인되었다. 이러한 인자는 liver-enriched transactivating (또는 transcription) factor (LETF, 간-풍부 전사조절인자)로 분류되며 HNF1α (hepatocyte nuclear receptor 1α), HNF3, HNF4α, HNF6, DBP(albumin D-site binding protein)와 C/EBP(CCAAT/enhancer-binding protein) 등이 있다. LEFT는 내인성리간드(endogenous ligand)에 의해 조절되지 않는 것으로 알려졌으며 또한 항상 일정하게 P450의 활성이 유지되는 구성효소적 기능이 있는 것으로 추정되고 있다. <표 2-5>는 여러 P450 유전자의 전사와 관련된 전사조절인자이다.

〈표 2-5〉 그 외 P450의 전사조절인자와 liver-enriched transcription factor

전사조절인자	분류	조절 P450 유전자
FXR	핵수용체	CYP7A1, CYP8B1
HNF4α	핵수용체	CYP3A4
HNF1α	homeodomain-containing transcription factor	CYP1A2, CYP7A1, CYP2E1
DBP(albumin D-site binding protein)	proline 또는 acidic amino acid rich family of transcription factor	CYP2D6,CYP2C7, CYP2D6

전사조절인자	분류	조절 P450 유전자
C/EBP(CCAAT/enhancer-binding protein)	bZIP structural motif(DNA-binding basic region와 leucine zipper dimerization domain)	CYP2D5
PPARα(peroxisome proliferator-activated receptor α)	핵수용체	CYP4A 계열, CYP4F1
VDR(vitamin D receptor)	핵수용체	PXR-과 CAR-response elemet가 있는 P450 유전자

7. P450의 활성저해기전

◎ 주요 내용

- 독성학적인 측면에서 중요한 P450의 활성저해는 mechanism-based inhibitor 또는 suicide substrate에 의해 이루어진다.

- **독성학적인 측면에서 중요한 P450의 활성저해는 mechanism-based inhibitor 또는 suicide substrate에 의해 이루어진다.**

P450 활성저해의 가장 중요한 기전은 외인성물질에 의한 저해이다. P450 활성을 증가시키는 리간드가 또는 외인성물질을 유도물질(inducer)이라고 하면 P450 활성저해를 유도하는 물질을 저해물질(inhibitor)이라고 한다. P450의 활성저해는 저해물질에 의한 P450 단백질 수준에서의 저해와 다양한 원인에 기인하는 P450 유전자의 전사 측면에서의 저해가 있다. P450 단백질 수준의 활성저해에 대한 대표적인 기전은 경쟁적 저해(competitive inhibition)으로 설명된다. 경쟁적 저해는 동일한 P450에 의해 대사되는 2개의 외인성물질이 동시에 생체에 들어올 경우에 두 물질 상호간의 대사를 저해하는 기전을 의미한다. 양성자-펌프 저해제(proton Pump inhibitor)인 omeprazole과 항간질제재(Anti-epileptics)인 diazepam은 CYP2C19에 의해 대사가 이루어진다. 두

물질은 CYP2C19의 기질이기 때문에 단일물질 노출 때보다 대사가 지연되는 상호 경쟁적 저해를 하게 된다. 이러한 상호 경쟁적 저해로 두 물질은 체내에서 반감기가 길어지면서 배출이 감소하게 된다. 그러나 독물동태학적 측면에서 상호 경쟁적 저해를 통해 더욱 심각한 것은 외인성물질이 약물의 대사경로 변화를 초래하여 독성이 더욱 강한 활성중간대사체를 생성하는 결과이다. 활성중간대사체는 P450 단백질과 결합하여 비가역적 불활성을 유도하거나 다른 DNA를 비롯한 다른 거대분자와 공유결합하여 독성을 유발하게 된다.

기질에 의한 P450 활성저해와는 달리 P450의 기질은 아니지만 일산화탄소가 P450의 heme과 결합하여 활성을 저해하듯이 항부정맥제재인 quinidine은 P450 활성부위에 결합하여 활성저해를 유도한다. 그러나 P450 단백질 수준에서 무엇보다도 중요한 활성저해기전은 <그림 2-40>에서처럼 기전-의존성 저해(mechanism-based inhibition)이다. 기전-의존성 저해란 외인성물질이 P450의 기질이 되어 생체전환 된 후에 생성된 활성중간대사체가 자신을 대사시킨 P450에 결합하여 활성을 저해하는 기전이다. 활성중간대사체는 대부분 친전자성대사체인데 높은 반응성을 가지고 있기 때문에 가까운 위치에 있는 P450에 결합하여 활성을 저해하게 된다. 이러한 기전을 통해 저해를 유발하는 물질을 기전-의존성 저해제(mechanism-based inhibitor) 또는 자살기질(suicide substrate)이라고 한다. 모든 활성중간대사체가 P450 활성을 저해하는 것은 아니며 대표적인 P450 자살기질의 종류는 SKF525A, methylenedioxyl compounds(예: piperonyl butoxide), metyrapone와 carbon tetrachloride 등이 있다.

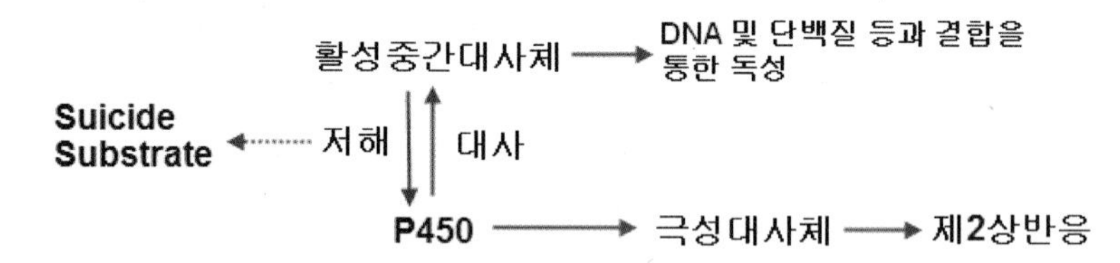

〈그림 2-40〉 P450의 기전-의존성 저해기전: 약물 또는 외인성물질이 P450에 대사된 후 생성된 활성중간대사체(대부분 친전자성대사체)가 P450에 결합하여 활성을 저해하는 기전을 기전-의존성 기전이라고 한다. 이러한 기전을 통해 P450 활성을 저해하는 물질을 자살기질(suicide substrate)이라고 한다.

이와 같이 외인성물질에 의한 P450 단백질 수준에서 활성저해기전은 경쟁적 저해, P450 결합성 저해와 기전-의존성 저해로 구분된다. 경쟁적 또는 P450 결합성 저해기전은 일시적으로 기질의 turnover가 지연되는 영향이 있지만 시간이 지나면 P450의 활성이 다시 회복되는데 이를 가역적 저해(reversible inhibition)라고 한다. 반면에 기전-의존성 저해는 P450 효소 자체의 손상으로 인하여 시간이 지나도 활성이 회복되지 않기 때문에 비가역적 저해(irreversible inhibition)라고 한다. 단백질 수준에서뿐만 아니라 P450 유전자 수준에서도 외인성물질 및 내인성물질에 의해 전사가 억제되어 P450 활성이 저해되는데 대부분 P450의 활성 억제는 다음과 같은 방법을 통해 이루어진다.

- 전사개시(transcription initiation)에서 직접적인 저해: silencing
- 전사조절인자 또는 핵수용체의 DNA 결합 방해: steric hindrance
- 단백질-단백질 결합을 통해 활성 신호전달체계와 관련된 인자를 포획: squelching
- Co-repressor의 집결 및 히스톤 및 염색질 구조 조절: methylation and condensation

8. Toxicants-drug metabolism enzyme families: CYP1, 2, 3

◎ 주요 내용

- 체내에 들어오는 약물 및 외인성물질의 약 90% 정도가 CYP1, 2와 3 계열의 19종류의 하위군에 의해 생체전환 된다.

- CYP1 계열의 대표적인 효소는 CYP1A1, CYP1A2와 CYP1B1 등이며 CYP1A2는 체내의 약물 중 약 15% 정도 외인성물질의 생체전환을 유도한다.

- CYP1A 계열 유전자는 AhR 핵수용체-매개 전사기전에 의존하지만 GR 핵수용체-매개 전사기전에 의해서도 전사가 이루어진다.

- CYP1 계열의 CYP1A1, 1A2와 1B1 각각은 B[a]P 생체전환을 통해 다양한 대사체를 생성할 수 있지만 종류와 독성 정도에 있어서 차이가 있다.

- 카페인은 CYP1A2의 대표적인 기질이다.

- CYP1B1에 의한 estradiol의 생체전환은 활성중간대사체 생성을 통해 DNA adduct 형성으로 유방암을 유발하는 기전으로 추정되고 있다.

- CYP2 계열의 유전자는 핵수용체-매개 전사기전에 의해 유도되지만 CYP2E1은 'tight developmental control'을 비롯한 post-transcriptional 또는 post-translational 수준에서 조절이 또한 중요하다.

- CYP2 계열에 의한 nicotine 대사는 약리적 기능 측면에서 대사 장소 및 경로를 달리하는 좋은 예이다.

- CYP3 계열 중 CYP3A4의 전체량 중 70%가 소장에서 발현되며 'first-pass metabolism'에 있어서 특히 중요하다.

- CYP3A4 전사는 PXR-매개 전사기전에 의해 이루어지지만 프로모터 내에 PXR이 결합하는 2개의 PXRE가 있는 것이 특이한 점이다.

- CYP3A4는 외인성물질뿐 아니라 호르몬 등의 생리활성물질 대사에도 관여하는 P450 중 가장 많은 기질의 대사를 담당한다.

- **체내에 들어오는 약물 및 외인성물질의 약 90% 정도가 CYP1, 2와 3 계열의 19종류의 하위군에 의해 생체전환 된다.**

사람의 CYP1, 2와 3 계열의 하위군은 <그림 2-41>에서처럼 약 19종류가 있다. 체내에 들어오는 약물 및 외인성물질의 약 90% 정도가 CYP1, 2와 3

계열 중 CYP1A2, CYP2A6, CYP2C9, CYP2C9, CYP2C19, CYP2D6, CYP2E1과 CYP3A4 등에 의해 생체전환이 이루어진다. 이러한 약물 및 외인성물질의 생체전환에 관여하는 P450 효소를 특별히 CYP1, 2, 3 계열로 분류하는데 이들 효소군을 '독물-약물 대사효소군(toxin-drug metabolism enzyme families)'이라고 한다. 체내에 들어오는 대부분의 외인성물질이 이들에 의해 친수성물질로 생체전환 되어 체외배출 되지만 약물 상호작용에 의한 독성, 발암전구물질 및 돌연변이전구물질의 활성중간대사체에 의한 독성을 유발하기도 하는 양면성을 가지고 있다. 따라서 이들에 대한 유전자 발현의 유도와 억제 그리고 대사 과정에 대한 이해는 외인성물질에 의한 독성기전을 확인하는 데 중요하다.

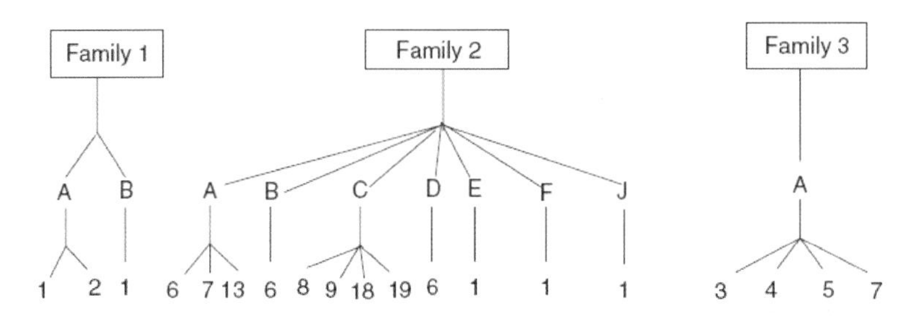

〈그림 2-41〉 독물-약물 대사효소군: 대부분의 외인성물질 대사와 관련된 P450 효소는 CYP1. 2, 3 계열의 하위군이며 약 19종이 있다.

1) CYP1 계열

- **CYP1 계열의 대표적인 효소는 CYP1A1, CYP1A2와 CYP1B1 등이며 CYP1A2는 체내의 약물 중 약 15% 정도 외인성물질의 생체전환을 유도한다.**

사람의 CYP1 계열에 속하는 하위군은 CYP1A1, CYP1A2와 CYP1B1 등이 있다. 일반적으로 사람을 비롯한 식물이나 하등생물의 P450 유전자의 하위군은 염색체상의 동일한 지역에서 유전자-군-집단지역(gene family cluster region)을 형성하여 위치하는 특징이 있다. 그러나 CYP1 계열 중 CYP1B1은

CYP1A1과 CYP1A2와 같은 선조 유전자로부터 진화되었음에도 불구하고 사람의 2번 염색체의 p21 - 22에 위치하고 CYP1A 계열은 15번 염색체의 q24.1에 위치한다. CYP1 계열의 CYP1A1과 CYP1B1은 체내에 들어오는 약물 및 외인성물질 중 약 1~3% 정도 대사에 기여하는 반면에 CYP1A2는 약 15% 정도 기여한다. 사람의 CYP1A1은 간 외의 조직에서 더 많이 발현되는 특징이 있다. 미량으로 항상 발현되어 있는 상태의 구성효소적 특성도 있지만 3 - MC와 B[a]P 같은 PAH 그리고 TCDD와 같은 HAH(halogenated aromatic hydrocarbon, 할로겐방향족탄화수소)에 의해 유도 발현이 된다. CYP1A1은 체내에 들어오는 전체 외인성물질의 대사에 있어서 차지하는 역할은 미미하지만 광범위한 기질특이성을 가지고 있다. CYP1A1은 PAH의 산화를 통해 발암성이 강한 활성중간대사체를 생성하기도 한다.

CYP1B1은 간보다 근육, 신장과 폐 등 간 외의 조직에서 더 많이 발현되며 구성효소적 발현의 특성이 있다. CYP1B1은 외인성물질의 다양한 PAH의 대사에 관여하고 또한 내인성물질인 steroid, retinol, retinal arachidonate와 melatonin 등의 대사에 관여한다. 특히 estradiol 4 - hydroxylation은 CYP1B1에 의한 대표적인 생체전환 반응이다. 사람의 암세포에서 CYP1B1이 과도하게 발현되는데 CYP1B1은 estrogen의 활성중간대사체가 생성되는 생체활성화를 유도하여 자궁내막 및 유방 등 estrogen이 풍부한 조직에서 암을 유발한다. CYP1A2는 간에서 가장 많이 발현되며 구성효소적이면서 CYP1A1과 CYP1B1과 동일한 기질에 의해 유도, 발현된다. <표 2 - 6>에서처럼 다양한 약물의 대사에 관여하며 또한 이들 물질에 의해 유도 또는 저해되어 임상적으로 상당히 중요한 효소이다.

(1) 유전자의 발현 조절

- **CYP1A 계열 유전자는 AhR 핵수용체 - 매개 전사기전에 의존하지만 GR 핵수용체 - 매개 전사기전에 의해서도 전사가 이루어진다.**

사람의 CYP1A 계열 유전자는 <그림 2 - 42>에서처럼 BTE(basic transcription

element), XRE(or DRE, xenobiotic <or dioxin> response element), NRE (negative regulatory element)와 GRE(glucocorticoid response element) 등 유전자 조절을 담당하는 염기서열인 인헨서영역(enhancer, 증폭염기서열)과 사이런스영역(silencer, 억제염기서열)으로 구성되어 있다. BTE는 유전자의 기본전사(basal transcription)인 구성효소적 전사를 촉진하는 GC-풍부 염기서열(GC-rich region)이다. CYP1A 계열의 유전자 전사는 AhR 핵수용체-매개 전사기전에 의해 이루어진다. 비활성 시에 AhR은 HSP90, p23과 XAP2 등과 결합하여 세포질에 존재한다. 그러나 AhR은 유도물질에 의해 Arnt와의 이종이합체를 형성하여 프로모터의 XRE에 결합을 통해 CYP1A1 유전자의 전사를 유도한다. 반대로 CYP1A1의 지나친 과도발현(over-expression)이 이루어지면 세포질의 CYP1A1 단백질이 AhRR(AhR repressor, AhR 억제자) 활성화를 유도하여 핵에서 AhRR-Arnt 복합체 형성을 통해 AhR과 Arnt의 복합체 형성을 저해한다. 특히 AhRR-Arnt 복합체는 CYP1 계열 유전자의 프로모터 내의 TATA box에 결합하여 전사를 위한 RNA 중합효소의 진행을 막는다. 따라서 CYP1A1 유전자의 전사 억제는 AhR-매개 전사를 통해 생성된 P450 단백질 또는 CYP1A1 단백질이 AhRR 활성을 통해 유전자 전사를 억제하는 negative feedback loop(음성조절고리) 기전을 통해 조절된다. AhRR은 IL-1이나 TNF와 같은 cytokine에 의해 활성화되는 전사인자인 NFκB에 의해서도 발현된다. 따라서 cytokine은 결국 CYP1A1과 CYP1A2의 전사억제를 유도한다. 또한 AhR에 의한 CYP1A1의 전사가 <그림 2-42>에서처럼 GR(glucocorticoid receptor) 활성에 의해서 강화된다. 유도물질에 의해 형성된 동종이합체의 GR 복합체는 리간드 PAH에 의해 활성화되어 CYP1A1의 프로모터 내의 GRE (glucocorticoid-responsive element)를 자극 또는 프로모터에 형성된 전사개시복합체(RNA polymerase 포함)와 상호작용을 통해 CYP1A1 전사를 up-regulation한다.

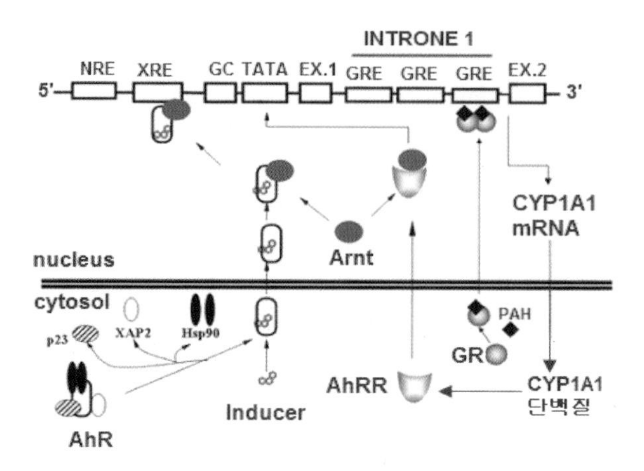

〈그림 2-42〉 **CYP1A1 유전자 전사 유도기전:** AhR: aromatic hydrocarbon receptor, Arnt: AhR nuclear translocator, AhRR: AhR repressor, NRE: negative regulatory element, XRE: xenobiotic response element, GRE: glucocorticoid response element, GR: glucocorticoid receptor. PAH: polyaromatic hydrocarbon. AhR은 Arnt와 이종이합체를 형성하여 CYP1A1 유전자의 전사를 유도하지만 CYP1A1 유전자 과다발현의 경우에는 CYP1A1 단백질이 AhRR의 활성화를 유도, AhRR-Arnt 형성을 통해 AhR 활성을 저해한다. 또한 핵에서 GR-GR의 동종이합체는 GRE에 결합하여 CYP1A1의 전사를 상향 조절한다(참고: Monostory).

(2) CYP1 계열에 의한 외인성물질의 대사

- **CYP1 계열의 CYP1A1, 1A2와 1B1 각각은 B[a]P 생체전환을 통해 다양한 대사체를 생성할 수 있지만 종류와 독성 정도에 있어서 차이가 있다.**

PAH는 CYP3A4 등의 CYP3 계열뿐 아니라 CYP1A1, 1A2와 1B1 등의 CYP1 계열에 의해서도 대사가 이루어진다. 특히 CYP1A1에 의한 Benzo[a]pyrene(B[a]P)는 P450에 의한 PAH 대사의 대표적인 예이다. B[a]P는 IARC의 분류에 따라 Group 2A의 사람에게 있어서 발암가능성이 있는 물질에 속한다. <그림 2-43>에서처럼 B[a]P 대사는 CYP1A1과 epoxide hydrolase(EH)에 대한 3단계 대사 과정을 거친다. 첫 번째는 CYP1A1에 의한 B[a]P-7,8-oxide, 두 번째는 EH에 의해 B(a)P-7,8-diol이 생성된다. 최종적으로 CYP1A1에 의해 발암성 대사체인 benzo[a]pyrene-7,8-diol-9,10-epoxide(BPDE)가 생성된다.

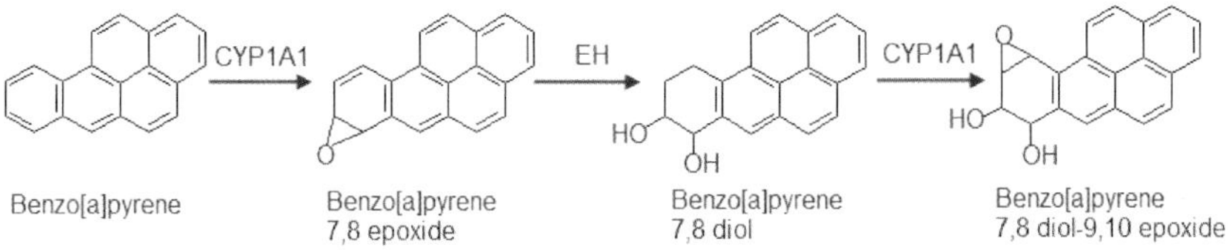

CYP1A1 → EH → CYP1A1

Benzo[a]pyrene | Benzo[a]pyrene 7,8 epoxide | Benzo[a]pyrene 7,8 diol | Benzo[a]pyrene 7,8 diol-9,10 epoxide

〈그림 2 - 43〉 CYP1A1에 의한 benzo[a]pyrene의 대사 다수경로: Benzo[a]pyrene은 CYP1A1과 epoxy hydrolase(EH)에 의해 발암성 대사체인 benzo[a]pyrene - 7,8 - diol - 9,10 - epoxide(BPDE)로 대사된다. B[a]P는 CYP1A1 외에도 다른 CYP1 계열의 효소에 의해서도 대사가 이루어지나 CYP1A1에 의한 대사가 가장 많이 이루어진다.

<표 2 - 6>은 P450의 대사에 필요한 모든 조건을 갖춘 미크로좀 분획에 인위적으로 재조합된 CYP1 계열의 효소를 추가하여 대사체를 분석한 것이다. B[a]P 대사 과정에서 CYP1A1, epoxide hydrolase, CYP1A2와 CYP1B1에 의해 B[a]P - 7,8 - dihydrodiol, quinone과 phenol류 등의 다양한 B[a]P의 대사체가 생성되는 것을 알 수 있다. 이와 같이 CYP1 계열은 다양한 대사체를 생성하며 B[a]P 대사 전 과정에 관여하게 된다. 그러나 B[a]P의 전체(<표 2 - 7>에서 total) 대사 측면에서 CYP1A1 활성이 다른 P450 효소보다 약 2～3배 정도 높고 발암성 대사체인 BPDE도 다른 P450 효소보다 더 많이 생성한다. 따라서 CYP1 계열의 CYP1A2, CYP1B1 그리고 CYP1A1 중에서 CYP1A1은 B[a]P 대사 과정을 통해 가장 많은 발암성 대사체를 생성한다. 이는 동일한 물질과 동일한 양에 노출되었어도 개체의 P450 활성의 특성에 따라 독성의 결과에서 차이가 있다는 것을 의미한다.

〈표 2－6〉 사람의 CYP1A1, 1A2, 1B1 그리고 랫드의 CYP1B1에 의한 다양한 B[a]P 생성

Enzyme(s)[a]	Metabolites formed (nmol/min/nmol P450)[b]							
	9,10-diol	7,8-diol	1,6-quinone	3,6-quinone	6,12-quinone	9-OH	3- and 7-OH	Total
1A1[c]	0.47 ± 0.08 (12.8%)	0.57 ± 0.10 (15.5%)	0.42 ± 0.05 (11.4%)	0.73 ± 0.24 (19.8%)	0.30 ± 0.07 (8.1%)	0.52 ± 0.08 (14.1%)	0.67 ± 0.12 (18.2%)	3.68 ± 0.41
1A1 + mEH[c]	0.44 ± 0.15 (16.5%)	0.38 ± 0.12 (14.2%)	0.27 ± 0.08 (10.1%)	0.48 ± 0.24 (18.0%)	0.22 ± 0.06 (8.2%)	0.33 ± 0.05 (12.3%)	0.55 ± 0.02 (20.6%)	2.68 ± 0.62
1A2[c]	<0.02 (<3.3%)	<0.02 (<3.3%)	0.10 ± 0.01 (16.7%)	0.12 ± 0.01 (20.0%)	0.15 ± 0.01 (25.0%)	0.07 ± 0.04 (11.7%)	0.12 ± 0.06 (20.0%)	0.60 ± 0.11
1A2 + mEH[c]	<0.02 (<3.0%)	<0.02 (<3.0%)	0.08 ± 0.01 (12.1%)	0.12 ± 0.01 (18.2%)	0.18 ± 0.04 (27.3%)	0.10 ± 0.01 (15.2%)	0.14 ± 0.03 (21.2%)	0.66 ± 0.06
1B1[c]	0.11 ± 0.03 (10.3%)	0.18 ± 0.04 (16.8%)	0.11 ± 0.01 (10.3%)	0.17 ± 0.04 (15.9%)	0.18 ± 0.04 (16.8%)	0.14 ± 0.02 (13.1%)	0.18 ± 0.04 (16.8%)	1.07 ± 0.19
1B1 + mEH[c]	0.13 ± 0.04 (12.3%)	0.17 ± 0.06 (16.0%)	0.11 ± 0.02 (10.4%)	0.17 ± 0.04 (16.0%)	0.19 ± 0.02 (17.9%)	0.12 ± 0.03 (11.3%)	0.17 ± 0.03 (16.0%)	1.06 ± 0.20
1B1[d]	0.10 ± 0.02 (7.3%)	0.04 ± 0.02 (2.9%)	0.15 ± 0.01 (11.0%)	0.13 ± 0.04 (9.5%)	0.18 ± 0.02 (13.2%)	0.31 ± 0.05 (22.8%)	0.45 ± 0.03 (33.1%)	1.36 ± 0.15
1B1 + mEH[d]	0.21 ± 0.07 (14.7%)	0.31 ± 0.08 (21.7%)	0.16 ± 0.01 (11.2%)	0.07 ± 0.01 (4.9%)	0.16 ± 0.01 (11.2%)	0.20 ± 0.04 (14.0%)	0.32 ± 0.07 (22.4%)	1.33 ± 0.25
1B1[e]	0.21 ± 0.02 (10.0%)	<0.02 (<1.0%)	0.21 ± 0.01 (10.0%)	0.28 ± 0.02 (13.2%)	0.30 ± 0.02 (14.2%)	0.42 ± 0.04 (20.0%)	0.67 ± 0.05 (31.6%)	2.12 ± 0.08
1B1 + mEH[e]	0.56 ± 0.03 (20.6%)	0.47 ± 0.01 (17.3%)	0.16 ± 0.01 (5.9%)	0.30 ± 0.03 (11.0%)	0.26 ± 0.03 (9.5%)	0.32 ± 0.01 (11.8%)	0.65 ± 0.06 (23.9%)	2.73 ± 0.07

a: mEH(microsoaml epoxide hyrolase)를 포함 또는 포함하지 않은 재조합 P450을 함유한 미크로좀 분획, b: B[a]P 대사체, c: 사람의 재조합 P450 효소를 가진 미크로좀 분획, d: 사람의 재조합 CYP1B1을 함유한 미크로좀 분획, e: 랫드의 재조합 CYP1B1을 가진 미크로좀 분획. 9,10－diol: B(a)P－9, 10－dihydrodiol, 7,8－diol: B(a)P－7,8－dihydrodiol, 1, 6－quinone: B(a)P－1, 6 dione, 3, 6－quinone: B(a)P－3, 6 dione, 6, 12－quinone: B(a)P－6, 12 dione, 9－OH: 9－hydroxybenzo[a]pyrene, 3－ and 7－OH, 3－hydroxybenzo[a]pyrene and 7－hydroxybenzo[a]pyrene(참고: kim).

- **카페인은 CYP1A2의 대표적인 기질이다.**

CYP1A2가 CYP1 계열에서의 다른 P450 효소보다 중요한 점은 체내 유입되는 약물 및 외인성물질에 대해 광범위한 기질특이성과 이에 따른 약물－약물 상호작용에 의한 독성을 유발할 수 있다는 점이다. 예를 들어 흡연과 식이 등 개인적 생활습관을 통해 노출되는 외인성물질들에 의해 유도된 CYP1A2가 동시에 노출된 약물의 대사를 통해 독성을 유발할 수 있다. 생활습관으로부터 CYP1A2 활성에 영향을 줄 수 있는 생활습관으로부터 쉽게 노출되는 대표적인 기질이 카페인(caffeine)이다. 카페인과 동시에 노출된 모든 약물은 CYP1A2에 의한 대사에 영향을 받게 되며 약물－약물 또는 약물－외인성물질의 상호작용을 통한 독성을 유발할 수 있다. 이러한 상호작용을 통한 독성 기전은 경쟁적 저해에 의해 유발되는 약물의 혈중 고농도와 이에 의한 독성 발현으로 설명될 수 있다. 일반적으로 카페인을 CYP1A2에 의해 대사되는 약물과 함께 복용하게 되면 카페인 대사율이 약 23% 정도가 감소는데 이는

약물과 카페인의 경쟁적 저해에 기인한다. 반대로 카페인 섭취에 의해 다른 약물도 대사의 경쟁적 저해로 인하여 카페인만큼이나 대사율이 감소되어 배출지연에 의한 혈중 고농도가 유지될 수 있다. <표 2-7>은 CYP1A2 전사 및 활성의 유도물질, 저해물질 그리고 기질을 나열한 것이다. CYP1A2 활성에 대한 유도물질 및 저해물질에 대한 이해는 카페인뿐 아니라 약물과 이들 물질들의 동시 노출 시 카페인 및 약물의 대사 및 독성을 예측할 수 있다.

특히 카페인은 <그림 2-44>에서처럼 CYP1A2 대사 이후 다양한 P450과 효소에 의해 대사되기 때문에 다양한 약물의 대사에 영향을 줄 수도 있다. 카페인은 경구투여 시 1시간 이내로 빠르게 흡수된다. 흡수되는 장에서는 대사되지 않고 간에서 대부분 대사된다. 카페인은 CYP1A2에 의해 paraxanthine (1,7-dimethylxanthine)으로 72~84% 정도 대사되며 나머지 CYP1A2나 일부 CYP2E1에 의해 탈메틸화(demethylation)를 통해 theobromine(3,7-dimethylxanthine)와 theophylline(1,3-dimethylxanthine)으로 대사된다. CYP1A2에 의해 paraxanthine으로의 대사 이후, 다시 CYP1A2와 xanthine oxidase(XO)에 의한 탈메틸화를 통해 1-methylxanthine 그리고 1-methyluric acid로 전환되거나 CYP2A6에 의해 1,7-dimethyluric acid로 대사된다. 체내에서 카페인의 반감기는 약 3~4시간이다. 그 외 CYP1A2는 다양한 약물에 대한 대사기능을 비롯하여 <표 2-7>에서처럼 식이에 의해 발현이 유도된다.

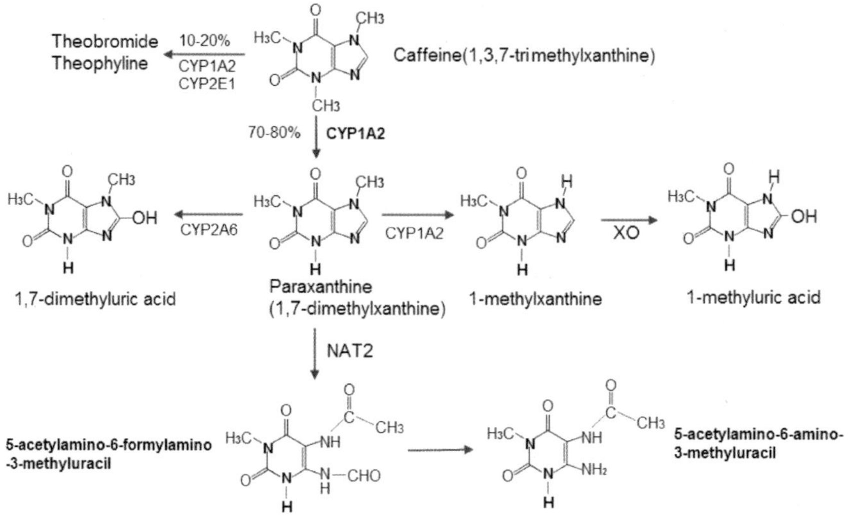

〈그림 2-44〉 **CYP1A2에 의한 caffeine 대사 경로:** 카페인은 CYP1A2에 의한 대사 이후 다양한 P450과 효소에 의해 대사되는 경로를 거친다. 우선적으로 카페인은 CYP1A2에 의해 paraxanthine(1,7-dimethylxanthine)으로 72~84% 정도 대사되며 나머지 CYP1A2나 일부 CYP2E1에 의해 탈메틸화(demethylation)가 이루어진다. NAT2: N-acetyltransferase type 2; XO=xanthine oxidase(참고: Higdon).

〈표 2-7〉 CYP1A2의 리간드: 기질, 활성억제물질과 활성유도물질

Substrates	Inhibitors	Inducers
항우울제 Amitriptyline Imipramine Clomipramine Fluvoxamine 항정신병약 Clozapine Olanzapine Haloperidol Ropivacaine(국소마취제) Theophylline(Xanthine) Zolmitriptan (Serotonin receptor agonist) Caffeine(자극제) Cyclobenzaprine(근육이완) Estradiol(hypoestrogenism) Ondansetron(5-HT3 antagonist) Mexiletine(항부정맥제) Melatonin(항산화제, sleep-inducer)	Ciprofloxacin(항생제) Fluoroquinolones(계열항생제) Fluvoxamine(항우울제) Verapamil (calcium channel blocker) TCDD Smoking - 비특이적 유도물질 (다른 P450 발현 동시 유도) Grapefruit juice (flavanone naringenin) Amiodarone(항부정맥제) Cimetidine (H2-receptor antagonist) Furafylline Interferon (antiviral, antioncogenic) Methoxsalen(건선) Caffeine(자극제)	Tobacco 식이류 Broccoli(브로콜리) Brussels sprouts(방울양배추) Chargrilled meat(구운 고기) Insulin(당뇨) Modafinil(자극제) Nafcillin(항생제) Omeprazole (proton pump inhibitor) Hyperforin(constituent of St Johns Wort: 항우울제) Carbamazepine(항경련제) Phenobarbital(항경련제) Rifampicin(살균제)

Substrates	Inhibitors	Inducers
Tamoxifen(에스트로겐 수용체조절제) Naproxen(비스테로이드성 항염증제) Paracetamol(진통해열제) Phenacetin(진통제) Propranolol(beta blocker) Riluzole(근위축성측삭경화증) Ropinirole(도파민성 신경생리) Tacrine(부교감신경흥분성) Tizanidine(α－2 adrenergic agonist) Verapamil(calcium channel blocker) Warfarin(항응고제) Zileuton(천식) Lidocaine(국소마취제) Acetaminophen(해열진통제)	Echinacea(면역증강제) Enoxacin(항생제) Mexiletine(항부정맥제) Hormonal contraception (호르몬성 피임제) Zileuton(천식)	

- **CYP1B1에 의한 estradiol의 생체전환은 활성중간대사체 생성을 통해 DNA adduct 형성으로 유방암을 유발하는 기전으로 추정되고 있다.**

<그림 2－45>에서처럼 CYP1B1은 estradiol($C_{18}H_{24}O_2$ 또는 17β－estradiol, E2)을 방향족 수산화 활성(aromatic hydroxylation activity)을 통해 4－hydroxyestradiol와 2－hydroxyestradiol로의 전환을 촉매한다. 발암전구물질인 4－hydroxyestradiol은 4－hydroxylestradiol－3,4－semiquinone과 2－hydroxylestradiol－2,3－semiquinone 등의 semiquinone 대사체 또는 4－hydroxylestradiol－3,4－quinone과 2－hydroxylestradiol－2,3－quinone 등의 quinone 대사체로 산화된다. 이들 대사체들은 DNA의 N7－guanine 또는 N3－adenosine 등에 결합, DNA adduct 형성을 통해 유방암 등을 유발한다.

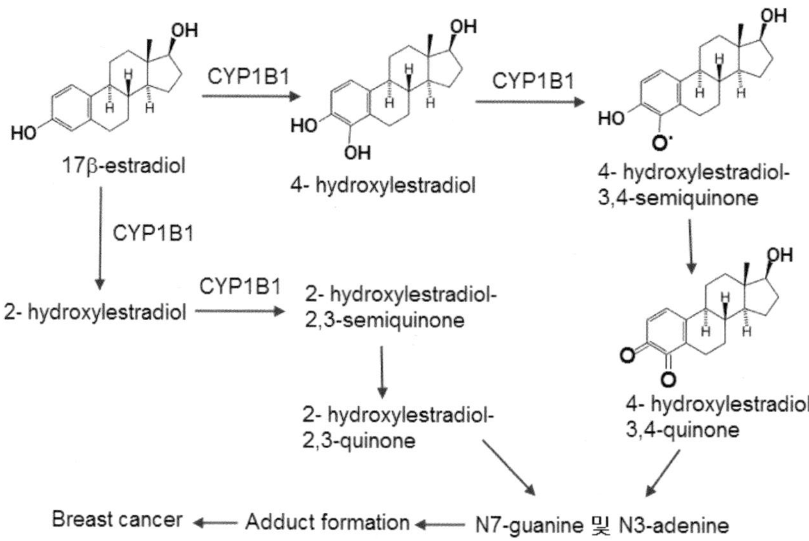

17β-estradiol
CYP1B1
4- hydroxylestradiol
CYP1B1
4- hydroxylestradiol-3,4-semiquinone
CYP1B1
2- hydroxylestradiol
CYP1B1
2- hydroxylestradiol-2,3-semiquinone
2- hydroxylestradiol-2,3-quinone
4- hydroxylestradiol-3,4-quinone
Breast cancer ← Adduct formation ← N7-guanine 및 N3-adenine

〈그림 2－45〉 CYP1B1에 의한 Estradiol의 4－Hydroxyestradiol으로의 전환: 4－hydroxyestradiol은 semiquinone 및 quinone 대사체로 산화되어 N7－guanine 또는 N3－adenosine 등에 결합, adduct 형성을 통해 유방암 등을 유발한다(참고: Belous).

유도 및 저해 특성을 가진 약물－외인성물질의 동시 노출에 의한 P450 활성의 유도 및 억제는 독성기전의 이해에 있어서 중요하다. 그러나 이러한 기전들은 약물개발에 있어서 역으로 응용되기도 한다. Resveratrol은 적포도주에 함유되는 있는 폴리페놀성 물질인데 CYP1B1의 활성저해제이다. <그림 2－46>에서처럼 resveratrol는 생체 여성호르몬인 에스트로겐(estrogen)의 일종인 estradiol과 분자구조적인 측면에서 유사한 식물성천연화학물질－에스트로겐(phytoestrogen)이다. 이러한 resveratrol 투여는 CYP1B1 활성을 저해하여 estradiol의 활성중간대사체 생성을 억제하는 항암효능을 유도할 수 있다. 실제로 resveratrol에 의한 CYP1B1 활성 억제를 통하여 2－ 또는 4－hydroxyestradiol의 semiquinone 그리고 quinone 대사체의 생성이 억제될 뿐 아니라 quinone의 환원반응을 유도하여 제거하는 quinone reductase 발현을 촉진시키는 것으로 확인되었다. 또 다른 resveratol의 효능을 CYP1B1에 의한 대사체 생성을 통해 확인할 수 있다. <그림 2－46>에서처럼 resveratol은 CYP1B1에 의해 piceatannol으로 전환된다. Piceatannol은 세포증식과 관련된 tyrosine kinase의 활성을 저해하는 저해제(inhibitor)인데 이러한 저해 기능은 백혈병 등에 있어서 항암기전으로 설명되고 있다. 이와 같이 약물의 동시 투여는 P450의 저해 및 활성 유도를 통하여 독성유발의 중요한 기전도 되지만 한편으로는 약물개발에 있어서 기전으로 응용된다.

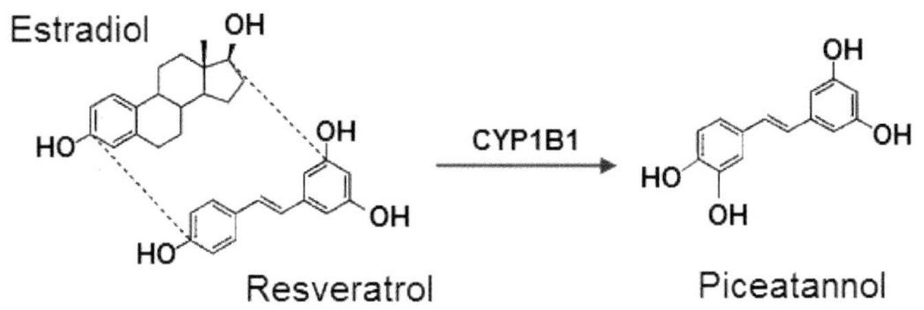

〈그림 2－46〉 **Estradiol과 유사한 구조의 Resveratrol과 대사:** Resveratrol은 CYP1B1의 활성저해제 역할을 통해 estrogen－유도 유방암에 대한 항암기능을 나타낸다. 또한 Resveratrol은 CYP1B1에 의해 piceatannol로 전환되어 백혈병 등에 항암효능을 나타낸다.

2) CYP2 계열

사람의 CYP2 계열 유전자는 19번 염색체의 q13.2에 350kb 크기로 18개 유전자가 집단으로 있다. CYP2 계열 유전자는 CYP2A6, CYP2A7, CYP2A13, CYP2B6, CYP2C8, CYP2C9, CYP2C18, CYP2C19, CYP2D6, CYP2E1, CYP2F1, CYP2J2, CYP2R1, CYP2S1, CYP2U1과 CYP2W1 등이 있다. 외인성물질의 대사에 있어서 CYP2 계열이 차지하는 비중은 50% 정도로 CYP1, 2, 3 계열 중 가장 높다. 특히 CYP2 계열에 있어서 중요한 하위군은 CYP2B6, CYP2C 하위군, CYP2D6과 CYP2E1이며 체내에 들어오는 모든 외인성물질의 대사에 있어서 차지하는 비율은 각각 4%, 25%, 16%이며 <표 2－8>에서처럼 이들 P450에 다양한 리간드가 있다.

〈표 2-8〉 CYP2 계열의 리간드: 유도물질, 억제물질과 기질

Isoenzymes	Substrates	Inducer	Inhibitor
CYP2A6	nicotine, 7-hydroxylates coumarins	?	?
CYP2A13	(found in nasal mucosa)	?	?
CYP2B6	artemisinin, S-mephobarbital, S-ifosfamide cyclophosphamide coumarin activation!	phenobarbital, cyclophosphamide	?
CYP2C8	TCA, diazepam, verapamil	rifampicin, phenobarbitone	cimetidine
CYP2C9	S-warfarin, phenytoin, diclofenac & other NSAIDS, tolbutamide, fluoxetine, torsemide, verapamil, dextromethorphan, losartan	rifampicin	fluconazole, ketoconazole, sulphonamides(sulfaphenazole), sulphinpyrazone, amiodarone, ritonavir, metronidazole
CYP2C18	cyclophosphamide, ifosfamide, verapamil, lansoprazole	CYP2C19와 유사	
CYP2C19	mephenytoin, phenytoin, diazepam, TCA(clomipramine, imipramine), dextromethorphan, propranolol, omeprazole, progesterone, sertraline, aminopyrine meprobamate formation from carisoprodol, proguanil	phenobarbitone, artemisinin	sulfaphenazole, fluoxetine, omeprazole, ritonavir, fluvoxamine, ticlopidine
CYP2D6	debrisoquine, dextromethorphan, beta blockers, haloperidol, chlorpromazine, thioridazine dexfenfluramine, flecainide, propafenone, mexiletine, procainamide fentanyl, pethidine {=meperidine}, SSRIs(fluoxetine), TCAs, trazadone, zuclopenthixol, S-mianserin, tolterodine; azelastine, tramadol, codeine, venlafaxine, oxycodone(prodrug activation)	Not inducible	cimetidine, quini[di]ne methadone, terbinafine some TCAs: paroxetine, fluoxetine norfluoxetine, sertraline, desmethylsertraline, fluvoxamine, nefazodone, venlafaxine, clomipramine, amitriptyline antipsychotics: perphenazine, thioridazine, chlorpromazine, haloperidol, fluphenazine, risperidone,, clozapine *cis*-thiothixine
CYP2E1	paracetamol(=acetaminophen), Many volatile anaesthetics: isoflurane, sevoflurane, enflurane, ethanol, pentobarbitone, tolbutamide, propranolol, rifampicin, coumarin	chronic ethanol intake, isoniazid, benzene	disulfiram, cimetidine ethanol
CYP2G1	steroid hydroxylase	?	?
CYP2J2	epoxyeicosatrienoic acids(EETs)		
CYP2R1	?		
CYP2S1	?		

(1) 유전자의 발현 조절

- **CYP2 계열의 유전자는 핵수용체 - 매개 전사기전에 의해 유도되지만 CYP2E1은 'tight developmental control'을 비롯한 post - transcriptional 또는 post - translational 수준에서 조절이 또한 중요하다.**

CYP2B 계열의 하위군 중에서 CYP2B6은 사람의 약물대사에 있어서 비교적 작은 역할 때문에 크게 주목받지 못하였지만 인종에 따른 발현의 차이로 관심이 높아지고 있다. 특히 CYP2B6은 CYP3A4와의 기질특이성에 있어서 유사성이 높다는 측면에서 유전자의 전사활성기전이 유사할 것이라는 추정되고 있다. 사람에게 있어서 CYB2B 하위군의 CYP2B6과 CYP2B7은 19q13.1 - q13.2에 위치하며 CYP2A와 CYP2F 등의 유전자들에 가까이 있다. CYP2B6은 주로 간에서 발현되며 CYP2B7은 폐 - 특이적 발현(lung - specific expression)을 한다. CYP2B6 발현은 다른 핵수용체 - 매개 기전과 유사한 5단계인 1) CAR의 활성, 2) CAR의 핵으로의 이동, 3) RXR과 이종이합체 형성, 4) CAR - RXR의 프로모터 내의 PB - responsive element module(PBREM)에 결합, 5) CYP2B6의 전사활성 등으로 요약된다.

CYP2C 하위군 4개는 사람의 염색체상 10q24의 위치에서 CYP2C18, CYP2C19, CYP2C9와 CYP2C8 등의 순서로 존재한다. 간세포에서 가장 잘 유도되는 CYP2C 계열은 CYP2C8과 CYP2C9 등이다. CYP2C8과 CYP2C9의 프로모터 내에는 PXR/CAR - responsive element와 glucocorticoid - responsive element(GRE) 등의 핵수용체가 결합하는 도메인이 있다. CYP2C8과 CYP2C9 유전자는 CYP2B6나 CYP3A4의 유도물질이기도 한 PB, dexamethasone 그리고 rifampicin 등에 의해 전사가 유도된다. 특히 프로모터 내에서 GRE, PXR와 CAR - responsive element 등의 3 element 중 GRE와 CAR - responsive element가 외인성물질이나 glucocorticoid에 반응하여 CYP2C8과 CYP2C9 유전자가 전사된다.

CYP2D6은 사람에게 있어서 CYP2D 계열의 유일한 P450 단백질이며 염색체상 22q13.1에 위치한다. CYP2D6은 기질이 광범위한 특징이 있다. 대부분 P450 유전자의 전사 조절이 외인성물질에 의해 유도 발현과 저해되는 특징이 있지만 CYP2D6 유전자에 대한 전사조절 기전에 대해서는 확실하게 밝혀지지 않았다.

CYP2E1은 사람의 염색체상 10q24.3에 위치하며 외인성물질뿐 아니라 아세톤, linoleic acid와 arachidonic acid 등 여러 내인성물질의 대사도 촉매한다. 특히 CYP2E1은 에탄올에 의해 유도되어 에탄올 대사를 촉매한다. 이는 알코올 및 약물-유래 독성과 관련하여 독성학적인 측면에서 중요하기 때문에 다음 장에 좀 더 자세히 설명되었다. <그림 2-47>의 A)에서처럼 CYP2E1 유전자 전사조절은 다른 P450 유전자와 차이가 있는 'tight developmental control(태아-출생성 조절)'에 의해 이루어진다. CYP2E1 유전자는 태아의 간에서는 발현되지 않고 출생과 더불어 즉각적으로 유전자 전사가 활성화되는데 이를 '태아-출생성 조절' 기전이라고 한다. 이러한 기전의 조절은 유전자의 메틸화(methylation)에 의해 대부분 이루어진다. CYP2E1 유전자의 첫 번째 인트론과 엑손에는 여러 개의 메틸화 부위가 존재한다. 태아조직에서는 CYP2E1 유전자의 5'-region에 다량의 메틸화(hypermethylation)가 형성되어 유전자 전사가 저해되며 출생과 더불어 메틸화가 풀리게 되어 전사가 이루어진다.

CYP1A1/2, CYP2B6, CYP2C9와 CYP3A4의 유전자 전사가 핵수용체-매개 기전에 의해 이루어지는 반면에 CYP2E1 유전자 전사는 다양한 생리적 및 병리적 요인에 의해 이루어진다. 또한 <그림 2-47>의 A)에서처럼 CYP2E1 활성은 전사 후(post-transcriptional) 또는 번역 후(post-translational) 수준에서 또한 조절된다. CYP2E1의 mRNA 또는 효소단백질의 반감기가 증가하면 이는 효소의 안정상태(steady-state) 수준이 높다는 것을 의미한다. 굶주림(fasting)과 인슐린-의존성 당뇨(insulin-dependent diabetes)는 CYP2E1 mRNA의 번역 활성을 높여 단백질합성을 유도한다. 이는 CYP2E1 유전자 전사의 증가에 기인하는 것이 아니라 mRNA 안정성 증가에 기인하는 것이다. 즉 안정화에 의해 mRNA 반감기가 증가하고 이는 단백질합성 증가를 유도한다. 반면에 인슐린은 CYP2E1 mRNA의 5'-region에 있는 16-nucleotide

염기서열에 특정 단백질의 결합을 유도하여 CYP2E1 mRNA의 불안정성을 높인다. 이는 mRNA의 분해를 증가시켜 반감기 감소와 더불어 단백질합성이 감소하게 된다. 또한 mRNA 수준뿐 아니라 CYP2E1 단백질 수준에서의 안정성도 활성에 중요한 영향을 준다. 아세톤이이나 에탄올과 isoniazid는 단백질 안정화를 유도하여 단백질 분해의 감소를 통해 CYP2E1 활성을 증가시킨다. 당뇨환자의 혈청에서 고용량의 케톤체(ketone body, CYP2E1의 유도물질)가 발견되는데 이는 CYP2E1 단백질의 안정성 증가를 통한 활성을 증가시키는 또 다른 기전으로 이해되고 있다. 반면에 아드레날린(adrenalin) 및 글루카곤(glucagon) 등은 cAMP-의존성 기전(cAMP-dependent mechanism)에 의한 단백질 분해를 증가시켜 CYP2E1 활성의 감소를 유도한다. cAMP-의존성 기전에 의한 활성 감소는 <그림 2-47>의 B)에서처럼 단백질 분해에 있어서 중요한 기전이다. CYP2E1 단백질의 분해 기전은 '빠른(fast)', '느린(slow)' 등의 두 기전이 있다. 분해의 두 기전은 CYP2E1 단백질의 반감기 시간을 통해 표현되는데 '빠른'은 7시간의 짧은 반감기, '느린'은 37시간의 긴 반감기를 의미한다. '빠른' 프로테오조말성 분해(rapid proteosomal degradation)는 HSP90 단백질의 도움을 받아 단백질분해효소(protease)에 의해 매개된다. '느린' 분해 경로는 리소좀(lysosom) 막과 더불어 소포체 융합을 통한 리소좀성 분해(lysosomal degradation)이다. CYP2E1의 '느린' 분해 경로는 그만큼 긴 시간 동안 CYP2E1의 활성을 유지한다는 것을 의미하기 때문에 CYP2E1의 또 다른 단백질 수준의 활성기전이라고 할 수 있다. 이러한 단백질 수준에서 CYP2E1 활성 기전은 자체 단백질 변성을 통해 설명된다. 단백질 변성은 CYP2E1 효소의 Ser129 위치에 인산화로 이루어지며 이로 인하여 활성이 감소하게 된다. 활성을 저해하는 인산화는 cAMP-의존성 단백질 키나제 A(cAMP-dependent protein kinase A)에 의하여 ATP에서 CYP2E1에 인산전달을 통해 이루어지기 때문에 '빠른' 프로테오조말성 분해의 경로를 유도하게 된다. 반면에 <그림 2-47>의 A)에서처럼 단백질 수준에서 에탄올 및 아세톤에 의한 CYP2E1 활성 증가는 이러한 인산화를 예방하여 프로테오조말성 분해의 경로가 아니라 리소좀성 분해 경로를 유도하게 된다.

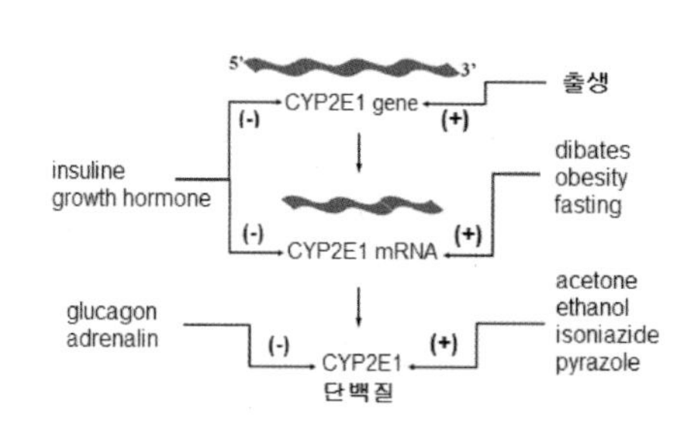

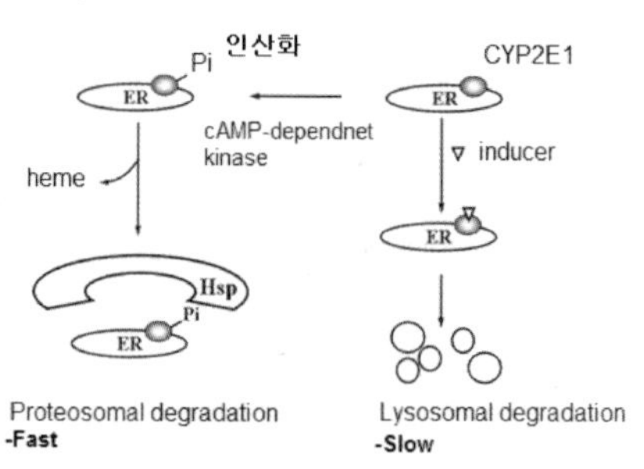

〈그림 2 - 47〉 **CYP2E1의 발현(A)과 분해(B) 기전:** A) CYP2E1은 다른 P450 유전자의 활성화 기전과는 다르게 전사, mRNA 단계 그리고 단백질 단계 등의 모든 단계에서 활성이 조절된다. B) CYP2E1 단백질의 분해는 2가지 기전인 '빠른(fast)' 프로테오조말성 분해(rapid proteosomal degradation)와 '느린' 리소조말성 분해(slow lysosomal degradation)에 의해 이루어진다. HSP90(heat shock protein 90, 열충격단백질)은 단백질분해효소(protease) 활성을 유도하여 CYP2E1 분해에 도움을 준다. ER: endoplasmic reticulum(참고: Monostory).

(2) CYP2 계열의 nicotine 대사

- **CYP2 계열에 의한 nicotine 대사는 약리적 기능 측면에서 대사 장소 및 경로를 달리하는 좋은 예이다.**

니코틴(nicotine)은 제1상반응을 경유하거나 또는 이를 경유하지 않고 제2상반응을 통해 대사되지만 체내에 들어온 니코틴의 70～80%는 <그림 2 - 48>에서처럼 CYP2A6에 의해 cotinine을 거쳐 norcotinine으로 대사된다. 반면에 CYP2A6과 CYP2B6의 N - demethylation(N - 탈메틸화)을 통한 nornicotine 생성 경로는 전체 nicotine의 대사율 중 약 2～3%에 불과하다. 따라서 사람에게 있어서 니코틴 대사의 다수경로(major pathway)는 norcotinine 생성경로이며 nornicotine 생성경로는 소수경로(minor pathway)이다. Nicotine의 대사는 간에서 주로 이루어지지만 니코틴이 뇌혈관장벽도 통과하기 때문에 뇌에서도 이루어진다. 그러나 뇌에서는 간에서 이루어지는 다수경로와 소수경로가 다르다. 뇌에는 CYP2A6뿐만 아니라 CYP2B6 역시 활성이 높기 때문에 nicotine 농도만큼 nornicotine 농도가 존재한다. 따라서 nicotine의 nornicotine 생성경로가 뇌에서 다수경로가 된다. 특히 뇌에서 니코틴의 신경

약리적 작용은 nicotine 대사체인 nornicotine에 의해 이루어지며 또한 nornicotine은 뇌 및 혈장에서 반감기가 nicotine보다 3~6배 정도 길다. 이는 P450에 의한 외인성물질의 대사가 장기에 따라 다르며 어떤 P450에 의해 대사되느냐에 따라 물질의 약리작용이 다를 수 있다는 것을 의미한다. 일반적으로 CYP2A6과 CYP2B6 활성은 니코틴에 의해 유도발현에 의해 이루어지기 때문에 흡연가의 뇌에는 이들 효소의 활성이 높다. 이러한 점은 이들 P450 효소의 기질이 되는 약물을 복용하였을 경우에는 비흡연가보다 대사율이 높아 빠르게 대사되는 독물동태학적 영향을 유발한다.

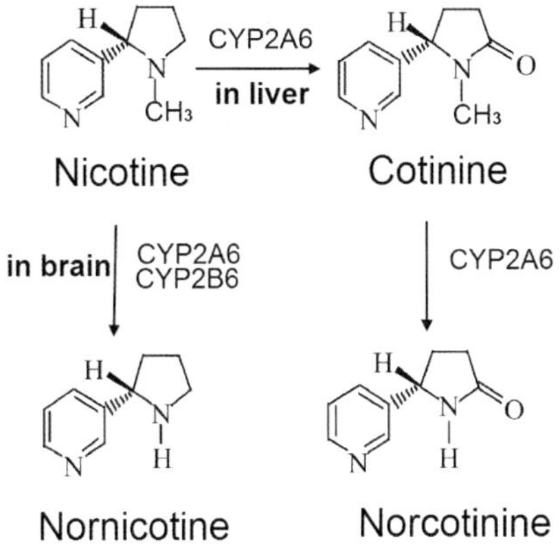

Nicotine → (CYP2A6, in liver) → Cotinine

Nicotine → (in brain, CYP2A6, CYP2B6) → Nornicotine

Cotinine → (CYP2A6) → Norcotinine

〈그림 2-48〉 **Nicotine의 CYP2A6과 CYP2B6에 의한 대사:** 이들 P450 효소에 의한 대사체인 nornicotine은 신경학적 약리작용을 유발하는 주요 니코틴 대사체이다. 간에서는 norcotinine 생성이 다수경로이지만 뇌에서는 nornicotine 생성이 다수경로이다(참고: Yamanaka).

3) CYP3 계열

- **CYP3 계열 중 CYP3A4의 전체량 중 70%가 소장에서 발현되며 'first-pass metabolism'에 있어서 특히 중요하다.**

CYP3 또는 CYP3A 계열에는 CYP3A4, CYP3A5, CYP3A7와 CYP3A43 등 4개의 유전자가 있으며 이들 유전자 집단은 사람의 7번 염색체 q21.1에 위치하며 크기는 231kb이다. 이들 중 CYP3A4는 체내에 들어오는 약물 및 외인성물질의 약 50% 정도의 대사에 관련되어 있기 때문에 인체 약물대사에 있어서 핵심적 역할을 하는 효소이다. 이러한 이유로 CYP3A4는 간에서 발현되는 전체 P450 단백질 중 약 30%를 차지한다. CYP3A4의 또 다른 중요한 특징 중의 하나는 체내에서 발현되는 CYP3A4의 전체량 중 70%가 소장에서 발현된다는 것이다. 대부분의 약물을 비롯한 외인성물질은 소장이나 위 등의 위장계를 통해 흡수되어 간에서 대사가 이루어지는데 CYP3A4는 간 외에도 소장이나 위에서 활성이 높은 대표적인 P450 효소이다. 위장계에서 P450에 의한 대사율은 간에 도달하는 외인성물질의 용량 및 대사율 등의 체내 동태에 영향을 주게 된다. 이와 같이 간에 도달하기 전에 장이나 위에서 대사되는 과정을 외인성물질의 'first-pass metabolism(1차통과대사)'이라고 하며 이러한 과정에 의한 흡수 및 간에서의 대사 등에 미치는 영향을 'first-pass effect(1차통과영향)'이라고 한다. 따라서 CYP3A4의 대부분의 기질은 소장에 다량으로 존재하는 CYP3A4 효소에 의해 대사가 많이 이루어지기 때문에 first-pass effect가 큰 독물동태학적 특성을 가진다. 예를 들면 CYP3A4의 기질은 다른 P450의 기질과 동일한 용량으로 투여되었을 경우에 다른 P450 기질보다 간에 도달하는 용량이 적은 독물동태학적 특성을 나타내게 된다. 즉 CYP3A4는 'first-pass effect'를 가장 크게 유발하는 대표적인 P450 효소이다.

CYP3A5는 인종에 따라 발현의 차이가 있는 다형성(polymorphysm) 특징이 큰 P450 효소이다. CYP3A7은 성인의 간에서는 발현 정도가 아주 낮지만 태아의 간에서는 전체 P450 발현량의 50%를 차지할 정도로 높다. 그러나 출생 이후에는 CYP3A7 발현은 CYP3A4 발현으로 점차적으로 교체된다. CYP3A43은 비교적 최근에 확인되었으며 간에서 발현율은 CYP3A4의 0.1% 정도이다.

(1) 유전자 구조와 발현 기전

- **CYP3A4 전사는 PXR - 매개 전사기전에 의해 이루어지지만 프로모터 내에 PXR이 결합하는 2개의 PXRE가 있는 것이 특이한 점이다.**

CYP3A 계열의 하위군인 CYP3A4, CYP3A5와 CYP3A7의 프로모터는 상당히 유사한 염기서열로 구성되어 있다. 특히 <그림 2 - 49>에서처럼 CYP3A4와 CYP3A7 유전자는 전사가 시작되는 염기부터 1kb upstream(5') 방향까지의 염기서열은 약 91% 정도 동일하다(참고: 전사개시점 염기를 +1로 하고 5' - end 쪽은 '-' upstream, 3' - end 쪽은 '+' downstream으로 표시함). 염기서열에 있어서 이러한 높은 동일성은 전사개시점 쪽의 말단 프로모터(proximal promoter)부터 xenobiotic - responsive enhancer module(XREM, -7836 bp에서 -7607)까지 지속된다. 그러나 이후의 염기서열 동일성은 약 25% 정도로 미약하다. 그러나 CYP3A4와 CYP3A7 유전자는 조절부위에서는 높은 동일성을 보여 주지만 CYP3A5 유전자의 조절부위와는 염기서열에서 차이가 있다. 첫 번째 차이는 CYP3A5의 1.5kb 정도 크기의 말단 프로모터가 CYP3A4와 CYP3A7 유전자와의 염기서열과 비교하여 약 60% 정도의 약한 유사성이다. 두 번째 차이는 CYP3A4와 CYP3A7의 말단 프로모터에는 전형적인 TATAA - box와 기본전사염기서열단편(basic transcription element, BTE)이 있으나 CYP3A5의 말단 프로모터에는 변형된 TATTA - box(CATAA)와 BTE가 있다는 것이다. 이러한 변형된 부분은 이들 부위에 결합하는 전사조절인자의 선택성을 감소시키는 원인이 된다.

<그림 2 - 49>에서처럼 CYP3A4, CYP3A5와 CYP3A7 등의 프로모터 내에는 여러 종류의 element(염기서열 단편)들이 있다. 이들 element들의 기능적 또는 프로모터상의 위치에 따라 묶어 구분화한 단위인 모듈(module, 단편 염기서열의 집단)은 일반적으로 말단 프로모터, XREM과 CLEM(constitutive liver enhancer module) 등으로 구분된다. 이러한 구분은 CYP3A4, CYP3A5와 CYP3A7 등 3개의 유전자 프로모터에 반드시 포함되어 있지 않기 때문에 특별한 의미는 없다. 그러나 이들 부위 중 XREM에 전사조절인자 결합을 통

해 전사가 이루어지고 특정 전사조절인자에만 반응하는 특이성을 결정하는 데 있어서는 중요하다. 일반적으로 CYP3A 계열의 유전자들은 가공(processing, DNA로부터 전사된 mRNA이 intron이 제거되는 등의 과정)된 상태에서 약 2kb 크기와 13개의 엑손(exon, 단백질로 전사되는 염기서열 영역)으로 구성된 전사체(transcript, DNA로부터 전사된 mRNA)의 유사한 기본구조를 가지고 있다.

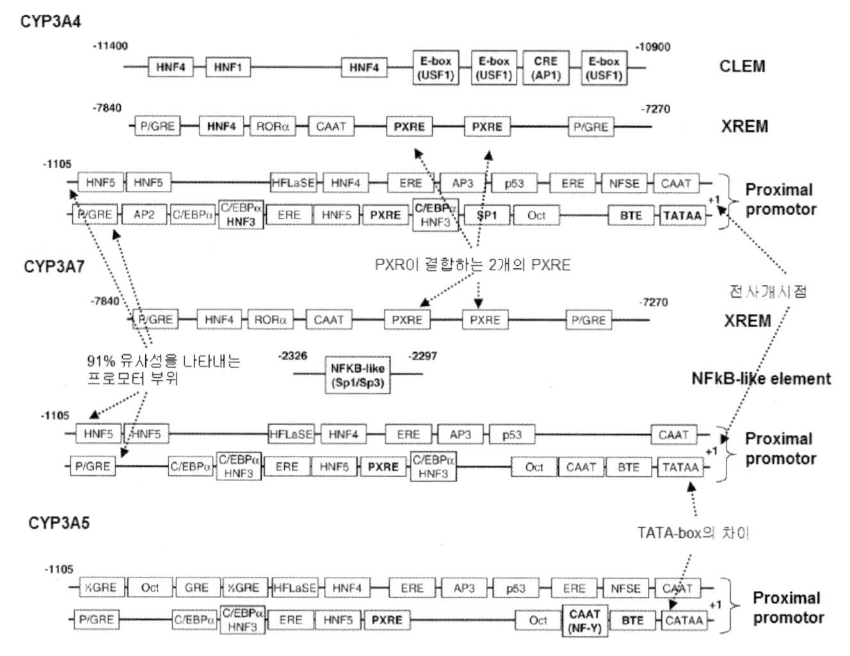

〈그림 2-49〉 사람의 CYP3A 계열 유전자의 조절부위와 전사조절인자의 차이: CYP3A4와 CYP3A7 유전자의 전사가 시작되는 염기부터 1kb upstream(5') 방향의 염기서열은 약 91% 정도 동일하지만 CYP3A5의 말단 프로모터는 변형된 TATTA-box를 가지는 등 이들과 프로모터 부분에서 큰 차이가 있다. XREM: xenobiotic-responsive enhancer module, CLEM: constitutive liver enhancer module, Proximal promotor: 말단부위의 프로모터, PXRE: PXR-responsive element(참고: Plant).

CYP3A 계열 중 가장 중요한 CYP3A4 유전자의 전사는 일반적으로 PXR-매개 기전에 의한다. 전사에 있어서 다소 특이한 것은 PXR이 CYP3A4와 CYP3A7 유전자의 조절부위에 있는 하나가 아닌 2개의 특이적-반응 element에 결합하여 전사가 조절된다는 것이다. 이들 element 중 하나는 전사개시점에서 -160 위치에 있는 PXR-responsive element(PXRE)이다.

<그림 2－50>에서처럼 PXRE는 6개 nucleotide(ER6, <그림 2－49>에서 PXRE1)로 분리된 5'－AGGTCA－3'가 뒤집어진 형태의 반복적 염기서열로 구성되어 있다. 이 element에는 핵수용체 전체 크기의 반 정도가 결합하게 된다. 그러나 PXRE1이 필수적이지만 CYP3A4 유전자 전사를 위해서는 －7,200에서 －7,800 사이에 존재하는 PXRE(<그림 2－49>에서 PXRE2) 하나가 더 필요하다. PXRE2는 2개의 3 nucleotide(3DR)에 의해 분리되었고 ER－6을 둘러싼 형태로 구성되어 있다. 따라서 CYP3A4 유전자가 전사되기 위해서는 PXR이 결합할 수 있는 두 개의 분리된 PXRE가 필요하며 이러한 점이 전사에 있어서 다른 P450 유전자와 차이점이다. 이 외에도 CYP3A4 전사는 여러 핵수용체인 PXR, CAR, VDR, GR, HNF4α와 FXR 등의 cross－talk을 통해 조절되는 것으로 확인되고 있다. CYP3A4의 구성효소적 발현은 대부분 PXR과 HNF4α와의 상호작용을 통해 이루어진다. 또한 PXR과 HNF4α은 CYP3A4뿐만 아니라 간에서 CYP3A5 유전자의 기본적 발현에도 관여한다. CYP3A5와 CYP3A7은 PXR－CAR－매개 기전에 의해 전사가 이루어진다.

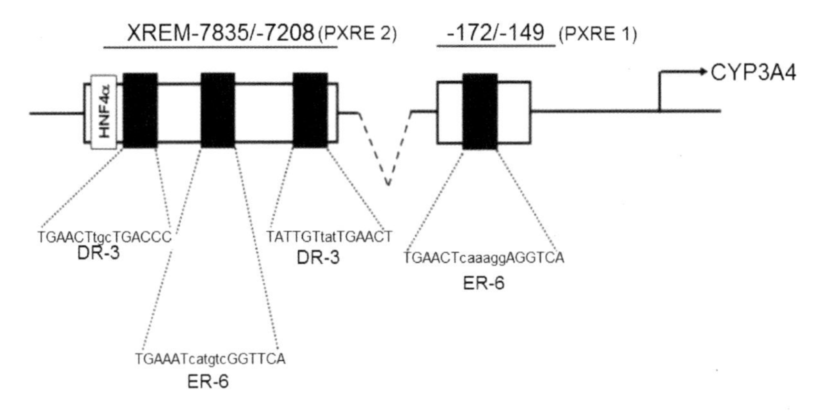

〈그림 2－50〉 **CYP3A4 프로모터 내의 2개 PXRE:** CYP3A4의 프로모터는 PXR 핵수용체가 결합하는 두 개의 PXRE가 있으며 이 점이 다른 P450 유전자의 전사를 위한 기전에서 차이가 있다. PXRE: PXR－responsive element, XREM: xenobiotic response element module(참고: Monostory).

(2) CYP3A4의 기질 대사 및 리간드

- **CYP3A4는 외인성물질뿐 아니라 호르몬 등의 생리활성물질 대사에도 관여하며 특히 P450 중 가장 많은 기질의 대사를 담당한다.**

<표 2-9>에서처럼 CYP3A4는 항생제를 비롯하여 다양한 약물대사의 촉매뿐 아니라 여러 약물에 의해 발현 유도 및 저해된다. CYP3A4 활성기전에 대한 이해는 우리 체내에 들어오는 약물의 50% 정도를 담당하기 때문에 중요하다. Naphthalene은 PAH(polycyclic aromatic hydrocarbon)의 일종으로 항공유 등의 불완전연소를 통해 환경으로 배출되는 환경오염물질이다. 사람에게서도 체내 대사를 통해 발암가능성이 있는 Group 2에 해당하는 물질이다. Naphthalene의 발암성은 <그림 2-51>에서처럼 CYP1A1에 의해 생성된 활성중간대사체인 1,2-epoxynaphthalene에 기인한다. 또한 1,4-Naphthoquinone에 의한 DNA 산화적 손상을 통한 발암화가 유발될 수 있다. 그러나 1,2-epoxynaphthalene에 의한 발암 가능성은 CYP3A4에 의한 수산화를 통해 2-Naphthol로 전환되기 때문에 감소된다.

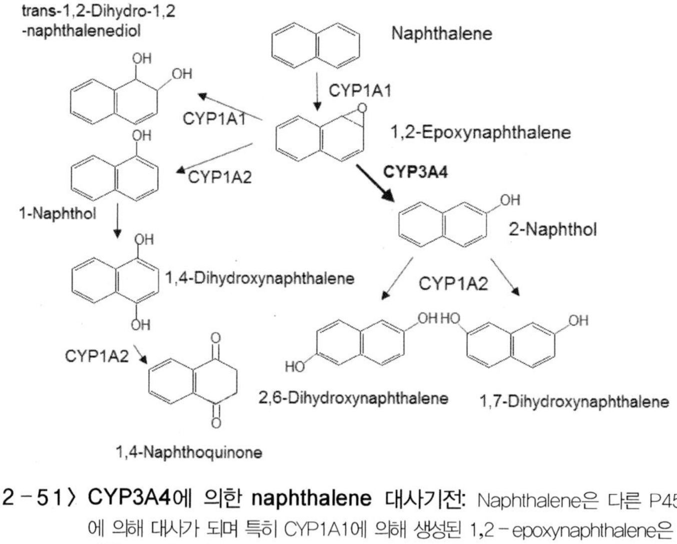

〈그림 2-51〉 **CYP3A4에 의한 naphthalene 대사기전:** Naphthalene은 다른 P450 효소에 의해 대사가 되며 특히 CYP1A1에 의해 생성된 1,2-epoxynaphthalene은 암을 유발할 수 있는 활성중간대사체이다. 그러나 CYP3A4에 의한 1,2-epoxynaphthalene의 2-Naphthol로의 전환은 발암가능성을 감소시킨다.

또한 외인성물질뿐만 아니라 CYP3A4는 <그림 2-52>에서처럼 남성호르몬인 testosterone과 여성호르몬인 estrogen인 estradiol의 수산화를 촉매한다. CYP3A4는 testosterone의 6β-수산화를 통해 6β-Estradiol로 전환시키는 남성호르몬 분해를 촉진한다. 또한 CYP19 등에 의해 다양한 과정을 거쳐 생성된 17β-Estradiol은 CYP3A4에 의한 2-, 4- 및 16-수산화 과정을 통해 분해한다.

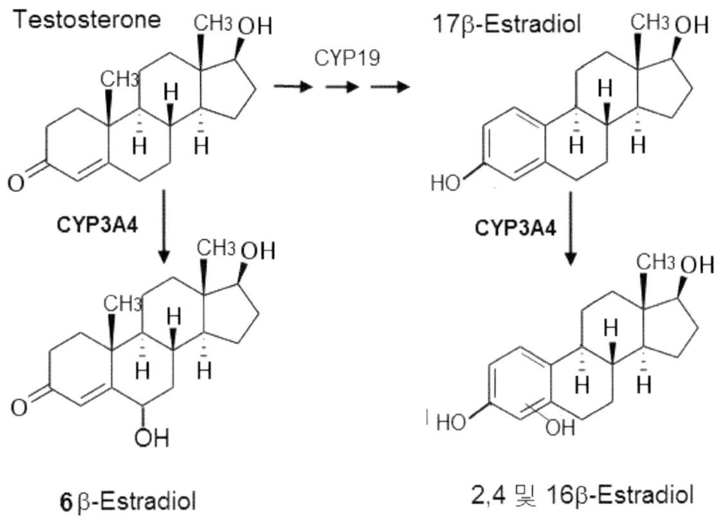

〈그림 2-52〉 CYP3A4에 의한 성호르몬인 testosterone과 estradiol의 수산화: CYP3A4는 테스토스테론과 에스트로겐 등의 수산화를 통해 성호르몬을 분해한다.

〈표 2-9〉 CYP3A4의 리간드: 기질, 유도물질과 억제물질

Substrates			Inhibitor		Inducers
alfentanil	ethinyl estradiol	paclitaxel	acitretin	metronidazole	barbiturates
alprazolam	ethosuximide	pimozide	amiodarone	methylprednisolone	aminoglutethimide
amitriptyline	etoposide	pravastatin	cimetidine	mibefradil	carbamazepine
amlodipine	felodipine	prednisolone	ciprofloxacin	miconazole	dexamethasone
amiodarone	fentanyl	prednisone	clarithromycin	mifepristone	efavirenz
astemizole	fexofenadine	progesterone/	cyclosporine	nefazodone	ethosuximide
atorvastatin	finasteride	progestins	danazol	nelfinavir	glucocorticoids
bepridil	flutamide	quetiapine	delavirdine	nicardipine	glutethimide
bromocriptine	fluvastatin	quinidine	diltiazem	nifedipine	griseofulvin
budesonide	grepafloxacin	quinine	diethyl-	norethindrone	modafinil
buspirone	haloperidol	repaglinide	dithiocarbamate	norfloxacin	nafcillin
busulfan	hydrocortisone	rifabutin	efavirenz	norfluoxetine	nevirapine
cannabinoids	ifosfamide	rifampin	erythromycin	omeprazole	oxcarbazepine

Substrates			Inhibitor		Inducers
caffeine	imipramine	ritonavir	ethinyl estradiol	oxiconazole	phenobarbital
carbamazepine	indinavir	salmeterol	fluconazole	prednisone	phenytoin
cerivastatin	isradipine	saquinavir	fluoxetine	quinine	primidone
chlorpheniramine	itraconazole	sertraline	fluvoxamine	ritonavir	rifabutin
cilostazol	ketoconazole	sibutramine	gestodene	roxithromycin	rifampin
cisapride	lansoprazole	sildenafil	grapefruit juice	saquinavir	rifapentine
citalopram	letrozole	simvastatin	grepafloxacin	sertraline	troglitazone
clarithromycin	lidocaine	sirolimus	indinavir	troleandomycin	
clindamycin	loratadine	sulfentanil	isoniazid	verapamil	
clomipramine	losartan	tacrolimus	itraconazole	zafirlukast	
clonazepam	lovastatin	tamoxifen	ketoconazole	zileuton	
cocaine	methadone	temazepam			
corticosteroids	methylprednisolone	terfenadine			
cyclobenzaprine	mibefradil	testosterone			
cyclophosphamide	miconazole	theophylline			
cyclosporine	midazolam	tiagabine			
dapsone	mirtazapine	tolterodine			
delavirdine	modafinil	toremifene			
dexamethasone	montelukast	trazodone			
dextromethorphan	navelbine	triazolam			
diazepam	nefazodone	troleandomycin			
diltiazem	nelfinavir	verapamil			
disopyramide	nicardipine	vinblastine			
dofetilide	nifedipine	vincristine			
donepezil	nimodipine	(R)-warfarin			
doxorubicin	nisoldipine	zaleplon			
dronabinol	nitrendipine	zileuton			
efavirenz	ondansetron	zolpidem			
ergotamine	oral contraceptives	zonisamide			
erythromycin	oxybutynin				
estrogens,					

9. Extrahepatic tissues에서의 P450 발현-CYP1, CYP2와 CYP3 계열

◎ 주요 내용

- 소장, 신장, 호흡기, 피부와 뇌 등이 간 외의 조직(Extrahepatic tissues)에서 P450이 발현되는 주요 장소이다.

1) 소장(intestine)

사람의 소장 상피세포(enterocytes)는 경구로 통해 들어오는 P450 - 의존성 대사가 일어날 수 있는 첫 번째 장소이다. 소장에서는 전체 P450 효소 중 CYP3A4와 CYP2C9 효소가 각각 70%와 15% 정도의 비율로 가장 높은 활성을 나타낸다. 그러나 P450 효소 중 CYP1A1, CYP1A2, CYP2A6과 CYP2E1 등은 발현에 있어서 개인차이가 크다. CYP3A4와 CYP3A5는 소장의 십이지장과 공장에서 mRNA의 발현이 높은 반면에 CYP1A1과 CYP1A2 등은 발현이 낮다. CYP2E1은 위와 십이지장에서 가장 발현이 많이 되는 P450 효소이다. 그러나 소장의 상피세포에서 유도물질에 의한 CYP2E1의 발현은 간에서보다 높지 않다. CYP3A4는 소장에서 구성효소이면서 유도물질에 의한 발현되는 유도효소 특성을 가지고 있어 소장에서 가장 많이 발현된다. 이러한 측면은 소장을 통해 간문맥을 통해 간에 이르는 기질의 농도를 결정짓는 'first - pass metabolism(1차통과대사)'에 영향을 줄 수 있다. Cyclosporin, simvastatin과 nifedipine 등의 약물은 CYP3A4의 기질이다. 소장에서 이들의 CYP3A4에 의한 대사량은 간에서보다 높아 'first - pass effect(일차통과효과)'가 크다. Tacrolimus 역시 소장에서 CYP3A5에 의한 대사율이 높아 일차통과효과가 높은 약물 중의 하나이다.

소장에서 CYP 유전자의 조절은 다소 차이가 있는데 CYP3A4의 소장 - 특이적 전사조절에 의해 발현이 이루어진다. 간에서의 PXR - 매개 전사기전이 아니라 CYP3A4가 소장에서는 HNF4α - 매개 전사기전에 의해 구성효소적 전사가 이루어지는 소장 - 특이적 전사조절이 된다.

2) 신장(kidney)

사람의 신장에 가장 많이 발현되는 P450 효소는 CYP3A5이다. 그러나 신장에서 CYP3A5는 유전자의 다형성에 기인하여 활성은 최대 8배 그리고 기질의 촉매율에서는 약 18배 정도 개인차가 존재한다. CYP3A5는 신장의 네프론에서 Na^+ - 수송을 조절하는 호르몬인 cortisol의 대사에 있어서 중요한 역할을 한다. CYP3A5의 유전자변이는 스테로이드의 endocrine과 paracrine 기능에 영향을 주어 salt-selective hypertension 유발에 대한 병인이 될 수 있다. 그 외 정상적인 신장조직에서는 CYP1, 2, 3 계열의 P450 활성은 미약하지만 신장의 암조직에서는 CYP1A1과 CYP1B1의 활성이 높다.

3) 폐와 호흡기(lung-respiratory tract)

폐는 환경독성물질이나 대기오염물질 등의 주요 대사 장소이다. 폐는 40개 이상의 서로 다른 세포로 구성되어 있다. P450 효소는 bronchial epithelium, bronchiolar epithelium, Clara cells, Type Ⅱ pneumocytes와 alveolar macrophages 등의 세포에서 발현된다. 폐조직에서의 P450은 PAH 또는 N-nitrosamine 등의 발암전구물질이 DNA와 결합할 수 있는 활성중간대사체로의 생체전환을 유도하여 발암화에 있어서 중요한 역할을 한다. 폐조직에서 발현되는 대표적인 P450 효소는 CYP1A1, CYP1B1, CYP2B6과 CYP2F1 등이 있으며 CYP3A5의 경우에는 발현율이 다소 낮다. 후두(larynx)에서는 CYP1A1, CYP2A6, CYP2B6, CYP2C, CYP2D6과 CYP3A5 등이 주로 발현되며 alveolar macrophages에서는 CYP2B6/7, CYP2C, CYP2E1과 CYP2F1과 CYP3A5 등의 P450 단백질이 주로 발현된다.

CYP2F1은 여러 폐조직에서 선택적으로 발현되는데 기질이 발암을 유발할 수 있는 활성중간대사체를 생성한다. CYP2S1은 기관지에서 가장 많이 발현되는 P450 효소인데 AhR-매개 전사기전에 의해 발현되며 주요 기질은 naphthalene 등이 있다. CYP2 계열 중 CYP2A6과 CYP2A13은 폐조직보다 nasal과 olfactory mucosa에서 아주 높게 발현된다. 이 두 P450 효소는 4-(methylnitrosamino)-1-(3-pyridyl)-1-butanone(NNK), aflatoxin B1 (1,3-butadiene)과 같은 다양한 발암전구물질 대사를 통해 활성중간대사체를 생성하여 발암화를 유도할 수 있다. CYP2E1은 bronchial epithelium에서 발현이 주로 이루어진다.

CYP3A 계열은 폐조직에서 약물대사에 가장 중요한 역할을 하는 P450 효소이다. 특히 흡입성 약물인 salmeterol, theophylline 또는 glucocorticoids(예: budesonide) 등이 폐조직에서 CYP3A 계열의 주요 기질이다. CYP3A4와 CYP3A5는 기관지와 이에 연결된 혈관세포를 비롯한 거의 모든 호흡기 내에서 발현된다.

흡연은 수많은 화학물질의 노출을 유도하며 이들이 주요 기질 또는 유도물질 그리고 억제물질 등의 역할을 통해 P450 활성에 있어서 다양한 영향을 준다. 폐에서 P450 발현과 관련된 AhR 핵수용체의 효능제(agonist)로는 dioxins, dioxin-like chemical인 PCDD와 PCDF 그리고 PAH인 benzo[a]anthracene, chrysene, benzo[a]pyrene, benzo[b]fluoranthene, benzo[k]fluoranthene, benzo[g,h,i] perylene과 dibenzo[a,h]anthracene 등이 있다. 폐에서 AhR-매개 전사가 이루어지는 대표적인 P450 유전자는 CYP1A 계열이다. CYP1A1과 CYP1A2 등은 TCDD, benzo[a]pyrene, pyridine, nicotine와 omeprazole 등에 의해 폐조직에서 발현이 유도된다. CYP1B1과 CYP1A1도 기관지의 여러 세포에서 발현되며 흡연에 의해 증가되는데 여성흡연가의 폐에서 CYP1A1 발현이 아주 높다. CYP3A5는 비흡연가보다 흡연가의 alveolar macrophage에서 발현이 감소한다.

4) 피부(skin)

피부는 표피와 진피로 구성되어 있으며 표피의 주요 세포는 keratinocyte이다. 표피의 keratinocyte에서는 거의 모든 CYP1, 2와 3 계열의 동질효소인 CYP1A1, CYP1A2, CYP1B1, CYP2A6/7, CYP2B6/7, CYP2C9, CYP2C18, CYP2C19, CYP2D6, CYP2E1, CYP2S1, CYP3A4/7과 CYP3A5 등의 mRNA가 존재한다. 그러나 CYP1A1, CYP2B6/7, CYP2E1, CYP3A4/7과

CYP3A5 등이 기질의 촉매작용을 수행한다.

5) 뇌(brain)

사람의 뇌에 있어서 P450의 양은 간의 약 10% 정도인 100 pmol/mg microsomal protein 정도로 추정되고 있다. 뇌에 있어서 P450은 뇌간(brain stem)과 소뇌(cerebellum)에서 다량, 선상체(striatum)와 해마(hippocampus)에서 소량으로 발현된다. 또한 뇌에서 P450의 발현은 장소에 따라 동질효소의 발현 특이성이 있다. CYP1B1은 주로 조가비핵(putamen), 척수(spinal cord), 숨뇌(medulla oblongata), 전두엽 및 측두엽피질(frontal과 temporal cortex) 등에서 많이 발현되며 소뇌, 해마, 시상(thalamus), 편도체(amygdala)와 흑질(substantia nigra) 등에서는 소량으로 발현된다. CYP2D6은 흑질, substantia nigra, 미상핵(caudate nucleus)과 내후각뇌피질(entorhinal cortex)에서 다량으로 발현되며 조가비핵, 소뇌, 해마와 cerebellum, hippocampus와 창백핵(globus pallidu) 등에서 소량으로 발현된다. 간에서 P450은 우선적으로 ER을 포함하는 미크로좀 분획에 존재하는 반면에 뇌에서는 ER뿐 아니라 미토콘드리아 내막 모두에 분포한다.

사람의 뇌에 존재하는 P450은 전체 57종 중 41종이 현재까지 활성이 확인되고 있다. 이들 중 약 20여종으로는 CYP1A1, 1A2, 1B1, 2B6, 2C8, 2D6, 2E1, 3A4, 3A5, 8A1, 11A1, 11B1, 11B2, 17A1, 19A1, 21A2, 26A1, 26B1, 27B1과 46A1 등이며 특히 CYP1A1, 1A2, 2B6, 2D6, 2E1과 46A 등의 P450 효소에 대해 많은 연구가 이루어졌다. 이들 P450의 기질 특성을 고려할 때 뇌의 P450 역시 외인성물질뿐 아니라 내인성물질 대사에도 관여함을 의미한다. 뇌의 P450 효소의 발현기전은 간의 기전과 비교하여 차이가 있다. 예를 들면 CYP2B1을 비롯한 CYP2B6 등은 nicotine에 반응하여 뇌에서는 유도되지만 간에서는 유도가 되지 않는다. 특히 CYP2B6은 흡연가 및 음주가의 뇌구조에서 소뇌 푸르킨제 세포층(cerebella Purkinje cells), 과립세포층

(granular cell layer)과 해마 피라밋 세포(hippocampal pyramidal neuron) 등에서 활성이 아주 높다. 또한 CYP2E1도 에탄올 및 니코틴에 의해 뇌에서 유도된다. 특히 흡연가의 뇌에서 CYP2E1의 활성은 비흡연가보다 월등히 높다. CYP1A1과 CYP1A2는 TCDD, aromatic halogen hydrocarbon과 b-naphthoflavon 등에 의해서 중추신경계에서 유도된다. 뇌에서 이러한 P450 활성 유도도 핵수용체-매개 기전을 통해 이루어진다. 뇌에서 VDR, CAR, PPARα, PPARδ와 PPARγ 등을 포함한 43개의 핵수용체가 CYP2B, CYP3A 그리고 CYP4A 하위군의 P450 유전자 전사에 관여하는 것으로 확인되고 있지만 아직 명확하게 밝혀진 것은 없다.

뇌에서 P450에 의해 대사되는 기질은 인지 및 환각 등 뇌의 특성과 관련한 물질들이 많다. 또한 이들 물질들은 P450 대사에 의한 활성중간대사체으로의 전환을 통해 독성을 유발하는 경우가 많다. 오늘날 'ecstacy'이라고 알려진 MDMA(3,4-methylenedioxy-N-methylamphetamine)은 CYP2D6에 의한 탈메틸화 반응을 통해 N-methyl-a-methyldopamine으로 전환하여 독성을 유발한다. 또 다른 환각제인 PMA(para-methoxyamphetamine)은 phenethylamine의 일종으로 CYP2D6에 의한 O-demethylation을 통해 4-hydroxya-mphetamine으로 전환되어 독성을 유발한다. CYP2B6은 nicotine에 의해 유도되는데 대부분 흡연가의 뇌에서 nicotine 대사에 중심역할을 한다. 또한 CYP2B6은 cocaine, phencyclidine과 amphetamine 등의 대사를 촉매한다. 그 외 뇌의 P450은 organophosphate insecticides, chloroacetamides를 비롯하여 triazine herbicides 등의 살충제 대사에도 관여한다.

10. P450의 유도개시와 효소분해

◎ 주요 내용

- 유도물질의 생물학적 반감기는 짧을수록 P450의 유도는 빠르며 유도발현의 정도는 물질에 따라 차이가 있다.
- 사람의 간에서 발현되는 P450 효소는 수십 시간부터 수백 시간까지 다양한 반감기를 가진다.

P450의 유도발현 개시와 활성시간은 유도물질의 동태적 특성과 효소분해(degradation 또는 turnover)에 결정된다. 유도물질의 동태적 특성이란 흡수양상부터 시작하여 분포, 대사 그리고 배출까지의 전 과정에서 외인성물질의 특성을 의미한다. 효소분해는 효소의 대사적 활성이 비가역적으로 상실되는 것을 말하며 분해의 지표는 반감기로 표현된다. 유도물질의 중요한 동태학적 특성으로는 유도물질의 체내 흡수속도와 잔류시간을 들 수 있는데 빠른 흡수와 장기간의 잔류는 P450의 활성을 증가시킨다. 특히 P450 활성시간이 길면 기질의 대사에 대한 영향은 그 만큼 크다고 할 수 있다. 그러나 체내에서는 다양한 요소가 많기 때문에 P450 활성 및 P450의 기질에 대한 영향을 시간별 변화과정(time-course)으로 나타내기에는 쉽지 않다. 일반적으로 P450의 기질 대사에 대한 영향은 P450의 유도와 분해와 관련된 유도물질 및 P450 효소의 생물학적 반감기(biological half-life)를 통해 이루어진다.

- **유도물질의 생물학적 반감기는 짧을수록 P450의 유도는 빠르며 유도발현의 정도는 물질에 따라 차이가 있다.**

유도물질의 생물학적 반감기(biological half-life)란 유도물질이 체내에 들어온 전체량의 50%가 체외로 빠져나가는 시간을 의미한다. Rifampicin과

phenobarbital은 각각 CYP3A4와 CYP2C 계열의 유도물질이다. Rifampicin의 생물체 내에서의 반감기는 2~5시간이며 phenobarbital은 3~5일이다. Rifampicin에 의한 이들 P450 효소의 유도는 24시간 이내 이루어지지만 반면에 phenobarbital에 의해서는 1주일 내외의 시간이 필요하다. 이와 같이 유도물질의 반감기가 P450 유도에 필요한 시간에 영향을 주는데 반감기가 짧으면 짧을수록 P450 유도는 빠르다. 또한 유도물질의 생물학적 반감기는 P450 효소의 최고조 활성(peak activity)에도 영향을 준다. 비교적 긴 반감기를 가진 phenobarbital은 P450의 최고조 활성을 투여 후 14~22일 정도에서 유도하며 비교적 짧은 반감기를 가진 rifampicin은 투여 후 약 4일 정도에서 유도한다. 또한 P450 효소의 활성도(degree of activity)는 유도물질에 따라 차이가 있다. Phenobarbital는 약 20~40배 정도로 P450 효소 활성도를 증가시키며 rifampicin은 약 5~10배 정도로 활성도를 증가시킨다.

- **사람의 간에서 발현되는 P450 효소는 수십 시간부터 수백 시간까지 다양한 반감기를 가진다.**

유전자로부터 발현되어 약 50%의 활성 감소에 걸리는 시간인 turnover 반감기는 평균적으로 수십 시간에서 수백 시간의 범위이다. 각각의 P450에 대한 turnover 반감기는 CYP1A2의 54시간, CYP2A6의 26시간, CYP2B6의 32시간, CYP2C8의 23시간, CYP2C9의 104시간, CYP2C19의 26시간, CYP2E1의 46시간, CYP3A4의 70시간, CYP3A5의 36시간 등으로 23~104시간 정도의 범위이다.

제 3장 제1상반응(Phase Ⅰ reaction) - Cytochrome P450 외의 주요 효소에 의한 생체전환

제3장의 주제

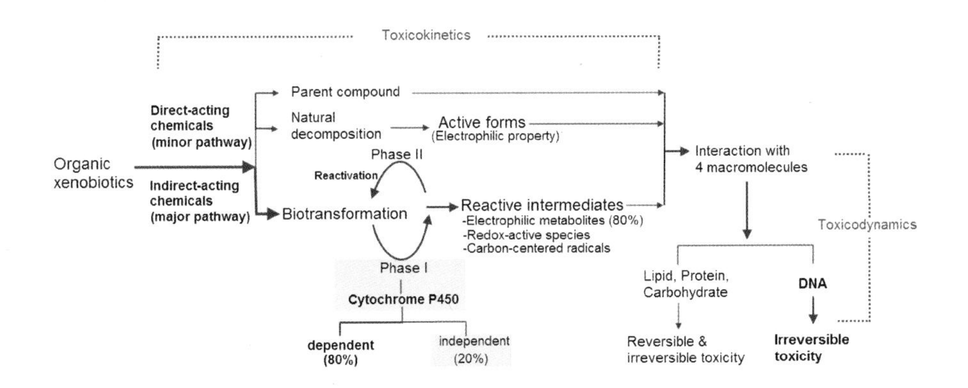

◎ 주요 내용

- Flavin mono-oxygenase
- Epoxide hydrolase
- Monoamine oxidase
- Alcohol dehydrogenase와 acetaldehyde dehydrogenase 등을 비롯한 에탄올 분해 효소
- Quinone reductase
- Xanthine oxidoreductase

1. Flavin mono-oxygenase

◎ 주요 내용

- 사람에게 있어서 FMO 하위군 유전자는 FMO1에서 FMO5까지의 5종류로 약 532개의 아미노산으로 구성된 Flavin-containing monooxyganase이다.
- FMO의 촉매반응 사이클은 P450과 비교하여 전자전달을 위한 NADPH-P450 reductase가 없다는 것 그리고 기질보다 산소와 먼저 결합한다는 것에서 차이가 있으며 이러한 차이는 광범위하고 다양한 기질의 일산소화를 유도하는 주요 요인이다.
- FMO의 flavin에 산소분자의 결합 후 생성된 peroxyflavin은 양성자의 결합에 따라 electrophilic oxygenation과 nucleophilic oxygenation 과정이 결정되며 또한 ROS 생성도 있을 수 있다.
- FMO3이 외인성물질의 대사와 관련하여 가장 중요한 효소이다. 그러나 외인성물질의 제2상반응을 통해 생성된 포합체가 FMO의 기질이 될 수도 있다.

1) FMO의 종류와 구조

- **사람에게 있어서 FMO 하위군 유전자는 FMO1에서 FMO5까지의 5종류로 약 532개의 아미노산으로 구성된 Flavin-containing monooxyganase이다.**

Flavin mono-oxygenase(FMO: 플라빈-일산소화효소)는 산소원자 하나를 결합시키는 일산소효소(monooxyganse) 측면을 비롯하여 다양한 측면에서 P450과 비교된다. 소포체에 존재하는 FMO는 flavin mono-oxygenase 외에도 flavin-dependent monooxyganase(플라빈-의존성 일산소화효소), Flavin-containing monooxyganase(flavin-함유 일산소화효소) 등으로 불린다. 사람에게 있어서 FMO 하위군 유전자는 기능을 하는 FMO1에서 FMO5까지 5종류의 효소와 6개의 위유전자(pseudogene, FMO 7P, 8P, 9P, 10P와 11P)로 구성되어 있다. FMO1은 신장, FMO2는 폐와 신장, FMO3은 간, FMO4는 간, 신장, 소장과 폐 등의 조직, FMO5는 간 등에서 발현되는데 FMO 종류에 따라 조직-특이적 발현되는 특징이 있다. 이들 5가지의 FMO는 아미노산서열에 있어서 55~60% 정도의 상호 동일성을 가지고 있다. FMO1에서 FMO4 유전자는 1번 염색체의 q23-q25에 gene cluster로 위치하며 FMO5는 동일한 염색체의 동원체 가까이 q21.1에 위치한다. FMO는 약 532개의 아미노산으로 구성되어 있으며 <그림 3-1>에서처럼 작고 큰 2개의 구조적 도메인 및 채널로 구성되어 있다. FAD는 큰 domain과 상호 작용하며 flavin은 반응에 관련된 여러 물질의 통로인 채널 쪽으로 향하고 있다.

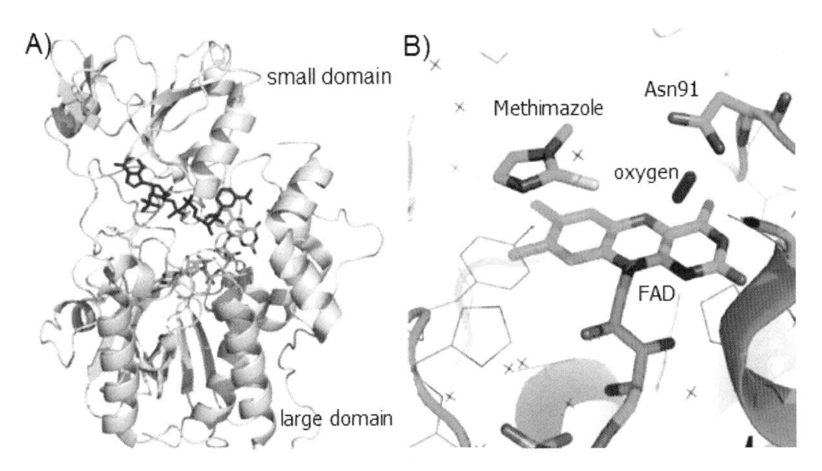

〈그림 3-1〉 FMO의 구조: *Schizosaccharomyces pombe*으로부터 분리된 FMO의 구조이다. (A) FAD(녹색)는 큰 도메인 측면, NADPH(붉은색)는 작은 도메인 측면에 위치한다. FAD 내의 산소(녹색 내 붉은색)와 질소(푸른색)가 표시되어 있다. (B) 기질 methimazole과 반응에 필요한 산소(붉은색)가 FAD 부근에 위치하며 기질의 반응 부위인 질소(푸른색)와 황(노란색)이 FAD 쪽으로 향하고 있다. Methimazole은 항갑상선제재인데 FMO의 대사에 의해 활성을 띤 sulfenic acid로 전환된다. 이 대사체는 P450의 활성을 저해하여 약물부작용을 유발할 수 있다(참고: Phillips).

2) FMO 촉매반응 사이클

- **FMO의 촉매반응 사이클은 P450과 비교하여 전자전달을 위한 NADPH – P450 reductase가 없다는 것 그리고 기질보다 산소와 먼저 결합한다는 것에서 차이가 있으며 이러한 차이는 광범위하고 다양한 기질의 일산소화를 유도하는 주요 요인이다.**

P450과 마찬가지로 FMO 촉매반응은 환원당량(reducing equivalents)인 NADPH와 산소분자를 이용하여 이루어진다. 특히 산소분자 중 1개의 산소원자는 H_2O 환원과 다른 산소원자는 기질 산화에 이용된다. FMO의 산화반응에 의해 생성된 기질의 대사체는 극성과 더불어 다소 친수성을 띠게 된다. 그러나 P450과 비교하여 FMO의 구조, 촉매 과정 및 기질에 대한 종류 등 다음과 같이 다섯 가지 측면에서 차이점이 있다.

① **FAD가 기질의 일산화반응을 수행하는 보결분자단**(prosthetic group): P450 효소의 비단백질 부분인 (Fe^{III}) – protoporphyrin – IX(또는 heme) 구조와 달리 FMO는 <그림 3 – 2>에서처럼 보결분자단이 FAD(flavin adenine dinucleotide)이다.

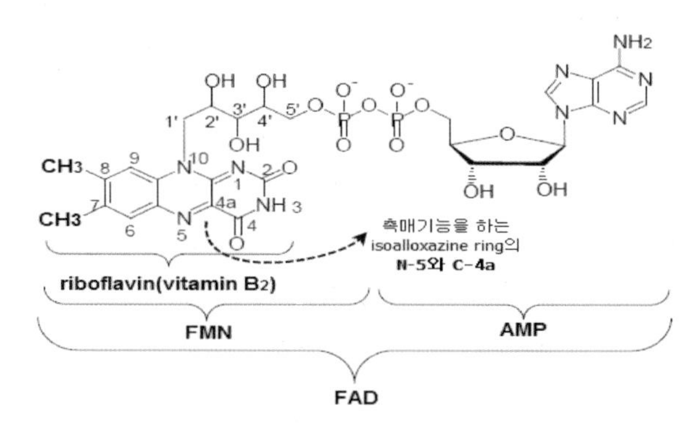

〈그림 3 – 2〉 FAD의 구조와 촉매기능을 담당하는 N5와 C – 4a: Flavin은 O_2와 관련된 수많은 산화 – 환원 반응에서 보조촉매제(co – catalyst)의 역할을 한다. Flavin adenine dinucleotide (FAD)와 flavin mononucleotide(FMN)은 vitamine B_2 또는 riboflavin의 활성형이다. Riboflavin의 ribityl C – 5' 수산화(OH)에 인산화가 되면 FMN, FMN에 AMP가 붙어 아데닐화(adenlylation)되면 FAD가 된다. FAD의 보조효소적 촉매기능은 isoalloxazine ring의 N – 5와 C – 4a 위치에서 이루어진다.

② **‘Soft nucelophiles(약한 친핵성물질)’의** N, S, P **등의 반응 부위**: P450에 의한 촉매반응은 기질의 전기적 특성에 상관없이 일어나는 것이 특징이다. 그러나 FMO에 의한 촉매반응은 낮은 전기음성도(electornagativity)와 쉽게 극성화(polarization)가 되는 ‘soft nucelophiles’의 N, S, P 부위 등의 친핵성 헤테로원자(nucleophilic heteroatom, 방향족탄화수소 중 탄소와 치환되는 원자)에서 용이하게 일어난다. 또한 FMO에 의한 촉매반응은 Se, HS－, R－S－R, I－ 및 I_2 등의 무기이온 부위에서도 일어난다.

③ **환원효소를 통하지 않은 직접적인 전자전달**: NADPH의 전자가 NADPH－P450 reductase(환원효소)를 통해 환원력을 제공받는 P450과는 달리 NADPH로부터 직접적으로 전자를 공급받아 기질의 일산소화가 이루어지기 때문에 환원효소가 없이 촉매작용이 가능한 것이 또한 특징이다. 이러한 직접적인 전자공급은 반응시간을 단축시키는 데 중요한 역할을 하기 때문에 FMO에 의한 기질의 일산소화 촉매반응률(catalytic rate)은 P450에 의한 것보다 2배 정도 높다.

④ **기질보다 산소의 활성화가 우선**: P450이 기질과 먼저 결합한 후 일산소화를 유도하는 것과 다르게 FMO는 기절과 복합체를 형성하기 전에 2개의 산소원자와 결합, 산소의 활성화를 우선적으로 유도한다. 활성화된 산소가 어떤 친핵성기질의 반응부위에도 접근할 수 있기 때문에 FMO가 P450보다 하위군의 종류에 있어서 적지만 광범위한 기질특이성을 갖는다.

⑤ **내인성물질에 의한** FMO **발현의 유도**: P450이 외인성 유도물질에 의해 유전자 발현이 이루어지지만 FMO 유전자의 발현은 유도물질에 의해서가 아니라 endogenous steroid(내인성 스테로이드)에 의해 이루어진다.

그러나 이러한 차이점에도 불구하고 기질의 일산소화반응 촉매라는 유사성과 더불어 FMO와 P450은 조직분포, 세포 내 위치, 효소의 분자량, 기질특이성의 상호중복 등의 측면에서도 유사성이 많다. P450과 마찬가지로 FMO는 2개 산소원자를 이용하는데 이들 중 1개 원자를 기질에 전달, 나머지 하나는 H_2O에 전달하며 촉매반응의 반응식과 반응 사이클은 아래와 <그림 3-3>과 같다.

$$\text{반응식: } RH + O_2 + NADPH + H^+ \xrightarrow{FMO} ROH + H_2O + NADP^+$$

Step 1: **FAD의 환원**: NADPH가 FMO의 보결분자단인 FAD에 결합하여 수소이온 전달과 환원을 유도하며 $[(FADH_2)(NADP^+)]$ 복합체를 형성한다. NADPH의 결합에 의해 FAD는 안정화가 이루어진다.

Step 2: **산소분자의 결합**: 산소분자가 결합하여 4a-hydroperoxyflavin (4a-HPF)을 형성하며 $[(FADH-OOH)(NADP^+)]$ 형태가 된다. 여기서 Step 1과 2 과정은 빠르게 진행된다.

Step 3: **친핵성부위 공격**(Nucleophillic attack): 기질 S를 일산소화하여 SO를 생성하며 $[(FADH-OOH)(NADP^+)]$ 복합체는 산소가 없어진 $[(FADH-OH)(NADP^+)]$ 형태로 된다. 이때 4a-HPF의 말단 산소원자가 기질에 전달되며 이를 4a-HPF의 친핵성 공격(nucleophillic attack)이라고 한다. 결과적으로 4a-HPF는 산소원자가 하나 제거된 4a-hydroxyflavin이 된다.

Step 4: **H_2O의 생성**: 4a-hydroxyflavin에서 남은 산소원자는 방출되어 H_2O로 환원되며 $[(FADH-OH)(NADP^+)]$는 $[(FAD)(NADP^+)]$ 형태로 전환된다. 이 단계의 H_2O 생성 과정은 FMO에 의한 기질 촉매반응에서 속도조절단계(rate-limiting step)에 해당된다.

Step 5: **$NADP^+$의 방출**: 최종적으로 $[(FAD)(NADP^+)]$로부터 조효소 $NADP^+$

가 분리되어 FAD로 된다.

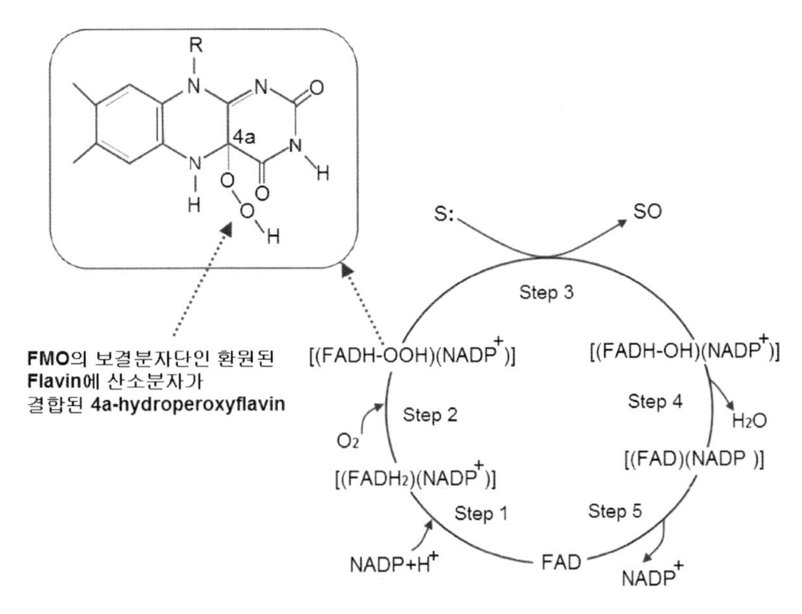

〈그림 3－3〉 Flavin Mono－Oxygenase(FMO)의 기질 촉매반응 과정: FAD와 NADPH가 결합하여 [($FADH_2$)($NADP^+$)] 복합체를 형성, 2개의 산소원자가 복합체에 결합하여 FMO의 보결분자인 Flavin은 4a－hydroperoxyflavin으로 전환된다. 2개의 산소원자 중 하나는 기질에 하나는 H_2O에 전달되어 기질(S)의 일산소화가 이루어진다(참고: Phillips).

- **FMO의 flavin에 산소분자의 결합 후 생성된 peroxyflavin은 양성자의 결합에 따라 electrophilic oxygenation과 nucleophilic oxygenation 과정이 결정되며 또한 ROS 생성도 있을 수 있다.**

유기화합물 내에서 탄소와 O_2의 결합 반응이 가능하도록 궤도의 스핀 상태가 주어지지 않으면 유기화합물은 변하지 않는다. 이러한 반응의 유도에 대한 어려움에도 불구하고 수많은 효소는 유기물 기질을 일산소화하기 위해서 분자성 산소(molecular oxygen)를 이용하는 방법을 통해 반응을 유도한다. 특히 이들 효소 내부는 분자성 산소를 활성화할 수 있는 기능적 구조로 되어 있다. 기능적 구조의 대표적인 예로는 P450의 heme이며 특히 heme에 존재하는 철(Fe)이온은 산화 및 환원을 통해 산소를 활성화하는 주요 부분이다.

FMO 또한 산소의 활성화와 기질의 일산소화반응을 위해서 보조인자이며 환원상태로 존재하는 flavin cofactor를 이용한다. <그림 3 - 4>에서처럼 FMO의 환원형 flavin에 O_2가 결합하면 4a - peroxyflavin으로 전환, 이는 다시 NADPH으로부터 수소이온(H^+)의 이온 결합에 의하여 4a - hydroperoxyflavin의 flavin 중간체로 전환되어 안정화가 된다. 대부분의 FMO에서는 flavin의 4a 부위와 분자성 산소 사이에 반응성을 가진 활성형 4a - hydroperoxyflavin 물질을 생성하면서 안정화 상태로 유지된다. 그러나 전자가 풍부한 환원형 flavin이 산소분자에 단 하나의 전자를 전달하게 되면 그 자체의 flavin은 라디칼이 되고 산소분자는 superoxide anion radical로 된다. 또한 peroxyflavin은 매우 불안정하여 유해활성산소인 H_2O_2를 생성하면서 산화형 flavin으로 전환될 수도 있다. 그러나 산화형 flavin은 다음 단계인 4a - hydroperoxyflavin으로의 전환이 아니라 직접적으로 기질에 일산소화를 통해 4a - hydroxyflavin 상태로 전환되어 안정화되기도 한다. 일반적으로 FMO 촉매반응에서 산소분자 중 1개의 원자는 flavin의 4a 부위와 산소분자의 결합으로 생성된 4a - hydroperoxyflavin에 의한 기질의 일산소화에 이용되고 다른 산소원자는 H_2O로 환원된다. 이러한 FMO의 일반적 촉매 과정을 통해 기질의 일산소화 과정을 친전자성 일산소화(electrophilic oxygenation)라고 하며 peroxyflavin 상태에서 기질의 일산소화 과정을 친핵성 일산소화(nucleophilic oxygenation) 과정이라 한다. 따라서 peroxyflavin의 NADPH로부터 양성자 첨가 상태에 따라 기질에 대해 친핵성 또는 친전자성 일산화 과정으로 결정된다.

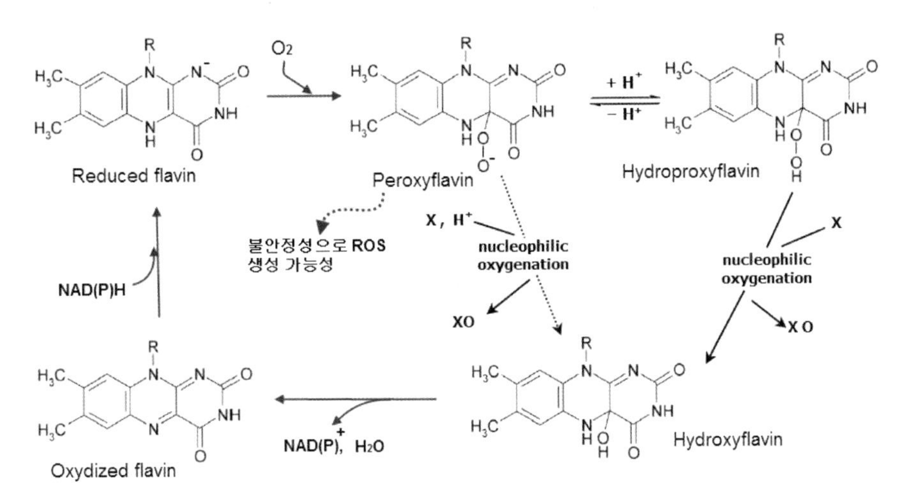

〈그림 3 - 4〉 **FMO의 친핵성 및 친전자성 일산소화 촉매 과정:** FMO의 일반적 촉매 과정을 통해 기질(X)의 일산소화 과정을 친전자성 일산소화(electrophilic oxygenation)라고 하며 peroxyflavin 상태에서 기질의 일산소화 과정을 친핵성 일산소화(nucleophilic oxygenation) 과정이라 한다. 따라서 peroxyflavin의 NADPH로부터 양성자 첨가 상태에 따라 기질에 대해 친핵성 또는 친전자성 일산화 과정이 결정된다. Flavin은 산소원자 2개가 결합하여 peroxyflavin 상태로 전환되는데 자체가 불안정하여 ROS(reactive oxygen species, 유해활성한소)가 촉매 과정의 상황에 따라 생성될 수 있다(참고: Van Berkel).

3) FMO의 촉매반응 종류, 기질특이성 및 발현

- **FMO3이 외인성물질의 대사와 관련하여 가장 중요한 효소이다. 그러나 외인성물질의 제2상반응을 통해 생성된 포합체가 FMO의 기질이 될 수도 있다.**

일산소화의 기능성을 가진 FMO 5종류 중 FMO1과 FMO2 등도 외인성물질의 대사에 관련하지만 FMO3이 외인성물질의 대사와 관련하여 가장 중요한 효소이다. 사람의 신장에 존재하는 FMO1은 P450의 양보다 더 많으며 간에서 가장 많이 발현되는 CYP3A4 양만큼 발현된다. 따라서 FMO1은 신장의 약물 및 외인성물질의 대사에 있어서 대단히 중요한 효소이다. FMO1 유전자는 태아의 간에서도 발현되지만 출생 후 발현은 없어지기 때문에 성인의 간에서는 FMO1의 활성은 없다. 그러나 FMO3은 사람의 간에서 발현되며 대사에 있어서 가장 중요하다. 간에서 FMO3의 활성은 전체 P450의 약 20%를 차지하는 CYP2C9 양만큼이나 활성이 높다.

<그림 3－5>에서처럼 수산화, 에폭시화, Baeyer－Villiger reaction(dioxygen과 NADPH을 이용하여 C－C bond에 산소원자를 결합시키는 반응), sulfoxidations(S＝O)을 비롯하여 무기이온인 Se의 산화 등의 다양한 반응에서 FMO에 의한 일산소화반응이 촉매된다. 이와 같이 FMO에 의한 기질의 일산소화반응은 유기화합물의 N, S, P 등의 친핵성 헤테로원자 부위와 유기화합물의 Se와 무기이온 부위 등 4가지 부위 측면에서 이해할 수 있다. 특히 FMO1, FMO2와 FMO3에 의한 기질의 N－oxygenation과 S－oxygenation 등이 주요 반응이다.

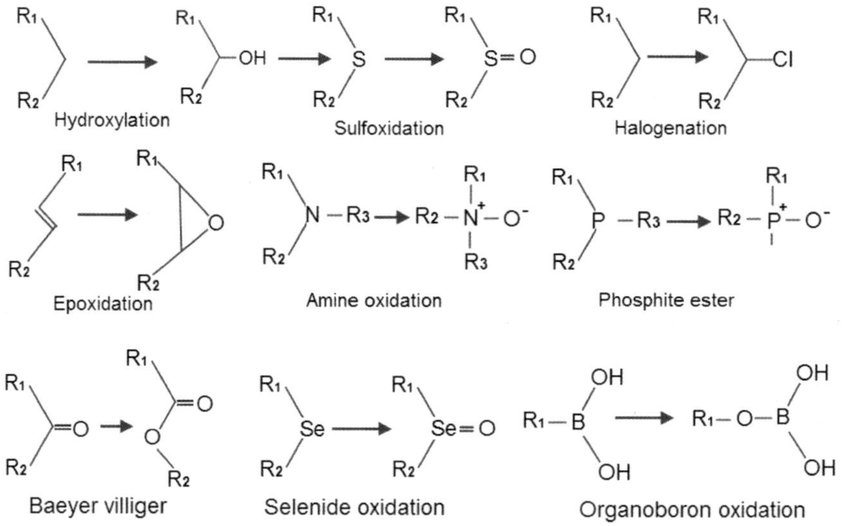

〈그림 3－5〉 **FMO에 의한 기질의 일산소화 촉매반응의 종류:** FMO에 의한 촉매반응은 낮은 전기음성도(electornagativity)와 쉽게 극성화(polarization)가 되는 'soft nucelophiles'의 N, S, P 부위 등의 친핵성 헤테로원자(nucleophilic heteroatom, 방향족탄화수소 중 탄소와 치환되는 원자)에서 용이하게 일어난다. 또한 FMO에 의한 촉매반응은 Se, HS－, R－S－R, I－, 및 I_2 등의 무기이온 부위에서도 일어난다(참고: van Berkel).

<그림 3－6>은 FMO3에 의한 nicotine의 N－oxidation과 phorate의 S－oxygenation을 나타낸 것이다. FMO에 의한 S 및 N의 일산소화반응은 P450에 의해서도 가능하기 때문에 두 효소는 서로 기질을 공유하는 경향이 있다. FMO3는 nicotine의 N－oxidation, 즉 일산소화를 통해 Nicotine－1'－N－oxide를 생

성한다. 그러나 제2장 <그림 2 - 48>에서처럼 간에서 CYP2A6에 의해 nicotine이 cotinine으로 전환되기 때문에 FMO3에 의한 Nicotine - 1' - N - oxide 생성은 소량이다. 또한 FMO3은 살충제 phorate를 phorate sulfoxide으로의 전환을 유도하는 S - oxidation 반응을 촉매한다. Phorate sulfoxide도 유기인제 살충제가 갖고 있는 cholinesterase inhibitor(콜린에스테르가수분해효소의 저해제) 역할을 통해 신경독성을 유발한다.

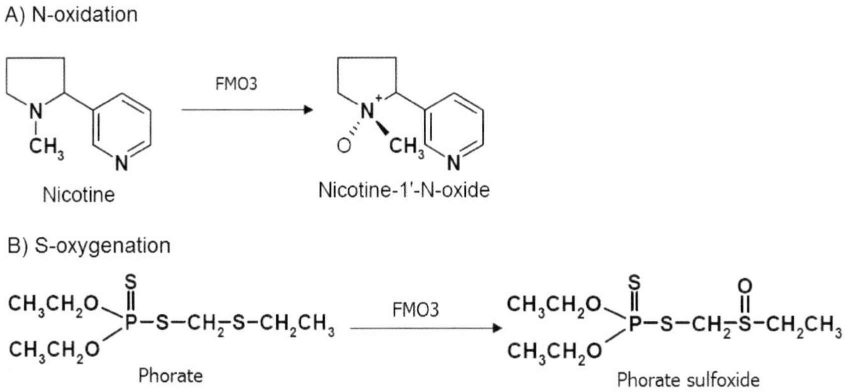

A) N-oxidation

FMO3

Nicotine

Nicotine-1'-N-oxide

B) S-oxygenation

FMO3

Phorate

Phorate sulfoxide

〈그림 3 - 6〉 FMO3에 의한 N - oxygenation과 S - oxygenation: FMO3은 사람의 간에서 발현되며 외인성물질 대사에 있어서 가장 중요한 FMO 효소이다.

외인성물질의 대사에 있어서 주요한 역할을 하는 FMO1, FMO2와 FMO3 등의 외인성 및 내인성기질의 종류를 <표 3 - 1>에 나타냈다. FMO에 의한 대사에 있어서 독성학적 측면에서 중요한 점은 외인성물질의 제2상반응을 통해 생성된 포합체가 FMO의 기질이 될 수 있다는 점이다. 제2상반응 후 생성된 S - cysteine conjugate는 glutathione - S - transferase의 포합체이다. 이들 포합체는 대부분 신장을 통해 배출되나 FMO1에 의해 S - oxygenation이 된다. 이는 신장에서 약물의 재대사에 독성을 유발하는 주요 기전이다. FMO은 P450과 달리 유도물질에 의해서 유전자발현이 유도되는 유도효소가 아니고 항상 일정한 활성을 나타내는 구성효소이다. 일반적으로 FMO는 촉매에 관련된 FAD와 NADPH 등의 보조인자 그리고 식이를 비롯하여 다양한 생리적 요인에 의해 발현이 조절된다. 보조인자인 FAD는 FMO에 아주 강하게 결합되어 있으며 분리나 분해가 쉽게 되지 않는다. 유전자의 전사에 있어서 P450은 핵수용체-의존성 발현에 대한 기전으로 많이 알려졌지만 FMO에 대한 핵수용체-의존성 기전은 대부분 확인이 되지 않았다. FMO의 활성은 P450 유도에 의해 활성화되는 ubiquitin-의존성 분해(예: CYP3A)와 액포의 lysosoamal 분해(예: CYP2B1) 기전을 통해 상실되는 것으로 추정되고 있다.

〈표 3-1〉 FMO의 외인성 및 내인성기질

FMO 하위군	발현 조직	약물 및 외인성기질	내인성기질
FMO1	태아의 간 및 신장, 소장	Imipramine, tamoxifen, Chlorpromazine, Itopride, Olopatadine, Thiacetazone	S-cysteine conjugates, S-allyl-l-cysteine, S-farnesylcysteine, S-farnesylcysteine Methyl ester, Dihydrolipoic acid, Lipoic acid
FMO2	폐와 신장	Disulfoton, Phorate, Thiourea-based drugs	Cysteamine, Lipoic acid
FMO3	간	Amphetamine, Clozapine, Deprenyl, Tamoxifen, Metamphetamine,Ethionamide, Thiacetazone, Sulindac sulfide	Methionine, Timethylamine

2. Epoxide hydrolase

◎ 주요 내용

- EH는 epoxide의 높은 반응성에서 친수성으로 전환을 유도하여 무독화에 중요한 역할을 한다.
- 대부분의 외인성물질-유래 epoxide는 microsomal epoxide hydrolase에 의해 수화된다.

- **EH는 epoxide의 높은 반응성에서 친수성으로 전환을 유도하여 무독화에 중요한 역할을 한다.**

Epoxide(에폭시드, arene oxide 또는 oxirane)는 2개의 탄소와 하나의 산소 원자 등으로 구성된 삼각 고리(three-membered oxygen ring) 형태이다. Epoxide는 수분이 있는 환경에서 매우 불안정하며 높은 반응성을 가지고 있다. 이러한 특성 때문에 epoxide 구조를 가진 화합물은 친전자성물질의 대표적인 구조이며 수분이 존재하는 생체 내에서 돌연변이원성 및 발암성 등의 특성을 나타내는 독성을 띠게 된다. Epoxide의 구조를 해체 또는 분해하는 효소인 epoxide hydrolase(에폭시드 수산화 효소 또는 epoxide hydroxylase, EH)는 esterase, protease, dehalogenase와 lipase 등과 같은 가수분해효소군에 속한다. 특히 EH는 epoxide의 수화(hydration) 촉매반응을 매개하는 특성을 지닌 효소군으로 분류되기도 한다. Epoxide는 화학적 또는 P450 등과 같은 효소적 반응을 통해 2가지 형태로 형성된다. 즉, 탄화수소 사슬에 있는 이중결합(C=C)에 산소가 결합하여 생성된 지방족 epoxide(aliphatic epoxide)와 방향족 고리의 부분적 이중결합에 산소가 결합하여 생성된 방향족 epoxide (aromatic epoxide)로 발생한다. <그림 3-7>에서처럼 탄화수소 사슬에 있는 이중결합이 P450의 산화작용에 의하여 지방족 epoxide가 형성된다. EH는 epoxide를 dihydrodiol로의 전환을 촉매한다. 지방족 epoxide 역시 친전자성으로 생체 내 거대분자와의 공유결합을 통해 독성을 유발한다. 그러나 EH에 의해 epoxide가 수화되면서 활성이 감소되어 안정화된 친수성이 된다. 이와 같이 EH에 의한 epoxide 해체는 외인성물질의 생체전환을 통해 형성된 독성을 줄이는 중요한 해독기전이다.

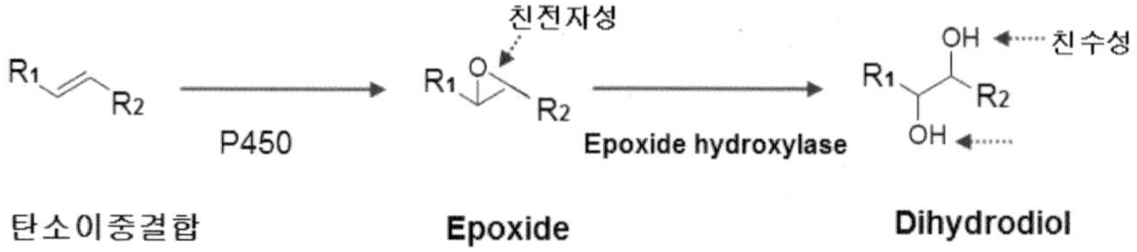

〈그림 3-7〉 **Epoxide의 형성과 epoxide hydrolase에 의한 hydration(수화) 반응:** 탄소사슬의 epoxide는 epoxide hydrolase에 의해 trans형 수화대사체(*trans*-hydrated metabolite)가 형성된다. P450에 의해 형성된 epoxide는 친전자성으로 독성을 유발하나 EH에 의한 epoxide 해체는 친수성으로 전환을 유도하여 독성을 무독화한다.

EH의 기질인 epoxide를 가진 화합물은 주변과 높은 반응성 때문에 원물질 자체로 체내에 들어오기는 어렵다. 따라서 생체에서 epoxide를 가진 외인성 물질은 제1상반응의 주요 효소인 P450의 대사에 의해 생성된 대사체이다. Benzo[a]pyrene는 CYP1A1에 의해 방향족 epoxide가 형성되는 대표적인 예이다. CYP1A1에 의한 제1상반응을 통해 benzo[a]pyrene은 benzo[a]pyrene 4,5-oxide으로 전환되며 EH에 의해 benzo[a]pyrene 4,5-dihydrodiol으로 수화된다. 일반적으로 EH의 촉매작용에 의해 탄소사슬의 지방족 epoxide는 trans형(<그림 3-7>), 방향족의 epoxide는 cis 형태(<그림 3-8>)의 대사체로 전환된다.

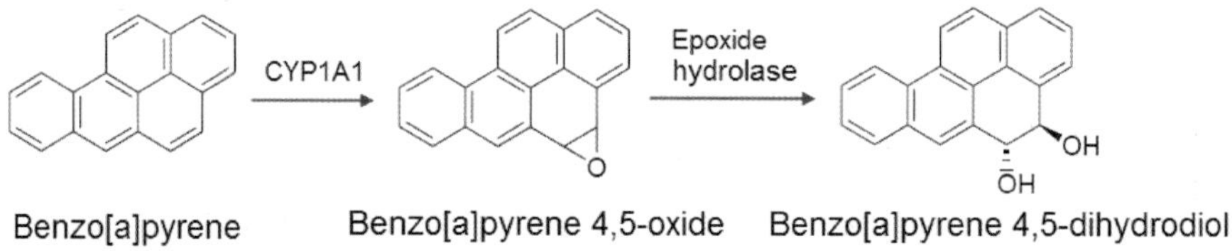

〈그림 3-8〉 **Benzo[a]pyrene의 epoxide 형성과 epoxide hydrolase에 의한 hydration(수화) 반응:** Epoixde는 높은 반응성을 가지고 있기 때문에 인체가 epoxide 화합물에 노출되는 경우는 거의 없다. 그러나 체내에서 대부분의 epoxide 화합물은 제1상반응을 통해 생성되며 독성을 유발한다. Epoxide hydrolase은 이러한 epoxide 대사체를 수화함으로써 독성작용을 막는 데 중요한 역할을 한다.

사람을 포함한 포유류에서 5종류의 EH, 즉 microsomal cholesterol 5,6-oxide hydrolase(ChEH), hepoxilin A3 hydrolase, leukotriene A4 hydrolase

(LTA4), soluble epoxide hydrolase(sEH)와 microsomal epoxide hydrolase (mEH) 등이 있으며 기능은 <표 3 - 2>와 같다. 현재까지 5종류 중에서도 sEH 및 mEH만이 외인성물질인 stilbene oxide, PAH epoxides, phenytoin, carbamazepine 등의 수화반응을 유도하여 epoxide 분해를 촉매한다. 그러나 사람에게 있어서 대부분의 외인성물질 - 유래 epoxide는 microsomal epoxide hydrolase에 의해 수화된다.

〈표 3 - 2〉 Epoxide hydrolase의 5종류와 기질과 활성저해제

Epoxide hydroxylase 종류	Localization	Substrates		Inhibitors
		Endogenous	Xenobiotic	
Cholesterol 5,6 - oxide	Microsomal	Cholesterol 5,6 - epoxide	Unknown	Cholestanetriol, 7 - dehydrocholsterol 5,6 β - oxide
Hepoxilin A_3	Cytosolic	Arachidonic acid epoxides	Unknown	Trichloropropene oxide
Leukotriene A_4	Cytosolic	Leukotriene A_4	Unknown	Divalent cations, α - KETO - β - amino esters
Soluble	Cytosolic, Peroxisomal	EETs, leukotoxin	Stilbene oxide	Chalcone oxide, urea, carbamate derivatives, Cd^{2+}, CU^{2+}
Microsomal	Microsomal	Steroid epoxides, Androstene epoxide, Estroxide	PAH epoxides, phenytoin, carbamazepine	1,1,1 - Trichloropropene - 2,3 - oxide, divalent heavy metals, cyclopropyl oxiranes

- **대부분의 외인성물질 - 유래 epoxide는 microsomal epoxide hydrolase에 의해 수화된다.**

EH 5종류 중 mEH는 다른 EH에 의한 내인성물질 - 유래 epoxide의 수화와는 달리 외인성물질 - 유래 epoxide의 수화에 가장 중요한 역할을 하며 기질특이성을 갖는다. 그러나 한편으로는 mEH는 발암물질인 PAH의 활성화에 관련이 있다는 점에서 EH의 무독화 기전과는 차이가 있다. 특히 앞서 언급한 benzo[a]pyrene - 4,5 oxide은 benzo[a]pyrene 4,5 - dihydrodiol으로의 생체전환이 되는 대신에 mEH에 의해 발암성을 가지고 있는 benzo[a]pyrene - 7,8

-diol-9,10-epoxide로 촉매될 수 있다. 이는 mEH의 촉매반응에 의한 독성화 기전에 대한 주요한 예이며 다음 장에서 다시 논한다.

약 455개의 아미노산을 암호화한 사람의 mEH 유전자는 1번 염색체상의 q42.1에 위치하며 20kb의 크기이다. 사람의 mEH 유전자 발현은 유도물질에 의해 유도되며 dexamethasone이 대표적인 유도물질이다. <그림 3-9>에서처럼 mEH의 기질은 내인성물질로는 epoxy-fatty acid인 androstene oxide (16a, 17a-epoxyandrosten-3-one), estroxide(epoxyestratrienol) 등이 있다. 또한 mEH의 주요 외인성기질은 aliphatic epoxides(예: butadiene oxide, 1,2-epoxyoctane), polyaromatic oxides(예: phenanthrene oxide, benzo[a] pyrene-4,5-oxide), styrene과 *cis*-stilbene oxide를 비롯하여 항경련성약물인 phenytoin과 carbamazepine oxide 등이 있다. 체내 항경련성약물의 대사에 있어서 mEH 활성이 부족하거나 효소 활성이 저해되면 혈중의 약물농도가 시간이 지나도 감소되지 않기 때문에 지속적으로 민감도를 유발하여 치명적인 증상을 유발할 수 있다. 이러한 독성을 유발하는 활성저해는 1,1,1-Trichloropropene-2,3-oxide와 cyclopropyl oxiranes 등을 비롯하여 Zn^{2+}와 Hg^{2+} 등과 같은 이가중금속(divalent heavy metal)에 의해 유도되며 EH의 주요 활성저해제로 이용되고 있다.

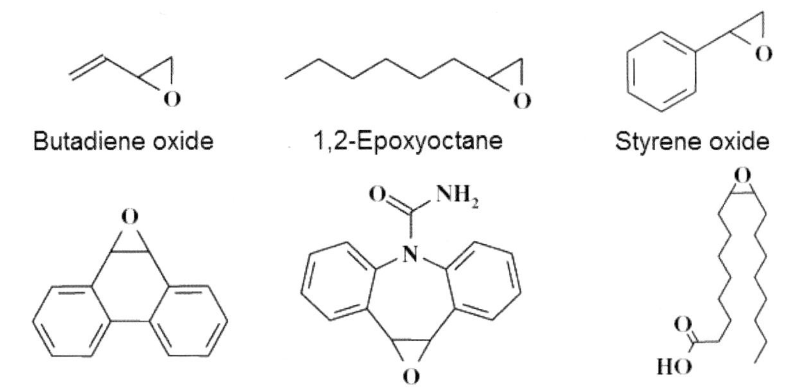

〈그림 3 - 9〉 **Microsomal epoxide hydrolase(mEH)의 대표적인 내인성 및 외인성기질:** 사람의 mEH에 의한 기질은 내인성 또는 외인성물질이 있으며 특히 다른 epoxide hydrolase와 달리 mEH는 외인성물질 - 유래 epoxide 대사체의 수화(hydration)에 있어서 가장 중요한 효소이다.

3. Monoamine oxidase

◎ **주요 내용**

- MAO는 두 개의 동질효소인 MAO - A와 MAO - B가 있으며 뇌에서 MAO에 의한 기질의 deamination은 뇌질환의 직간접적 원인이 된다.

Monoamine oxidase(MAO)는 FMO처럼 보조인자인 FAD가 결합된 미토콘드리아의 외막에 위치한 flavoprotein(<그림 3 - 2> 참조)이다. MAO의 주요 촉매반응은 다양한 아민(amine, 암모니아 NH_3의 수소원자를 탄화수소잔기 R<알

킬기 또는 알릴기>로 치환한 화합물의 총칭)의 산화적 탈아미노화(oxidative deamination) 반응이다. MAO에 의한 탈아미노화 반응은 아래와 같이 3단계인 FAD reduction, deamination과 FAD reoxidation 등의 과정을 통해 이루어진다.

FAD reduction: $RCH_2NH_2 + FAD \rightarrow RCH=NH_2 + FADH_2$
Deamination: $RCH=NH_2 + H_2O \rightarrow RCHO + NH_3$
FAD reoxidation: $FADH_2 + O_2 + 2H+ \rightarrow FAD + H_2O_2$

<그림 3 - 10>의 A)에서 Reaction 1처럼 아민(amine)은 MAO에 의한 기질의 2 - 전자 산화(two - electron oxidation)를 통해 이민(imine, 암모니아의 두 수소원자를 2가의 탄화수소기로 치환한 화합물의 총칭)으로 전환되며 동시에 FAD는 환원형인 $FADH_2$로 전환된다. 또한 Reaction 2와 같이 이민은 비효소적 반응을 통해 aldehyde 화합물(RCHO), carbonyl 화합물(RC = O) 그리고 암모니아로 전환되면서 탈아미노화가 이루어진다. 또한 Reaction 3에서처럼 MAO의 $FADH_2$는 산소분자에 의해 재산화되어 FAD로 전환되면서 ROS인 H_2O_2 방출을 유도한다. 특히 MAO의 촉매반응을 통해 생성된 H_2O_2와 암모니아는 신경독성을 유발한다. MAO에 의한 촉매반응은 산소가 요구되기 때문에 저산소 조건에서는 MAO의 활성이 감소되고 또한 MAO 활성이 증가되면 국소적으로 저산소증이 유발된다. <그림 3 - 10> B)에서처럼 MAO에 의해 생성된 aldehyde는 aldehyde reductase에 의해 alcohol 또는 glycol로 환원되거나 aldehyde dehydrogenase에 의해 carboxylic acid로 산화된다.

A) MAO 및 비효소적 반응을 통한 탈아미노화

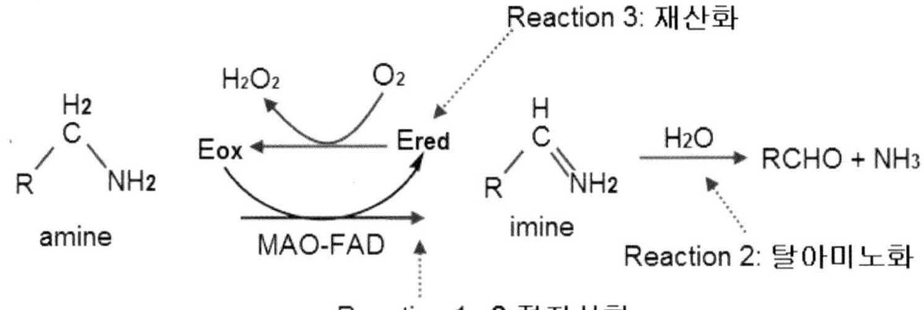

B) MAO에 의해 생성된 aldehyde의 분해

$$RCHO \xrightarrow{ALDH} R\text{-}COOH$$

$NAD^+ + H_2O$ $NADH + H^+$

〈그림 3-10〉 **Monoamine의 MAO에 의한 탈아미노화반응:** A) MAO의 기질의 2-전자 산화(Reaction 1)에 의한 기질의 탈아미노화 촉매반응은 aldehyde(RCHO)와 암모니아(Reaction 2)를 생성한다. 또한 촉매반응에 필요한 전자의 이동은 FAD의 환원(E_{red})과 산화(E_{ox})로 이루어지며 결과적으로 H_2O_2가 방출된다(Reaction 3). B) MAO의 촉매반응으로 생성된 aldehyde는 ALDH(aldehyde dehydrogenase)에 의해 carboxylic acid(R-COOH)로 산화된다.

- **MAO는 2개의 동질효소인 MAO-A와 MAO-B가 있으며 뇌에서 MAO에 의한 기질의 deamination은 뇌질환의 직간접적 원인이 된다.**

MAO는 2개의 동질효소인 MAO-A와 MAO-B가 있다. MAO-A는 태반 및 섬유아세포에서 활성이 높고 간과 위장관에서 미약한 활성이 있다. MAO-B는 간을 비롯하여 혈액의 혈소판과 임파구에서 활성이 높다. MAO 활성에 의한 독성의 예로는 신경세포(neuron)와 별아교세포(astrogia) 등의 신경조직에서 확인된다. MAO-A와 MAO-B의 두 효소는 내인성 신경전달물질의 촉매작용에 있어서 밀접한 관계가 있다. 뇌에서 MAO-A는 카테콜아민성 신경세포(catecholoaminergic neuron)와 성상세포(glia cells)에서 발현되며 serotonin, norepinephrine(noradrenaline)과 epinephrine (adrenaline) 등의 신경전달호르몬의 산화를 촉매한다. MAO-A에 의한 이들 물질의 산화는 신경전달호르몬의 농도감소를 유발하여 우울증과 불안장애증 등과 같은 질환의 주요 원인이다. 치료제로 MAO－A 활성저해제인 clorglyine이 이용된다. MAO－B는 세라토닌성 신경세포(serotonergic neuron)와 성상세포에서 발현되며 신경전달물질인 dopamine을 비롯하여 식이에 의해 공급되는 phenethylamine, tyramine 그리고 benzylamine 등의 산화성 탈아미노화 반응을 촉매한다. MAO－B에 의한 dopamine의 탈아미노화는 뇌질환 발생에 있어서 주요한 기전으로 설명된다. 대뇌기저핵(basal ganglia)에서 MAO－B 활성 증가에 의해 dopamine의 탈아미노화가 활성화된다. 이 과정에서 FAD의 산화로 발생하는 H_2O_2는 Fe^{2+}와 반응하여 독성이 강한 ·OH(hyrdroxyl radical)로 전환되어 산화적 스트레스를 통한 신경세포 독성을 유발한다. 이러한 H_2O_2 생성에 의한 세포 독성기전은 MAO에 의한 탈아미노화 반응을 거치는 모든 약물 또는 외인성물질에 의해서 발생된다. <그림 3－11>에서처럼 propranolol(β－adrenergic blocker 작용으로 고혈압 및 협심증에 사용되는 약물)은 CYP2C19에 의해 N－Demethylated propranolol로 산화되어 다시 MAO－B에 의해 N－Desisopropylpropranolol로 탈아미노화가 이루어진다. MAO에 의한 탈아미노화 반응을 통해 모든 기질과 유사하게 propranolol도 탈아미노화 반응과정에서 MAO의 FAD가 산화되면서 H_2O_2 생성을 유도한다. H_2O_2 생성은 산화적 스트레스에 의한 뇌세포 사멸을 유도하여 뇌질환의 직간접적 원인이 된다. 이와 같이 뇌세포에서의 MAO의 활성은 외인성물질 또는 약물의 탈아미노화 반응을 통해 발생되는 산화적 스트레스 손상을 유도하여 뇌질환의 직간접적인 원인이 된다.

이에 대한 예방을 위해 MAO－B의 활성저해제인 deprenyl가 이용되고 있으며 특히 Parkinson's disease와 Alzheimer's disease(AD) 등 여러 퇴행성뇌질환의 치료제로 이용된다. 신경전달물질 외에도 MAO는 다양한 용도의 약물인 milacemide, 2－propylpentylglycemide, phenelzine, propranolol(<그림 3－11>), primaquine, haloperidol과 1－methyl－4－phenyl－1,2,3,6－tetrahydropyridine(MPTP) 등의 탈아미노화 반응을 촉매하여 혈중농도를 감소시킨다. MAO에 의한 탈아미노화 반응을 통해 외인성물질은 최종산물인 carbocylic acid와 알코올로 전환되지만 MPTP는 MAO－B에 의한 탈아미노

화 반응을 통해 활성중간대사체로 전환되어 Parkinson's disease의 원인이 된다.

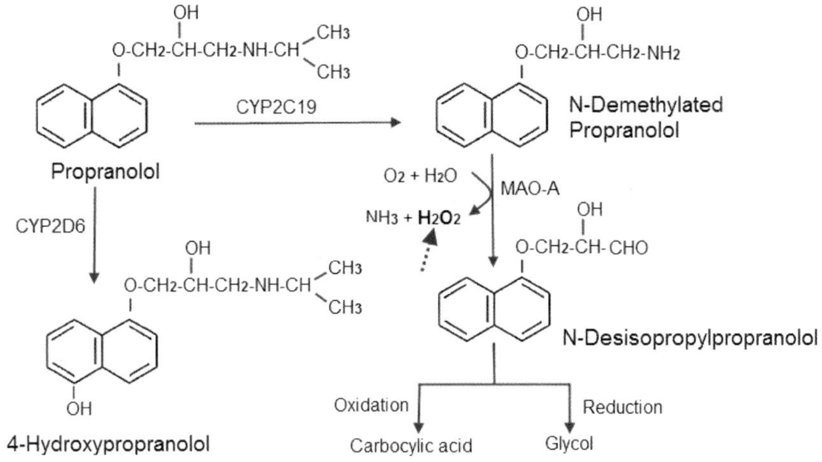

〈그림 3-11〉 MAO-A에 의한 propranolol의 탈아미노화 반응: Propranolol은 β-adrenergic blocker 작용으로 고혈압 및 협심증에 사용되는 약물이다. 대부분이 CYP2D6에 의해 대사되지만 일부는 CYP2C19에 의한 대사체가 MAO-A에 의해 N-Desisipropylpropranolol으로 탈아미노화가 이루어진다. 최종적으로 N-Desisipropylpropranolol은 aldehyde reductase에 의해 alcohol로 환원되거나 dehydrogenase에 의해 carboxylic acid로 산화된다. MAO의 FAD가 산화되면서 H_2O_2(화살표)가 생성되는데 질환의 원인이 된다.

MAO-A 및 MAO-B의 두 유전자 위치는 X 염색체의 p11.4-p11.3에 위치하여 상호 근거리에 있으며 유전자중복을 통해 2개의 동질효소가 생성되었다. 효소의 분자량은 약 58kDa 정도이다. MAO-A 및 MAO-B 유전자는 15개의 exon으로 구성되어 있다. 특히 Exon 12가 FAD-결합 영역이며 이 영역에서 두 유전자는 93%의 높은 동일성이 확인되었다. MAO-A 및 MAO-B의 유전자 프로모터는 약 60% 동일성이 있으며 G-C가 풍부하다. 그러나 두 유전자의 전사조절 영역의 element 구성은 확연히 차이가 있다. MAO-A 프로모터는 3개의 Sp1 element와 glucocorticoid response element (GRE)로 구성되어 있으며 TATA box가 없다. 염증치료제로 이용되는 dexamethasone에 의해 MAO-A의 유전자 발현이 유도되는 것이 확인되었다. Dexamethasone은 전사인자인 Sp1 또는 glucocorticoid receptor-매개 기전을 통해 MAO－A 유전자 발현을 유도한다. 그러나 MAO－B의 프로모터는 CACCC box에 의해서 분리된 2개의 Sp1 element를 가지고 있다. MAO－B 유전자는 PMA (phorbol 12－myristate 13－acetate)에 의해 유도발현이 이루어진다. PMA에 의해 활성화되는 전사인자인 Sp1과 Sp4가 2개의 Sp1 element와 상호작용을 통해 MAO－B 유전자가 발현되며 또한 Sp3과 BTEB2 전사인자에 의해 저해된다. 특히 MAO－B 유전자에 대한 전사인자의 활성화는 c－Jun과 Egr－1과 관련된 MAPkinase 신호전달체계에 의해 이루어진다. MAO－A 및 MAO－B 유전자의 전사 발현에 있어서 주요한 차이는 전사인자이며 이는 활성화되는 조직 또는 세포 등의 장소 차이에서 비롯된다.

4. Alcohol dehydrogenase와 acetaldehyde dehydrogenase 등을 비롯한 에탄올 분해 효소

◎ 주요 내용

- 에탄올은 alcohol dehyderogenase, catalase 그리고 CYP2E1 등의 3가지 효소에 의해 산화된다.

- 정상적인 alcohol dehydrogenase 유전자를 표준유전자라고 할 때 변이대립유전자를 가진 개체가 알코올대사율에 있어서 낮지만 또 다른 변이대립유전자를 가진 개체에서는 알코올대사율이 높다. 따라서 변이대립유전자가 반드시 열성적 표현형이 아니라 점이 ADH 유전자의 특이점이다.

- CYP2E1은 알코올 만성섭취에 의해 활성이 크게 증가되어 에탄올 및 아세트알데히드 산화에 중요한 역할을 한다.

- Acetaldehyde dehydrogenase는 아세트알데히드 산화를 촉매하는 주요 효소이지만 기타 외인성물질의 대사에도 관여한다. 효소의 돌연변이는 아세트알데히드 축적에 의한 발암 가능성을 증가시킨다.

- 아세트알데히드 및 ROS 생성은 에탄올에 의한 독성기전에 있어서 핵심대사체 및 부산물이다.

- **에탄올은** alcohol dehyderogenase, catalase **그리고** CYP2E1 **등의** 3**가지 효소에 의해 산화된다.**

에탄올(ethanol, alcohol, EtOH)은 사람이 섭취하는 외인성물질 중 가장 많은 것 중 하나이며 Group 1의 발암물질로 분류되고 있다. 에탄올 대부분은 소장으로 흡수되어 간에서 대사된다. <그림 3-12>에서처럼 3가지 효소에 의한 3가지 경로를 통해 대사된다. 이 중 에탄올 산화율에 있어서 가장 높은 비율을 차지하는 효소는 세포질의 알코올탈수소효소(alcohol dehyderogenase, ADH)이다. ADH 이외 peroxisome의 catalase 역시 미미하게 에탄올 산화에 기여한다. 그러나 3개의 효소 중 CYP2E1은 에탄올에 의해 유도되어 에탄올 산화에 관여한다는 점에서 구성효소인 ADH와 catalase와는 차이가 있다. 각각 다른 세포소기관에서 이루어지는 알코올산화에 관련된 효소는 촉매반응을 위해 <그림 3-12>에서처럼 보조인자를 필요로 한다. ADH는 NAD^+, catalase는 H_2O_2 그리고 CYP2E1은 NADPH 등의 보조인자를 각각 필요로 한다. 그러나 3가지 효소에 의한 에탄올 산화의 1차대사체는 아세트알데히드(acetaldehyde, AcH)로 모두 동일하다. 생성된 아세트알데히드는 아세트알데히드탈수소효소(acetaldehyde dehyrogenase, ALDH)에 의해 CO_2와 물로 전환되어 아세트산(acetic acid)으로 최종 전환된다. ALDH는 세포질과 미토콘드리아에 존재하는데 대부분 아세트알데히드의 산화 촉매반응은 세포질보다 미토콘드리아에 있는 ALDH에 의해 이루어진다.

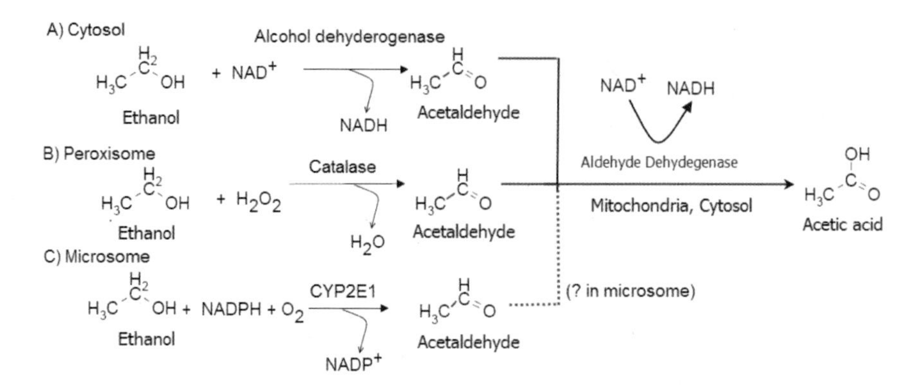

〈그림 3－12〉 **에탄올의 주요 산화 경로:** 에탄올은 세포질에서 alcohol dehydrogenase, peroxisome에서 catalase 그리고 미크로좀에서 CYP2E1에 의해 일차적으로 acetaldehyde로 산화된다. 생성된 acetaldehyde는 미토콘드리아 또는 세포질에서 aldehyde dehyderogenase에 의해 acetic acid로 전환된다. 또한 미크로좀에서는 CYP2E1에 의해 ethanol이 acetic acid로 전환되기도 한다.

1) 에탄올 산화의 주요 효소

에탄올 산화의 촉매반응에 관여하는 효소는 ADH, catalase와 CYP2E1이다. 이 중 ADH가 주요 효소이지만 개인차 및 세포 내 상황에 따라 효소에 의한 에탄올 대사 경로에 차이가 있을 수 있다.

(1) Alcohol dehydrogenase

- **정상적인 ADH 유전자를 표준유전자라고 할 때 변이대립유전자를 가진 개체가 알코올대사율에 있어서 낮지만 또 다른 변이대립유전자를 가진 개체에서는 알코올대사율이 높다. 따라서 변이대립유전자가 반드시 열성적 표현형이 아니라는 점이 ADH 유전자의 특이점이다.**

ADH는 NAD－의존성 및 zinc－함유 효소이다. ADH는 <표 3－3>에서처럼 동일한 2개의 polypeptide 소단위로 구성되었으며 소단위 분자량이 40kDa의 이량체효소(dimeric enzyme)이다. ADH는 외인성물질의 1차알코올과 2차

알코올뿐 아니라 내인성물질의 산화를 촉매하여 AcH와 케톤체로 전환시킨다. 따라서 ADH의 기질로는 에탄올뿐 아니라 retinol, ω-hydroxy fatty acid 종류, hydroxy steroid 종류와 dopamine과 epinephrine의 대사체 등이 있다. 이들 내인성-알코올 종류의 산화는 에탄올에 의해 경쟁적 저해가 될 수 있기 때문에 알코올-유도 독성과 밀접한 관계가 있다. 사람에게 있어서 여러 종류의 ADH가 있는데 과거에 붙여진 이름을 유전자 동일성과 유사성 등으로 재분류하여 사용하고 있다. Class Ⅰ의 ADH은 ADH1A, ADH1B1, ADH1C, Class Ⅱ의 ADH4, Class Ⅲ의 ADH5, Class Ⅳ의 ADH6과 Class Ⅴ의 ADH7 등 다섯 class의 7종으로 구성되어 있다. Class Ⅰ의 ADH 동질효소들은 아미노산 동일성에 있어서 92.8~94.7% 정도이며 class 간 아미노산 동일성은 59.2~69.3% 정도이다.

〈표 3-3〉 Alcohol dehydrogenase의 분류와 구성 단백질

공식적인 유전자 이름[1]	옛날 이름[2]	이량체구성 단백질[4]	Class[3]
ADH1A	ADH1	αα	Ⅰ
ADH1B	ADH2	ββ	Ⅰ
ADH1C	ADH3	γγ	Ⅰ
ADH4	ADH4	ππ	Ⅱ
ADH5	ADH5	χχ	Ⅲ
ADH6	ADH6	ADH6[5].	Ⅳ
ADH7	ADH7	σσ	Ⅴ

1. 공식적인 유전자이름은 Human Genome Organization(HUGO) Gene Nomenclature Committee에 의해 승인된 이름. 2. 공식적으로 승인되기 전 이름. 3. ADH는 동일한 2개의 polypeptide으로 구성된 이량체이며 표기는 단백질 이름. 4. ADH는 유전자 염기의 동일성과 유사성으로 5Class로 재분류되었다. 5. ADH6은 태아와 성인의 간에서 확인되나 정확하게 알려지지 않았다(참고: Jelski).

ADH 유전자는 4번 염색체상 q21-25에 5'-ADH7-ADH1C-ADH1B-ADH1A-ADH6-ADH4-ADH5-3' 순으로 위치하며 약 365kb 정도의 크기이다. ADH 유전자의 발현은 조직-특이적인데 이는 에탄올대사가 조직과 세포에 따라 큰 차이를 보이는 중요한 이유이다. 체내에 들어온 대부분의 에탄올 대사에 관여하는 ADH 동질효소는 ADH1B, ADH1C와 간에서만 발현되는 ADH4이다. 간에서 이들 ADH의 효소량은 세포질 단백질 중 약 3%

정도로 다른 단백질과 비교하여 상당히 많다. ADH1C, ADH4, ADH5와 ADH6은 위장 조직에서 발현되며 특히 ADH5는 사람의 모든 조직에서 활성이 나타난다. ADH의 유전자 다형성과 관련하여 인종의 차이를 보이는 대표적인 ADH 종류는 ADH1B와 ADH1C 유전자이다. 특히 ADH1B의 대립자 유전자 변이는 에탄올에 대한 감수성을 유발하는 중요한 요인이다. 에탄올의 1차대사물인 AcH는 알코올-유도 독성에 있어서 핵심대사체이며 알코올에 민감한 개체에 나타나는 다양한 현상을 유발하는 데 있어서 중요한 역할을 한다. 특히 혈액의 AcH는 뇌-혈관장벽(blood-brain barrier)을 통과할 수 없다는 측면을 고려할 때 뇌에서 ADH에 의한 AcH 생성은 알코올성 손상에 있어서 중요한 독성기전이다. 뇌에서 조직-특이적으로 발현되는 ADH 동질효소는 ADH5이며 이는 마우스, 랫드 그리고 사람 모두에게서 공통적인 현상이다. 에탄올의 대사율에 있어서 성별 차이가 ADH 활성 차이를 유발한다. 여성의 경우에는 남성보다 체내 수분량이 적기 때문에 에탄올의 혈중 농도가 높을 수밖에 없다. 특히 위장관에서 발현되는 ADH가 남성이 훨씬 높은 것도 성별에 의한 대사율 차이를 유도한다. 위장에서 높은 ADH 활성은 에탄올 대사율을 높여 에탄올의 체내 흡수를 감소시키는데 이는 first-pass effect 또는 first-pass metabolism이 남성에서 훨씬 높다는 것을 의미한다.

<표 3-4>에서처럼 ADH의 다양한 변이체가 확인되었다. 다양한 변이체는 에탄올 대사에 있어서 영향을 주는 ADH 유전자의 다형성(polymorphysm)이 인종 및 개체들 사이에 있음을 의미한다. 이들 변이 대립유전자는 표준 ADH (reference ADH, 아미노산 구성에 있어서 변이가 없는 정상 ADH) 효소와 비교하여 아미노산 서열에 있어서 1~2개 정도 차이가 있다. ADH1B의 경우에는 3개의 ADH1B*1, ADH1B*2와 ADH1B*3, ADH1C의 경우에는 3개의 ADH1C*1, ADH1C*2와 ADH1C*352 등의 변이 대립유전자가 확인되었다. 아시아인에게는 ADH1B*2, 아프리카인에게는 ADH1B*3 등이 많은 것으로 확인되었다. 일반적으로 표준 ADH를 가진 성인 남자의 간에서 Class Ⅰ(1A, 1B와 1C)의 ADH가 약 70%, Class Ⅱ의 ADH4가 약 30%의 에탄올 산화를 촉매한다. 그러나 변이 대립유전자를 가진 사람들은 에탄올 대사에 있어서 차이가 있다.

ADH1B*1과 ADH1C*2 등 대립유전자를 가진 성인 남성의 에탄올 대사능력은 표준 정상 ADH의 대립유전자를 가진 사람의 약 80% 수준이다. 그러나 ADH1B*3과 ADH1C*1을 가진 사람은 2배 그리고 ADH1B*2와 ADH1C*1을 가진 사람은 표준 ADH의 대립유전자를 가진 남성보다 8배 높은 대사율을 보인다. 따라서 ADH1C*2 대립유전자를 가진 사람은 에탄올 대사 능력이 감소하지만 반면에 ADH1B*2와 ADH1B*3의 대립유전자를 가진 사람은 대사 능력이 증가한다. 그러나 ADH의 대립유전자는 변이 유무에 따라 에탄올 대사율에서 큰 차이를 유도하지만 또한 간의 크기나 유전자 발현강도도 동일한 대립유전자를 가진 사람들에게 있어서 에탄올 대사의 개인차를 유발한다. 한편으로 변이 대립유전자를 가진 사람들의 종간(inter-species) 차이는 알코올중독을 유발하는 중요한 요인이 된다. 에탄올 대사율이 높은 ADH1B*2 대립유전자를 가진 사람들은 동아시아에 많이 분포하는데 이들의 알코올중독에 대한 위험비(odds ratio)는 ADH1B*1 대립유전자를 가진 사람과 비교하여 0.12에 불과하다. 이는 ADH1B*2 대립유전자가 빠른 에탄올 대사의 유도를 통해 체외배출을 증가시켜 체내 잔류에 의한 독성유발 시간을 단축시키기 때문이다. 식이 또한 에탄올 대사에 있어서 영향을 주는 중요한 요인 중 하나이다. 식이는 장에서 에탄올 흡수율의 감소를 유도하여 혈액 내의 농도가 증가되는 것을 지연시킨다. 그러나 무엇보다도 중요한 것은 흡수율보다 식이가 알코올 배출률(AER, alcohol elimination rate)을 증가시키는 것이며 약 530칼로리의 식이는 AER을 대략 25～30% 정도 증가시킨다. 이와 같이 에탄올 대사에 영향을 주는 요인으로 간의 크기나 유전자 발현 정도를 비롯하여 변이 유전자 등의 유전적인 요인과 식이 등의 환경적 요인으로 설명할 수 있다.

〈표 3-4〉 Alcohol dehydrogenase의 효소적 특성 및 변이 대립유전자

공식적인 유전자 이름	대립유전자간 차이가 있는 아미노산	이량체 이름	K_m(에탄올: mM)	Turnover (min^{-1})
ADH1A		αα	4.0	30
ADH1B*1	Arg48, Arg370	β1β1	0.05	4
ADH1B*2	His48, Arg370	β2β2	0.9	350
ADH1B*3	Arg48, Cys370	β3β3	40	300
ADH1C*1	Arg272, Ile350	γ1γ1	1.0	90
ADH1C*2	Gln272, Val350	γ2γ2	0.6	40
ADH1C*352Thr	Thr352	-	-	-
ADH4		ππ	30	20
ADH5		χχ	〉1,000	100
ADH6		ADH6	?	?
ADH7		σσ	30	1,800

*: 표준 ADH에 돌연변이가 있는 변이 대립유전자 ADH. Km: 효소의 기질 친화도를 나타내는 상수로 여기서는 ADH의 50% 촉매반응 능력에 대한 에탄올 농도를 의미한다(Km이 작으면 효소와 기질의 친화성이 높고 Km이 크면 친화성이 낮다). Turnover: 효소의 분당 회전수를 의미하며 에탄올이 ADH에 포화된 상태에서 ADH가 1분당 기질분자인 에탄올의 대사체인 아세트알데히드로 바꾸는 수이다. 이는 효소의 촉매효율을 나타내기도 한다(참고: Zakhari).

(2) Catalase

H_2O_2를 보조인자로 하는 catalase는 NADPH oxidase와 xanthin oxidase와 같은 H_2O_2-생성 시스템에서 에탄올 산화를 촉매한다. 이는 보조인자 공급의 문제가 있기 때문에 catalase에 의한 에탄올 대사는 극히 제한적이며 낮다. 그러나 peroxisome에서 지방산의 β-산화가 촉진되거나 만성알코올 섭취에 의해 H_2O_2 생성이 증가하면 catalase에 의한 에탄올 대사율은 증가한다. 또한 ADH 활성이 낮거나 없을 때에 catalase에 의한 에탄올 대사가 증가한다. 그러나 일반적으로 catalase에 의한 에탄올 대사율은 5% 이하이다.

(3) CYP2E1

- **CYP2E1은 알코올 만성섭취에 의해 활성이 크게 증가되어 에탄올 및 아세트알데히드 산화에 중요한 역할을 한다.**

CYP2E1은 에탄올에 의해 유도되는 유도효소이다. 세포질에 있는 ADH가 에탄올 산화의 주요 효소이지만 만성적인 에탄올 섭취는 CYP2E1이 위치하

는 활면소포체(smooth endoplasmic reticulum)의 발단과 성장을 유도한다. 이러한 소포체의 발달은 CYP2E1 발현의 증가와 CYP2E1 - 매개 에탄올 대사율의 증가를 유도하게 된다. 그러나 근본적으로 CYP2E1의 에탄올에 대한 Km이 ADH의 에탄올에 대한 Km보다 높기 때문에 에탄올 대사에 있어서 한계가 있다. CYP2E1에 의한 에타올 대사율은 섭취된 에탄올 총량의 약 30% 정도이다. 그러나 CYP2E1은 유도효소이기 때문에 에탄올에 반응하여 4~6시간 후 발현되어 에탄올 대사에 관여하게 된다.

CYP2E1은 주로 간의 hepatocyte에서 활성이 높지만 kuffer cell에도 활성이 다소 있다. 또한 간뿐 아니라 뇌를 비롯하여 대부분의 조직에서 활성이 나타난다. CYP2E1은 미크로좀에 대부분 존재하지만 원형질막과 미토콘드리아에도 존재한다. 미토콘드리아 CYP2E1은 소포체에서 운반되어 위치한 것이며 고도의 인산화가 이루어져 있다. 미토콘드리아 CYP2E1은 세포질의 단백질보다 100개의 아미노산이 부족한 단백질이다. 미토콘드리아의 CYP2E1 활성은 소포체 또는 미크로좀의 약 30% 수준이다. 그러나 CYP2E1 활성이 증가되면 촉매 과정에서 생성된 ROS는 조직 손상의 직접적인 원인이 된다. 최근에는 CYP2E1뿐만 아니라 CYP1A2와 CYP3A4도 에탄올 산화를 촉매하는 것으로 확인되어 P450 효소에 의한 에탄올 산화 비중이 높을 것으로 추정되고 있다. 그러나 에탄올은 다양한 P450의 발현을 유도하기 때문에 에탄올뿐 아니라 이들 P450의 기질 대사에도 영향을 줄 수 있다.

2) 아세트알데히드 산화의 주요 효소

- Acetaldehyde dehydrogenase**는 아세트알데히드 산화를 촉매하는 주요 효소이지만 기타 외인성물질의 대사에도 관여한다. 효소의 돌연변이는 아세트알데히드 축적에 의한 발암 가능성을 증가시킨다.**

ADH, CYP2E1과 catalase에 의한 에탄올 산화로 생성된 아세트알데히드는 높은 반응성을 지닌 친전자성대사체이며 알코올독성의 주요 원인물질이다. 아세트알데히드는 세포 내의 여러 단백질과 결합하여 불활성화를 유도할 뿐 아니라 뇌에서 신경전달물질인 dopamine과 결합하여 신경독성을 유발하는 물질인 salsolinol을 생성한다. 특히 아세트알데히드는 DNA와 결합하여 $1,N^2$－propanodeoxyguanosine와 같은 DNA adduct를 형성하여 발암을 유도하기도 한다. 따라서 아세트알데히드의 신속한 산화 촉매반응은 에탄올－유도 독성을 반감시키는 중요한 경로이다. 아세트알데히드의 산화에 중요한 효소는 ALDH이지만 CYP2E1에 의해서도 이루어진다.

(1) Aldehyde dehydrogenase

ALDH는 아래의 반응식에서처럼 보조인자 NAD^+를 환원시키면서 에탄올의 1차대사물인 아세트알데히드를 아세트산으로 산화 반응을 촉매한다.

$$RCHO + NAD^+ + H_2O \rightarrow RCOOH + NADH + H^+$$

<표 3－5>에서처럼 사람에게 있어서 ALDH 유전자는 기능적인 역할을 하는 효소를 발현하는 유전자 17종류와 기능적인 효소를 발현하지 못하는 위유전자(pseudogene) 3종류가 있으며 이들 유전자군은 각각 다른 염색체상에 위치한다. 효소의 구조적 측면에서 ALDH는 4개의 polypeptide 소단위(54kDa)로 구성된 사량체(tetramer)이다. ALDH은 미토콘드리아와 세포질에 존재하는데 아세트알데히드 산화와 관련된 가장 중요한 동질효소는 간세포의 미토콘드리아에 있는 ALDH2이다. 또한 ALDH1 계열도 산화반응에 있어서 중요한 효소인데 세포질의 ALDH1A1이 주요 하위군 효소이다. 일반적으로 에탄올 대사에 의해 생성된 전체 아세트알데히드는 ALDH2에 의해 약 60%, 세포질의 ALDH1A1에 의해 약 20% 정도로 산화되며 나머지는 CYP2E1, xanthine oxidase와 aldehyde oxidase 등의 기타 경로를 통해 산화, 분해된다. ALDH 활성은 일시적이고 적절한 아세트알데히드 기질의 양에 대해서는 높으나 만성적으로 알코올 섭취 시에는 미토콘드리아의 ALDH 활성이 상당히

감소된다. 이러한 ALDH 활성의 감소는 아세트알데히드의 생성과 분해의 불균형을 초래하여 혈액에서의 농도가 급격하게 증가한다. 혈액에서 증가된 아세트알데히드는 혈관확장을 유발하여 얼굴이 붉어지는 안면홍조증(alcohol-induced facial flushing)을 유도하며 맥박이 빨라지는 빈맥(tachycardia)의 원인이 된다. 그러나 ALDH 활성은 무엇보다도 유전자 다형성을 보여 주는 돌연변이체에 의해 크게 영향을 받는다. 대부분의 아세트알데히드 산화를 담당하는 ALDH2에 대한 변이 대립유전자는 ALDH2*1과 효소적 활성이 거의 없는 ALDH2*2가 있다. 특히 ALDH2*2의 변이 대립유전자를 가진 사람에게 있어서 아세트알데히드 혈중농도가 표준 ALDH3 유전자와 ALDH2*1을 가진 사람보다 5배에서 220배 정도까지 증가한다. ALDH2*2 대립유전자를 가진 동양인은 약 10～44% 정도인데 알코올중독자 중에서 이런 유전자를 가진 사람은 거의 없다. 그러나 ALDH2*2 대립유전자를 가진 사람이 술을 마실 경우에는 축적된 아세트알데히드의 독성에 기인하여 여러 조직에서 발암 가능성이 더 높다.

〈표 3-5〉 ALDH의 종류, 기질 및 조직분포

ALDH	옛날 이름	염색체 위치	기질	조직분포
1A1	ALDH1	9q21	retinaldehyde, acetaldehyde, aldophosphamide	ubiquitous
1A2	RALDH2	15	retinaldehyde, medium-chain saturated aliphatic aldehydes	testis, kidney, liver
1A3	RALDH3	15q26	retinaldehyde	kidney, stomach mucosa, salivary glands, lung
1B1	ALDH5	9q13	acetaldehyde, other aliphatic aldehydes	liver, kidney, heart, keletal muscle, rain, prostate, lung, testis, placenta
1L1	FDH	12	propionaldehyde, acetaldehyde, benzaldehyde	liver, kidney, skeletal muscle
2	ALDH2	12q24	acetaldehyde, chloroacetaldehyde	liver, ubiquitous
3A1	ALDH3	17q11.2	aromatic 및 medium-chain aliphatic aldehydes, aldophosphamide	stomach mucosa, cornea, breast, lung, lens, skin, esophagus, salivary glands, skin,

ALDH	옛날 이름	염색체 위치	기질	조직분포
3A2	ALDH10	17q11.2	medium 및 long - chain unsaturated aliphatic aldehydes	liver, kidney, heart, skeletal muscle, lung, brain, pancreas
3B1	ALDH7	11q13	?	kidney, lung, pancreas, placenta
3B2	ALDH8	11q13	?	parotid gland
4A1	ALDH4	1p36	glutamic - semialdehyde, other carboxylic acid semialdehydes	liver, kidney, heart, skeletal muscle, lung, brain, pancreas, placenta
5A1	SSDH	6p322	succinic semialdehyde, 4 - hydroxy - 2 - nonenal, aldophosphamide	liver, kidney, heart, skeletal muscle, brain
6A1	MMSDH	14	malonate semialdehyde, methylmalonate, semialdehyde	liver, kidney, heart, skeletal muscle
7A1	ATQ1	5q31	octanal, propionaldehyde, benzaldehyde	fetal liver, kidney, heart, lung, brain, ovary, spleen,
8A1	ALDH12	6q24.1	retinaldehyde, aromatic 및 medium - chain aliphatic aldehydes	liver, kidney, brain, breast, testis
9A1	ALDH9	1q22	ɣ - Trimethylamino - butyraldehyde, ɣ - aminobutyraldehyde, betaine aldehyde, 기타 amino aldehydes, retinaldehyde	liver, kidney, heart, skeletal muscle, brain, pancreas, adrenal gland, spinal cord

(참고: Gross)

ALDH는 에탄올 대사에 의해 생성된 아세트알데히드뿐 아니라 <표 3 - 5> 에서처럼 다른 외인성물질의 대사를 통해 생성되거나 직접적으로 체내에 들어온 다양한 aldehyde의 산화를 촉매한다. 또한 아미노산, 탄수화물, 지질, 생리활성의 amine 종류, vitamine과 steroid 등의 내인성물질 대사를 통해 생성된 aldehyde의 산화를 촉매한다. 이와 같이 다양한 내인성물질 대사에 있어서 ALDH의 중요한 역할 때문에 변이에 의한 ALDH 유전자의 다형성은 독성 및 질환의 발생과 밀접한 관계가 있다. 내인성물질 - 유래 알데히드 산화를 촉매하는 ALDH3A2, ALDH4A1, ALDH5A1과 ALDH6A1 등의 유전자 돌연변이는 신경정신적 장애 징후, ALDH3A2의 돌연변이는 정신지체적인 특성을 보이는 Sjogren - Larsson syndrome 그리고 ALDH4A1의 돌연변이는

Type Ⅱ hyperprolinemia(고프롤린혈증) 등을 각각 유발한다.

또한 ALDH는 retinol(vitamine A)과 같은 생리활성물질의 대사에도 관여한다. Retinol은 ADH에 의해 retinal로 가역적으로 산화된 후, ALDH에 의해 retiboic acid로 비가역적 산화가 된다. 이와 관련된 ALDH는 ALDH1A1, ALDH1A와 ALDH1A3 등이 있다. Retinoic acid는 성장과 발달 등에 관련된 유전자의 발현을 매개하는 retinoic receptor(RAR)와 retinoid X receptor(RXR) 등의 핵수용체에 대한 리간드 역할을 하는 중요한 생리활성물질이다. ALDH는 또한 신경전달물질의 활성을 조절하는 γ-aminobutyric acid(GABA)를 합성하는 반응도 촉매한다.

ALDH에 의해 산화되는 대표적인 외인성물질의 하나가 자동차 동결방지용으로 이용되거나 산업장에서 용매로 많이 이용되고 있는 ethylene glycol이다. <그림 3 - 13>에서처럼 ethylene glycol은 ADH에 의해 glycoaldehyde, ALDH에 의해 glycolic acid, lactate dehydrogenase 또는 glycolic acid oxidase에 의해 glyoxylic acid 그리고 glycolic acid oxidase에 의해 oxalate로 산화, 분해된다. Ethylene glycol의 여러 대사체 중에서 가장 많은 대사체는 ALDH에 의해 생성되는 glycolic acid이다. Glycolic acid는 피부침투 능력이 높아 화장품 등의 용매로 많이 이용되고 있다. 그러나 oxalate는 칼슘의 킬레이션(chelation)을 통해 저칼슘증(hypocalcaemia)과 더불어 신경독성을 유발한다. 비록 ADH나 ALDH가 ethylene glycol의 대사를 유도하지만 에탄올 또는 아세트알데히드에 대한 친화성은 ethylene glycol과 glycoaldehyde보다 크다.

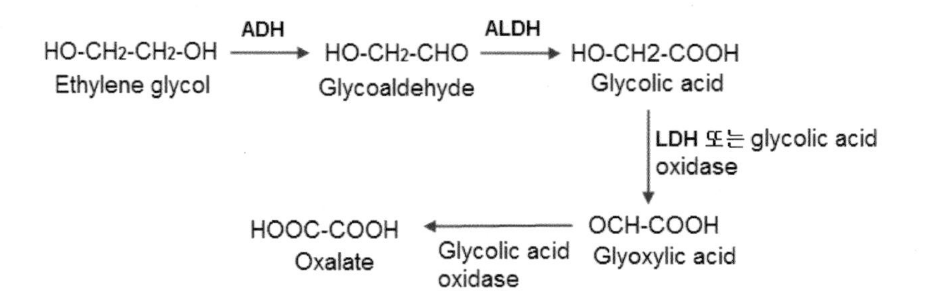

〈그림 3-13〉 ADH 및 ALDH에 의한 Ethylene glycol 대사: 비록 ADH나 ALDH가 ethylene glycol의 대사를 유도하지만 에탄올 또는 아세트알데히드에 대한 친화성은 ethylene glycol과 glycoaldehyde보다 크다.

이러한 외인성물질에 대한 산화 촉매반응 때문에 ALDH는 구성효소적 발현과 더불어 유도효소적 발현의 특성을 동시에 가지고 있다. 외인성물질 중 aromatic 및 medium-chain aliphatic aldehyde(방향족 또는 중간 탄소사슬 크기의 지방족 알데히드) 등의 산화반응을 촉매하는 ALDH는 ALDH3A1이다. 특히 이들 물질에 의한 ALDH3A1의 유도발현은 CYP1A1과 CYP1B1 등과 동시에 일어나는데 이는 유전자 프로모터 내에 동일한 'responsive element'를 가졌기 때문이다. 이는 특정 리간드에 의해 여러 유전자가 동시에 발현하는 'battery gene expression'을 의미하며 공동발현(coordinated induction) 기전의 일종으로 설명된다.

(2) 기타 효소에 의한 아세트알데히드 대사

에탄올의 1차대사물인 아세트알데히드에 대한 산화는 대부분 ALDH2나 ALDH1 계열에 의해 설명되고 있다. 그러나 최근에는 ALDH와 더불어 CYP2E1도 아세트알데히드의 산화반응을 촉매하는 것으로 확인되고 있다. <표 3-6>은 랫드에서 분리된 여러 P450 효소에 의한 아세트알데히드의 아세트산으로 전환되는 강도를 측정한 결과이다. 대부분의 P450 효소들이 아세트알데히드의 산화반응을 촉매하며 특히 CYP2E1에 의해 가장 많이 아세트산이 생성되는 것으로 확인되었다.

〈표 3-6〉 다양한 **P450** 효소에 의한 아세트알데히드의 산화

Cytochrome P450	Acetate **생성** (nmol/min/nmol P450)
CYP1A1	4.5
CYP1A2	12.5
CYP2B1	2.8
CYP2C11	7.8
CYP2E1	**37.6**
CYP3A2	0.5
CYP4A2	11.2
CYP2D1	2.5

*랫드 간의 미크로좀 분획에서 P450을 분리하여 기질인 아세트알데히드의 산화 정도를 아세트산 생성으로 측정하였다(참고: Kunitoh).

Xanthine oxidase(XO)와 aldehyde oxidase도 아세트알데히드의 산화를 촉매한다. 이들 효소는 ALDH에서처럼 NAD^+를 보조인자로 이용하여 아세트알데히드의 산화반응을 촉매한다. ALDH와 비교하여 이들 효소들은 km의 농도가 높아 아세트알데히드 대사율에 기여하는 정도는 경미하다. 특히 이들에 의한 아세트알데히드의 산화 촉매반응 과정에서 superoxide anion radical이 생성되는데 이는 아세트알데히드 자체와 더불어 대사를 통해 또 다른 독성기전으로 이해된다.

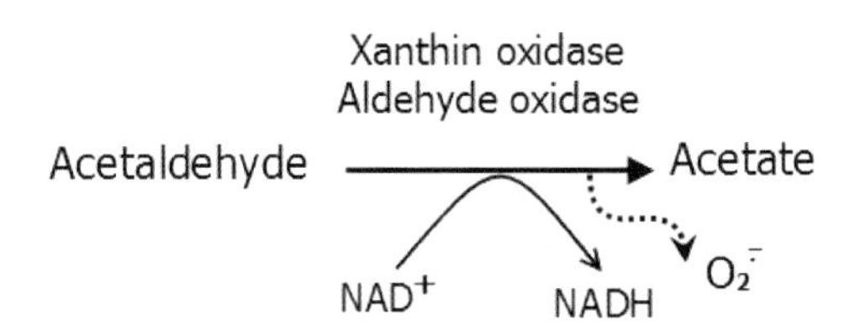

〈그림 3-14〉 **Xanthine oxidase와 Aldehyde oxidase에 의한 acetaldehyde의 산화**: 이들 효소들에 의한 acetaaldehyde 산화 과정에서 ALDH에 의한 산화반응과 같이 NAD+가 보조인자로 필요하며 특히 반응과정에서 superoxide anion radical이 생성되어 산화적 스트레스가 유발된다.

3) 에탄올에 의한 독성기전

- **아세트알데히드 및 ROS 생성은 에탄올에 의한 독성기전에 있어서 핵심 대사체 및 부산물이다.**

앞에 설명한 것처럼 에탄올 대사는 다양한 효소에 의해 대사되는 특성이 있으며 이에 따라 독성기전도 다양하게 발생한다. 그러나 에탄올 대사를 통한 독성은 아세트알데히드와 ROS에 의해 발생하며 이들은 알코올-유도성 질환의 원인물질이다. 이 두 물질은 세포 내 DNA를 비롯하여 지질 그리고 단백질 등과 상호작용을 통하여 독성을 유발한다. 특히 이들 물질들에 의해 직간접적으로 형성되는 adduct는 무엇보다도 중요한 생물학적 독성지표가 된다. Adduct란 외인성물질의 대사에 의해 생성된 활성중간대사체 그리고 ROS-유도 활성물질이 체내 거대분자인 단백질 및 핵산 등의 친핵성부위와 공유결합을 통해 형성된 부가물을 의미한다. 특히 acetaldehyde는 Group 2B에 해당하는 발암가능성 물질로 분류되는데 이는 아세트알데히드와 DNA의 공유결합을 통한 adduct 형성 및 DNA 나선간교차결합(interstrand crosslink)에 기인한다. ROS 역시 CYP2E1 활성과 NADH/NAD의 비 등의 증가로 발생하여 DNA를 비롯한 지질 및 단백질과 결합, 손상을 유도하여 에탄올 및 아세트알데히드의 독성유발에 원인이 된다.

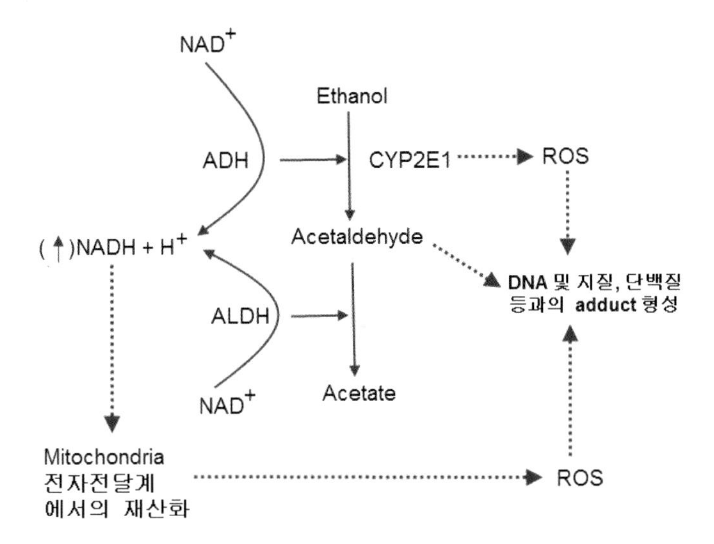

〈그림 3-15〉 에탄올 대사를 통해 생성된 아세트알데히드 및 ROS의 독성기전: Acetaldehyde와 ROS는 DNA adduct를 유도하여 발암을 유발할 수 있다.

5. Quinone reductase

◎ 주요 내용

- Quinone의 환원은 효소의 종류에 따라 one-electron reduction과 two-electron reduction이 있다. 이전자-환원을 촉매하는 DT-diaphorase를 일반적으로 QR로 정의한다.

- DTD 유전자는 NQO1, NQO2, NQO3와 NQO4 등이 있으며 NQO1 유전자에 대해 가장 많이 연구되었으며 Nrf2-mediated transcription 기전을 통해 발현된다. 또한 p53은 NQO1 단백질의 분해를 예방한다.

- Quinone의 환원은 효소의 종류에 따라 one-electron reduction과 two-electron reduction이 있다. 이전자-환원을 촉매하는 DT-diaphorase를

일반적으로 QR로 정의한다.

Quinone은 O=C-(C=C)$_n$-C=O 구조를 가진 diketone(디케톤, 케톤기 C=O 2개를 가진 화합물의 총칭) 또는 벤젠 및 PAH의 환구조에 2개의 dione(-C(=O))을 가진 유기물질이며 반응성이 높은 독성물질이다. 일반적으로 quinone의 명칭은 방향족 구조를 가진 원물질에 응용되어 유도체로 불린다. 예를 들어 benzoquinone은 benzene, naphthoquinone은 naphthalene 그리고 anthraquinone은 anthracene 등과 같이 원물질 명칭에 응용되어 불린다. Quinone은 식물에 많이 함유되어 있어 식이를 통하거나 약물의 대사를 통해 사람들에게 쉽게 노출된다. 특히 quinoid nucleus(퀴논성 핵)를 함유한 화합물은 자체의 독성을 응용하여 항암제로 개발되어 항암제를 통해 노출될 수 있다. 또한 PAH를 다량으로 포함하고 있는 자동차 배기가스, 담배연소, 공해물질 등에 많이 포함되어 환경오염으로부터 노출될 수도 있다. Quinone의 독성과 관련하여 quinone 화합물은 <그림 3-16>과 같이 크게 3 가지 구조로 구분된다. 첫 번째는 P450 효소에 의한 benzene 대사를 통해 생성되는 *p*-benzoquinone *o*-benzoquinone 등의 benzene quinone 종류가 있다. 이들은 주로 척수에서 P450에 의한 benzene 대사 과정에서 생성된 대사체이며 혈액암을 유발할 수 있다. 두 번째로는 benzo[a]pyrene-*o*-quinone을 비롯하여 내인성물질인 estrogen의 대사로 통해 생성되며 estrogen quinone의 일종인 4-Ohen-*o*-quinone과 같은 quinone 구조를 지닌 PAH이다. 특히 대사를 통해 생성되는 estrogen quinone은 estrogen-유도 발암의 원인이 된다. 세 번째로는 quinone의 환구조에 'S' 원자가 삽입되어 형성된 quinone thiol ester 그룹이 있으며 이들은 파키슨질환 등의 노인성 질환의 원인이 되는 독성물질이다.

A) Benzene quinones

p(para)-Benzoquinone *o*(ortho)-Benzoquinone

B) PAH 및 estrogen quinone

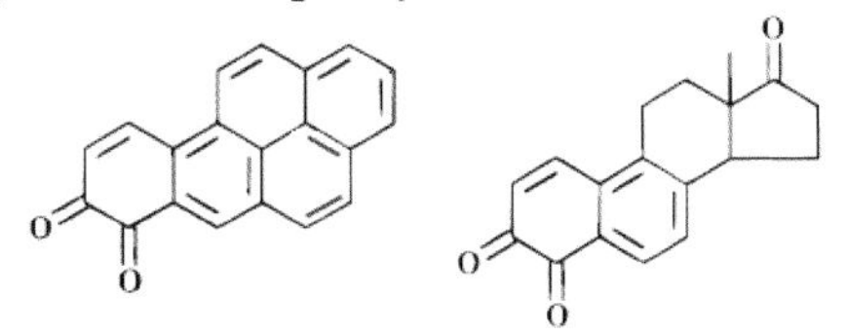

Benzo(a)pyrene-*o*-quinone 4-Ohen-*o*-quinone

C) Quione thiol-ethers

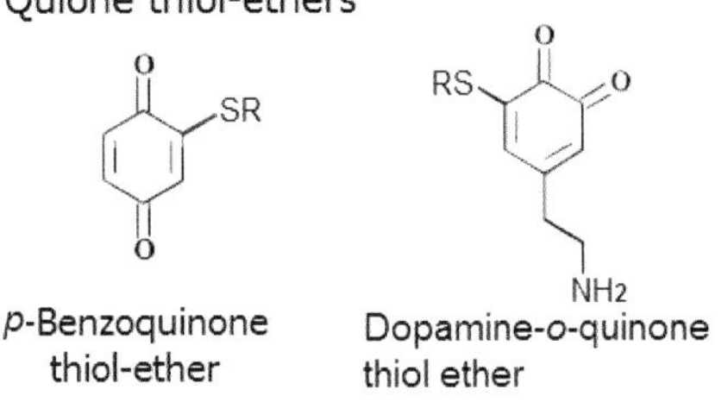

p-Benzoquinone thiol-ether Dopamine-*o*-quinone thiol ether

〈그림 3-16〉 독성과 관련된 Quinone 계열의 대표적 화합물의 주요 3형태: 각각의 Quinone 화합물은 외인성물질 또는 내인성물질의 대사를 통해 생성되며 원물질의 구조에 따라 quinone의 이름이 응용된다.

Quinone reductase(QR 또는 quinone oxidoreductase)는 quionone 화합물의 환원을 유도하는 효소이다. Quinone의 환원은 효소의 종류에 따라 일전자-환원(one-electron reduction) 또는 이전자-환원 반응(two-electron reduction)이 있다. QR은 일전자-환원보다 이전자-환원을 촉매하는 효소이다. 일전자-환원을 촉매하는 효소들은 quinone 화합물 외의 다른 물질의 산화에도 관여하기 때문에 실제적으로 QR로 분류되지 않는다. QR은 quinone 화합물의 이전자-환원이라는 이유로 diaphorase 또는 DT-diaphorase이라고 불린다. <표 3-7>에서처럼 일전자-환원을 촉매하는 효소로는 cytochrome P450(특히 CYP1A1과 CYP1A2), cytochrome P450 reductase, ubiquinone oxidoreductase, xanthine oxidoreductase와 cytochrome b5 reductase 등이 있다. 이전자-환원 효소인 DT-diaphorase(DTD)는 NAD(P)H:quinone oxidoreductase (NQO1, QR1)과 NRH:quinone oxidoreductase(NQO2, QR2) 등이 있다. 이 외에도 이전자－환원의 DTD로는 vitamin K reductase, phylloquinone reductase, menadione reductase, azo dye reductase, X－ray inducible transcript 3(Xip3)과 nicotinamide menadione oxidoreductase 등이 있다. 여기서 논하는 효소는 quinone 계열의 화합물을 이전자－환원을 촉매하는 DT－diaphorase이며 편의상 QR 또는 DTD로 정의한다.

〈표 3－7〉 Quinone의 환원에 관련된 효소와 독성

	One－electron reduction	Two－electron reduction
촉매 효소	cytochromes P450(CYP1A1과 CYP1A2), cytochrome P450 reductase, ubiquinone oxidoreductase, xanthine oxidoreductase, cytochrome b5 reductase	NAD(P)H : quinone oxidoreductase, NRH : quinone oxidoreductase, NQO
생성물 및 독성 유무	불안정한 semiquinone과 더불어 redox cycling을 통한 ROS, 친전자성물질 등의 생성에 의한 산화적 스트레스 유발	hydroquinone을 생성하며 quinone의 무독화

Quinone 화합물은 일전자－환원 또는 이전자－환원의 각각 반응을 통해 전혀 다른 독성 양상을 보인다. <그림 3－17>에서처럼 quinone 화합물은 효소에 의해 일전자－환원 및 이전자－환원을 하게 된다. Cytochrome P450 reductase에 의한 일전자－환원을 통해 생성된 semiquinone은 활성이 높아 직접적으로 DNA 및 단백질 등과의 adduct를 형성하여 발암 및 독성을 유발할 수도 있다. 또한 semiquinone은 재산화를 통해 quinone으로 전환되는 산화－환원 순환(redox cycling) 과정을 거치게 된다. 이 과정에서 ROS인 superoxide anion radical이 생성되어 fenton pathway(hydrogen peroxide가 이가금속이온과 반응하여 OH^-과 OH · 으로 분해되는 경로)를 통해 강력한 hydroxyl radical로 전환된다. 이러한 redox cycle을 통한 ROS 생성은 세포 내의 산화－환원의 불균형 상태를 유발하여 산화적 스트레스를 증가시키는 요인이 된다. 이는 quinone의 직접적인 독성기전과는 달리 quinone 대사체를 통한 세포의 간접적인 독성에 대한 주요 기전이다. 일전자－환원과는 달리 DTD에 의한 이전자－환원은 quinone

을 semiquinone의 중간대사체 생성이 없는 일단계(single-stage) 촉매반응을 통해 원물질 자체보다 독성이 약한 hydroquinone으로 전환시킨다. Hydroquinone의 수산기 -OH는 결과적으로 제2상반응인 포합반응의 부위를 제공하는 작용기이며 결과적으로 친수성을 띠게 되어 대사체의 배출을 유도한다. 그러나 높은 산소분압의 상태에서 hydroquinone은 자동산화(<그림 3-17>에서 autoxidation)되어 quinone으로 전환되는 redox cycle을 과정을 거치기도 한다. 이는 일전자-환원 반응의 redox cycle를 통해 산화적 스트레스를 증가시키는 요인이 된다. 체내 또는 세포 내에서 일전자-환원 및 이전자-환원 경로에 대한 quinone 계열 외인성물질의 선택은 효소의 활성에 따라 개인차가 있을 수 있지만 효소의 상호경쟁에 의해 이루어진다.

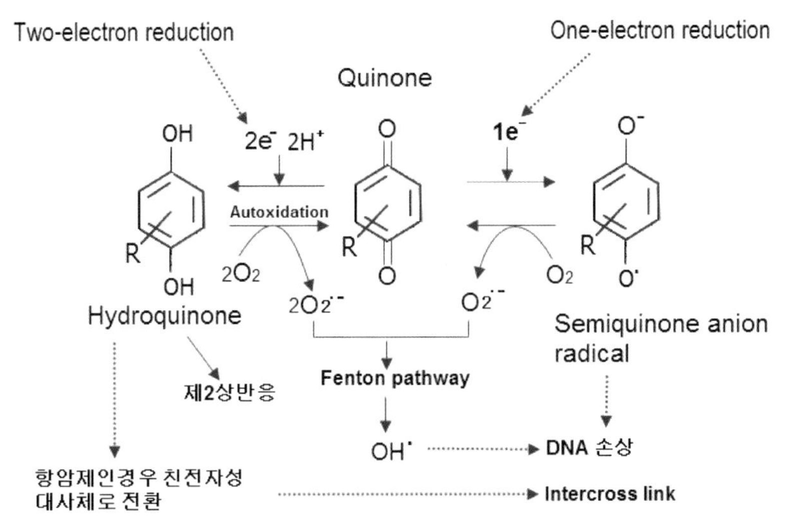

〈그림 3-17〉 Quinone 화합물의 one-electron reduction과 two-electron reduction: One-electron reduction(일전자-환원)은 cytochrome P450 reductase 등과 같은 효소의 촉매작용으로 semiquinone이 형성되면서 세포에 직간접적인 독성을 유발한다. 그러나 NQO1 등에 의한 이전자-환원(two-electron reduction)은 hydroquione을 생성하면서 제2상반응을 통해 체외로 배출되는 무독화 과정이다. 그러나 hydroquinone은 자동산화(autoxidation)를 통해 다시 quinone을 산화되는 redox cycle을 반복하며 ROS를 생성하기도 한다(참고: Bolton).

DTD는 FAD을 함유한 flavoprotein이며 2개의 소단위를 가진 이량체이다.

각 소단위는 1개의 FAD가 있으며 DTD의 각 소단위는 아래의 반응식과 같이 quinone 화합물의 환원반응을 진행한다. 먼저 NAD(P)H가 DTD 효소의 활성부위에 결합하면 ‘H^+’에 의해 효소 내 FAD는 $FADH_2$로 환원되며 동시에 $NAD(P)^+$가 분리된다. 분리와 동시에 기질이 활성부위에 결합되면 $FADH_2$로부터 H^+가 기질로 이동하여 환원이 이루어진다. 효소 내에서 이러한 NAD(P)H의 결합과 분리 그리고 기질의 결합과 분리가 FAD의 환원과 산화에 의해 활성부위에서 일어나는 촉매반응을 ‘ping-pong 기전’이라고 한다. 이러한 기전은 DTD 효소 내 NAD(P)H의 결합부위와 기질의 활성부위가 상당히 중첩되어 있기 때문에 가능하다. 특히 DTD의 자체 내에 2개의 FAD가 있기 때문에 이전자-환원 반응의 촉매가 가능하다. 따라서 2개의 NAD(P)H로부터 2개의 전자가 quinone에 전달되어 hydroquinone이 되는데 아래의 반응식이 2번 동시에 일어나는 것과 같다.

$$NAD(P)H + H^+ + quinone = NAD(P)^+ + hydroquinone$$

DTD는 대부분 NQO1에 의미하는데 분자량이 32kDa으로 <그림 3-18>에서처럼 동일한 소단위 2개로 이루어진 동종이량체(homodimer)의 flavoproteine이다. 세포소기관에서 DTD의 활성은 약 80%가 세포질, 나머지는 미토콘드리아나 소포체, 골지체와 핵에서 확인되고 있다. DTD는 동물, 식물 그리고 박테리아 등에 광범위하게 분포되어 있다. 사람에게서 DTD는 체내 전 조직에 분포하고 있으나 간 외의 조직인 신장과 위장관의 상피 및 내피세포에 특히 많이 분포한다. 그러나 마우스, 랫드, 개 그리고 원숭이 등 대부분의 포유동물에서는 간에 가장 많이 분포한다. 또한 DTD 활성은 다양한 종류의 암세포에서 높은데 이는 암세포의 약제내성을 유발하는 원인이다. DTD 유전자는 NQO1, NQO2, NQO3와 NQO4에 대한 것이 확인되었으며 대부분의 DTD는 NQO1 유전자에 의해 발현된다. 따라서 NQO1에 대한 연구가 많이 이루어졌고 NQO2에 대한 연구는 진행되고 있는 상태이다.

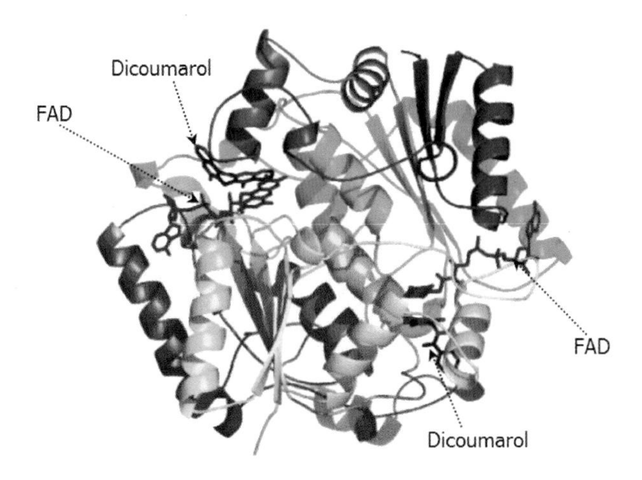

〈그림 3-18〉 사람의 NQO1과 2개 소단위에 대한 X-ray 결정구조 비교: 다른 flavoprotein과 다르게 비단백질 구조인 FAD가 2개 있는 것이 DT-diaphorase의 특징이며 이러한 구조로 인해 이전자-환원의 촉매반응이 가능하다. Dicoumarol은 NQO1의 저해물질이다(참고: Asher).

- **DTD 유전자는 NQO1, NQO2, NQO3와 NQO4 등이 있으며 NQO1 유전자에 대해 가장 많이 연구되었으며 Nrf2-mediated transcription 기전을 통해 발현된다. 또한 p53은 NQO1 단백질의 분해를 예방한다.**

1) NQO1

NQO1 유전자는 사람에게 있어서 16번 염색체의 q22.1에 위치하며 약 274개의 아미노산을 코딩한다. NQO1 유전자는 유도물질에 의해 발현이 유도되며 유도물질로는 퀴논화합물을 비롯한 항산화물질, 산화물질, 중금속, UV light 및 방사선 등이 있다. NQO1 유전자는 제2상반응 및 다른 체내 방어효소들과 함께 발현되는 공동발현기전에 따라 발현된다. NQO1 유전자는 <그림 3-19>에서처럼 24개의 염기로 구성된 antioxidants response element(ARE), -157 염기에 AP2 element 등 여러 *cis*-element(프로모터 내의 5'-지역이며 유전자 발현을 위해 *trans*-acting factor가 작용하는 부위)가 존재한다. 특히 ARE 내에는 완전한 AP1 element와 불안전한 AP1-like element(TPA-response element)가 존재

A) NQO1 유전자

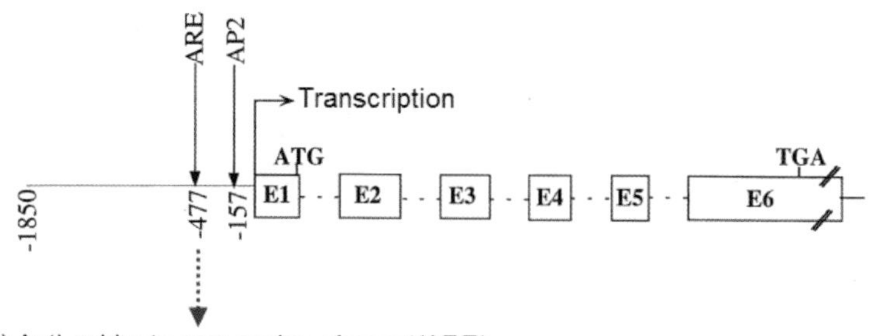

B) Anti-oxidants responsive element(ARE)

-477

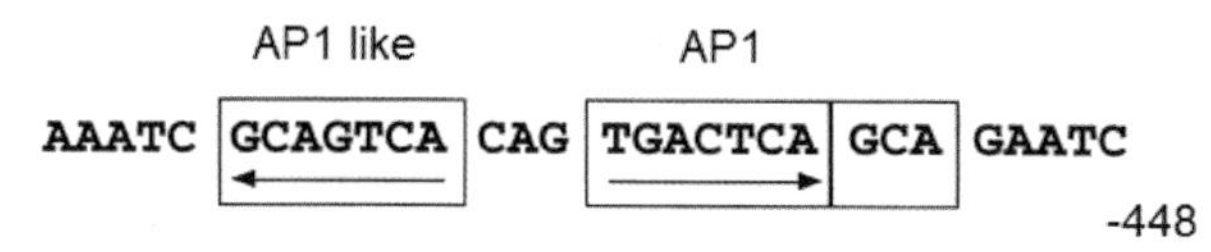

〈그림 3－19〉 사람의 NQO1 유전자와 ARE 구조: A) NQO1 유전자는 6개의 exon과 ARE(antioxidants－responsive element)와 AP2 element로 구성된 프로모터가 있다. B) 프로모터의 ARE은 유도물질에 의해 활성화되어 핵수용체 Nrf2가 결합하는 AP1 element가 있다. ATG: site fot initiation of translation, TGA: site for termination of translation. AP－1은 완전한 element이며 AP1－like element(TPA－response element) 불완전 element이다(참고: Jaiswal).

한다.

NQO1 유전자 발현은 유도물질에 기인하여 핵수용체인 Nrf2(nuclear factor－erythroid 2 또는 p45－related factor 2)에 의한 Nrf2－매개 전사(Nrf2－mediated transcription) 기전에 의해 이루어진다. 유도물질이 없을 경우에 Nrf2는 억제단백질인 keap1과 결합하여 불활성 상태로 존재한다. <그림 3－20>에서처럼 유도물질에 반응하여 kinase(이에 해당하는 효소로는 protein kinase C, extracellular signal－regulated kinase, phosphatidylinositol 3－kinase와 p38 MAP kinase 등이 있음)에 의해 Nrf2가 인산화되면서 keap1로부터 분리된다. 또한 keap1의 25번째 아미노산인 cysteine의 산화에 의해서도 Nrf2가 분리된다. Nrf2 단백질 내 2개의 이동신호인 leucine zipper와 이동활성영역(trnasactivation domain)의 작동에 의해 Nrf2는 핵으로 이동한다. 핵에서 Nrf2는 c－Jun 또는 Maf 단백질과 이종이합체를 형성, 프로모터 내 ARE의 AP－1 element에 결합하여 NQO1 유전자의 전사를 유도한다. 유전자발현과 더불어 p53에 의한 NQO1 단백질의 안정성 유지도 활성에 중요한 역할을 한다. 전사인자인 p53은 DNA 손상 등과 같은 세포 내 스트레스에 반응하여 세포주기의 정지 또는 아포토시스(apoptosis)를 유도하여 발암을 억제하는 단백질이다. 또한 p53은 NQO1 단백질과 상호작용을 통해 분해를 억제하여 NQO1 활성이 안정되도록 유도한다. 이는 두 효소의 상호작용을 통해 항암기전으로 설명되기도 한다.

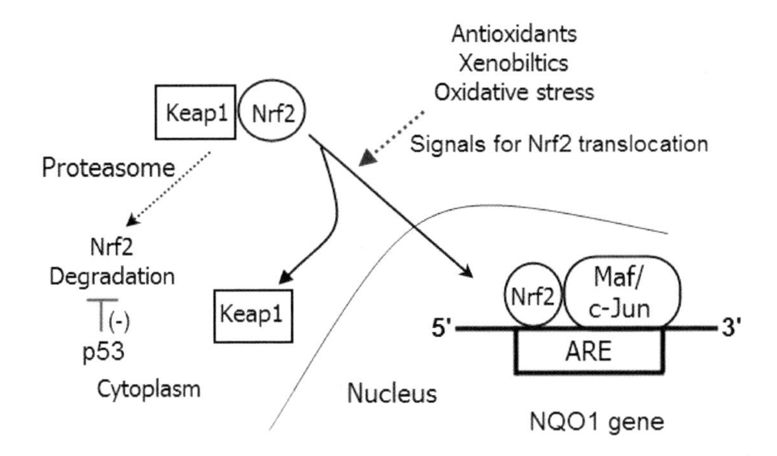

〈그림 3 - 20〉 NQO1의 유전자 전사기전: NQO1 유전자의 전사는 Nrf2 - 매개 기전에 의해 이루어진다. 다양한 유도물질 및 세포 내의 환경에 의해 Nrf2가 keap1로부터 분리, 핵으로 이동하여 Maf 또는 c - Jun 단백질과 이종이합체를 형성한다. 이종이합체는 유전자의 프로모터 내의 ARE(antioxidants - responsive element)에 결합, 전사를 유도한다. 또한 p53은 Nrf2의 분해(degradation)를 막는다(참고: Aleksunes).

유도물질에 의한 NQO1 유전자의 발현증가(up - regulation)와 기질촉매활성은 24～48시간 이내에 이루어지며 유도물질 또는 기질이 없을 경우에는 약 72시간 이내에 <그림 3 - 20>에서처럼 proteasome(프로테아좀, 효소분해 세포장치)에 의해 분해된다. NQO1 발현의 유도물질은 - SH기를 가진 1,2 - dithiol - 3 - thione(D3T), 주혈흡충병 치료에 이용되며 D3T의 합성유사물질인 oltipraz(5 - <2 - pyrazinyl> - 4 - methyl - 1,2 - dithiole - 3 - thione), 십자화과 채소인 brocolli와 green onion(녹색양파)의 추출물에 함유된 fisetin과 quercetin,

식이에 함유된 항산화물질인 2(3) - tert - butyl - 4 - hydroxyanisole(BHA), azo dyes, aspirin과 aspirin - like drug(ALD), dioxin, diphenols, anti - oestrogens, glucocorticoid, isothiocyanate, 항암제로 이용되는 mitomycin과 doxorubicin, sulforaphone, ibuprofen과 β - naphthoflavone 등이 있다. 또한 NQO1 유전자는 물리적인 요인인 방사성 및 세포 내 저산소증(hypoxia)에 의해서도 발현이 유도된다. 반면에 NQO1의 활성저해물질로는 항응고제인 dicumarol과 warfarin 그리고 cibacron blue, chrysin, 7,8 - dihydroxyflavone, phenidone 등이 있다.

NQO1의 기질은 *p* - quinones, *o* - quinones, quinone epoxides, glutathionyl quinones, aromatic nitro compounds, conjugated dialdehydes, quinone imines과 azo dyes 등이 있다. 대표적인 기질로 <그림 3 - 21>에서처럼 vitamin K 보충제로 이용되는 menadione, benzo[a]pyrene의 대사체인 benzo[a]pyrene - 3,6 - quinone을 비롯하여 α - tocophenol(vitamine E)와 프리라디칼과 반응을 통해 생성된 α - tocophenol - quinone 등이 있다.

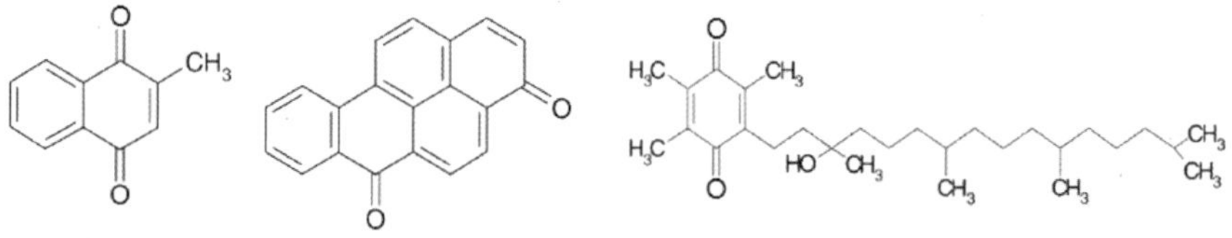

Menadione　Benzo[a]-pyrene-3,6-quinone　α- Tocophenol-quinone

〈그림 3 - 21〉 **NQO1의 대표적인 기질:** Menadione은 전형적인 redox - cycling을 통해 독성을 유발하는 quinone 화합물이며 benzo[a]pyrene - 3,6 - quinone은 P450 효소에 의한 benzo[a]pyrene 산화를 통해 생성되는 대표적인 quinone 화합물이다. α - tocophenol - quinone은 α - tocophenol의 대사체이며 강력한 지질 - 용해성 항산화물질이며 NQO1에 의해 항산적 활성이 이루어진다.

2) NQO2

NQO2 유전자는 6번 염색체의 p25에 위치하며 NQO1보다 43개 짧은 231

개의 아미노산잔기를 코딩한다. NQO2는 NQO1과 약 49% 정도의 아미노산 서열에 있어서 상호 동일성이 있다. NQO2는 심장, 폐, 뇌 그리고 근육조직 등의 소수 조직에서만 활성이 확인되고 있다. 또한 NQO1의 보조인자가 NAD(P)H인 것과 달리 NQO2는 dihydronicotinamide riboside(NRH)을 사용하는 것에서 또한 차이가 있다. NQO2 유전자 발현은 NQO1과의 차이가 있지만 NQO1과 공동발현이 이루어진다. NQO2의 주요 기질은 NQO1과 유사하며 quercetin이 주요 활성저해물질이다.

6. Xanthine oxidoreductase

◎ 주요 내용

- Xanthine oxidoreductase은 XO와 XDH의 두 효소를 의미하며 두 효소는 상호전환이 가능하다.

- **Xanthine oxidoreductase은 XO와 XDH의 두 효소를 의미하며 두 효소는 상호전환이 가능하다.**

Xanthine oxidoreductase(XOR)은 상호전환이 가능한 Xanthine oxidase (XO)와 xanthine dehydrogenase(XDH) 등 2효소를 의미하며 동일한 유전자에 의해 발현된다. 사람의 XOR 유전자는 2번 염색체 p22에 위치하며 약 60,000bp의 36개 exon으로 구성되어 있다. 유전자 발현은 tumor necrosis factor(TNF), interferon γ, interleukin-1(IL-1), IL-6 등의 cytokine를 비롯하여 스테로이드 호르몬인 dexamethason에 의해 유도된다. XOR 유전자 발현은 21종의 식이성분, 약물, 항산화물질과 GSH의 소모를 유도하는 물질 등에 의해 유도되며 또한 제1상반응 및 제2상반응과 관련된 효소 등의 유전자와 공동발현을 통해 이루어진다. XOR은 유조직세포(parenchyma cell)가 많은 간과 소장의 세포질에 주로 분포하며 또한 원형질막에도 존재한다. 그러나 혈청, 뇌세포, 심장 및 근육 조직에는 활성이 거의 없다. XOR의 주요 촉매작용은 아래의 반응식과 같이 XO에 의한 hyhoxanthine의 xanthine으로의 산화, XDH에 의한 xanthine의 uric acid로의 환원이며 일종의 purine 계열의 물질의 대사에 관여한다.

$$\text{Hypoxanthine} + H_2O + O_2 \overset{XO}{\leftrightharpoons} \text{Xanthine} + H_2O_2$$

$$\text{Xanthine} + H_2O + O_2 + NAD^+ \overset{XDH}{\leftrightharpoons} \text{Uric acid} + H_2O_2 + NADH$$

XOR은 2개의 동일한 소단위로 이루어진 동종이합체 단백질이며 각 소단위는 하나의 molybdenum 원자, 하나의 FAD, 두 개의 Fe_2S_2 center가 있다. XOR의 두 효소는 상호 전환이 가능한 형태로 존재한다. XDH의 XO으로의 전환은 가역적 또는 비가역적 기전이 있다. 가역적 전환은 산화적 과정에 의해 이루어지며 환원인자(reducing agent)에 의해 역전환된다. 비가역적 전환은 XDH의 단백질 분해에 의한 절단을 통해 발생한다.

<그림 3-22>에서처럼 XOR은 산소환원의 과정에서 superoxide anion radical, hydrogen peroxide 등의 ROS 생성을 유발하기 때문에 세포손상을 줄 수 있는 효소이다. XOR에 의한 ROS 생성은 염증반응 및 저산소증-재관류(ischemia-reperfusion) 상황에서 특히 많이 발생한다. 저산소 상황에서 XOR은 무기질 nitrite(NO_2^-) 이온을 nitric oxide(NO)으로 환원을 촉매한다. NO는 XOR에 의한 산소의 환원 과정에서 생성된 superoxide anion radical과 반응하여 유해활성질소종(reactive nitrogen species, RNS)이면서 이산화탄소 및 친핵성물질과 높은 반응성을 가진 peroxynitrite($ONOO^-$)로 전환되어 독성 및 질환을 유발한다.

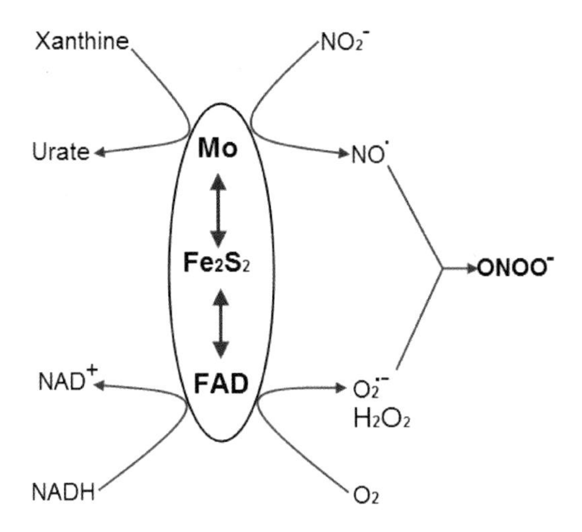

〈그림 3-22〉 XOR-촉매반응에 의한 NO와 peroxynitrite의 생성기전: 저산소증 상황에서 XOR 효소에 의한 xanthine의 환원 과정에서 molybdenum(Mo) 위치에서 NO(nitric oxide)가 생성된다. 또한 FAD 위치에 생성된 superoxide anion radical은 NO와 반응하여 peroxynitrite(ONOO-)를 생성한다(참고: Martin).

외인성물질에 대한 기질특이성은 XOR 두 효소가 거의 동일하지만 생성물에서 다소 차이가 있다. XO의 기질로는 치환기(substituted) 또는 치환기가 없는(unsubstituted) purine, pyrimidine, pteridine, azopurine, heteroxcyclic compound와 aldehyde류 등이 있다. 또한 XOR에 의해 대사되는 기질은 주로 anthracycline류의 항암제인 doxorubicin, daunomycin와 marcellomyci 등과 항생제인 mitomycin C 등이 있다. <그림 3-23>에서 doxorubicin처럼 유산소 상황에서 대부분의 기질들은 XO의 일전자-환원에 의해 ROS 생성과 더불어 semiquinone radical로 촉매된다. 또한 항생제인 mitomycin C 역시 XO의 환원에 의해 DNA alkylating agent인 2,7-diaminomitosene으로 전환된다. XO는 정상적인 퓨린 대사를 통한 독성뿐 아니라 항암제 및 항생제의 외인성물질의 대사를 통해 독성을 유발할 수도 있다. XO에 의한 이러한 외인성물질 대사를 통해 생성되는 독성은 암세포나 생체 내에 침투한 바이러스와 박테리아에 대한 방어에 응용되기도 한다.

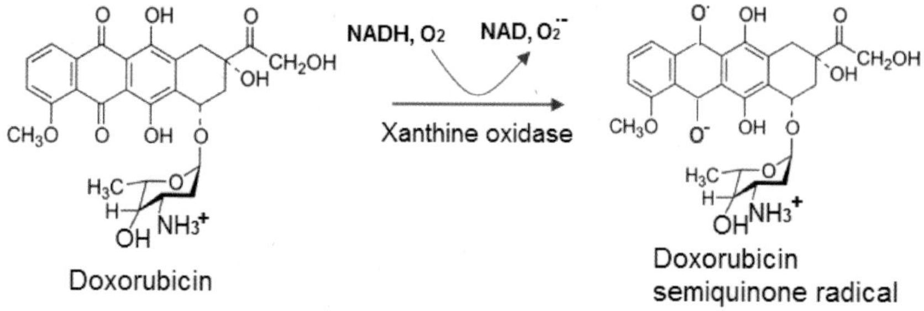

NADH, O_2 NAD, $O_2^{\cdot-}$

Xanthine oxidase

Doxorubicin

Doxorubicin semiquinone radical

〈그림 3 - 23〉 **Doxorubicin의 xanthine oxidase에 의한 환원반응:** XO에 의한 anthracycline류의 항암제는 대부분 일전자-환원 효소인 XO 또는 cytochrome P450 reductase 등에 의한 대사 과정에서 semiquinone radical radical과 ROS 등을 생성한다.

제4장 제 2상반응(Phase II reaction)에 의한 생체전환

제4장의 주제

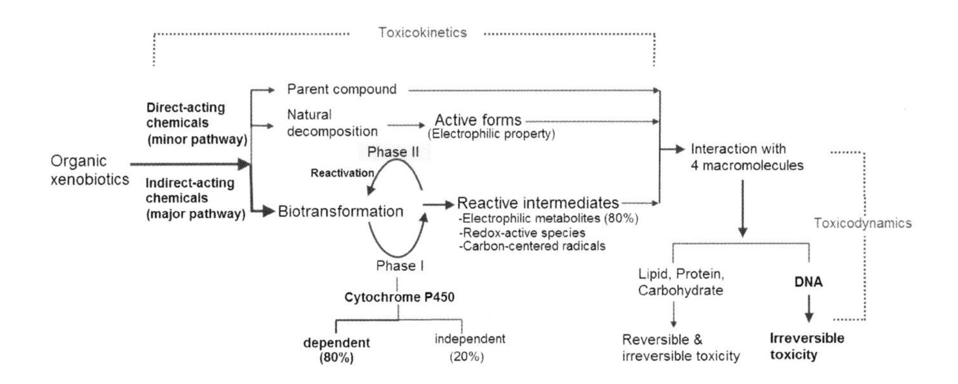

◎ 주요 내용

- 제2상반응은 제1상반응 후에 생성된 친핵성 또는 극성대사체와 친전자성대사체 등의 체외배출을 위해 이들 대사체의 친수성을 높이는 포합반응(conjugation)이다.

- 제2상반응에서 주요 포합반응으로는 glucuronidation, sulfate conjugation, acetylation, methylation, amino acid conjugation과 GSH conjugation 등의 6종류의 반응으로 설명된다.

- Glucuronic acid conjugation
- Sulfate conjugation
- Acetylation conjugation
- Methylation
- Amino acid conjugation
- GSH포합반응
- 제1상반응 및 제2상반응의 gene-coordinate regulation

- **제2상반응은 제1상반응 후 생성된 극성대사체 및 친전자성대사체 등 모든 대사체의 체외배출을 위해 친수성으로 전환시키는 포합반응(conjugation)이다.**

체내에 들어온 대부분의 친지질성 외인성물질은 제1상반응과 제2상반응을 통해 생체전환 또는 대사 후 소변이나 담즙을 통해 체외로 배출된다. 제1상반응에서 산화, 환원과 가수분해 등의 반응들을 통해 외인성물질은 친지질성에서 극성(polar)으로 화학적 특성의 전환이 이루어진다. 제1상반응을 통해 양전하 또는 음전하의 수산기(-OH), 아미노기(-NH_2)와 카르복실기(-COOH) 등과 같이 반응성이 높은 작용기(functional group: 분자의 일부분을 형성하며, 스스로 독특한 반응을 하고, 분자의 나머지 부분의 반응성에 영향을 미치는 원자의 다양한 결합)를 가진 외인성물질은 친핵성대사체(electrophilic metabolites) 또는 극성대사체(poral metabolite)가 된다. 그러나 극성대사체와 더불어 <그림 4-1>에서처럼 극성대사체와 독성을 유발하는 친전자성대사체(electrophilic metabolites)도 제1상반응 후 생성된다. 대부분의 극성대사체는 극성으로 인하여 세포막의 촉진수송체계(facilitate transport system)를 통해 세포 외로의 이동이 어려워 체외배출이 제한된다. 이러한 극성대사체의 체외배출에 대한 어려움을 극복하기 위해 세포막의 촉진수송체계를 통과하는 물질 또는 대사체는 친수성으로의 전환이 필요하다. 제2상반응은 제1상반응을 통해 생성된 극성대사체의 작용기가 붙은 극성부위에 포합반응을 통해 친수성으로 전환하는 과정이다. 제1

상반응 후 친수성을 통해 체외로 배출되는 극성대사체 외에도 독성을 유발하는 활성중간대사체의 일종인 친전자성대사체가 생성된다. 친전자성대사체도 극성을 가지고 있을 수도 있으나 전자가 부족하여 극성을 통한 결합보다 세포 내에 존재하는 4대 거대분자의 친핵성부위와의 결합에 대한 선호가 더 강하다. 이는 제1상반응 과정에서 생성된 친전자성대사체가 유기성 외인성물질에 의해 유발되는 독성의 주요 기전으로 설명된다. 이러한 연유로 친전자성대사체는 극성 또는 친핵성대사체의 포합반응들과는 다르며 자체 내에 －SH의 친핵성부위를 가지고 있는 glutathione 포합반응을 통해서만 친수성으로 전환된다. 따라서 제2상반응은 제1상반응 후에 생성된 친핵성대사체와 친전자성대사체의 체외배출을 위해 이들 대사체의 친수성을 높이는 포합반응(conjugation)이며 대사체의 화학적 특성에 따라 포합반응은 다르다.

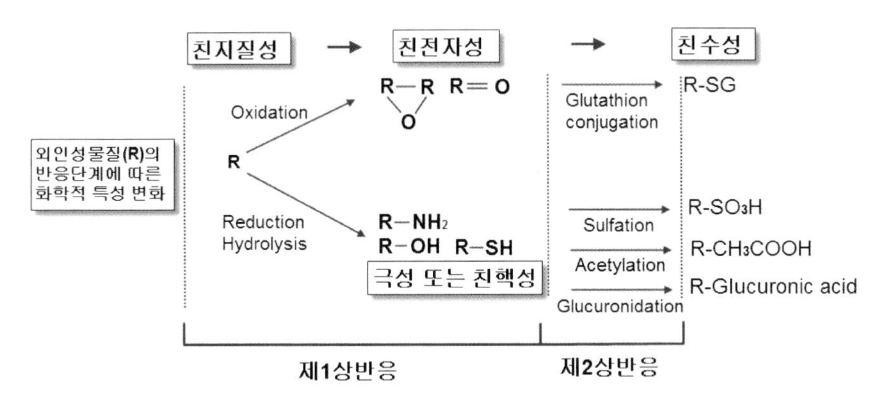

〈그림 4－1〉 생체전환의 제1상반응과 제2상반응을 통한 외인성물질의 화학적 특성 변화: 제2상반응은 친핵성대사체인 경우에는 친수성으로 전환하여 체외배출을 원활히 하며 독성대사체인 친전자성대사체의 경우에는 glutathione 포합(conjugation)을 통해 체외배출을 유도한다. SG: glutathione의 cysteine－SH기.

- **제2상반응에서 주요 포합반응으로는 glucuronidation, sulfate conjugation, acetylation, methylation, amino acid conjugation과 GSH conjugation 등의 6종류의 반응으로 설명된다.**

포합반응은 다양한 효소의 촉매를 통해 당에서 유래된 글루쿠로닉산(glucuronic

acid), 황산이온(SO_3^-), 아세틸기(CH_3COO^-), 메틸기(CH_3), 아미노산(glycine, serine, glutamine)의 NH_2와 glutathione(GSH) 등을 제1상반응의 극성부위인 수산기(-OH), 아미노기(-NH_2)와 카르복실기(-COOH)에 결합시키는 반응이다. 제2상반응의 주요 포합반응으로는 글루쿠론산포합(glucuronidation), 황산포합(sulfate conjugation), 아세틸화(acetylation), 메틸화(methylation), 아미노산포합(amino acidconjugation)과 GSH포합(glutathione conjugation) 등의 6종류가 있으며 이들과 관련된 효소 및 기질 등을 <표 4-1>에 나타냈다.

〈표 4-1〉 포합반응 종류와 반응에 관여하는 요소

포합반응의 종류	포합물질 또는 내인성반응 물질	포합물질의 전이효소 (효소위치)	대사체의 반응부위	기질의 분류	기질의 예
글루쿠론산포합 (glucuronidation)	UDP-glucuronic acid	UDP-glucuronosyl transferase (microsome)	-OH -COOH -NH_2 -NH -SH -CH	phenols alcohols carboxylic acids hydroxylamines sulfonamides	morphine, acetaminophen, diazepam, digitoxin, digoxin meprobamate
황산포합 (sulfate conjugation)	Phosphoaden osyl phosph-osulfate	Sulfotransferase (cytosol)	aromatic-OH aromatic-NH_2 alcohols	phenols alcohols aromatic amines	estrone, 3-hydroxy coumarin, acetaminophen, methyldopa
아세틸화 (acetylation)	Acetyl-CoA	N-Acetyl transferase (cytosol)	aromatic-NH_2 aliphatic-NH_2 hydrazine -SO_2NH_2	amines	sulfonamides, isoniazid, clonazepam procainamide, histamine
메틸화 (methylation)	S-Adenosyl-methionine	transmethylase (cytosol)	aromatic-OH -NH_2 -NH -SH	catecholamines phenols amines histamine	dopamine, epinephrine, histamine, thiouracil, pyridine
아미노산포합 (amino acid conjugation)	glycine glutamine	Amino acid acyl transferase (microsome)	aromatic-NH_2 -COOH	aromatic amine carboxylic acids	
GSH포합 (glutathione conjugation)	Glutathione	GSH-S-transferase(cytosolic, microsome)	epoxide organic halides	epoxides, nitro groups, hydroxylamines	ethycrinic acid, bromobenzene

제1상반응을 통해 형성된 극성부위의 포합반응을 위해 다양한 내인성반응물질(endogenous reactants)의 부착 또는 결합은 전이효소(transferase)에 의해 이루어진다. 이러한 전이효소들은 광범위한 기질특이성을 가지고 있기 때문에 제1상반응에서 생성된 다양하고 수많은 대사체를 친수성으로의 전환에 유도할 수 있다. <그림 4-2>는 외인성물질의 제2상반응에 있어서 주요 6가지 전이효소에 대한 반응비율을 나타낸 것이며 UDP-glucuronosyltransferase(UGT) 전이효소가 가장 높고 glutathione-S-transferase(GST), sulfotransferase(SULT), N-acetyltransferase(NAT)와 thiopurine methyltransferase(TPMT) 등의 순위이다.

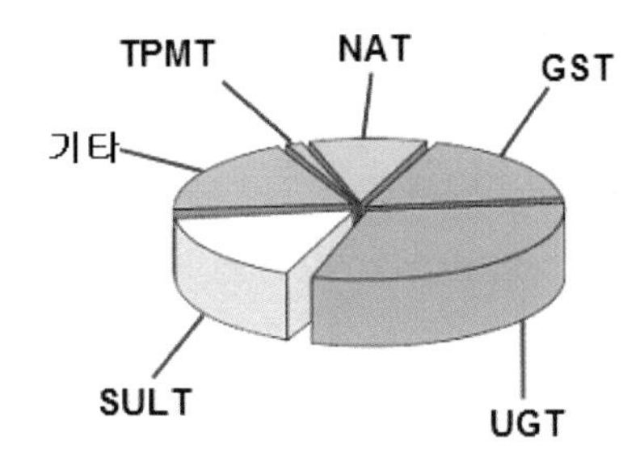

〈그림 4-2〉 **제2상반응에 관련하는 효소의 활성 비율:** 제2상반응 중 UGT에 의한 포합반응이 가장 많고 외인성물질의 친전자성대사체를 포합하는 GST의 활성이 다음으로 높다. GST: glutathione-S-transferase, NAT: N-acetyltransferase, SULT: sulfotransferase, TPMT: thiopurine methyltransferase, UGT, UDP-glucuronosyltransferase (참고: Gonzalez).

1. Glucuronic acid conjugation

◎ 주요 내용

- 글루쿠론산 포합반응은 외인성물질의 생체전환에 있어서 대표적인 제2상반응이다.
- 글루쿠론산 포합반응은 O, S, N, C 등의 주요 반응부위에 글루쿠론산 포합체를 형성한다.

- UDP glucuronic acid로부터 기질에 글루쿠론산 포합반응을 촉매하는 효소는 UGT이며 UGT1과 UGT2 등의 하위군이 있다.

- **글루쿠론산 포합반응은 외인성물질의 생체전환에 있어서 대표적인 제2상 반응이다.**

글루쿠론산 포합반응(glucuronic acid conjugation 또는 glucuronidation)이란 <그림 4 - 3>에서처럼 글루쿠론산(glucuronic acid)이 제1상반응 후 생성된 대사체의 반응부위와 글루코시드 결합(glucosidic bond)을 통해 포합되는 과정이며 또한 글루쿠로니드화(glucuronidation)라고도 한다. 포합반응을 통해 형성된 물질을 glucoside(포도당배당체)의 일종인 glucuronide(또는 glucuronoside)이라고 하며 친수성을 띠게 된다. 글루쿠론산 포합반응은 외인성물질의 생체전환에 있어서 대표적인 제2상반응이다. 글루쿠론산은 미크로좀에서 UDP - glucuronosyl transferase에 의해 기질의 반응부위에 포합되며 <그림 4 - 4>와 같이 3단계 과정을 통해 이루어진다. D - glucose - 1 - phosphate와 UTP (uridine trihosphate)의 반응을 통해 이인산(diphosphate)이 분리되면 UDP - glucose (uridine diphosphate - glucose)가 생성된다. UDP - glucose에서 당의 1차알코올이 산화되면서 UDP - glucuronide cofactor가 생성된다. 최종적으로 UDP - glucuronosyl transferase에 의해 기질의 반응부위(<그림 4 - 4>에서는 $-NH_2$)에 UDP - glucuronide cofactor의 glucuronide가 포합된다.

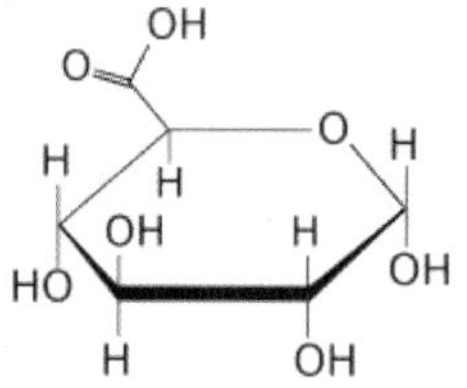

〈그림 4 - 3〉 glucuronic acid의 구조

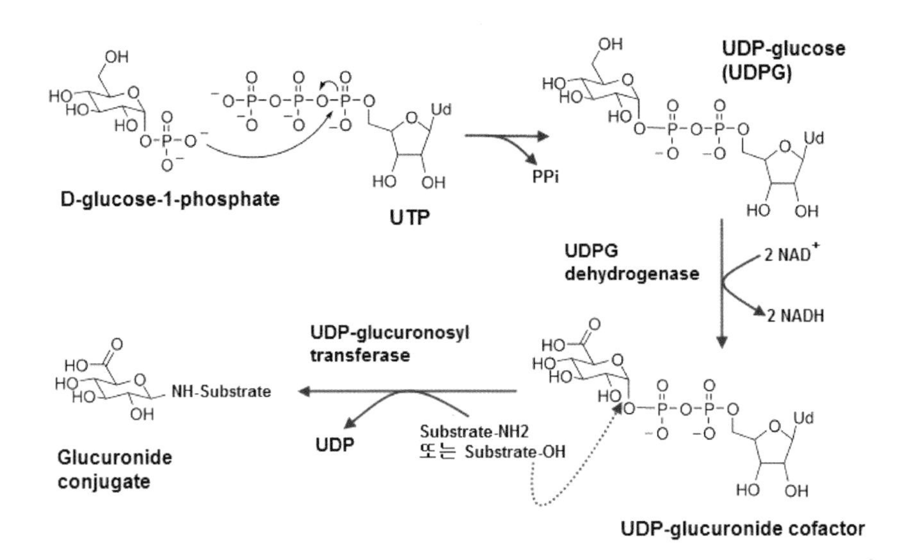

〈그림 4 - 4〉 글루쿠론산 포합의 경로: 글루크론산은 D - glucose - 1 - phosphate가 3단계 반응을 거쳐 생성된 UDP - glucuronide cofactor로부터 UDP - glucuronosyl transferase에 의해 glucuronide가 분리되어 기질의 NH_2에 포합된다.

- **글루쿠론산 포합반응은 O, S, N, C 등의 주요 반응부위에 글루쿠론산 포합체를 형성한다.**

제1상반응을 통해 생성된 대사체의 - OH, - COOH, - NH_2, - NH, - SH와 - CH 등의 반응부위에 글루쿠론산 포합이 이루어진다. 이와 같이 반응부위의 종류에 따라 glucuronide가 포합되어 포합체(conjugate)가 형성되는데 포합체가 형성되는 원소에 따라 O - Glucuronidation, N - Glucuronidation, S - Glucuronidation과 C - Glucuronidation 등의 4가지 glucuronidation이 있다.

1) O - Glucuronidation

<그림 4 - 5>에서처럼 - OH와 - COOH를 가진 알코올이나 페놀화합물을 비롯하여 카르복실산을 가진 제1상반응의 대사체 또는 외인성물질과의 포합반응을 통해 O - gluconide를 형성하는 과정이 O - Glucuronidation이다. <표

4－2>에서처럼 제2상반응을 통해 O－Glucuronidation이 유도되는 대표적인 기질은 acetaminophen, chloramphenicol과 fenoprofen 등이 있다.

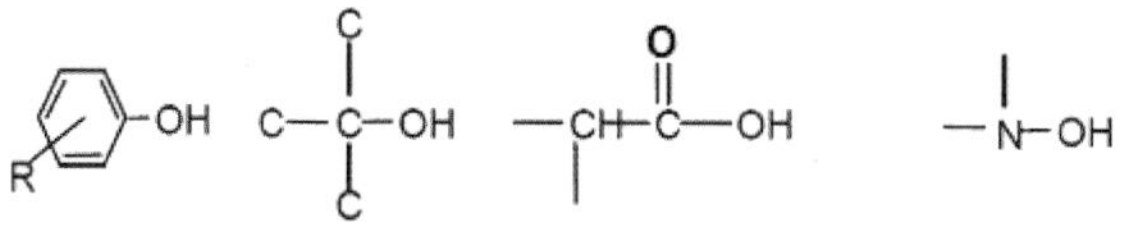

Phenols Alcohols Carboxylic acid Hydroxylamines

〈그림 4－5〉 O－Glucuronidation이 발생하는 기질의 주요 반응부위

〈표 4－2〉 O－Glucuronidation의 기질

기질의 반응부위	기질의 예	구조 (화살표가 포합 부위)
Hydroxyl(수산기) Phenol Alcohol	Acetaminophen Chloramphenicol	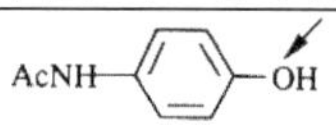 AcNH–C₆H₄–OH O_2N–C₆H₄–CH(OH)–CH(NH–CO–$CHCl_2$)–CH_2OH
Carboxyl(카르복실기)	Fenoprofen	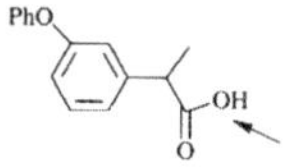 PhO–C₆H₄–CH(CH_3)–COOH

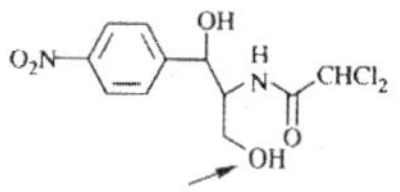

2) N－Glucuronidation

<그림 4－6>에서처럼 amine과 amide 화합물의 제1상반응 대사체 또는 외인성물질의 －NH_2와 －NH 등의 반응부위에 포합을 통해 N－glucuronide가 생성되는 과정이 N－Glucuronidation이다. <표 4－3>에서처럼 대표적인 기질은 desiframine, meprobamate와 sulfadimethoxine 등이 있다.

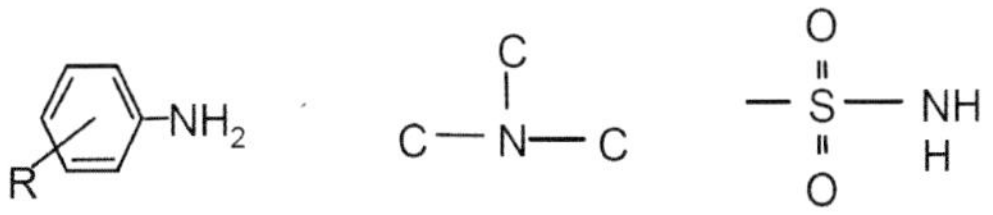
NH2
R
C
C — N — C
O
— S — NH
H
O

Aromatic amines Tertiary amines Sulfonamides

〈그림 4 - 6〉 N - Glucuronide의 포합반응이 이루어지는 기질의 반응부위

〈표 4 - 3〉 N - Glucuronidation의 기질

기질의 반응부위	기질의 예	구조 (화살표가 포합 부위)
Amine	desiframine	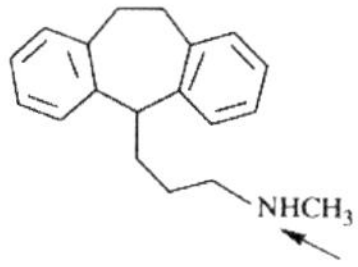NHCH3
Amide Cabarmate	meprobamate	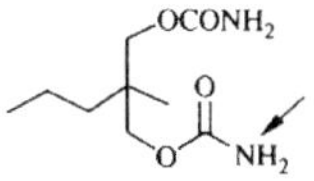OCONH2 O O NH2
Sulfoamide	sulfadimethoxine	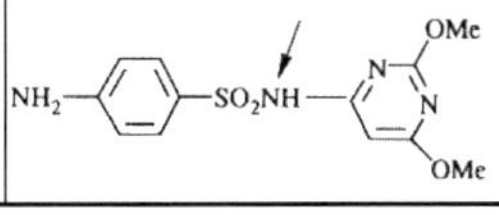NH2 SO2NH OMe N N OMe

3) S - Glucuronidation

<그림 4 - 7>에서처럼 황화합물의 제1상반응 대사체 또는 외인성물질 등의 -SH(thiol group) 반응부위에 S - glucuronide가 생성되는 과정이 S - Glucuronidation 이다. <표 4 - 4>에서처럼 대표적인 기질은 desiframine, meprobamate와 sulfadimethoxine 등이 있다.

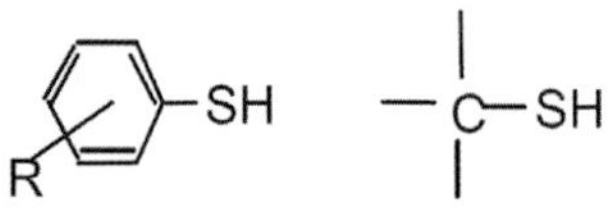

Thiophenols　　Thiols

〈그림 4-7〉 S-Glucuronide의 기질 반응부위

〈표 4-4〉 S-Glucuronidation의 기질

기질의 반응부위	기질의 예	구조 (화살표가 포함 부위)
Sulfhydryl	methimazole	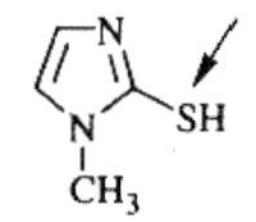
Carbodithionic acid	disulfiram	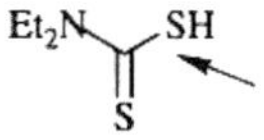

4) C-Glucuronidation

<그림 4-8>에서처럼 탄소화합물의 제1상반응 대사체 또는 외인성물질 등의 -CH(hydrocarbon) 반응부위에 C-glucuronide가 생성되는 과정이 C-Glucuronidation이다. <표 4-5>에서처럼 대표적인 기질로는 phenylburazone 등이 있다.

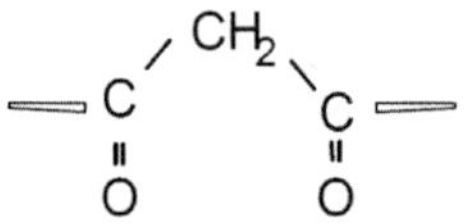

1, 3-Dicarbonyl

〈그림 4-8〉 C-Glucuronide의 기질 반응부위

〈표 4-5〉 C-Glucuronidation의 기질

기질의 반응부위	기질의 예	구조 (화살표가 포함 부위)
1,3-dicarbonyls	phenylburazone	Ph, N, N, O, O, Ph

- **UDP glucuronic acid로부터 기질에 글루쿠론산 포합반응을 촉매하는 효소는 UGT이며 UGT1과 UGT2 등의 하위군이 있다.**

UDP glucuronic acid로부터 기질에 글루쿠론산 포합반응을 촉매하는 효소는 UGT(Uridine Diphosphate Glucuronosyltransferase)이다. UGT는 간 외에도 소장 및 신장 등에 존재하여 글루쿠론산 포합반응을 유도한다. UGT는 UGT1(1A1, 1A3, 1A4, 1A5, 1A6, 1A7, 1A8, 1A9와 1A10)과 UGT2(2A1, 2B4, 2B7, 2B10, 2B11, 2B15, 2B17과 2B28) 등 두 그룹의 하위군으로 분류된다. UGT1과 UGT2는 약물을 비롯한 외인성물질의 포합반응을 각각 촉매하지만 UGT2는 스테로이드 등의 내인성물질에 대한 기질특이성을 갖고 있다는 것이 UGT1과의 차이점이다. UGT 발현은 간과 위장관에서 특정-조직 특이적 발현이 많이 이루어지지만 대부분의 조직에서 조금씩 발현된다. 글루쿠론산 포합체는 신장으로 배출되나 포합체의 담즙산은 'enterohepatic recirculation (간-위장관 재순환)'을 통해 간으로 재흡수될 수도 있다. 또한 이러한 경로를 통해 포합된 약물이나 외인성물질은 혈액으로 다시 들어갈 수 있다. Diclofenac, ketoprofen, suprofen과 tolmetin과 같은 카르복실산(carboxylic acid)을 함유한 약물은 아실형 글루쿠론산(acyl glucuronide) 포합체를 형성한다. 이들 포합체는 DNA와 같은 거대분자와 공유결합을 통해 독성을 유발하는데 이는 이들 약물의 부작용에 있어서 주요 기전이다.

2. Sulfate conjugation

◎ 주요 내용

- Sulfate conjugation은 무기황산이온(SO_3^-)을 기질의 수산기(-OH)와 아미노기(-NH_2) 등에 포합하는 반응이다.

- **Sulfate conjugation은 무기황산이온(SO_3^-)을 기질의 수산기(-OH)와 아미노기(-NH_2) 등에 포합하는 반응이다.**

황산포합반응(**sulfate conjugation**)은 무기황산이온(**SO_3^-**)을 기질의 수산기(-**OH**)와 아미노기(-**NH_2**) 등에 포합하는 반응이다. 그러나 황산포합반응에 필요한 무기황산이온(**SO_3^-**) 농도가 체내에서 낮기 때문에 글루쿠론산 포합반응보다 발생 비율이 낮다. 황산포합반응은 세포질에서 **sulfotransferase**에 의해서 일어나며 <그림 **4-9**>와 같이 **3**단계 과정을 통해 이루어진다. 황산이온이 **ATP sulfurylase**에 의해 **ATP**와 결합하여 **2**분자의 인산이 제거된 **APS**(adenosine-5'-phosphosulfate)가 합성된다. **APS**는 **APS phsophokinase**에 의해 **ATP**로부터 인산이온을 받아 **PAPS**(3'-Phosphoadenosine-5'-phosphosulfate)로 전환된다. **PAPS**는 황화보조인자(**sulfation cofactor**)로 **sulfotransferase**에 의해 기질에 황산이온을 제공하여 **PAP**(3'-Phosphoadenosine-5'-phosphophate)로 전환된다. 이와 같은 과정에 대한 전반적인 반응식과 단계별 반응은 아래와 같다.

$$PAPS + ROH \rightarrow R-O-SO_2-OH + PAP$$

- ATP에 의한 무기황산(inorganic sulfate)의 활성화
- ATP의 3'-OH에 인산화를 통해 황화보조인자(sulfation cofactor)가 생성
- 기질의 -OH에 황산이 포합되어 황산포합체 생성

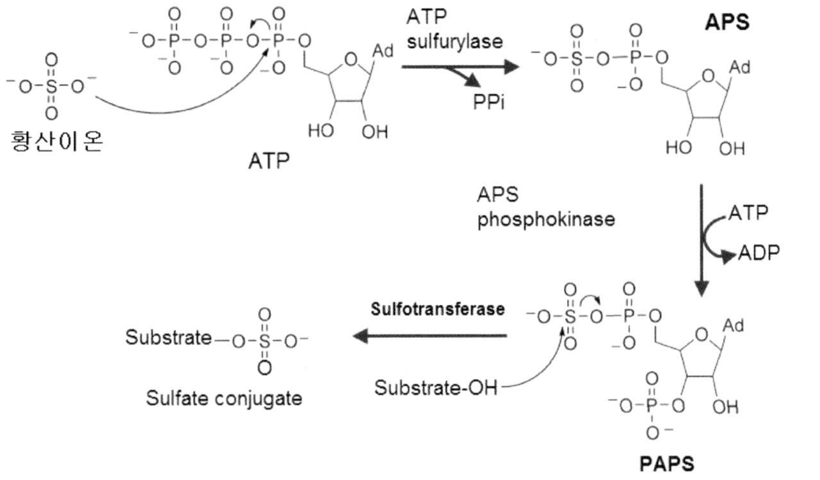

〈그림 4-9〉 **황산포합의 과정:** 최종적으로 생성된 황산보조인자(sulfation cofactor)인 PAPS의 황산 이온이 기질의 -OH에 전달되어 황산포합체(conjugate)가 생성된다. APS: adenosine-5'-phosphosulfate, PAPS: 3'-Phospho-adenosine-5'-phosphosulfate.

황산포합은 기질의 수산기와 아미노기에 주로 이루어진다. 수산기의 황산포합이 되는 기질은 <그림 4-10>에서처럼 페놀성물질 그리고 primary 및 secondary alcohols(1차 및 2차 알코올류), 아민류의 N-hydroxy arylamine과 N-hydroxy heterocyclic amine 등이 있다. 또한 아미노기에 황산이 포합되는 기질은 2-naphthylamin과 같은 아릴아민(aryl amine, 방향족고리에 N이 존재하는 화합물)이 있다.

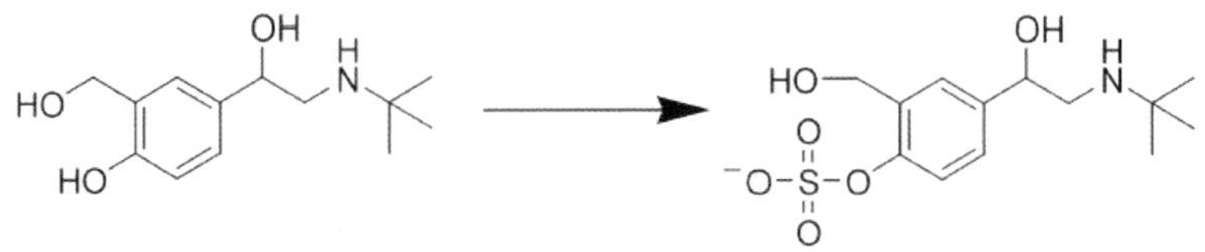

〈그림 4-10〉 **Albuterol의 황산포합체:** 황산포합반응 페놀성물질의 수산기에서 가장 많이 일어나며 그 외 알코올 및 아릴아민의 수산기와 아미노기 부위에서 일어난다.

PAPS로부터 황산이온을 기질의 수산기나 아미노기에 포합반응을 촉매하는 효소는 sulfotrnasferase(황산전이효소, SULT)이다. SULT는 생체조직에 광범위하게 분포하며 3군, 즉 SULT1(phenol sulfotransferase<PST> family), SULT2(hydroxysteroid sulfotransferase<HST> family)와 brain-specific(뇌-특이적) SULT4 등의 군으로 분류된다. SULT1 군은 다시 4개의 하위군인 SULT1A(phenolic-type xenobiotics), SULT1B(dopa/tyrosine과 thyroid hormones), SULT1C(hydroxyarylamines) 그리고 SULT1E(estrogens)로 분류되며 약 13개의 동질효소가 있다(괄호 안은 각 효소에 대한 대표적인 기질을 나타냄). SULT2 군은 SULT2A(neutral steroids/bile acids)과 SULT2B(sterols)로 분류된다. SULT1과 SULT2 군이 가장 활성이 높고 외인성물질을 비롯하여 내인성물질의 황화(sulfation, SO_3^-)를 촉매한다. 특히 SULT1이 외인성물질의 황산포합에 있어서 대표적인 효소이다. 반응부위 측면에서 SULT1A1과 SULT1A2는 페놀성물질의 수산기에 황화를 유도하며 SULT1A3은 방향족물질의 아미노기에 황화를 촉매한다.

3. Acetylation conjugation

◎ 주요 내용

- Acetylation conjugation는 N-acetyltransferase에 의해 공여체인 acetyl-CoA로부터 acetyl group을 제1상반응 대사체에 포합하는 반응이다.

- Acetylation conjugation는 N-acetyltransferase**에 의해 공여체인** acetyl-CoA**로부터** acetyl group**을 제1상반응 대사체에 포합하는 반응이다.**

<그림 4-11>에서처럼 제2상반응의 아세틸화 포합반응(acetylation conjugation)은 N-acetyltransferase에 의해 공여체인 acetyl-CoA로부터 acetyl group (CH_3COO^-)을 제1상반응 대사체에 포합하는 반응이다. 아세틸화는 2단계로 진행되며 반응식은 아래와 같다.

$CoA-S-CO-CH_3 + R-NH2 \rightarrow RNH-CO-CH_3 + CoA-SH$

- 보조인자 acetyl-CoA에 의한 acetyltransferase(NAT: 아세틸기전이효소)의 활성화
- Acetyltransferase에 의한 아세틸기의 기질에 포합

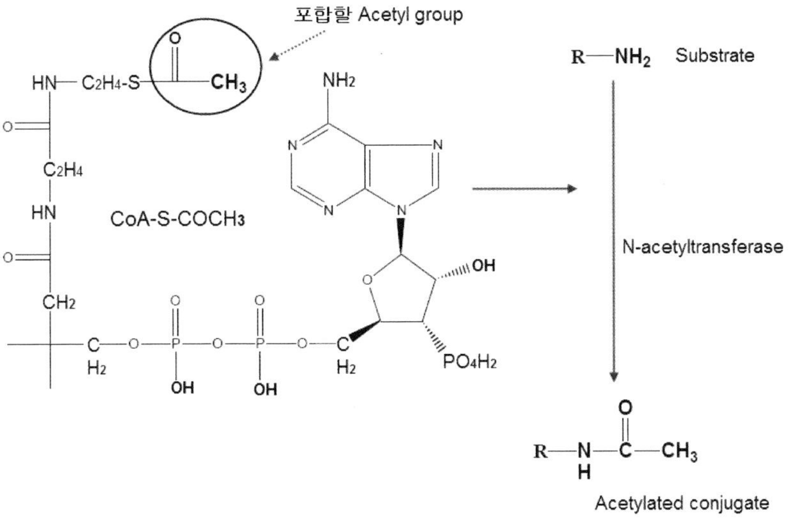

〈그림 4-11〉 **Acetyl-CoA로부터 기질의 아세틸화:** 아세틸화 포합반응은 N-acetyltransferase이 Acetyl-CoA로부터 분리된 acetyl group이 기질 전이에 전이되어 이루어진다. $CoA-S-COCH_3$: Acetyl-CoA.

아세틸화가 이루어지는 기질의 반응부위는 <그림 4-12>에서처럼 aromatic $-NH_2$(aryl amine), R-OH, hidrazine($N_2H_2C_4$), aliphatic$-NH_2$와 $-SO_2NH_2$ 등이 있다. 일반적으로 아세틸화 포합반응은 다른 포합반응보다 친수성이 높지 않기 때문에 체외배출에는 다소 문제가 있을 수 있다.

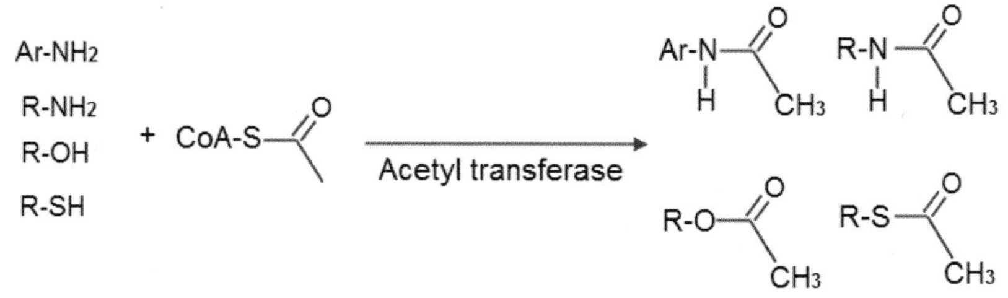

Ar-NH2
R-NH2
R-OH
R-SH
+ CoA-S
Acetyl transferase
Ar-N H CH3 O
R-N H CH3 O
R-O CH3 O
R-S CH3 O

〈그림 4－12〉 기질 반응부위와 아세틸화: 아세틸화는 기질의 방향족물질의 아미노기, 탄화수소의 아미노기, 수산기와 thiol기에서 일어난다. Ar: aromatic(방향족), R: 탄화수소

Acetyl－CoA의 아세틸기를 기질의 반응부위에 포합을 유도하는 효소는 acetyltransferase(NAT, 아세틸전이효소)이다. NAT에 의한 대부분의 아세틸기포합반응은 외인성물질의 무독화를 유도한다. 그러나 포합체에서 아세틸기는 acetoxy ester로 분해되어 DNA 및 단백질 등과 결합하여 부가물(adduct) 형성을 통해 독성을 유발할 수 있다. Acetyl ester 생성의 대표적인 예로는 기질인 N－hydroxyarylamine의 O－acetylation 과정을 들 수 있다. 사람의 NAT는 NAT1과 NAT2 등의 2종류가 있다. NAT1은 생체 내 대부분의 조직에서 발현되는 반면에 NAT2는 간과 위장관에서 주로 발현된다. NAT의 기질은 isoniazid, procainamide, aminoglutethimide, sulphamethoxazole, 5－aminosalicylic acid, hydralazine, phenelzine과 dapsone 등의 약물과 산업에서 이용되는 외인성물질인 2－naphthylamine, benzidine, 2－aminofluorene과 4－aminobiphenyl 등이 있다. 또한 연소된 고기나 흡연에서 발생하는 발암성물질인 heterocyclic amine 등이 대표적 NAT의 기질이다.

4. Methylation

◎ 주요 내용

- Methylation는 세포질에서 methyltransferase에 의해 $-CH_3$가 기질의 반응부위인 aromatic－OH, $-NH_2$, －NH와 －SH 등에 전달되는 포합반응이다.

- **Methylation는 세포질에서 methyltransferase에 의해 $-CH_3$가 기질의 반응부위인 aromatic－OH, $-NH_2$, －NH와 －SH 등에 전달되는 포합반응이다.**

메틸화(**Methylation**)는 세포질에서 **methyltransferase**(메틸기전이효소)에 의해 메틸기($-CH_3$)가 기질의 반응부위인 **aromatic－OH**, $-NH_2$, **－NH**와 **－SH** 등에 전달되는 포합반응이다. 메틸화는 약물이나 외인성물질의 포합에 있어서 중요한 반응은 아니다. 오히려 내인성 호르몬인 **epinephrine**과 **melatonin** 등의 합성에 있어서 중요한 역할을 한다. 아세틸화처럼 메틸화도 다른 포합반응과 비교하여 친수성이 높지 않다. 제2상반응 후 대사체의 친수성이 높지 않다는 것은 체외배출에 그렇게 효율적이지 않다는 의미이다. 오히려 메틸화는 친지질성을 높여 기질의 독성을 증가시키는 경우도 있다. 메틸화의 전반적인 반응은 아래와 같으며 2단계 과정은 <그림 4－13>처럼 이루어진다.

RO－, RS－, RN－ ＋ SAM → RO－CH_3＋ SAH

- 아미노산 methionine으로부터 메틸기 공여체인 S－adenosylmethionine(SAM) 합성
- Methyltransferase에 의해 SAM의 methyl group(CH_3)이 기질의 반응부위에 포합되고 SAM SAH(S－adenosylhomocysteine)로 전환

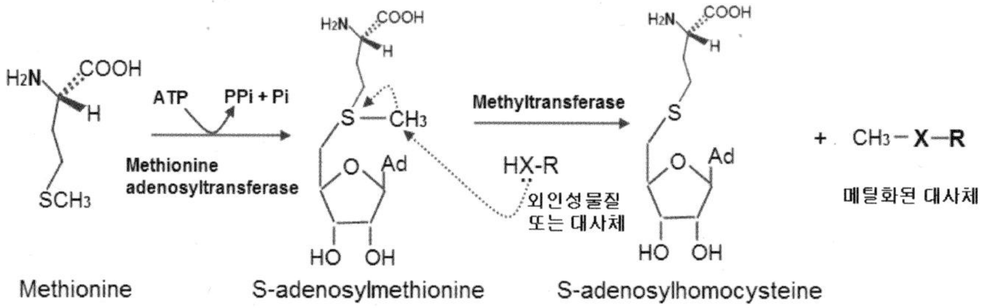

〈그림 4-13〉 **외인성물질의 메틸화 포합반응:** Methionine으로부터 메틸기(CH3) 공여체인 S-adenosyltransferase(SAM)이 합성되어 methyltransferase에 의해 외인성물질 HX-R에 메틸기가 전달된다. Ad: adenine.

메틸화는 반응부위에 따라 O-, N- 및 S-methylation 등으로 진행된다. 또한 산소에 메틸기를 전달하는 O-methylation은 대부분 catechol에서 일어난다. 이러한 O-methylation의 과정은 <그림 4-14>에서처럼 기관지확장제인 isoproterenol을 통해 이해할 수 있다.

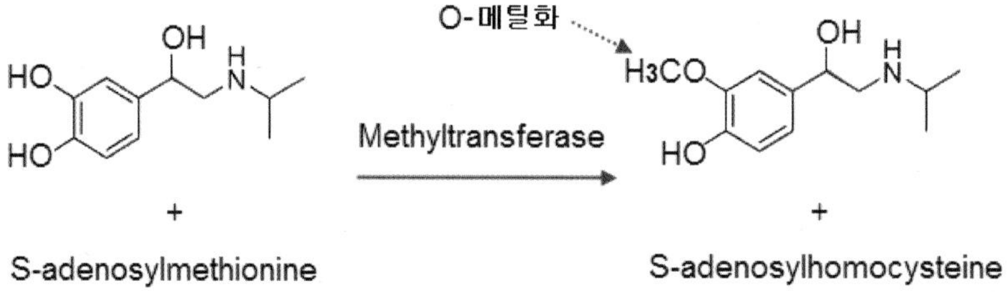

〈그림 4-14〉 **Isoproterenol의 O-methylation:** Methyltransferase에 의해 S-adenosylmethionine의 methyl group이 Isoproterenol에 전달되어 메틸화 포합반응이 진행된다. 특히 포합반응은 기질의 산소 부위에 유발되어 O-methylation이라고 한다.

N-Methylation은 흔히 일어나는 반응은 아니다. 주로 방향족탄화수소 내의 질소원자(heterocyclic nitrogen atom)가 메틸화의 주요 반응부위이다. <그림 4-15>에서는 심혈관확장제인 oxprenolol이 P450에 의해 제1상반응 후 생성된 대사체에 N-methylation이 이루어지는 과정을 이해할 수 있다.

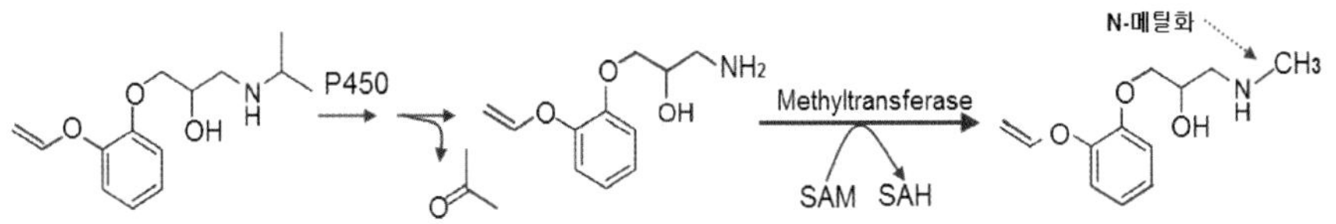

〈그림 4-15〉 **Oxprenolol의 N-Methylation:** SAM(S-adenosylmethionine)으로부터 methyl group이 methytransferase에 의해 oxprenolol의 N 반응부위에 전이되는 메틸화 포합반응이다. SAH: S-adenosylhomocysteine.

S-methylation은 aromatic(방향족) 또는 aliphatic hydrocarbon(지방족탄화수소)의 sulfhydryl group(-SH)에서 일어난다. S-methylation에 있어서 중요한 특성 중 하나는 일반적으로 제1상반응 후 제2상반응이 일어나는 것이 아니라 역순으로 반응이 일어나 독성을 유발할 수 있다는 점이다. 예를 들면 <그림 4-16>에서처럼 메틸화 후 FMO와 같은 제1상반응 효소에 의해 sulfoxide(S=O) 또는 sulfone(O=S=O)이 형성되어 독성을 유발할 수 있다.

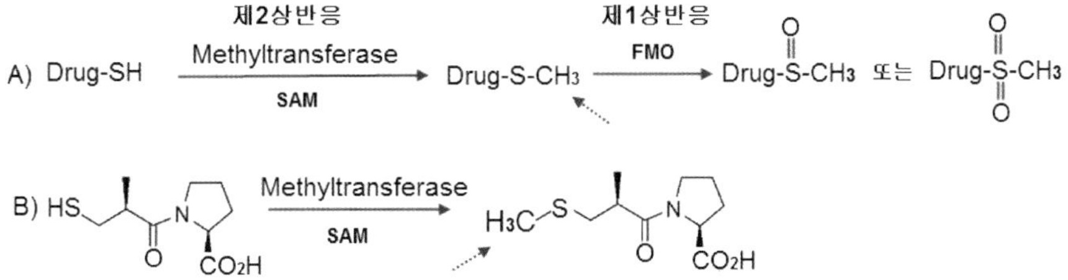

〈그림 4-16〉 **S-Methylation 포합반응:** 외인성물질의 생체전환기전은 대부분 제1상반응 이후 제2상반응의 포합반응이 이루어지는 순서이다. 그러나 메틸화 포합반응의 S-methylation은 FMO에 의한 제1상반응 이전에 유도되는 특이한 생체전환의 예이다. A)는 SH기를 가진 약물이 제2상반응의 S-methylation을 통해 메틸기를 가진 대사체로 전환된 후 FMO에 의해 제1상반응이 수행된다. B)는 항고혈압인 captopril의 S-methylation에 의한 포합반응이다.

SAM으로부터 메틸기를 전달하는 methyltransferase는 기질의 O-, N-과 S- 등 반응부위에 따라 다른 군으로 분류된다. 대부분의 methyltransferase는 단위체(monomer)로 존재하며 메틸공여체로 SAM을 이용한다. 이들 효소에 의한 메틸화는 외인성물질보다 내인성물질 합성에 더 중요하다. O-methylation과 관련하여 catechol-O-methyltransferase(COMT)는 catechol

(HOC_6H_4OH, 벤젠의 유도체)을 포함하고 있는 dopamine과 norepinephrine 등의 신경전달물질에 대한 메틸화를 촉매한다. COMT는 내인성물질뿐 아니라 외인성물질의 대사에도 가장 중요하며 가장 많이 연구된 효소이다. S-methylation은 sulfur(황)-containing 외인성물질에서 일어나며 2개의 효소인 thiol methyltransferase(TMT)와 thiopurine methyltransferase(TPMT) 등에 의해 촉매된다. TMT는 세포막에 결합된 효소로서 captopril, d-penicillamine 등을 비롯한 탄화수소사슬 황화물(aliphatic sulfhydryl compound)인 2-mercaptoethanol의 메틸화를 촉매한다. 반면에 TPMT는 세포질 효소로서 방향족황화물(aromatic 및 heterocyclic sulfhydryl compound)인 6-mercaptopurine과 항신경성 약물인 ziprasidone을 비롯하여 기타 thiopurin 등의 메틸화를 촉매한다. N-methylation을 유도하는 nicotinamide N-methyltransferase (NNMT)는 serotonin, tryptophan과 nicotinamide 등과 같은 pyridine-containing 화합물을 메틸화, histamine-N-methyltransferase는 간에 존재하며 imidazole ring을 가진 약물의 메틸화를 촉매한다.

5. Amino acid conjugation

> ◎ **주요 내용**
>
> - Amino acid conjugation은 기질이 ATP 및 CoA-SH에 결합되어 이루어지며 포합되는 대표적인 아미노산은 glycine과 glutamine이다.

- Amino acid conjugation은 **기질이** ATP **및** CoA-SH**에 결합되어 이루어지며 포합되는 대표적인 아미노산은** glycine**과** glutamine**이다.**

아미노산포합반응(amino acid conjugation)은 제1상반응을 통해 생성된 대사체 및 외인성물질의 카르복실산(carboxylic acid) 부위에 amide 결합(-N-)

을 통한 아미노산의 결합으로 이루어진다. 아미노산포합은 미크로좀과 미토콘드리아에서 amino acid acyl transferase에 의해 일어난다. <그림 4 - 17>에서처럼 기질의 제1상반응을 통해 생성된 －COOH를 가진 카르복실산 대사체(carboxylic acid metabolite)는 카르복실산의 ATP 공격을 통해 2인산이 분리되면서 대사체가 결합한 AMP ester(R－COO－R)로 전환된다. 기질이 결합한 AMP ester는 CoA－SH와 반응하여 AMP가 분리되면서 CoA－thioester로 전환된다. CoA－easter 내 기질 부분의 카르복실산과 주변 아미노산의 아미노기와의 amide 결합이 acyltransferase에 의해 촉매된다. 이러한 전반적인 과정은 ATP에서 인산이 분리되면서 생성된 에너지가 동시에 에너지가 필요한 다른 반응을 위해 소비되는 반응인 공역반응(coupled reaction)에 의해 이루어진다. 이와 같이 공역반응을 통해 아미노산포합반응의 전반적인 3단계 과정은 아래와 같이 진행된다.

- 대사체 또는 기질의 carboxylic acid가 ATP의 공격을 통해 AMP ester(R－COO－R) 생성
- AMP ester가 CoA－SH와 반응하여 CoA－thioester로 전환
- Acyltransferase에 의해 아미노산과 thioester의 카르복실산의 공역반응(coupling reaction)을 통한 아미노산포합

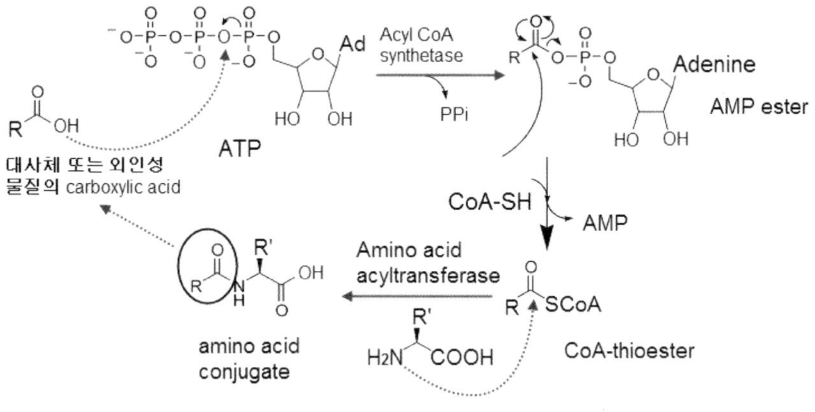

〈그림 4－17〉 아미노산포합의 경로: 외인성물질 또는 제1상반응 대사체의 카르복실산과 ATP의 결합을 통해 Co－A thioester가 생성된다. Co－A thioester의 기질－카르복실산과 아미노산의 아미노기의 결합이 amino acid acyltransferase에 의해서 이루어진 포합반응이 유도된다.

사람의 아미노산포합반응에 관여하는 대표적인 아미노산은 <그림 4 - 18>에서처럼 glycine과 glutamine이다. 그 외 육식동물 등에서 taurine과 arginine 등이 있으며 파충류나 조류에서는 ornithine이 대표적인 포합아미노산이다. Glycine 포합반응은 benzoic acid와 같은 방향족산(aromatic acid)에 대한 포합반응을 비롯하여 다양한 기질에서 발생한다. 반면에 glutamate 포합반응은 phenylacetic acid, naphthylacetic acid와 indolylacetic acid 등의 arylacetic acid류에 제한되어 사람 및 영장류에서 일어난다.

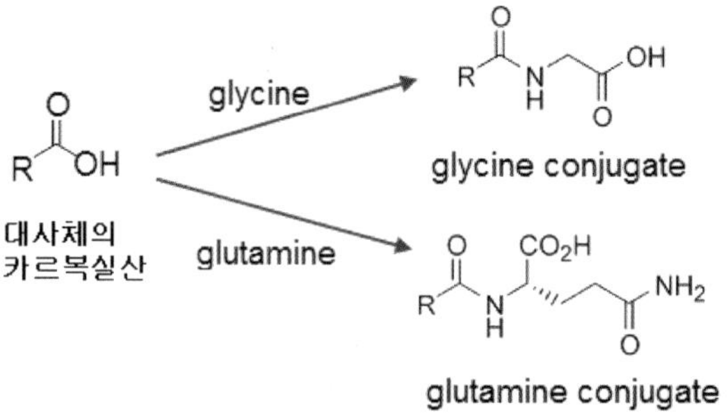

〈그림 4 - 18〉 대표적인 포합아미노산인 **glycine과 glutamine:** 사람의 아미노산포합반응이며 대표적인 아미노산은 glycine과 glutamate이다.

Glycine 포합반응이 일어나는 곳은 간과 신장의 미토콘드리아이며 특히 간보다 신장에서 더 많은 반응이 이루어진다. 예를 들어 항여드름제이면서 페놀성 식물 - 호르몬(phenolic phytohormone)인 salicyclic aicd는 약 70% 정도가 신장, 약 30% 정도가 간에서 glycine 포합반응이 일어난다. 이러한 포합반응의 비율에 대한 경향은 <그림 4 - 19>에서처럼 안식향산이라고 불리는 benzoic acid의 경우에서도 유사하게 나타난다. 특히 benzoic acid는 간과 신장에서 glycine 포합반응의 부위인 para - , meta - 와 ortho - 등에서도 또한 차이가 있다. 간의 미토콘드리아에서는 benzoic acid의 meta - 와 para - 위치, 신장의 미토콘드리아에서는 ortho - 부위에서 주로 glycine 포합반응이 유발된다. Glycine 포합반응은 아미노산 활성과 아미노산 결합을 촉매하는 두 효소인 acyl - CoA synthetase와 acyl - CoA:glycine N - acyltransferase

등에 의해 연속적으로 이루어진다. 간과 신장에는 Acyl-CoA synthetase와 acyl-CoA:glycine N-acyltransferase 등 두 종류의 효소가 있다. Glycine N-acyltransferase는 34kDa의 단위체이다.

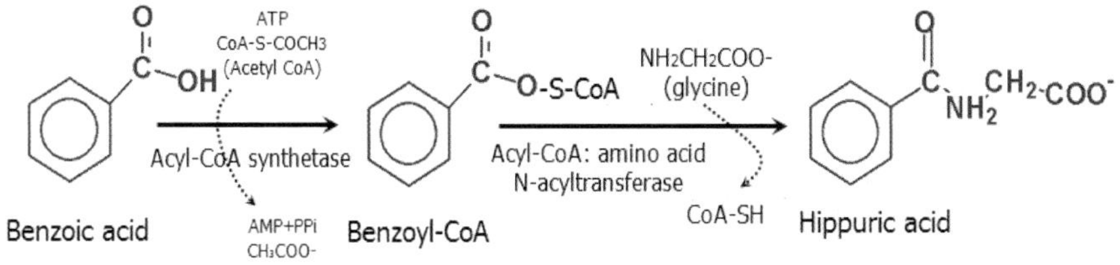

〈그림 4-19〉 **Benzoic acid의 glycine 포합반응:** Benzoic acid는 간과 신장에서 glycine 포합반응이 유발된다.

6. GSH포합반응

◎ **주요 내용**

- GSH포합이 제2상반응의 다른 포합반응과 달리 중요한 이유는 제1상반응에서 생성된 친전자성대사체의 포합을 유도한다는 것이다. 이는 외인성물질 노출에 의해 발생하는 독성의 무독화를 유도하는 가장 중요하고 유일한 기전이다.

- GSH합성에 관여하는 주요 효소는 GCL과 GS이지만 GCL이 더 중요하다.

- GCL 효소는 GCLC와 GCLM 단백질 등 2개의 소단위로 구성되어 있으며, GCLC와 GCLM 유전자의 발현은 Nrf2- 및 AP-1-dependent mechanism에 의해 유도된다.

- GCL 유전자의 활성 외에 GSH합성에 있어서 또 다른 중요한 요인은 cysteine availability이다. 간이 해독의 중추기관이 되는 이유는 바로 GSH합성을 위한 cysteine availability를 높이는 transsulfuration이 간에만 존재하기 때문이다.

- GSH에 의해 포합되는 대부분의 화학적 구조는 유기양이온인 carbonium, 질소를 가진 활성중간대사체인 nitrenium(예: R_2N^+) 그리고 3개의 원자의 고리형 에테르인 epoxide 등이 대표적이다.

- Saturated carbon atoms와 aromatic carbon atoms 등의 electrophilic carbon-containing metabolite를 비롯하여 탄소가 아닌 electrophilic heteroatom인 -O, -N와 -S 등에서 GSH포합반응이 이루어진다.

- Free radical 및 ROS는 chain reaction을 통해 지속적으로 radical을 생성하여 GSH포합반응 및 SOD 등의 소모를 유도하는데 이러한 과정을 radical sink hypothesis이라고 한다. 미토콘드리아는 GSH 고갈을 유도하는 ROS 생성의 최대 세포소기관이다.

- GSH포합반응은 광범위한 기질특이성을 가진 GST의 Pi 계열의 효소에 의해 이루어진다.

- **GSH포합이 제2상반응의 다른 포합반응과 달리 중요한 이유는 제1상반응에서 생성된 친전자성대사체의 포합을 유도한다는 것이다. 이는 외인성물질 노출에 의해 발생하는 독성의 무독화를 유도하는 가장 중요하고 유일한 기전이다.**

글루타치온(glutathion, GSH)은 <그림 4-20>에서처럼 3개의 아미노산인 γ-glutamic acid, cysteine과 glycine으로 구성된 tripeptide이다. GSH는 포합반응뿐만 아니라 항산화적 방어 및 세포증식조절 등 세포 내에서 다양한 기능을 수행한다. 이러한 기능을 할 수 있는 가장 중요한 구조적 요인은 3개의 아미노산 중 cysteine 잔기인 -SH group의 강력한 전자공여력(electron-donating capacity) 때문이다. GSH는 세포질에 약 90%, 미토콘드리아에 약 10% 정도, 그 외 소량이 소포체에 존재한다. GSH는 성인 체내에 1~10mM 농도로 가장 많이 존재하는 비단백질 티올(thiol 또는 mercaptan)-함유 유기황화합물(SH-containing compound)이다. GSH포합반응은 모든 세포에서 일어나지만 간에 GSH 농도가 집중되어 있고 가장 많이 발생하는 장소이다. 신장은 간에서 이루어진 GSH포합반응의 포합체가 분리될 수 있는 장소이기 때문에 중요하다. 제2상반응의 여러 포합 중 GSH포합만이 친전자성대사체에서 이루어진다. GSH가 신장에서 분리되면 친전자성대사체가 재생성되어 독성을 유발할 수 있다.

GSH포합이 제2상반응의 다른 포합반응과 달리 중요한 이유는 제1상반응에서 생성된 극성대사체뿐만 아니라 독성물질의 독성을 발휘하는 최종독성물질(ultimate toxicant)인 친전자성대사체를 포합한다는 것이다. 친전자성대사체는 세포 내 거대분자인 지질과 단백질 또는 DNA의 친핵성부분(nucleophilic region)과 결합 또는 adduct를 형성하여 세포에 독성을 유발하는 가장 중요한 원인 대사체이다. 따라서 사람에게 있어서 GSH포합은 암을 비롯한 화학물질-유도성 질환의 발생 또는 예방에 결정적인 영향을 주는 생체방어시스템의 핵심적인 기전이다. 이러한 기전이 유지하기 위해서는 체내 GSH농도가 GSH 합성을 통해 어느 정도로 유지되도록 정상적인 합성 조절이 이루어져야 한다. 무엇보다도 정상적인 생리조건하에서 GSH합성은 GCL(glutamate cysteine ligase, 옛 이름: γ-glutamylcysteine `synthase) 유전자의 활성과 cysteine availability(시스테인 조달)에 의해 크게 좌우된다.

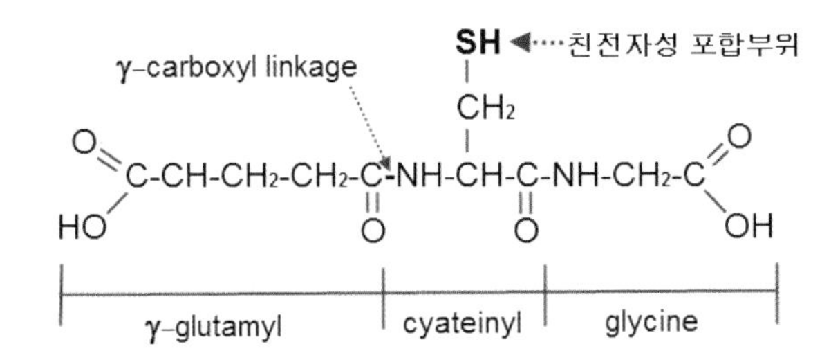

〈그림 4-20〉 GSH의 구조: GSH(glutathione 또는 γ-glutamylcysteinyl glycine)은 3개 아미노산인 glutamate, cysteine과 glycine으로 구성되어 있으며 cysteine의 SH가 포합반응에 있어서 중요한 전자공여체이다.

1) GSH의 합성기전

- **GSH합성에 관여하는 주요 효소는 GCL과 GS이지만 GCL이 더 중요하다.**

GSH은 식이를 통해 얻는 필수영양물질이 아니라 3개의 아미노산에 의해 세포질에서 합성된다. GSH의 합성은 L－glutamate, L－cysteine와 L－glycine 등 구성아미노산과 더불어 2개의 ATP가 필요하며 효소－의존적 촉매에 의한 2단계과정으로 이루어진다. 첫 번째 반응에서 GCL의 촉매에 의한 glutamate와 cysteine의 축합반응을 통해 γ－glutamyl－L－cysteine이 생성된다. 합성된 γ－glutamyl－L－cysteine은 GSH synthase(GS)에 의해 glycine과 결합하여 아래의 반응식과 같이 최종적으로 GSH가 합성된다.

－ L－glutamate ＋ L－cysteine 1 ＋ ATP $\xrightarrow{GCL}$ γ－glutamyl－L－cysteine ＋ ADP＋ Pi

－ γ－glutamyl－L－cysteine ＋ L－glycine ＋ ATP $\xrightarrow{GS}$ GSH ＋ ADP ＋ Pi

2) GCL의 전사 및 전사 후 조절기전

- **GCL 효소는 GCLC와 GCLM 단백질 등 2개의 소단위로 구성되어 있으며 GCLC와 GCLM 유전자의 발현은 Nrf2－ 및 AP－1－dependent mechanism에 의해 유도된다.**

GCL은 GSH합성에 있어서 속도조절단계(rate－limiting step)의 가장 중요한 효소이다. GCL은 Mg^{2+} 또는 Mn^{2+} 등이 활성을 위해 필요하며 GCLC (GCL catalytic subunit)와 GCLM(GCL modifier subunit) 등 2개의 소단위(subunit)로 구성된 이종이합체(heterodimer)이다. GCLC는 73kDa의 무거운 소단위이며 촉매활성 기능을 가지고 있다. <그림 4－21>에서처럼 GCLC의 활성은 GSH 피드백 억제(feedback inhibition) 작용을 받는다. 피드백 억제란

어떤 물질이 합성되는 일련의 반응에서 합성된 최종산물이 그 반응에 참여하는 효소의 활성을 억제하는 현상을 의미한다. GCLC 활성은 생성된 다량의 GSH에 의해 저해된다. 반면에 GCLM은 31kDa의 가벼운 조절 소단위이다. GCLC와 결합하였을 때 GCLM은 기질인 glutamate와 ATP에 대한 K_m을 낮춰 기질친화성의 증가를 유도한다. 또한 GCLM은 GSH에 대한 Ki를 증가시켜 GSH와 GCLC 활성저해부위와의 결합을 저해한다. 이는 GCLM이 GSH 합성에 있어서 효소를 더욱 효율적 활성을 유도할 뿐만 아니라 피드백 억제에 의한 영향을 줄이는 역할을 하는 것을 의미한다.

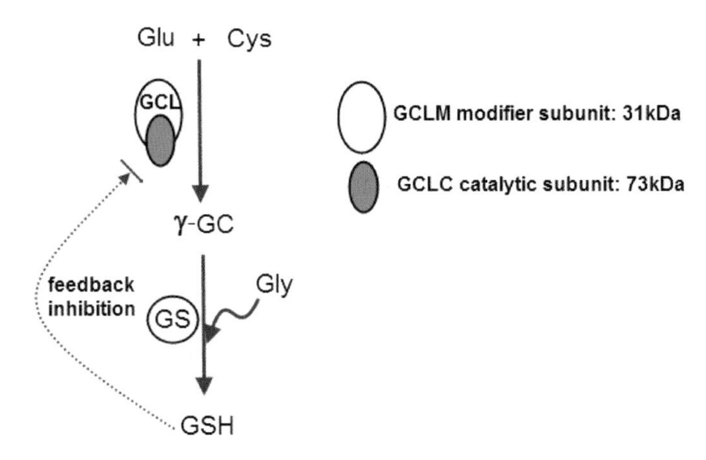

〈그림 4-21〉 Glutathione의 합성 과정: GSH합성의 첫 번째 단계는 GCL (glutamate cysteine ligase)에 의해 이루어진다. GCL은 촉매부위인 GCLC(GCL catalytic subunit)와 조절부위인 GCLM(GCL modifier subunit)으로 구성된 이종이합체이다. 두 번째 단계는 glutathione synthetase(GS)에 의해 glutamate와 cysteine의 c-terminal에 glycine을 연결한다(참고: Franklin).

GCLC와 GCLM의 유전자는 사람의 염색체상에서 6p12와 1p22.1에 각각 위치한다. GCLC 유전자는 16개의 엑손과 48kb의 크기이며 GCLM 유전자는 7개의 엑손과 22kb의 크기이다. <그림 4-22>는 GCL의 두 소단위 GCLC와 GCLM의 유전자 프로모터의 인헨스(enhancer, DNA 주형의 구조적인 변화를 유발, 전사가 더욱 활발하게 일어나도록 촉진시키는 작용을 하는 유전자의 고유한 염기서열)의 구조이다. GCL 유전자의 발현은 유해활성산소와 프리라디칼(free radical) 등의 산화성물질(oxidant species)과 제1상반응을 통해 생성된 친전자성대사체에 의해 유도된다. <그림 4-22>에서처럼 GCLC 유전자의 프로모터에는 TRE (TPA<12-O-tetradecanoylphorbol-13-acetate>-responsive element), TBE-like, activator-protein-2(AP2), Sp-1과 κB 등 여러 전사인자가 결합하는 element와 친전자성물질에 반응하는 EpRE(electrophilic-response element) 등 여러 *cis*-acting element(전사조절영역의 element)들이 존재한다.

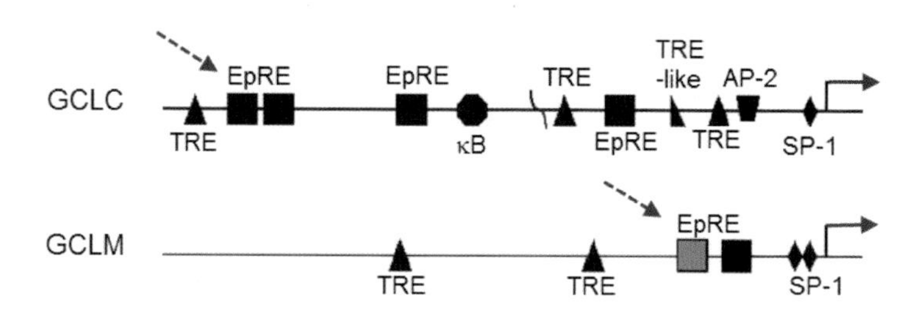

〈그림 4-22〉 사람의 GCL 효소의 소단위 GCLC와 GCLM 유전자의 프로모터: GCL은 GCLC와 GCLM으로 구성된 이종이합체이다. GCLC 프로모터는 activator-protein-1(AP1, TRE), TBE-like, activator-protein-2(AP2), Sp-1, κB와 4개의 EpRE 등 여러 전사인자가 결합하는 DNA element가 있다. 특히 4개의 EpRE 중에서 전사개시점에 가장 멀리 떨어져 있는 EpRE(화살표시)가 전사개시에 있어서 중요한 역할을 한다. 그러나 EpRE 외에도 TRE element도 GCLC 유전자의 전사를 매개하는 DNA element이다. GCLM 역시 GCLC와 마찬가지로 EpRE가 전사에 있어서 중요한 DNA element이다. 그러나 GCL 전사는 리간드가 친전자성물질 또는 산화성물질에 따라 이들 유전자의 프로모터 내에서 반응하는 element는 차이가 있다. TRE는 EpRE의 돌연변이에 의해 생성된 DNA element이다(참고: Dickinson).

친전자성물질 또는 대사체에 반응하여 GCL 유전자 전사를 촉진시키는 프로모터 내의 부위는 EpRE이다. EpRE는 GCLC와 GCLM의 유전자 모두에 존재한다. 친전자성물질에 의해 반응하는 전사인자(transcriptional factor)는 Nrf2 단백질이다. 비활성 시에 Nrf2는 Keap1(Kelch-like ECH-associated protein 1) 단백질에 결합하여 세포질에 존재한다. Keap1 단백질은 proteasome(진핵생물에 보편적으로 존재하는 단백질분해효소 등 여러 단백질이 뭉친 덩어리)으로 Nrf2를 유도하여 분해를 촉진시키는 동종이합체이다. Nrf2와 Keap1의 결합과 분리는 산화적 스트레스 또는 친전자성물질에 반응하여 Keap1의 구조적 변화에 기인한다. <그림 4-23>에서처럼 Nrf2는 고도로 잘 보존된 6개의 아미노산 서열인 Neh1(Nrf2 - ECH homology 1)에서 Neh6 등의 도메인이 있는 단백질이다. Neh1은 bZIP 전사인자에 반응하는 영역인 반면에 Neh4와 Neh5는 전사인자를 유도하는 CBP(CREB<cAMP - response element - binding protein> binding protein)가 결합하는 영역으로 전사활성에 영향을 주는 중요 영역이다. 또한 Neh2는 Keap1에 결합하여 Nrf2 기능을 음성조절(negative control)하는 영역이다. Neh2의 Ser 40 잔기에 protein kinase C(PKC)에 의한 인산화가 이루어지면 Nrf2가 Keap1에서 분리되어 활성화가 이루어진다. 반면에 Keap1 단백질의 Nrf2에서 분리는 cysteine 잔기인 - SH기 산화에 기인한다. Keap1 단백질은 <그림 4 - 23>에서처럼 NTR(N - terminal region), BTB/POZ, IVR(intervening region), DGR 그리고 CTR(C - terminal region) 등 5개 영역으로 624개의 아미노산으로 구성되었다. DGR(Double glycine repeat)은 Nrf2와 결합하는 부위이다. 전체 아미노산 중 25개의 cysteine이 고도로 보존되어 있으며 이들 중 몇 개의 - SH기가 변형되어 Nrf2의 방출을 유도한다. 따라서 Nrf2의 활성은 Keap1으로부터 분리에 의해 이루어지는데 분리는 Nrf2의 Neh2 인산화와 Keap1의 - SH 산화에 의해 이루어진다.

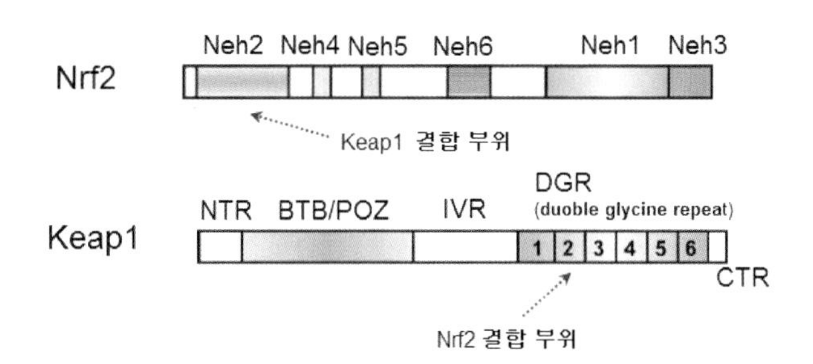

〈그림 4 - 23〉 **Nrf2와 Keap1의 결합부위:** Nrf2는 6개 영역, Keap1은 5개 영역으로 구성된 단백질이다. Nrf2의 Neh2와 Keap1의 DGR 영역이 서로 결합하여 Nef2의 불활성을 유지한다(참고: Mi - Kyoung Kwak).

이러한 과정을 통해 Nrf2가 Keap1에서 분리되면 <그림 4 - 24>의 B)에서처럼 핵으로 이동한다. Nrf2는 JunD과 함께 이종이합체를 형성하여 프로모터의 EpRE에 결합, GCL 유전자의 전사를 촉진시킨다. 따라서 친전자성물질에 의한 GCL 유전자 발현은 Nrf2 – 의존성 기전(Nrf2 – dependent mechanism)에 의해 이루어지는 것으로 요약된다. <그림 4 – 23>에서처럼 GCL 유전자의 발현을 위한 Nrf2 – 의존성 기전의 활성화를 유도하는 전구물질 또는 원물질은 phorbol ester(12 – O – tetradecanoylphorbol – 13 – acetate<TPA>)를 비롯하여 산화성물질인 H_2O_2, 페놀성 항산화물질인 tert – butylhydroxyquinoline, 친전자성지질(electrophilic lipid)인 15 – deoxy – D12, 14 – prostaglandin J2(15d – PGJ2) 등이 있다. 또한 비지질성 친전자성물질이면서 카레의 주요 재료인 울금의 황색색소 curcumin도 Nrf2 – 의존성 기전을 통한 GCL 유전자의 발현을 유도한다.

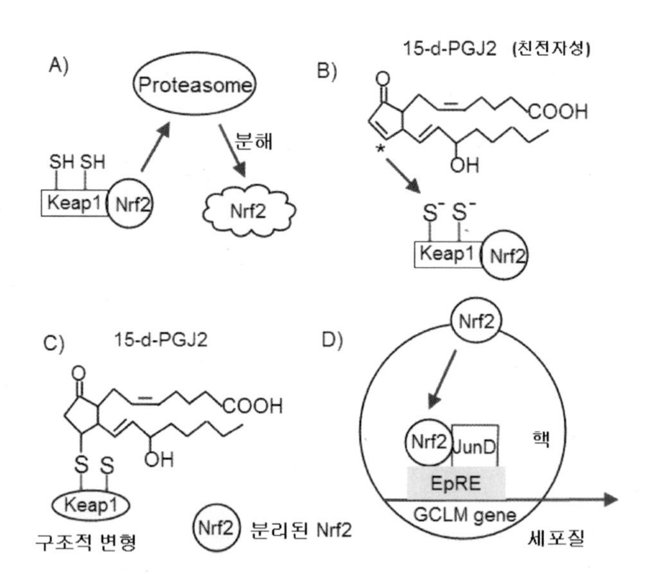

〈그림 4 – 24〉 **GCL의 소단위인 GCLM 유전자의 Nrf2 – 의존성 발현 기전:** (A) 리간드가 없는 상태에서 Nrf2는 동종이합체의 Keap1(Kelch – like ECH – associated protein 1)에 결합하여 존재하거나 때론 이들 결합체는 proteasome에서 분해된다. (B) 15d – PGJ2(15 – deoxy – D12, 14 – prostaglandin J2)와 같은 친전자성 리간드는 Keap1에 있는 – SH에 의해 포합된다. (C) Keap1의 – SH기와 리간드의 공유결합은 Nrf2의 방출을 유도한다. (D) 방출된 Nrf2는 핵으로 이동, JunD와 이종이합체를 형성하여 프로모터의 EpRE에 결합하여 GCLM 유전자의 전사를 유도한다(참고: Dickinson).

친전자성물질 또는 대사체와는 달리 산화성물질(oxidant species)에 의한 GCL 유전자 발현에 있어서 가장 중요한 element는 GCLC와 GCLM 유전자의 프로모터에 존재하는 TRE(또는 AP1)이다. 산화성물질에 반응하여 GCL 유전자의 발현을 유도하기 위해 TRE에 결합하는 전사인자는 AP-1(activator-protein-1) 계열이다. AP-1은 Jun과 Fos 계열의 동종이합체(예: Jun-Jun) 또는 이종이합체(예: Fos-Jun)로 구성된 전사인지이다. 산화성물질에 반응하여 인산전이단백질인 MAPK(Mitogen-activated protein kinase) 계열의 ERK (extracellular single-regulated kinase)와 JNK(c-JUN N-terminal kinase)가 활성화되어 세포질에서 핵으로 들어간다. 이들 kinase는 Jun과 Fos의 이합체 형성을 유도하여 핵의 전사인자인 AP-1 복합체를 생성한다. AP-1은 최종적으로 프로모터의 TRE(또는 AP-1 binding element)에 결합하여 GCL 유전자의 전사를 촉진시킨다. 이와 같이 AP-1 전사인자가 프로모터 내의 TRE 결합하여 GCL 유전자의 발현을 유도하는 것을 AP-1 의존성 기전(AP-1-dependent mechanism)이라고 한다. 또한 <그림 4-25>에서처럼 AP-1 의존성 기전은 친전자성물질에 의한 Nrf2-의존성 기전(Nrf2-dependent mechanism)을 통한 GCL의 발현과 관련된 신호전달체계와 cross-talk을 한다. 이러한 cross-talk은 일부 친전자성물질도 산화적 스트레스를 유발하는 산화성물질의 특성을 공유하기 때문인 것으로 추정된다. 친전자성물질은 전자가 부족하기 때문에 전자가 풍부한 물질들과 결합하는 독성물질이며 산화성물질은 전자가 추가되거나 부족할 수 있으며 정상적인 산화-환원 상태를 산화적 스트레스 상태로 전환시킬 수 있는 물질이다. 따라서 친전자성물질이 프리라디칼의 특성이 있다면 이 역시 세포 내의 산화적 스트레스를 유발할 수 있는 산화성물질의 특성을 나타낼 수 있다. 또한 산화성물질인 H_2O_2에 의해 Nrf2-의존성 기전에 의한 GCL 유전자 발현이 이루어진다는 점을 고려하면 AP-1 의존성 기전과 Nrf2-의존성 기전은 친전자성물질과 산화성물질에 의한 신호전달체계에서 cross-talk을 통해 GCL 유전자 발현에 상호 영향을 줄 가능성이 있다.

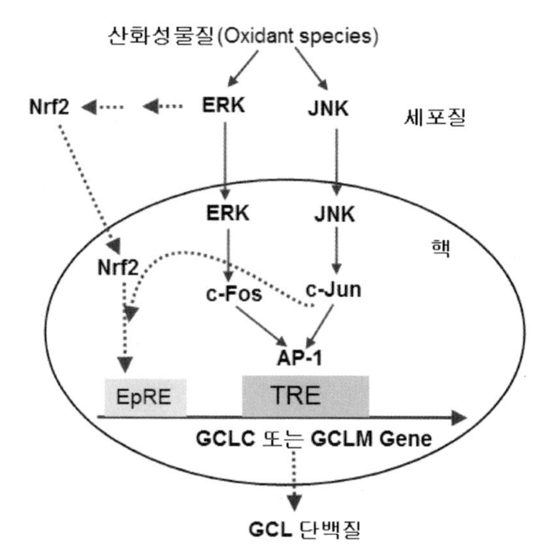

〈그림 4-25〉 산화적물질에 의한 GCL 유전자 발현의 AP-1 의존성 기전: 산화성물질(Oxidant species)에 의해 ERK 단백질과 JNK 단백질이 활성화되면 핵 내의 전사인자 Fos와 Jun 단백질의 활성화가 유도되어 이종이합체 또는 동종이합체의 AP-1 형성이 유도된다. 활성화된 AP-1은 프로모터 내의 TRE(또는 AP-1 element)에 결합하여 GCLC와 GCLM 유전자의 전사를 촉진하며 최종적으로 GCL 효소의 합성을 유도한다. 이러한 과정을 통해 GCL 단백질의 합성을 유도하는 것을 AP1-dependent mechanism이라고 한다. AP1-dependent mechanism은 신호전달체계를 통해 Nrf2-의존성 기전과 cross-talk에 의해 GCL 단백질 합성에 서로 영향을 준다(화살표)(참고: Iles).

GSH의 합성에 있어서 γ-glutamyl-L-cysteine이 GS(glutathione synthetase)에 의해 glycine과 결합하여 GSH가 합성된다. GS 역시 GCL의 2개 소단위 유전자 발현을 유도하는 물질에 의해 유도된다. 그러나 두 소단위 중 하나만 유도하는 물질에 의해서는 GS 유전자의 발현이 유도되지 않는다. 사람의 GS에 대한 연구는 많이 이루어지지 않았지만 동물에게서는 다소 이루어졌다. AP-1 element는 쥐의 GS를 유도하는 중요한 프로모터 내의 인헨서이며 반면에 프로모터의 NF-1 element는 GS 유도를 저해하는 영역이다. GCL은 GSH의 합성기전의 첫 번째 단계를 촉매하는 중요한 효소인데 <표 4-6>에서처럼 다양한 내인성물질 및 외인성물질 그리고 물리적 요인에 의해 활성이 증가되는 것으로 확인되었다. 이들 물질 대부분은 대사를 통하거나 대사 과정의 부산물로 생성되는 친전자성물질과 산화성물질로 전환된다. 이들에 의한 GCL의 활성 증가는 전사적 측면인 AP-1 의존성 기전과 Nrf2-의존성

기전을 통해 이루어질 수 있지만 그 외 전사 후, 번역 등의 과정을 통해 이루어 질 수 있다.

〈표 4-6〉 GCL 유전자의 발현을 증가시키는 내외인성물질

화 학 물 질
Adriamycin
1-(4-Amino-2-methyl-5-pyrimidinyl)-methyl-3-(2-chloroethyl)-3-nitrosourea
Apigenin
Apocynin
L-Azetidine-2-carboxylic acid
b-Naphthoflavone(b-NF)
Butylated hydroxyanisole(BHA)
Butylated hydroxytoluene(BHT)
Cigarette smoke condensate
Ciprofibrate
Cisplatin
Copper chloride
Curcumin
Cycloheximide
Diethyl maleate(DEM)
Dimethoxy-1,4-naphthoquinone(DMNQ)
15-deoxy-D(12,14)-prostaglandin J2
Diquat
Erythropoietin
Estradiol
Ethoxyquin
Heat shock
Hydrocortisone
Hydrogen peroxide
6-Hydroxydopamine
4-Hydroxy-2-nonenal(4-HNE)
Hydrogen sulfide
Hypoxia
Insulin
Interleukin-1b
Iodoacetamide
Ionizing radiation(0.05-30 Gy)
Kaempferol
Menadione
Methyl mercury hydroxide
Nitric oxide
Okadaic acid
Oltipraz
Oxidized low density lipoproteins(ox-LDL)

화 학 물 질
Phorone
Prostaglandin A2
Pyrrolidine dithiocarbamate(PDTC)
Quercetin
Sodium aresenite
tert-Butylhydroquinone(t-BHQ)
Tumor necrosis factor-a(TNFa)
Zinc chloride

(참고: Maher)

3) Transsulfuration 경로에 의한 cysteine availability

- **GCL 유전자의 활성 외에 GSH합성에 있어서 또 다른 중요한 요인은 cysteine availability이다. 간이 해독의 중추기관이 되는 이유는 바로 GSH합성을 위한 cysteine availability를 높이는 transsulfuration이 간에만 존재하기 때문이다.**

Cysteine은 식이 또는 단백질 분해와 더불어 간에서만 특이적으로 일어나는 황전이반응(transsulfuration 또는 cysthathione pathway)을 통해 공급되는 비필수아미노산이다. Cysteine은 강력한 전자공여자인 -SH를 가지고 있으며 세포 내에 주로 존재하지만 disulfide(S-S)를 가진 cystine은 세포 외에 존재한다. Cysteine은 세포 밖에서는 쉽게 cystine으로 자동산화(autoxidation)되는 반면에 cystine은 세포 내로 들어가면 빠르게 cysteine으로 환원된다. 간세포 내로 들어온 cysteine는 부분적으로 단백질합성에 이용되거나 황산염이나 타우린으로 분해되기도 하지만 대부분 GSH합성에 이용된다. 따라서 간세포에서의 cysteine 조달(cysteine availability)은 식이에 의한 것보다 methionine의 cysteine으로의 황전이반응 정도에 의해 크게 좌우된다. 특히 황전이반응은 다른 세포에서는 일어나지 않는 간세포-특이적 GSH합성 경로이다. <그림 4-26>에서처럼 황전이반응 경로는 methionine의 대사경로와 밀접한 연관이 있다. Methionine은 간에서 우선적으로 대사되는 필수아미노산이다. 식이로 섭취되는 methionine의 50% 이상은 간에서 methionine adenosyltransferase(MAT)에 의해 S-adenosylmethionine(SAMe)으로 전환된다. SAMe은 생체 내에서 중요한 메틸공여체이며 polyamine synthesis(폴리아민 합성), transmethylation(메틸전이반응)과 transsulfuration(황전이반응) 등의 3가지 대사경로를 거친다. 정상적인 상황에서 생성된 대부분의 methionine은 메틸전이반응에 이용된다. 메틸전이반응에서 SAMe는 methyltransferase(MT)의 촉매반응과 관련이 있는 다양한 수용체 분자에 메틸기를 공여한다. S-adenosylhomocysteine(SAH)는 메틸전이반응을 통해 생성된 생성물이며 SAH hydrolase(SAH 가수분해효소)에 의해 homocysteine(Hcy)과 adenosine으로 분해된다. SAH는 메틸전이반응에 있어서 강력한 경쟁적 저해물질이기 때문에 SAH 축적을 막기 위해서는 adenosine과 Hcy의 신속한 제거가 필요하다. Hcy는 엽산(folate) 그리고 vitamin B_{12}-의존성 효소인 methionine synthase(MS)와 콜린(choline)의 대사체인 베타인(betain)을 이용하는 betaine homocysteine methyltransferase(BHMT) 등에 의한 재메틸화(remethylation)를 통해 다시 methionine으로 전환된다. MS에 의한 Hcy의 재메틸화는 5-methyltetrahydrofolate(5-MTHF)가 필요한데 이는 methylenetetrahydrofolate reductase(MTHFR)의 촉매로 생성된 5,10-methylene-tetrahydrofolate(5,10-MTHF)로부터 유래한다. 결과적으로 5-MTHF는 tetrahydrofolate(THF), THF는 다시 5,10-MTHF으로 순환된다.

그러나 대부분의 세포에서 일어나는 메틸전이반응과는 달리 간에서만 특이적으로 수행되는 황전이반응 기전은 cysteine 조달을 훨씬 더 용이하게 하여 GSH합성이 더욱 촉진되도록 유도한다. 외인성물질에 의한 독성기전이 대부분 친전자성대사체 생성에 기인하고 또한 친전자성대사체를 제거하는 가장 강력하고 유일한 생체방어물질이 GSH라는 점을 고려할 때 cysteine 조달을 훨씬 더 용이하게 하는 황전이반응은 간이 독성물질에 대한 해독에 있어서 중추기관이 되는 가장 대표적인 이유 중의 하나라고 할 수 있다. 간에서 Hcy는 serine과 더불어 vitamin B_6-의존성 효소인 cystathionine b-synthase(CBS)에 의해 cystathionine으로 전환된다. Cystathionine은 또 다른 vitamin B_6-의존성 효소인 c-cystathionase에 의해 분활되어 GSH합성에 이용되는

cysteine으로 전환된다. 모든 포유동물의 조직에서 메틸전이반응과 관련하여 MAT와 MS는 발현되나 BHMT는 간과 신장에서만 발현된다. 간에서 SAMe는 MTHFR과 MS의 활성을 저해하고 CBS를 활성화시킨다. 따라서 SAMe가 고갈되면 Hcy는 SAMe을 생성하기 위한 재메틸화 경로를 선택하는 반면에 SAMe 농도가 높을 때는 황전이반응 경로를 선택하게 된다. 간경변 환자에게서는 고농도메티오닌뇨(hypermethioninemia) 증상이 나타나는데 이는 간세포 내의 MAT 활성이 저하 또는 장애가 되어 methionine 제거에 문제가 있기 때문이다. 이러한 장애를 가진 환자에게 SAMe를 투여한 결과, 간의 GSH 농도가 증가하는 것으로 확인되어 MAT 활성의 장애는 간세포의 GSH 농도를 감소시키는 주요 기전으로 이해된다.

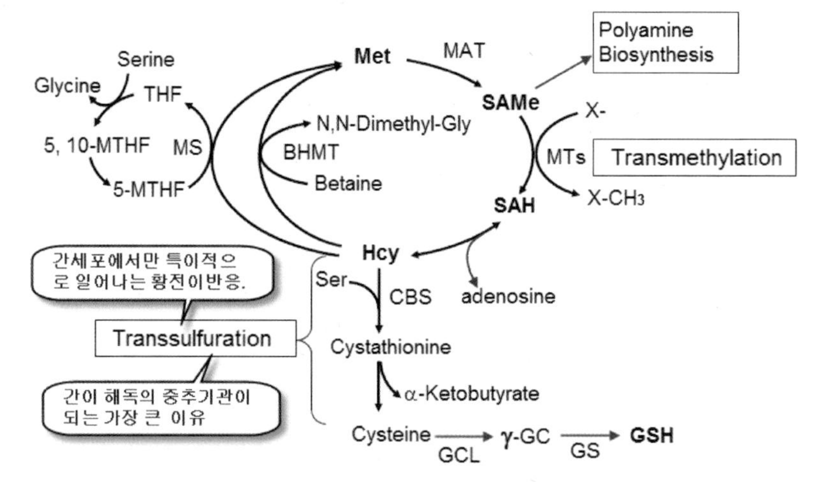

〈그림 4-26〉 황전이반응을 통한 간세포에서의 methionine 대사와 GSH합성 기전: 식이를 통해 흡수된 methionine의 50% 이상은 methionine adenosyltransferase(MAT)에 의해 S-adenosylmethionine(SAMe)으로 전환된다. 생성된 SAMe은 3가지 주요 대사경로인 polyamine synthesis(폴리아민 합성), transmethylation(메틸전이화)와 transsulfuration(황전이반응) 과정을 거친다. 그러나 간세포에서만 특이적으로 일어나는 황전이반응 기전에 의해 GSH의 주요 구성아미노산인 cysteine 조달이 높아진다. 이러한 간에서의 황전이반응을 통해 GSH합성의 증가를 유도하는 cysteine bioavalibility 때문에 간이 대표적인 해독기관이 되는 것이다. MTs; Methyltransferases, SAH; S-adenosylhomocysteine, Hcy; Homocysteine, MS; Methionine synthase, BHMT; Btadine homocysteine methyltransferase 5-MTHF; 5-methyltetrahydrofolate, 5,10-MTHF; 5,10-methylenetetrahydrofolate, THF; tetrahydrofolate, Cys; cysteine, Hcy; Homocysteine, Ser; serine, CBS; cystathionine b-synthase, GCL; glutamate cysteine ligase, γ-GC, γ-glutamyl-L-cysteine, GS; GSH synthase(참고: Lu).

4) GSH포합 기전

- **GSH에 의해 포합되는 대부분의 화학적 구조는 유기양이온인 carbonium, 질소를 가진 활성중간대사체인 nitrenium(예: R_2N^+) 그리고 3개의 원자의 고리형 에테르인 epoxide 등이 대표적이다.**

대부분 제2상반응의 포합반응이 제1상반응을 통해 생성된 친핵성물질과의 반응을 통해 일어나는 반면에 GSH에 의한 포합반응은 친전자성대사체 등과 직접적으로 이루어진다. 부분적 또는 전체적으로 양전하를 띠며 전자가 부족한 물질인 친전자성물질의 대표적 화학적 구조는 탄소원자상에 양전하를 띠는 유기양이온인 carbonium, 두 유기치환분과의 결합과 더불어 양전하를 띠는 질소를 가진 활성중간대사체인 nitrenium(예: R_2N^+) 그리고 3개의 원자의 고리형 에테르인 epoxide 등이 있다. 전자가 부족한 특성 때문에 친전자성물질은 상당히 불안정하며 전자가 풍부한 친핵성물질로부터 전자를 끌어당겨 결합하려는 특성이 강하다. 일반적 외부환경에서 친전자성물질은 강한 반응성 때문에 존재하지 않으며 생체 내의 대사를 통해 생성된다. 반감기는 반응성이 높기 때문에 짧다. 대부분의 독성을 지닌 외인성물질은 체내 대사를 통해 생성된 친전자성의 활성중간대사체가 DNA, 단백질 그리고 지질 등의 친핵성 부분과 결합하여 독성을 유발한다. 따라서 GSH포합은 실제적으로 독성물질에 대한 방어를 위한 생체 내의 가장 중요한 반응이다.

GSH포합반응은 tripeptide 중 cysteine의 친핵성 –SH기(nucleophilic thiol group)와 기질의 친전자성부위와의 thioether 결합(R–S–R)을 통해 이루어진다. 대부분 이들 결합은 효소–의존성(enzyme–dependent)으로 glutathione–S–transferase(GST 또는 GSH S–transferase)에 의해 촉매된다. 그러나 GSH의 –SH기는 GST의 촉매작용이 없이도 금속성 복합체(metal complex)의 금속과 비효소적(nonenzymatic) 결합을 한다. 이러한 GSH의 비효소–의존성 결합은 금속이온의 수송, 저장 및 대사에 중요한 역할을 한다. 또한 ROS 역시 비효소적으로 GSH와 반응하지만 외인성물질에 의한 독성유발에 있어서 핵심적 역할을 하는 대부분의 유기성 프리라디칼과 친전자성물질은 GST－의존성(GSH S－transferase－dependent) 반응에 의해 포합된다. 이러한 결과로 GSH는 세포 내의 산화－환원 상태의 변화를 유도하여 세포주기 및 유전자발현 등에 영향을 준다.

$$\text{Electrophiles (E) + GSH} \xrightarrow{\text{GST}} \text{GS-E}$$

$$\text{Metals (M) + GSH} \xrightarrow[\text{비효소적 결합}]{} \text{GS-M}$$

이와 같이 GSH의 기능은 제2상반응에서 포합과 더불어 항산화적 방어 등으로 요약된다. GSH의 친핵성 －SH에 의한 독성물질 및 친전자성물질에 대한 무독화(detoxification) 기전은 포합반응에 의해 최종대사체에 n－acetylcysteine(또는 mercapturic acid)이 형성되기 때문에 mercapturic pathway(머캅투르산 경로)이라고도 한다. <그림 4－27>에서처럼 기질 X의 친전자성부위와 GSH의 －SH가 GSH S－transferase에 의해 결합된다. γ－glutamyl 부분(γ－Glu)이 γ－glutamyltranspeptidase에 의해 분리되고 cysteinyl－glycine 포합체로 전환된다. 펩티드결합을 절단하는 dipeptidase에 의해 생성된 cysteinyl 포합체(CyS－X)는 N－acetylase에 의한 N－acetylation(N－아세틸화)을 통해 최종적으로 n－acetylcysteine 또는 mercapturic acid로 전환되어 배출된다. 배출은 대부분 담즙산이나 신장을 통해 이루어지는데 GSH가 분리되는 재대사 과정을 통해 독성을 나타내는 경우도 있으며 이는 다음 장에서 논한다. 이와 같이 GSH포합반응에 의한 최종산물은 n－acetylcysteine인데 GSH에 의한 포합대상물질은 친전자성 탄소－함유 대사체(electrophilic carbon－containing metabolite)와 ROS를 포함한 프리라디칼 등으로 구분하여 설명된다.

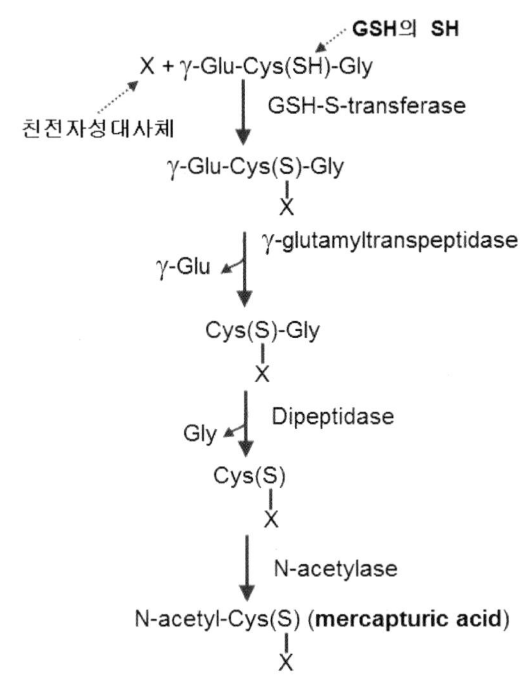

〈그림 4-27〉 Mercapturic pathway를 통한 GSH의 무독화 과정: 친전자성물질 또는 대사체인 X에 GSH와 포합반응을 거쳐 최종적으로 n-acetylcysteine(mercapturic acid)이 결합되어 배출된다. 이와 같이 GSH포합반응 통해 대사체에 n-acetylcysteine이 형성되기 때문에 이를 머캅투르산 경로(mercapturic pathway)라고 한다.

- Saturated carbon atoms와 aromatic carbon atoms 등의 electrophilic carbon-containing metabolite를 비롯하여 탄소가 아닌 electrophilic heteroatom인 -O, -N와 -S 등에서 GSH포합반응이 이루어진다.

GSH에 의해 포합-가능한 부위를 가진 친전자성 탄소-함유 대사체(electrophilic carbon-containing metabolite)는 크게 포화탄소원자(saturated carbon atoms)와 방향족탄소원자(aromatic carbon atoms) 등으로 구분할 수 있다. 그 외 탄소가 아닌 친전자성 헤테로원자(electrophilic heteroatoms)인 -O, -N와 -S 등에서 GSH가 포합된다. <그림 4-28>은 포화탄소원자를 가진 **alkyl halide**(알킬그룹에 halogen 원자인 F, Cl, Br, I가 결합한 구조), **lactone**(고리형 유기 에스테르의 일종)과 **epoxide**(3개의 원자의 고리형 에테르)를 비롯하여 불포화탄소원자를 가진 α, β－불포화 화합물(unsaturated compound, 탄소 이중결합을 가진 탄소화합물)인 quinone과 quinonimine, ester와 방향족탄소원자를 가진 aryl halide(방향족탄소에 할로겐원자를 가진 것)와 nitro compound(질소가 결합한 화합물) 등의 물질에 대한 GSH포합반응을 나타낸 것이다.

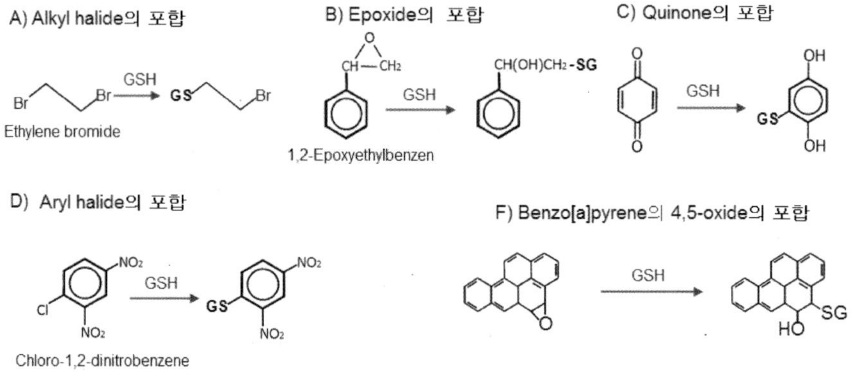

A) Alkyl halide의 포합
Br-CH2CH2-Br (Ethylene bromide) —GSH→ GS-CH2CH2-Br

B) Epoxide의 포합
1,2-Epoxyethylbenzen —GSH→ CH(OH)CH2-SG

C) Quinone의 포합
Quinone —GSH→ GS-, OH, OH

D) Aryl halide의 포합
Chloro-1,2-dinitrobenzene —GSH→ GS-, NO_2, NO_2

F) Benzo[a]pyrene의 4,5-oxide의 포합
—GSH→ HO, SG

〈그림 4－28〉 다양한 친전자성물질에 대한 GSH의 포합반응: GSH포합반응은 포화탄소원자를 가진 alkyl halide(알킬그룹에 halogen 원자인 F, Cl, Br, I가 결합한 구조), lactone(고리형 유기 에스테르의 일종)과 epoxide(3개 원자의 고리형 에테르) 등을 비롯하여 불포화탄소원자를 가진 α, β－불포화 화합물(unsaturated compound, 탄소 이중결합을 가진 탄소화합물)인 quinone과 quinonimine, ester와 방향족탄소원자를 가진 aryl halide(방향족탄소에 할로겐원자를 가진 것)와 nitro compound(질소가 결합한 화합물) 등에서 이루어진다.

- **Free radical 및 ROS는 chain reaction을 통해 지속적으로 radical을 생성하여 GSH포합반응 및 SOD 등의 소모를 유도하는데 이러한 과정을 radical sink hypothesis이라고 한다. 미토콘드리아는 GSH 고갈을 유도하는 ROS 생성의 최대 세포소기관이다.**

부족한 전자를 가진 친전자성물질이 산화적 특성을 가졌다는 점에서 프리라디칼과 유사한 점이 있다. 그러나 프리라디칼은 전자의 부족보다 전자의 상실과 획득을 통하거나 공유결합의 상동성 분열(homolytic fission)을 통해 최외각 오비탈에 비쌍전자(unpaired electron)를 가진 물질을 의미한다. 이들은 또한 산화성 특성에 의한 독성을 유발할 수 있다. 그러나 친전자성물질이 거대분자와 1:1의 결합을 통해 독성을 유발하는 반면에 프리라디칼은 연쇄반응(chain reaction)에 의한 독성 부산물을 생성한다. 이들 부산물은 세포내 거대분자와의 상호작용에 의한 2차공격을 유발할 수 있다. Cytochrome P450에 의한 산화반응을 통해 생성되는 대부분의 라디칼은 유기프리라디칼(organic free radical) 또는 탄소-유래 라디칼(carbon-centered radical, R·)이다. 이들 라디칼은 거대분자 또는 산소 그리고 철 등과 상호작용과 연쇄반응을 통해 따른 유기라디칼대사체 및 수많은 ROS 생성을 유도하게 된다. <그림 4-29> 에서처럼 이러한 연쇄반응을 통해 생성된 ROS 및 유기라디칼을 제거하는 GSH의 역할이 'radical sink hypothesis(라디칼 싱크대 가설)'로 설명된다. 라디칼 싱크대 가설이란 수돗물이 싱크대에 흘러나오는 것처럼 라디칼의 연쇄반응을 통하여 생성된 다양한 라디칼이 GSH와 superoxide dismutase(SOD) 등으로 구성된 상호협력작용(concerted antioxidant interaction)의 여러 단계에 의해 마치 싱크대의 오물이 청소되듯이 제거되는 것을 의미한다.

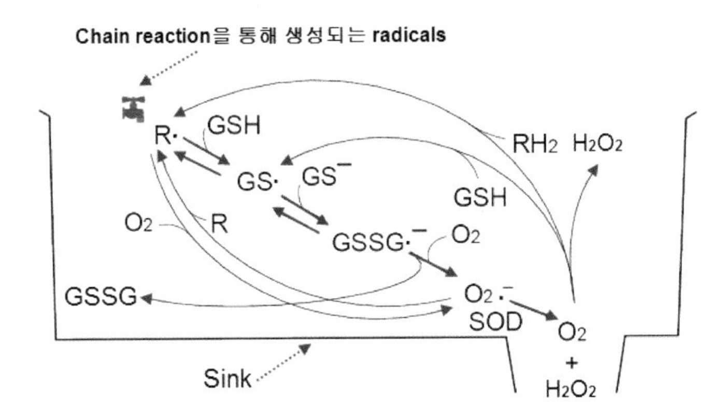

〈그림 4-29〉 **Radical sink hypothesis:** 유기라디칼대사체의 연쇄반응을 통해 생성된 수많은 라디칼이 마치 싱크대에서 오물을 청소하듯이 GSH를 비롯하여 SOD(superoxide dismutase)에 의해 청소되는 현상을 Radical sink hypothesis이라고 한다(참고: Winterbourn).

GSH와 SOD 등에 의한 라디칼 싱크대 가설은 여러 단계를 거친다. 먼저 GSH에 의해 탄소-유래 라디칼은 환원되어 RH와 라디칼인 GS·(thiyl radical)가 생성된다(반응식 1). 이때 반응은 GST에 의해 촉매된다. 산화성

thiyl radical은 생체 내에서 독성을 유발할 수 있으며 여러 단계의 유해한 반응을 지속적으로 유도한다. Thiyl radical은 GS^-(glutathione anion)와 반응하여 $GSSG^{\cdot -}$(glutathione disulfide radical anion)을 생성한다(반응식 2). 다음으로 $GSSG^{\cdot -}$은 산소분자와 반응하여 GSSG(glutathione disulfide)와 $O_2^{\cdot -}$ (superoxide anion radical)를 생성한다(반응식 3). 생성된 $O_2^{\cdot -}$는 SOD의 효소적 전환에 의해 산소와 H_2O_2(hydrogen peroxide) 등으로 분해되어 제거된다(반응식 4). 그러나 vitamin C(ascorbic acid) 등과 같은 항산화물질이 있으면 이러한 경로의 'radical sink'는 변경되어 GSH는 또 다른 경로를 통한 상호협력으로 라디칼을 제거한다.

$$R^{\cdot} + GSH \longleftrightarrow RH + GS^{\cdot} \qquad (\text{반응식}\,1)$$

$$GS^{\cdot} + GS^{-} \longleftrightarrow GSSG^{\cdot -} \qquad (\text{반응식}\,2)$$

$$GSSG^{\cdot -} + O_2 \longleftrightarrow GSSG + O_2^{\cdot -} \qquad (\text{반응식}\,3)$$

$$2O_2^{\cdot -} + 2H \overset{SOD}{\longleftrightarrow} O_2 + H_2O_2 \qquad (\text{반응식}\,4)$$

또한 GSH는 외인성물질의 대사 과정에서 생성된 탄소-유래 라디칼의 제거뿐 아니라 세포 자체의 대사 과정에서 불가피하게 발생하는 내인성 라디칼에 의한 산화적 스트레스(oxidative stress)에 있어서도 중요한 기능을 수행한다. 산화적 스트레스는 ROS 등이 세포 내 항산화체계가 방어할 수 있는 능력 이상으로 과잉 생성된 상태를 의미하며 결과적으로 ROS가 세포 내 거대분자인 지질, 단백질, 탄수화물과 핵산 등과 반응하여 세포 손상을 유도한다. <그림 4-30>에서처럼 세포 내에서 ROS 또는 super oxide anion radical ($O_2^{\cdot -}$)을 가장 많이 발생하는 세포소기관은 미토콘드리아이다. 정도의 차이가 있지만 모든 유산소성 생물체의 미토콘드리아에서는 호흡과정에서 생성된 ROS에 의해 산화적 스트레스가 유발된다. 산소가 미토콘드리아 전자전달계를 통해 이동 중인 전자가 복합체 Ⅰ(complex Ⅰ)과 복합체 Ⅲ(complex Ⅲ)을 통해 외부로 나온 전자가 산소와 결합하게 되면 아주 낮은 농도로 $O_2^{\cdot-}$이 생성된다. 생성된 $O_2^{\cdot-}$는 미토콘드리아에서 $OH^{\cdot}$(hydroxyl radical), H_2O_2으로의 전환 또는 이들에 의한 불포화 지방산과의 반응으로 organic peroxide(ROOH) 생성을 유도한다. 그러나 생성된 $O_2^{\cdot-}$는 다른 활성산소로 전환되기 전에 SOD에 의해 H_2O_2 전환된다. 전환된 H_2O_2의 일부는 세포질의 peroxisome의 catalase, 대부분은 GSH peroxidase(GPX)에 의해서 세포질이나 미토콘드리아에서 산소와 H_2O로 전환된다. 이 과정에서 2분자의 GSH는 한 분자의 GSSG(glutathione disulfide)로 산화된다. 이러한 GSSG로의 산화는 체내 GSH 고갈을 유도하며 ROS에 의한 독성유발의 시발점이 된다. GSSG는 NADPH를 조효소로 하여 GSH reductase에 의해 2분자의 GSH로 다시 환원된다. GSSG는 GSH reductase에 의해 정상적인 생리적 조건하에서 GSH 형태로 약 98% 정도가 환원되며 나머지 GSSG는 단백질의 SH와 결합한 형태인 혼합형(mixed) disulfide, GSSG 자체 그리고 thioester(R_1-S-R_2) 형태로 세포 내에 존재한다.

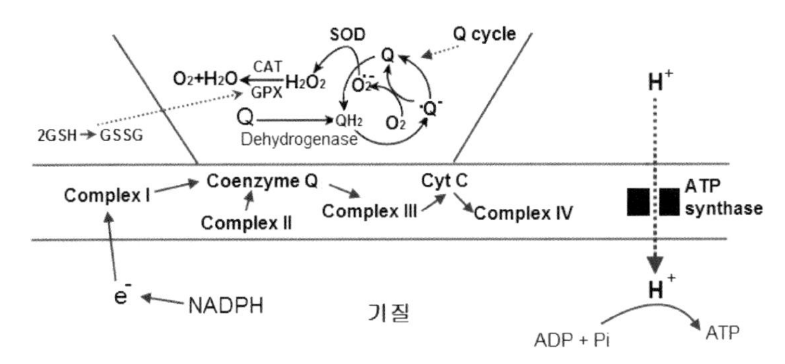

〈그림 4-30〉 **ROS의 주요 생성 장소인 mitochondria의 complex Ⅲ.** Complex Ⅰ 또는 Ⅱ의 dehydrogenase(탈수소효소)로부터 전자가 coenzyme Q(Q)에 전달된다. 결과적으로 coenzyme Q의 환원된 QH_2는 산화 또는 환원 형태의 cytochrome b와 c(Cyt C)를 이용하여 2번의 연속적 일원자 환원(one-electron reduction: Q cycle) 과정을 거친다. Q cycle에서 불안정한 중간체인 Q^-는 전자를 직접적으로 산소분자에 전달하면서 superoxide anion radical($O_2^{\cdot-}$) 생성을 유도한다. 생성된 superoxide anion radical은 SOD(superoxide dismutase)에 의해 hydrogen peroixde(H_2O_2)로 전환되어 일부는 catalase(CAT)에 의해 산소분자와 H_2O로 전환되지만 대부분 glutathione peroxidase(GPX)에 의해 물과 산소로 분해된다. Superoxide anoin radical은 비효소적으로 생성될 수 있기 때문에 대사가 많아질수록 ROS 생성은 더 많이 되어 산화적 스트레스를 유발할 수 있는 가능성이 높다. 이러한 연유로 ROS 생성은 GSH의 고갈을 유도할 수 있으며 고갈로 인한 세포 내 독성유발 가능성이 높아지게 된다.

<그림 4-31>에서처럼 또한 ROS의 공격에 의해 생성된 ROOH도 GSH peroxidase와 GSH S-transferase에 의해 R-OH 등의 알코올 유도체(alcohol derivatives)로 전환된다. 그러나 산화적 스트레스 정도가 심한 경우 GSH으로 환원할 수 있는 세포 능력의 한계로 GSSG가 축적될 수 있다. GSSG의 축적은 곧 세포 내의 산화-환원 평형(redox equilibrium)에 영향을 줄 수 있다. 이러한 경우에는 산화-환원 평형을 유지하기 위해 GSSG가 세포 밖으로 이동하거나 단백질-SH(protein-SH)와 결합하여 혼합형 disulfide (PSSG)을 형성하게 된다. 그러나 정상적인 상황에서 PSSG는 thiol-transferase 효소에 의해 GSSG로 재분리되면서 GSH합성에 재사용된다. 이를 재정리하면 <protein-SSG(PSSG) + GSH → Protein-SH + GSSG>의 반응식이 된다. 무엇보다도 중요한 점은 peroxisome 내 catalase에 의한 peroxide 제거는 세포질에 한정되지만 GSH에 의한 peroxide 제거는 세포질뿐 아니라 생성의 원천인 미토콘드리아에서도 이루어진다는 것이다. 세포의 전체 GSH는 세포질에서 약 80~85%, 미토콘드리아에서 약 10~15%에 존재한다. 그러나 미토콘드리아에서의 ROS 과잉 생성으로 GSH의 고갈될 수 있으며 결과적으로 미토콘드리아 손상이 유발될 수 있다. 또한 미토콘드리아에서의 ROS 과잉생성은 효소의 활성부족에 의한 GSH합성 저하를 유도하여 세포질의 GSH 이동을 촉진하는 더 심각한 문제를 야기한다.

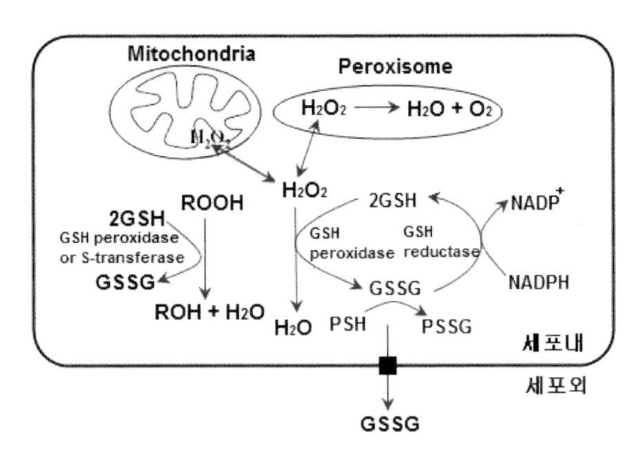

〈그림 4-31〉 ROS에 대한 GSH의 항산화적 기전: 호흡을 통해 생성된 H_2O_2가 세포질과 미토콘드리아에서 GSH peroxidase의 촉매로 GSH에 의해 물로 전환된다. 세포질에서는 catalase가 H_2O_2 제거에 참여하지만 미토콘드리아에서는 GSH만 H_2O_2 제거에 참여한다. 두 분자의 GSH에 의해 산화된 GSSG (disulfide)는 GSSG reductase에 의해 다시 GSH로 환원된다. ROS의 과잉 생성과 GSH의 고갈로 세포 내 산화-환원 평형에 영향을 주게 되면 GSSG는 단백질의 SH와 결합하여 혼합형 disulfide(mixed disulfide)를 형성하거나 세포 밖으로 배출되면서 산화-환원 균형을 조절한다. GSH는 또한 ROS와 불포화 지방산과 반응하여 생성된 organic peroxide(ROOH)를 알코올 유도체인 ROH 등으로 전환시킨다(참고: Lu).

5) Glutathione-S-transferase

- **GSH포합반응은 광범위한 기질특이성을 가진 GST의 Pi 계열의 효소에 의해 이루어진다.**

GST는 내인성 및 외인성-유래 친전자성물질이나 프리라디칼에 대해 독성을 무독화하는 중요한 과정인 GSH의 포합반응을 수행하는 효소이다. 사람의 세포질의 GST는 7군으로 분류되며 아미노산서열 유사성에 있어서 75% 이상을 군, 50% 이상을 하위군으로 분류된다. 각각의 군과 하위군은 GST Alpha(A1에서 A5), GST Mu(GSTM1에서 GSTM5), GST Pi(GSTP), GST Theta(GSTT1과 GSTT2), GST Zeta(GSTZ)와 GST Omega(GSTO1과 GSTO2) 등이 있다. 각 군의 유전자는 gene cluster 형태로 염색체에 존재한다. 예를 들면, 사람의 간에 있어서 주요 GST 유전자인 GSTA1과 GSTA2는 6p12에 함께 존재한다.

GST는 발암물질, 환경오염물질, 약물 등 광범위한 외인성물질에 대해 GSH포합반응을 수행하며 또한 중복적이면서 광범위한 기질특이성을 나타낸다. 이러한 GST의 기질에 대한 다양성은 소수성 기질의 결합부위에 대해 비특이적인 특성 그리고 여러 GST 동질효소의 존재에 기인한다. GST는 전체 세포질 단백질 중 3~5%를 차지하는데 미토콘드리아와 미크로좀에도 존재하지만 대부분은 세포질에 가장 많다.

GST는 200~250개의 아미노산과 23~30kDa 분자량으로 2개의 소단위로 구성된 이종이합체이다. GST의 소단위는 GSH 결합부위(G-site)와 친전자성 기질의 결합부위(H-site) 등 2개의 주요 부위로 구성되어 있다. GST의 기질은 GSH가 포합하는 대부분의 기질과 중복된다. GST의 기질은 대부분의 독성물질 및 독성대사체인데 내인성 유해물질인 hydroxyalkene과 base propenal (lipid peroxidation의 분해 산물), DNA hydroperoxide를 비롯하여 외인성물질의 대사 과정에서 생성되는 epoxide와 quinone 구조를 가진 친전자성대사체 등의 활성중간대사체이다. 독성물질의 제거와 관련된 GST는 Theta, Alpha와 Pi 계열의 효소이다. GST는 또한 GPX(Glutathione Peroxidase) 활성을 가지고 있는데 이러한 활성을 보이는 GST 효소는 Theta와 Alpha 계열이 대표적이다. GST Pi 계열은 지질과산화(lipid peroxidation)의 결과물인 산화성 DNA-base 그리고 lipid hydroperoxide와 유도체인 hydroxyalkenals, malondialdehyde와 base propenolals 등의 기질에 대해 GSH포합반응을 유도한다. 또한 GST Pi는 GSH의 -SH를 통해 ROS와 직접적으로 반응하여 제거하기 때문에 ROS-유도성 산화적 스트레스에 대한 방어에 있어서 중요한 GST 계열의 효소이다.

GST 활성을 증가시키는 유도체는 발암물질, 세포독성물질, 약물, 중금속을 비롯하여 금속함유약물 등 수많은 물질이 있으며 내인성물질도 있다. 또한 GST는 특히 Phase Ⅰ에 의해 생성된 GST 기질 자체에 의해 활성이 증가된다. 대부분의 GST 기질은 외인성물질 및 산화적 스트레스에 의한 부산물이며 이들 또한 활성을 증가하는 유도체이다. 따라서 외인성물질의 GSH포합반응을 위한 GST 유전자 발현의 유도는 제1상반응의 주요 효소인 CYP 유전자의 활성과 연관하여 이루어지는 gene－coordinate regulation(유전자－공동발현 조절) 기전에 의해 이루어지며 다음 장에서 설명된다. GPX는 selenium－dependent GPX와 selenium－independet GPX 등 2가지 효소로 분류된다. Se－dependent GPX는 H_2O_2와 organic hydroperoxide의 환원반응을 촉매한다. Se－dependent GPX는 GPX1에서 GPX5까지 5군으로 구성되어 있으며 주로 항산화적 특성을 가지고 있다. Se－independent GPX는 H_2O_2에 의해 불활성화되며 단순히 organic hydroperoxide의 환원반응을 촉매한다.

7. 제1상반응 및 제2상반응의 gene－coordinate regulation

◎ 주요 내용

- 제1상반응 및 제2상반응의 효소들의 유전자－공동발현조절 기전은 독성대사체 생성을 막는 가장 중요한 생체방어 기전의 하나이다.
- 'Receptor－gene battery'는 특정 핵수용체에 반응하는 제1상반응 및 제2상반응의 모든 유전자가 동시에 발현되는 유전자－공동발현 조절 기전의 일종이다.
- AhR－gene battery와 Nrf2－gene battery의 발현은 '제1상반응에서 생성된 친전자성대사체 및 ROS에 의한 신호'에 의한 유전자－공동발현조절의 대표적인 예이다.

- **제1상반응 및 제2상반응의 효소들의 유전자－공동발현조절 기전은 독성대사체 생성을 막는 가장 중요한 생체방어 기전의 하나이다.**

제1상반응과 제2상반응에 관여하는 효소들은 외인성물질뿐 아니라 내인성물질의 대사 과정에도 관여한다. 외인성물질의 생체전환에 관련된 효소는 대사 상태와 관련이 없이 일정한 양이 존재하는 구성효소와 대사의 필요성에 의해 유도되는 유도효소가 있다. 일반적으로 외인성물질은 식이가 아니고 약물이나 오염물질 등 간헐적 노출을 통해 체내에 들어온다. 이러한 일시적 노출의 특성 때문에 외인성물질의 대사와 관련된 효소들은 항상 존재하는 것이 아니라 외인성물질이 체내에 들어오면 유도되는 유도효소가 대부분이다. 제1상반응을 통해 대부분의 외인성물질은 극성을 가진 친핵성대사체로 전환되기 때문에 독성 측면에서 큰 문제는 아니다. 그러나 제1상반응을 통해 세포 내 거대분자와의 신속한 결합으로 독성을 유발할 수 있는 친전자성대사체가 생성된다면 제2상반응의 신속한 대응이 대단히 중요하다. 친전자성대사체는 반응성이 높기 때문에 신속한 제2상반응의 GSH포합반응이 없다면 주변 물질과의 결합을 통해 독성을 유발하게 된다. 따라서 제1상반응과 제2상반응을 수행하는 효소의 유전자는 거의 동시에 발현이 이루어질 필요성이 있다. 이와 같이 gene – coordinate regulation(유전자 – 공동발현조절)이란 특정 외인성물질의 생체전환 과정에 관련된 제1상반응과 제1상반응의 여러 효소들이 동시에 발현되는 기전을 의미한다. 특히 외인성물질의 생체전환을 통해 생성되는 독성대사체는 반감기가 아주 짧을 정도로 반응성이 높다는 측면을 고려할 때 제1상반응과 제2상반응과 관련된 유전자들의 유전자 – 공동발현조절을 통해 신속한 동시 발현은 독성예방에 있어서 대단히 중요하다고 할 수 있다. 제1상반응 및 제2상반응과 관련된 유전자 – 공동발현조절은 두 가지 측면인 'receptor – gene battery' 그리고 '제1상반응에서 생성된 친전자성대사체 및 ROS에 의한 신호' 등으로 설명될 수 있다.

- 'Receptor – gene battery'는 **특정 핵수용체에 반응하는 제1상반응 및 제2상반응의 모든 유전자가 동시에 발현되는 유전자 – 공동발현 조절 기전의 일종이다.**

앞 장의 제1상반응에서 일반적으로 외인성물질 대사에 관여하는 유전자인 CYP1, CYP2B, CYP2C와 CYP3A 등의 전사는 핵수용체 – 의존성 기전에 의해 대부분 이루어진다는 것을 설명하였다. 외인성물질의 생체전환과 관련된 세포질의 주요 핵수용체는 aryl hydrocarbon receptor(AhR), constitutive androstane receptor(CAR), peroxisome proliferators－actived receptors (PPARs), liver X receptor(LXR), glucocorticoid receptor(GR), vitamin D receptor (VDR), farnesoid X receptor(FXR)와 estrogen receptor(ER) 등이 있다. 이들은 궁극적으로 프로모터의 receptor－responsive element(핵수용체반응 염기부위)이라는 특정염기서열과 결합하여 여러 P450 유전자의 전사를 발현하게 한다. 이들 핵수용체는 세포의 외인성물질의 생체전환에 필요한 외인성물질－대사효소체계(xenobiotic－metabolizing enzymes)의 유전자－공동발현 기전의 활성화를 유도한다. 즉 특정 외인성물질의 세포 내 유입으로 핵수용체가 활성화되면 외인성물질의 대사와 관련된 제1상반응에 관련된 효소뿐만 아니라 제2상반응과 관련된 효소의 유전자 발현도 동시에 이루어진다. 이와 같이 특정 핵수용체를 통해 제1상 또는 제2상반응과 관련된 여러 유전자가 집단 또는 세트(set)로 발현되는 기전을 ‘receptor－gene battery(동일수용체－의존성 유전자 집단)’이라고 한다. 예를 들어 <그림 4－32>의 A)에서처럼 핵수용체인 AhR이 TCDD를 비롯한 외인성물질에 의해 활성화되어 AhR－Arnt 이종이합체를 형성, 프로모터의 XRE에 결합하여 제1상반응 및 제2상반응 관련 효소들이 발현되는 것을 ‘AhR－gene battery’라고 한다. 특히 AhR－gene battery와 더불어 진핵세포의 유전자－공동발현조절의 가장 잘 알려진 핵수용체의 예는 PXR－CAR－RXR gene battery와 PPAR－RXR gene battery 등이 있다. 유전자－공동발현조절은 핵수용체의 이종이합체 또는 동종이합체가 해당 유전자의 프로모터 내의 xenobiotic response element(XRE 또는 dioxin response element, DRE)에 결합을 통해 이루어진다. 유도물질 또는 기질에 의해 이들 이합체가 활성화되면 이합체와 결합하는 제1상반응의 유전자(대부분 P450)들의 발현과 동시에 제2상반응의 유전자도 발현된다. <표 4－7>에서처럼 AhR－gene battery에는 제1상반응의 다양한 P450 유전자뿐만 아니라 제2상반응에 관련된 NQO, GST 그리고 UGT 등의 다양한 유전자들이 AhR의 핵수용체의 활성에 반응하여 유전자－공동발현조절 기전을 통해 발현된다.

A) AhR-gene battery의 전사기전

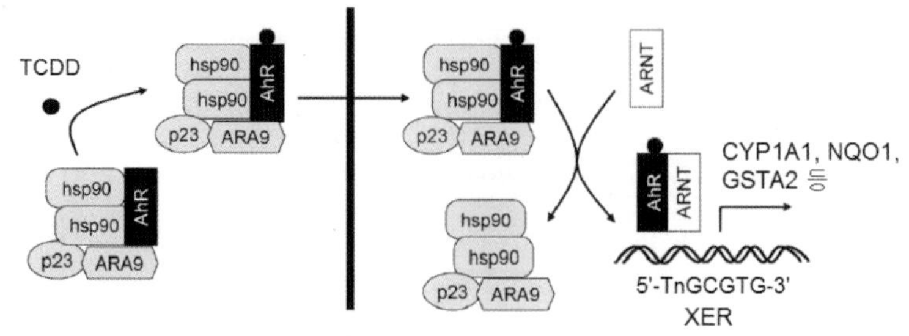

B) Nrf2-gene battery의 전사기전

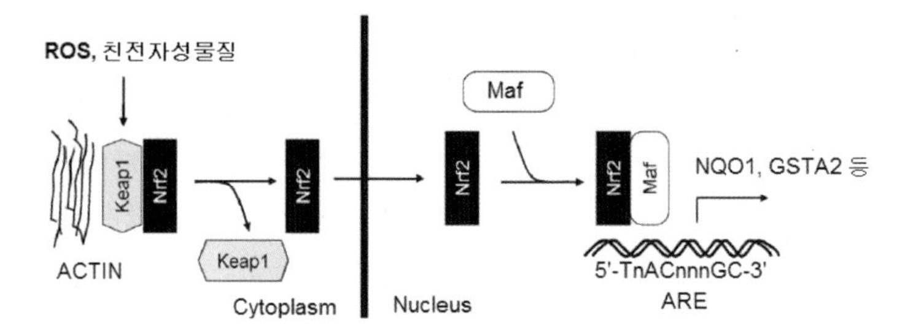

〈그림 4-32〉 **Nrf2-gene battery와 AhR-gene battery의 전사기전:** A)에서처럼 핵수용체인 AhR이 TCDD를 비롯한 외인성물질에 의해 활성화되어 AhR-Arnt 이종이합체를 형성, 프로모터의 XRE에 결합하여 제1상반응 및 제2상반응 관련 효소들인 P450과 GST 유전자 발현이 유도되는데 이를 'AhR-gene battery'라고 한다. B)는 Nrf2가 친전자성물질 및 ROS에 반응하여 keap1에서 분리되어 핵으로 이동하여 제2상반응과 관련된 유전자들인 NQO 및 GST 유전자들의 발현을 유도하는데 이를 'Nrf2-gene battery'이라고 한다. 이와 같이 핵수용체를 통해 제1상 및 제2상반응과 관련된 유전자들이 동시에 발현되는 것을 유전자-공동발현조절 기전이라고 한다. ARA9는 XAP2와 AIP 등과 동의어(참고: Kohle).

Nrf2-gene battery는 대부분의 제2상반응에 관련된 효소의 유전자들이며 독성대사체에 대한 방어 기전에 있어서 유전자-공동발현조절의 가장 대표적인 예이다. <그림 4-33>의 B)에서처럼 친전자성물질 및 ROS에 반응하여 Nrf2(nuclear factor-erythroid 2 p45-related factor 2)는 다양한 단백질 및 전사인자와 이합체를 형성, 유전자 프로모터 내의 EpRE(electrophilic-response element) 또는 ARE(antioxidant-responsive element) 등에 결합하여 전사발현을 유도한다. 동종이합체를 형성하지 않는 Nrf2는 JunD, c-Jun 그리고 ATF4 등과의 이종이합체를 형성하기도 하지만 Nrf2-small Maf protein과의 이종이합체 형성을 통해 Nrf2-gene battery 발현을 유도한다. Small Maf protein은 MafF, MafG와 MafK 등으로 구성되며 bZIP(basic leucine zipper protein) 및 bi-directional transcription regulator(양방향 전사조절단백질)의 일종이다. <그림 4-33>의 A)에서처럼 핵수용체 Nrf2가 친전자성물질 및 ROS에 반응하여 keap1에서 분리되어 핵으로 이동한다. Nrf2는 small Maf와 이종이합체를 형성, ARE에 결합하여 Nrf2-gene battery 기전을 통해 전사가 활성화되는 유전자들의 전사를 촉진한다. AhR 수용체는 TCDD에 의해 활성화되어 HSP90, p23과 ARA9(XAP2와 AIP 등과 동의어) 등의 복합체에서 분리되어 핵으로 들어간다. 핵에서 AhR-TCDD는 Arnt(AhR nuclear translocator)와 AhR-TCDD와 이종이합체를 형성, XRE에 결합하여 AhR-gene battery에 해당하는 다양한 유전자의 전사를 촉진한다. <표 4-7>에서 Nrf2에 반응하여 전사되는 유전자들의 집단인 Nrf2-gene battery를 확인할 수 있는데 제1상반응에 관여하는 유전자들보다 외인성물질의 대사체 및 독성대사체의 제거에 관여하는 제2상반응의 유전자들이 대부분이다. 이는 Nrf2가 제2상반응과 관련된 효소를 발현하는 유전자들의 전사를 위한 대표적인 핵수용체이며 외인성물질의 대사를 통해 생성되는 독성대사체에 대한 항독기전에 있어서 핵심 핵수용체이라는 것을 의미한다.

〈표 4-7〉 AhR and Nrf2 gene battery members

AhR gene/protein battery	Nrf2 gene/protein battery
CYP1A1	NQO1
CYP1A2	NQO1(rat)
CYP1B1	NQO1(mouse)
NQO1	GSTA1(mouse)
NQO1(rat)	GSTA2
NQO1(mouse)	GCS
GSTA2	ALDH3A1(mouse)
ALDH3A1(mouse)	UGT1A6
UGT1A1	Thioredoxin
UGT1A6	Thioredoxin reductase-1
Nrf2	Metallothionein-1/2
	Heme oxygenase-1
	Ferritin
	Nrf2

( ): 발현되는 동물이며 나머지는 전부 사람에게서 발현되는 유전자(참고: Kohle).

- **AhR－gene battery와 Nrf2－gene battery의 발현은 '제1상반응에서 생성된 친전자성대사체 및 ROS에 의한 신호'에 의한 유전자－공동발현조절의 대표적인 예이다.**

AhR－gene battery와 Nrf2－gene battery의 유전자－공동발현조절 기전은 '제1상반응에서 생성된 친전자성대사체 및 ROS에 의한 신호'뿐 아니라 Nrf2 유전자의 XRE에 의해서도 설명이 된다. Nrf2 유전자의 프로모터에는 여러 개의 XRE가 존재하는데 이는 XRE에 결합하는 AhR에 의한 전사가 유도될 수 있는 가능성을 의미한다. 그러나 친전자성물질이나 ROS에 반응하여 Nrf2 단백질의 활성이 유전자－공동발현 조절에 있어서 더 중요한 요인이다. <그림 4－33>에서처럼 외인성물질의 제1상반응을 통해 생성된 친전자성대사체 그리고 P450 반응 과정에서 발생하는 ROS 등에 의해 활성화된 Nrf2가 Nrf2－gene battery의 유전자 발현을 유도한다. 그러나 비록 Nrf2 유전자의 프로모터 내 여러 개의 XRE에 의해 AhR－의존성 Nrf2 발현이 증가할지라도 Nrf2 활성 증가와 관련이 되는 것은 아니다. Keap1에 산화되어 결합되어 있던 Nrf2의 분리에 의해 우선적으로 Nrf2－gene battery의 발현이 된다. Keap1 산화는 P450의 활성을 통해 생성된 ROS와 친전자성대사체 등에 의해 이루어지기 때문에 AhR－gene battery의 유전자 활성에 의한 Nrf2－gene battery의 유전자－공동발현조절에 있어서 ROS와 친전자성대사체의 신호가 중요하다. 또한 역으로 Nrf2 활성에 의해 P450 유전자 전사가 이루어지지 않거나 ROS에 의해 P450 활성이 자동음성조절(auto－regulation)된다는 것은 외인성물질이 제1상반응을 거쳐 제2상반응으로 이어지는 순차적 대사가 이루어지는 것처럼 AhR－gene battery와 Nrf2－gene battery의 유전자－공동발현 조절도 순차적으로 이루어진다는 것으로 이해할 수 있다.

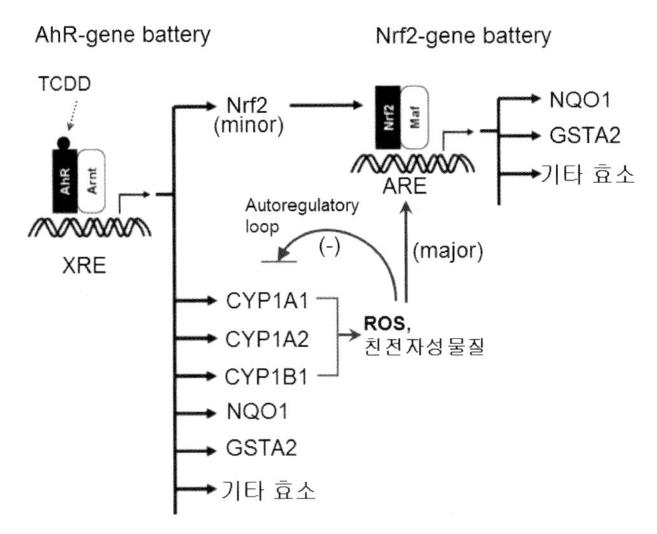

〈그림 4-33〉 **AhR-gene battery와 Nrf2-gene battery의 gene-coordinate regulation:** TCDD에 반응하여 AhR 활성으로 다양한 AhR-gene battery에 해당하는 유전자들이 발현된다. 또한 AhR에 의해 Nrf2 역시 발현이 되나 P450 효소들의 활성에 의해 생성되는 친전자성대사체나 ROS에 의해 Nrf2가 더 잘 반응하여 Nrf2-gene battery의 유전자들의 전사가 활성화된다(참고: Kohle).

그러나 AhR 활성을 유도하는 모든 외인성물질이 항상 Nrf2의 발현을 유도하지 않고 다양한 물질에 의해 다양하게 활성이 이루어진다. <표 4-8>은 AhR과 Nrf2의 전사 유도에 있어서 단독활성유도물질(monofunctional inducer) 및 복수활성유도물질(bifunctional inducer)의 종류를 나타낸 것이다. 리간드(ligands 또는 agonists)는 AhR 핵수용체에 직접적으로 결합하여 AhR 활성을 유도하는 물질이며 활성물질(activator)은 Keap1 분해 또는 분리를 촉진하여 Nrf2 활성을 유도하는 물질이다. 이와 같이 리간드 및 활성물질 각각은 기능에 따라 단독활성유도물질의 기능을 수행한다. 그러나 AhR 및 Nrf2 등 두 단백질 모두 활성을 유도하는 복수활성유도물질인 'mixed AhR/Nrf2 activator'의 역할을 곧 gene-coordinate regulation의 활성을 유도하는 기전으로 이해할 수 있다. 즉 제1상반응을 통해 생성된 친전자성대사체가 AhR의 리간드로 작용하여 AhR-gene battery에 속하는 유전자의 활성을 유도하고 동시에 친전자성대사체 자체가 ROS 생성을 통해 Keap1로부터 Nrf2의 분리를 유도하여 Nrf2-gene battery의 유전자 발현을 촉진한다. 그리고 'mixed AhR/Nrf2 activator'에 의한 AhR-gene battery와 Nrf2-gene battery의 활성 정도는 대사 과정에서 생성되는 리간드 그리고 ROS 등에 의한 산화적 스트레스 정도에 결정될 것으로 추정된다.

〈표 4-8〉 식물성천연화학물질의 AhR와 Nrf2의 단독 활성물질 및 공동 활성물질

Class	Compounds
AhR ligands(또는 agonists)	Indol-3-carbinol 3,3'-Diindolylmethane(DIM) Indolo[3,2-b]carbazole TCDD
Nrf2 activators	Sulforaphane β-Phenethyl isothiocyanate(PEITC) Ethoxyquin
Mixed AhR/Nrf2 activators	Quercetin Luteolin Apigenin Chrysin 1,2-Dithiol-3-thione Oltipraz tert.-Butylhydroquinone(tBHO) β-Naphthoflavone(BNF)

※ ligands: 수용체와 결합하는 작용제, activator: keap1로부터 Nrf2 분리를 통한 활성물질(참고: Kohle)

이 외에도 Nrf2-gene battery의 유전자들의 활성을 유도하는 기전을 응용하여 항암제가 개발되기도 한다. Dithiolethione(5-<pmethoxyphenyl>-1,2-dithiole-3-thione)은 Nrf2 활성을 유도하여 benzo[a]pyrene에 의한 발암성을 현저히 감소시킨다. 이러한 증가된 Nrf2 활성은 dithiolethione이 Keap1 변형을 유도하여 Keap1로부터의 Nrf2 분리에 기인한다. 그러나 Nrf2가 항상 독성물질에 대한 긍정적인 기능을 수행하는 것은 아니다. <그림 4-34>에서처럼 Nrf2의 ARE 결합은 제1상반응과 제2상반응 외에도 다른 유전자의 공동발현조절을 유도할 수 있다. 특히 약물을 배출하는 multidrug resistance protein(MRP)이 Nrf2의 활성에 의해 공동발현 된다. 일반적으로 대부분의 약물에 대한 내성은 이러한 제1상반응과 제2상반응 그리고 MRP 등의 공동발현으로 설명되고 있다. 이는 약물에 대한 감수성 감소를 유도하여 약물의 효능 반감을 유도할 뿐 아

니라 높은 농도투여에 의한 또 다른 부작용을 유발할 수 있다.

이와 같이 외인성물질 대사와 관련되어 제1상반응과 제2상반응의 효소들이 서로 연관하여 발현되는데 AhR-gene battery와 Nrf2-gene battery의 유전자-공동발현 기전은 다음과 같이 3가지 특성으로 요약된다.

- Nrf2는 AhR의 표적 유전자이다.
- Nrf2는 P450 등 제1상효소들의 활성을 통해 발생된 ROS 또는 P450 활성에 의한 산화적 스트레스 등에 의해 직, 간접적으로 유도된다.
- 제2상반응과 관련된 NQO 및 GST 등의 효소는 AhR-gene battery와 Nrf2-gene battery 등 모두에 속하여 발현된다. 이는 대사 과정에서 발생되는 산화적 스트레스 및 친전자성대사체에 의한 독성에 빠른 대처를 위한 기전으로 이해된다.

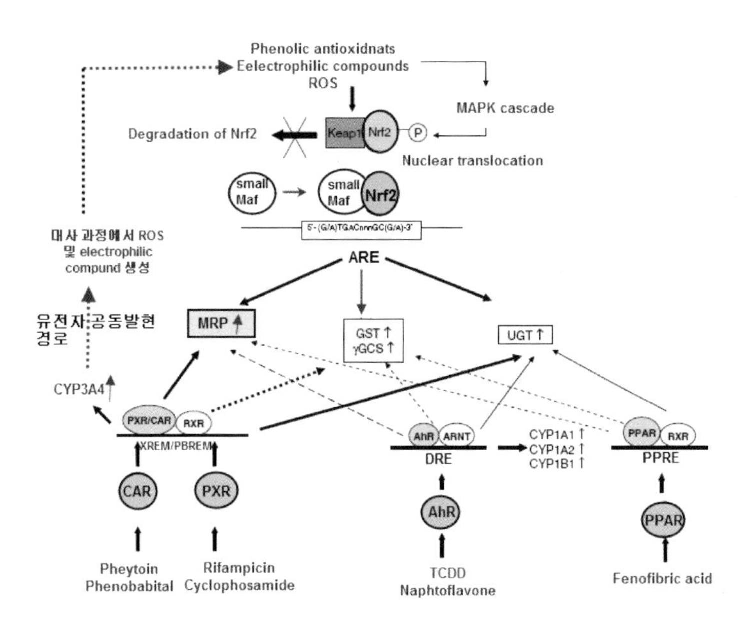

〈그림 4-34〉 **제1상반응과 제2상반응의 효소 및 MRP의 공동발현:** 유도물질인 pheytoin, TCDD를 비롯하여 fenofibiric acid 등에 의해 핵수용체들인 pregnane X receptor(PXR), constitituve androstane receptor(CAR), ARNT(AhR nuclear translocator) retinoid X receptor(RXR)와 peroxisome proliferator-activated receptor(PPAR) 등이 활성화되어 제1상반응 및 제2상반응과 관련된 효소들이 유도된다. 또한 P450 효소의 활성에 통해 생성된 친전자성물질(electrophilic compound)과 ROS 등에 대한 반응을 통해 제2상반응과 관련된 효소인 GST, UGT 등이 Nrf2-의존성 기전에 의하여 유전자-공동발현조절 기전이 이루어진다. 특히 MRP(multidrug resistance protein) 역시 유전자 공동발현조절 기전에 의해 발현되어 약물내성의 원인이 된다(참고: Meijerman).

제 5장 생체활성화(Bioactivation) - Reactive intermediates

제5장의 주제

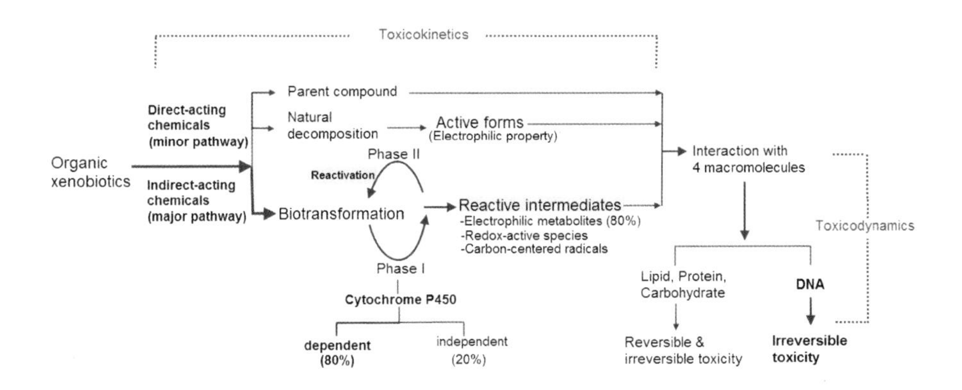

◎ 주요 내용

- 외인성물질의 생체전환을 통해 독성을 유발할 수 있는 대사체를 'reactive intermediates'라고 하며 이것이 생성되는 과정을 bioactivation이라고 한다. Reactive intermediates는 electrophilic metabolite, carbon-centered radical과 redox-active species 등이 있다.

- Reactive intermediates – Electrophilic metabolites
- Carbon – centered radical과 Redox – active species

- **외인성물질의 생체전환을 통해 독성을 유발할 수 있는 대사체를 'reactive intermediates'라고 하며 이것이 생성되는 과정을 bioactivation이라고 한다. Reactive intermediates는 electrophilic metabolite, carbon – centered radical과 redox – active species 등이 있다.**

제1장의 <그림 1 – 3>의 Central dogma에서 외인성물질은 자연분해에 의한 활성형물질(active form)과 생체전환에 의한 활성중간대사체(reactive intermediates)로의 전환을 통해 독성을 유발한다고 설명하였다. 그러나 활성형물질 형성을 통한 독성 경로는 minor pathway이며 활성중간대사체 형성을 통한 독성 경로가 major pathway이다. 특히 외인성물질에 의한 독성유발에 있어서 약 80%는 생체전환을 통해 생성된 활성중간대사체 생성을 통해 이루어지기 때문에 생체전환의 bioactivation 경로는 외인성물질에 의한 핵심 독성기전이다. 때로는 생체전환 과정을 통해 생성된 대사체가 자연분해를 통해 활성형물질로 전환되어 독성을 유발하는 경로도 있는데 이러한 대사체는 대부분 활성형물질보다 활성중간대사체로 분류된다.

<그림 5 – 1>과 같이 대부분의 외인성물질은 생체전환 과정을 통해 무독화와 독성화 경로를 거치게 된다. 그러나 제1상반응 후 극성을 지닌 친핵성 또는 극성대사체(nucleophilic metabolites)는 생체의 거대분자가 결합을 통한 독성을 발휘하지 않고 제2상반응의 여러 포합반응을 통해 친수성으로 전환되는데 이러한 과정을 bioinactivation(생체불활성화)이라고 하며 생체불활성화와 더불어 배출까지 포함한 전반적인 과정을 무독화 과정(detoxication)이라고 한다. 이와는 대조적으로 생체전환 특히 제1상반응 후 독성을 유발할 수 있는 활성중간대사체가 생성되는데 이러한 과정을 생체활성화(bioactivation)라고 한다. 이들 활성중간대사체는 생체 내 DNA를 비롯하여 당, 지질 그리

고 단백질 등의 친핵성 부분과의 결합을 통해 독성을 유발하는데 이러한 과정을 독성화 과정(toxication)이라고 한다. 따라서 생체전환을 통해 독성을 유발하는 대부분의 외인성물질은 활성중간대사체 생성을 통해 독성을 유발하게 된다. 물론 하나의 외인성물질은 생체전환을 통해 다양한 형태로 전환되는데 이러한 전환 과정에서 독성을 유발할 수 있는 여러 형태의 활성중간대사체가 존재한다. 그러나 <그림 5 - 1>에서 제1상반응 후 활성중간대사체가 비록 생성되더라도 제2상반응의 GSH포합에 의한 친수성으로의 전환을 통해 배출되어 무독화 과정이 유도되기도 한다.

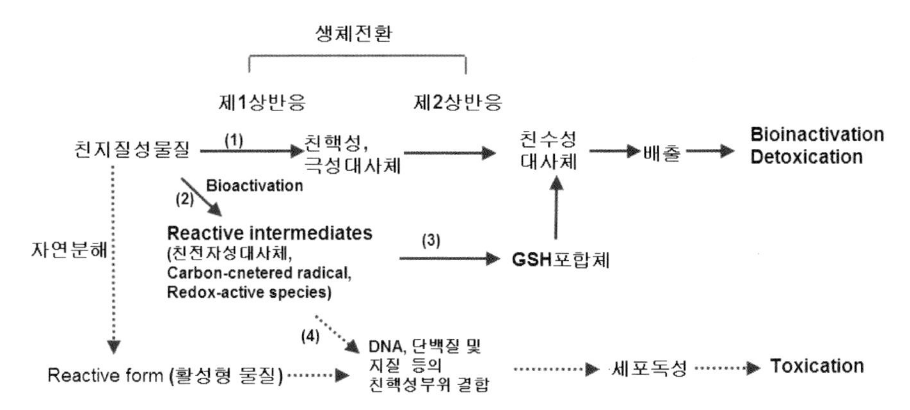

〈그림 5 - 1〉 Bioactivation의 기전: (1)과 같이 친지질성물질이 체내에 들어오면 제1상반응과 제2상반응을 통해 친수성대사체로 전환되어 체외로 배출되며 이를 detoxification 또는 bioinactivation 과정이라 한다. (1)의 과정에서 대표적인 효소는 P450이다. (2) 과정에서 역시 P450 효소 등에 의해 친전자성대사체, carbon - centered radical(유기라디칼대사체) 그리고 redox - active species(산환 - 환원순환 대사체) 등의 활성중간대사체(reactive intermediates)가 생성되며 이를 생체활성화(bioactivation)라고 한다. 이들 활성중간대사체는 고도의 높은 반응성을 가지고 있기 때문에 체내 독성화의 중요 기전이다. 그러나 활성중간대사체는 (3)의 과정에서 epoxide hydrolase 등과 같은 효소에 의해 수화되거나 직접적으로 제2상반응의 GSH포합반응을 통해 무독화되기도 한다. 반면에 (3)의 과정을 거치지 못한 활성중간대사체는 체내의 단백질 및 DNA와 결합하는 (4)의 과정을 거쳐 독성을 유발하여 이를 toxication(독성화) 과정이라고 한다. 그러나 자연분해에 의한 활성형물질은 제1상반응과 제2상반응의 생체전환 과정을 거치지 않고 독성을 유발할 수 있다.

이와 같이 생체불활성화 과정에서는 제1상반응 후 친핵성대사체 또는 극성대사체(polar metabolites)가 생성되며 생체활성화에서는 활성중간대사체가 생성된다. 특히 활성중간대사체로는 electrophilic metabolite(친전자성대사체),

carbon－centered radical(유기라디칼대사체) 등이 있다. 또한 활성중간대사체 중 라디칼성 대사체에는 semiquinone과 같이 산화－환원의 순환반응을 통해 많은 ROS를 생성하는 산환－환원순환 대사체(redox－active species)도 있으며 이는 carbon－centered radical과 구분된다. 친핵성대사체를 포함한 활성중간대사체의 특성은 아래와 같이 간략히 요약된다.

- Nucleophilic metabolites(친핵성대사체): 독성을 유발할 수 있는 친핵성대사체는 거의 드물다. 제2반응의 포합을 통해 친수성으로 전환되어 배출된다. 독성이 없는 외인성물질은 대부분 극성을 지닌 친핵성대사체로 전환되기 때문이다.

- Electrophilic metabolites(친전자성대사체): 친전자성대사체 또는 물질은 전자가 부족한 원자, 이온을 비롯한 분자성 물질을 말하며 친핵성물질의 전자쌍과 높은 친화성의 결합력을 가지고 있다. 이러한 결합은 주로 DNA 및 단백질 등과 이루어져 외인성물질의 주요 독성기전 대부분이 친전자성대사체에 의해 설명된다.

- Carbon－centered radicals(유기라디칼대사체): 전자의 추가나 발췌에 의해 최외각궤도(orbital)에 하나 또는 더 이상의 비쌍전자(unpaired electron)를 가진 대사체이다. 여기서 다루는 외인성물질은 유기물질이기 때문에 ROS(reactive oxygen species, 활성산소종)와 RNS(reactive nitrogen species, 활성질소종) 등의 라디칼과 구별된다.

- Redox－active species(산환－환원의 순환반응 화학물질 또는 대사체): Redox－active species는 대사체의 전구물질 또는 전구대사체와 산화－환원의 순환반응이 가능한 라디칼성 대사체이다. 라디칼 및 redxo－active species는 직접적으로 DNA, 지질 및 단백질과 결합을 통해 독성을 유발할 수 있다. 또한 redox－active species는 산화－환원 순환반응을 유도하여 그 부산물에 의해 독성을 유발하는 간접적인 방법도 있다.

1. Reactive intermediates－Electrophilic metabolites

◎ 주요 내용

- Electrophilic metabolites는 외인성물질에 의한 독성유발에 있어서 핵심대사체이다. Soft electrophilic metabolite는 단백질의 친핵성부위와 공유결합, hard electrophilic metabolite는 DNA의 친핵성부위와의 공유결합을 통해 adduct를 형성하는 특성이 있다.
- Alkylating와 arylating agent의 친전자성대사체
- Electrophilic nitrogen을 지닌 친전자성대사체
- Carbonyl compound와 acylating agent
- Organophosphorous compounds

- **Electrophilic metabolites는 외인성물질에 의한 독성유발에 있어서 핵심대사체이다. Soft electrophilic metabolite는 단백질의 친핵성부위와 공유결합, hard electrophilic metabolite는 DNA의 친핵성부위와의 공유결합을 통해 adduct를 형성하는 특성이 있다.**

친전자성물질(electrophiles)은 분자를 구성하고 있는 특정 원자의 전자－부족(electron deficient)으로 전자를 받아들이려는 화학적 특성을 가지고 있다. 친전자성물질은 환원제(reducing agent) 또는 Lewis acid의 역할을 하기도 하는데 대부분의 친전자성물질은 부분적으로 또는 전체적으로 양이온을 띠고 있다. 또한 전자의 부분적 치우침이 있거나 분자 전체의 비이온성을 지닌 친전자성물질도 있다. 이러한 특성을 가진 친전자성물질은 외인성물질의 제1상 반응을 통해 대부분 생성되며 이를 친전자성대사체(electrophilic metabolite)라고 한다. 친전자성대사체의 특성을 나타내는 물질 또는 대사체를 <표 5－

1>에서처럼 기능과 화학적 구조에 따라 알킬화(alkylation, 지방족포화탄화수소기를 부가하는 것) 및 아릴화(arylation, 방향족 화합물에서 수소원자 하나를 제거하여 원자단을 부가하는 것)를 유도하는 물질, 친전자성질소를 가진 화합물(compound with electrophilic nitrogen), 카르보닐화합물(carbonyl compound, RCO－), 아실화－유도물질(acylation, 라디칼성 RCO－), 인산화－유도물질(phosphorylation, 인산 부가) 그리고 유기라디칼(organic radicals) 등으로 구분할 수 있다.

그러나 친전자성물질의 이러한 기능과 화학적 구조에 따른 분류와 더불어 생체 내에서 친전자성대사체의 생성기전에 따라 분류되기도 한다. 생성기전으로는 산소결합과 전자방출에 의한 생성을 비롯하여, 공액이중결합(conjugated double bond)－유래 생성 그리고 양이온성－친전자성대사체 생성 등이 있지만 중복되는 경우가 많아 분류에 큰 의미를 두지는 않는다. 산소결합과 전자방출에 의한 친전자성대사체 생성은 P450을 비롯하여 외인성물질에 일산소화반응을 유도하는 여러 효소에 의해 이루어진다. 제1상반응에 의해 생성되는 대부분의 친전자성대사체가 이에 속하며 <표 5－1>에서 aldehyde, ketone, epoxide, arene oxide, sulfoxide, nitrocompound, phosphonate, acyl halide 구조를 가진 대사체가 이에 해당된다. 또 다른 친전자성대사체 생성기전인 공액이중결합이란 quinone의 －C(＝O)－ 구조에서처럼 이중결합과 단일결합이 연속해 있는 결합을 의미한다. 이러한 결합에서 탄소의 전자가 비교적 자유롭기 때문에 산소의 전자－인출에 의해 공액이중결합이 극성을 띠고 탄소는 전자가 부족하여 친전자성이 된다. 공액이중결합－유래 생성기전에 해당되는 친전자성대사체는 <표 5－1>에서처럼 alkylating 및 arylating agents의 활성에텐화합물(activated ethene compound)을 비롯하여 α, β－unsaturated aldehydes, *o*－Quinone, *p*－Quinone 등이 있다. 이들 대사체 대부분도 P450에 의해 생성된다. 일반적으로 친전자성물질은 비이온성(nonionic)과 양이온성(cationic)으로 분류되는데 산소결합 및 전자방출에 의한 친전자성대사체와 공액이중결합(conjugated double bond)을 가진 친전자성대사체 등이 비이온성－친전자성대사체에 분류된다. 그리고 양이온성－친전자성대사체(cationic electrophiles)는 화학결합의 불균형분해(heterolytic bond cleavage)에 기인하는데 <표 5-1>에서처럼 alkynitorosamide와 'compound with electrophilic nitrogen' 등과 carbocation-유래 양이온성 친전자성대사체를 생성하는 'alkyl 및 arylating agnets' 등이 있다.

〈표 5-1〉 친전자성대사체 및 생성 원물질의 분류

원물질의 대분류	친전자성대사체의 화학적 구조에 따른 분류	구조식 (R은 H를 비롯한 alkyl 또는 arylalkyl기)	독성유발 반응
Alkylating 및 arylating agents	Alkyl halides(할로겐알킬화합물)	R-X(X= I, Br, Cl과 F)	친핵성치환 (nucleophilic substituition)
	Epoxid(또는 oxiranes, alkene이나 방향족화합물 등 모두에서 생성 가능)	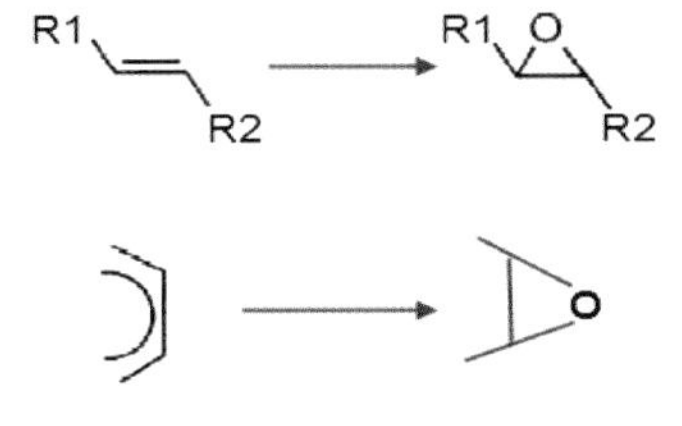 R1, R2 alkene → R1, O, R2 epoxide; aromatic → epoxide (O)	
Alkylating 및 arylating agents	Alkylnitrosamide 또는 Alkyl-nitoamine(대부분 이들 물질은 alkyldiazonium ion이나 cab-onium ion 등과 같은 경로를 통해 활성화됨)	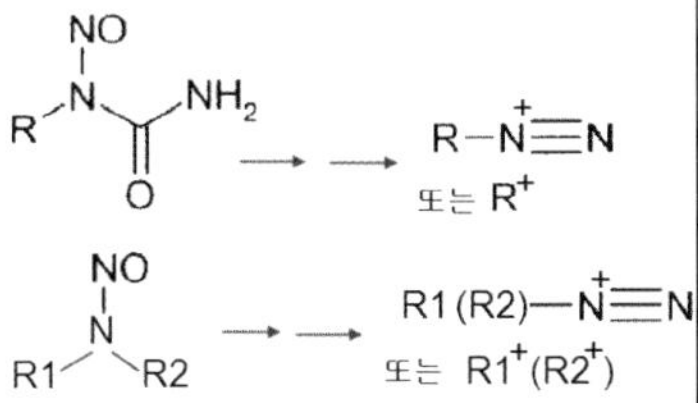 NO, R-N-C(=O)-NH_2 → → $R-\overset{+}{N}\equiv N$ 또는 R^+; NO, N, R1, R2 → → $R1(R2)-\overset{+}{N}\equiv N$ 또는 $R1^+(R2^+)$	친핵성치환 (nucleophilic substituition)
	Diakyl sulfates 또는 Alkyl alkanesulfonate	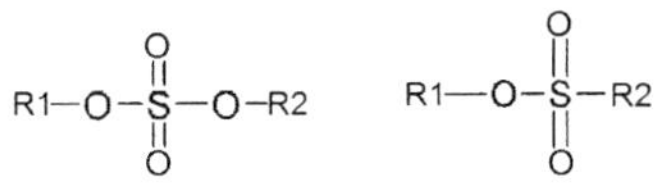 R1-O-S(=O)(=O)-O-R2 R1—O-S(=O)(=O)-R2	
	Activated ethene compound (α, β-unsaturated aldehydes, *o*- or *p*-Quinones 등)	 R-CH=CH- : Ethene이 전자를 끌어 당기는 NO_2, SO_2R, COR, CONR 등에 의해 활성화	1, 4-첨가 반응(Addition)
Compound with electrophilic nitrogen	Aromatic amine(nitrorenium ion의 생성을 통해 활성화)	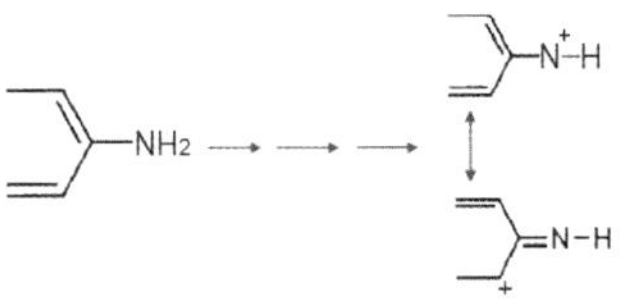 $-NH_2$ → → → $-\overset{+}{N}-H$ ↕ =N-H (+)	친핵성치환
Carbonyl compounds	Aldehydes, ketone	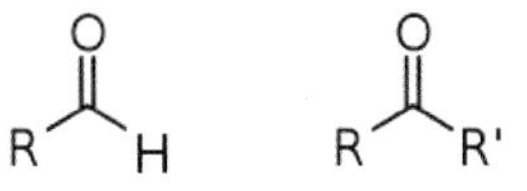 R-C(=O)-H R-C(=O)-R'	carbinolamine 경로를 통한 Sciff base

원물질의 대분류	친전자성대사체의 화학적 구조에 따른 분류	구조식 (R은 H를 비롯한 alkyl 또는 arylalkyl기)	독성유발 반응
Acylating agents	Organic acid anhydrides Organic acid halides Isocynates Isothiocyanates	R1–C(=O)–O–C(=O)–R2 R–C(=O)–X X = F, Cl, Br, I O=C=N–R S=C=N–R	친핵성치환 첨가반응
Phosphorylating agents	Organo phosphorous compounds	R1-O–P(=O)(F)–O-R2 R1,R2>P(=O(S))–O(S)–X	친핵성치환
Organic radicals	CCl_4에서 생성된 ·CCl_3		라디칼-매개 반응

(참고: Tornqvist)

물질의 대사에서 차이가 있지만 하나의 물질에 한 종류의 친전자성대사체가 생기는 것이 아니고 생체전환을 통해 다양한 친전자성대사체로 전환된다. 이는 제1상반응 과정에서 여러 P450 효소에 의한 대사에 기인하기도 하지만 동일한 P450 효소에서도 다른 형태의 친전자성대사체가 생성될 수 있기 때문이다. 이와 같이 하나의 원물질에서 다양한 친전자성대사체가 형성되기 때문에 실제로 독성작용을 유발하는 친전자성대사체의 구조적 특징에 대한 이해는 중요하다.

친전자성물질은 HSAB(hard and soft acids and bases)의 개념을 응용하여 나타낸 <표 5-2>에서처럼 hard electrophile(중-친전자성물질)과 soft electrophile(경-친전자성물질)로 구분된다. HASB는 화학물질의 안정성(stability)과 반응 기전을 설명할 때 응용되는 개념이다. HASB에서 'Hard'라는 개념은 작고 높은 전하밀도를 띠는 상태이며 극성화가 잘되지 않은 화학물질에 적용된다. 'Soft'는 크고 낮은 전하밀도를 가지며 극성화가 잘되는 화학물질에 적용되는 개념이다. 또한 HASB 개념은 제1상반응을 통해 생성된 친전자성대사체와

DNA와 단백질과 같은 체내 거대분자와의 adduct 형성을 유도하는 화학반응의 원리이다. 따라서 이는 외인성물질에 의한 체내 독성이 어떻게 발생하는가에 대한 화학적 반응의 기본원리가 된다. Hard electrophile은 높은 양전하밀도를 가지고 있기 때문에(높은 전기음성도를 의미) 반응을 위해 극성화가 쉽게 되지 않는 valence electron shell(원자가 전자껍질)을 가지고 있다. 반면에 soft electrophile은 hard electrophile보다 작은 양전하밀도를 가지고 있어 낮은 전기음성도 때문에 반응을 위해 쉽게 극성화되는 valence electron shell을 가지고 있다. 친전자성대사체와 공유결합을 하는 DNA 및 단백질 역시 이에 대응하여 hard nucleophile(중 - 친핵성물질)과 soft nucleophile(경 - 친핵성물질)로 구분된다. 일반적으로 hard electrophiles은 hard nucleophile, soft electrophile은 soft nucleophile과의 공유결합을 통해 독성을 유발한다. 이러한 짝짓기 반응의 선호는 hard nucleophile 내에 soft electrophile이 공유결합을 하기에는 고에너지 - 전이(high - energy transition)이라는 장벽이 존재하기 때문이다. 이에 따라 soft electrophilic metabolite(경 - 친전자성대사체)는 주로 soft nucleophile의 특성을 가지고 있는 단백질과 GSH의 thiol group과의 공유결합을 통해 독성을 유발한다. 반면에 hard electrophilic metabolite(중 - 친전자성대사체)는 단백질보다 DNA의 친핵성부위와의 adduct 형성을 통해 독성을 유발한다.

외인성물질의 친전자성대사체가 반드시 제1상반응 과정 또는 후에 생성되는 것은 아니다. 물질에 따라 제2상반응 후 또는 제1상반응 및 2상반응의 효소작용이 없는 자연발생적 발생 등 3가지 경로를 통해 발생한다. 그러나 전형적인 독성경로 외에도 특이적 독성 경로인 재활성화(reactivation) 경로가 있다. 간에서 제1상반응과 제2상반응 후 생성된 대사체가 배출을 통해 혈관을 이동한다. 그러나 이동 중 다른 조직에서 재-대사(re - metabolism)에 의하여 친수성대사체가 활성중간대사체로 전화되어 독성을 유발하는 과정을 재활성화이라고 한다. 이러한 재활성화는 간에서보다 신장, 골수 등 간 외의 기관에서 많이 발생한다. 골수에서 benzene의 재 - 대사가 재활성화의 가장 좋은 예로 들 수 있다.

〈표 5 - 2〉 Hard 및 Soft Electrophiles과 Hard 및 Soft Nucleophiles의 종류

Electrophiles
Hard: Alkyl carbonium ions, Benzylic cabonium ions
Soft: Acrylamide, Acrolein, Acrylonitrile, Quinone
Nucleophiles
Hard: Oxygen atoms of purine/pyrimidine bases in DNA Endocyclic nitrogens of purine bases in DNA Oxygen atoms of protein serine and threonine residues
Soft: Protein thiol groups Sulfhydryl groups of glutathione Primary/secondary amino groups of protein lysine and histidine residues

(참고: LoPachin)

1) Alkylating와 arylating agent의 친전자성대사체

'알킬화(alkylation)'란 한 분자의 알킬기(R - CH_3)가 다른 분자로 이동하는 것을 의미한다. 알킬(alkyl)기는 탄소사슬 속에 배열된 탄소와 수소로 구성된 단일원자가(univalent)를 가진 구조이다. 특히 이들은 거대분자 내에 존재하는데 독립적으로 분리될 때 라디칼의 화학적 특성을 갖는다. 알킬은 분자식 C_nH_{2n+1}로 다양한 동족계열(homologous series, 분자식에서 간단한 구조단위의 수만큼 서로 차이가 나는 일련의 화합물)로는 methyl($CH_3\cdot$), ethyl($C_2H_5\cdot$), propyl ($C_3H_7\cdot$), butyl($C_4H_9\cdot$), pentyl($C_5H_{11}\cdot$) 등이 있다. 즉 알킬의 기본적인 화학구조는 1개의 수소원자가 없는 알칸(Alkane)이다. 가장 간단한 알킬은 <그림 5 - 2>에서처럼 메틸기이며 2차, 3차 등의 알킬은 탄소가 하나씩 첨가되며 수소원자가 하나씩 부족한 구조를 갖는다. 알킬기의 이동은 alkyl carbocation, free radical, carbanion 그리고 carbene(또는 이들의 동등 원자가를 가진 equivalents) 등을 통해 이루어진다. 친전자성대사체의 특성을 갖는 중요한 화학적 구조는 alkyl carbocation이다. Carbocation(탄소양이온화)이란 탄소원자에 양전하를 갖는 것을 의미한다. Carbocation은 <그림 5 - 2>에서처럼 양이온화된 탄소에 결

합된 탄소의 수에 따라 primary(1차), secondary(2차) 또는 tertiary(3차) 등으로 분류된다. Primary alkyl carbocation(1차 알킬－탄소양이온)은 양이온을 띤 탄소에 다른 탄소가 없거나 1개의 탄소가 붙은 것, 2차 alkyl carbocation은 양이온화된 탄소에 2개의 탄소가 붙은 것 그리고 3차 alkyl carbocation는 3개의 탄소가 붙은 것을 말한다. 대부분 이들은 DNA와 단백질의 친핵성부위에 결합하는데 결합력은 탄소양이온에 붙은 탄소가 적을수록 크다. <그림 5－2>에서처럼 원자가에 따라 3가 carbocation을 carbenium ion(H_3C^+), 5가 또는 6가 carbocation을 carbonium ion(H_5C^+)이라고 한다.

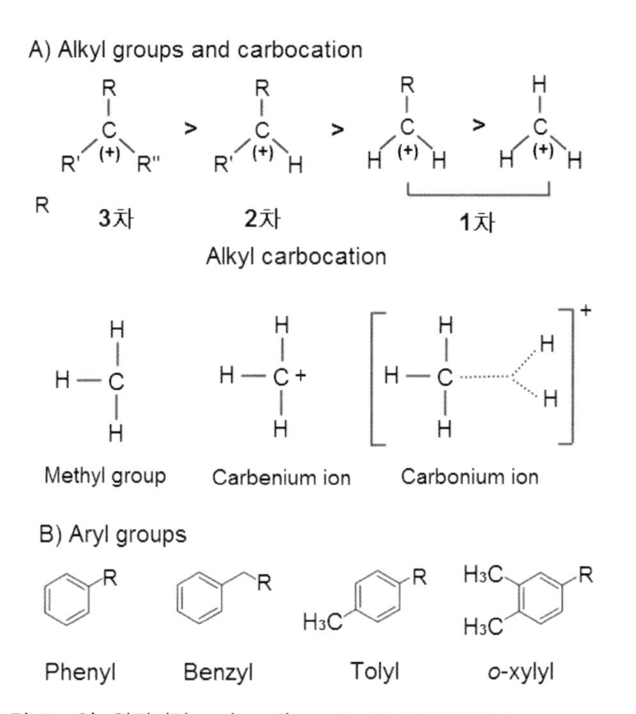

〈그림 5－2〉 알킬기와 carbocation: A) 가장 간단한 알킬기는 methyl group이며 탄소원자에 양전하를 띠는 것을 carbocation(탄소양이온화)이라 하며 이들을 유발하는 물질을 alkylating agent(알킬화－유도물질)이라고 한다. Alkyl carbocation은 양전하를 띤 탄소원자에 다른 탄소가 붙는 수에 따라 분류되며 탄소가 많이 붙으면 안정화되어 그만큼 독성이 감소하게 된다. B) Aryl group이란 방향족탄화수소에 기능기가 붙은 모든 물질을 의미하며 다양한 친환기가 붙어 phenyl, benzyl, tolyl 그리고 o－xylyl group 등이 있다.

아릴기(aryl group)란 방향족탄화수소의 핵에서 수소원자 1개가 분리되어 특정 기능기 또는 치환기가 붙은 화합물을 말하며 <그림 5-2>에서처럼 벤젠환에 다양한 치환기가 붙은 phenyl, benzyl, tolyl과 o-xylyl group 등이 있다. 생체 내 거대분자 특히 DNA 염기에는 방향족탄화수소로 구성되어 있어 이곳의 탄화수소의 핵에서 수소원자가 분리되어 공유결합을 통한 친전자성대사체에 의해 치환되는 것을 아릴화(arylation)라고 한다.

이와 같이 알킬화나 아릴화는 특정물질에 알킬기($R-CH_3$)를 전달하거나 방향족탄화수소 등에 특정 기능기로의 치환을 유도하는 반응으로 요약되는데 이러한 반응을 유도하는 물질은 각각 알킬화-유도물질(alkylating agents)과 아릴화-유도물질(arylating agents)로 정의된다. 그러나 알킬화-유도물질 및 아릴화-유도물질은 친핵성도 있지만 독성학 측면에서 생체 내 거대분자의 친핵성부위와 결합하는 친전자성을 띤다. 특히 이들은 DNA와의 공유결합을 통해 DNA 손상을 유발하는 돌연변이 및 발암물질로 분류되기도 한다. 또한 이러한 특성으로 이들 물질들은 항암제로 개발되기도 한다. 오늘날에는 알킬화 또는 아릴화 등에 대한 구분이 없이 생체 거대분자 특히 DNA의 친핵성부위인 phosphate, amino, sulfydryl, hydroxyl, carbonyl과 imidozole groups 등에 공유결합을 통해 DNA adduct 형성을 하는 것처럼 DNA 거대분자의 일부가 되거나 손상을 유발하는 모든 물질을 공통적으로 알킬화-유도물질이라고 한다. 알킬화-유도물질은 전형적으로 두 가지 형태인 S_N1 type과 S_N2 type으로 구분되는데 이는 제6장에서 상세히 설명되며 다음과 같은 알킬화-유도물질이 있다.

(1) Alkyl halide(알킬할로겐화합물)

Alkyl halide 화합물(할로겐알킬화합물)은 구조식이 R-X이며 X의 할로겐원자인 I(iodine), Br(bromine), Cl(chlorine) 또는 F(fluorine) 등이 탄소에 붙은 화합물을 의미한다. 따라서 알칸(alkane)화합물의 일종이다. Alkyl halide의 기능기는 탄소-할로겐원자의 결합인데 이들이 극성화가 되면 탄소는 친전자성, 할로겐원자는 친핵성을 갖는다. 이러한 탄소의 친전자성은 alkyl halide 대사를 통한 친전자성대사체 생성에 기여하게 된다. <그림 5-3>은 두 경로를 통해 알킬할로겐화합물의 일종인 1,2-Dichloroethane(Cl-CH_2-CH_2-Cl)의 친전자성대사체 생성 과정이다. 대부분의 Alkyl halide은 CYP2E1에 의해 산화된다. 1,2-Dichloroethane 역시 CYP2E1에 의한 일산소화되면서 할로겐원자가 분리되어 1,2-Chloroacetaldehyde가 생성된다. 1,2-Chloroacetaldehyde는 DNA와 단백질 등의 알킬화를 통해 adduct를 형성하는 친전자성대사체이다. 1,2-Dichloroethane은 체내에서 대사를 통하지 않고 자체적으로 H_2O 등에 의해 자연분해 되면서 제2상반응의 GSH포합반응을 하게 된다. 결과적으로 1,2-Dichloroethane은 GSH포합반응을 통해 S-(2-dichhloroethyl) glutathione으로 전환된다. S-(2-dichhloroethyl)glutathione은 sulfur mustard 화합물의 일종으로 자체적으로 할로겐원자가 친핵성치환을 통해 제거된다. Cl^- 음이온이 제거되면 친전자성을 가지며 DNA와 공유결합을 하는 eposulfonium ion(cyclic sulfonium)이 생성된다. Eposulfonium ion은 활성이 아주 강하며 DNA의 guanine 친핵성부위에 결합한다. 그러나 대부분의 외인성물질은 GSH와 결합을 통해 친수성으로 전환되어 배출되는데 이러한 경우는 대단히 특이한 친전자성대사체 생성 경로이다. 이와 같이 원물질은 단 하나의 친전자성대사체로 전환되는 것이 아니라 여러 경로를 통해 다양한 친전자성대사체로 전환될 수 있다.

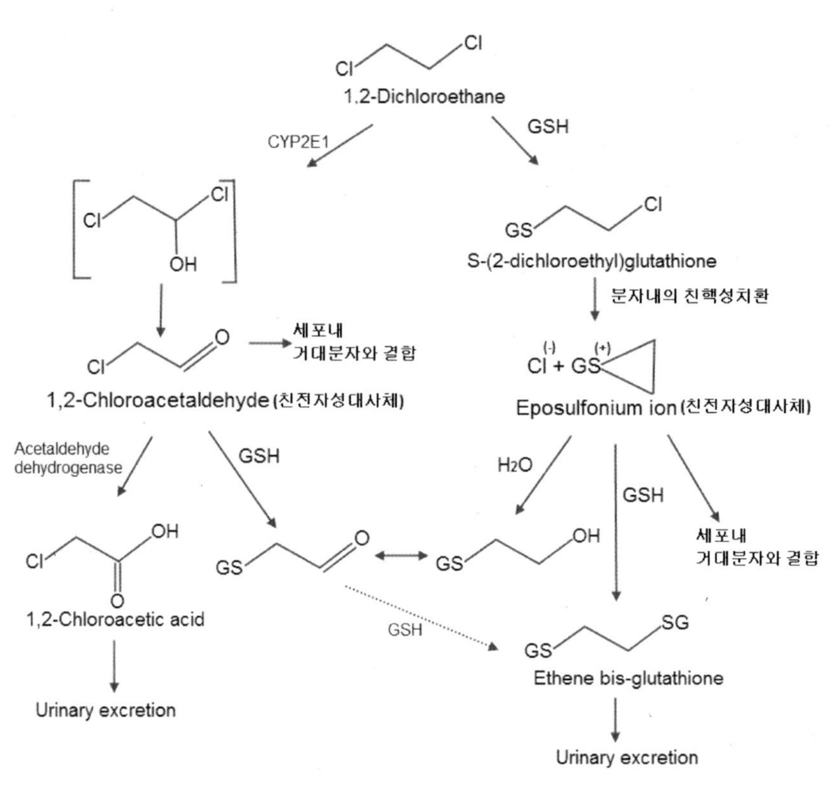

〈그림 5－3〉 **1, 2－Dichloroethane의 친전자성대사체의 생성기전.** Alkyl halide 화합물은 대부분 2가지 경로인 P450과 GSH에 의해 친전자성대사체인 1,2－Chloroacetaldehyde과 eposulfonium ion이 생성된다. 그러나 GSH와 포합반응을 통해 친전자성대사체로 전환되는 경우는 아주 드물게 발생하는 친전자성대사체 생성기전이다.

(2) Epoxide 구조를 지닌 친전자성대사체

제1상반응에서 가장 중요한 효소인 P450 대사에 의한 친전자성대사체 생성에 있어서 가장 중요한 화학적 구조 중 하나가 epoixde를 지닌 대사체이다. 앞 장에서 설명한 것처럼 P450에 제1상반응의 P450에 의한 에폭시화는 방향족탄화수소화합물, 이원자방향족탄화수소화합물(heterocyclic compound), vinyl chloride 화합물, ethyl carbamate, alkyl vinyl nitrosoamine 등의 외인성물질에서 주로 발생하며 발생기전은 주로 중요한 두 가지로 요약된다. 첫 번째, epoxide는 지방족탄화수소 및 방향족탄화수소의 이중결합 부위에서 발생한다. 두 번째, ethyl carbamate와 같은 탄소－탄소 단일결합을 가진 물질은

P450 효소에 의해 이중결합이 형성된 후 다시 P450에 의해 epoxide가 형성된다.

알켄 또는 olefin 화합물(C_nH_{2n})은 P450에 의한 탄소이중결합부분에 epoxide가 형성되는 화합물이다. <그림 5－4>에서처럼 alkene halide의 일종인 chlorinated ethene의 경우에는 대부분 CYP2E1에 의한 산화반응을 통해 epoxide type의 친전자성대사체인 chlorinated epoxyethane이 생성된다. Epoxide 구조를 가진 대부분의 친전자성대사체는 epoxide hydrolase에 의해 수화되어 제2상반응에 포합되거나 또는 GSH에 의해 직접적으로 포합되어 친수성대사체로 전환되어 체외로 배출된다.

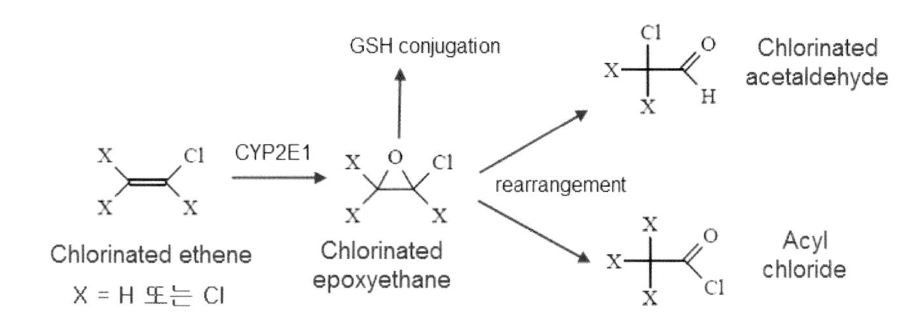

〈그림 5－4〉 Chlorinated ethene의 P450에 의한 epoxide type의 친전자성대사체 생성: CYP2E1에 의한 산화반응을 통해 사슬성 탄화수소인 Chlorinated ethene는 epoxide 구조를 지닌 친전자성대사체인 chlorinated epoxyehtane으로 대사된다.

Vinyl chloride은 chlorinated ethene의 대표적인 물질인데 aldehyde의 친전자성대사체로 전환되어 간암을 유발한다. <그림 5－5>에서처럼 vinyl chloride은 먼저 간에서 CYP2E1의 산화에 의해 epoxide성 친전자성대사체인 chloroethylene oxide으로 전환, 다시 비효소적 재배열(nonezymatic rearrangement)을 통해 또 다른 친전자성대사체인 chloroacetaldehyde으로 전환된다. 대부분의 친전자성대사체 배출에서처럼 vinyl chloride의 대사체도 GST에 의한 GSH포합반응을 통해 배출된다.

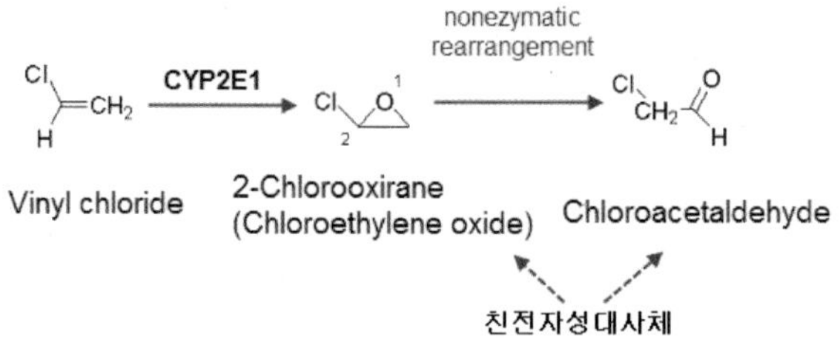

〈그림 5-5〉 **Vinyl chloride의 친전자성대사체 chloroacetaldehyde 생성기전:** 간에서 CYP2E1의 산화에 의해 epoxide성 친전자성물질인 chloroethylene oxide가 생성되며 이는 다시 비효소적 재배열을 통해 chloroacetaldehyde가 생성된다.

방향족탄화수소 PAH의 일종인 naphthalene은 사람에게 있어서 Group 2B의 인체-발암 가능성 물질이다. <그림 5-6>에서처럼 naphthalene은 P450 동질효소인 CYP1A2와 CYP3A4에 의해 dihydrodiol(*trans*-1,2-dihydro-1,2-naphthalenediol), 1-naphthol과 2-naphthol 등의 대사체로 전환되는 과정에서 친전자성대사체의 활성중간대사체인 epoxide type의 naphthalene-1,2-epoxide로 전환된다.

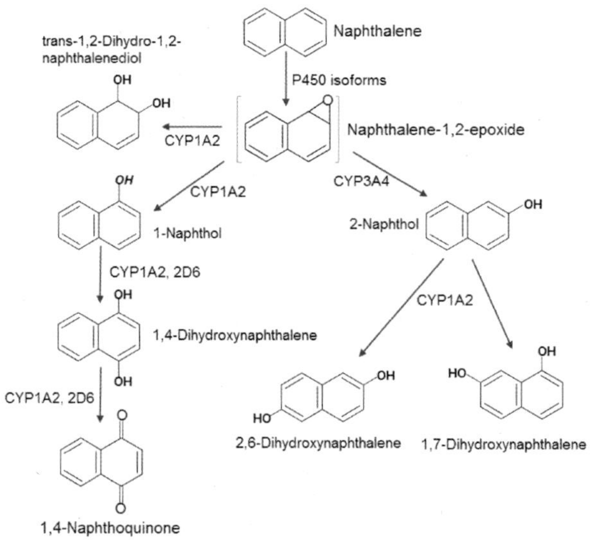

〈그림 5-6〉 **Naphthalene의 epoxide를 지닌 친전자성대사체 생성:** Naphthalene은 CYP1A2, CYP3A4 등 다양한 P450 효소에 의해 *trans*-1,2-dihydro-1,2-naphthalenediol(dihydrodiol), 1-naphthol과 2-naphthol 등으로 대사되면서 epoxide type의 친전자성대사체인 Naphthalene-1,2-epoxide로 전환된다(참고: Cho Taehyeon).

특히 PAH(polycyclic aromatic hydrocarbon) 중 벤젠환 3개가 결합한 안트라센(anthracene, $C_{14}H_{10}$)인 경우에는 제1상반응을 통해 epoxide가 벤젠환의 어디에 형성되느냐에 따라 독성 정도가 차이가 있다. 또한 대사를 통해 PAH는 3차원 공간구조(three dimensional structure)를 갖게 되며 다양한 이성질체(isomer)가 형성된다. 이성질체는 분자식은 같지만 입체구조에 따라 성질이 판이하게 다르게 나타나는 화합물들을 의미한다. 예를 들어 대사를 통해 epoxide가 B[a]P의 어느 벤젠환 부위에 위치하고 어떠한 입체구조를 갖느냐에 따라 화학적 특성이 달라지며 독성도 차이가 있다. 이러한 대사체의 다양한 입체이성질체(stereoisomer, 이중결합으로 연결된 두 원자에 결합된 원자나 원자단이 같은 방향이거나(cis), 다른 방향(trans)으로 구분되는 이성질체)에 따라 독성의 차이가 있는 대표적인 예가 B[a]P의 Bay region(분자 만곡부)으로 설명된다. <그림 5 - 7>에서처럼 B[a]P는 CYP1A1에 의해 2개의 Benzo[a]pyrene 7, 8 - epoxide인 7R, 8S - oxide와 7S, 8R - oxide 배열이성질체(enantiomer, 키랄중심탄소에 붙는 원소나 기능기에 원자번호순으로 순서를 정하여 R(rectus, 우)방향과 S(sinister, 좌)방향으로 나눌 수 있는 이성질체) 등의 대사체로 전환된다. 그러나 CYP1A1의 선택적 대사에 의해 7R, 8S - arene oxide가 7S, 8R - arene oxide보다 약 9 : 1의 비율로 더 많이 생성된다. 각각의 BP - 7, 8 - epoxide는 epoxide hydrolase에 의해 epoxide가 수화되어 7R, 8R - 과 7S, 8S - dihydrodiol - benzo[a]pyren으로 전환된다. 이 2개의 대사체는 동일한 P450 효소에 의해 4종류의 7,8 diol - 9,10 epoxide - benzo[a]pyren diastereomer(부분입체이성질체)로 전환된다. 그러나 4개의 부분입체이성질체 중 diastereomeric(+) benzo[a]pyrene 7R,8S - diol - 9S,10R - epoxide - 2가 80% 이상으로 가장 많이 생성되며 유일하게 DNA와의 결합을 통해 발암성을 갖게 된다. 따라서 동일한 물질이 동일한 효소에 의한 대사 과정에서 효소의 입체선택성에 의해 다양한 대사체가 생성될 수 있다. 이들 입체이성질체성 대사체는 특히 B[a]P의 bay region처럼 물질의 잠재적 독성유발 부위에 효소에 의한 기능기 첨가로 인하여 특정 입체이성질체에 의해 독성이 유발되는 것을 입체선택적 독성(stereoselective toxicity) 기전이라고 한다.

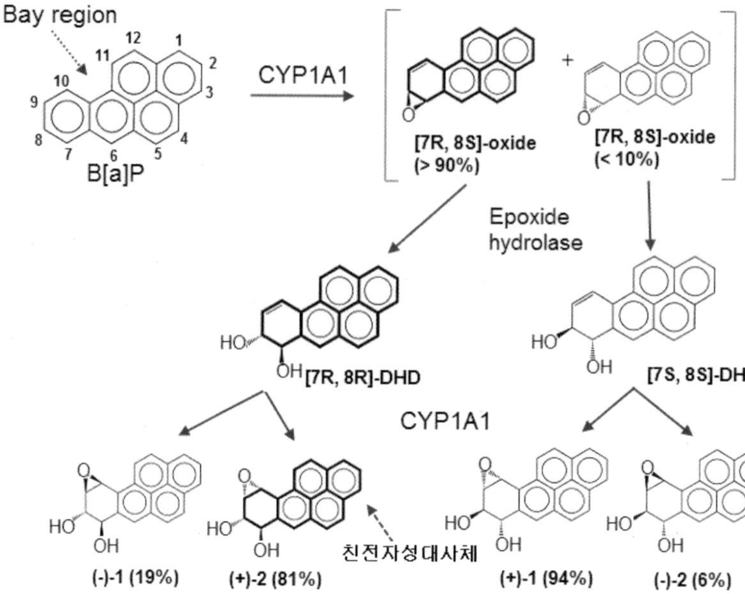

〈그림 5-7〉 **CYP1A1과 epoxide hydrolase에 의한 benzo[a]pyrene의 대사에 있어서 bay region의 입체선택적 독성기전:** B[a]P의 bay region에서 CYP1A1과 epoxide hydrolase에 의한 촉매반응은 4개의 입체이성질체성 대사체를 생성한다. 이들 대사체는 효소의 입체선택적 대사를 통해 대사체 생성 비율도 다르며 독성 역시 다르다. 특히 4개의 부분입체이성질체 중 diastereomeric(+) benzo[a]pyrene 7R,8S-diol-9S,10R-epoxide-2가 가장 많이 생성되며 유일하게 DNA와의 결합을 통해 돌연변이성 또는 발암성을 갖게 된다. [7R,8R] 또는 [7S,8S]-DHD: 7R, 8R-과 7S, 8S-dihydrodiol-benzo[a]pyren(참고: Lin).

(3) Alkylnitroamine 또는 Alkylnitrosamide

N-nitroso 화합물(N-nitroso compound, 질산나이트로조 화합물)이란 N-N=O의 작용기를 가진 유기화합물이며 N-nitrosamine과 N-nitrosamide의 2가지 그룹으로 나눌 수 있다. N-nitrosamine의 분자식은 $R_1N(-R_2)-N=O$, N-nitrosamide의 분자식은 $R_1N(-NO)C(=O)NH_2$이다. Alkylnitroamine 또는 alkylnitrosamide이란 N-nitrosamine 또는 N-nitrosamide의 R 위치에 알킬기(alkyl group)가 붙는 것이다. 이들의 대사를 통해 생성되는 친전자성 대사체는 알킬기가 붙은 'diazonium ion($N^+\equiv N$)'이다. Diazonium ion에 의해 DNA 알킬화가 유도되기 때문에 alkylnitroamine와 alkylnitrosamide은

alkylating agent로 분류된다. N-nitrosodi-n-propylamine(NDPA)은 dia-kylnitrosamine으로 여러 식품에 포함되어 있는 발암물질이며 diazonium ion의 일종인 diazomethane의 친전자성대사체를 생성한다. <그림 5-8>에서처럼 NADP는 CYP2E1 및 CYP2B1에 의해 NHPPA(N-nitrosodi-β-hydroxypropylpropylamine)와 NOPPA(N-nitrosodi-β-oxopropylpropylamine) 등을 거쳐 oxopropyldiazotate로 전환된다. Oxopropyldiazotate는 자연분해를 통해 propionaldehyde을 방출하면서 활성형물질인 diazomethane의 친전자성대사체를 생성하여 DNA 알킬화 또는 DNA 메틸화를 유도하여 독성을 유발한다.

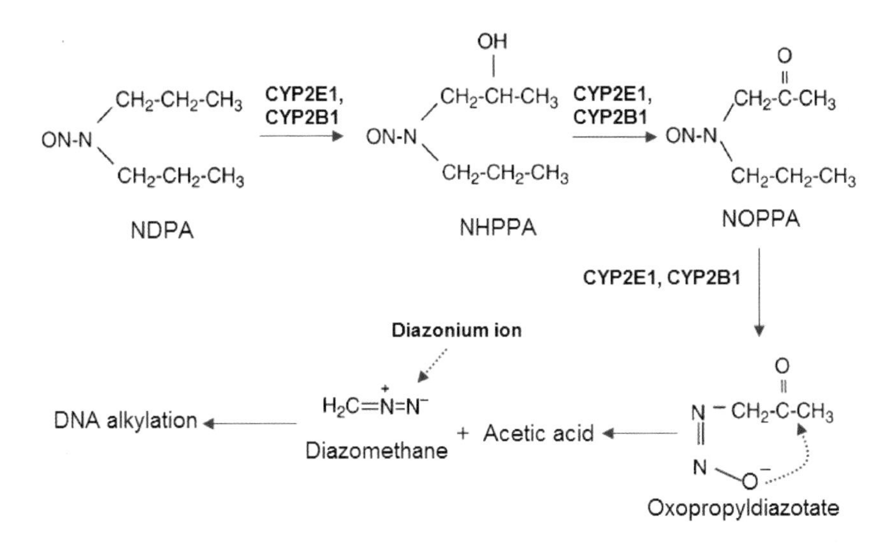

〈그림 5-8〉 Alkylnitroamine의 대사에 의한 친전자성대사체 diazonium ion의 생성기전: N-nitrosodi-n-propylamine(NDPA)는 P450에 의해 N-nitrosodi-β-hydroxypropylpropylamine(NHPPA)와 N-nitrosodi-β-oxopropylpropylamine(NOPPA), oxopropyldiazotate로 P450 효소에 의해 전환되어 친전자성대사체인 diazonium ion이 생성된다(참고: Teiber).

이러한 diazonium ion과 같이 친전자성대사체를 생성하는 alkylnitroamine의 화합물 중 담배 및 담배연기에만 존재하는 담배-특이적 nitrosamine (tobacco-specific nitrosamines)이 있다. 물론 이들 nitrosamine은 식품 및 육류 등의 열을 가하는 요리과정에서 많이 발생하며 식품-유래 nitrosamine이라고도

한다. 이들 중 NDMA(N-Nitrosodimethylamine 또는 dimethylnitrosamine, DMN), NNN(N-nitrosonornicotine) 그리고 NNK(4-<methylnitrosamino>-1-<3-pyridyl> -1-butanone) 등은 발암 및 독성과 관련하여 가장 강력한 친전자성대사체를 생성하는 담배-특이적 nitrosamine의 대표적인 화합물이다. 그러나 친전자성대사체와 알킬화-유도 측면에서 이들 중 N-Nitrosodimethylamine는 'alkylnitroamine'으로 분류된다.

N-Nitrosodimethylamine은 산업적으로 거의 사용되고 있지는 않지만 여전히 환경에서 자연발생적으로 존재하며 담배 및 배기가스에 포함되어 있는 인체발암물질(IARC 분류, Group 1)이다. <그림 5-9>에서처럼 사람에게 있어서 NDMA는 CYP2E1에 의해 수화(α-hydroxylation) 및 탈질소화(denitrosation) 등 2가지 경로를 통해 대사되며 각 대사체는 대부분 친전자성이다. 먼저 수화 경로에서 NDMA는 CYP2E1에 의해 intermediate radical ($CH_3(CH_2)N-N=O$)이 생성되는 중간과정을 거쳐 hydroxymethylnitrosamine ($HOCH_2CH_3N-N=O$)이 생성된다. Hydroxymethylnitrosamine은 다시 formaldehyde(후에 CO_2로 전환)와 monomethylnitrosamine($CH_3NHN=O$)으로 분해된다. Monomethylnitrosamine는 불안정하여 전자재배열을 통해 강력한 메틸화-유도물질(methylating agent)이면서 단백질 및 DNA와의 알킬화를 유도하는 methyldiazoniumion ($CH_3N^+\equiv N$)으로 전환된다. 또한 methyldiazonium으로 분리된 methylcarbeniumion(CH_3^+)도 친전자성물질이며 DNA와 결합한다. 방향족탄화수소에서 2가 전자를 가진 탄소원자인 carbene도 친전자성을 갖는데 3개의 치환기 그리고 양이온의 탄소원자를 갖는 물질을 carbenium ion(옛 이름: carbonium ion, R_3C^+)이라고 한다. 탈질소화 과정에서 N-Nitrosodimethylamine는 CYP2E1에 의해 nitrite가 분리되면서 라디칼인 N-Methylformadimine으로 전환되며 다시 methylamine(CH_3NH_2)과 formaldehyde으로 분해된다. 세포 내에서 CYP2E1에 의한 대사 및 자연분해에 의한 NDMA의 대사체는 대부분 친전자성을 가지며 생체 내의 거대분자와 결합하여 독성을 유도한다.

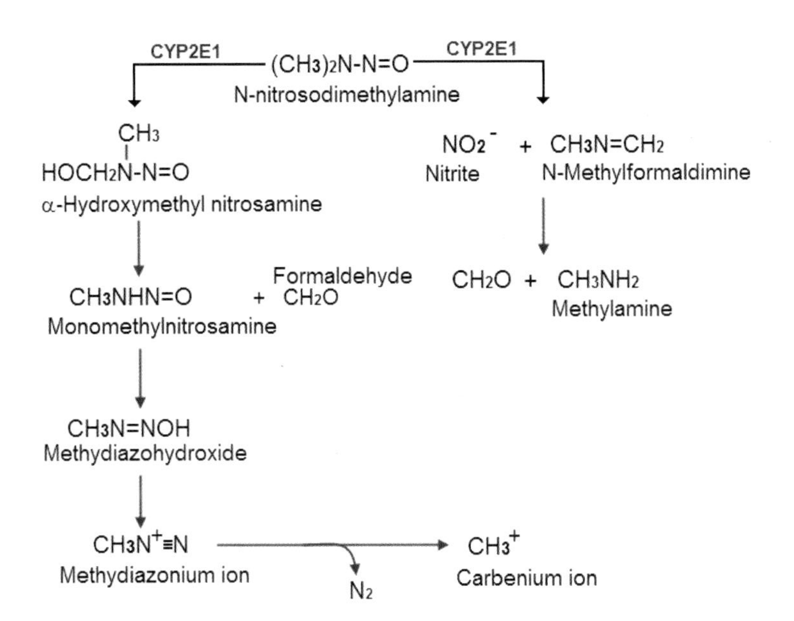

〈그림 5－9〉 **N－Nitrosodimethylamine(NDMA)의 친전자성대사체 생성과정:** CYP2E1에 의해 NDMA은 α－Hydroxymethylnitrosamine 및 N－Methylformaldimine으로 전환되며 이후 자연분해를 통해 radical을 비롯한 다양한 친전자성대사체로 전환된다. 또한 methyldiazonium으로 분리된 methylcarbenium ion(CH_3^+) 역시 친전자전성대사체이다.

지방족탄화수소의 nitrosamine인 NDMA와 같이 <그림 5－10>에서처럼 방향족의 nitrosamine인 N－Nitrosonornicotine(NNN)의 대사 과정에서도 친전자성대사체를 확인할 수 있다. CYP2A6에 의한 수산화를 통해 NNN는 2'－hydroxy 및 5'－hydroxy NNN으로 전환된다. 두 대사체는 자연발생적으로 환고리가 끊어지면서 diazohydroxide의 친전자성대사체로 전환된다.

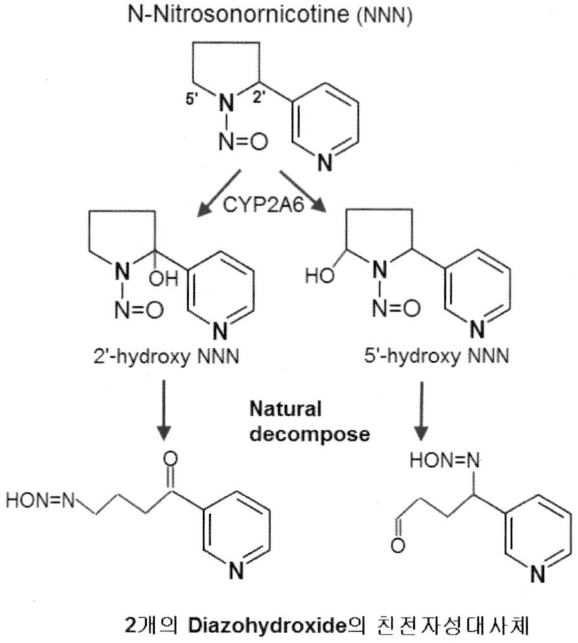

N-Nitrosonornicotine (NNN)

CYP2A6

2'-hydroxy NNN

5'-hydroxy NNN

Natural decompose

2개의 Diazohydroxide의 친전자성대사체

〈그림 5 - 10〉 N - Nitrosonornicotine의 친전자성대사체의 생성 과정: N - Nitrosonornicotine(NNN)은 CYP2A6에 의해 2개의 hydroxy NNN으로 전환되어 고리가 끊어지면서 친전자성대사체가 형성된다.

또 다른 담배 - 특이적 nitrosamine인 NNK 대사는 NNAL 및 P450에 의한 직접적인 α - hydroxylation 경로를 통해 대사된다. <그림 5 - 11>에서처럼 NNK은 11β - hydroxysteroid dehydrogenase type 1(11β - HSD - 1)과 carbonyl reductase (CR) 등에 의한 carbonyl reduction 반응을 통해 NNAL(4 - (methylnitrosamino) - 1 - (3 - pyridyl) - 1 - butanol)로 전환된다. NNK는 대부분 CYP2A 계열인 CYP2A13과 CYP2A5 등에 의해 수산화가 이루어지지만 CYP3A4, CYP3A5를 비롯한 CYP2E1 등에 의한 수산화를 통해 여러 α - hydroxy NNK로 전환된다. 또한 NNK는 NNAL 경로를 통해서도 다양한 α - hydroxy NNAL로 전환된다. 이들 α - hydroxy NNK 및 NNAL은 불안정으로 인한 자연분해에 의해 친전자성대사체인 methyl diazohyderoxide 또는 diazonium ion으로 전환된다. 이들 친전자성대사체 대부분은 DNA와 결합하기 때문에 흡연에 의한 발암의 주요 원인이 된다.

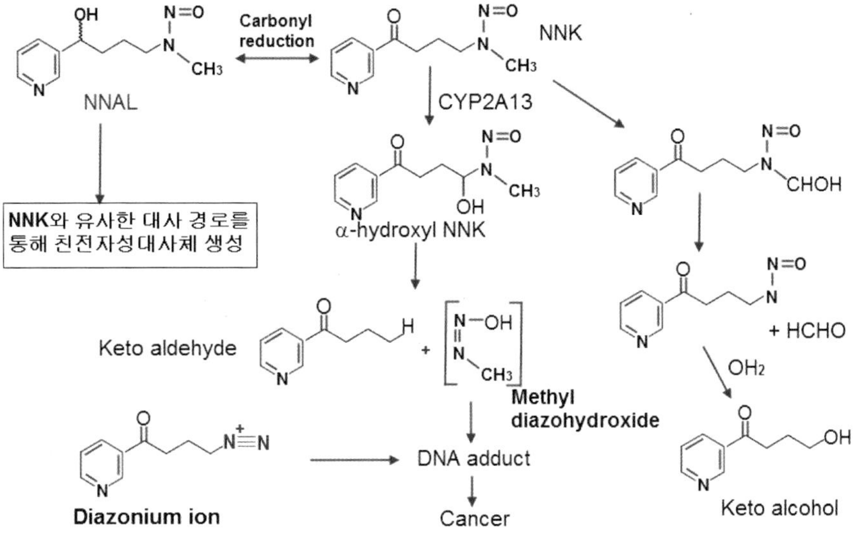

〈그림 5-11〉 **NNK의 친전자성물질인 Methyl diazohydroxide과 Diazonium ion의 생성기전:** NNK는 11β-HSD-1 효소에 의해 carbonyl reduction을 통해 NNAL로 전환되거나 P450 효소에 의해 직접적인 수산화를 통해 α-hydroxy NNK으로 전환된다. α-hydroxy NNK 및 NNAL의 분해를 통해 친전자성대사체인 methyl diazohydroxide과 diazonium ion이 생성된다(참고: Jeffrey).

(4) Dialkyl sulfate-Alkyl alkanesulfonates

Dialkyl sulfate과 alkyl alkanesulfonate는 황을 지닌 유기황화합물(organic sulfur compound)이다. 이들은 황의 극성(polarity) 때문에 효소에 의한 생체 활성화 과정이 없이 DNA 알킬화를 유도할 수 있다는 의미에서 direct-acting alkylating agent(직접-작용 알킬화-유도물질)이며 친전자성 활성형물질로 전환된다. <그림 5-12>에는 dialkyl sulfate의 일종인 dimethyl sulfate과 alkyl alkanesulfonate의 일종인 methyl methansulfonate이다. 두 물질 모두 DNA 손상을 유발하는데 특히 ethyl methansulfonate는 포유동물에게 있어서 뇌암을 유도한다.

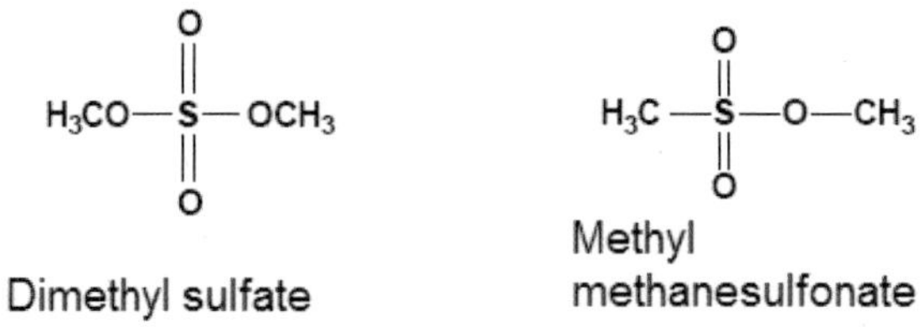

$H_3CO-S(=O)_2-OCH_3$

Dimethyl sulfate

$H_3C-S(=O)_2-O-CH_3$

Methyl methanesulfonate

〈그림 5-12〉 **Dialkyl sulfate과 Alkyl alkanesulfonate 부류의 친전자성물질:** 이들 물질은 체내의 H_2O하에서 자연분해 되어 친전자성 활성형물질로 전환된다. 또한 생체활성화가 없이 직접 DNA 알킬화를 유도하기 때문에 direct-acting alkylating agent(직접-작용 알킬화-유도물질)이다.

또한 Dialkyl sulfate과 alkyl alkanesulfonate는 황의 극성 때문에 체내에 들어오면 체내에 빠르게 가수분해성 자연분해가 이루어진다. <그림 5-13>에서처럼 dimethyl sulfate는 대부분 methanol 그리고 formaldehyde와 formate로 전환되어 배출되지만 일부는 친전자성물질인 methyl sulfate로 전환되어 DNA와 반응한다.

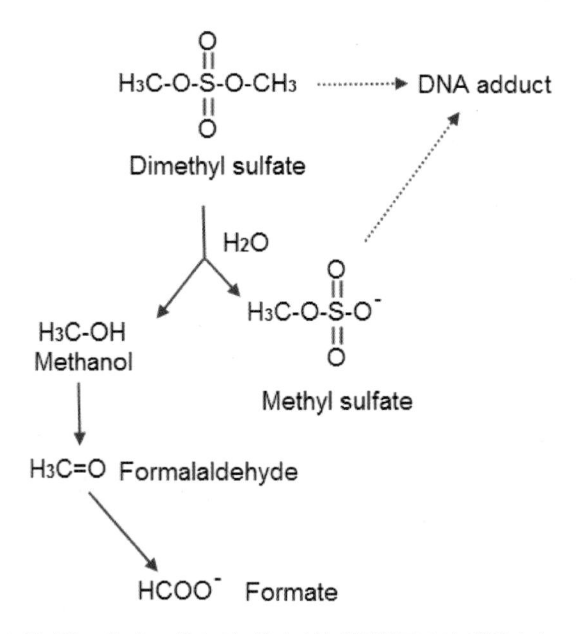

〈그림 5-13〉 **Dimethyl sulfate의 친전자성 활성형물질의 생성기전:** 이들 물질들은 제1상반응의 효소에 의해 친전자성대사체가 생성되지 않고 자연분해, 즉 가수분해 등 체내의 H_2O에 의해 친전자성 활성형물질로 전환되는 직접-작용 알킬화-유도물질이다.

(5) Activated ethene

Ethene은 탄소-탄소 이중결합을 가진 지방족탄화수소 중에서 가장 간단한 구조(C_2H_4)이다. Ethene이 알킬화-유도물질이 되기 위해서는 P450에 의해 ethylene oxide로 전환되어야 한다. Ethylene oxide는 다른 친전자성대사체와 마찬가지로 DNA의 친핵성부위에 알킬화를 유도하여 사람에게 암을 유발한다. Ethene의 탄소 이중결합은 2개의 전자쌍 결합으로 이루어지며 <그림 5-14>에서처럼 하나의 전자쌍은 σ(sigma)-bond, 나머지 하나의 쌍은 π (pi) bond로 이루어졌다. 안정된 σ-bond와 달리 π-bond의 전자는 비교적 자유롭게 움직인다. 이러한 연유로 π-bond의 전자에 친전자성물질(NO2, SO_2R, COR, CO-N-R)이 끌리게 되어 α, β-unsaturated aldehyde, *o*-또는 *p*-quinone 등의 친전자성물질로 전환되어 DNA 알킬화를 유도한다. 그러나 이들은 제1상반응의 효소작용에 의해 생성되는 것이 아니라 주변 환경의 반응을 통해 생성되는 직접-작용 독성물질의 활성형물질이라는 점에서 간접-작용 독성물질의 친전자성대사체와는 차이가 있다.

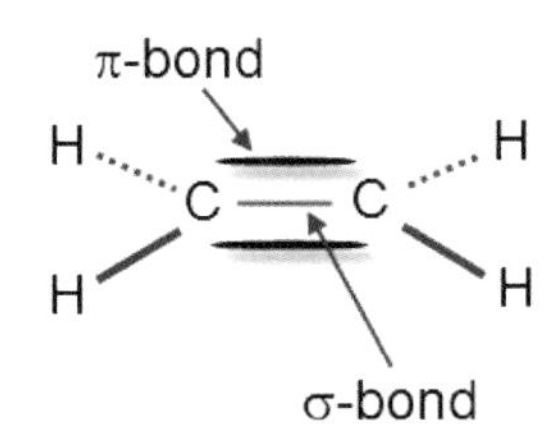

〈그림 5-14〉 **Ethene의 이중결합의 형태:** 두 개의 전자쌍으로 이루어진 ethene의 결합에서 안정된 σ-bond와 달리 π-bond의 전자는 오비탈의 공간 내에서 비교적 자유롭게 움직인다. 이 전자는 주변의 친전자성물질을 끌어당겨 효소의 도움 없이 자체적으로 친전자성물질로 전환되는 직접-작용 독성물질이다.

2) Electrophilic nitrogen을 지닌 친전자성대사체

친전자성질소를 지닌 친전자성대사체(compound with electrophilic nitrogen)

는 친전자성질소가 제1상반응을 통해 생성된 nitrenium ion(또는 aminylium ion, imidonium ion: R_2N^+)을 가진 유기성 대사체의 일종이다. 이러한 유기성 대사체 내의 nitrenium ion은 최외각 오비탈에 외쌍전자(electron lone pair) 및 2개의 치환기를 가지고 있으며 양전하를 띤다. 이들은 제1상반응의 효소에 의한 전환을 통해 생성되는 친전자성대사체이다. Nitrenium ion은 carbene(2가 전자를 가진 탄소원자)과 같은 전자배치를 가지는 등전자 구조(isoelectronic structure)이며 활성이 높다.

담배나 가열로 인하여 연소된 식이(cooked diet)에서 생성되는 2－amino－3－methyl－9H－pyrido[2,3－b]indole(MeAαC)은 <그림 5－15>에서처럼 P450에 의한 대사를 통해 반응성이 높은 nitrenium ion과 또 다른 양이온 대사체인 carbenium ion의 친전자성대사체로 전환된다. MeAαC는 여러 P450 효소에 의해 일산소화되지만 CYP1A2에 의해 N－산화와 3－CH_3에 일산소화되어 생체활성화가 이루어진다. 제1상반응을 통해 생성된 각 대사체는 제2상반응 효소인 N－acetyltransferases(NAT)와 sulphotransferases(SULT)에 의해 acetyl group(CH_3COO^-)과 무기황산이온(SO_3^-) 등으로 포합되어 N－Acetoxy－MeAαC, N－Sulfoxy－MeAαC와 3－Sulfoxy－MeAαC로 전환된다. 그러나 이들 포합물질들은 자연분해에 의해 이탈되어 포합대사체가 nitrenium ion 및 carbenium ion을 지닌 친전자성대사체로 전환된다. 일반적으로 이들 이온들은 대부분 원물질의 골격에 존재하여 발생되기도 하지만 여러 대사 경로를 통해 분리되어 직접적으로 독성작용을 하는 경우도 있다. 여기서 중요한 점은 대부분의 외인성물질의 친전자성대사체가 제1상반응에 의해 생성되는 것과 달리 MeAαC의 친전자성대사체로의 전환은 제2상반응 후 발생한다는 것이다.

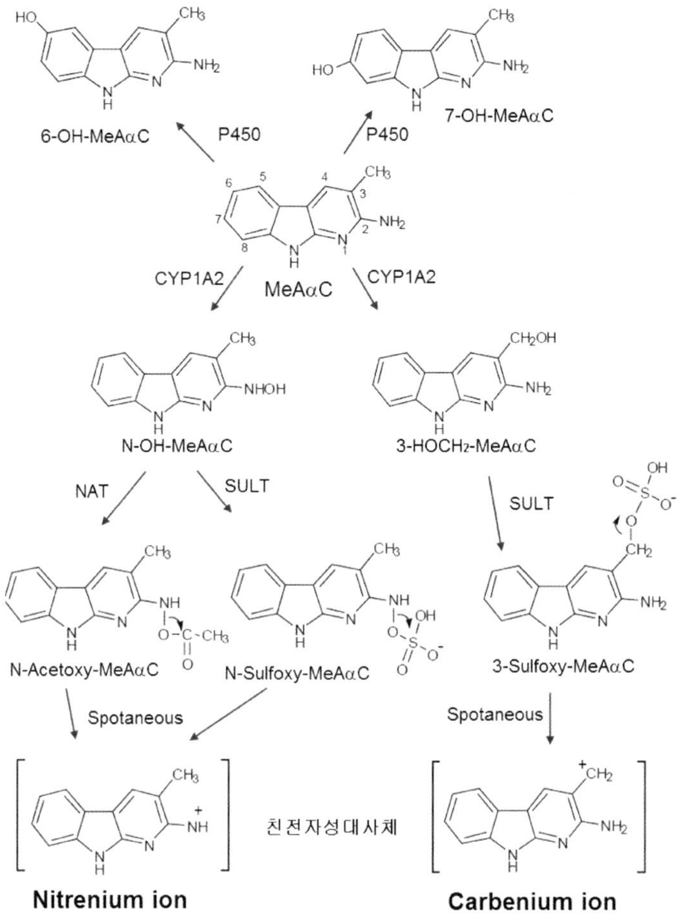

〈그림 5-15〉 MeAαC의 대사를 통해 생성된 Nitrenium ion 및 Carbenium ion을 가진 친전자성대사체: Nitrenium ion 및 carbenium ion을 지닌 친전자성대사체는 원물질인 2-amino-3-methyl-9H-pyrido[2,3-b]indole(MeAαC)의 P450 특히 CYP1A2에 의한 일산소화반응 그리고 제2상반응의 N-acetyltransferases(NAT)와 sulphotransferases(SULT)에 의한 포합반응 후 생성된다. 특히 제2상반응의 포합물질이 자연적으로 acetyl group (CH_3COO^-)기와 무기황산이온(SO_3^-) 대사체에서 친전자성 이온이 생성된다(참고: Glatt).

Nitrenium ion은 제2상반응 후 포합물질의 자연적 이탈을 통해 생성되는데 2-acetylaminofluorene(2-AAF) 역시 제2상반응 후 포합물질의 분해를 통해 nitrenium ion을 지닌 친전자성대사체를 생성한다. <그림 5-16>에서처럼 CYP1A2에 의한 2-AAF가 N-hydroxylation의 제1상반응을 거친 후 hydroxylamine으로 전환된다. Hydroxyamine은 제2상반응인 sulfotransferase에 의한 황산포합체인 N－sulfoxy AAF으로 전환된다. 그러나 자연발생적으로 황상이온이 제거되면서 nitrenium ion을 지닌 친전자성대사체로 전환된다.

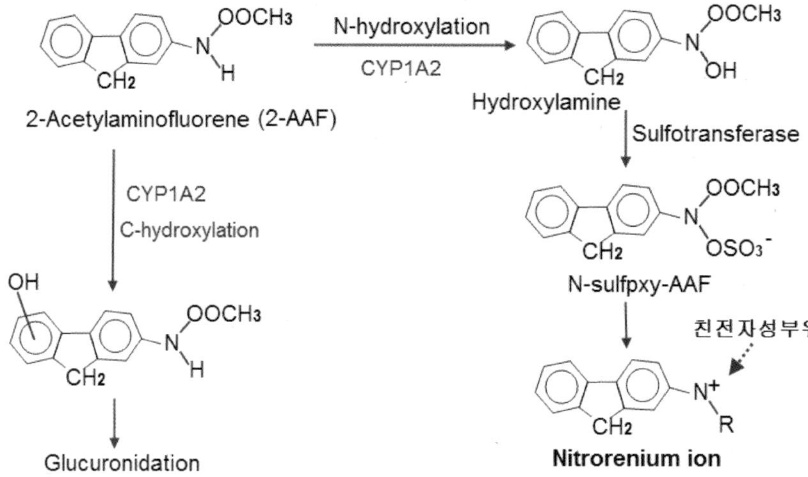

2-Acetylaminofluorene (2-AAF)
N-hydroxylation
CYP1A2
Hydroxylamine
Sulfotransferase
CYP1A2
C-hydroxylation
N-sulfpxy-AAF
친전자성부위
Glucuronidation
Nitrorenium ion

〈그림 5－16〉 2－acetylaminofluorene의 CYP1A2에 의한 nitrenium ion 생성: 친전자성질소를 가진 대사체인 nitrenium ion의 2－acetylaminofluorene은 CYP2E1, sulfotransferase 등의 효소반응과 자연발생적 탈황반응을 통해 생성된다.

3) Carbonyl compound와 acylating agent

카르보닐화합물(carbonyl compound)은 탄소와 산소가 이중결합의 카르보닐기(C＝O)를 작용기로 가진 유기물질이다. 카르보닐화합물의 카르보닐기에 있어서 산소는 탄소보다 전기음성도가 크기 때문에 탄소의 전자를 당겨 전체 화합물이 극성을 갖게 한다. 따라서 탄소는 생체 내에서 생체전환 없이도 친전자성을 띠게 되어 DNA 등의 친핵성부위에 강한 반응력을 갖게 되는 직접－작용 독성물질로 분류된다. 이러한 기본 구조 외에도 카르보닐화합물로는 urea ((NH2)2C＝O), carbamate(R_1－O－(C＝O)NR_2－R_3), phosgene(O＝CCl_2), carbonate esters(R_1O(C＝O)OR_2), thioesters(R－S－(C＝O)－R), cyclic ester의 일종인 lactones, cyclicamide의 일종인 lactams, isocyanate(R－N＝C＝O) 등이 있다.

〈표 5 - 3〉 다양한 carbonyl compound

Compounds	Aldehyde	Ketone	Carboxylic acid	Ester	Amide	Enone	Acyl halide	Acid anhydride
Structure	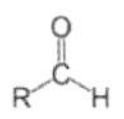	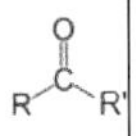	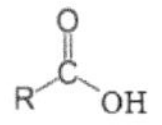	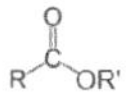	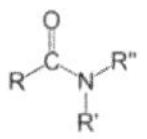	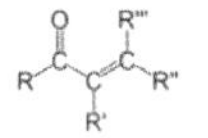	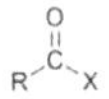	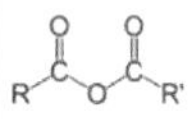
General formula	RCHO	RCOR'	RCOOH	RCOOR'	RCONR'R"	RC(O)C(R')CR"R"'	RCOX	$(RCO)_2O$

앞서 여러 물질의 대사 과정에서 제1상반응을 통해 카르보닐기를 가진 대사체가 제2상반응을 통해 배출되는 예를 들었다. 물론 알데히드 종류는 제1상반응의 aldehyde dehydrogenase에 의해 대사되기도 한다. 그러나 이들은 극성을 가지고 있기 때문에 제1상반응을 거치지 않고 직접적으로 제2상반응, 특히 GSH포합을 통해 친수성으로 전환되는 경우가 많다. 이런 경우에는 카르보닐기를 가진 화합물은 GSH의 고갈을 유도할 수 있다는 측면에서 독성학적인 의미가 있다.

Acylation(아실화, 공식명은 alkanoylation)은 아실기(acyl group, RC(=O)-, R=alkyl group)를 첨가하는 반응이며 아실기를 제공하는 화합물을 아실화-유도물질(acylating agent)이라고 한다. 아실화-유도물질은 카르보닐화합물의 일종으로 이들처럼 효소에 의한 생체전환에 의해서가 아니라 금속의 촉매반응을 통해 강력한 친전자성을 지닌 활성형물질의 직접-작용 독성물질로 분류된다. 아실화-유도물질로는 acid anhydride($(CH_3C=O)_2O$), acid anhydride (또는 acyl halide, R(C=O)X), isocyanante, isothiocyanates(R-N=C=S) 등이 있다.

4) Organophosphorous compounds

유기인제(Organophosphorous compounds)는 인산(phosphoric acid)의 삼중 에스테르(triester) 결합체이며 일반적인 구조는 <그림 5-17>과 같다. 여기

서 X는 이탈기(leaving group)이며 두 개의 R은 methyl, ethyl 또는 isopropyl 으로 산소와 결합하여 alkoxy group(RO－)을 형성한다.

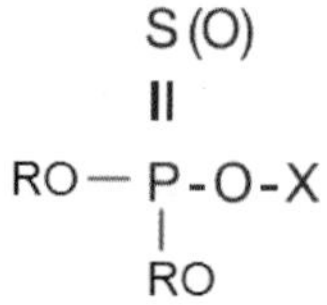

S(O)
II
RO－P-O-X
I
RO

〈그림 5－17〉 유기인제의 기본 구조: X는 이탈기이며 RO는 alkoxy group.

유기인제는 19세기부터 합성되어 왔으며 20세기 초에 살충제로 개발되었다. Parathion은 최초로 상품화된 살충제이다. <그림 5－18>에서처럼 parathion은 CYP3A4, CYP3A5와 CYP2C8 등의 다양한 P450 효소에 의해 P＝S 부분이 P＝O로 산화되어 paraoxon의 친전자성대사체로 전환된다. 대부분의 유기인제는 신경조직에서 신경전달물질인 acetylcholine를 분해하는 효소인 acetylcholinestrase 활성을 저해한다. 결과적으로 유기인제는 acetylcholine의 농도 증가를 유도하여 콜린성 발증(cholinergic crisis)을 유발한다. Paraoxon도 acetylcholinesterase 내 serine의 －OH와의 공유결합을 통한 인산화를 형성하여 효소 활성을 저해한다.

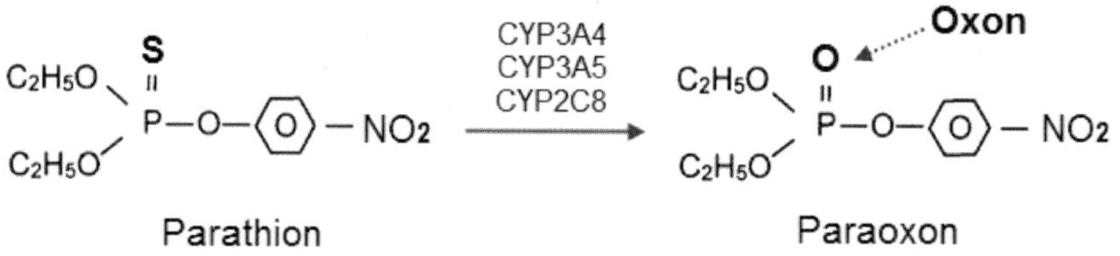

C_2H_5O, C_2H_5O, S, P－O－⟨O⟩－NO_2 —(CYP3A4, CYP3A5, CYP2C8)→ C_2H_5O, C_2H_5O, O, P－O－⟨O⟩－NO_2 (Oxon)

Parathion　　Paraoxon

〈그림 5－18〉 Parathion의 P450 효소에 의한 친전자성대사체 생성기전: Parathion은 여러 P450 효소에 의해 전환되어 활성화된다. 대부분의 유기인제는 P＝S 부분이 P450 효소에 의해 P＝O로 전환되는 탈황(desulfuratiion)의 산화반응을 통해 'oxon'의 친전자성대사체가 생성된다.

이와 같이 P=S 구조를 가진 대부분의 유기인제가 P450 효소에 의한 탈황(desulfuration)과 일산소화반응 유도로 P=O 구조로 전환된다. 전환된 P=O 구조는 원물질의 산소 유사체(analog)로 유기인제에 의해 생성되는 대표적인 친전자성대사체이며 'oxon'이라고 한다. 거의 모든 oxon은 acetylcholinestrase 활성을 저해하여 신경독성을 유발한다. Parathion보다 다소 독성이 낮은 또 다른 살충제인 malathion도 oxon을 가진 친전자성대사체로 전환된다. <그림 5-19>에서처럼 CYP1A2, CYP2B6과 CYP3A4 등 다양한 P450에 의해 P=S 구조가 P=O의 'oxon' 구조로 전환되어 malaoxon의 친전자성대사체가 생성된다.

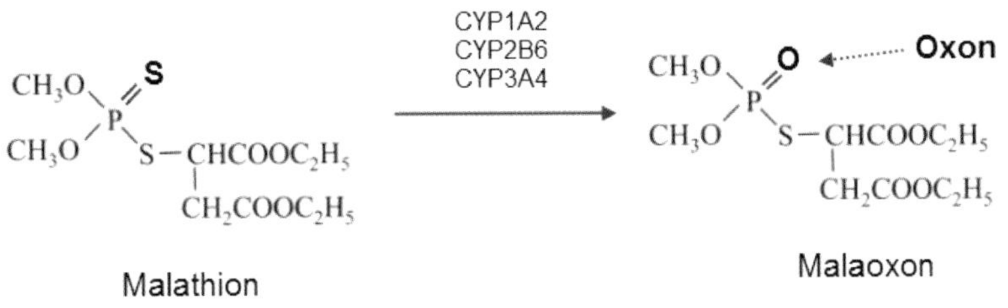

$(CH_3O)_2P(=S)-S-CH(COOC_2H_5)CH_2COOC_2H_5$ —(CYP1A2, CYP2B6, CYP3A4)→ $(CH_3O)_2P(=O)-S-CH(COOC_2H_5)CH_2COOC_2H_5$

Malathion　　　　Malaoxon (O ← Oxon)

〈그림 5-19〉 **Malathion의 P450 효소에 의한 친전자성대사체 생성** Malathion 역시 CYP1A2, CYP2B6과 CYP3A4 등의 여러 450 효소에 의해 'Oxon' 구조를 지닌 malaoxon의 친전자성대사체로 전환된다.

유기인제는 P450 효소에 의해서만 oxon을 가진 친전자성대사체로 전환되는 것이 아니라 FMO(flavin-containing monooxygenase)에 의해서도 전환된다. Fonofos는 FMO1에 의해 oxon 대사체인 fonofox oxon으로 전환된다. FMO는 5가지 동질효소가 있는데 유기인제는 주로 FMO1과 FMO3에 의해 대사되며 특히 FMO1에 의한 대사-의존성이 가장 높다.

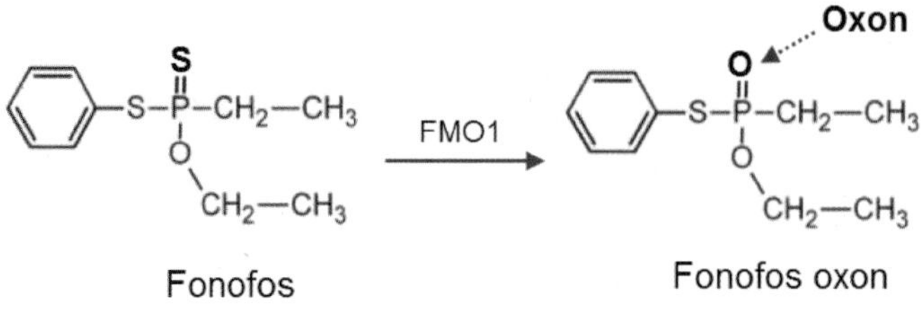

Oxon

FMO1

Fonofos

Fonofos oxon

〈그림 5-20〉 **Fonofos의 FMO1에 의한 친전자성대사체 생성:** P450 효소뿐만 아니라 유기인제는 FMO에 의해서도 친전자성대사체인 oxon이 생성된다. 특히 유기인제는 5종류의 FMO 중 FMO1에 의한 대사-의존성이 높다.

이와 같이 대부분의 유기인제는 P=S 부분이 P=O로 산화되어 대부분 친전자성대사체인 oxon을 지닌 대사체로 전환된다. 유기인제의 oxon 대사체는 제1상반응에서 다양한 P450 효소뿐 아니라 FMO 특히 FMO1에 의해서도 생성된다. 유기인제에 의한 신경독성은 'oxon'과 acetylcholinesterase 내 serine의 -OH와 결합을 통한 인산화에 의한 효소의 불활성에 기인한다.

2. Carbon-centered radical과 Redox-active species

◎ 주요 내용

- Radical이란 전자의 쌍으로 이루어진 궤도(orbital) 내의 하나 또는 2개 이상의 비쌍(unpaired)전자의 궤도를 가진 원자, 이온 및 분자 등을 말하며 radical cation, radical anion 그리고 free radical이 있다.

- Benzene은 생체전환 과정에서 산화-환원의 순환반응에 의한 독성뿐 아니라 친전자성대사체 특성을 통해서도 독성을 유발한다. 또한 간에서 생성된 벤젠의 제2상반응을 통해 생성된 대사체는 체내이동을 통해 특정기관의 손상을 유발한다. 이는 특정물질에 의한 'target-organ toxicity'를 설명하는 데 있어서 좋은 예이다.

- 단일환을 가진 1,4-benzoquinoe는 RAS 생성을 통해 redox cycle과 fenton pathway 과정을 거쳐 독성을 유발한다.

- 단일환구조의 benzene과 같이 다환구조를 가진 PAH 역시 외인성물질의 생체 전환을 통해 생성되는 3가지 활성중간대사체인 친전자성대사체, 유기라디칼대사체 그리고 redox-active species 등으로 전환이 가능한 대표적인 외인성물질이다.

- RAS의 순환반응 및 여러 효소활성을 통해 생성되는 superoxide anion radical과 fenton pathway는 다른 ROS 및 NOS의 생성에 있어서 핵심 역할을 한다.

- **Radical이란 전자의 쌍으로 이루어진 궤도(orbital) 내의 하나 또는 2개 이상의 비쌍(unpaired)전자의 궤도를 가진 원자, 이온 및 분자 등을 말하며 radical cation, radical anion 그리고 free radical이 있다.**

라디칼(**radical**)이란 전자의 쌍으로 이루어진 궤도(**orbital**) 내의 하나 또는 2개 이상의 비쌍(**unpaired**)전자의 궤도를 가진 원자, 이온 및 분자 등을 말한다. 대부분의 라디칼은 전자의 추가(**addition**)또는 발췌(**abstraction**)에 의해 최외각궤도에 비쌍전자를 가졌기 때문에 전하를 띤다. 그러나 음이온에서 라디칼이 발생하면 전하를 띠지 않는 중성이 된다. 따라서 아래의 반응식과 같이 양성을 띤 라디칼을 **radical cation**, 음성을 띤 라디칼을 **radical anion** 그리고 중성 전하를 띤 라디칼을 **free radical**이라고 한다. 일반적으로 라디칼인 물질은 '·'(dot)로 표시된다.

A → minus one electron → $A\cdot^{+}$ (radical cation)
B → plus one electron → $B\cdot^{-}$ (radical anion)
C^{-} → ± one electron → $C\cdot$ (free radical)

세포 내에서 효소에 의한 분자의 일전자 발췌는 어느 원자에서 발생했느냐에 따라 carbon－centered free radical($R_3C\cdot$), oxygen－centered free radical ($R-O\cdot$), sulfur－centered free radical($R-S\cdot$)과 nitrogen－centered free radical($R_3N\cdot$) 등으로 구분된다. 외인성물질인 경우 제1상반응을 통해 라디칼로 전환되는데 이들을 라디칼성 활성중간대사체(radical－reactive intermediate)라고 한다. 제1상반응 및 제2상반응에서 관여하는 효소의 기질이 대부분 유기물질이기 때문에 대사체의 라디칼은 carbon－centered radical(탄소부위 라디칼)인 alkyl radical($R\cdot$)이 대부분이다. 또한 quinone의 carbonyl group($C=O$)에 라디칼을 가진 semiquionone처럼 acyl radical($R-CO\cdot$)도 대사를 통해 생성된다. 그 외에 다양한 반응을 통해 alkoxyl radical($RO\cdot$)과 alkylperoxyl radical ($ROO\cdot$) 등도 생성되는데 특별히 탄소화합물의 구성원자 부위에 라디칼이 형성되는 모든 물질을 유기라디칼(organic radical)이라고 한다.

1) Carbon－centered radical

제1상반응의 효소인 P450에 의해 탄소부위에 라디칼이 형성되는데 이를 carbon－centered radical 또는 유기라디칼대사체라고 한다. P450에 의한 라디칼 생성의 대표적인 외인성물질로는 carbon tetrachloride(사염화탄소, CCl_4)를 들 수 있다. <그림 5－21>에서처럼 CCl_4는 P450에 의해 C－Cl 결합에 전자 하나가 전달되어 Cl^- 이온이 분리되면서 anion radical인 trichloromethyl radical로 전환된다. 이에 관련하는 P450 효소는 CYP2E1, CYP2B1 및 CYP2B2 등 여러 효소가 있다. 그러나 이들 중에서 CYP2E1 효소의 경우에는 자체의 기질 활성부위에 CCl_4 유기라디칼대사체가 결합되어 활성저하 및 분해된다. 이후 trichloromethyl radical은 자연발생적으로 산소와 반응하여 trichloromethylperoxyl radical로 전환된다. Trichloromethylperoxyl radical은 trichloromethyl radical보다 더 활성이 높아 세포독성유발에 있어서 CCl_4의 주요 원인대사체이다. Trichloromethylperoxyl radical은 GSH 등과 반응하여 활성중간대사체인 phosgene을 거쳐 carbon dioxide으로 최종적으로 분해된다. 또한 trichloromethyl radical은 세포 내 O_2가 부족할 경우에 chloroform 및 hexachloroethane으로 전환되기도 하지만 P450 효소에 의해 Cl^- 이온이 분리되면서 dichlorocarben radical로 전환된다. Dichlorocarben radical은 다른 원자와 결합할 수 있는 탄소의 4개 자체 결합 부위 중 2개만 결합되어 있고 나머지 2개가 다른 물질과 결합이 가능하기 때문에 반응성이 아주 높다. 그러나 인체에서 CCl_4 대사에 의한 dichlorocarben radical이 생성되는 경우는 많지 않다. Trichloromethyl radical은 세포 내 지질과 반응하여 'H abstraction(수소발췌)'를 통해 chloroform으로 전환된다. 이러한 수소발췌는 연쇄반응을 유발하는 지질과산화(lipid peroxidation)를 통해 독성을 유발한다. Chloroform은 CCl_4와 같이 CYP2E1, CYP2B1 및 CYP2B2 등의 P450효소에 의한 환원을 통해 dichloromethyl radical로 전환되기도 한다. 이와 같이 CCl_4는 P450 효소에 의해 대사되어 직접적으로 체내에 독성을 유발하는 trichloromethyl radical의 활성중간대사체로 전환될 뿐만 아니라 다양한 반응을 거쳐 더 강력한 활성을 지닌 trichloromethylperoxyl radical($Cl_3COO\cdot$)을 비롯한 여러 carbon-centered radical 및 phosgene 등과 같은 친전자성대사체로 전환된다.

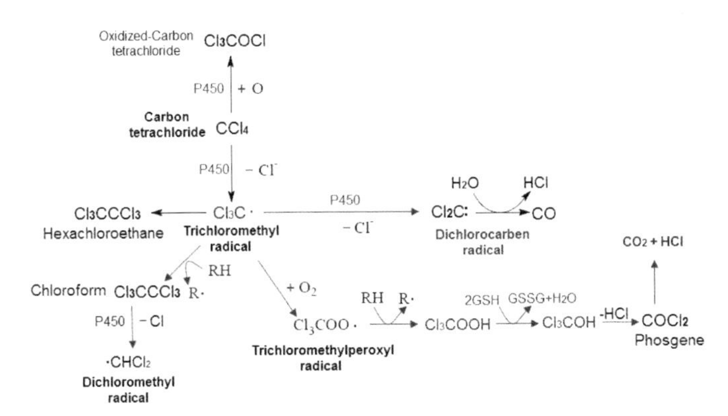

〈그림 5-21〉 **Carbon tetrachloride의 유기라디칼대사체 생성과정:** CCl_4는 CYP2E1, CYP2B1 및 CYP2B2 등 다양한 P450에 의해 대사되며 특정 P450 효소에 의한 특정대사체는 확인되지 않았다. CCl_4는 생체전환을 통해 trichloromethyl rdical과 같은 carbon-centered radical, trichloromethylperoxyl radical의 alkylperoxyl radical 그리고 2개의 비쌍전자성 라디칼인 dichlorocarbone 라디칼 등 다양한 유기라디칼대사체들로 전환된다. 또한 친전자성대사체인 phosgene을 비롯하여 chloroform도 CCl_4의 생체전환을 통해 생성되는데 특히 chloroform으로부터 CYP2E1, CYP2B1 및 CYP2B2 등의 촉매작용에 의해 유기라디칼대사체인 dichloromethyl radical이 생성된다.

생체전환을 통해 생성된 유기라디칼대사체는 또한 산소분자와 반응하여 superoxide anione radical을 생성한다. Superoxide anion radical은 hydrogen peroxide로 전환되어 fenton pathway를 통해 hydroxyl radical 등 ROS 생성, 세포 내 산화적 스트레스 증가를 유도하며 유기라디칼대사체 자체의 독성과 더불어 독성의 상승작용을 유발한다. 또한 유기라디칼대사체는 GSH에 의한 포합반응을 통해 GSH/GSSG 비(ratio)의 변화를 유도하여 세포 내 산화적 스트레스를 더욱 증가시킨다.

2) Redox-active species

Carbon-centered radical은 제1상반응의 효소에 의해 기질 산화에 있어서 순환성이 없지만 redox-active species(RAS)는 효소에 의해 산화-환원의 순환반응이 가능한 외인성물질의 대사체이다. 즉 산화-환원을 반복하여 진행되는 반응을 산화-환원 순환반응(redox cycle)이라고 하고 이를 수행하는 물질을 산환-환원의 순환반응 화학물질 또는 대사체라고 한다. 산화-환원의 순환반응이 가능한 것은 대사체가 전자수용체 및 공여체의 역할을 하기 때문이다. 특히 산화-환원의 순환반응을 redox cycle이라고 하며 cycle을 통해 superoxide anion radical과 hydrogen peroxide 등의 ROS가 생성된다. ROS는 세포 내 Fe^{3+}와 반응하는 fenton pathway(hydrogen peroxide가 이가금속이온과 반응을 통해 OH-와 OH·로 분해되는 경로)를 통해 더욱 독성이 강한 hydroxyl radical(HO·)을 생성하며 특히 세포 내 산화-환원비율(redox status)을 변화시킨다. 이러한 결과로 정상보다 prooxidant(친산화성물질)와 antioxidnats (항산화물질)의 비가 증가되어 산화적 스트레스(oxidative stress)가 유발된다. 물론 대부분의 라디칼은 산화적 스트레스를 유발할 수 있는 prooxidant 역할과 더불어 DNA 및 단백질에 결합하는 독성을 유발하는 등의 다른 부가적 독성유발을 하지만 RAS의 다른 중요한 특징은 반복적인 산화-환원 순환반응을 통해 연쇄반응을 더욱 증폭시킨다는 점이다.

Benzoquinone이라고 불리기도 하는 quinone(퀴논)은 모든 RAS의 기본구조이다. <그림 5 - 22>에서처럼 benzoquinone는 방향족탄화수소에 있어서 2개의 －CH＝가 2개의 －C(＝O)－기로 전환되어 2개의 ketone(R_1(C＝O)R_2)을 가진 환상구조이다. Quinone의 dikentone 구조는 여러 개의 환구조를 가진 물질이나 탄소 외의 원소를 함유한 이환구조를 가진 물질 등에서 전자의 재배열을 통해 생성된 구조이다. 물론 quinone 구조를 가진 물질은 많이 개발되어 인위적으로 체내에 유입될 수 있지만 체내에서의 quinone 구조는 유입된 벤젠 등의 방향족탄화수소의 생체전환을 통해서 생성되어 독성을 유발한다.

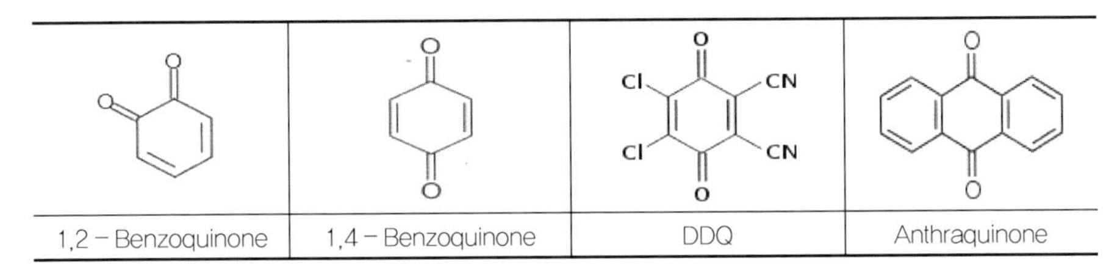

〈그림 5 - 22〉 **여러 Quinone 화합물:** Quinone의 가장 간단한 구조는 benzoquinone이며 anthraquinone처럼 여러 환구조를 가진 물질에서도 생성되는데 대부분의 체내 quinone은 외인성물질의 생체전환을 통해 생성된다. DDQ: 2,3－dicyano－5,6－dichloroparabenzoquinone.

- **Benzene은 생체전환 과정에서 산화－환원의 순환반응에 의한 독성뿐 아니라 친전자성대사체 특성을 통해서도 독성을 유발한다. 또한 간에서 생성된 벤젠의 제2상반응을 통해 생성된 대사체는 체내이동을 통해 특정기관의 손상을 유발한다. 이는 특정물질에 의한 'target－organ toxicity'를 설명하는 데 있어서 좋은 예이다.**

Benzene은 방향족탄화수소의 가장 간단한 구조이며 또한 체내에서 quinone으로의 생체전환 과정이 많이 연구되었다. Benzene의 quinone으로의 전환은 많은 효소와 여러 단계의 과정이 필요하다. 그러나 이러한 여러 과정을 통해 quinone 및 RAS 등의 다양한 대사체가 생성되는데 이들은 산화－환원의 순환반응에 의한 독성뿐 아니라 친전자성대사체에 의한 독성도 유발할 수 있다.

Benzene은 생체전환을 통해 이러한 산화-환원의 순환반응 및 친전자성대사체 등의 다양한 대사체로 전환되는 대표적인 외인성물질이라고 할 수 있다. 특히 benzene의 독성기전에 대한 이해는 특정물질에 의한 표적기관독성(target organ toxicity) 기전에 대한 이해에 있어서 적절한 예시가 된다.

Benzene은 quinone 대사체 외에도 aldehyde 대사체를 생성하며 이들 대사체에 의해 골수-특이적 표적기관독성을 유발한다. <그림 5-23>에서처럼 CYP2E1에 의해 benzene이 benzene oxide로 전환된 후 효소적 또는 비효소적 반응을 통해 생체 내 거대분자와 결합할 수 있는 친전자성대사체인 *trans-trans*-muconaldehyde나 benzoquinone으로 전환된다. Aldehyde type의 활성중간대사체인 *trans-trans*-muconaldehyde는 benzene oxepin의 벤젠환이 열리면서 형성된다. 또한 benzene oxide는 비효소적 재배열을 통해 phenol로 전환되어 CYP2E1과 myeloperoxidase(MPO)의 촉매반응에 의해 1,4-Benzoquinone(1,4-BQ) 및 1,2-Benzoquinone(1,2-BQ)으로 전환된다. 또한 1,2-BQ는 benzene oxide가 epoxide hydrolase에 의해 benzen dihyrodiol 또는 dehydrogenase(DH)에 의해 cathecol로 전환된 후 myeloperoxidase(MPO)에 의해 생성되기도 한다.

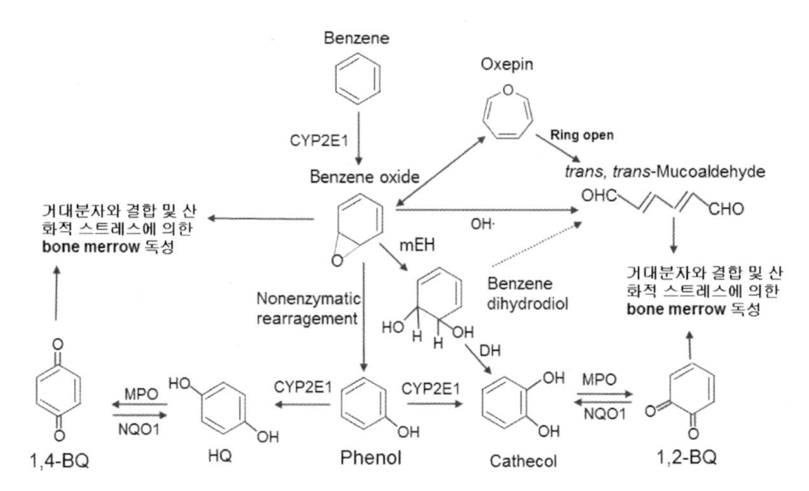

〈그림 5-23〉 **효소 및 비효소적 반응을 통한 benzene의 친전자성대사체인 benzoquinone과 aldehyde의 생성 과정** BQ: benzoquinone, HQ: hydroquinone DH: dehydrogenase, mEH: microsomal epoxide hydrolase, MPO: myeloperoxidase, BQ: Benzoquinone, NQO: NAD(P)H:quinone oxidoreductase.

Benzene은 혈액과 골수 - 특이적 독성을 통해 림프구 - 유래 백혈병 및 골수종을 유발한다. Benzene의 친전자성대사체인 *trans, trans* - muconaldehyde, 1,4 - BQ 및 1,2 - BQ 등은 비록 친핵성 DNA와 결합하여 독성을 유발할지라도 자체의 높은 반응성 때문에 간에서 혈액 및 골수에 도달하기에는 어려움이 있다. 따라서 이들의 이동에 의한 혈액과 골수 - 특이적 독성유발기전을 설명하기에는 부족하다. 그러나 친전자성대사체의 전구체인 phenol, hydroquinone를 비롯한 항산포합대사체인 phenyl sulfate 등은 친전자성을 갖지 않지만 간에서 혈액 및 골수로의 이동과 peroxidase와 sulfatase 등에 의한 대사를 통해 혈액과 골수 - 특이적 독성을 유발하는 것으로 추정된다. 특히 peroxidase와 sulfatase 등의 두 효소가 혈액 및 골수에서 활성이 높다는 것은 이러한 추정을 잘 설명해 준다. <그림 5 - 24>에서처럼 골수로 이동된 phenol은 peroxidase에 의해 qunione을 함유한 대사체인 diphenoquinone으로 전환되며 benzene의 황산포합대사체는 sulfatase에 의해 황산이 분리된다. 또한 hydroquinone 역시 peroxidase에 의해 benzoquinone으로 전환된다. 따라서 benzene의 골수 - 특이적 독성은 간에서 제1상반응 및 제2상반응을 통해 생성된 phenol, hydroquinone 및 phenyl sulfate 등이 혈액을 통해 골수로의 이동에 기인한다. 이들 대사체는 친수성으로 혈액을 통해 체내 대부분의 조직이나 장소에 갈 수 있으나 특히 골수에서 독성을 나타내는 이유는 관련된 효소인 peroxidase 및 sulfatase의 높은 활성 때문이다. 이들 효소에 의한 phenol, hydroquinone 및 phenyl sulfate 등의 재 - 대사(re - metabolism)는 benzoquinone 및 diphenoquinone 등의 산환 - 환원의 순환반응 화학물질 또는 대사체를 생성하며 결과적으로 이들의 산화 - 환원의 순환반응을 통해 독성을 유도한다. 이와 같이 benzene에 의한 골수 - 특이적 독성은 골수에서 benzene 대사체의 재 - 대사를 유도하는 높은 효소활성에 기인하는데 이러한 제2상반응의 포합체가 재 - 대사에 의한 활성중간대사체로의 전환을 통해 독성을 유발하는 기전을 재활성화 독성기전(reactivation - toxic mechanism)이라고 한다.

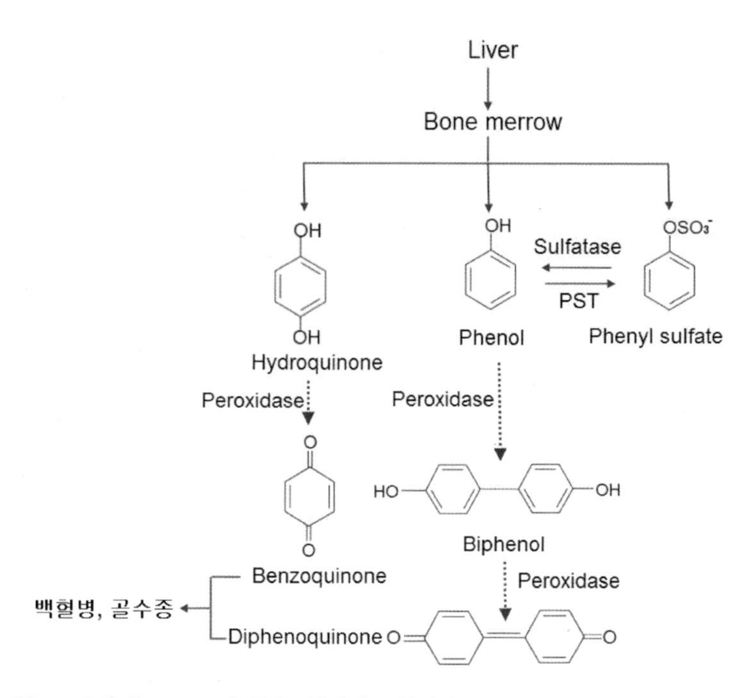

〈그림 5-24〉 **Benzene의 골수-특이적 독성기전:** Benzene의 골수-특이적 독성은 간에서 제1상반응 및 제2상반응에서 생성된 phenol, hydroquinone 및 phenyl sulfate 등의 대사체가 혈액을 통해 골수로의 이동에 기인한다. 이들 대사체들은 골수에서 높은 활성을 가지고 있는 peroxidase 및 sulfatase에 의해 친전자성대사체인 benzoquinone 및 diphenoquinone 등으로 전환된다. 또한 간에서 phenol은 PST(phenol sulfotransferase)에 의해 phenyl sulfate 포합체로 전환된다. Phenyl sulfate는 골수로 이동되어 phenol로 재전환 그리고 peroxidase에 의해 diphenoquinone으로 전환된다. 골수에서 최종대사체인 benzoquinone과 diphenoquinone 등은 골수종 또는 백혈병 등 벤젠-특이적 독성을 유발한다. (⋯→)는 골수에서 일어날 수 있는 반응의 가설.

- **단일환을 가진 1,4-benzoquinoe는 RAS 생성을 통해 redox cycle과 fenton pathway 과정을 거쳐 독성을 유발한다.**

간 및 골수에서 벤젠의 생체전환을 통해 생성된 quinone 대사체이며 RAS인 1,4-benzoquinone, 1,2-benzoquinone 등의 benzoquinone과 diphenoquinone은 <그림 5-25>에서처럼 산화-환원의 순환반응(redox cycle)을 통해 독성을 유발한다. Quinone 구조를 지닌 1,4-benzoquinone은 두 방향, 즉 NQO1 (NAD<P>H:quinone oxidoreductase 1)에 의한 이전자-환원 반응을 통한 hydroquinone으로의 전환 그리고 cytochrome P450 reductase에 의한 일전자

-환원 반응을 통한 semiquinone으로의 전환이 유도된다. 일전자-환원을 통해 생성된 semiquinone은 라디칼이며 동시에 산환-환원의 순환반응 화학물질 또는 대사체이다. Semiquinone은 산소분자와 결합하여 원물질인 1,4-benzoquinone으로 산화되며 이는 다시 cytochrome P450 reductase에 의해 환원되는 과정의 redox-cycle을 반복하는 특성을 가지고 있다. 이와 같이 semiquinone은 redox cycle을 반복하는 대표적인 산환-환원의 순환반응 화학물질 또는 대사체이다. 물론 semiquinone은 자체가 DNA 등과 직접적으로 결합 및 반응하여 독성을 유도할 수 있다. 그러나 semiquinone의 순환반응을 통해 발생되는 superoxide anion radical과 Fe^{3+}와의 반응을 더 강한 독성을 나타내는 hydroxyl radical을 생성하는 fenton pathway에 의해 독성이 유발된다. <그림 5-25>에서처럼 세포 내에서 3가 철이온은 superoxide anion radical과 반응하여 Fe^{2+}로 환원되며 다시 Fe^{2+}는 hydrogen peroxide와 반응하여 hydroxyl radical을 생성한다. Superoxide anion radical이 SOD(superoxide dismutase)에 의해 제거되는 것처럼 hydroxyl radical은 효소적 반응을 통해 제거되지 않고 단지 GSH에 의해 제거된다. GSH의 고갈은 세포의 잠재적인 산화-환원 상태를 변화시켜 이에 의존하는 세포조절에 영향을 주게 된다. 이와 더불어 hydroxyl radical에 의한 더 심각한 직접적인 독성은 10^{-9} 초 정도의 상당히 짧은 반감기 정도로 반응성이 높아 세포 내 거대분자와의 결합을 통해 이루어진다.

요약하면, 산환-환원의 순환반응 화학물질는 일전자-환원과 이전자-환원반응을 가질 수 있으며 일전자-환원을 통해 독성을 유발한다. 특히 semiquinone의 순환반응을 통해 생성된 superoxide anion radical이 fenton pathway로부터 생성되는 hydroxyl radical로의 전환이 단일환을 가진 RAS인 benzoquinone의 주요 독성기전이다.

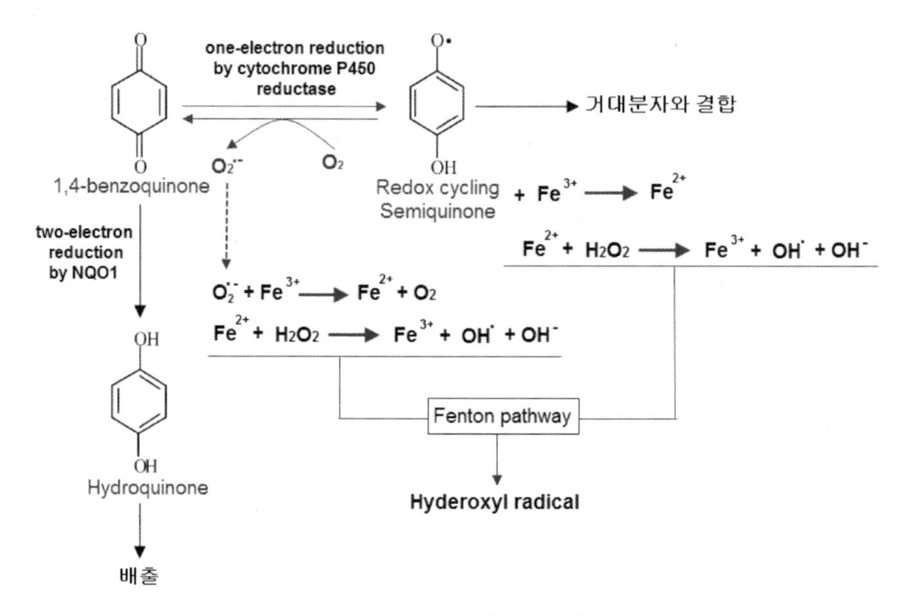

〈그림 5-25〉 **Redox-active species의 산화-환원의 순환반응:** Cytochrome P450 reductase 등에 의한 1,4-benzoquinone의 일전자-환원반응으로 유기라디칼대사체인 semiquinone이 생성된다. Semiquinone은 DNA 및 단백질과 직접적으로 결합하여 독성작용을 할 수 있지만 드물다. NQO1(NAD(P)H:quinone oxidoreductase 1)에 의한 이전자-환원반응은 친수성인 hydroquinone으로 전환되어 체외로 배출된다. 그러나 1,4-benzoquinone은 산화-환원의 순환반응을 통해 지속적인 superoxide anion radical 생성과 더불어 fenton pathway를 통해 독성을 유발하는 것이 독성의 다수경로이다(참고: Nioi).

- **단일환구조의 benzene과 같이 다환구조를 가진 PAH 역시 외인성물질의 생체전환을 통해 생성되는 3가지 활성중간대사체인 친전자성대사체, 유기라디칼대사체 그리고 redox-active species 등으로 전환이 가능한 대표적인 외인성물질이다.**

하나의 환구조를 가진 benzene과 마찬가지로 다환구조를 가진 PAH(polycyclic aromatic hydrocarbon) 일종인 B[a]P도 생체전환을 통해 quinone를 지닌 산화-환원 순환방응 대사체로 전환될 수 있다. 또한 B[a]P는 산화-환원 순환방응 대사체뿐 아니라 독성을 유발할 수 있는 3가지 대사체로 전환된다. <그림 5-26>에서처럼 B[a]P는 CYP1A1에 의해 epoxide 형태의 친전자성대사체인 (±)anti-BPDE((±)-anti-7β,8α-dihydroxy-9α,10α-epoxy-7,8,9,10-tetrahydrobenzo[a]pyrene), P450 또는 peroxidase에 의한 PAH-radical cation 그리고

dihdyrodiol dehydrogenase에 의한 quinone 구조를 가진 benzo[a] pyrene-7,8-dion의 산화-환원 순환방응 대사체 등의 대사체로 전환되어 독성을 유발한다.

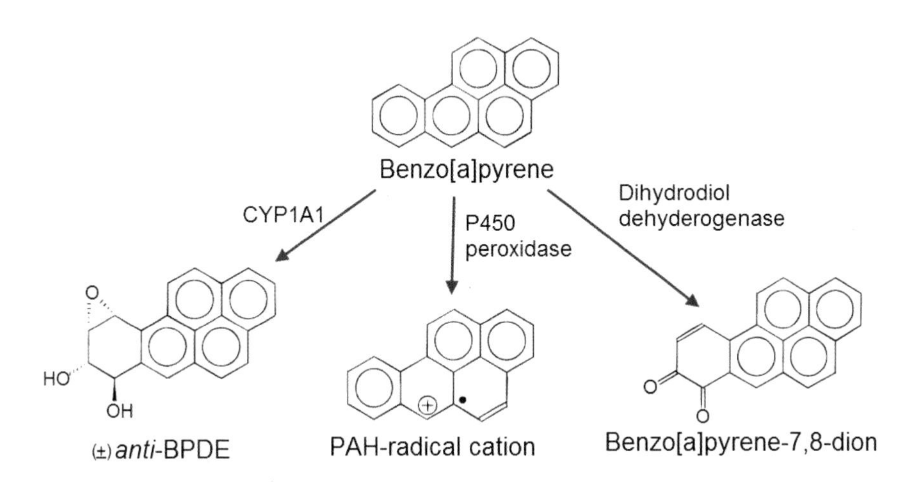

〈그림 5-26〉 PAH의 독성-유발의 주요 대사체: 다환구조를 가진 PAH(polycyclic aromatic hydrocarbon) 역시 대사를 통해 quinone를 지닌 benzo[a]-7,8-dion과 같이 산화-환원 순환방응 대사체로 전환될 수 있다. BPDE: (±)*anti*-BPDE, (±)-*anti*-7β,8α-dihydroxy-9α,10α-epoxy-7,8,9,10-tetrahydrobenzo[a]pyrene.

B[a]P처럼 일반적으로 대부분의 PAH는 catechol(benzene에 서로 인접한 -OH를 가진 페놀) 및 PAH-*O*-quinone 등의 산화-환원반응-유도 대사체 생성 경로뿐 아니라 P450에 의한 PAH-radical cation 전환 경로, PAH-diol epoxide와 같은 친전자성대사체를 생성하는 경로 등 3가지 경로 중에서 선택되어 독성을 유발하거나 포합된다. 따라서 환구조를 가진 benzene이나 PAH는 생체전환을 통해 독성을 유발하는 3가지 활성중간대사체인 친전자성대사체, 유기라디칼대사체 그리고 redox-active species 등으로의 생체전환을 통해 독성을 유발하는 공통성이 있다. 먼저, CYP1A1, CYP1B1 또는 epoxide hydrolase 등의 산화반응에 의해 생성된 PAH-*trans* dihydrodiol은 CYP1A1에 의한 'bay region'의 epoxide 형성을 통해 PAH-diol epoxide로 전환된다. PAH-diol epoxide는 친전자성대사체로 DNA 및 단백질에 결합하여 독

성을 유발한다. 또 다른 한편으로 PAH-*trans* dihydrodiol은 dihydrodiol dehydrogenase의 일종인 aldo-keto reductase(AKR1A1)에 의해 ketol(keton기 R-CO-R과 알코올기 R-OH을 가진 구조)로 대사되며 또한 케톤기의 자연발생적인 전자재배열을 통해 catechol로 전환된다. PAH-catechol은 불안정하여 자동산화의 특성을 나타낸다. 이러한 특성은 PAH-catechol이 산화-환원순환반응 화학물질인 RAS와 같은 역할을 하게 된다. PAH-catechol 대사체는 주위에 존재하는 superoxide anion radical과 반응하여 *O*-semiquinone radical로 전환되며 다시 산소분자와 반응하여 PAH-*O*-quinone으로 전환된다. 친전자성대사체인 PAH-*O*-quinone는 포합되거나 DNA와 결합하여 독성을 유발한다. 또한 PAH-*O*-quinone은 산화-환원반응-유도 대사체이며 이분자환원효소인 NQO1 또는 일분자환원효소인 cytochrome P450 reductase에 의해 PAH-catechol로 다시 전환되어 redox cycle을 반복하게 된다. Benzene의 RAS 대사체인 1,4-benzoquinone의 산화-환원 순환반응에서처럼 효소-의존성 반응과 자연발생적인 산화반응을 통해 PAH-catechol과 PAH-*O*-quinone의 순환반응이 이루어진다. 마지막으로 PAH는 유기라디칼대사체인 PAH-radical cation으로 P450에 의해 전환된다.

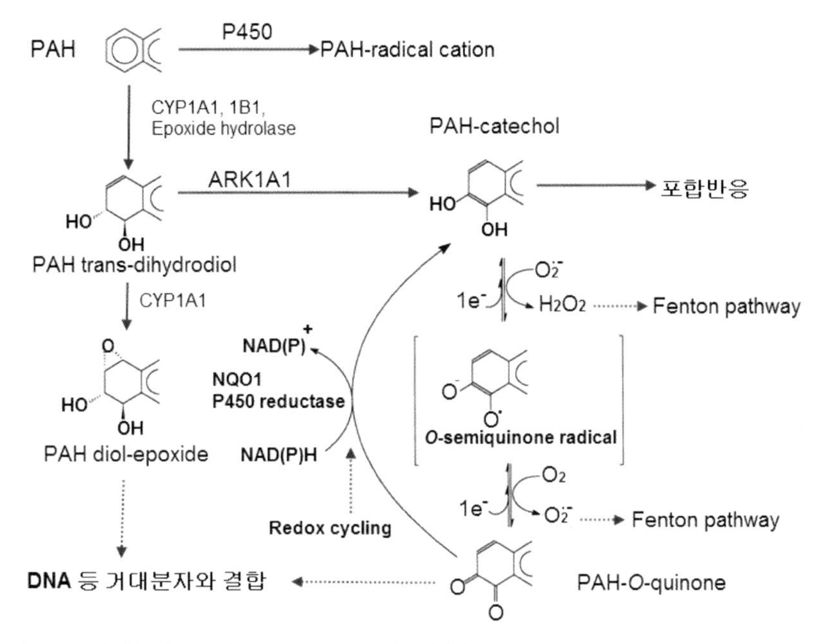

〈그림 5-27〉 **PAH의 redox-active species 생성:** PAH는 3가지 대사 경로를 통해 친전자성대사체인 PAH-diol epoxide, 유기라디칼대사체인 PAH-radical cation과 redox-active species 등이 생성된다. PAH의 redox-active species 생성은 dihydrodiol dehydrogenase의 일종인 aldo-keto reductase(AKR1A1)에 의해 생성된 Ketol을 거쳐 PAH-catechol의 생성을 통해 이루어진다. PAH-catechol은 불안정하여 자동산화를 통해 *O*-semiquinone radical과 PAH-*O*-quinone으로 전환된다. 또한 PAH-*O*-quinone는 다시 NQO1이나 chtochrome P450 reductase 등에 의해 PAH-catechol로 환원된다. 상호간 산화-환원 순환반응을 통해 대사체가 직접적으로 DNA와 결합하는 독성 및 fenton pathway에 의한 산화적 스트레스를 통해 독성을 유발한다(참고: Burczynski, Penning).

- **RAS의 순환반응 및 여러 효소활성을 통해 생성되는 superoxide anion radical과 fenton pathway는 다른 ROS 및 RNS의 생성에 있어서 핵심 역할을 한다.**

ROS는 세포의 산화-환원 상태의 불균형을 유발하는 산화적 스트레스의 대표적인 물질이다. 가장 대표적인 ROS는 superoxide anion radical($O_2^{\cdot -}$), hydroxyl radical(HO ·)과 hydrogen peroxide(H_2O_2) 등이 있다. 그러나 여러 ROS 중 superoxide anion radical이 ROS 원천에서 가장 많이 생성되며 다양한 반응을 통해 다른 라디칼 생성을 또한 유도한다. Superoxide anion radical은 생체 내 정상적인 생화학 반응의 과정인 미토콘드리아에서의 호흡, 내인성물질의 대사, 백혈구의 식작용 그리고 금속-매개 반응 등을 통해 생성뿐 아니라 P450에 의한 외인성물질의 대사와 monoamin oxidase, xanthine oxidase 그리고 redox cycle과 관련된 cytochrome P450 reductase의 효소 활성을 통해 생성된다. 이와 같이 생성된 superoxide anion radical은 <그림 5-28>에서처럼 2가지 경로를 통해 ROS 및 활성질소종(reactive-nitrogen species, RNS) 등을 생성한다. 여러 원천에서 생성된 superoxide anion radical은 먼저 SOD에 의해 hydrogen peroxide로 전환된다. 이는 다시 다양한 금속이온이 산화되면서 hydrogen peroxide ion이 생성되는 fenton pathway와 최종적으로 균등분할반응을 통해 ROS 중에서 가장 독성이 강한 hydroxyl radical과 수산이온으로 전환된다. Fenton pathway의 반응은 Fe(Ⅱ) 외에도 Cu(Ⅰ), Mn(Ⅱ), Cr(Ⅴ) 그리고 Ni(Ⅱ) 등의 산화를 통해 진행된다. 또 다른 경로를 통해 superoxide anion radical은 여러 RNS를 생성한다. Superoxide anion radical은 NO synthase에 의해 생성된 nitric oxide(NO)와 반응하여 peroxynitrite($ONOO^-$)로 전환된다. Peroxynitrite는 이산화탄소와 자연발생적 반응을 통해 nitrosoperoxy carbinate, 이는 다시 nitrogen oxide와 carbonate anion radical로 전환된다.

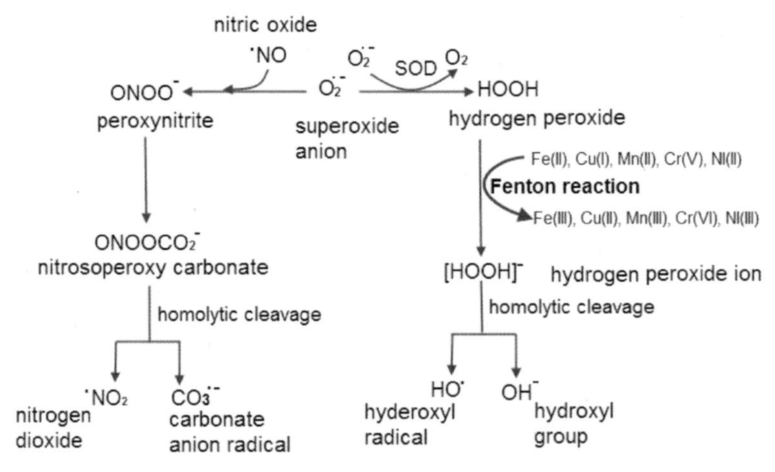

〈그림 5-28〉 **Superoxide anion radical에 기인한 다양한 ROS 및 RNS 생성기전.** Superoxide anion radical은 두 가지 경로를 통해 더욱 독성이 강한 ROS(reactive oxygen species) 및 RNSreactive-nitrogen species)를 생성한다(참고: Gregus).

외인성물질의 생체전환 과정에서 생성되는 이러한 supeoroxide anion radical - 유래 ROS 및 RNS는 외인성물질의 활성중간대사체에 의한 직접적인 독성과 더불어 상승작용을 통해 독성을 증가시키는 주요 원인이 된다. 특히 외인성물질 생체전환 또는 대사를 통한 superoxide anion radical - 유래 ROS의 증가는 <그림 5 - 29>에서처럼 quinone 화합물의 redox cycle과 유기라디칼대사체와 반응 그리고 기질의 일산소화반응을 유도하는 P450을 비롯한 여러 효소의 촉매반응 과정을 통해 이루어진다. 특히 quinone 및 유기라디칼대사체로부터의 ROS 생성은 대부분 P450 효소에 의한 대사에 기인하지만 P450의 peroxidase 활성과 동일한 반응을 촉매하는 prostaglandin H synthetase (PSH)와 lipoxygenase(LPO) 등에 의한 외인성물질의 유기라디칼대사체 생성을 통해서도 이루어진다.

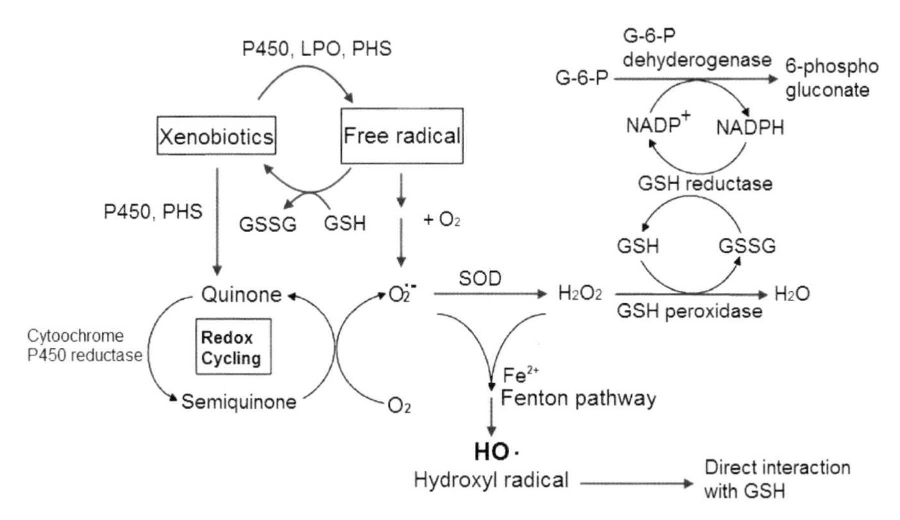

〈그림 5 - 29〉 외인성물질에 의한 ROS 생성과 독성 및 무독화의 주요 반응 기전: 외인성물질에 의한 ROS는 P450, LPO(lipoxygenase)와 PSH(prostaglandin H synthetase) 등의 효소활성과 외인성물질의 유기라디칼대사체, quinone의 redox cycling 등을 통해 생성된다. 특히 이러한 과정에서 생성되는 ROS와 Fe 이온과 반응하는 fenton pathway의 연쇄반응은 외인성물질 자체에 의한 독성과 더불어 더욱 독성을 상승시키는 주요 원인으로 작용한다. ROS 중 hydroxyl radical은 GSH에 의해서만 제거되는데 이는 GSH 고갈을 유도하여 독성을 더욱 가중시킨다. SOD: superoxide dismutase.

ROS 및 RNS에 의한 증가에 의한 일차적인 독성은 이들과 직접적으로 결합하여 제거하는 GSH의 고갈에 기인한다. 또한 이러한 고갈은 대사를 통해 형성된 친전자성대사체의 포합반응의 감소를 유도하여 결과적으로 외인성물질에 의한 독성을 가중시키는 중요한 원인이다. 예를 들어 GSH 고갈은 세포 내 산화전구물질(prooxidants)의 증가로 산화적 스트레스를 유발하여 단백질과 당의 산화, 지질과산화(lipid peorxidation), DNA 및 RNA 손상을 직간접적으로 유도한다. 특히 <그림 5 - 30>에서처럼 세포주기와 단백질 발현과 관련된 세포의 신호전달체계(cell signaling transduction)에 영향을 주게 된다.

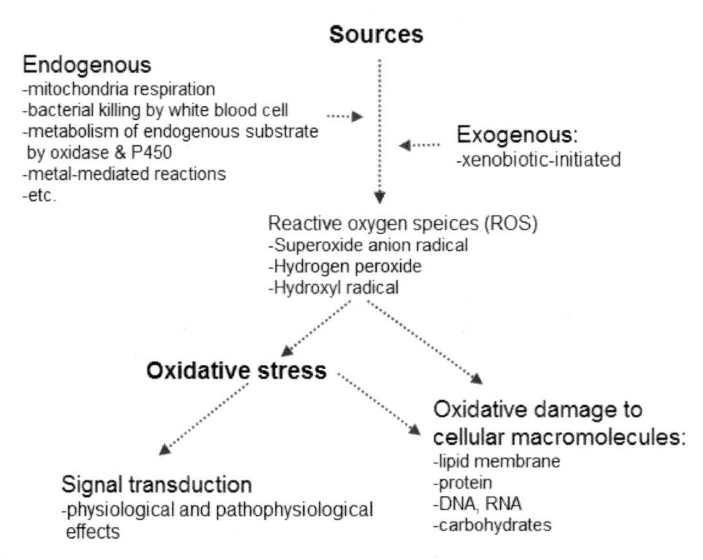

〈그림 5 - 30〉 ROS의 생성기전과 영향: ROS는 세포 내 산화 환경을 유발하여 산환-환원의 균형을 무너뜨려 세포의 신호전달체계에 영향을 줄 뿐 아니라 DNA, 단백질 및 지질과산화를 유도하여 다양한 질병의 원인이 된다. ROS는 정상적인 생화학적 또는 생리적 과정에서 형성될 뿐 아니라 외인성물질의 대사 과정에서도 부산물로 생성된다(참고: Wells).

제 6장 독물독력학(Toxicodynamics) - Reactive intermediates와 DNA, 지질, 단백질 등과의 상호작용

제6장의 주제

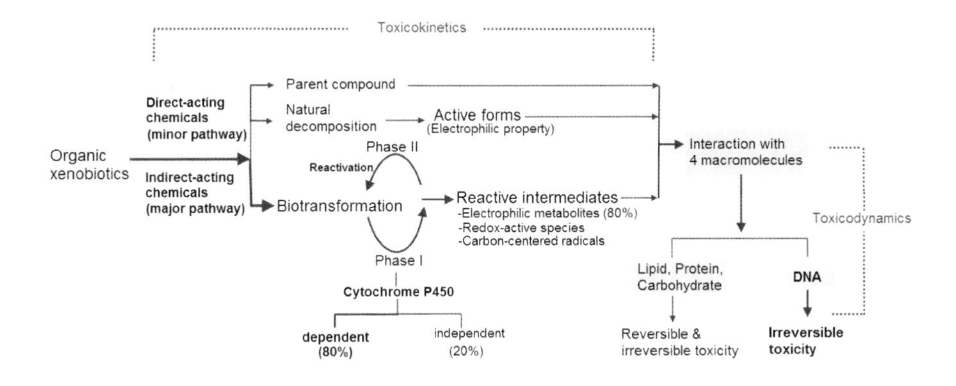

◎ 주요 내용

- 독물독력학은 최종적으로 생성된 활성중간대사체(활성형물질 및 원물질 포함)와 세포유지 및 세포조절에 관여하는 4대 거대분자와 결합을 통한 독성기전을 밝히는 영역이다.

- 활성중간대사체에 의한 DNA 손상
  - DNA의 구조와 DNA 손상의 종류

- 친전자성대사체에 의한 DNA 손상
- 유기라디칼대사체(carbon-centered Radical)에 의한 DNA 손상기전
- Redox-active species에 의한 DNA 손상
- ROS에 의한 산화적 DNA 손상
- DNA-protein crosslink
- 비공유결합(non-covalent bond)을 통한 DNA 손상기전

- 활성중간대사체에 의한 단백질 및 지질 손상
  - 활성중간대사체에 의한 단백질 손상
  - 활성중간대사체에 의한 지질 손상

- **독물독력학은 최종적으로 생성된 활성중간대사체(활성형물질 및 원물질 포함)와 세포유지 및 세포조절에 관여하는 4대 거대분자와 결합을 통한 독성기전을 밝히는 영역이다.**

외인성물질이 흡수부터 배출 그리고 독성양상 등의 생체 내의 모든 과정은 독물동태학과 독물독력학으로 구분하여 설명된다. 독물동태학은 시간에 따른 물질의 체내 이동을 밝히는 분야이다. 반면에 독물독력학은 외인성물질의 생체전환을 통해 생성되는 다양한 활성중간대사체, 자연분해에 의한 활성형물질 그리고 원물질 등이 생체 내 또는 세포 내 당, 단백질, 지질 그리고 DNA 등의 표적분자와의 상호작용을 통해 나타나는 독성의 모든 양상을 연구하는 분야이다. <그림 6-1>과 같이 상호작용을 통해 나타나는 독성의 주요 특성은 알르레기성 반응(allergic reaction), 개체 특이적 반응(idiosyncratic reaction), 즉각적-지연적(immediate versus delayed), 가역적-비가역적(reversible versus irreversible), 국소적-전신적(local versus systemic) 측면 등 크게 5가지 영역으로 구분된다. 물론 개체 자체의 특성도 어느 정도 작용하겠지만 이러한 독성의 특성이 발현하는 데 있어서 무엇보다도 중요한 것은 궁극적으로 독성을 유발하는 최종독성물질(ultimate toxicants)과 상호작용 또는 결합하는 표적분자(target molecules)의 기능적 역할에 기인한다. 이와 같이 독성물질에

의해 표적분자의 기능적 역할에 따라 나타나는 세포 수준의 영향은 분자 수준의 결과(molecular outcome)로 표현된다. 최종독성물질과 표적분자의 결합을 통한 'molecular outcome'은 크게 세포유지(cell maintenance)와 세포조절(cell regulation) 등으로 구분된다. 세포가 다른 세포의 기능을 위해 도움을 줄 뿐 아니라 세포의 항상성을 위해 자체적으로 구조 및 기능을 정상적으로 작동하는 것을 세포유지(cell maintenance)라고 한다. 거대분자와의 결합을 통해 독성물질은 세포유지에 있어서 다양한 변화를 유도한다. 세포 내부적으로 이러한 변화는 기능의 유지 측면에서 ATP 고갈, Ca^{2+} 축적, ROS/RNS 생성 그리고 단백질합성의 저해 등이 있으며 구조의 유지 측면에서 미세소관과 세포막의 이상 등이 있다. 결과적으로 세포의 죽음을 초래하거나 세포들과 관련된 통합적인 기능의 상실 등으로 조직 및 기관 차원에서의 문제가 외부적으로 나타나게 된다. 예를 들어 독성물질이 혈소판(platelet) 죽음 또는 기능 감소를 초래한다면 외부적으로 지혈(hemostasis)에 있어서 문제점으로 나타난다.

또한 분자 수준의 결과의 또 다른 중요한 현상은 신호전달체계(signal transduction)와 관련된 세포조절(cell regulation)의 장애이다. 세포유지가 항상성 유지를 위해 세포 자체적 기능에 의해 수행되는 반면에 세포조절은 항상성을 유지하기 위해 호르몬, 신경전달물질 등 세포 외부적 신호에 대한 세포 내부의 반응이다. 독성물질이 세포의 외부적 신호에 영향을 준다면 정상적인 세포조절은 불가능하게 되며 이에 따른 세포조절의 장애가 발생한다. 세포조절의 장애는 진행 중인 세포기능에 있어서 즉각적인 조절장애(dysregulation of ongoing cell function)와 유전자 발현에 대한 조절장애(dysregulation of gene expression) 등이 있다. 진행 중인 세포기능의 즉각적인 조절장애는 진행 중인 세포의 기능에 있어서 신호전달체계에 있는 효소 및 수용체 등에 직접적인 결합을 통해 장애를 유발하는 것을 의미한다. 신경전달물질 및 근육활성과 관련이 있는 이온채널 및 효소와 독성물질 간의 직접적인 상호작용을 통해 즉각적으로 개체의 경련이나 마취, 발작 증상들을 나타내는 현상이 세포기능－진행의 즉각적인 조절장애의 좋은 예이다. 이러한 장애는 독성물질이 유전자 측면에 영향을 주는 것이 아니며 독성물질이 제거되면 다시 원상 회복이 가능한 가역적인 독성을 유발한다. 반면에 유전자 발현의 조절장애는 영구히 돌이킬 수 없는 상태로 세포 또는 개체의 비가역적 독성을 유발할 수 있다. 특히 세포분열의 조절장애인 경우에는 암이나 기형, 조직의 함몰 등의 비가역적 독성의 결과를 유발한다.

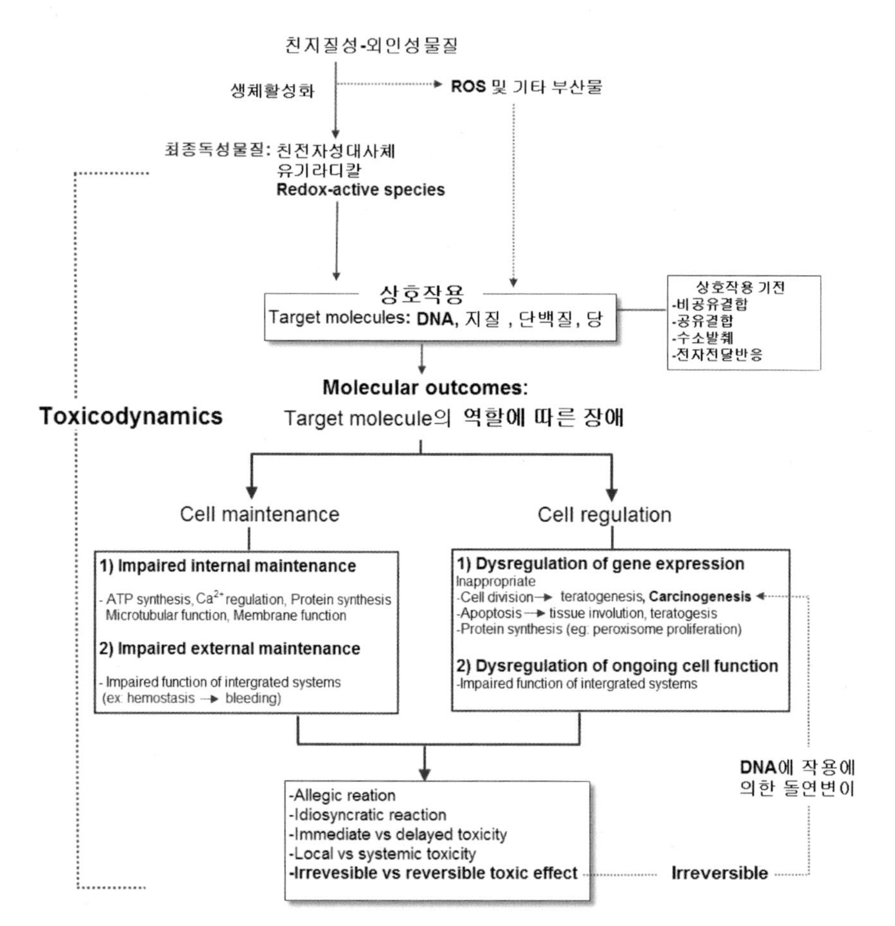

〈그림 6-1〉 Toxicodynamics의 영역과 대표적인 비가역적 독성인 carcinogenesis: 독물독력학은 최종독성물질과 거대분자의 상호작용을 통해 독성기전을 밝히는 영역이다. 독성의 결과는 거대분자의 역할에 따라 세포유지(cell maintenance)와 세포조절(cell regulation)에 대한 영향으로 나타난다. 이들에 대한 영향은 다양한 독성의 특성을 결정하게 된다. 특히 발암화는 화학물질에 의한 비가역적 독성에 있어서 대표적인 특성이며 독물독력학의 중요한 영역이다(일부 참고: Gregus).

이와 같이 독물독력학은 대사를 거쳐 생성된 최종독성물질과 거대분자의 상호작용을 통해 나타나는 독성의 양상 및 그 특성을 밝히는 분야로 요약된다. 생체전환을 통해 생성된 최종독성물질인 친전자성대사체(electrophilic metabolites), 유기라디칼대사체(carbon - centered radicals) 및 redox - active species 등 활성중간대사체와 특정 표적분자와의 상호작용은 <표 6 - 1>과 같이 비공유결합(noncovalent binding), 공유결합(covalent binding), 수소발췌(hydrogen abstraction)와 전자전달 반응(electron transfer reaction) 등의 4가지 결합반응을 통해 이루어진다. 이들 결합반응은 독성물질에 의해 나타나는 독성양상에 영향을 준다. 비공유결합은 세포유지나 진행 중인 세포기능에 있어서 즉각적인 조절장애와 관련된 효소와의 상호작용 그리고 가역적 독성반응 등과 많이 관련이 있다. 공유결합은 표적분자와의 비가역적 결합이며 이를 통해 영구적인 기능의 변화를 유도하여 다양한 비가역적 독성을 유발할 수 있다. 특히 친전자성대사체에 의한 DNA의 알킬화 및 DNA adduct 형성은 공유결합의 대표적인 예이다. 수소발췌는 중성을 띤 프리라디칼이나 RAS 등의 활성중간대사체가 불포화지방산의 생리활성물질이나 세포막의 지질 성분에 작용하여 지질과산화를 통해 독성을 유발하는 기전에서 발생하는 반응이다. 특히 지질과산화를 통해 생성된 malondialdehyde(MDA) 등의 부산물은 단백질 및 DNA에 반응하여 추가적인 손상을 유발한다. 전자전달 반응은 주로 RAS의 전자 공여체 또는 수용체의 역할을 통해 이루어지며 산화 - 환원의 순환 반응을 통해 세포 내 산화 - 환원비율의 변화를 유도한다. 또한 이러한 과정을 통해 ROS 생성 그리고 fenton pathway 경로가 활성화되어 추가적인 독성이 유발된다.

〈표 6-1〉 독성대사체의 표적분자의 결합 및 독성기전

결합 종류	결합의 특성 및 독성기전
비공유결합 (Noncovalent binding)	- 수소결합 및 이온결합 등이며 가역적 결합 - 단백질인 막수용체, 세포 내 수용체 및 이온채널 효소(ion channels enzyme) 등과 결합 - 2차 신호전달체계(2nd messenger) 유도 - 독성대사체가 가수분해효소 등과 같은 효소의 발현 유도 및 활성 유도
공유결합 (Covalent binding)	- 비가역적 결합이며 표적 거대분자의 영구적으로 기능을 변형 - 독성대사체는 DNA와 단백질 등과의 결합을 통해 adduct 형성을 통한 DNA, 단백질 손상 - Protein-protein, DNA-DNA, DNA- protein 등 cross link 형성 - 발암화 기전
수소발췌 (Hydrogen abstraction)	- 중성을 띤 프리라디칼 및 redox-active species 등이 지질 및 생리활성물질 등의 내인성물질 수소발췌를 통해 또 다른 라디칼 생성 - Protein-protein,. DNA-DNA, DNA- protein 등 cross link 형성 - Lipid radicals 생성: 지질과산화(lipid peroxidation) - DNA와 단백질 등의 strand break
전자전달 반응 (Electron transfer reaction)	- Redox active species가 전자의 수용체 및 공여자로 역할 - ROS 생성 및 fenton pathway를 통해 라디칼 생성 - 세포의 산화-환원 비율 등 세포 내 환경변화

외인성물질의 제1상반응을 통해 생성된 활성중간대사체의 이러한 다양한 결합반응을 하는 거대분자는 DNA, 단백질 그리고 지질 등이 있다. 특히 활성중간대사체와 DNA의 공유결합은 치명적인 DNA 손상의 유발을 통해 체세포의 비가역적 독성으로는 가장 심각한 발암화(carcinogenesis)를 유도할 수 있다. 따라서 본문에서는 독물독력학 측면에서 활성중간대사체에 의한 DNA 손상에 대해 가장 많이 설명되었으며 활성중간대사체에 의한 단백질과 지질의 손상은 간단히 설명되었다. 그리고 이들에 의한 생체 4대 거대분자의 하나인 탄수화물에 의한 손상은 외인성물질에 의한 독성에 있어서 중요성이 미미하여 생략되었다.

1. 활성중간대사체에 의한 DNA 손상

◎ 주요 내용

- DNA의 구조와 DNA 손상의 종류
- 친전자성대사체에 의한 DNA 손상기전
- 유기라디칼대사체(carbon－centered Radical)에 의한 DNA 손상기전
- Redox－active species에 의한 DNA 손상기전
- ROS에 의한 DNA 손상
- DNA－protein crosslink
- 비공유결합(non－covalent bond)을 통한 DNA 손상기전

1) DNA의 구조와 DNA 손상의 종류

◎ 주요 내용

- DNA 이중나선의 형성에 있어서 주요 4개 결합은 수소결합, N－glycoside 결합, ester와 phosphodiester 결합 등이며 결합부위는 DNA 손상의 주요 부위이다.
- 공유결합에 의한 DNA 손상은 base loss, chemical modification, photo－damage, inter－strand crosslink, DNA－protein crosslink 그리고 strand break 등이 있다.
- DNA 손상은 replication을 통해 염기 수준의 돌연변이인 point mutation과 염색체 수준의 chromosomal mutation을 유발한다.

- DNA 염기의 손상은 alkylated base, 염기의 bulky DNA adduct 형성 그리고 oxidative lesion 등을 통해 발생한다.

- 유기성 외인성물질의 활성중간대사체에 의한 DNA 손상은 주로 공유결합에 의해 유발되며 2가지 주요 활성중간대사체인 친전자성대사체 및 유기라디칼대사체에 기인한다.

- **DNA 이중나선의 형성에 있어서 주요 4개 결합은 수소결합, N－glycoside 결합, ester와 phosphodiester 결합 등이며 결합부위는 DNA 손상의 주요 부위이다.**

<그림 6－2>에서처럼 DNA는 염기가 짝을 이룬 이중나선(double helix)으로 구성되어 있다. DNA 염기의 종류로는 질소와 탄소로 구성된 6각형과 5각형의 이중환 형태의 adenine, guanine 등의 purine 계열, 질소와 탄소로 구성된 6각형의 단일환 형태의 thymine, cytosine 등의 pyrimidine 계열이 있다. 네 종류의 염기는 서로 상보적으로 A＝T, G≡C 형태의 수소결합으로 염기쌍을 이루고 있다. DNA의 이중나선은 길지만 직경은 아주 짧으며 외측 형태는 minor groove(작은 홈)와 major groove(큰 홈)으로 구분된다. Minor groove는 폭이 약 10Å, major groove는 약 24Å이다. DNA의 외측에 groove가 형성되는 이유는 상보적인 염기의 수소결합이 이중나선에서 당(sugar)이 120° 돌출되어 있기 때문이다. 따라서 major groove 층은 염기쌍의 윗부분에 위치하고 있으며, 당－인산 골격 내부에 질소와 산소원자들이 채워져 있다. 반면에 minor groove은 그들의 골격으로부터 질소와 산소원자들이 외부로 돌출되어 있다. 염기 내의 질소와 산소원자 등의 헤테로원자는 대부분 친핵성을 띠기 때문에 이들의 위치는 친전자성대사체와의 상호작용에 영향을 주며 결과적으로 손상의 형태도 다르게 나타나는 원인이 된다.

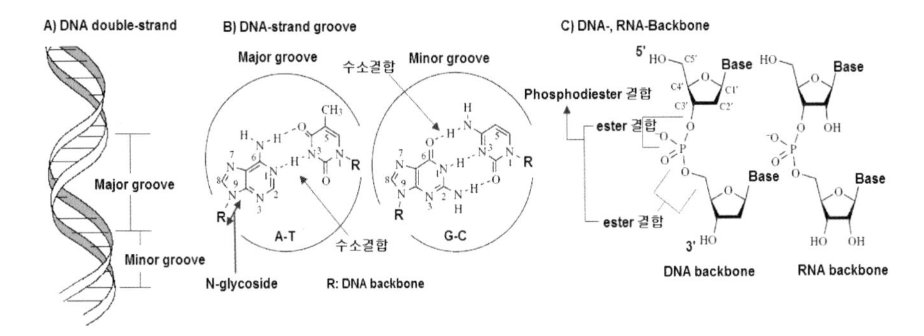

〈그림 6-2〉 DNA 이중나선의 기본 구조: (A) DNA 이중나선은 이중나선구조의 외측 형태는 minor groove(작은 홈)와 major groove(큰 홈)으로 구분된다. DNA 이중나선은 4개의 주요 결합으로 형성된다. 염기와 당을 연결하는 N-glycoside 결합(B), 염기와 염기를 연결하는 수소결합(B), 염기 내의 당과 인산을 연결하는 ester 결합(C)과 인산을 통해 당과 당을 연결하는 phosphodiester 결합(C) 등이 있다(일부 참고: Gates).

DNA 손상은 다양하게 일어나는데 최종독성물질과 DNA상의 결합부위가 주요 손상 부위이다. DNA 이중나선을 형성하는데 4가지 주요 결합인 수소결합, N-glycoside 결합, ester와 phosphodiester 결합 등이 있다. 먼저 염기의 수소결합은 adenine과 thymine의 A-T 염기쌍 사이에 2개, guanine과 cytosine의 G-C 염기쌍 사이에 3개의 수소결합으로 연결되어 있다. 염기와 오탄당의 결합으로 이루어진 nucleoside 형성은 purine 염기의 9 위치나 pyrimidine 염기의 1 위치의 N-과 D-ribose(RNA의 경우)나 2'-deoxy-D-ribose(DNA의 경우)의 1' 위치의 C- 사이에서 탈수축합 반응을 통한 β-N-glycoside 결합으로 이루어진다. 핵산염기, D-ribose(또는 2-deoxy-D-ribose), 인산 등 3종류의 분자가 결합한 핵산을 구성하는 기본단위가 nucleotide이다. Nucleotide는 nucleoside의 오탄당 부분의 3' 또는 5'에 인산(phosphate)이 ester 결합으로 연결된 구조이다. DNA의 당과 인산의 결합을 DNA의 sugar-phosphate backbone(당-인산 골격)이라고 하며 DNA와 RNA의 긴 사슬을 이루게 하는 결합이다. RNA와 DNA는 nucleotide가 phosphodiester 결합으로 연결된 polynucleotide의 일종이다. 특히 DNA 이중나선을 구성하는 염기-당-인산 결합을 비롯하여 염기와 염기 사이의 결합 등의 결합부위에 절단이 많이 발생하며 손상의 주요 부위이다.

- **공유결합에 의한** DNA **손상은** base loss, chemical modification, photo-damage, inter-strand crosslink, DNA-protein crosslink **그리고** strand break **등이 있다.**

DNA 손상은 화학적, 물리적 요인을 비롯하여 내인성 및 자연발생 등의 다양한 요인으로 발생한다. 외인성물질, 자외선과 방선선 등 물리적 요인에 의한 DNA 손상은 DNA와의 공유 및 비공유 등의 결합 형태에 따라 구분된다. 비공유결합에 의한 DNA 손상은 주로 생체전환 전의 원물질에 의해 이루어지며 공유결합에 의한 손상은 생체전환을 통해 생성되는 활성중간대사체에 의해 이루어진다. <그림 6-3>에서처럼 공유결합에 의한 DNA 손상은 염기소실(base loss), 염기변형(base modification), 자외선 손상(photo-damage), inter-strand crosslink(나선간교차결합), DNA-protein crosslink(DNA-단백질 교차결합) 그리고 strand break(나선절단) 등이 있다. 비공유결합(non-covalent DNA interacting)에 의한 DNA 손상은 DNA groove binding(DNA 홈 결합)과 DNA intercalation(DNA 삽입) 등이 있다. 대부분의 DNA 손상은 염기와 DNA의 이중나선 또는 단일나선을 구성하는 backbone(골격)을 유지하는 phosphodiester 결합부위에서 유발된다.

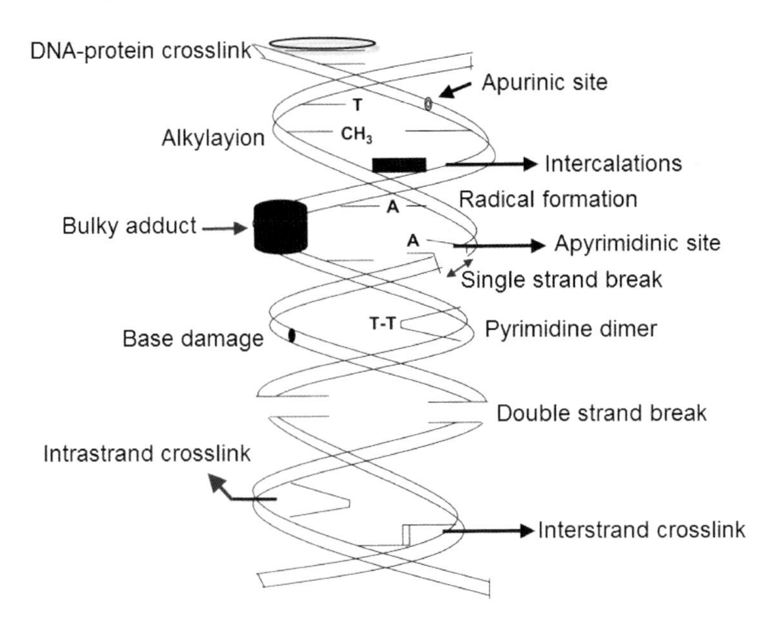

〈그림 6-3〉 DNA 손상의 종류: DNA 손상은 최종독성물질과 DNA와의 공유결합 및 비공유결합 등의 결합 형태에 따라 구분된다. 공유결합에 의한 DNA 손상은 염기소실(base loss)인 apurinic site와 apyrimidinic site, 염기의 화학적 변형(chemical modification)인 alkylation, adduct, 자외선 손상(photo-damage)인 pyrimidine dimer, inter-strand crosslink(나선간교차결합), DNA-protein crosslink(DNA-단백질 교차결합) 그리고 strand break(나선절단) 등이 있다. 비공유결합(non-covalent DNA interacting)에 의한 DNA 손상은 DNA groove binding(DNA 홈 결합)과 DAN intercalation(염기층간삽입) 등이 있다.

① 염기소실 또는 탈염기부위(formation of abasic site): Deoxyribose와 염기를 연결하는 N-glycoside 결합이 절단되면서 purine 및 pyrimidine 계열 염기가 분리되어 떨어져 나간 부분을 말한다. 이 부위를 apurinic/apyrimidinic (AP) 또는 abasic site(탈염기부위)라 한다.

② 염기변형(base modification): 염기변형은 염기의 탈아미노화(deamination)와 염기의 alkylating(알킬화)을 포함한 DNA adduct가 형성되는 것을 의미한다. 염기의 아미노기는 다소 불안정하여 다른 구조로 변형되는데 이를 염기의 탈아미노화(deamination) 반응이라고 한다. Cytosine의 C_4에 붙어 있는 아미노기(NH_2)가 keto기(C=O)로 변형되어 RNA의 염기인 uracil로 전환되는 것이 염기의 탈아미노화(deamination) 반응의 예이다. 이러한 전환은 자연발

생적으로 일어나기도 한다. 다른 탈아미노화의 예는 adenine의 hypoxanthine으로의 전환, guanine의 xanthine으로의 전환, 5 - methyl cytosine의 thymine으로 전환 등이 있다. DNA alkylation과 DNA adduct는 DNA 손상에 있어서 핵심적 형태이기 때문에 본문에서 상세하게 설명되었다.

③ 나선간교차결합(Inter - strand crosslink) 및 나선내교차결합(Intra - strand crosslink): 반대 나선간의 염기 또는 나선내 염기들이 알킬화되거나 친전자성 대사체의 adduct 형성을 통해 공유결합 하여 염기 - 염기가 연결된 상태를 의미한다. 이는 주로 bifunctional alkylating agent에 의해 주로 발생한다.

④ 나선절단(strand break): DNA 나선절단은 DNA의 골격을 이루는 당과 인산의 phosphodiester 결합의 절단에 의해서 발생된다. 나선 2개 중 하나가 절단되는 것을 single - strand break, 2개 모두 절단되는 것을 double - strand break이라 한다. DNA 손상 중에서 가장 일반적이면서 가장 심각한 결과를 가져온다.

⑤ DNA - protein crosslink(DNA - 단백질 교차결합): DNA - 단백질 교차결합이란 공유결합을 통해 DNA와 단백질의 결합한 형태의 DNA 손상을 의미한다.

⑥ 자외선 손상(photo - damage): 자외선이나 방사선의 빛이 염기에 흡수되어 생성되는 에너지에 의해 DNA가 손상되는 것을 의미한다. 자외선 손상에 있어서 가장 빈번하게 발생하는 것은 한쪽의 나선내에서 이웃한 pyrimidine 계열의 염기끼리 결합을 통해 형성되는 이량체(dimer)이다. 특히 thymine 염기의 CH_3와 이웃한 thymine의 CH_3 사이 이량체가 형성되는 것을 cyclobutane pyrimidine dimers(CPD)라 하며 가장 빈번히 발생한다. 다음으로 T - T, C - T 그리고 C - C 순으로 이량체가 방사선 또는 자외선에 의해 발생한다. CPD의 결합은 정상적인 DNA 구조보다 염기끼리 더욱 가깝게 당겨 나선 변형을

유발하게 된다. 염기의 이량체는 pyrimidine의 6번 위치와 3'쪽의 이웃한 pyrimidine의 4번 위치 사이에 공유결합에 의해서도 생성된다. 이러한 이량체를 6-4 PP이라고 하며 T-C, C-C, T-T와 C-T 순으로 자외선 또는 방사선에 의해 생성된다.

⑦ DNA groove-binding: DNA 이중나선에 있어서 minor groove와 major groove에 원물질이 비공유결합의 정전기적 또는 상호작용을 통해 결합되어 있는 상태를 의미한다. 외인성물질에 의한 DNA groove-binding은 전사인자 및 핵수용체 등의 유전자 조절단백질이 유전자에 결합하는 것을 방해한다.

⑧ Intercalation(염기층간삽입): 독성물질이 상하의 인접한 염기쌍들의 n-orbital과 상호작용 또는 수소결합 등의 비공유결합을 통해 두 나선 중간에 끼여 있는 것을 말한다. 염기층간삽입은 대사체보다 주로 원물질 자체에 의해 DNA 손상을 유발하는 기전이다. Intercalation은 DNA 이중나선 확장을 통해 구조를 변형시키거나 합성을 위해 나선의 풀림을 방해한다.

- **DNA 손상은** replication**을 통해 염기 수준의 돌연변이인** point mutation**과 염색체 수준의** chromosomal mutation**을 유발한다.**

점돌연변이(point mutation)란 하나 또는 몇 개의 뉴클레오티드를 변화시키는 것을 의미하며 염색체돌연변이(chromosomal mutation)란 염색체 절편의 재배열, 결실 또는 추가에 의한 구조적 변이와 염색체의 수적 이상을 의미한다. 점돌연변이는 크게 염기치환(base substitution mutation), 사슬종결돌연변이(chain-termination mutation)와 염기의 첨가 및 결실, 격자이동돌연변이(frame-shift mutation)로 구분된다. 염기치환돌연변이는 하나의 염기쌍이 치환되거나 다른 것으로 교체되는 것을 의미한다. 염기치환돌연변이는 단백질합성에 있어서 다른 종류의 아미노산으로 교체될 수 있으며 이는 단백질의 구조와 기능에 심각한 영향을 줄 수 있다. 그러나 비록 아미노산이 교체되었더라도 단백질 구조에 영향을 미치지 않는 침묵돌연변이(silent mutation)와 단백질 구조를 변화시키나 기능에는 영향을 주지 않는 중립돌연변이(neutral mutation)도 있다. 사슬종결돌연변이는 돌연변이에 의해 생긴 새로운 코돈이 세 종류의 종결코돈(UUG, UUA와 UUG) 중 하나로 유도되는 염기치환을 의미한다. 사슬종결돌연변이는 단백질합성 과정에서의 번역이 미리 종결되어 아무런 기능을 하지 못하는 폴리펩티드 형성을 하게 된다. 새로운 염기가 뉴클레오티드 서열에 끼어 들어가는 첨가(addition), 염기가 뉴클레오티드 서열에서 빠져나가는 결실(deletion)에 의해 DNA 정보의 번역 격자를 변경시키는 것을 격자이동돌연변이라고 한다. 격자이동돌연변이가 유전자 발현이 되는 암호화 코돈 내에서 발생하면 번역격자를 변화시키기 때문에 치환현상보다 더 심각한 결과를 초래한다.

염색체의 구조적 돌연변이는 DNA 분자에서 이중나선이 완전히 절단되고, 손상 회복이 안 되는 경우에 발생한다. 염색체결실(chromosome deletion)은 절단된 두 절편 중 하나의 절편이 복제 후 상실되는 손상을 의미한다. 이는 두 절편 중 하나는 동원체를 갖고 있는 동원체(centric) 절편이지만 다른 하나는 그렇지 않은 비동원체(acentric) 절편에 기인한다. 즉 세포분열 후기에 이르러 동원체 절편은 정상적으로 이동하나, 비동원체 절편은 딸세포에 도달하지 못하는 경우에 발생한다. 염색체역위(inversion)는 중간 절편이 양 끝 절편과 거꾸로 재결합되는 것을 말한다. 염색체중복(duplication)이란 상동염색체가 서로 다른 위치에서 절단되어 비정상적인 융합회복이 일어나면 한 염색체는 결실이 생기고 긴 염색체는 중복되는 경우를 말한다. 염색체전좌(translocation)는 2개의 비상동염색체가 절단된 후, 융합회복이 잘못 일어나 한 염색체의 절편이 다른 염색체에 붙는 현상을 의미한다. 염색체 수적 이상의 돌연변이는 주로 방추사가 끊어지면서 한쪽으로 전체 또는 일부 염색체가 이동이 중단하는 경우를 의미한다. 특히 1~3개의 염색체가 추가되는 것을 이수체(aneuploid)라고 하며 전체 염색체가 추가되는 것을 다수체(polyploid)라고 한다.

- **DNA 염기의 손상은 alkylated base, 염기의 bulky DNA adduct 형성 그리고 oxidative lesion 등을 통해 발생한다.**

일반적으로 단일뉴크레오티드(single nucleotide)의 DNA 손상은 손상물질의 종류에 따라 DNA 산화(oxidation), 염기의 알킬화(alkylation) 그리고 bulky DNA adduct 형성 등으로 분류된다. DNA 산화는 염기와 ROS와의 반응을 통해 이루어지는 손상기전이다. ROS는 외인성물질의 생체전환 과정에서 P450의 효소 활성을 통해 생성되거나 유기라디칼대사체와의 반응을 통해 생성된다. ROS에 의한 가장 빈번하게 발생하는 DNA 산화에 의한 손상은 <그림 6-4>의 A)에서처럼 산소가 결합되어 염기가 산화된 8-oxo-7,8-dihydroguanine(8-oxodG)와 2,6-diamino-4-hydroxy-5-formamidopyr imidine (FaPy-dG) 등을 예로 들 수 있다. 염기알킬화는 친전자성대사체에 의해 염기에 알킬기(alkyl group)가 전달되어 발생하는 대표적인 DNA 손상기전이다. <그림 6-4>의 B)에서처럼 알킬화-유도물질에 의한 염기의 메틸화(methylation, CH_3)는 알킬화의 좋은 예이다. 이와 같이 생체전환을 통해 생성된 친전자성대사체 일부 및 자체가 DNA의 특정 부위에 공유결합 하여 생성된 염기구조물을 DNA adduct(DNA 부가물)이라고 한다. DNA adduct는 크기 측면에서 구분이 또한 되는데 bulky adduct(거대 DNA 부가물)란 비교적 큰 분자인 방향족 친전자성대사체 전체가 염기와의 공유결합을 통해 형성된 adduct를 의미한다. 대표적인 bulky adduct의 예로 <그림 6-4>의 C)에서처럼 친전자성대사체로 B[a]P-diol epoxide와 Guanine N2와 공유결합을 통한 adduct 형성을 들 수 있다.

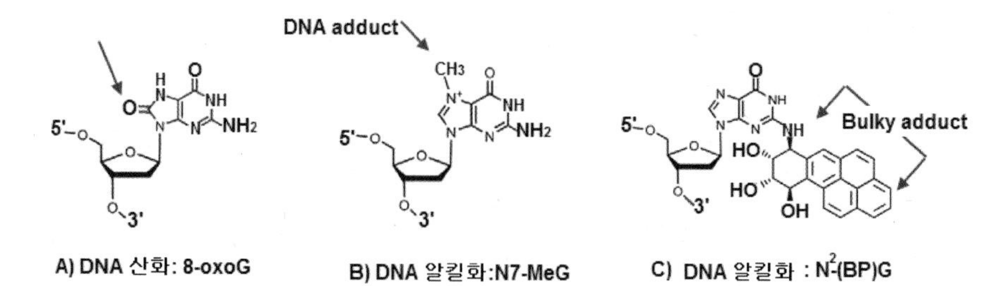

〈그림 6 - 4〉 DNA 손상과 adduct의 종류: DNA 염기의 손상은 ROS에 의한 산화, 작은 분자의 염기 알킬화를 통한 DNA addcut 및 큰 분자의 알킬화에 의한 bulky DNA adduct 등에 의하여 유도된다(참고: Schneider).

- **유기성 외인성물질의 활성중간대사체에 의한 DNA 손상은 주로 공유결합에 의해 유발되며 2가지 주요 활성중간대사체인 친전자성대사체 및 유기라디칼대사체에 기인한다.**

공유결합에 의한 DNA 손상은 염기소실, 염기의 화학적 변형, inter 및 intra - strand crosslink, DNA - protein crosslink을 비롯하여 strand break 등이 있다. 공유결합에 의한 DNA 손상의 특징은 원상태로 DNA 수복이 되지 않는다면 대부분 비가역적인 변형을 유발하여 비공유결합에 의한 DNA 손상보다 더 심각한 독성의 결과를 가져온다. 외인성물질과 DNA와의 공유결합은 대부분 제1상반응을 통해 생성된 친전자성대사체의 활성중간대사체와 DNA의 친핵성부위와 반응을 통해 이루어진다. 또한 제1상반응을 통하지 않고 생체 내에서 비효소적인 자연분해를 통해 생성되는 직접 - 작용 독성물질의 활성형물질도 친전자성을 띠며 DNA와 결합을 통해 손상을 유발하는데 cysplatin 및 mitomycin C 등이 이에 속한다. 공유결합 외에도 유기라디칼대사체에 의한 수소발췌도 DNA 손상의 중요 기전이다.

이와 같이 외인성물질의 활성중간대사체에 의한 DNA 손상은 3가지 주요 활성중간대사체인 친전자성대사체와 유기라디칼대사체 그리고 활성형물질로 요약된다. 그러나 DNA 손상은 <그림 6 - 5>에서처럼 기본적으로 다음과 같은 2가지 원리인 ① 친전자성대사체 및 활성형물질의 DNA의 친핵성부위와의 반응, ② 유기라디칼대사체에 의한 DNA의 π bond(C=C 등의 결합 내의 전자가 오비탈의 공간 내에서 비교적 자유롭게 움직이며 반응이 쉽게 일어나는 bond)에서의 수소발췌 등으로 설명된다. 또한 외인성물질의 대사 과정이나 생체 내 여러 물질과의 반응을 통해 부산물로 생성되는 ROS도 DNA 손상에 있어서 중요한 원인물질이다. ROS는 라디칼의 일종이지만 유기라디칼대사체와 비교하여 또 다른 기전을 통해 DNA 손상을 유발한다. 따라서 외인성물질에 의한 DNA 손상은 친전자성대사체와 활성형물질, 유기라디칼대사체와 ROS에 의한 측면에서 비교, 이해하는 것이 바람직하다.

1) DNA-Nu + E^+ ⟶ DNA-Nu^+-E
DNA adduct

2) DNA 염기 + R• ⟶ DNA adduct 또는 라디칼 DNA

3) DNA-H + R• ⟶ DNA• + R-H
라디칼 DNA

〈그림 6-5〉 친전자성대사체 및 유기라디칼대사체에 의한 DNA와의 반응: 1) DNA-Nu(DNA의 친핵성부위)와 친전자성대사체(E^+)와 반응하여 DNA adduct를 형성한다. 2) DNA 염기에 유기라디칼대사체(R·)가 결합하여 DNA adduct 형성과 더불어 라디칼-DNA를 형성한다. 3) 유기라디칼대사체(R·)에 의한 DNA의 수소발췌를 통해 라디칼성 DNA가 형성되고 수소이온을 얻은 유기라디칼대사체는 활성을 잃게 된다(참고: Gates).

2) 친전자성대사체에 의한 DNA 손상기전

◎ 주요 내용

- 친전자성대사체에 대한 가장 높은 친화성을 지닌 염기의 부위는 guanine의 N7, adenine의 N3 그리고 guanine의 O^6 순이다.

- 친전자성대사체는 염기뿐 아니라 DNA의 backbone을 형성하는 phosphodiester 결합에서 O-원자 등의 친핵성부위에도 알킬화를 유도한다.

- DNA의 친핵성 염기 및 backbone과 결합하는 모든 물질을 alkylating agent 이라고 하며 $S_N1$type과 S_N2 type이 있다.

- S_N1 type 알킬화-유도물질은 N-alkylation, S_N2 type 알킬화-유도물질은 N-alkylation 및 O-alkylation을 우선적으로 유도한다.

- 알킬화-유도물질 내의 reactive group의 수는 이중나선 또는 단일나선 등의 DNA 나선손상의 종류를 결정한다.

- DNA 염기의 알킬화는 오탄당의 deglycosylation, depurination과 depyrim-idination, deamination 등을 비롯하여 ring opening을 유도한다.

- 단일작용기성 알킬화-유도물질은 gene mutation, 복수작용기성 알킬화-유도물질은 clastogenic mutation을 유발한다.

- 복수작용기성 알킬화-유도물질의 2개 활성기는 대부분 대칭구조이며 활성기 생성 과정 역시 동일하다. 그러나 복수작용기성 알킬화-유도물질이라도 염색체 수준 및 유전자 수준의 혼합적 DNA 손상을 유발한다.

- ICL-유도물질은 염기서열-특이적(DNA sequence-specific)으로 발생하며 항암제로 많이 개발되었다.

- **친전자성대사체에 대한 가장 높은 친화성을 지닌 염기의 부위는 guanine의 N7, adenine의 N3 그리고 guanine의 O^6 순이다.**

친전자성대사체는 전자가 부족하여 전자가 풍부한 DNA의 특정부위, 즉 친핵성부위와의 결합을 통해 DNA 손상을 유발한다. 따라서 DNA의 친핵성부위에 대한 위치 및 특성에 대한 이해가 필요하다. Nucleotide의 당, 염기 및 인산에 있어서 친전자성대사체와 반응이 가장 많이 일어나는 친핵성부위는 염기이다. DNA 염기를 구성하는 탄소와 수소를 제외하고 탄소와 환구조를 형성하는 N(질소), 환구조에서 돌출되어 있는 O(exocyclic oxygen) 등의 대부분 헤테로원자(탄화수소에서 탄소와 수소를 제외한 원자)는 친핵성이다. 특히 헤테로원자 중에서 산소보다 질소가 친전자성대사체에 대해 친화성이 더 크다. 그러나 염기의 환구조 밖의 아미노기(exocyclic amino group, $-NH_2$)는 친핵성이 약하다. 또한 DNA의 단선 또는 이중나선의 구조에 따라 염기의 친핵성부위가 다르다. DNA 이중나선에서는 염기의 친핵성이 가장 높은 부위는 guanine의 N7(<그림 6-2>의 염기 내의 숫자를 참조) 위치이다. 다음으로 guanine의 N3, cytosine의 O^6, adenine의 N7과 thymine의 O^4와 O^2 등의 순으로 친핵성이 높다. DNA의 단선인 경우에는 cytosine의 N1과 adenine의 N1이 친핵성이 높은 위치이다. DNA는 이중나선구조에 있어서 외측 형태인 minor groove에서는 A=T 그리고 major groove에서는 G≡C의 염기쌍이 친핵성이 높다. 그러나 일반적으로 <그림 6-6>에서처럼 실제로 DNA 이중나선상에서 친전자성대사체에 대한 가장 높은 친화성을 지닌 염기의 친핵성부위는 guanine의 N7, adenine의 N3 그리고 guanine의 O^6 순이다. 특히 염기 중 퓨린계의 guanine의 N7에서 가장 빈번하게 친전자성대사체가 결합하는 알킬화 등이 발생한다.

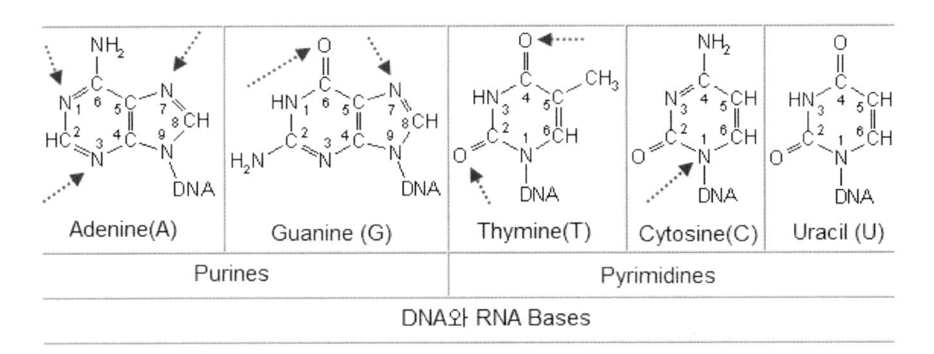

〈그림 6-6〉 DAN와 RNA의 가장 친핵성부위: 염기의 환구조 내의 질소는 대부분 친핵성이지만 친전자성대사체 대한 가장 높은 친화성을 지닌 염기의 부위(⋯→)는 guanine의 N7, adenine의 N3 그리고 guanine의 O^6 순이다.

- **친전자성대사체는 염기뿐 아니라 DNA의 backbone을 형성하는 phosphodiester 결합에서 O-원자 등의 친핵성부위에도 알킬화를 유도한다.**

DNA의 염기뿐 아니라 DNA의 당-인산 골격을 구성하는 2'-deoxynucleoside 사이에 존재하는 phosphodiester의 'O'원자도 친핵성부위이다. <그림 6-7>은 DNA 알킬화를 유도하는 물질인 B[a]P가 생체전환에 의해 생성된 발암대사체와 DNA의 친핵성부위와의 결합을 통한 DNA 손상기전을 나타낸 것이다. B[a]P 대사체인 benzo[a]pyrene 7,8-dihydrodiol이 CYP1A1에 의해 산화되어 benzo[a]pyrene-7,8-dihydrodiol-9,10-epoxide(B[a]PDE)로 전환된다. B[a]PDE의 epoxide는 자연발생적으로 epoxide 구조가 개방되면서 탄소에 양전하를 띠는 carbocation intermediate(카르보양이온 중간체)로 전환된다. 카르보양이온 중간체는 인산의 친핵성부위인 'O^-'와 결합하여 phosphotriester adduct(DNA 인산 adduct)를 형성한다. 또한 phosphotriester adduct의 내부 전자이동을 통해 고리가 형성되면서 한쪽 DNA의 나선절단(strand break)이 발생되는 DNA 손상이 유발된다. 이러한 알킬화-유도물질이 DNA의 phosphodiester에 결합하여 형성되는 구조물을 phosphotriester adduct이라고 하며 알킬화에 의해 절단된 DNA strand의 adduct를 단일나선-phosphodiester adduct이라고 한다. 대부분 adduct들은 DNA의 단일나선을 절단하는 single strand break을 유발한다. 이러한 DNA의 골격에 adduct 또는 알킬화를 유발하는 알킬화-유도물질은 dialkylsulphates, alkyl methanesulphonates, N-nitroso compounds, cyanoethylene oxide, cyclophosphamide와 phenyl glycidyl ether 등이 있다.

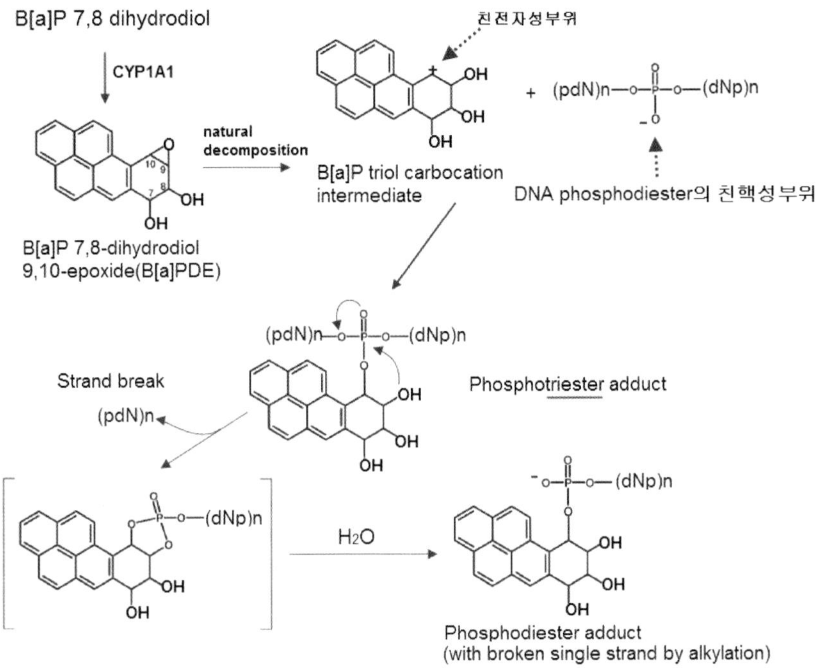

B[a]P 7,8 dihydrodiol
CYP1A1
B[a]P 7,8-dihydrodiol 9,10-epoxide(B[a]PDE)
natural decomposition
친전자성부위
B[a]P triol carbocation intermediate
+ (pdN)n—o—P—o—(dNp)n
DNA phosphodiester의 친핵성부위
(pdN)n—o—P—o—(dNp)n
Strand break
(pdN)n
Phosphotriester adduct
H_2O
—o—P—o—(dNp)n
Phosphodiester adduct
(with broken single strand by alkylation)

〈그림 6 - 7〉 **B[a]PDE에 의한 DNA backbone의 phosphotriester adduct 형성 기전:** Benzo[a]pyrene - 7,8 - dihydrodiol - 9,10 - epoxide(B[a]PDE)는 phosphodiester의 'O' 원자인 친핵성부위의 알킬화를 통해 phosphotriester adduct를 형성한다. Phosphotriester adduct는 내부 전자이동을 통해 DNA strand의 절단을 유도하여 단일나선 - phosphodiester adduct로 전환되는 DNA 손상을 유발한다. pdN: 2' - deoxynucleoside 5' - monophosphates, dNp: 2' - deoxynucleoside - 3' - monophosphates(참고: Gaskell).

- **DNA의 친핵성 염기 및 backbone과 결합하는 모든 물질을 alkylating agent이라고 하며 $S_N1$type과 S_N2 type이 있다.**

알킬화 - 유도물질(alkylating agent)은 제5장의 <표 6 - 1>에서처럼 친전자성대사체의 한 부류이며 알킬기($R - CH_3$)를 다른 분자로의 이동을 유도하는 물질을 의미한다. 그러나 DNA 손상과 관련하여 알킬화 - 유도물질이란 DNA의 염기나 backbone의 친핵성부위와 공유결합을 하는 모든 물질을 의미한다. 또한 알킬화 - 유도물질은 생체전환을 통한 친전자성대사체에만 포함하는 것이 아니라 생체전환이 없이 원물질의 자연분해를 통해 생성되어 알킬화를 유도하는 직접 - 작용 독성물질의 활성형물질도 포함한다. 친전자성대사체 및 활성형물질의 알킬화는 DNA와의 친핵성치환반응에 의해 이루어지는데 이는 새로운 전자쌍 형성을 통해 이루어지는 공유결합의 일종이다. 치환반응이란 분자 내의 어떤 원자나 원자단이 다른 원자나 원자단으로 치환되는 화학반응이라고 하는데 친핵성치환반응(nucleophilic substituition, S_N)은 전자가 풍부한 화합물이 친전자성물질 이탈기(leaving group)의 양전하 부위와 반응하는 것을 말한다. 또한 알킬화는 드물게 첨가반응에 의해서도 이루어지는데 첨가반응(addition reaction)이란 같은 종류나 2개 이상의 화합물이 직접 결합하여 별개의 새로운 화합물을 생성하는 반응이다.

또한 알킬화를 위한 치핵성치환반응은 DNA와 반응하는 물질인 친전자성대사체 또는 활성형물질에 따라 구분된다. 일반적으로 알킬화-유도물질은 두 가지 type인 S_N1 type(일분자성치환반응, subatituition, nucleophilic, monomolecular의 약어)과 S_N2 type(이분자성치환반응, subatituition, nucleophilic, bimolecular의 약어) 등 두 반응을 통해 알킬화를 유도한다. 친핵성치환반응은 일반적으로 친전자성대사체의 전자가 부족한 반응중심부위(reaction center)가 DNA의 전자가 풍부한 반응중심부위(Y)와의 반응으로 아래의 반응식 (1)과 같이 이루어진다. 친전자성대사체(RX)는 염기의 친핵성원자인 N 또는 O와 반응할 때 친핵성원자의 쌍을 이루지 않은 전자(: 또는 - 표시)와 새로운 공유결합을 형성한다. 이는 모든 친핵성원자는 새로운 공유결합을 형성할 때 제공할 수 있는 비결합 전자쌍을 최소한 한 쌍을 가지고 있기 때문이다. 친핵성부위(Y)와 친전자성대사체로부터 떨어져 나온 이탈기(X, leaving group, X는 R의 일부분)의 반응중심부위는 반응물질의 특성에 따라 중성이나 음전하를 가진다.

$$RX + :Y \rightarrow RY + :X \quad \text{(반응식 1)}$$

반응식 2에서처럼 S_N2 반응의 경우에는 RX와 Y의 중간활성복합체(intermediate activated complex)가 전이상태(transition state, 화학반응계에서 반응물질을 활성화시킬 수 있는 일정한 에너지 준위상태)에서 형성된다. 여기서 '이분자성(bimolecular)'이란 RX와 Y^- 등 2개의 분자 모두가 이 반응에서 속도조절단계(rate-limiting step)에 해당된다는 의미이다.

S_N2: RX + Y^-→ [X - R - Y]$^-$→ RY + X^- (반응식 2)

S_N1 반응의 경우에는 RX가 이탈기(X^-)로 분리되어 R^+의 활성양이온 중간체(reactive cationic intermediate)로 전환된다. 다시 R^+는 빠르게 Y^-와 반응한다(반응식 3). 여기서 첫 번째 반응이 느리고 속도조절단계이며 하나의 물질, 즉 RX가 이 단계에 해당되어 '단일분자성'이란 의미를 갖는다.

S_N1: RX→ R^+ + X^- (slow), R^+ + Y^- → RY (fast) (반응식 3)

S_N2와 S_N1의 차이는 외인성물질의 생체전환 유무와 밀접한 관계가 있다. 즉 제1상반응의 생체전환이 없이 자연분해를 통해 직접적으로 DNA의 친핵성부위와 공유결합을 하는 활성형물질은 S_N2 기전, 생체전환을 통해 생성된 활성중간대사체는 DNA의 친핵성부위와의 공유결합을 S_N1 기전을 통해 알킬화를 유도한다. 따라서 전자를 생체전환 과정이 없이 직접적으로 DNA와 결합하기 때문에 'direct-acting mechanism(직접-작용 기전)', 후자를 대사를 통한 대사체가 DNA가 결합하기 때문에 'indirect-acting mechanism(간접-작용 기전)'이라고 한다. 각 반응의 동태학적 측면에서 보면 S_N1 type의 반응속도는 활성중간대사체의 농도-의존성이며 반면에 S_N2 type의 반응 속도는 알킬화-유도물질의 농도 및 반응의 상대적 물질인 친핵성부위의 농도-의존성이다. 왜냐하면 S_N1 type은 효소에 의해 활성중간대사체의 생성이 얼마나 활발히 이루어지는 것에 따라 알킬화에 영향을 주는 반면에 S_N2 type에서는 활성형물질이 되기 위한 중간활성복합체 형성이 필요하고 이 복합체의 형성은 친핵성부위를 가진 DNA와 같은 상대적인 물질의 양에 영향을 받기 때문이다.

이러한 중요한 차이는 독성학적 측면뿐 아니라 약물개발에 있어서 특정 알킬화-유도물질의 동태학적 이해에 있어서 중요하다. 독성학에서는 생체전환의 제1상반응을 통해 생성되는 친전자성의 활성중간대사체가 독성유발의 핵심 물질이다. 이러한 측면에서 대부분 외인성물질은 제1상반응의 효소를 통해 친전자성을 가질 수 있는데 효소의 작용도 없이 자연분해를 통해 생성된 직접-작용 독성물질이 어떻게 친전자성 특성을 획득할까 하는 의문을 가질 수 있다. 이러한 의문은 외인성물질의 S_N2 반응을 통한 이탈기 분리로 설명된다. 즉 DNA와 S_N2 반응을 위해 이탈기가 분리된 물질이 곧 직접-작용 독성물질의 활성형물질이며 친전자성을 갖는다. 대부분 이러한 친전자성 활성형물질 생성을 위한 이탈기 분리는 주변 환경에 의한 이탈기의 염기성 정도에 의존한다. 즉 외인성물질의 친전자성 특성을 위한 자연분해의 최적 조건이 주변 환경에 의해 조성되는 이탈기의 높은 염기성이다. 따라서 생체전환이 없는 알킬화-유도물질의 S_N2 반응을 위해선 이탈기의 염기성이 무엇보다도 중요하다.

<그림 6-8>에서처럼 dimethyl sulfate(DMS)는 체내에 들어오면 빠르게 물과 반응하여 methanol과 methyl sulfate로 가수분해가 이루어지지만 동시에 guanine의 N7 위치에 메틸화뿐 아니라 N7G, N3A 그리고 O^6G 등의 알킬화도 유도한다. 이는 DMS가 생체전환 없이 자연분해에 의한 활성형물질로의 역할을 통해 알킬화를 유도하는 S_N2 type의 알킬화-유도물질이라는 것을 의미한다. DMS가 이러한 S_N2 type 알킬화-유도물질이라는 것을 보여주는 실험적 자료가 <표 6-2>에 표시되었다. <표 6-2>에서처럼 두 세포(Chinese hamster lung V79 세포와 Chinese hamster C4DH2 세포)에 대사와 관련된 효소를 지닌 대사시스템(metabolic system)과 함께 세포에 DMS를 처리한 결과, 대사시스템을 넣지 않은 경우에는 다양한 염기에 알킬화가 유도되지만 대사시스템을 넣는 경우에는 염기의 알킬화가 유발되지 않는다. 이는 DMS가 제1상반응을 통해 친전자성대사체로의 전환에 의한 알킬화가 아니라 체내에서 가수분해 등에 의해 이탈기가 분리되면서 알킬화가 유도되는 S_N2 반응을 통해 이루어진다는 것을 의미한다. 특히 대사시스템의 효소에 의해 DMS의 생체전환이 빠르게 진행되어 S_N2 반응을 통한 활성형물질 형성과 DNA 알킬화를 막는 역할을 한 것으로 사료된다. 따라서 DMS는 S_N2 type-alkylating 및 direct-acting agent이다.

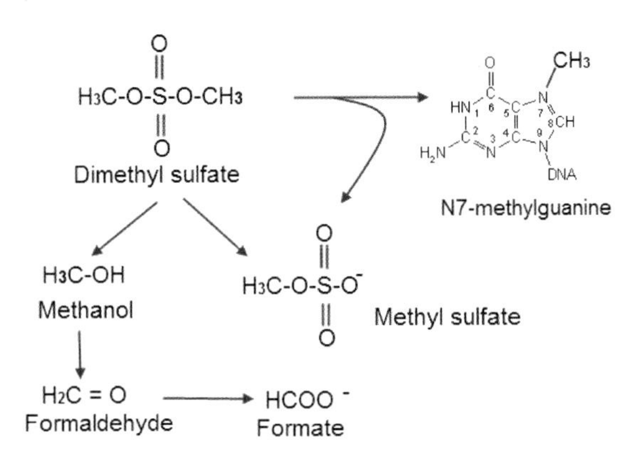

〈그림 6-8〉 S_N2 type-alkylating agent의 dimethyl sulfate: Dimethyl sulfate는 체내에서 가수분해 등에 의해 이탈기인 CH_3O이 분리되면서 친전자성을 통해 알킬화가 유도되는 S_N2 반응을 수행한다(참고: IARC).

〈표 6-2〉 Dimethyl sulfate의 생화학적 대사계의 유무에 따른 in vitro에서의 알킬화 유무

Test system and alkylation	Without exogenous metabolic system	With exogenous metabolic system
Formation of N7-methylguanine, N3-methyladenine, O^6-methylguanine, N3-methylguanine in DNA of Chinese hamster lung V79 cells in vitro	detect	not detect
Formation of N7-methylguanine, N7-methyladenine, N3-methyladenine in DNA of Chinese hamster C4DH2 cells, in vitro	detect	not detect

Without exogenous metabolic system: 외인성물질의 생체전환을 유도하는 효소체계를 가지지 않은 in vitro, With exogenous metabolic system: 외인성물질의 생체전환을 유도하는 효소체계를 가진 in vitro.

담배-특이적 nitrosamine(tobacco-specific nitrosamines)인 NNK(4-(methylnitrosamino)-1-<3-pyridyl>-1-butanone)와 대사체인 NNAL(4-(methylnitrosamino)-1-<3-pyridyl>-1-butanol), NNN(N-nitrosonornicotine) 등은 S_N1 type 반응을 통해 염기의 여러 위치에서 알킬화 및 다양한 adduct 등의 단일작용기성 DNA 손상을 유발한다. 뒷장에서 다시 설명되지만 단일작용기성 DNA 손상은 유전자 수준 돌연변이의 DNA 손상, 복수작용기성 DNA 손상은 염색체 수준 돌연변이의 DNA 손상을 의미한다. 또한 이들 물질들은 <그림 6-9>에서처럼 N-alkylation 및 O-alkylation 유도를 통해 adduct를 형성한다. 일반적

으로 adduct는 대사체 일부 및 작은 분자의 공유결합을 통해 형성되는 일반적인 adduct와 크기가 큰 분자의 대사체 전체가 결합하여 형성되는 'bulky adduct' 등으로 구분된다. 특히 NNK 및 NNAL의 생체전환을 통해 생성된 carbenium ion은 N-alkylation 및 O-alkylation을 통해 인산의 산소와 N7G, O^6G를 비롯한 O^4T 등에 알킬화를 유도한다. 또한 NNK와 NNAL뿐만 아니라 NNN 역시 생체전환을 통해 생성된 diazoium ion 대사체를 통해 O^6G 위치에 결합하여 pyridyloxobutyl DNA adduct를 생성하는 O-alkylation을 유도한다. 특히 pyridyloxobutyl DNA adduct는 DNA adduct 중에서도 분자가 큰 물질에 의해 형성된 adduct이기 때문에 bulky adduct이다. 일반적으로 하나의 벤젠환 이상의 구조를 가지고 있는 대사체 또는 물질이 DNA에 adduct를 형성하는 것을 bulky adduct로 구분된다. 또한 pyridyloxobutyl DNA adduct는 일종의 'ethenoadduct' 또는 'exocyclic DNA base adduct'라고 하는데 DNA의 염기의 환구조에서 밖으로 돌출된 분자에 형성되는 adduct를 의미한다. 이와 같이 NNK, NNAL 및 NNN는 생체전환 측면에서 S_N1 type alkylating 그리고 생체전환을 통해 생성된 대사체가 DNA에 결합한다는 측면에서 indirect-acting agent이다.

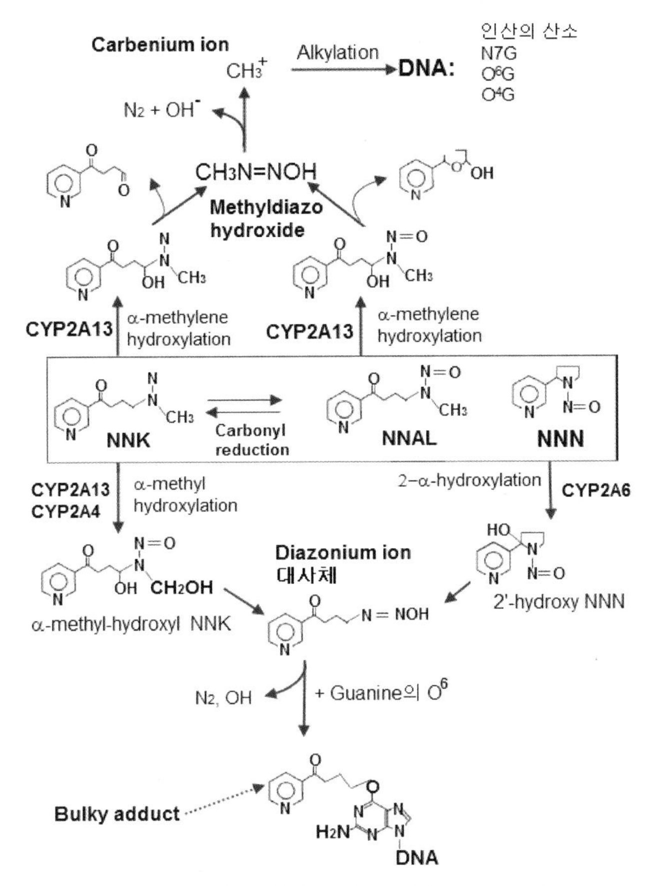

〈그림 6-9〉 담배의 특이적-nitrosamine인 NNK, NNAL과 NNN의 N- 및 O-alkylation: Tobacco-specific nitrosamines)인 NNK(4-(methylnitrosamino)-1-(3-pyridyl)-1-butanone)와 대사체인 NNAL (4-(methylnitrosamino)-1-(3-pyridyl)-1-butanol), NNN(N-nitrosonornicotine) 등은 S_N1 type 반응을 통해 여러 염기의 위치에서 알킬화와 adduct를 유도하여 단일작용기성 DNA 손상을 유발한다(참고: Drablos).

- **S_N1 type 알킬화-유도물질은 N-alkylation, S_N2 type 알킬화-유도물질은 N-alkylation 및 O-alkylation을 우선적으로 유도한다.**

S_N1과 S_N2 type 각각의 알킬화-유도물질은 또한 DNA의 알킬화부위에 따라 구분되기도 한다. 앞서 설명에서처럼 S_N2 type인 DMS는 대부분 N-alkylation을 우선적으로 유도하며 소량의 O-alkyaltion을 유도한다. 반면에

NNK, NNAL 및 NNN의 대사체와 같은 S_N1 type의 알킬화-유도물질은 우선적으로 O^6G, 인산의 산소를 비롯하여 N7G와 O^4T 등의 순으로 O-alkylation을 유도하며 소량의 N-alkylation을 유도한다. <그림 6-10>은 DNA 이중나선 및 DNA 단일나선과 함께 S_N1 type 알킬화-유도물질인 methylnitrosourea(MNU), S_N2 type 알킬화-유도물질인 methylmethane sulfonate(MMS)를 함께 처리하였을 경우에 형성된 염기 및 DNA backbone의 알킬화 형성부위이다. 두 물질 모두 알킬화 중 약 70~80% 정도를 guanine의 N7에서 유도한다. N-alkylation 중 adenine의 N3 부위가 두 물질에 의해 그 다음으로 많은 알킬화가 유도되었다. 그러나 MMS는 대부분 N-alkylation과 아주 미미하게 O-alkylation을 유발한 반면에 MNU는 guanine의 O^6-alkyaltion을 훨씬 많이 유도하였다. 두 물질의 또 다른 차이는 S_N2 type의 MMS는 DNA 단일나선에서 다량으로 adenine의 N1-alkylation 및 cytosine의 N3-alkylation을 유발한 반면, S_N1 type의 MNU는 DNA 단일나선에서 염기 알킬화를 유도하지 않았다. 대신에 MNU는 DNA 이중나선에 있어서 DNA single-strand break(단일나선절단)을 유발하는 기전인 backbone의 O-alkylation을 유도한다.

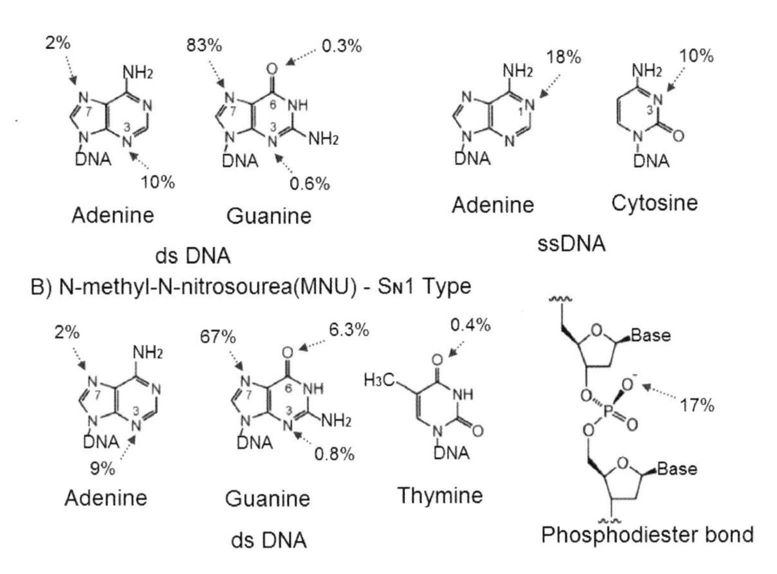

〈그림 6-10〉 **S_N1 type 알킬화-유도물질인 methylnitrosourea, S_N2 type 알킬화-유도물질인 methylmethane sulfonate의 알킬화 부위:** 두 물질에 의해 guanine의 N7 위치에 알킬화가 70~80% 정도로 가장 많이 유도된다. N-alkylation 중 adenine의 N3 부위가 두 물질에 의해 그 다음으로 많이 알킬화가 유도된다. 그러나 MMS는 대부분 N-alkylation과 아주 미미하게 O-alkylation을 유발하는 반면에 MNU는 guanine의 O^6-alkyaltion을 MMS와 비교하여 훨씬 많이 유도한다. ds DNA: Double strand DNA, ss DNA: single strand DNA(참고: Mishina).

이와 같이 일반적으로 S_N1 type 알킬화-유도물질은 O-alkyation 및 N-alkylation 모두 유도하지만 S_N2 type 알킬화-유도물질은 N-alkylation을 우선적으로 유도한다. 이러한 반응에 따른 알킬화-유도물질의 선별적 알킬화는 Swain-Scott constant(스와인-스코트 상수, *s* value)로 설명된다. Swain-Scott constant란 DNA 친핵성부위와의 공유결합을 위한 활성강도 또는 친핵성부위의 친핵성 강도(nucleophilicity)를 수적으로 표현한 것이다. Methyl bromide의 s value를 1로 하여 다른 물질의 친핵성 강도를 비교하기도 하지만 일반적으로 0~1 사이 한정적인 범위로 표현되기도 한다. DNA 염기 및 backbone에서 N은 O보다 친핵성이 높다. 높은 s value를 가진 알킬화-유도물질은 친핵성이 높은 N7G이나 N3A와 결합을 하며 낮은 s value를 가진 알킬화-유도물질은 낮은 친핵성을 가진 O^6G와 결합을 한다. 또한 낮은 s value를 가진 알킬화-유도물질은 S_N1 type의 반응을 하며 높은 S value를 가진 알킬화-유도물질은 S_N2 type의 반응을 한다. 즉 알킬화-유도물질의 친전자성의 강도가 높으면 높을수록 N과 결합하며 친전자성의 강도가 낮으면 O와 결합을 하게 된다. 따라서 S_N1 type의 알킬화-유도물질은 O, N의 순으로 알킬화를 유도하며 높은 친전자성의 강도를 가진 S_N2 type 알킬화-유도물질은 친핵성이 높은 N-alkylation을 유도한다.

- **알킬화-유도물질 내의 reactive group의 수는 이중나선 또는 단일나선 등의 DNA 나선손상의 종류를 결정한다.**

알킬화-유도물질은 자체 내의 reactive group(활성기 또는 작용기)의 수에 따라 DNA의 손상 양상도 다르다. 활성기란 DNA의 염기, 당 그리고 backbone의 친핵성부위와 결합하는 알킬화-유도물질의 반응부위를 의미한다. 알킬화-유도물질은 이러한 활성기를 단일 또는 복수로 가지고 있으며 이들의 수에 따라 DNA상의 결합부위 수가 결정되어 단일나선 또는 이중나선 손상이 결정된다. 즉 하나의 활성기는 단일나선의 손상, 두 개의 활성기는 이중나선 모두에 손상을 유발한다. 이와 같이 알킬화-유도물질을 활성기의 수에 따라 분류할 수 있는데 단일활성기(single-reactive group)를 가진 알킬화-유도물질을 monofunctional alkylating agent(단일작용기성 알킬화-유도물질)라고 하며 2개의 활성기(double-reactive group)를 가진 알킬화-유도물질을 bifunctional alkylating agent(복수작용기성 알킬화-유도물질)라고 한다. 활성기의 수에 따른 두 종류의 알킬화-유도물질에 의한 DNA 나선 손상에 있어서 가장 큰 차이는 DNA interstrand-link(DNA 나선간결합) 또는 DNA intrastrand-link(DNA 나선내결합) 등의 DNA-crosslink(교차결합)의 유도 유무이다. 복수작용기성 알킬화-유도물질은 2개의 활성기가 DNA 이중나선의 각각 나선에 존재하는 염기 하나씩과 결합할 수 있다. 이는 DNA 나선 간 또는 나선 내에서 염기와 염기를 연결해 주는 DNA crosslink를 유도할 수 있다. 반면에 단일작용기성 알킬화-유도물질은 다양한 염기의 친핵성부위에 결합할 수 있지만 단 하나의 염기와 결합이 가능하다. 따라서 단일작용기성 알킬화-유도물질은 이중나선 중 어느 하나와 결합을 통해 단선만 절단할 수 있으며 염기와 염기를 연결해 주는 DNA-crosslink을 유발할 수가 없다. 손상의 규모 측면에서 DNA-crosslink는 DNA 이중나선의 두 나선 모두를 절단할 수 있으며 이는 곧 염색체의 절단을 의미하기 때문에 단일나선 절단과 비교하여 더 심각한 손상의 결과를 낳는다.

<그림 6-10>은 S_N1 type 및 indirect-acting agent인 NNK, NNAL 및 NNN 등의 생체전환에 의해 생성된 활성중간대사체에 의한 DNA 알킬화를 유도하는 기전을 나타낸 것이다. NNK, NNAL 및 NNN 등은 하나의 활성기를 가지고 있기 때문에 단일작용기성 알킬화-유도물질이며 DNA 손상 역시 DNA-crosslink을 유발할 수 없다. 일반적으로 복수작용기성 알킬화-유도물질이 DNA-crosslink 손상을 유발할 수 있는 가능성은 크지만 항상 DNA-crosslink를 유발하지는 않고 단일나선의 손상을 유발하기도 한다. 특히 생체 내 자연분해 및 반응을 통해 한 활성기가 결합능력을 상실하여 단일작용기성 알킬화-유도물질에 의한 DNA 손상을 유발할 수도 있다.

<그림 6-11>은 이와 같이 생체전환을 통해 단일작용기성 또는 복수작용기성의 특성이 전환되는 과정을 1,3-butadiene의 예에서 확인할 수 있다. 자동차 배기가스나 담배연기에 존재하며 styrene-butadiene의 배합고무(synthetic rubber) 가공에 이용되는 1,3-butadiene(BD)은 Group 2A에 해당되는 사람에게 있어서 발암가능성 물질로 분류된다. BD의 친전자성대사체인 1,2 : 3,4-diepoxybutane(BDO_2)은 2개의 epoxide를 가진 복수작용기성 알킬화-유도물질의 대사체이다. 또한 DNA 손상을 유발하는 대사체의 생성기전은 여러 단계에 의해 이루어진다. <그림 6-11>에서처럼 BD 우선적으로 P4502E1 또는 P4502A6에 의해 1,2-epoxy-3-butene(BDO)으로 산화된다. BDO는 epoxide hydrolase에 의해 1,2-dihydroxy-3-butene으로 가수분해 되지만 한편으로는 P4502E1 또는 P4503A4에 의해 2개의 epoxide 구조를 가진 BDO2로 전환된다. BDO_2와 1,2-dihydroxy-3-butene은 또한 P450효소에 의해 추가적으로 산화되어 1,2-dihydroxy-3,4-epoxybutanes (BDE)로 전환된다.

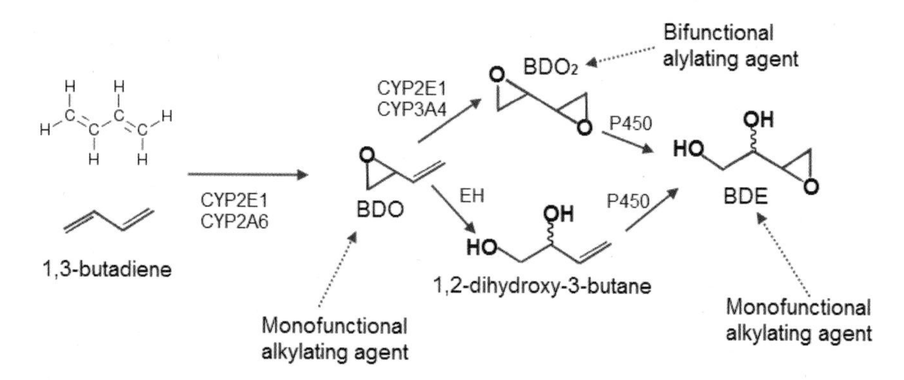

〈그림 6－11〉 **1,3－butadiene의 단일 및 복수작용기성 알킬화－유도 대사체의 생성기전:** 활성중간대사체인 BDO, BDO_2 그리고 BDE 등에서 DNA－crosslink을 유발하는 관련된 복수작용기성 알킬화－유도 대사체는 2개의 epoxide 구조를 가진 BDO_2이며 단일작용기성 알킬화－유도 대사체는 BDO와 BDE 등이다(참고: Xu).

외인성물질 1,3－butadiene의 생체전환 과정에서 생성된 여러 대사체 중에서 DNA 손상과 관련된 친전자성의 활성중간대사체는 BDO, BDO_2와 BDE 등이다. 특히 활성중간대사체인 BDO, BDO_2와 BDE 중에서 DNA－crosslink와 관련된 복수작용기성 알킬화대사체는 2개의 epoxide 구조를 가진 BDO_2이며 단일작용기성 알킬화대사체는 BDO와 BDE이다. 단일작용기성 알킬화대사체인 BDE는 N7G에 알킬화를 유도하여 adduct를 형성한다. 반면에 복수작용기성 알킬화대사체인 BDO_2는 <그림 6－12>에서처럼 하나의 epoxide가 N7G에 adduct 형성 그리고 다른 epoxide가 또 다른 염기인 N7G에 알킬화를 통하여 DNA－crosslink를 유도한다. 특히 5'－GC－3'의 특정염기서열에서 자주 발생하며 BDO_2에 의해 bis－N7G 형태(2개의 guanine N7 위치에 서로 연결)의 inter－ 및 intra－strand crosslink 모두 유발된다. 그러나 2개의 활성기 중 하나의 epoxide가 자연적으로 가수분해 되면 BDO_2는 BDE처럼 monoadduct를 형성하는 단일작용성 알킬화－유도물질이 된다. 또한 BDO_2는 다양한 입체이성체(streoisomer)이 있으며 (S,S)－BDO_2 > (R,R)－ BDO_2 > meso－BDO_2 순으로 DNA crosslink를 유발하는 잠재력에서 차이가 있다. 이와 같이 1,3－butadiene은 제1상반응의 P450 효소에 의해 생성된 활성중간대사체에 의한 DNA 알킬화를 유도하기 때문에 S_N1 type이다. 또한 BDO_2와 같이 2개의 작용기를 가진 대사체에 의해 DNA crosslink를 유발할 수 있기 때문에 복수작용기성 알킬화-유도물질이다.

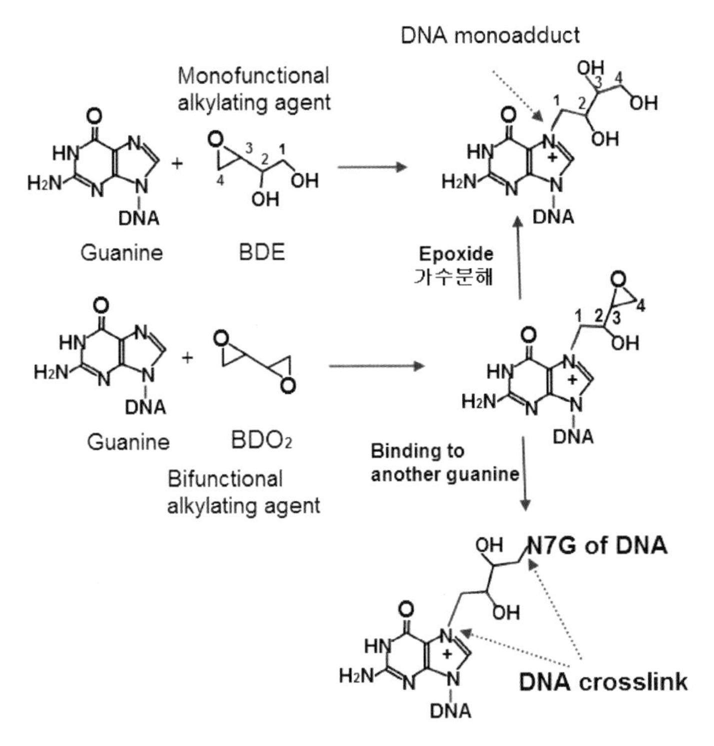

〈그림 6-12〉 1,3-butadiene(BD)의 대사체에 의한 mono- 및 bifunctional alkylating 기전: BDE는 단일작용기성 알킬화-유도 대사체의 역할로 DNA monoadduct를 형성하지만 BDO_2는 epoxide가 가수분해 되지 않으면 DNA의 나선 간 또는 나선 내 두 염기에 결합하여 crosslink를 형성한다(참고: Koivisto).

대사 과정을 거치지 않고 단순히 생체 내에서 자연분해에 의한 이탈기의 분리를 통해 생성되는 활성형물질이면서 알킬화를 유도하는 S_N2 type의 복수작용기성 알킬화-유도물질로는 대표적으로 BCNU(1,3-bis(2-chloroethyl)-1-nitrosourea, carmustine)를 예로 들 수 있다. BCNU는 단일작용기성 알킬화-유도물질의 특성을 통해 항암제 기능을 가진 것으로 알려졌으나 복수작용기성 알킬화-유도물질의 역할을 통해 단일염기의 알킬화와 나선간-crosslink 또는 나선내-crosslink 등의 모두를 유도하는 복수작용기성 알킬화-유도물질로 확인되었다. BCNU는 chloroethylating agent로 Cl(염소)이온이 붙은 알킬화-유도물질이며 일종의 chloroethylnitrosurea이다. Chloroethylating agent는 대부분은 BCNU와 같이 항암제로 개발되었으며 nimustine [1-(4-amino-2-methyl-5-pyrimidinyl) methyl-3-(2-chloroethyl)-3-nitrosourea: ACNU], lomustine [1-(2-chloroethyl)-3-cyclohexyl-L-nitrosourea: CCNU], semustine [1-(2-chloroethyl)-3-(4-methlycyclohexyl)-1-nitrosourea: MeCCNU] 그리고 fotemustine [1-{N-(2-chloroethyl)-N-nitrosoureido} ethylphosphonic acid diethyl ester] 등이 있다. Chloroethylating agent의 공통적인 특징은 chloroethylenium ion 형성을 통해 단일작용기성 알킬화-유도물질 역할뿐 아니라 복수작용기성 알킬화-유도물질의 역할을 통해 DNA 손상을 유발할 수 있다는 것이다. <그림 6-13>에서처럼 BCNU 경우에는 생체 내에서 자연분해에 의해 분리된 이탈기(N=NOH)가 N_2와 -OH로 떨어져 나가면서 활성기인 chloroethylenium ion이 생성된다. Chloroethylenium ion($ClCH_2CH_3^+$)의 친전자성활성기는 우선적으로 adenine N1의 알킬화를 통해 1-chloroethyladenine과 탈염소화된 1-hydroxyethyladenine 등의 adduct를 생성한다. 또한 1-chloroethyladenine은 N^6(adenine의 C6의 NH_2)와 결합하여 tricyclic 1,N^6-ethanoadenine adduc를 형성한다. BCNU에 의한 이러한 monoadduct 형성 과정은 S_N2 type 단일작용기성 알킬화라고 할 수 있다. 반면에 S_N2 type 복수작용기성 알킬화에 의한 DNA-crosslink는 BCNU에 의해 가장 많이 생성되는 guanine의 N7 위치에서 chloroethylenium ion의 알킬화에 의한 7-chloroethylguanine 생성을 통해 이루어진다. 이후 7-chloroethylguanine은 탈염소화와 수산화를 통해 7-hydroxyethylguanine 생성되며 이는 BCNU에 의한 또 다른 S_N2 type 단일작용기성 알킬화라고 할 수 있다. 그러나 7-chloroethylguanine의 탈염소화 이후 동일한 염기와 동일한 위치, 즉 'bis' 형태로 알킬화가 이루어져 7-diguanyl DNA intrastrand cross-link을 유도하는 1,2-bis[7-guanyl]ethane adduct가 생성된다. 이 과정은 S_N2 type 복수작용기성 알킬화가 된다. 이와 같이 BCNU의 단일작용기성 또는 복수작용기성 알킬화 과정에서의 차이는 우선적으로 염기의 차이에서 기인한다. 두 번째의 차이는 염소가 chloroethyl에서 분해되면서 생성된 활성기가 adenine 경

우에는 자체적으로 환구조를 형성하고 guanine 경우에는 다른 guanine의 N7에 결합하는 점에 있다.

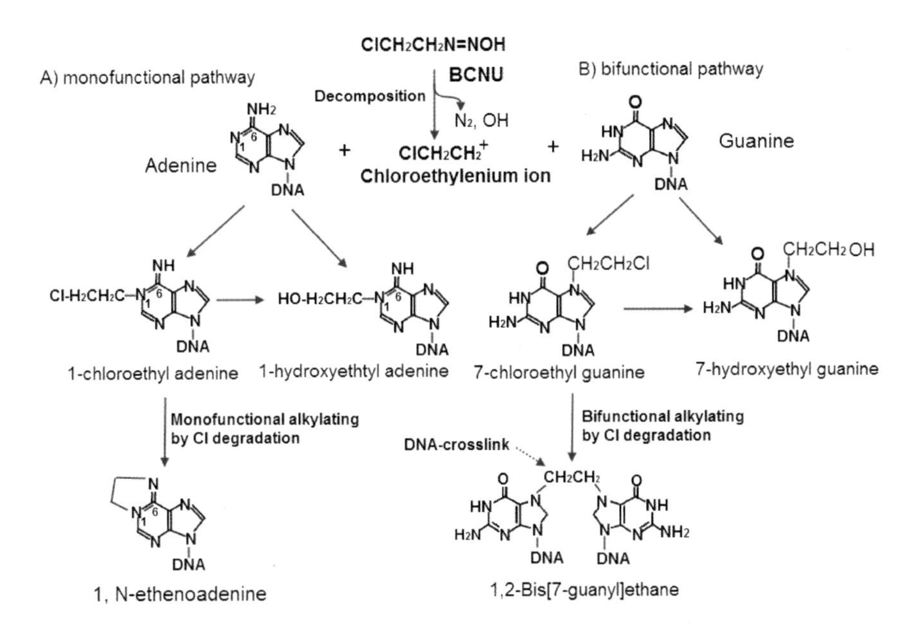

〈그림 6－13〉 S_N2 type BCNU의 monofunctional 및 bifunctional alkylation 기전: BCNU는 자연분해에 의해 생성된 활성기를 가지는 S_N2 type의 알킬화－유도물질이며 단일작용기성 및 복수작용기성 알킬화 모두 유도하는 bifunctional alkylating agent이다(참고: Paik).

- **DNA 염기의 알킬화는 오탄당의 deglycosylation, depurination과 depyrimidination, deamination 등을 비롯하여 ring opening을 유도한다.**

염기의 알킬화, 특히 환내의 질소인 N7G, N7A, N3G, N3A, N1A와 N3 등의 위치에서 알킬화는 염기 자체에 양전하를 띠게 한다. 염기에 부가된 이러한 양전하를 중성화하려는 경향이 생기며 이는 결과적으로 염기의 불안정성을 유도하여 분해(decomposition) 또는 변형을 유발한다. 분해의 3가지 주요 형태는 ① 염기의 deamination(탈아미노기화) ② 염기소실 － 탈피리딘민화(depyrimidination)와 탈퓨린화(depurination) ③ 오탄당의 분해(deglycosylation) ④ 환구조 파괴(ring opening) 등으로 요약된다.

(1) 염기 알킬화에 의한 탈아미노기화

DNA 염기의 알킬화에 의한 탈아미노기화는 염기의 환구조에서 돌출된 환외아미노기(exocyclic amino group)를 가진 adenine과 cytosine에서 발생한다. <그림 6 - 14>에서처럼 cytosine의 탈아미노기는 N3 위치 알킬화에 의한 양전하가 발생하게 된다. 중성화되려는 경향을 가진 양전하는 이웃 아미노기와의 분자 간 반응(intermolecular reaction)을 통해 탈아미노기를 유도한다. N3의 알킬화에 의한 cytosine의 탈아미노기화는 알킬화되지 않은 cytosine과 비교하여 약 4,000배 정도 빠르게 진행된다. Adenine의 탈아미노기화 역시 N3 위치에 알킬화를 통해 이루어진다. 그러나 adenine보다 cytosine에서 더 많은 탈아미노기화가 발생한다. 이러한 이유는 cytosine과 adenine의 N3과 아미노기의 거리상 차이로 인하여 아미노기에 대한 전기적 영향에 있어서 차이에 기인한다.

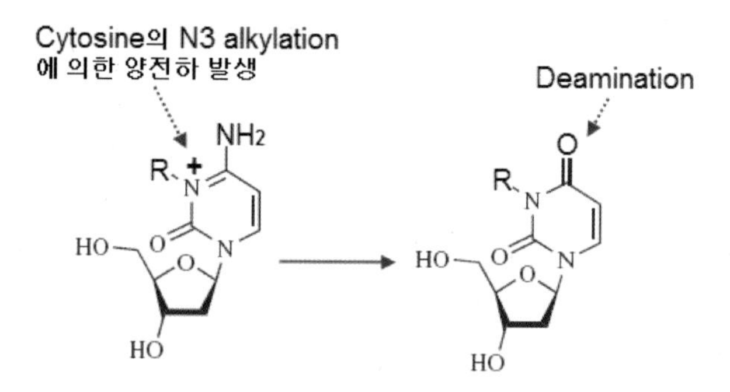

〈그림 6 - 14〉 염기 알킬화에 의한 탈아미노기화(deamination): DNA 염기의 알킬화에 의한 탈아미노기화는 염기의 환구조에서 돌출된 환외아미노기(exocyclic amino group)를 가진 adenine과 cytosine에서 발생하며 알킬화에 의한 양전하 발생에 기인한다(참고: Gates).

(2) 염기알킬화에 의한 염기소실

염기소실은 염기의 알킬화에 의해 생성된 adduct가 염기와 더불어 DNA으로부터 이탈되어 이루어진다. <그림 6 - 15>에서처럼 nitrosamine이 guanine의 N7 위치에 결합하여 N7 - guanine adduct를 형성한다. Adduct가 형성되면 N7 위치는 양전하를 갖게 된다. 양전하의 중성화 경향에 의해 전자의 분자 내 이동이 유발되어 당의 C1 위치에서 염기 - adduct가 이탈하게 된다. 이와 같이 염기의 알킬화에 의한 퓨린 계열의 염기소실을 depurination(탈퓨린화), 피리미딘 계열의 염기소실을 탈피리미딘화(depyrimidination)라고 한다.

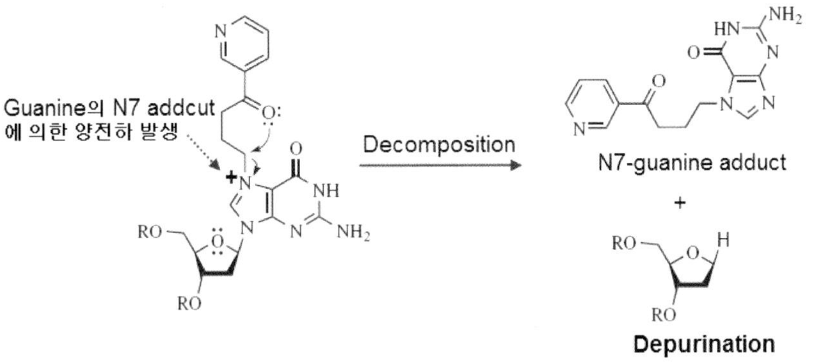

〈그림 6 - 15〉 염기 알킬화에 의한 염기소실: 염기소실은 알킬화에 의해 형성된 양전하에 의해 발생한 분자 내의 전자이동을 통한 자연분해를 통해 발생한다(참고: Gates).

(3) 염기알킬화에 오탄당의 분해

염기의 알킬화에 의한 당의 소실은 염기소실뿐 아니라 DNA의 당분해(deglycosylation)를 유도할 수 있으며 당분해도 염기소실의 중요 기전이며 또한 나선절단의 기전이다. 염기 알킬화에 의한 오탄탕의 분해는 염기소실이 먼저 유도된 후에 이루어진다. <그림 6 - 16>에서처럼 N7G에 알킬화가 유도되면 우선적으로 알킬화된 염기가 당으로부터 이탈이 된다. 염기 이탈은 염기 내 알킬치환기에 있는 전자 - 당김 그룹(electron - withdrawing group, N, C = O 등)의 전자 이동을 통해 이루어지는데 탈퓨린화를 유도한다. 이탈된 염기가 결합되어 있던 오탄당의 C1 위치에는 자연적으로 수산화가 이루어지며 또한 cyclic acetal DNA가 형성되어 aldehyde DNA와의 상호전환이 이루어진다. Aldehyde DNA의 수소는 염기성 주변의 영향에 의해 α - proton을 생성, β - elimination을 통해 3' - phosphate의 에스테르 결합을 절단한다. 결과적으로 가수분해에 의해 DNA - 3' strand와 DNA - 5' - phosphate strand가 분리되는 single - strand - break(SSB)가 유발된다. 당분해 및 SSB를 유발하는 알킬화는 주로 N7A(반감기, 3 h), N3A(24 h), N7G(150 h), N3G(greater than 150 h) O^2C(750 h) O^2T(6300 h) 그리고 N3C(7700 h) 순으로 발생하며 반감기가 짧을수록 반응이 빠르다.

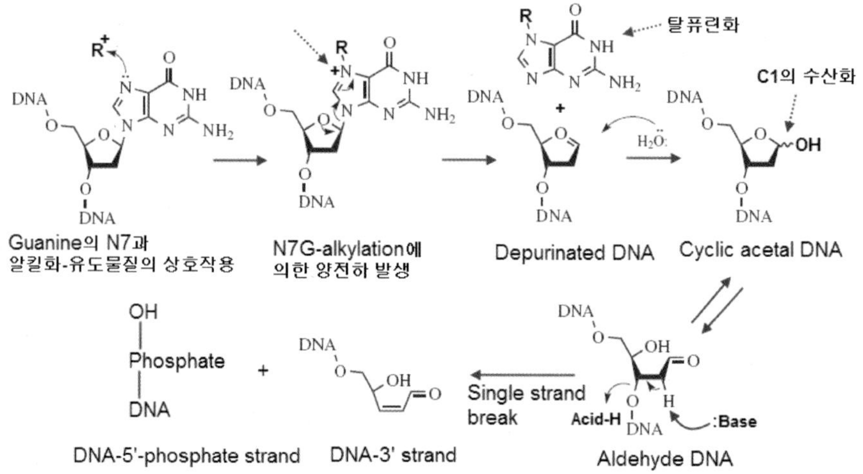

〈그림 6 - 16〉 염기의 알킬화에 의한 염기이탈과 DNA 나선절단의 기전: 염기알킬화에 의한 당분해는 염기소실 이후에 발생하며 또한 single strand break(SSB, 단일나선절단)을 유도한다 (참고: Gates).

(4) 염기알킬화에 의한 환구조 파괴

환구조의 파괴(ring opening)도 알킬화에 의해 유도된 염기의 환내질소(endocyclic nitrogen)의 양전하 발생에 기인한다. Guanine의 N7 위치에 알킬화에 의해 양전하를 띠게 되면 <그림 6 - 17>에서처럼 C8 위치에 수산기가 결합하게 된다. 수산기의 결합은 5 - (alkyl)formamidopyrimidin 유도체를 생성하며 imidazole ring 구조를 파괴한다. Adenine의 경우에는 N1 및 N3 위치의 알킬화에 의해 가수분해를 통해 환구조가 파괴된다.

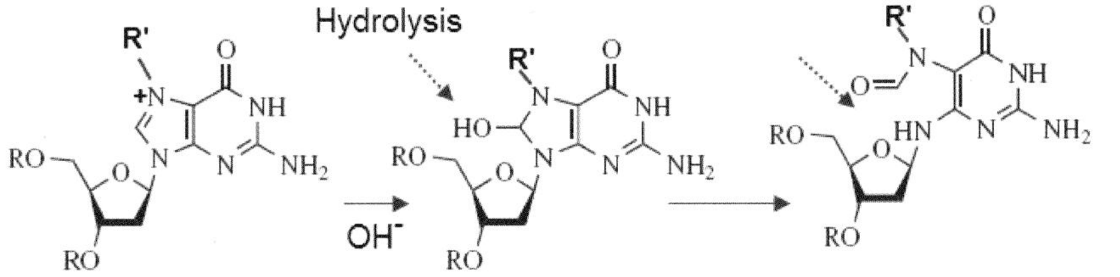

Hydrolysis

OH^-

N7-alkylguanine

5-alkylformamidopyrimidine

〈그림 6-17〉 **염기 알킬화에 의한 염기 환구조의 파괴:** 환구조의 파괴는 알킬화에 의해 유도된 염기의 환내질소(endocyclic nitrogen)의 양전하에 의한 가수분해에 기인한다(참고: Gates).

- **단일작용기성 알킬화-유도물질은 gene mutation, 복수작용기성 알킬화-유도물질은 clastogenic mutation을 유발한다.**

알킬화된 염기는 염기의 탈아미노화를 비롯하여 탈피리미딘화와 탈퓨린화 등의 염기소실, 오탄당의 분해 그리고 환구조 파괴 등의 DNA 손상이 유도된다. 이러한 손상은 알킬화-유도물질의 단일작용기성 및 복수작용기성 특성에 따라 다르게 나타난다. 돌연변이(mutation)는 돌연변이원(mutagen)에 의해 DNA 염기서열에 있어서 변화를 의미한다. 특히 돌연변이가 염기변형 또는 염기치환 등의 염기 수준으로 발생하기 때문에 점돌연변이라고 한다. 또한 점돌연변이는 유전자 단위의 변형이며 하나의 유전자 수준에서 발생하기 때문에 유전자 수준 돌연변이(gene mutation)라고 불린다. 유전자 수준 돌연변이는 염기, 및 당 등에서 돌연변이를 유발하는데 염기에 특별히 돌연변이를 유발하는 것을 염기 수준 돌연변이라고 한다. 염색체 수준 돌연변이(clastogenic mutation)는 수많은 유전자를 포함하고 있는 염색체에 있어서 결실(loss), 추가(addition) 또는 재배열(rearrangement) 등에 의한 손상을 의미하며 특히 이를 유도하는 물질을 clastogen(염색체-손상물질)이라 한다. 넓은 의미에서 보면 clastogen도 mutagen의 일종이다. 그러나 여기서 유전자 수준 돌연변이와 염색체 수준 돌연변이에서 가장 중요한 차이는 DNA 나선에서의 interstrand-crosslink 유발 유무이다. 유전자 수준 돌연변이에 의한 DNA 손상은 단 하나의 염기 손상부터 단일나선의 절단 수준이며 단일작용기성 알킬화-유도물질에 의한 interstrand-crosslink 유발이 가능하지 않다. 염색체 수준 돌연변이는 단 하나의 복수작용기성 알킬화-유도물질에 의해 interstrand-crosslink가 형성되는 수준으로 염색체가 절단되는 가장 심각한 DNA 손상을 유발한다. 이와 같이 <그림 6-18>에서처럼 단일작용기성 알킬화-유도물질은 염기 수준의 DNA 손상인 유전자 수준 돌연변이, 복수작용기성 알킬화-유도물질은 interstrand-crosslink에 의한 염색체 수준 돌연변이를 유발하는 것으로 요약된다.

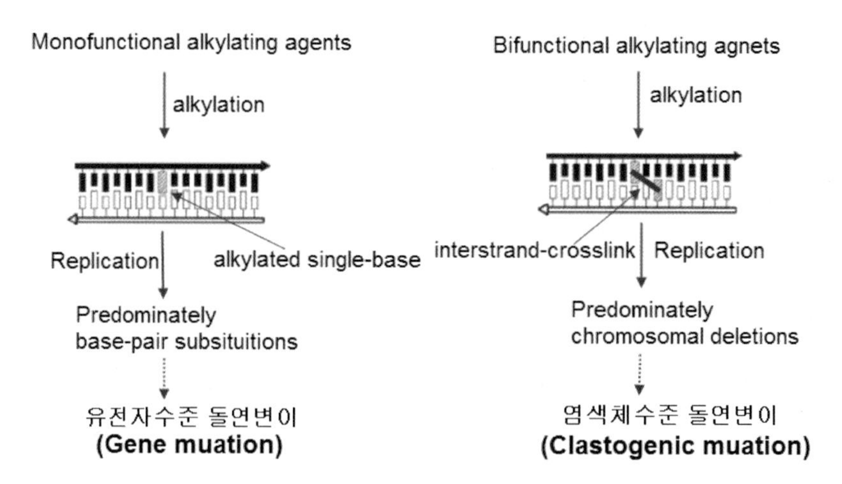

〈그림 6-18〉 **단일작용기성 및 복수작용기성 알킬화-유도물질의 DNA 손상의 특성:** 단일 및 복수작용기성의 주요 차이점은 알킬화-유도물질이 DNA와 결합할 수 있는 활성기가 하나 또는 둘인가 하는 점이다. 하나를 가졌으면 주로 염기 손상 또는 단일나선 절단의 최대 DNA 손상이 유발된다. 두 개의 활성기를 가진 복수작용기성 알킬화-유도물질은 interstrand-crosslink를 통해 이중나선절단을 통한 염색체 절단의 최대 DNA 손상을 유발한다(참고: Noll).

단일작용기성 알킬화-유도물질에 의한 대표적인 DNA 손상인 점돌연변이는 하나의 염기가 다른 염기로 대체되는 단일염기치환(single base substitution)을 의미하여 염기쌍의 치환인 **transition**(동일계열-염기전위, purine-purine의 치환, pyrimidine-pyrimidine 치환)과 **transversion**(비동일계열-염기전위, purine-pyrimidine 치환)을 유도한다. 결과적으로 단일작용기성 알킬화-유도물질은 유전정보의 코돈(codon) 변화를 유발하는 **nonsense mutation**(종말코돈을 형성하는 돌연변이)

과 missense mutation(다른 아미노산을 지정하는 돌연변이)을 통해 유전독성을 유발하게 된다. <그림 6-19>는 단일작용기성 알킬화-유도물질에 의한 동일계열-염기전위를 유도하는 담배-특이적 nitrosamine인 S_N1 type의 N-Nitrosodimethylamine의 예이다. N-Nitrosodimethylamine은 CYP2E1의 대사를 통해 친전자성대사체인 methyldaizonium ion 및 carbenium ion을 생성하여 알킬화를 유도한다. 활성중간대사체인 carbenium ion은 guanine의 O^6에서 메틸화 또는 알킬화를 유도한다. DNA 복제 시 메틸화된 O^6-methylguanine (O^6MeG)은 상보적인 cytosine을 대체한 thymine과 염기쌍을 이루게 된다. 결과적으로 O^6MeG:T의 염기쌍은 다음 DNA 복제시 T:A와 T:O^6MeG 염기쌍으로 전환된다. 이러한 과정을 전체적으로 보면 메틸화에 의해 GC→TA으로 전환되는 동일계열-염기전위 또는 GC→TA transition이다. 반드시 메틸화 또는 알킬화에 의해 GC→TA으로 치환되는 것은 아니고 상황에 따라 GC→AT으로 치환되는 경우도 있는데 이러한 경우 비동일계열-염기전위 또는 GC→AT transversion이라고 한다. 이와 같이 단일작용기성 알킬화-유도물질은 단일염기치환을 통해 결과적으로 염기쌍 치환을 가장 많이 유발하는 유전자 수준의 돌연변이원이다.

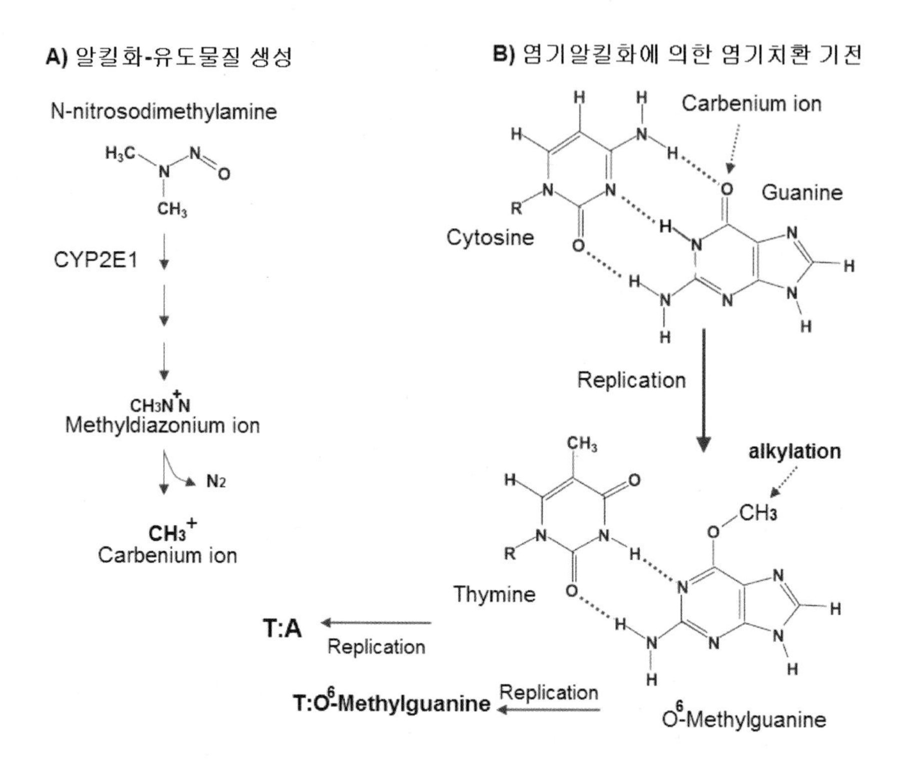

〈그림 6－19〉 **N－Nitrosodimethylamine의 친전자성대사체에 의한 염기 alkylation:** A) S_N1 type의 N－Nitrosodimethylamine은 생체전환을 통해 2개의 알킬화－유도 대사체인 methyldaizonium ion과 carbenium ion 등을 생성한다. B) 2개의 친전자성대사체 중 methyldaizonium ion인 경우에는 N7G, O^2T, O^6G, N3A 또 다른 대사체인 carbenium ion인 경우에는 guanine의 O^6에서 우선적으로 알킬화가 이루어진다. Carbenium ion에 의해 guanine 알킬화는 O^6－Methylguanine으로 염기변형을 유도하여 DNA 합성 시 cytosine 대신 thymine과 결합하는 염기전위가 유도된다. 이는 다음 복제에서 T:A와 T:O^6MeG 염기쌍으로 또한 전위된다. 결과적으로 N－Nitrosodimethylamine의 대사체에 의해 guanine이 adenine으로 전환하는 동일계염기전위가 유도된다(참고: Bertram).

복수작용기성 알킬화－유도물질은 2개의 활성기에 의한 interstrand－crosslink뿐 아니라 다양한 DNA 손상을 유발한다. <그림 6－20>에서처럼 A와 B의 2개 활성기를 가진 복수작용기성 알킬화－유도물질은 활성기 A를 통해 염기 하나에 결합하여 monoadduct를 형성한다. 나머지 활성기 B는 주변 환경에 의한 수산화가 이루어져 활성 상실로 기인하여 monoadduct 상태로 유지될 수도 있고 또한 주변 단백질의 친핵성과 결합하여 DNA－protein crosslink를 유도할 수도 있다. 나선의 crosslink를 위해 활성기 B는 동일 나선 또는 상대 나선의 염기와 결합하여 나선내교차결합과 나선간교차결합을 유도한다. 또한 활성기 A가 결합한 이중나선이 아닌 다른 이중나선과 결합하여 이중나선-이중나선교차결합(interherical crosslink)을 유도할 수 있다.

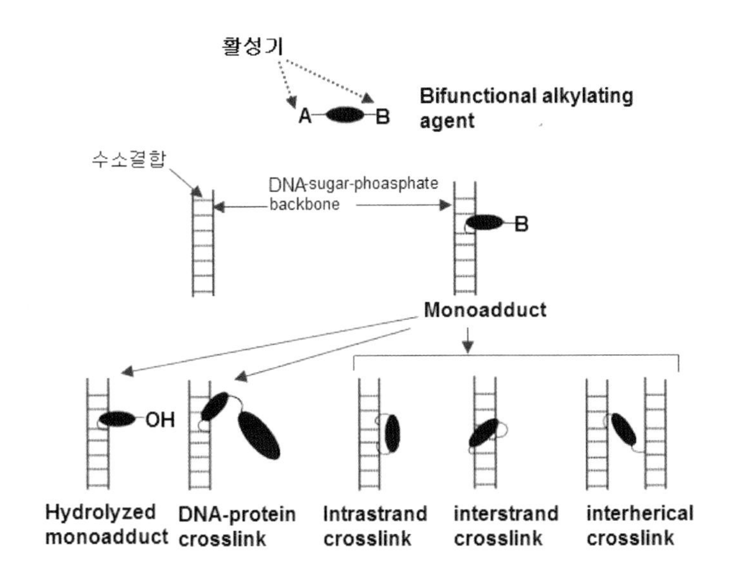

〈그림 6-20〉 복수작용기성 알킬화-유도물질의 다양한 DNA 손상: 복수작용기성 알킬화-유도물질은 단일작용기성 알킬화-유도물질에 의한 adduct 등의 유전자 수준에서의 손상뿐 아니라 염색체 수준에서의 손상인 나선간교차결합 및 나선내교차결합 그리고 이중나선-이중나선교차결합(interherical crosslink) 등을 통한 나선절단의 염색체 수준의 손상을 유발하며 개체 및 세포에 심각한 독성을 유발할 수 있다(참고: de Abreu).

- **복수작용기성 알킬화-유도물질의 2개 활성기는 대부분 대칭구조이며 활성기 생성 과정 역시 유사하다. 그러나 복수작용기성 알킬화-유도물질이라도 염색체 수준 및 유전자 수준의 혼합적 DNA 손상을 유발한다.**

나선간교차결합 및 나선내교차결합을 위해 염기와 염기를 연결할 수 있는 활성기는 2개가 존재하여야 한다. <그림 6-21>은 다양한 nitrogen mustard와 이로부터 만들어진 합성물질 또는 유도체를 나타낸 것이다. 하나의 활성기를 가진 단일작용기성 알킬화-유도물질과는 달리 복수작용기성 알킬화-유도물질은 대부분 2개의 활성기를 가지고 있으며 또한 화학구조적으로 이들은 대칭적인 특징이 있다.

A) Monofunctional alkylating agents

HO, O, P, N, CH_2-CH_2-Cl, H_2N, H

Dechloroethyl phosphoamide musrard

B) Bifunctional alkylating agents

HO, O, P, N, CH_2-CH_2-Cl, CH_2-CH_2-Cl, H_2N

Phosphoamide mustard

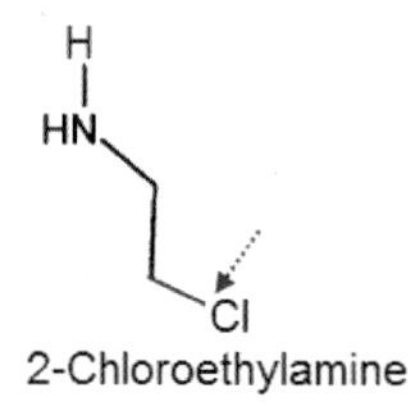

2-Chloroethylamine

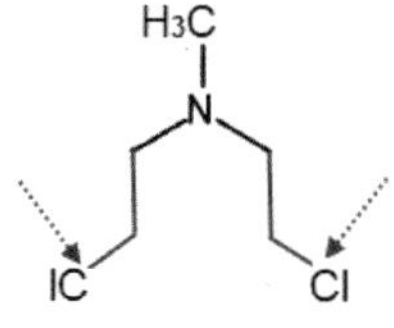

Mechlorethamine

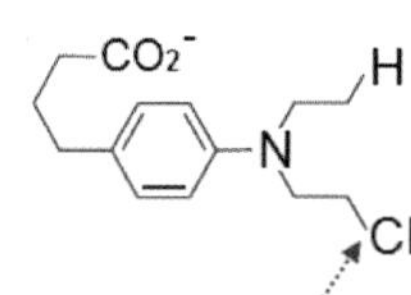

Chloroambucil의 half-mustard analogue

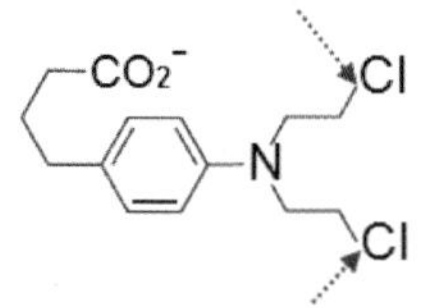

Chlorambucil

〈그림 6－21〉 **Nitrogen mustard의 단일 및 복수작용기성 알킬화－유도물질의 구조:** 하나의 활성기를 가진 단일작용기성 알킬화－유도물질과는 달리 나선간교차결합을 유발하는 복수작용기성 알킬화－유도물질은 대부분 2개의 활성기를 가지고 있으며 또한 화학구조적으로 이들은 대칭적인 특징이 있다. 화살표는 DNA의 알킬화를 유도하는 활성기가 생성되는 부위이다. 이들 대부분의 nitrogen mustard의 활성기는 〈그림 6－22〉에서처럼 N원자의 불안성에 기인한 염소이탈에 의해 이루어진다(⋯→는 절단되어 활성기가 되는 부위).

Nitrogen mustard 활성기의 생성은 <그림 6－22>에서처럼 효소에 의한 S_N1 반응에 의존하지 않고 자연분해에 의한 S_N2 반응을 통해 이루어진다. 활성기의 생성은 생채 내의 정상적인 pH하에서 N의 불안정성에 기인한다. N의 불안정성은 결과적으로 염소이탈을 유도하며 이에 의하여 azridine의 환구조인 aziridium ion 활성기가 생성된다. Aziridium ion 활성기는 친전자성을 띠어 DNA의 친핵성부위와 공유결합을 통해 알킬화를 유도하는데 이는 nitrogen mustard에 의한 DNA 알킬화의 주요 기전이 된다.

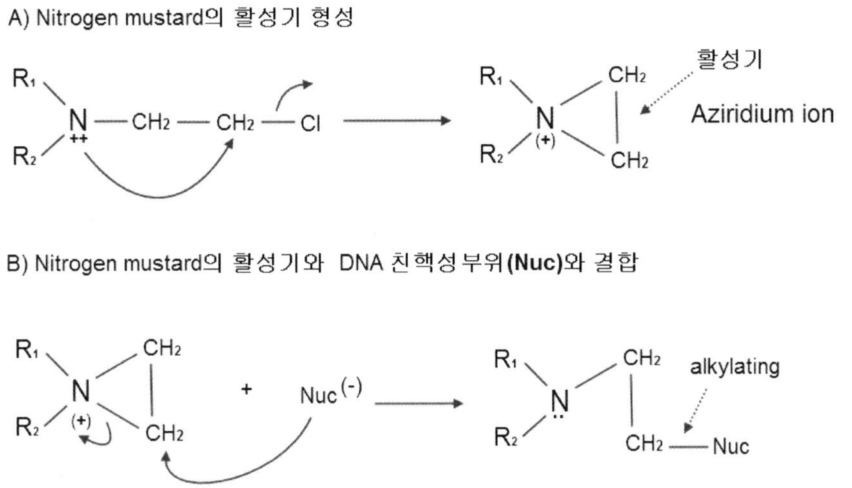

A) Nitrogen mustard의 활성기 형성

B) Nitrogen mustard의 활성기와 DNA 친핵성부위(Nuc)와 결합

〈그림 6-22〉 **Nitrogen mustard의 활성기 생성과 DNA 친핵성부위와의 공유결합.** A) Nitrogen mustard는 생체 내의 정상적인 pH하에서 azridine의 환구조인 aziridium ion의 활성기를 형성한다. B) aziridium ion은 DNA의 친핵성부위와 공유결합을 하며 알킬화를 유도한다. Bifunctional alkylating agent 역시 〈그림 6-23〉에서처럼 동일한 과정을 통해 두 개의 활성기를 가진다.

복수작용기성 알킬화-유도물질에서 2개의 활성기 생성도 단일작용기성 알킬화-유도물질에서처럼 S_N2 반응을 통해 2개의 aziridium ion 형성을 통해 이루어진다. Phosphoamide mustard는 nitrogen mustard 류의 항암제인 cyclophosphamide의 활성중간대사체인데 N7G의 알킬화를 통해 monoadduct 또는 나선간교차결합을 각각 형성하는 단일작용기성 및 복수작용기성 알킬화-유도물질 특성을 동시에 갖는다. 반면에 phosphoamide mustard의 구조적 변경을 통해 합성된 dechloroethyl phosphoamide mustard은 monoadduct만 형성하는 단일작용기성 알킬화-유도물질이다. 이 외에 chlorambucil은 복수작용기성 알킬화-유도물질의 특성을 지닌 nitrogen mustard의 대표적인 물질이다. <그림 6-23>에서 nitrogen mustard인 chlorambucil이 자연분해를 통해 친전자성의 활성형물질인 1~2개의 aziridium ion($C_6H_{14}NO^+$)을 지닌 대사체로 전환되는 과정을 나타낸 것이다. 전환되는 과정에서 단 하나의 활성기가 형성되어 monoadduct를 유발할 수 있지만 추가적인 활성기 형성을 통해 crosslink를 형성할 수도 있다. 활성기인 aziridium ion이 생성되기 위해서는 대부분의 nitrogen mustard에서처럼 질소의 불안정성에 의해 Cl이 제거되어야 한다. 그러나 자연분해에 기인하는 β-chlorine 이탈 자체가 속도조절단계(rate limiting step)이며 특히 반응 주변의 상황, 즉 N의 불안정성을 유발하는 주변 환경에 따라 1개의 활성기 또는 2개의 활성기 생성이 결정된다. 따라서 비록 복수작용기성 알킬화-유도물질이라도 활성기 생성과 관련된 주변 환경 또는 생체전환의 특성에 따라 유전자 수준 또는 염색체 수준의 혼합적 DNA 손상이 유발된다.

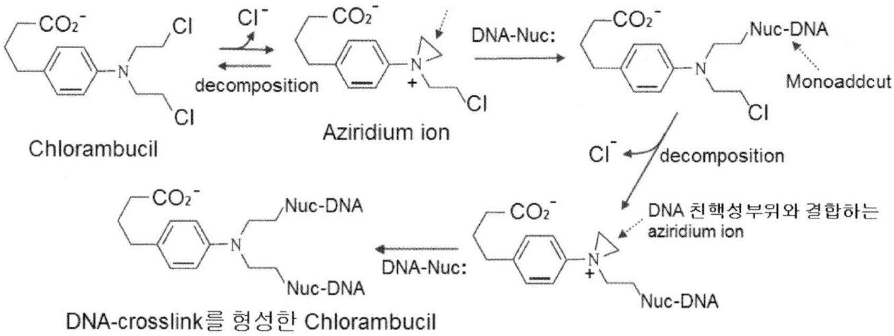

〈그림 6-23〉 **Chlorambucil의 복수작용기성 알킬화를 위한 활성기 형성기전:** 친전자성 활성기인 aziridium ion이 생성되기 위해서는 질소에 의해 Cl이 제거된다. 그러나 질소에 의한 β-chlorine의 이탈 자체가 속도조절단계이며 반응 주변의 상황에 따라 1개의 활성기 또는 2개의 활성기로 전환된다. 이는 비록 복수작용기성 알킬화-유도물질이라도 유전자 수준 및 염색체 수준의 혼합적인 DNA 손상을 유발하는 것을 의미한다.

이와 같이 복수작용기성 알킬화-유도물질은 유전자 수준 및 염색체 수준의 혼합적인 DNA 손상을 유발하지만 비율적인 측면에서는 물질에 따라 다양하다. <그림 6-24>는 mechlorethamine에 의한 나선간교차결합을 나타낸 것이다. Mechlorethamine도 chloroambucil과 마찬가지로 생체 내에서 aziridium ion 형성을 통해 guanine의 N7의 알킬화에 의한 나선간교차결합을 유도한다.

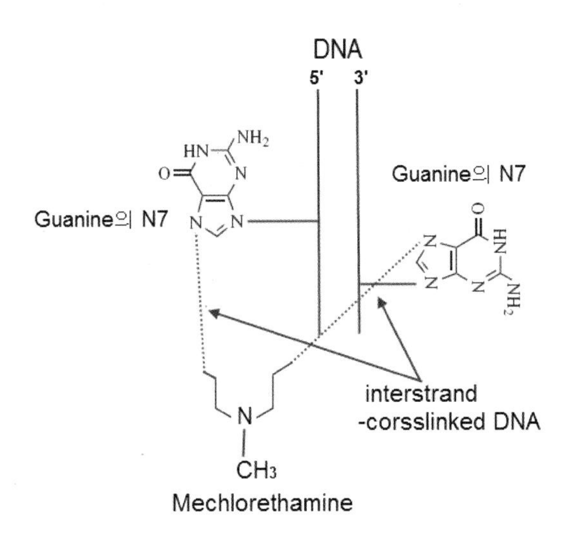

〈그림 6 - 24〉 **Mechlorethamine의 복수작용기성 알킬화를 통한 나선간교차결합 기전:** Mechlorethamine은 우선적으로 하나의 활성기 aziridium ion을 통해 N7G에 알킬화를 유도하며 다른 활성기 역시 다른 DNA 나선의 N7G에 알킬화를 통해 나선간교차결합을 유도한다.

비록 복수작용기성 알킬화 - 유도물질에 의해서 유전자 수준 및 염색체 수준의 돌연변이의 혼합적인 형태로 DNA 손상이 유도되지만 복수작용기성 알킬화 - 유도물질에 의해서 유전자 수준보다 염색체 수준의 DNA 손상이 더 높은 비율로 발생된다. <그림 6 - 25>는 단일작용기성 알킬화 - 유도물질인 2 - chlorethylamine과 복수작용기성 알킬화 - 유도물질 mechlorethamine에 의한 유전자 수준과 염색체 수준의 DNA 손상 정도에 대한 비율을 나타낸 것이다. <그림 6 - 25>에서 염색체재배열(chromosomal rearrangement)은 염색체 수준의 DNA 손상, 염기쌍치환(base pair substitution)은 유전자 수준의 손상을 나타낸다. 단일작용기성 알킬화 - 유도물질인 2 - chlorethylamine은 염색체재배열 돌연변이율에 있어서 약 7%에 불과하지만(이 수치는 물질에 의한 것이라기보다 자연발생적으로 유도된 것으로 추정됨) 염기쌍치환 돌연변이율은 약 93% 정도로 대부분 유전자 수준의 DNA 손상을 유발한다. 반면에 복수작용기성 알킬화 - 유도물질인 mechlorethamine은 염색체재배열 돌연변이율에 있어서 약 80%, 염기쌍치환 돌연변이율은 약 20% 정도로 유전자 수준의 DNA 손상을 유발한다.

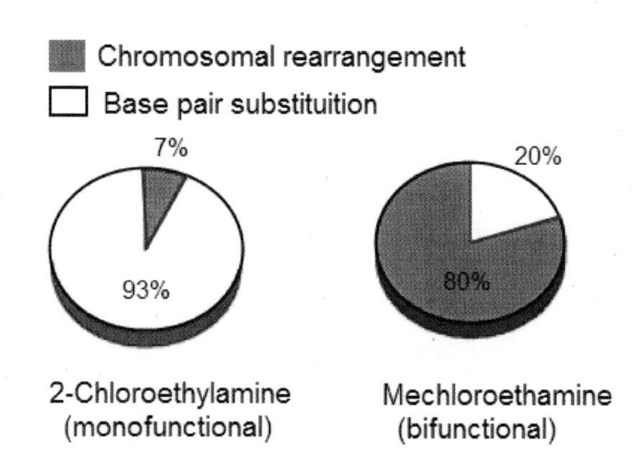

〈그림 6-25〉 **2-chlorethylamine와 mechlorethamine에 의한 DNA 손상의 비율:** 단일작용기성 알킬화-유도물질인 2-chlorethylamine은 각각 유전자 수준의 DNA 손상인 염기쌍치환(base pair substitution), 복수작용기성 알킬화-유도물질인 mechlorethamine은 염색체 수준의 DNA 손상을 더 많이 유발한다(참고: Wijen).

이와 같이 단일작용기성 알킬화-유도물질 및 복수작용기성 알킬화-유도물질에 의한 유전자 수준 및 염색체 수준의 돌연변이를 유발하는 정도에서 차이점이 있다. 또한 이들 물질에 따른 DNA 손상의 강도도 계산이 가능하다. 단일작용기성 알킬화-유도물질은 유전자 또는 염기 수준의 DNA 손상을 유발하는 능력을 의미하는 mutagenic potency 또는 mutagenic efficiency (염기돌연변이성 강도)가 높다. 반면에 복수작용기성 알킬화-유도물질은 염색체 수준의 DNA 손상을 유발하는 능력을 의미하는 clastogenic potency 또는 clastogenic efficiency(염색체돌연변이성 강도)가 높다. 각각의 mutagenic potency와 clastogenic efficiency는 단일 및 복수작용기성 알킬화-유도물질에 의한 각 수준의 발생 빈도를 비(ratio)로 나타내어 상대적 강도를 비교한다. 예를 들면 2-chlorethylamine의 mutagenic potency는 93/7이며 clastogenic efficiency는 7/93이다. 반면에 mechlorethamine의 mutagenic potency는 20/80이며 clastogenic efficiency는 80/20이다.

또한 DNA 손상에 의한 돌연변이는 결국 발암의 개시적인 역할을 하는데 유전자 수준의 돌연변이와 염색체 수준의 돌연변이의 각각을 발암유도의 강도로 표현할 수 있다. 이를 통해 복수작용기성 알킬화-유도물질에 의한 DNA

손상은 단일작용기성 알킬화-유도물질에 의한 DNA 손상보다 발암화에 대한 잠재력이 훨씬 높다는 것을 확인할 수 있다. 일반적으로 DNA-crosslink를 유도하는 복수작용기성 알킬화-유도물질은 발암잠재력(carcinogenic potency)이 단일작용기성 알킬화-유도물질보다 10배에서 1,000배 정도가 높다. 또한 복수작용기성 알킬화-유도물질에 의한 염색체 수준 돌연변이 중에서 가장 강력한 돌연변이로 분류되는 나선간교차결합(interstrand crosslink, ICL)의 발암잠재력은 나선내교차결합(intrastrand crosslink)보다 훨씬 높다. 이는 이중나선 중 하나의 나선에서만 발생하는 나선내교차결합보다 ICL에 의한 DNA 손상이 훨씬 더 심각한 결과를 유발하기 때문에 독성유발에 있어서 ICL이 나선내교차결합보다 더 중요하다는 것을 의미한다.

- ICL-**유도물질은 염기서열-특이적**(DNA sequence-specific)**으로 발생하며 항암제로 많이 개발되었다.**

ICL은 세포독성유발에 있어서 가장 강력한 DNA 손상 부류에 속한다. 이러한 이유 때문에 ICL-유도물질은 암세포 치료를 위한 항암제를 비롯한 여러 약물에 응용되어 개발되어 왔다. 그중에서도 mitomycin C, cisplatin(*cis*-Diamminedichloroplatinum<Ⅱ>), nitrogen mustard, nitrosourea 그리고 psoralen 등의 5종류가 ICL-유도기전으로 응용된 항암제이다. <표 6-3>은 5종류의 ICL-유도 항암제에 대해 염기서열-특이적 발생, 발생강도 그리고 나선구조의 주요 외측형태인 minor groove와 major groove에 대한 영향 등에 따라 구분하여 특성을 나타낸 것이다. Groove의 뒤틀림(distortion)은 주로 DNA 나선의 unwinding(풀림), bending(굽힘) 그리고 kink(꼬임) 등에 의해 유발된다.

〈표 6-3〉 ICL-유발 항암제의 주요 특성

ICL agent class	Chemical representatives	The sequence of ICL	ICL% of total adducts	Groove distortion
Psoralens	Psoralen	5'-T A-3' 3'-A T-5'	30~40	Minor
Mitomycin C	Mitomycin C	5'-C G-3' 3'-G C-5'	5~13	Minor
Platinum compounds	Cisplatin	5'-G C-3' 3'-C G-5'	5~8	Major
	Carboplatin		3~4	
	Transplatin	5'-G -3' 3'-C -5'	10~20	
Nitrogen mustard	Nitrogen mustard	5'-GNC-3' 3'-CNG-5'	1~5	Major
Nitrosoureas	BCNU	5'-G -3' 3'-C -5'	〈8	Unknown
	CNU		2.5	

※ BCNU: 1,3-bis(2-chloroethyl)-1-nitrosourea, CNU: chloroethyl-nitrosourea(참고: Dronkert).

천연항암제 및 항생제이면서 quinone 구조를 가진 mitomycin C는 guanine의 N2 및 N7 등의 위치에서 monoadduct를 형성한다. 또한 Mitomycin C에 의한 ICL이 5'-CG-3'와 3'-GC-5'의 염기서열에서 2개 guanine N2 위치의 이중나선 사이에서 형성된다. ICL은 전체 monoadduct 중 약 5~13% 정도로 발생한다. DNA의 뒤틀림은 작지만 다소 minor groove 뒤틀림을 유도한다. 닭배아세포에 mitomycin C 투여 후 약 6시간 정도 지나 ICL이 monoadduct로부터 생성되는 것이 확인되었다.

이와 같이 대부분의 ICL-유도물질이 monoadduct를 형성한 후 추가적인 활성기의 생성을 통해 ICL을 형성하는 것과 다르게 platinum화합물인 cisplatin은 diadduct를 통해 ICL 또는 나선내교차결합을 형성한다. DNA diadduct 형성은 2개의 활성기가 수화를 통해 동시에 생성되는 것이 주요 기전이다. <그림 6-26>에서처럼 2번의 수화를 통해 2개의 Cl이 OH_2로 대체되어 활성을 갖는 *cis*-diaquadiammineplatinum(2^{+}) 활성기로 전환된다. 이와 같이 효소에 의한 생체전환 과정에서는 동시에 또는 연속적으로 이러한 2개의 활성기를 갖기에는 어렵지만 cisplatin이 자연분해를 통해 생성되는 활성형물질이기 때문에 2개의 활성기를 갖는 것이 가능하다. 활성형물질은 우선적으로 N7G에 adduct를 형성한다. Cisplatin에 의한 ICL은 5' - GC - 3'과 3' - CG - 5'의 두 나선 사이의 G - G에 형성되며 전체 diadduct의 약 5～8% 정도로 생성된다. Cisplatin의 활성형물질에 의한 ICL은 주로 minor groove에 형성되지만 major groove의 뒤틀림 역시 유도한다. 그러나 대부분 diadduct는 단일나선의 염기서열 'G - G'에서 약 65%, 'A - G'에서 약 25%의 나선내교차결합을 유발한다. 따라서 cisplatin에 의한 ICL 유도는 상대적으로 낮고 나선내교차결합을 유도하는 대표적인 항암제라고 할 수 있다.

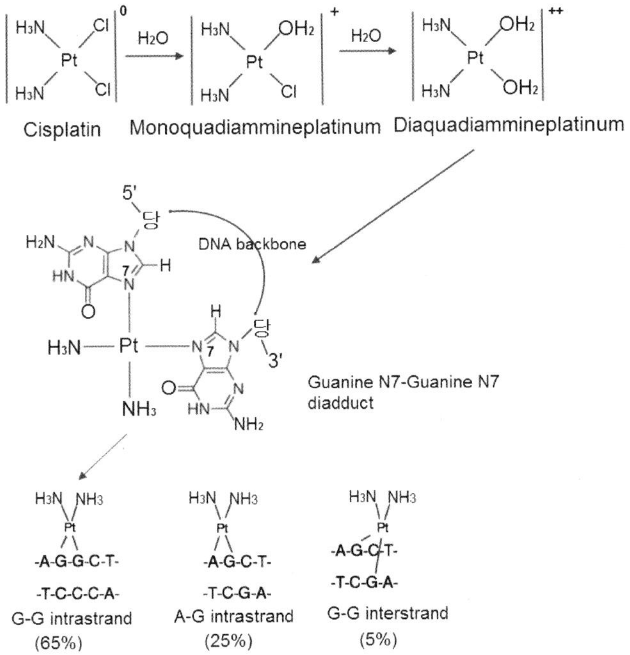

〈그림 6 - 26〉 Cisplatin에 의한 intrastrand - interstrand crosslink 기전: Cisplatin은 나선교차결합 중에서도 나선간교차결합을 상대적으로 낮고 나선내교차결합을 비교적 높은 빈도로 유도한다(참고: Colvin, Pierard).

Nitrogen mustard는 5' - GNC - 3'(N: 비특정염기)과 3' - CNG - 5' 사이의 G - G의 나선간교차결합을 유발하며 전체 adduct 중 약 5% 정도의 ICL을 유

발한다. Nitrosourea는 5' - G - 3'과 3' - C - 5' 사이에 ICL을 형성하며 BCNU인 경우에는 전체 adduct 중 약 8% 정도 ICL을 유발한다.

Psoralen은 피부건선(psoriasis), 아토피성 피부염(atopic dermatitis), 백반(vitiligo)과 균상식육종(mycosis fungoides) 등의 질환에 대해 치료제로 이용되며 식물성천연화학물질인 furanocoumarin 계열의 물질이다. Psoralen의 약리적인 활성은 UVA(320nm - 410nm)에서 이루어져 효능을 나타내기 때문에 광화학적 치료제(photochemotherapeutic treatment)이다. 이러한 특성 때문에 psoralen은 UVA의 합성어인 PUVA으로 불린다. PUVA의 일종으로 thymine과 결합하여 adduct를 형성하는 4' - hydroxymethyl - 4, 5', 8 - trimethylpsoralen(HMT)이 있다. 그러나 UVA의 강도 또는 생체 내 상황에 따라 다양한 PUVA가 생성될 수 있다. <그림 6 - 27>에서처럼 psoralen에 의한 ICL은 염기서열 5' - TA - 3'과 3' - AT - 5'의 thymine과 thymine 사이에 발생한다. 따라서 TA 염기로 이루어진 minor groove에서 ICL 형성에 의해 뒤틀림이 발생한다. Psoralen에 의한 ICL 발생빈도는 UVA의 조사량과 파장에 따라 다르지만 thymine monoadduct의 약 30～50% 정도이다. 또한 psoralen은 DNA 합성 동안에 형성되는 상보적인 DNA duplex들 사이에 비공유결합의 층간삽입(intercalation)을 형성한다. 즉 DNA duplex - DNA duplex 결합이 유도되며 이를 'Holliday junction'이라 한다.

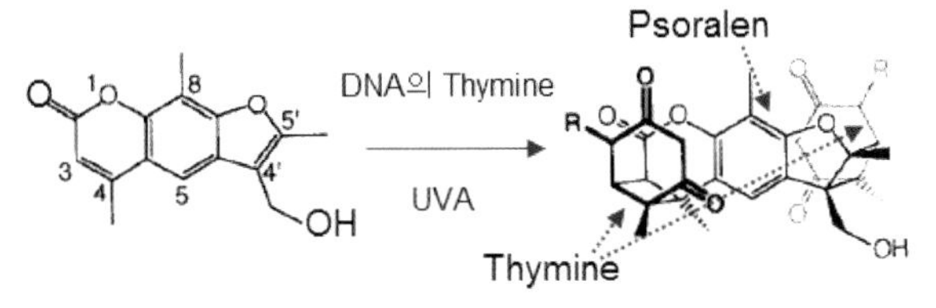

B) Holliday junction by non-covalent bond of psoralen

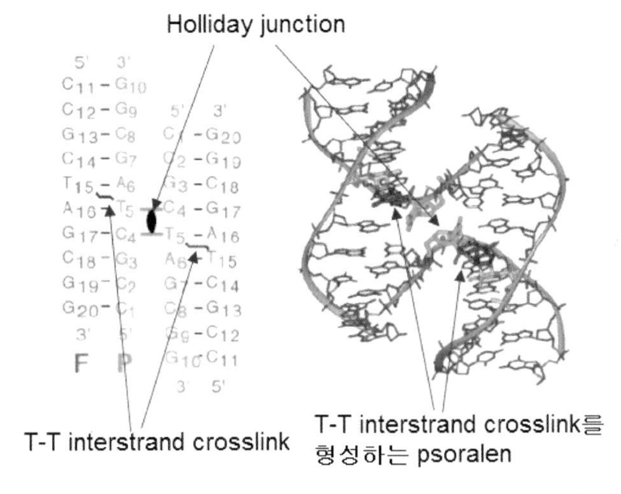

〈그림 6-27〉 **Psoralen에 의한 interstrnad-crosslink와 holliday junction:** Psooralen은 나선간교차결합과 더불어 DNA duplex(이중나선)로부터 합성된 상보적인 DNA duplex들 사이에 층간삽입(intercalation)을 통해 비공유결합을 유도한다. 즉 DNA duplex-DNA duplex 결합이 유도되며 이를 'Holliday junction'이라 한다(참고: Eichman).

3) 유기라디칼대사체(carbon-centered radical)에 의한 DNA 손상기전

◎ **주요 내용**

- 유기라디칼대사체에 의한 DNA 손상은 DNA의 당-인산 골격으로부터의 'H abstraction'에 의해 대부분 발생한다.
- Radical cation 대사체는 염기에 adduct를 형성하기도 한다.
- 유기라디칼대사체의 결합에 의해 발생한 DNA radical은 주변의 염기나 당과의 반응을 통해 DNA의 'tandem lesion'을 유발하여 독성을 극대화하는 경향이 있다.

- **유기라디칼대사체에 의한 DNA 손상은 DNA의 당-인산 골격으로부터의 'H abstraction'에 의해 대부분 발생한다.**

외인성물질의 활성중간대사체에 의한 DNA 손상은 친전자성대사체뿐 아니라 유기라디칼대사체에 의해서도 유발된다. 친전자성대사체에 의한 DNA 손상기전이 DNA의 친핵성부위와의 공유결합을 통해 이루어진다면 유기라디칼대사체에 의한 DNA 손상은 DNA의 당-인산 골격으로부터의 'H abstraction (수소발췌)'에 의해 주로 유발된다. 특히 당 부분의 수소발췌는 심각한 DNA 나선절단을 통한 염색체 수준의 DNA 손상을 유도한다. 또한 유기라디칼대사체는 친전자성대사체처럼 염기와의 공유결합을 통해 염기전위 등의 돌연변이도 유발하기도 한다.

수소발췌란 라디칼이 다른 분자로부터 수소를 제거하는 것을 말하며 제거된 분자는 라디칼이 되는 반응을 의미한다. 유기라디칼대사체에 의한 수소발췌는 다소 복잡한 여러 반응단계를 통해 DNA 절단(breakage)의 손상을 유발한다. 수소발췌의 발생은 C-H 결합의 강도와 C-H 결합에서 H에 대한 라디칼의 접근성과 밀접한 관계가 있다. DNA의 오탄당인 deoxyribose에서 C-H 결합의 강도는 C1', C3'과 C4'에서 유사하나 C2'에서 높다. 또한 유기라디칼의 접근성은 deoxyribose의 H5(C5의 수소원자), H4, H3, H2와 H1 순으로 낮다. 특히 H1은 DNA 이중나선의 minor groove에 깊숙이 존재하기 때문에 라디칼의 접근성이 가장 낮다. 당에서의 라디칼에 의한 수소발췌는 라디칼을 생성하는 원물질(parent compound)에 따라 다르다. 당의 C1-H에서 수소발췌는 neocarzinostatin, esperamicin과 dynemicin 등의 약물-유래 유기라디칼대사체에사 자주 발생된다. C4-H는 bleomycin, enediyn 등의 약물-유래 유기라디칼대사체에 의해 발췌되어 나선절단이 유도된다.

<그림 6-28>은 라디칼의 공격에 의해 C4'-H의 수소원자가 발췌되어 단일나선절단이 발생하는 과정에 대한 설명이다. 유기라디칼대사체 공격에 의해 C4'의 수소발췌 되면 C4'-sugar radical이 생성된다. 이는 곧 산소분자와 반응하여 C4'-peroxy radical로 전환된다. C4'-peroxy radical은 GSH 또는 생체 내 thiol기(-SH)와 결합하여 C4'-hydroperoxide를 형성한다. C4'-hydroperoxide은 재배열을 통해 단선 내 라디칼인 single C4'-radical로 전환된다. 이 radical은 가수분해에 의해 발생한 'Criegee rearrangement'(Rudolf Creiegee가 발견하였으며 3차알코올의 peroxy acid가 carbonyl기(C=O)를 갖고 있는 kentone 전환되는 반응을 통해 분해되는 전자 재배열)를 통해 single strand breakage (단일나선절단)가 발생하면서 ketone의 base propenal과 3'-phosphoglycolate moiety가 DNA의 나선으로부터 분리된다. 특히 base propenal 부산물은 친전자성이며 <그림 6-29>에서처럼 guanine에 adduct를 형성하여 추가적인 DNA 손상을 유발한다.

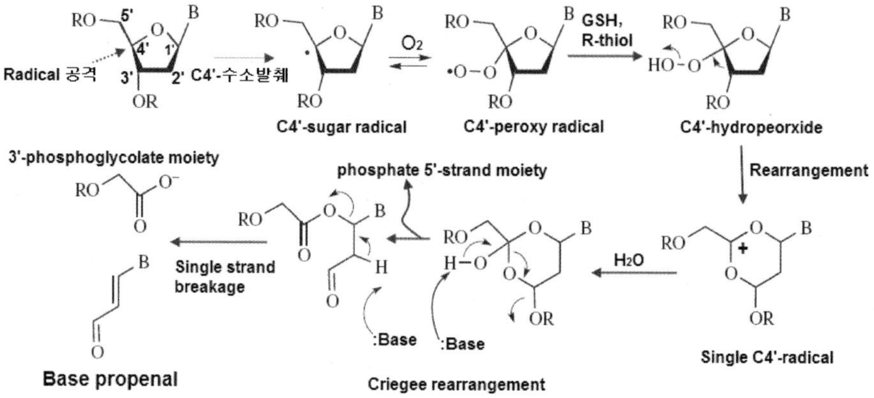

〈그림 6－28〉 **유기라디칼대사체 의한 단일나선절단 기전:** 유기라디칼대사체의 공격에 의해 C4'의 수소발췌가 분리되면 C4'－sugar radical이 생성된다. 산소 및 H_2O를 비롯하여 GSH의 환원물질 등과의 반응을 통해 single strand breakage가 발생한다. 또한 절단을 통해 ketone의 base propenal과 3'－phosphoglycolate moiety(부분)가 DNA의 나선으로부터 분리된다(참고: Gates).

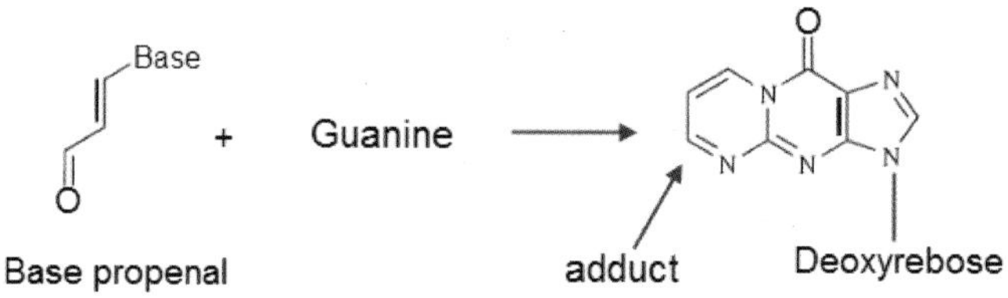

〈그림 6－29〉 **DNA 나선절단에 의해 생성된 base propenal에 의한 DNA adduct 형성:** 유기라디칼대사체에 의해 생성된 base propenal 부산물은 친전자성이며 guanine에 adduct를 형성하여 추가적인 DNA 손상을 유발한다.

<그림 6－30>은 *Steptomyces verticillus*로부터 생성되어 고환암, 뇌암 및 임파구암 등에 대한 항암효능을 지닌 bleomycin에 의한 DNA 손상기전이다. Bleomycin에 의한 DNA 손상은 보조인자 Fe^{2+}, 산소분자 그리고 일전자－환원에 의해 활성형물질로 전환된다. 활성화된 BLM－Fe(Ⅱ)－OOH은 deoxyribose의 C4' 수소발췌를 통해 산소의 유무에 따라 두 경로를 통해 DNA 손상을 유도한다. 먼저 산소가 부족할 경우에는 수소발췌에 의해 생성된 C4'－sugar radical은 가수분해를 통해 탈염기화가 이루어진다. 또 다른 경로는 산소－의존성 경로로 수소발췌에 의해 생성된 C4'－sugar radical이

산소분자와 결합하여 C4' - peroxy radical을 형성한다. C4' - peroxy radical은 <그림 6 - 30>에서처럼 'Criegee rearrangement'를 통해 3' - phosphoglycolate moiety, 5' - strand moiety와 base propenal 등으로 분해되어 DNA 단일나선절단이 유도된다. 그러나 bleomycin은 단일나선절단보다 DNA 이중나선절단을 더 빈번히 유발한다. Belomycin에 의한 DNA 이중나선절단은 우선적으로 5' - GC - 3' 또는 5' - GT - 3' 염기서열에서 주로 발생한다. 그러나 belomycin에 의한 이중나선절단에 있어서 1차 및 2차 절단은 서로 상보적인 염기에서 발생하지는 않는다. 먼저, 1차 절단에 의해 생성된 C4' - peroxy radical이 반대편 나선의 부위와 관련이 없이 어떤 곳에서나 C4' - H의 수소 발췌를 유도하며 이는 곧 다른 나선의 절단에 의한 이중나선절단을 유도하게 된다. Bleomycin에 의한 손상된 DNA의 약 40% 정도가 이중나선절단이다.

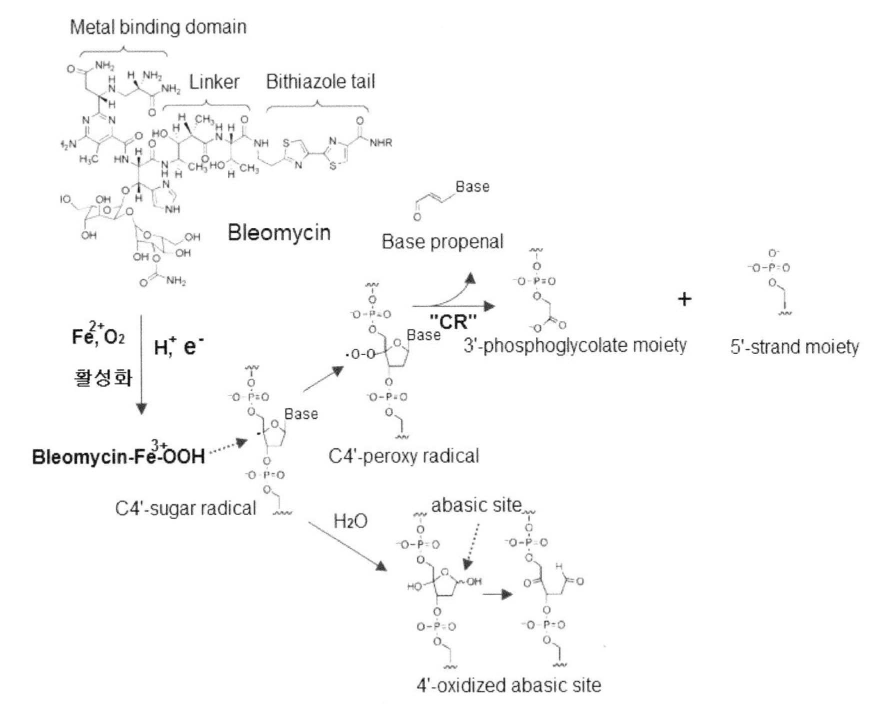

〈그림 6 - 30〉 **Bleomycin에 의한 DNA 단일나선절단 기전:** DNA 손상을 유발하기 위해 bleomycin은 보조인자 Fe^{2+}, 산소분자 그리고 일전자 환원에 의해 활성형물질로 전환된다. 활성화된 Bleomycin - Fe(Ⅲ) - OOH은 deoxyribose의 C4'에서 수소발췌를 통해 산소의 유무에 따라 두 경로를 통해 DNA 손상을 유도한다. 'CR': 'Criegee rearrangement'(참고: Chen)

- Radical cation **대사체는 염기에** adduct**를 형성하기도 한다.**

대부분의 PAH(polyaromatic hydrocarbon)은 P450에 의해 PAH – radical cation을 생성하는 일전자 – 산화반응과 PAH – diol epoxide를 생성하는 이전자 – 산화반응을 통해 대사된다. 또한 PAH – radical cation 대사체는 P450뿐 아니라 peroxidase에 의해서 PAH으로부터 하나의 전자가 제거되어 생성된다. 친전자성대사체가 염기의 친핵성부위와 결합하여 DNA adduct를 생성하는 것처럼 PAH – radical cation도 자체의 친전자성부위가 염기의 친핵성부위와 결합하여 adduct를 형성하는 것으로 이해된다.

<그림 6 – 31>에서처럼 PAH의 일종인 Dibenzo – [*a,l*]pyrene(DB[*a,l*]P)도 일전자 – 산화를 통해 PAH – radical cation으로 전환된다. DB[*a,l*]P는 CYP1A1과 CYP1B1에 의해 친전자성대사체로 전환되지만 PAH – radical cation 생성은 이들 P450 효소뿐 아니라 peroxidase의 일전자 – 산화반응에 의해서도 이루어진다. DB[*a,l*]P의 친전자성대사체가 purine계열 염기와 반응하는 것처럼 PAH – radical cation도 유사한 염기 부위에 adduct를 형성한다.

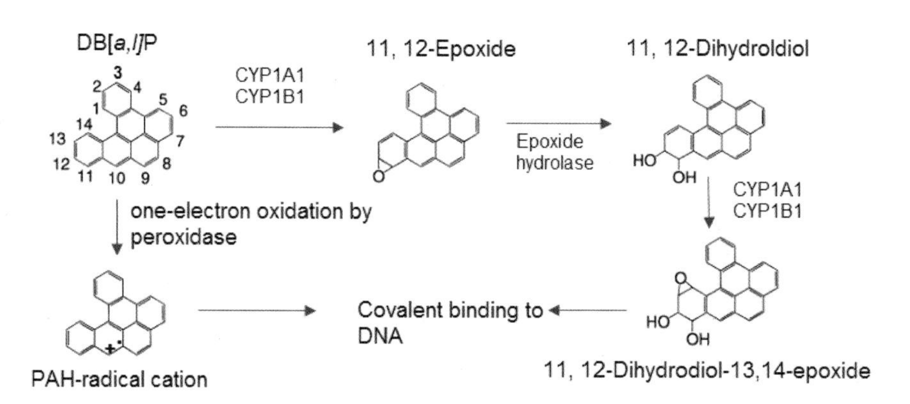

〈그림 6 – 31〉 Dibenzo – [*a,l*]pyrene의 친전자성대사체 및 PAH – radical cation의 생성기전: PAH – radical cation 대사체는 P450뿐 아니라 peroxidase에 의해서도 생성되며 PAH으로부터 하나의 전자가 제거되어 생성된다(참고: Cavalieri).

일반적으로 PAH – radical cation과 같이 radical의 DNA adduct는 stable

adduct(안정적인 adduct)인 친전자성대사체의 DNA adduct보다 불안정하여 unstable adduct(불안정 adduct)이라고 한다. 이러한 불안정한 adduct는 산화와 환원 그리고 재배열을 통해 안정성이 있는 최종산물로 전환된다. Dibenzo−[*a,l*]pyrene의 대사체 중 친전자성대사체인 PAH−diol epoxide는 stable adduct이지만 PAH−radical cation은 불안정하여 탈염기의 최종산물로 전환된다. <그림 6−32>에서처럼 이러한 불안정한 특성은 염기에서의 adduct 형성에 영향을 주게 되는 선호부위를 발생시킨다. DB[*a,l*]P의 친전자성대사체는 주로 C8G, N^2G 그리고 N^6A, DB[*a,l*]P의 radical cation은 N7G, C8G, N3A와 N7A에 adduct 형성을 선호한다. 친전자성대사체에 의한 안정적인 adduct는 수복이 없다면 adduct 상태로 존재하지만 후에 복제를 통해 염기전위(transversion)가 유도된다. 그러나 <그림 6−32>에서처럼 PAH−radical cation은 N7A에 결합하여 당과 염기를 연결하는 glycosidic bond의 불안정성을 증가시켜 자연발생적인 탈퓨린화를 유도한다.

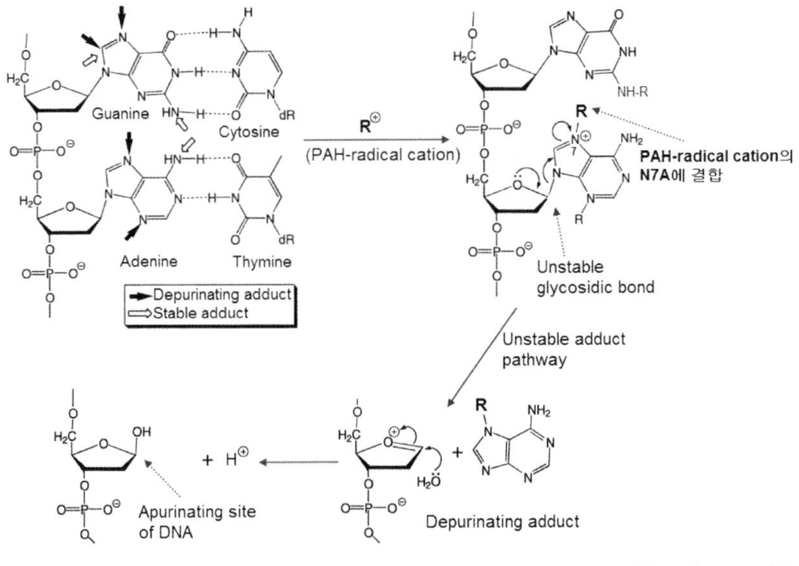

〈그림 6−32〉 **Dibenzo−[*a,l*]pyrene의 대사체에 의한 stable adduct와 unstable adduct의 최종산물:** DB[*a,l*]P의 친전자성대사체는 주로 C8G, N^2G 그리고 N^6A에서 stable adduct(안정 adduct)를 형성하며 DB[*a,l*]P의 radical cation은 N7G, C8G, N3A와 N7A에 unstable adduct(불안정 adduct)를 형성하며 탈퓨린화(depurinating)를 빠르게 유도한다(참고: Cavalieri).

DNA 합성이 이루어지기 전, PAH－radical cation에 의해 탈퓨린화된 염기는 DNA 수복에 의해 thymine의 상보적인 cytosine이 합성된다. <그림 6－33>에서처럼 PAH－radical cation에 의해 adenine이 탈퓨린화되면 apurinic site가 생성된다. DNA 복제 시 정상적인 나선 한쪽은 정상적인 나선이 합성이 되나 탈퓨린화된 나선에서는 apurinic site에 pyrimidine 계열의 thymine이 위치하는 대신에 purine 계열의 adenine이 위치한다. 한 번 더 복제를 통해 최초의 염기인 purine 계열의 adenine 대신에 pyrimidine 계열의 thymine으로 전환되는 수복오류(misrepair)를 통해 A－T 염기전위(transversion)의 돌변변이가 유발된다. 특히 이러한 염기전위는 PAH radical cation에 의한 화학적 발암화 과정에서 개시물질(initiator)의 역할을 한다.

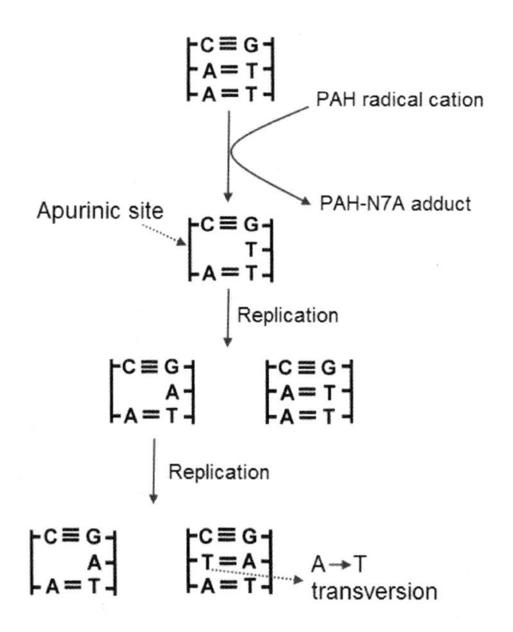

〈그림 6－33〉 **PAH－radical cation에 의한 A→T 염기전위:** PAH－radical cation에 의해 탈퓨린화된 DNA는 복제를 거쳐 최초의 염기인 purine 계열의 adenine 대신에 pyrimidine 계열의 thymine으로 전환되는 수복오류(misrepair)를 통한 A－T 염기전위(transversion)의 돌변변이가 유발된다. 이러한 돌연변이는 PAH radical cation에 의한 화학적 발암화 과정에서 개시물질의 역할을 한다(참고: Cavalieri).

- **유기라디칼대사체의 결합에 의해 발생한 DNA radical은 주변의 염기나 당과의 반응을 통해 DNA의 'tandem lesion'을 유발하여 독성을 극대화하는 경향이 있다.**

라디칼의 중요한 특성 중 하나가 다른 물질의 공유결합을 분해하여 또 다른 라디칼을 생성하는 연쇄반응(chain reaction)의 유도이다. 유기라디칼대사체가 DNA의 당에 수소발췌를 통해 당이나 염기에 라디칼을 생성하는데 이를 DNA－radical이라고 한다. DNA－radical은 라디칼을 유발하는 대사체 또는 물질에 의해 염기나 당에서 분리되면서 생성되거나 또한 라디칼의 단순한 수소발췌 등을 통해 생성된다. DNA－radical은 이웃한 당이나 염기와 반응하여 탈염기 및 2개의 염기가 결합한 dinucleotide 또는 염기이량체(base dimer) 등의 DNA 손상을 유발한다. <그림 6－34>의 5,6－dihydrothymine radical은 phenyl selenide가 thymine의 C5'에 결합한 후 분리되면서 생성된 DNA－radical이다. DNA－radical은 산소분자와 반응하여 peroxyl radical로 전환된다. 염기의 peroxyl radical은 이웃한 당의 C1'－수소발췌를 통해 탈염기화된 2－deoxyribonolactone residue를 생성하게 된다. 또한 thymine도 C5－CH_3 구조에서 CH_3(메틸기)가 떨어져 나가면서 C5－OOH 또는 GSH에 의해 환원된 C5－OH의 손상된 염기로 전환된다. 이와 같이 하나의 라디칼에 의한 연쇄반응을 통해 DNA의 여러 부위에서 손상을 유발하는 것을 'tandem lesion(다발성 손상)'이라고 한다.

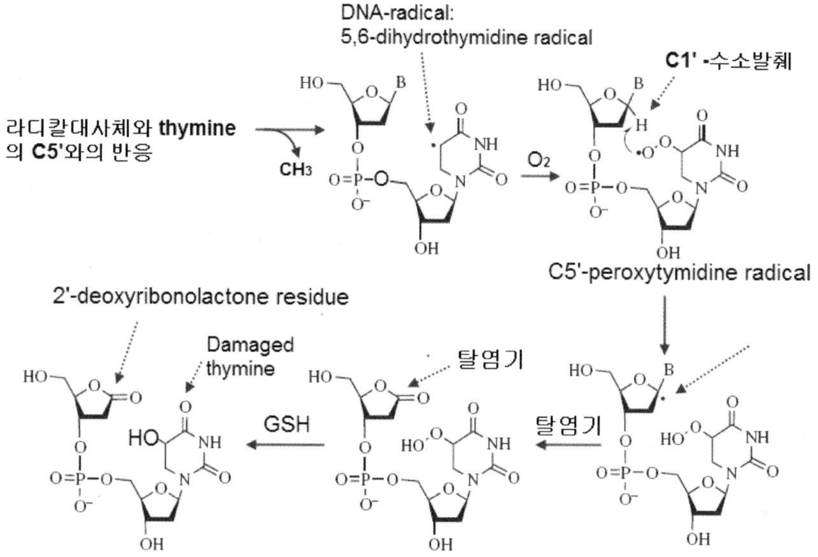

〈그림 6 - 34〉 **DNA - radical 생성에 따른 다발성 손상의 기전:** 하나의 라디칼에 의한 연쇄반응을 통해 탈염기화된 2 - deoxyribonolactone residue와 C5 - OH의 손상된 thymine 등의 DNA의 여러 부위에서 손상을 유발하는데 이를 'tandem lesion(다발성 손상)'이라고 한다(참고: Gates).

또한 DNA - radical은 주위의 당 또는 연기와의 연쇄반응을 통해 나선내교차결합을 유도하는데 이는 tandem lesion의 일례이다. <그림 6 - 35>는 thymine의 C5 - CH_3에 수소발췌로 형성된 5 - (2' - deoxyuridinyl)methyl radical이 주변의 purine 잔기와 결합하여 dinucleotide의 나선내교차결합을 형성하는 기전을 나타낸 것이다. 나선내교차결합은 guanine의 C8 위치에 알킬라디칼(alkyl radical)의 첨가반응을 통해 이루어지며 이러한 반응은 산소농도가 낮은 곳에서 발생한다. 산소농도가 낮은 곳에서 발생하는 이유는 산소가 DNA - radical을 포획(trapping)하여 염기 - 염기의 교차결합을 방해하기 때문이다. 불안정한 교차결합이 형성된 후 인접한 염기에 여전히 존재하는 DNA - radical이 최종적으로 산화되면서 DNA 나선내교차결합이 안정화된다.

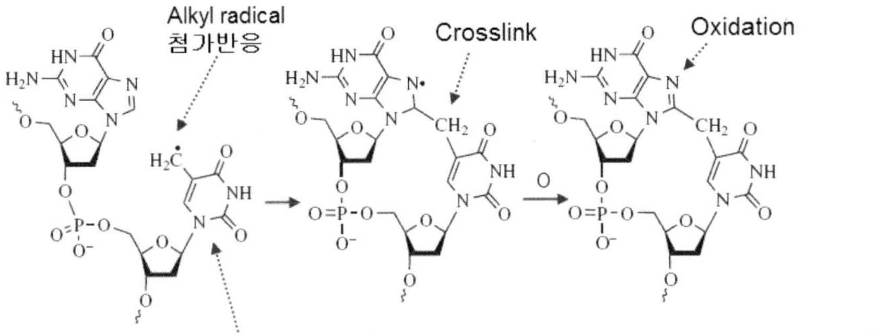

Alkyl radical 첨가반응
Crosslink
Oxidation
5-(2'-deoxyuridinyl)methyl radical
Guanine-thymine intrastrand crosslink

〈그림 6-35〉 **DNA radical에 의한 다발성 손상의 나선내교차결합:** DNA-radical은 주위의 당 또는 염기와의 연쇄반응을 통해 나선내교차결합을 유발하는 동시에 DNA에 tandem lesion을 유발한다(참고: Gates).

4) Redox-active species에 의한 DNA 손상기전

◎ **주요 내용**

- *p*-quinone 및 *o*-quinone은 그 자체가 친전자성이며 DNA의 친핵성부위와 결합하여 stable adduct 및 unstable adduct에 의한 depurination을 형성한다.

- *p*-quinone 및 *o*-quinone의 redox cycling을 통해 생성된 *p*- 또는 *o*-semiquinone anion radical은 직접적인 DNA 손상보다 ROS 생성을 통해 DNA 손상을 유발한다.

- PAH-*o*-quinone은 세포독성에 따라 class Ⅰ-Ⅲ으로 구분된다.

- Quinone-containing compound는 protonation과 더불어 disproportionation을 통해 복수작용기성 알킬화를 유도할 수 있으며 이는 항암제의 기능을 위한 핵심 기전이다.

- Quinone-containing 항암제인 mitomycin C는 단일 및 복수작용기성 알킬화를 통해 adduct 및 나선간교차결합을 유도한다.

- **p − quinone 및 o − quinone은 그 자체가 친전자성이며 DNA의 친핵성부위와 결합하여 stable adduct 및 unstable adduct에 의한 depurination을 형성한다.**

Redox − active species(RAS, 산환 − 환원의 순환반응 화학물질 또는 대사체)는 전구물질 또는 전구대사체와의 산화 − 환원의 순환반응을 통해 유기라디칼대사체와 ROS 등을 생성하는 물질이다. RAS의 가장 간단하면서 대표적인 대사체 또는 물질은 환구조에 2개의 dione(− C(= O))을 가진 quinone 구조이다. 대부분의 quinone은 가장 간단한 방향족 화학물질인 벤젠부터 다환구조의 PAH에서 유래한다. <그림 6 − 36>에서처럼 벤젠 및 PAH 등의 물질은 주요 3가지 생체전환 경로를 통해 전환된 대사체를 통해 독성을 유발한다. 세 가지 경로를 통한 대사체는 P450과 epoxide hydrolase 등에 의한 diol − epoixde를 지닌 대사체, P450 또는 peorxidase 등에 의한 radical cation을 지닌 대사체 그리고 dihydrodiol dehydrogenase를 비롯한 여러 효소 작용에 의한 quinone을 지닌 대사체 등이 있다. 벤젠 및 PAH 등의 대사체로부터 생성된 주요 quinone 구조의 이성질체는 *p*(para) − quinone과 *o*(ortho) − quinone 등이 대표적이다. 이들 quinone에 의한 DNA 손상은 quinone 그 자체에 의한 친전자성 그리고 quinone의 일전자 − 환원반응을 통한 semiquinone anion radical의 생성 그리고 일전자 및 이전자 − 환원을 통한 ROS 생성을 통해 이루어진다. 이러한 quinone 화합물에 의한 DNA 손상은 대부분은 단일작용기성 알킬화를 통해 대부분 이루어진다. 그러나 quinone − containing 항암제는 일반적인 quinone 화합물에 의한 단일작용기성 알킬화의 DNA 손상기전과는 차이가 있는 복수작용기성 알킬화에 의한 DNA 손상을 유발한다.

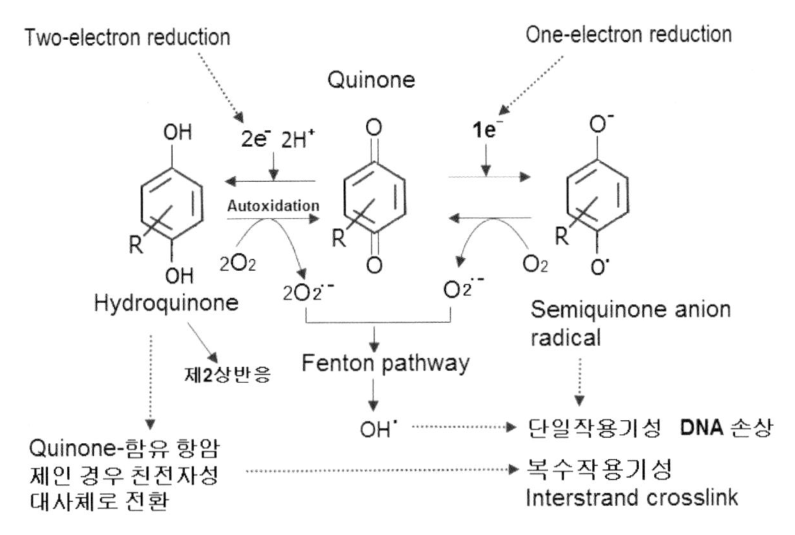

〈그림 6-36〉 Quinone 화합물의 DNA 손상을 유발하는 대사체 및 부산물: RAS (Redox-active species)의 가장 간단하면서 대표적인 대사체 또는 물질은 환구조에 2개의 dione(-C(=O))을 가진 quinone 구조이다. 이들 quinone의 DNA 손상은 quinone 그 자체에 의한 친전자성, quinone의 일전자-환원반응을 통해 생성되는 semiquinone anion radical 그리고 일전자 및 이전자-환원을 통한 ROS 등에 의해 이루어지며 대부분 단일작용기성이다. 그러나 quinone을 함유한 항암제인 경우에는 친전자성대사체로 전환되어 복수작용기성 DNA 손상을 유발한다.

Quinone의 dione 구조를 지닌 *p*-quinone 및 *o*-quinone 등의 DNA 손상은 단일작용기성 알킬화-유도에 의한 염기전위 및 DNA의 단선절단이다. 염기전위는 *p*-quinone 및 *o*-quinone의 stable adduct 형성과 unstable adduct에 의한 탈퓨린화(depurination) 등의 2가지 기전을 통해 설명된다. 먼저 stable adduct에 의한 염기전위는 염기소실을 유도하지 않으면서 여러 번의 복제를 통해 유도되는 DNA 손상이다. 반면에 unstable adduct 또는 탈퓨린화에 의한 염기전위는 adduct 자체가 불안정하여 퓨린계 염기의 소실 후 복제를 통해 유도된다.

Quinone은 그 자체가 친전자성을 띠기 때문에 DNA의 친핵성부위와 공유결합을 통해 알킬화를 유도하는 direct-acting 돌연변이원의 역할을 한다. 물론 quinone이 외인성물질의 생체전환을 통해 생성된다면 indirect-acting 물질이다. <그림 6-37>에서처럼 가장 간단한 quinone 구조인 1,4(*p*)-benzoquinone

은 염기의 환외 분자에 exocyclic adduct(환외부가물)를 형성한다. 특히 1,4-benzoquinone은 adenine의 N^6, guanine의 N^2와 cytosine의 N^4의 아미노기(NH_2)에 첨가반응을 통해 안정화된 bulky adduct를 형성한다. 이는 복제를 통해 G→T 등의 염기전위(transversion) 및 염기소실을 유도한다.

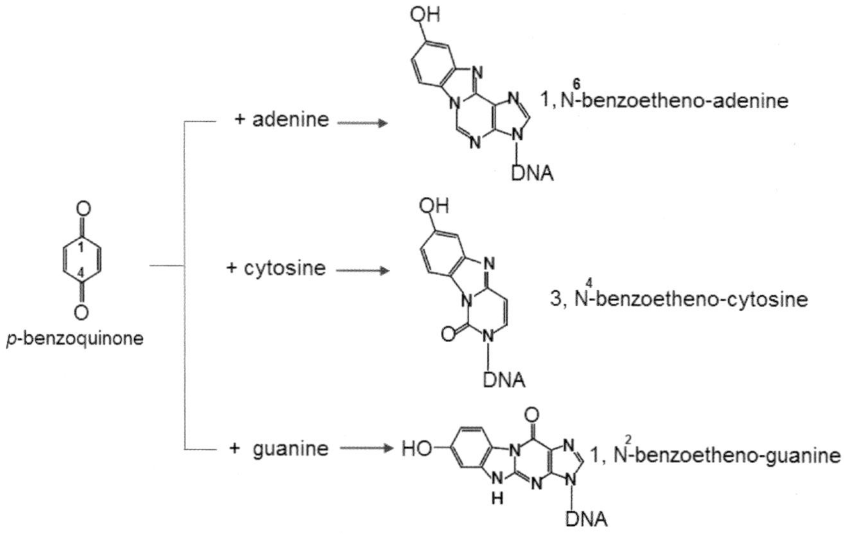

〈그림 6-37〉 **1,4(*p*)-Benzoquinoe에 의한 여러 exocyclic adduct 형성**: Quinone은 그 자체가 친전자성을 띠기 때문에 DNA의 친핵성부위와 공유결합을 통해 알킬화를 유도하는 direct-acting 돌연변이원의 역할을 한다(참고: Xie).

또 다른 quinone 구조인 *o*-quinone은 *p*-quinone보다 다양한 DNA 손상을 유발한다. 우선적으로 PAH-*o*-quinone은, 1,4-benzoquinone와 유사하게, adenine의 N^6, guanine의 N^2의 아미노기에 첨가반응을 통해 stable adduct를 형성한다. 또한 PAH-*o*-quinone은 guanine의 N7과 adenine의 N7 위치에 첨가반응을 통해 adduct를 형성하여 탈퓨린화를 유도한다. <그림 6-38>에서처럼 탈퓨린화는 PAH-*o*-quinone의 adduct 자체가 불안정하여 가수분해에 의해 glycosidic bond가 분해되면서 이루어진다. Unstable 또는 stable adduct 모두 복제를 통해 G→T 등의 염기전위(transversion)를 유발한다.

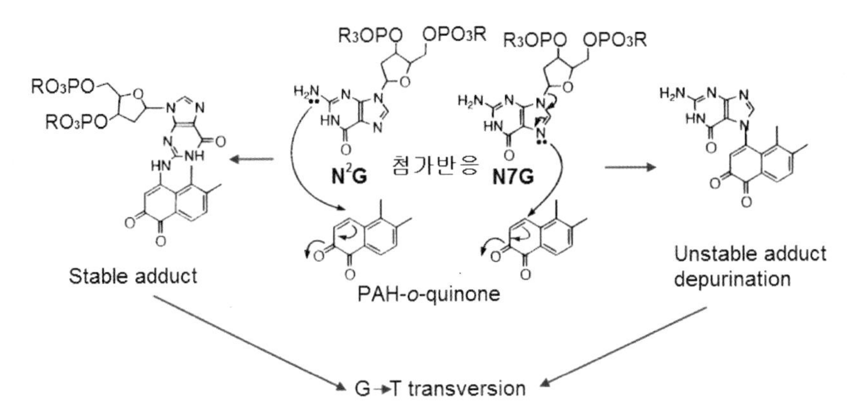

〈그림 6-38〉 **PAH-*o*-quinone에 의한 stable 및 unstable adduct 형성:** 또 다른 quinone 구조인 *o*-quinone은 stable DNA adduct 및 unstable DNA adduct 등을 통해 *p*-quinone보다 다양한 DNA 손상을 유발한다. 특히 unstable DNA adduct는 빠르게 탈퓨린화된다. Unstable 또는 stable adduct 모두 복제를 통해 G→T 등의 염기전위(transversion)를 유발한다(참고: Penning).

- ***p*-quinone 및 *o*-quinone의 redox cycling을 통해 생성된 *p*- 또는 *o*-semiquinone anion radical은 직접적인 DNA 손상보다 ROS 생성을 통해 DNA 손상을 유발한다.**

벤젠 및 PAH의 제1상반응을 통해 생성된 catechol은 *o*-quinone 그리고 hydroquinone은 *p*-quinone으로 비효소적 반응을 통해 산화 및 환원을 반복하는 redox cycling을 지속한다. 이 과정에서 생성되는 DNA 손상을 유발할 수 있는 대사체 및 부산물은 *p*- 또는 *o*-semiquinone anion radical과 superoxide anion radical 등이 있다. Semiquinone anion radical은 다른 유기라디칼대사체와 같이 수소발췌를 통해 DNA 손상을 유발할 수 있는 가능성은 있지만 이에 대한 연구에서는 아직 증명되지 못하고 있다. 이는 산소, fenton pathway 그리고 Cu(Ⅱ)/Cu(Ⅰ) redox cycling을 통한 빠른 반응을 통해 quinone 또는 catechol으로의 빠른 전환에 기인하는 것으로 추정된다. Semiquinone anion radical의 자체 독성 외에도 quinone의 redox cycle을 통해 생성된 superoxide anion radical, H_2O_2, hydroxyl radical 등의 부산물이 DNA 손상을 또한 유발할 수 있다. 그러나 fenton pathway 또는 Cu(Ⅱ)/Cu(Ⅰ) redox cycling을 유도하는 Fe이나 Cu 이온이 없다면 DNA 손상은 유발되지 않는다. 이는 이들 이온들이 quinone의 redox cycle에서 발생하는 superoxide anion radical과의 반응을 통해 ROS 중 DNA와 가장 강력한 반응성을 가진 hydroxyl radical 생성을 유도하기 때문이다. 아래의 반응식과 <그림 6-39>에서처럼 Cu(Ⅱ)/Cu(Ⅰ) redox cycle에 의한 hydroxyl radical(HO·)의 생성은 PAH-*o*-quinone에 의한 DNA 나선절단에 중요한 역할을 한다.

$$H_2O_2 + Cu^{2+} \rightarrow Cu^{+} + O_2^{\cdot -} + 2H^{+}$$
$$H_2O_2 + Cu^{+} \rightarrow Cu^{2+} + HO\cdot + OH^{-}$$

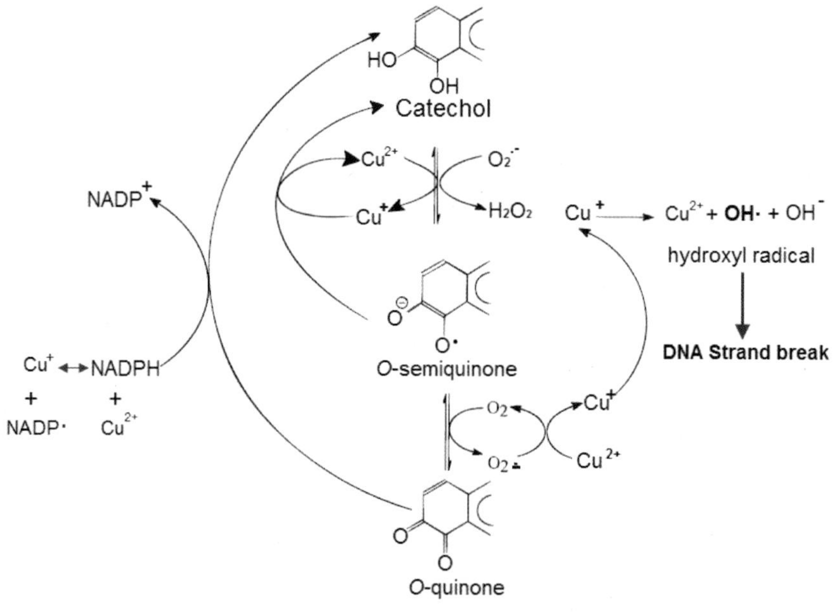

〈그림 6-39〉 **O-quinone에 의한 ROS 생성과 hydroxyl radical에 의한 DNA 나선절단 기전:** Quinone의 redox cycle을 생성된 ROS는 Cu(Ⅱ)/Cu(Ⅰ) redox cycle과 fenton pathway 등을 통해 hydroxyl radical(HO·)로 전환되어 PAH-*o*-quinone에 의한 DNA 나선절단에 중요한 역할을 한다(참고: Penning).

<그림 6-40>에서처럼 PAH-*o*-quinone의 redox cycle 및 Cu(Ⅱ)/Cu(Ⅰ) redox cycle에 의해 생성된 hydroxyl radical은 2-deoxyribose의 C4' 위치에서 수소발췌를 유도한다. C4'-sugar radical은 환원반응을 비롯하여

phosphodiester bond의 절단을 유도하는 'Criegee rearrangement' 반응을 통해 base propenal과 3'-phosphoglycolate moiety 그리고 5'-strand를 DNA의 나선으로부터 분리하여 나선절단을 유발한다.

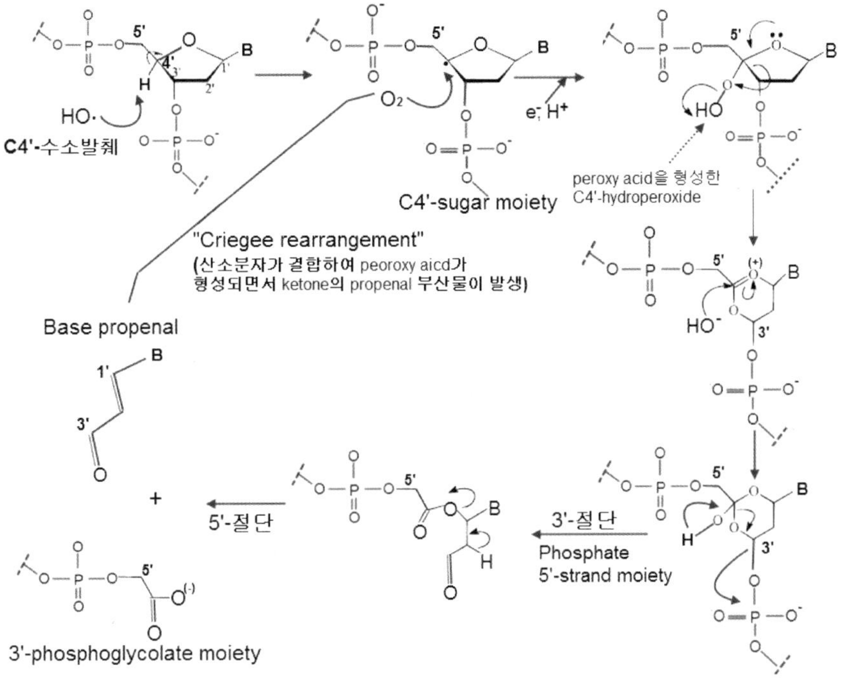

〈그림 6-40〉 *O*-quinone에 산화-환원 반응을 통해 생성된 **Hydroxyl radical에 DNA 나선절단의 기전** Hydroxyl radical은 2-deoxyribose의 C4 위치의 수소발췌와 phosphodiester bond의 절단을 유도하는 'Criegee rearrangement' 등을 base propenal과 3'-phosphoglycolate moiety 그리고 5'-strand를 DNA의 나선으로부터 분리하여 나선절단을 유발한다(참고: Penning).

- **PAH-*o*-quinone은 세포독성에 따라 class Ⅰ-Ⅲ으로 구분된다.**

PAH-*o*-quinone은 랫드 및 사람의 간세포에 대한 세포독성의 정도에 따라 3 class로 구분된다. LC_{50}(Lethal concentration 50)의 1-30㎛인 Class Ⅰ *o*-quinone은 naphthalene-1,2-dione(NPQ), phenanthrene-1,2-dione(1,2-PQ)와 dimethylbenz[a] anthracene-3,4-dione(DMBAQ) 등이 있다

이들의 특성은 DNA 손상과 관련된 semiquinone anion radical 및 ROS 등을 redox cycle을 통해 생성한다. 또한 생성물질을 통해 DNA 영향을 주어 세포증식 억제뿐 아니라 세포 내 산화-환원 상태의 변화를 통해 기존 세포의 죽음도 유발한다.

또한 동일한 농도인 1-30 ㎛의 LC_{50}을 가진 Class Ⅱ에는 12-MBAQ(12-methylbenz[a]anthracene-3,4-dione), 5-MCQ(5-methylchrysene-1,2-dione), BAQ(benz[a]anthracene-3,4-dione), 7-MBAQ(7-methylbenz[a]anthracene-3,4-dione) 등이 있다. 이들의 중요한 특징은 semiquinone anion radical은 생성하지만 ROS를 유발하지 않는 것이다. 따라서 세포 내의 redox state의 변화를 유발하지 않는다. 또한 이들 물질은 세포증식에는 영향이 없으나 기존 세포죽음을 유도한다. LC_{50}이 약 20㎛인 class Ⅲ은 benzo[a]pyrene-7,8-dione(BAQ)이 있으며 기존 세포의 죽음에는 영향을 주지 않지만 세포의 증식에는 영향을 준다. 또한 BAQ은 semiquinone anion radical은 생성하지 않지만 ROS를 생성한다. 특히 세포 내 GSH의 고갈을 유발하여 redox state를 변화시킨다. DNA 손상과 유발의 특성 그리고 세포독성과 관련하여 semiquinone anion radical은 세포증식 또는 세포복제에는 영향을 주지 않지만 기존 세포의 죽음은 유도한다. 반면에 ROS는 기존 세포의 죽음보다 세포증식을 억제한다. 이는 semiquinone anion radical은 세포 내 단백질 및 지질 등의 거대분자에 영향을 주어 기존 세포의 죽음을 유도한 반면에 ROS는 DNA에 직접적인 영향을 주어 세포증식 억제를 유도하는 것으로 이해된다.

〈표 6-4〉 다양한 PAH-O-Quinone의 세포독성 특성에 따른 분류

Class Ⅰ Quinones	Class Ⅱ Quinones	Class Ⅲ Quinones
• Potent cytotoxins LC_{50}=30μM	• Potent cytotoxins LC_{50}=30μM	• Potent cytotoxins LC_{50}〉20μM
• Inhibit cell viability & survival	• Inhibit cell survival only	• Inhibit cell viability only
• Produce cellular superoxide and semiquinone anion radical	• Produce semiquinone anion radical only	• Produce mainly superoxide anion
• Change redox state	• No change in redox state	• Deplete GSH
• No protection by dicoumarol	• No protection by dicoumarol	• No protection by dicoumarol
• Cell death is by a change in redox state	• Cell death is by radical attack of macromolecule	• Cell death is by GSH depletion

Class Ⅰ Quinones	Class Ⅱ Quinones	Class Ⅲ Quinones
NPQ 1,2-PQ	5-MCQ BAQ	BPQ
DMBAQ	7-MBAQ 12-MBAQ	

Naphthalene－1,2－dione(NPQ), Phenanthrene－1,2－dione(1,2－PQ), Dmethylbenz[a] anthracene－3,4－dione(DMBAQ), 5－Methylchrysene－1,2－dione(5－MCQ), benz[a]anthracene－3,4－dione(BAQ), 7－Mhylbenz [a]anthracene－3,4－dione(7－MBAQ), 12－Mehylbenz [a]anthracene－3,4－dione(12－MBAQ), Benz[a]pyrene －7,8－dione(BAQ)(참고: Bolton).

- **Quinone－containing compound는 protonation과 더불어 disproportionation을 통해 복수작용기성 알킬화를 유도할 수 있으며 이는 항암제의 기능을 위한 핵심 기전이다.**

일반적으로 quinone 화합물의 독성 및 DNA 손상은 일전자－환원반응의 경우에는 semiquinone anion radical 그리고 이들의 redox cycle을 통한 ROS에 기인한다. 그리고 이전자－환원의 경우에는 hydroquinone의 quinone으로의 redox cycle을 통한 ROS 생성에 기인한다. 일반적으로 quinone 화합물 또는 quinone－containing compound는 CYP1A1과 CYP1A2 등의 P450 효소, cytochrome P450 reductase 등의 효소에 의해 일전자－환원반응과 DT－diaphorase(DTD: 또는 NQO: NAD(P)H:quinone oxidoreductase)에 의해 이전자－환원반응을 통해 생체전환을 한다. Quinone 화합물은 일전자－환원반응을 통해 semiquinone radical을 포함한 ROS를 생성하며 이전자－환원반응 통해서는 제2상반응을 통해 포합되는 hydroquinone으로 전환된다. 특히 <그림 6－41>에서처럼 hydroquinone은 높은 산소분압 상태에서 자동산화를 통해 quinone으로 전환되면서 ROS를 생성한다. 이러한 quinone 화합물에 의한 ROS-유도성 DNA 손상은 대부분 단일작용기성 알킬화 기전에 의해 발생한다. 그러나 quinone－containing 항암제는 단일작용기성뿐 아니라 복수작용기성 알킬화를 통해 DNA 손상을 유발한다.

일반적으로 복수작용기성 알킬화－유도물질이 DNA의 나선간교차결합 또는 나선내교차결합을 유발하기 위해서 DNA 염기와 공유결합을 할 수 있는 친전자성부위를 2개 이상 가져야 한다. 마찬가지로 quinone－containing 항암제도 quinone 구조 외에 2개의 친전자성부위를 포함하고 있다. 대표적인 예로 <그림 6－41>에서처럼 2개의 aziridine 구조를 가진 diaziridinylquinone 그리고 mustard의 bezoquinone mustard을 들 수 있다. 그러나 동일한 구조로 2개의 친전자성부위를 가지고 있지는 않지만 adriamycin이나 mitomycin C와 같이 체내 자연분해를 통해 2개의 친전자성부위를 가지며 복수작용기성 알킬화를 유도할 수도 있다.

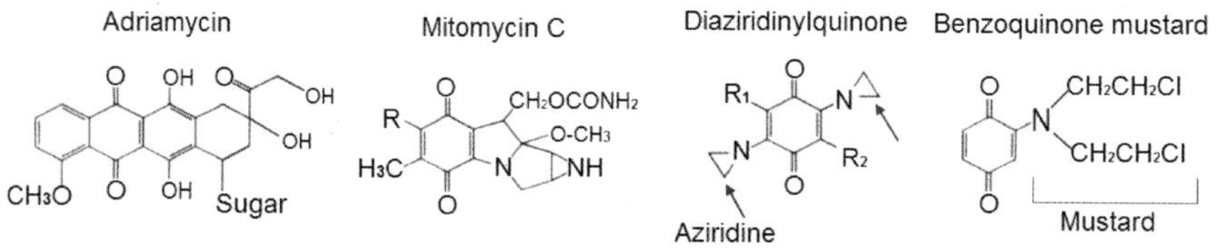

〈그림 6－41〉 **Quinone－containing 화합물의 주요 항암제:**
두 개의 작용기를 가진 diaziridinylquinone과 bezoquinone mustard는 복수작용기성 알킬화를 유도할 수 있다. 그러나 동일한 구조의 2개의 친전자성부위를 가지고 있지는 않지만 adriamycin이나 mitomycin C와 같이 체내에서 자연분해에 의한 전환을 통해 생성된 2개의 친전자성부위로 복수작용기성 알킬화를 유도할 수도 있다(참고: Gutierrez).

Quinone－containing 화합물이 항암제로 응용되고 있는 가장 큰 이유는 이전자－환원의 효소인 DT－diaphorase에 의한 친전자성대사체의 생성이다. 유방암세포, 직장암세포와 폐암세포 등의 여러 암세포종에서 quinone－containing 화합물의 이전자－환원 반응을 유도하는 효소인 DT－diaphorase 특히 NQO1의 활성이 정상세포에서보다 월등히 높다. 그러나 암세포를 제거하는 항암제의 효능을 위해 필요한 독성발현에 있어서 이들 quinone은 두 가지 중요한 반응을 수행한다. 두 가지 중요한 반응은 NQO1에 의해 이원자－환원반응 후 생성된 hydroquinone의 양성자화(protonation) 반응과 더불어 불균등화 반응(disproportionation)이다. 불균등화 반응이란 2개의 semiquinone anion radical (E)이 서로 결합하여 quinone (A)과 hydroquinone (B)으로 전환되는 반응, 즉 2E = A + B의 공식으로 나타낼 수 있다. 양성자화란 수소 양이온의 첨가반응으로 첨가된 부위가 친전자성으로 전환되는 반응을 의미한다.

Diaziridinylquinone(DZQ)은 azinidine 구조를 가진 가장 간단한 aziridinylquinone 계열의 화합물로 다양하게 변형, 합성되어 항암제로 응용되어 왔다. 특히 DABQ의 유도체인 Trenimon(<그림 6 - 41>의 Diaziridinylquinone에서 R_1 = H, R_2 = aziridinyl)은 백혈병, 유방암, 경부암을 비롯한 Hodgkins disease의 치료제로 사용되었으나 myelosuppression(골수저하증)의 부작용을 유발하여 사용이 중지된 항암제이다. DZQ의 복수작용기성 알킬화는 aziridine의 양이온화에 의한 친전자성에 기인하며 나선간교차결합을 유도한다. <그림 6 - 42>에서처럼 DZQ의 aziridine의 양성자화에 의한 활성화를 통해 나선간교차결합 또는 나선내교차결합이 가능하다. 그러나 DT - diaphorase에 의해 이전자 - 환원을 통한 나선간교차결합이 훨씬 안정적이다.

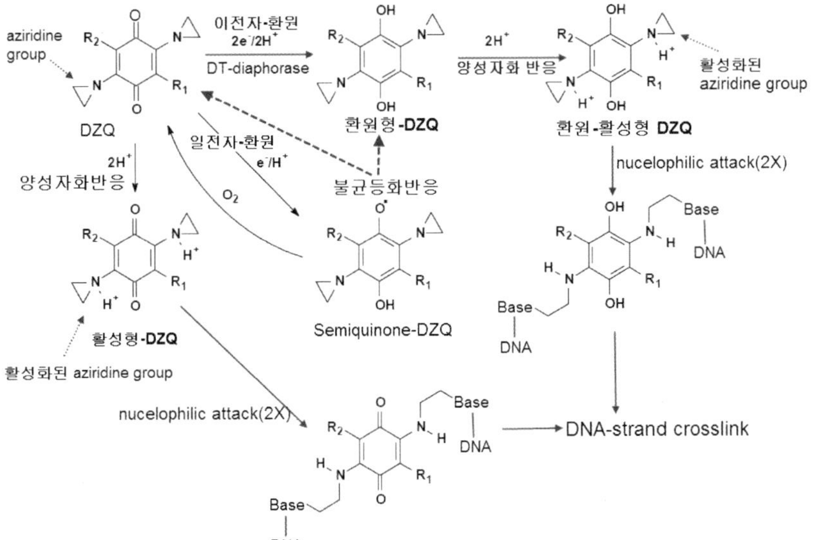

〈그림 6 - 42〉 **Diaziridinylquinone의 aziridine group의 활성화를 통한 DNA 나선간교차결합 기전:** DZQ(Diaziridinylquinone)의 복수작용기성 알킬화는 aziridine의 양이온화에 의한 친전자성에 기인하며 나선간교차결합을 유도한다. 그러나 DZQ는 DT - diaphorase에 의해 이전자 - 환원을 통해 복수작용기성 알킬화 - 대사체가 생성되며 이에 의한 나선간교차결합이 훨씬 안정적이다. 또한 2개의 semiquinone - DZQ가 결합하여 다시 DZQ와 환원형 - DZQ로 전환되어 활성화되는 불균등화 반응 역시 quinone의 독성에 있어서 중요한 기전이다(참고: Hargreaves).

DZQ의 R_1과 R_2에 CH_3기를 가진 methyl DZQ(MeDZQ)의 복수작용기성 알킬화의 기전은 <그림 6-42>에서처럼 DT-diaphorase(또는 NQO)의 이전자-환원을 통해 생성되는 환원형-DZQ(reduced DZQ)에 기인한다. 환원형-DZQ는 2개의 수소 양이온이 aziridine에 결합하는 양성자화 과정을 통해 환원-활성형 DZQ로 전환된다. 환원-활성형 DZQ는 2개의 azinidine 이온이 <그림 6-43>에서처럼 5'-GNC-3' 염기서열(N은 nucelotide 약어)에서 각각 나선의 N7G과의 공유결합을 통해 나선간교차결합을 형성한다. 그러나 이에 앞서 환원-활성형 DZQ의 hydroquinone에 존재하는 각 수산기는 guanine의 O^6과의 수소결합이 이루어진다. 환원-활성형 DZQ에 의한 나선간교차결합의 생성 정도는 다음과 같이 2가지에 의해 결정된다. 첫 번째, 환원형-DZQ에 있어서 aziridine group의 양성자화 정도이다. 양성자화 정도는 핵 내 pH에 의해 결정된다. 따라서 pH가 낮을 경우 aziridine group의 양성자화는 가속화되며 환원-활성형 DZQ에 의한 나선간교차결합은 증가한다. 두 번째, DZQ의 일전자-환원을 통해 생성된 semiquinone-DZQ의 불균등화 반응이다. 이는 2개의 semiquinone-DZQ가 반응하여 두 개의 환원형-DZQ를 생성하게 되며 결국 환원-활성형 DZQ의 생성이 증가하기 때문이다. 그러나 2가지 중에서 환원-활성형 DZQ에 의한 나선간교차결합의 생성 정도에 있어서 무엇보다도 중요한 것은 aziridine group의 양성자화이며 이는 속도조절단계에 해당된다.

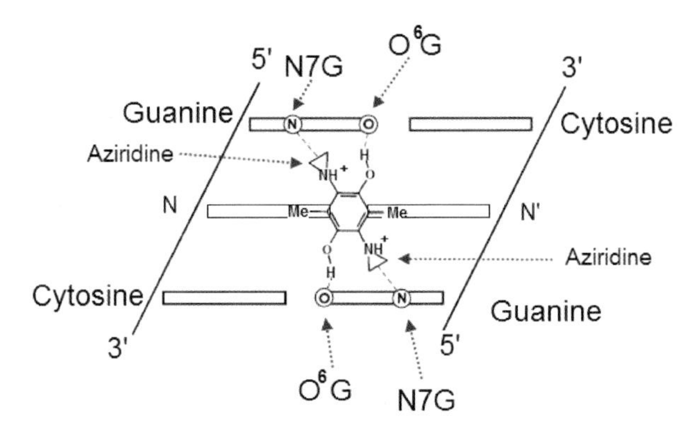

〈그림 6 - 43〉 **Methyl diaziridinylquinone의 환원 - 활성형 DZQ에 의한 나선간 교차결합의 형태:** Methyl diaziridinylquinone(MeDZQ)의 대사체인 환원 - 활성형 DZQ는 2개의 azinidine 이온이 5' - GNC - 3' 염기서열(N은 nucelotide의 약어)에서 각각 나선의 N7G과의 공유결합을 통해 나선간교차결합을 형성한다. 그러나 이에 앞서 환원 - 활성형 DZQ의 hydroquinone의 각 수산기는 guanine의 O^6과의 수소결합이 이루어진다. N - N': nucleotide pair(참고: Hargreaves).

- **Quinone - containing 항암제인 mitomycin C는 단일 및 복수작용기성 알킬화를 통해 adduct 및 나선간교차결합을 유도한다.**

NQO1에 의한 이전자 - 환원 또는 2개의 semiquinone 결합에 의한 불균등화 반응을 통해 hydroquinone이 생성된다. 일반적으로 이러한 hydroquinone은 제2상반응을 통해 배출되나 mitomycin C 경우에는 자체의 methanol이 분리되는 동시에 양성자화를 통해 활성형물질인 leuco - aziridinomitosene으로 전환된다. 대사에서 quinone - containing 항암제가 일반적인 quinone 화합물과의 다른 점이 양성자화이다. 양성자화는 대사체의 친전자성을 유발하여 DNA의 친핵성부위와 결합하는 독성을 유도한다. 이러한 이유로 quinone - containing 화합물이 암세포를 사멸시키는 항암제에 응용된다. Leuco - aziridinomitosene도 친전자성대사체이며 DNA와의 공유결합을 통해 monoadduct를 형성하는 단일작용기성 알킬화 - 유도 대사체이다. 그러나 <그림 6 - 44>에서처럼 leuco - aziridinomitosene가 직접적으로 monoadduct를 형성하는 것은 minor pathway이며 전자재배열을 통해 생성되는 quinone methide 대사체에 의한 DNA 손상 유발이 main pathway이다. Quinone methide는 DNA minor groove의 guanine C2 위치의 $NH_2(N^2G)$와 공유결합을 통해 나선간교차결합을 유도하는 복수작용기성 알킬화-유도 대사체이다. Mitomycin C를 암세포에 투여하였을 경우, 전체 DNA 손상의 90% 이상이 나선간교차결합으로 나타난다. 이는 단일작용기성 알킬화-유도물질보다 더 강한 세포독성을 유도하며 mitomycin C의 항암효능에 있어서 가장 중요한 기전이다. Quinone methide는 DNA와 공유결합을 하지 않으면 *cis*- 또는 *trans*-type의 2,7-diamino-1-hydroxymitosene과 2,7-diaminomitosene으로 전환된다. 특히 2,7-diaminomitosene는 DNA와 결합하여 monoadduct를 생성하기도 한다. 이와 같이 mitomycin C의 항암제의 기능은 일반적인 quinone의 일전자-환원에 의한 semiquinone과 ROS 생성에 의한 DNA 손상에 기인하는 것이 아님을 알 수 있다. Mitomycin C의 주요 항암 효능은 NQO1에 의한 이전자-환원 후에 생성된 활성중간대사체에 기인하며 특히 이에 의한 나선간교차결합의 유도가 주요 기전이다. 그러나 단일작용기성 알킬화를 유도하는 대사체도 추가적으로 생성되어 adduct 형성을 통해 항암효능을 나타낸다. Mitomycin C도 diaziridinylquinone와 마찬가지로 semiquinone 대사체의 불평등반응에 의해 hydroquinone 대사체로 전환된다. 이 과정에서 발생하는 hydroquinone 양성자화는 mitomycin C의 항암효능 기전으로 이해된다.

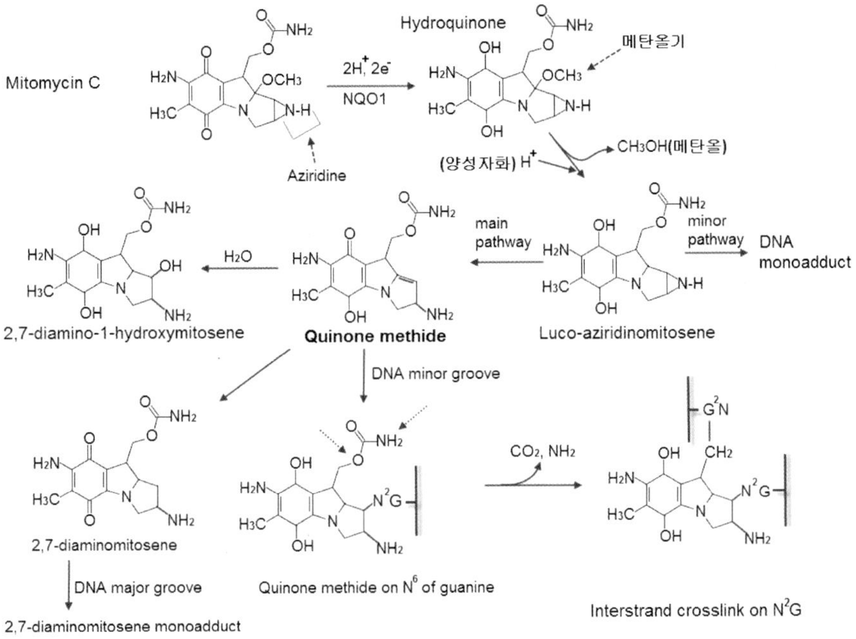

〈그림 6 - 44〉 **Mitomycin C의 이원자 - 환원 후 중간활성대사체에 의한 나선간교차결합의 기전:** Mitomycin C의 주요 항암기전은 NQO1에 의한 이전자 - 환원 후 생성된 활성중간대사체에 의한 나선간교차결합에 기인한다(major pathway). 그러나 부수적으로 단일작용기성 알킬화를 유도하는 대사체 역시 생성되어 adduct 형성을 통한 항암효능이 나타난다(minor pathway)(참고: Hargreaves).

5) ROS에 의한 산화적 DNA 손상

◎ 주요 내용

- Hydroxyl radical은 pyrimidine과 purine의 이중결합에 첨가반응을 유발한다.

- Cytosine의 C5 - OH - adduct radical과 C6 - OH - adduct radical은 산소의 존재에 따라 염기변형 기전이 달라진다.

- Thymine의 C5 - OH - adduct radical과 C6 - OH - adduct radical 역시 산소 존재의 유무에 따라 다양한 염기변형이 유도된다.

- Purine 계열 염기 역시 hydroxyl radical의 첨가반응에 의해 친핵성부위에 adduct가 형성된다.
- hydroxyl radical은 DNA 오탄당의 수소발췌를 통해 C-centered radical 형성을 통해 DNA 손상을 유발한다.

- **Hydroxyl radical은 pyrimidine과 purine의 이중결합에 첨가반응을 유발한다.**

DNA의 산화적 손상(oxdative DNA damage)이란 염기-당-인산의 nucleotide 산화에 의한 손상을 의미한다. DNA의 산화적 손상을 유발하는 가장 중요한 요인은 세포 내의 산화적 스트레스이며 이를 유발하는 가장 대표적인 원인물질은 ROS이다. ROS는 superoxide anion radical($O_2^{\cdot -}$), hydroxyl radical (HO·)와 hydrogen peroxide(H_2O_2) 등이 있다. 이 중 hydroxyl radical은 반감기가 10^{-9}초 정도로 짧으며 특히 세포 내 거대분자인 DNA와 높은 반응성을 가지고 있다. Hydroxyl radical은 첨가반응 및 수소발췌를 통해 DNA 손상을 유발하는데 손상 중 50% 정도가 nucleotide의 염기에서 발생된다. 또한 hydroxyl radical은 DNA의 환구조 내 이중결합과 결합하거나 thymine의 메틸기와 2'-deoxyribose의 C-H 결합 등으로부터 수소발췌를 통해 손상을 유발한다. 이러한 과정을 통해 생성된 C- 또는 N-부위 라디칼(C- or N-centered radical)은 다양한 손상을 가져온다.

Hydroxyl radical은 자체의 친전자성 때문에 전자가 가장 풍부한 염기부위에 선택적으로 첨가반응(분자 내에 최소한 하나의 탄소원자와 결합하고 있는 원자나 원자단의 수가 증가하는 유기화학반응)을 유발한다. 염기에 있어서 전자가 가장 풍부한 곳은 C=C, 즉 탄소이중결합 부위이다. <그림 6-45>에서처럼 cytosine 경우에는 약 85%가 C5 위치, 약 10% 정도가 C6 위치에 hydroxyl radical의 첨가반응이 유발된다. Thymine인 경우에는 C5에서 약 60%, C6에서 약 30% 정도로 hydroxyl radical의 첨가반응이 발생한다. 나머지 10% 정도는 메틸기에서 hydroxyl radical에 의한 수소발췌를 통해 DNA 손상이 유발된다. C5 = C6의 이중결합에 있어서 hydroxyl radical의 첨가반응은 cytosine과 thymine의 C5 - OH - adduct radical과 C6 - OH - adduct radical을 각각 생성한다. Thymine의 메틸기에서 hydroxyl radical에 의한 수소발췌는 allyl radical (·CH_2) 생성을 유도한다. 이들 라디칼은 각각 환원 및 산화의 기능을 가지고 있기 때문에 세포 내에서 산화적 스트레스를 유발할 수 있는 redox potential (산화환원전위)을 갖는다.

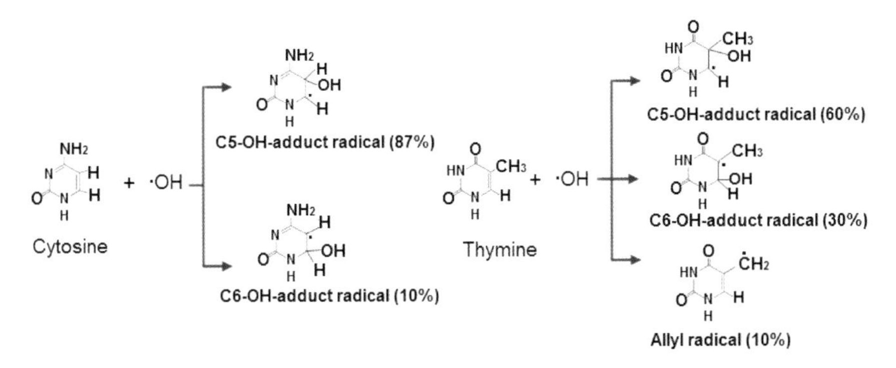

〈그림 6 - 45〉 Hydroxyl radical의 의한 pyrimidine 계열의 염기에 있어서 첨가반응 및 수소발췌 반응: Hydroxyl radical은 염기에 있어서 전자가 가장 풍부한 C = C, 즉 탄소이중결합 부위에 첨가반응을 통해 공격한다. Cytosine 경우에는 약 85%가 C5 위치, 약 10% 정도가 C6 위치, thymine인 경우에는 C5에서 약 60%, C6에서 약 30% 정도로 hydroxyl radical에 의한 첨가반응을 통해 DNA 손상이 유발된다(참고: Evans).

- **Cytosine의 C5 - OH - adduct radical과 C6 - OH - adduct radical은 산소의 존재에 따라 염기변형 기전이 달라진다.**

Hydroxyl radical은 세포 내에서 염기와의 반응뿐 아니라 여러 반응을 통해 산소의 고갈을 유발할 수 있다. 이에 의한 산소 유무는 pyrimidine OH - adduct radical 및 allyl radical 등의 염기변형을 유도하는 데 중요한 주변 환경이 된다. <그림 6 - 46>은 산소가 없을 경우, hydroxyl radical에 의해 생성된 라디칼 염기가 산화반응과 환원반응의 경로를 통해 염기변형 과정을 나타낸 것이다. Hydroxyl radical에 의해 가장 많이 생성되는 cytosine의 C5 - OH - adduct radical은 산소가 없을 때 산화 및 수화반응을 통해 cytosine glycol로 전환된다. 또한 cytosine glycol은 탈아미노화반응과 수화반응을 통해 uracil glycol, 탈수반응을 거쳐 5-hydroxyluracil로 전환된다. Cytosine glycol은 또한 탈수반응을 통해 uracil glycol을 거치지 않고 직접적으로 5-hydroxycytosine으로 전환되기도 한다. 산소가 없을 경우, 환원반응 경로에 의해서는 C5-OH-adduct radical이 5-hyderoxy-6-hydrocytosine으로 전환되어 탈아미노화반응과 수화반응을 거쳐 5-hyderoxy-6-hydrouracil로 전환된다. 이와 같이 산소가 없을 때 hydroxyl radical에 의해 생성된 cytosine의 C5-OH-adduct radical은 산화, 환원반응 경로를 통해 5-hydroxyluracil, 5-hydroxycytosine 그리고 5-hydroxy-6-hydrouracil 등으로 염기변형이 유도된다.

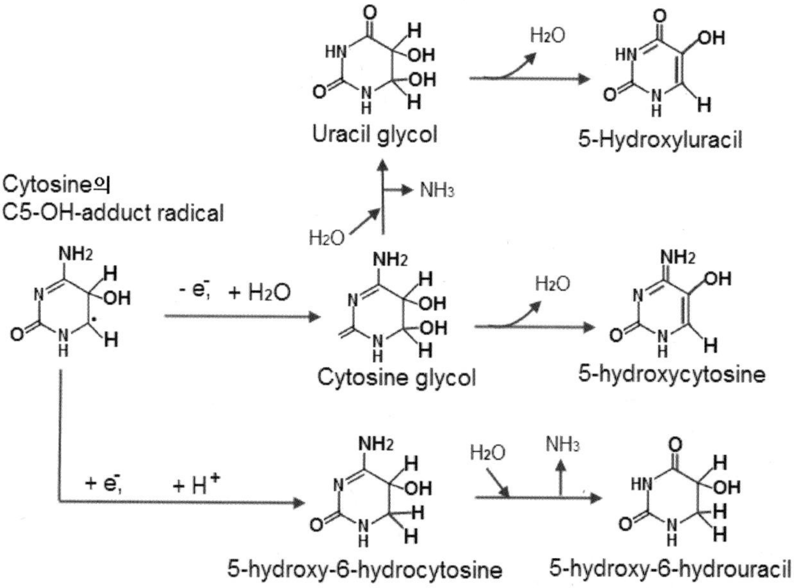

〈그림 6-46〉 산소 부재 시 cytosine의 C5-OH-adduct radical의 염기변형 기전: Hydroxyl radical에 의해 생성된 cytosine의 C5-OH-adduct radical은 산소가 있을 때 5-hydroxyluracil과 5-hydroxycytosine 그리고 산소가 없을 때 5-hydroxy-6-hydrouracil로 또 다시 염기변형이 이루어진다(참고: Evans).

산소가 존재할 때, <그림 6-47>에서처럼 cytosine의 C5-OH-adduct radical은 산소분자 및 수소이온과 반응하여 5-OH-6-hydroperoxide로 전환된다. 그러나 5-OH-6-hydroperoxide는 구조 자체가 불안정하여 분자 내의 전자재배열에 의한 환구조 재형성으로 *trans*-1-carbamoyl-2-oxo-4,5-dihydroxyimidazolidine으로 전환된다. 또한 불안정한 5-OH-6-hydroperoxide은 자연분해를 통해 4-amino-5-hydroxy-2,6(1H,5H)-pyrimidinedion으로 전환된다. 분해된 pyrimidinedion은 탈아미노화반응과 수화반응을 통해 diauric acid로 전환된다. Diauric acid는 산화되어 alloxan 그리고 수소이온과 반응을 통해 탈카르복실화(decarboxylation)되어 최종적으로 5-hydroxyhydantoin으로 전환된다.

Cytosine의 C5-OH adduct radical
+ O2, + H^+
5-OH-6-hydropeorxide
Decompose
4-amino-5-hydroxy-2,6 (1H, 5H)-pyrimidinedione
H_2O NH_3
Diauric acid
$-e^-$
trans-1-carbamoyl-2-oxo-4,5-dihydroxyimidazolidine
5-Hydroxydantoin
$+H^+$
Alloxan

〈그림 6-47〉 산소 존재 시 cytosine의 C5-OH-adduct radical의 염기변형 기전: 산소가 존재할 때, cytosine의 C5-OH-adduct radical은 산소분자 및 수소이온과 반응 등 다양한 반응을 거쳐 5-hydroxyhydantoin으로 전환된다(참고: Evans).

Cytosine의 C6-OH-adduct radical은 산소가 존재할 때 C5-OH-adduct radical의 염기변형 과정과 유사하다. <그림 6-48>에서처럼 C6-OH-adduct radical은 먼저 산소분자와의 반응을 통해 C6-OH-5-peroxyl radical(그림에서 나타내지 않음)을 거쳐 6-OH-5-hydroperoxide로 빠르게 전환되지만 불안정하여 4-amino-6-hydroxy-2,5(1H,6H)-pyrimidinedion으로 분해된다. 분해된 대사체는 2가지 경로를 통해 5,6-dihydroxycytosine으로 전환되거나 수화반

응을 통해 탈아미노기화된 isodialuric acid 형태를 거쳐 최종적으로 5,6－dihydroxyuracil로 전환된다.

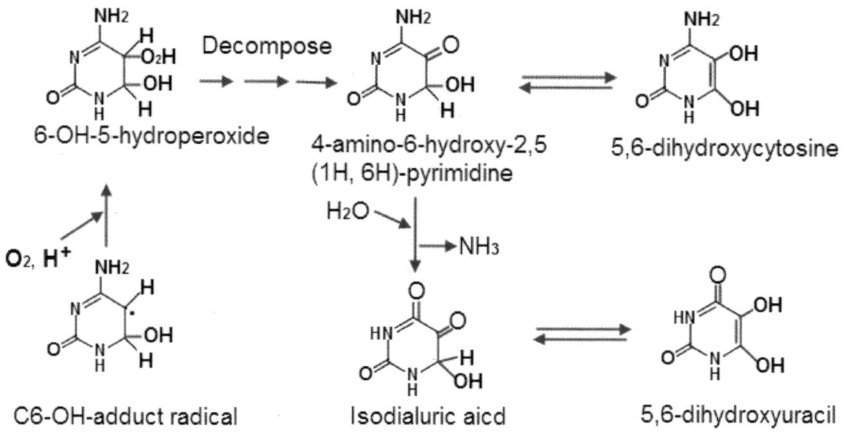

〈그림 6－48〉 **Cytosine의 C6－OH－adduct radical의 염기변형 기전:** Cytosine의 C6－OH adduct radical은 산소가 존재할 때 C5－OH－adduct radical의 염기변형 과정과 유사하다(참고: Evans).

- Thymine의 C5－OH－adduct radical과 C6－OH－adduct radical **역시 산소 존재의 유무에 따라 다양한 염기변형이 유도된다.**

<그림 6－49>에서처럼 thymine의 C5－OH－adduct radical도 산소가 없을 경우에 cytosine의 C5－OH－adduct radical과 같이 산화 및 수화반응을 통해 thymine glycol으로 전환된다. 또한 thymine의 C5－OH－adduct radical은 산소가 있을 경우에 산소분자와 수소이온과 반응하여 5－hydroxy－6－hydrothymine으로 전환된다. Thymine의 C6－OH－adduct radical은 산소분자와 반응하여 thymine hydroxyhydroperoxide(그림에서 없음)로 전환된 후 자연분해 및 환구조의 환원을 통해 5－hydroxy－5－methylhydantoin으로 전환된다. Thymine C5의 메틸기에서 수소발췌를 통해 형성된 allyl radical은 산화와 수화반응을 통하거나 산소분자와의 반응을 통해 peroxyl radical로 전환된다. 이후 peroxyl radical은 수화반응을 통해 superoxide anion radical이 제거되면서 5－hyderoxymethyluracil

또는 5 - formyluracil로 전환된다.

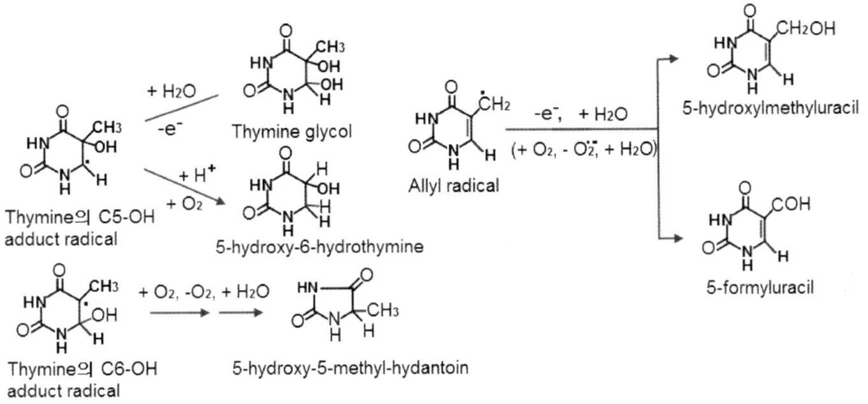

〈그림 6 - 49〉 Thymine radical의 염기변형 기전: C5 - 와 C6 - OH - adduct radical 그리고 allyl radical은 산소 존재 유무에 따라 최종산물이 결정된다(참고: Evans).

- **Purine 계열의 염기 역시 hydroxyl radical의 첨가반응에 의해 친핵성부위에 adduct가 형성된다.**

Hydroxyl radical은 <그림 6 - 50>에서처럼 guanine 및 adenine의 C = C의 탄소이중결합 부위가 있는 C4, C5 그리고 C8 등에 첨가반응을 통해 C4 - OH -, C5 - OH - 그리고 C8 - OH - adduct radical을 형성한다. 또한 hydroxyl radical에 의해 변형된 guanine도 thymine의 염기변형 기전과 동일하다. Pyrimidine - OH - adduct radical이 산소의 존재 유무와 산화 - 환원의 상태에 따라 염기변형이 결정되는 것과는 달리 purine의 OH - adduct radical은 산소의 존재 유무와 관련이 없는 산화 - 환원의 특성에 의해 염기변형이 유발된다. 특히 C4 - OH - adduct radical은 산화적 특성, C5 - 및 C8 - OH - adduct radical은 환원적 특성에 의해 염기변형이 결정된다.

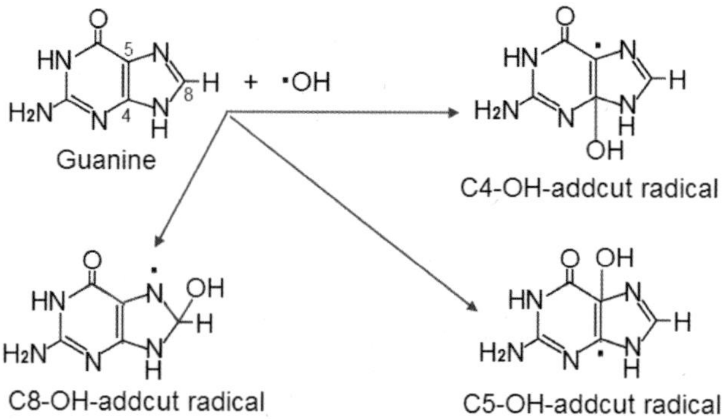

〈그림 6－50〉 Hydroxyl radical의 guanine에 adduct 형성 기전: Hydroxyl radical은 guanine 및 adenine의 C＝C의 탄소이중결합 부위가 있는 C4, C5 그리고 C8에 첨가반응을 통해 C4－OH－, C5－OH－ 그리고 C8－OH－adduct radical을 형성한다(참고: Evans).

따라서 purine 계열의 OH－adduct는 전기적으로 산화－환원의 양가(redox ambivalence) 특성을 나타낸다. 전체적으로 보면 <그림 6－51>에서처럼 hydroxyl radical의 첨가반응에 의해 형성된 purine의 C4－OH－ 및 C5－OH－adduct radical은 탈수반응을 시작으로 환원 및 양성자화 반응을 거쳐 원래의 purine으로 되돌아온다. 세부적인 과정에서 보면 C4－OH－ 및 C5－OH－adduct radical은 탈수반응을 통해 guanine radical(－H)•으로 전환된다. 또한 C4－OH－adduct radical은 수산기를 제거하여 guanine radical cation(guanine•+)으로 전환되며 양이온 부분에 수산기가 결합하여 C8－OH－adduct radical로 전환된다. 이들 guanine radical cation과 guanine radical은 pH 변화에 따라 상호 전환이 가능하다. C4－OH－ 및 C5－OH－adduct radical의 공통적인 생성물인 guanine radical(－H)•은 일전자－환원반응 및 수소이온과의 반응을 통해 정상적인 guanine으로 다시 전환되지만 단일분자 형태로 존재할 때는 2'－deoxyribose에 수소발췌를 유발하여 나선절단을 유도한다.

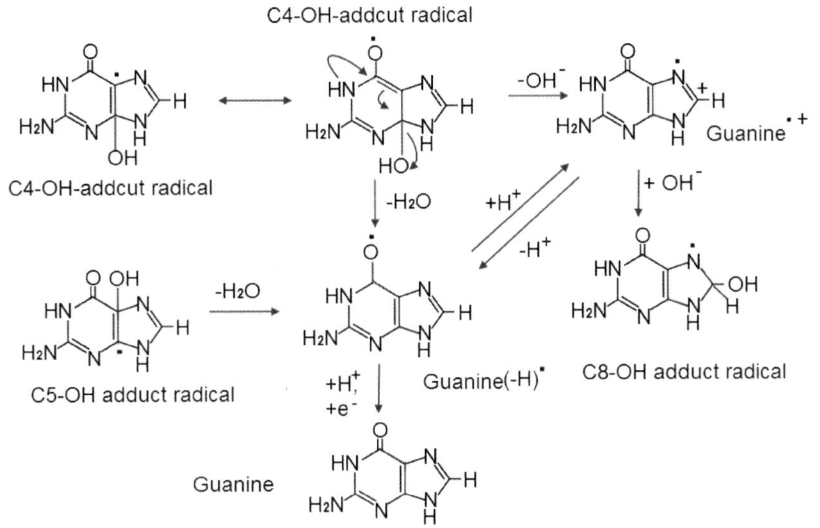

〈그림 6-51〉 **Guanine의 C4- 및 C5-OH-adduct radical의 염기변형 기전:** C4-OH- 및 C5-OH-adduct radical의 공통적인 생성물인 guanine radical(-H)• 은 일전자-환원 및 수소이온과 반응하여 정상적인 guanine으로 다시 전환되지만 단일분자 형태로 존재할 때는 2'-deoxyribose에 수소발췌를 통해 나선절단을 유도한다(참고: Evans).

Guanine 및 adenine의 C8-OH-adduct radical은 전자의 추가 또는 제거에 의한 환원 및 산화반응뿐 아니라 imidazole ring 개방을 통해 염기변형이 이루어진다. <그림 6-52>에서처럼 C8-OH-adduct radical은 일전자-환원 및 산화를 통해 7-hydro-8-hydroxyguanine과 8-hydroxyguanine으로 전환된다. Guanine 및 adenine의 imidazole ring 개방은 C8-N9 bond의 절단을 통해 이루어진다. 또한 개방된 환구조는 일전자-환원을 통해 formamidopyrimidine 형태로 전환되는데 guanine인 경우에는 2,6-diamino-4-hydroxy-5-formamidopyrimidine, adenine인 경우에는 4,6-diamino-5-formamidopyrimidine으로 전환된다. 또한 7-hydro-8-hydroxyguanine도 C8-N9 bond의 절단을 통해 2,6-diamino-4-hydroxy-5-formamidopyrimidine으로 전환된다. 특히 8-hydroxyguanine과 formamidopyrimidine은 산소 유무와 관계없이 생성된다는 것이 guanine 및 adenine의 C8-OH-adduct radical을 통한 염기변형 기전의 중요한 특징이지만 산소가 있을 경우에 이들의 생성은 더욱 증가된다. Hydroxyl radical은 guanine 및 adenine의

C=C의 탄소이중결합 부위가 있는 C4, C5 그리고 C8에 결합하여 C4-OH-, C5-OH- 그리고 C8-OH-adduct radical을 형성한다. 그러나 adenine인 경우에는 hydroxyl radical이 C2 위치도 공격하여 C2-OH-adduct radical 형성을 통해 2-hydroxyadenine으로 전환된다.

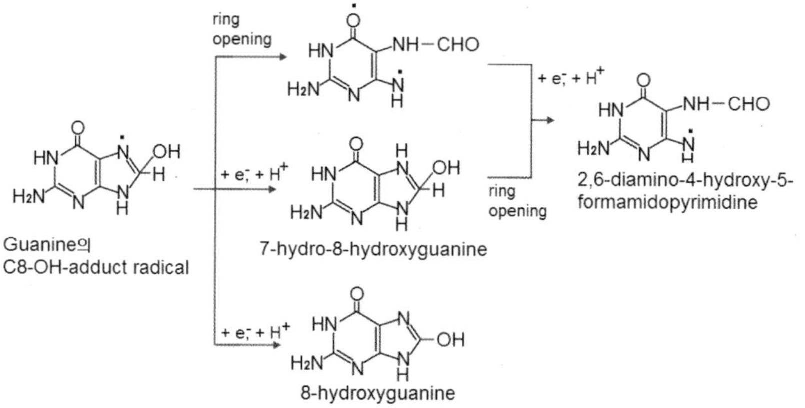

〈그림 6-52〉 Guanine 및 adenine의 C8-OH-adduct radical의 염기변형 기전: Guanine 및 adenine의 C8-OH-adduct radical은 전자 추가 또는 제거로 환원 및 산화반응 그리고 imidazole ring의 개방 등을 통해 염기변형이 이루어진다(참고: Evans).

- hydroxyl radical은 DNA **오탄당의 수소발췌를 통해** C-centered radical **형성을 통해** DNA **손상을 유발한다.**

Hydroxyl radical은 당의 수소발췌에 의한 C-centered radical을 생성하여 당의 변형, 당의 나선으로부터의 분리 그리고 DNA 나선절단 등의 DNA 손상을 유발한다. <그림 6-53>에서처럼 hydroxyl radical은 2-deoxyribose의 C4' 위치에 수소발췌를 통해 C4'-radical 생성하여 주요 3가지 경로를 통해 DNA 손상을 유발한다. 산소가 없을 경우에 C4'-radical은 우선적으로 전자 재배열의 일종인 'Criegee rearrangement'에 의한 3'-phosphate 또는 5'-phosphate 제거를 통해 phosphodiester bond의 절단을 유도한다. 또한 나선 절단과 동시에 생성된 각각의 radical cation은 수화반응과 환원반응에 의한 염기제거 및 환구조 개방을 통해 2,3-deoxypentos-4-ulose 또는 2,5-

deoxypentos－4－ulose로 전환된다. 이와 같이 C4'－radical은 산소가 없을 경우에 DNA의 나선절단에 의해 최종적으로 2,3－deoxypentose－4－ulose 또는 2,5－deoxypentose－4－ulose, 산소가 있을 경우에 산화를 통해 나선절단이 없는 염기소실 및 당이 변형된 2－deoxypentose－4－ulose 생성을 유도한다.

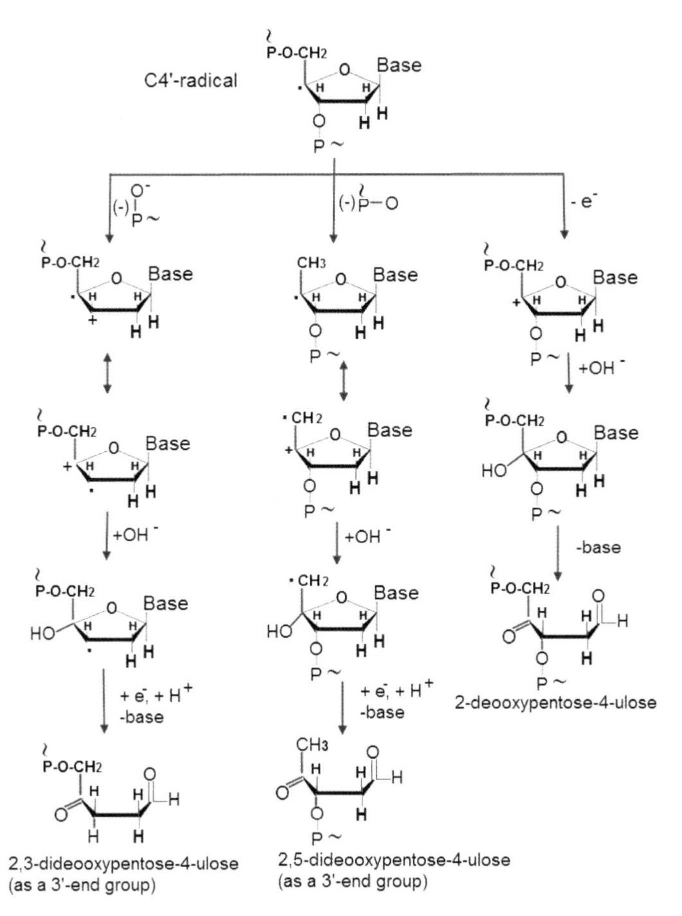

〈그림 6－53〉 **Hydroxyl radical의 C4' 수소발췌를 통한 당의 변형기전:** Hydroxyl radical은 2－deoxyribose의 C4'의 수소발췌를 통해 산소가 없을 경우에는 DNA의 나선절단에 기인한 2,3－deoxypentose－4－ulose 또는 2,5－deoxypentose－4－ulose 생성 그리고 산소가 있을 경우에는 산화를 통해 나선절단이 없는 염기소실 및 당이 변형된 2－deoxypentose－4－ulose 생성을 유도한다(참고: Evans).

또한 hydroxyl radical은 2 – deoxyribose의 C1' 위치에서 수소발췌를 통해 C1' – radical을 유도한다. <그림 6 – 54>에서처럼 이는 산소가 있을 경우에 발생하며 C1' – radical의 산화와 수화를 통해 염기가 소실되어 2 – deoxypeotonic acid lacton으로 전환된다.

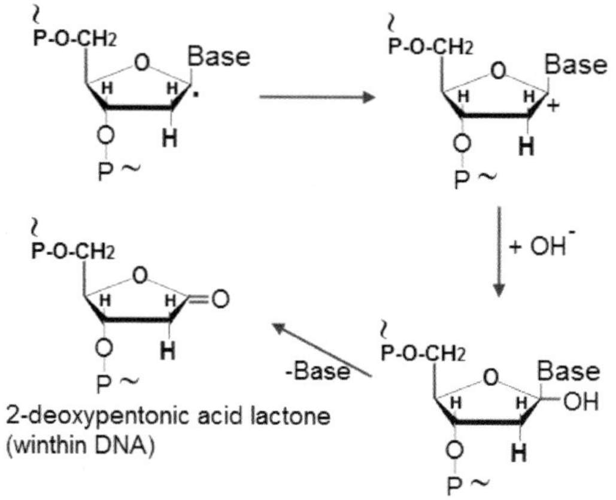

〈그림 6 – 54〉 **hydroxyl radical의 C1' 수소발췌를 통한 당의 변형기전:** Hydroxyl radical은 2 – deoxyribose의 C1' 위치에 수소발췌를 통해 C1' – radical을 유도하여 DNA 손상을 유도한다(참고: Evans).

Hydroxyl radical에 의한 당 C5' 위치에서의 수소발췌를 통해 생성된 C5' – centered sugar radical은 앞서 설명한 당의 라디칼과는 다르게 독특한 반응을 통해 DNA 손상을 유발한다. <그림 6 – 55>에서처럼 C5' – centered sugar radical은 guanine 또는 adenine 등의 purine 계열 염기 C8에 첨가반응을 통해 염기와 당의 연결에 의한 분자 내의 환구조를 유발한다. 이러한 환구조는 산화를 통해 8,5 – cyclo – 2 – deoxyguanosine 또는 8,5 – cyclo – 2 – deoxyadenosine 등의 형태로 변형된 DNA 손상이 유발된다. 따라서 hydroxyl radical에 의한 C5' – centered sugar radical은 당과 염기 모두에 손상을 유발한다. 그러나 산소가 존재할 때에는 이러한 환구조가 형성되지 않으며 C5' – centered sugar radical과 산소가 반응하여 또 다른 기전을 통해 DNA 손상을 유발한다.

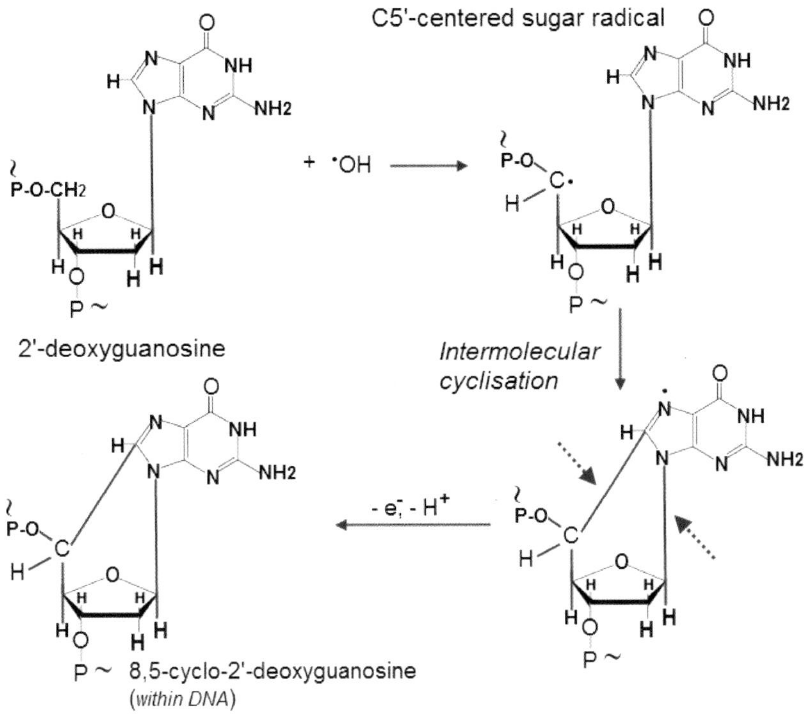

C5'-centered sugar radical

2'-deoxyguanosine

Intermolecular cyclisation

8,5-cyclo-2'-deoxyguanosine (within DNA)

〈그림 6-55〉 **Hydroxyl radical에 의해 생성된 C5'-centered sugar radical의 환구조 형성:** C5'-centered sugar radical은 guanine 또는 adenine 등의 purine 계열 염기의 C8에 첨가반응을 유발한다. 또한 첨가반응을 통해 염기와 당이 연결되어 분자 내의 환구조가 형성되어 산화를 통해 8,5-cyclo-2-deoxyguanosine 또는 8,5-cyclo-2-deoxyadenosine 등의 형태로 DNA 손상이 유발된다(참고: Evans).

6) DNA-protein crosslink

◎ 주요 내용

- 생체전환에 의한 DNA-단백질 교차결합을 유발하는 대표적인 외인성물질은 pyrrolizidine alkaloid이다.

- Formaldehyde은 'Schiff base' 형성을 통해 자체의 복수작용기성부위를 형성하여 DNA-단백질 crosslink을 유발한다.

- Hydroxyl radical을 비롯한 ROS와 유기라디칼대사체 등에 의한 수소발췌-유도 DNA base radical은 단백질의 아미노산과 반응하여 DNA-protein 교차결합을 유도한다.

- **생체전환에 의한 DNA-단백질 교차결합을 유발하는 대표적인 외인성물질은 pyrrolizidine alkaloid이다.**

DNA-protein crosslink(DNA-단백질 교차결합)은 단백질이 DNA에 공유결합을 통해 이루어지며 주로 산화적 기전을 통해 형성된다. DNA와 비정상적인 교차결합을 할 수 있는 단백질은 생물학적 기능을 위해 DNA와 정상적인 결합을 하는 단백질뿐이라는 이론과 어떤 단백질도 DNA와 비정상적인 교차결합이 가능하다는 이론이 있으나 아직 어느 것이 명확한지는 불분명하다. 현재까지 in vivo에서 DNA와 교차결합이 확인된 단백질은 <표 6-5>에서처럼 actin, lectin, aminoglycoside nucleotidyl transferase, histone, a heat shock protein(GRP78), cytokeratins, vimentin, protein disulfide isomerase, transcription factors/co-factors(estrogen receptor, histone deacetylase 1, hnRNP K 그리고 HET/SAF-B 등이 있다.

〈표 6-5〉 Proteins identified in DNA-protein crosslinks

Protein	Crosslinking agent
Actin	Chromium
	Cisplatin
	Mitomycin C
	Pyrrolizidine Alkaloids
Lectin	Chromium
Aminoglycoside nucleotidyl transferase	Chromium
Histones H1, H2A, H2B, H4	Formaldehyde
Histone H3	Formaldehyde
	Gilvocarcin V
Glucose regulated protein 78	Gilvocarcin V

Protein	Crosslinking agent
Cytokeratins	Arsenic
Vimentin	Formaldehyde Metabolic byproducts
Protein disulfide isomerase	Cisplatin
Estrogen receptor	Cisplatin
Het/SAF－B	
hnRNP K	
Histone deacetylase 1	

(참고: Barker)

DNA－단백질 교차결합의 기전으로는 라디칼－유도성 단백질의 결합, 방사선 및 ROS의 산화적 스트레스에 의한 단백질의 결합, 메탈과 단백질의 협동을 통한 결합 그리고 외인성물질의 링커(linker)에 의한 단백질 결합 등이 있다. 그러나 DNA－단백질의 교차결합을 위해 외인성물질 및 대사체가 직접적인 매개체로서의 역할을 통해 이루어지는 링커에 의한 단백질 결합이 무엇보다도 중요하다. 외인성물질이 링커로서의 역할을 수행하기 위해서는 DNA와 단백질 양쪽 모두와 결합을 하거나 결합을 유도할 수 있는 능력을 가져야 한다. 즉 복수작용기성 알킬화－유도물질이 2개 작용기를 통해 DNA－DNA 나선간교차결합 또는 나선내교차결합을 유도하듯이 DNA－단백질 교차결합을 유도하는 물질 역시 2개의 작용기를 갖는 복수작용기성 활성형물질 또는 대사체이다. 이러한 외인성물질의 DNA 결합은 DNA 친핵성부위와의 공유결합을 통해 이루어진다. 그러나 외인성물질의 단백질과의 결합은 비공유결합 및 공유결합 모두에 의해 이루어질 수 있다. 외인성물질들이 특별히 선호하는 단백질의 아미노산 및 결합부위는 sulfhydryl linkage가 가능하고 풍부한 전자를 가진 cysteine의 SH이다. 그 다음으로 선호되는 단백질의 결합부위는 공유결합이 가능한 tyrosine의 환구조이다. 그 외 단백질의 lysine, glycine, alanine, arginine, valine, leucine, isoleucine과 threonin 등이 DNA－단백질 교차결합을 위해 선호되는 아미노산들이다.

생체전환에 의한 활성중간대사체와 생체 내에서 자연분해에 의한 활성형물질 등을 포함한 DNA－단백질 교차결합을 유도하는 외인성물질은 gilvocarcin

V, cisplatin, mitomycin C 등의 항암제와 식물성천연화학물질인 pyrrolizidine alkaloid(PA) 그리고 일반적인 환경독성물질인 formaldehyde 등이 있다. Pyrrolizidine alkaloid는 차나 약재로 이용되는 식물성천연화학물질(phytochemicals)이며 retronecine을 기본골격으로 하는 유도체가 약 300여 종류가 있다. 주로 간독성을 유발하는 PA는 또한 DNA-단백질 교차결합 및 나선간교차결합을 유발한다. 특히 PA 중 monocrotaline은 유전자 수준 및 염색체 수준의 돌연변이원이다. <그림 6-56>에서처럼 monocrotaline은 CYP3A4에 의한 산화 반응과 자연발생적인 수화작용에 의해 친전자성대사체인 dehydromonocrotalin으로 전환되거나 CYP 및 FMO에 의해 monocrotaline-N-oxide으로 전환된다. 이들 대사체 중 dehydromonocrotalin이 DNA 또는 단백질의 친핵성부위와 결합하여 DNA-단백질 교차결합을 유도한다. 또한 dehydromonocrotalin은 가수분해를 통해 6,7-dihydro-7-hydroxy-1-hydroxymethyl-5H-pyrrolizine (DHP)으로 전환되는데 DHP 역시 DNA 또는 단백질의 친핵성부위와 결합하여 DNA-단백질 교차결합을 유도한다. 또한 dehydromonocrotalin와 DHP의 대사체는 복수작용기성 알킬화를 통해 guanine의 N7과의 공유결합에 의한 나선간교차결합 또는 나선내교차결합을 유도한다. 이들 대사체에 의한 나선교차결합을 위한 선호 염기서열은 5'-GG와 5'-GA 등이 있다. 그러나 이들 대사체들은 주위의 actin 단백질 또는 tyrosine, cysteine(또는 actin의 tyrosine 또는 cysteine) 그리고 GSH 등과 경쟁적으로 결합하며 결과적으로 DNA-DNA 교차결합의 감소, 반면에 DNA-단백질 교차결합의 증가를 유도한다. <표 6-5>에서처럼 monocrotaline에 의해 DNA와 교차결합을 형성하는 주요 단백질은 actin이다.

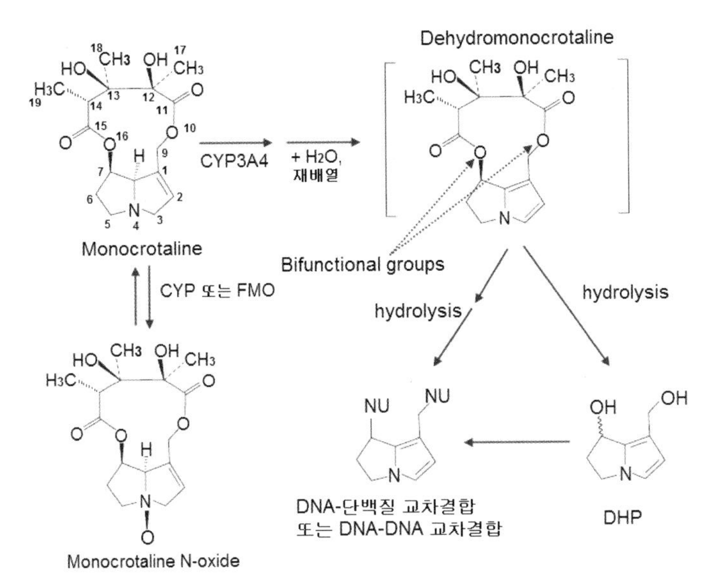

〈그림 6－56〉 **Moncrotaline의 대사와 복수작용기성 알킬화를 통한 DNA－단백질 교차결합 작용기전:** CYP3A4에 의해 전환된 dehydromonocrotaline은 두 개의 복수작용기성 알킬화를 통해 DNA 및 단백질의 친핵성부위와의 결합으로 교차결합을 유도한다. 또 다른 대사체인 DHP(6,7－dihydro－7－hydroxy－1－hydroxymethyl－5H－pyrrolizine 역시 dehydromonocrotaline와 동일한 과정을 통해 교차결합을 유도한다(참고: Rieben).

- **Formaldehyde은 'Schiff base' 형성을 통해 자체의 복수작용기성부위를 형성하여 DNA－단백질 crosslink을 유발한다.**

Formaldehyde는 H1, H2A, H2B, H3 H4 등 모든 histone 단백질과 결합하여 DNA－단백질 교차결합을 유도한다. <그림 6－57>에서처럼 formaldehyde는 구조적으로 단순하여 DNA－단백질 교차결합 유도를 위해 2개의 활성부위인 복수작용기성부위를 가지지 못한다. 그러나 formaldehyde는 단백질 및 염기의 친핵성부위와의 반응을 통해 복수작용기성부위를 가지며 2단계 과정을 통해 DNA－단백질 교차결합이 유도된다. 먼저 1단계는 비효소적인 활성화 과정인 'Schiff base(또는 azomathine)'를 통해 formaldehyde－단백질 교차결합이 유발된다. 여기서 'Schiff base'란 탄소와 이중결합으로 연결된 질소에 알킬기 또는 아릴기가 결합한 구조($R_1R_2C=N-R_3$, R_3=aryl or alkyl group)가 형성되는 것을 의미한다. Formaldehyde는 비효소적 반응을 통해 단백질 내 lysine과

arginine의 아미노기(amino group, NH_2) 또는 이미노기(imino group, NH)와 반응하여 'Schiff base'을 형성한다. 이후 2단계에서 'Schiff base'는 DNA 염기의 아미노기와 결합하여 DNA-schiff base-단백질의 교차결합을 유도하며 결국 DNA-단백질 교차결합을 유도하게 된다. 그러나 2단계를 통한 DNA-단백질 교차결합은 역으로 formaldehyde가 DNA 염기의 아미노기 또는 이미노기와의 'Schiff base'를 형성한 후 단백질의 아미노기와의 결합을 통해 유도될 수도 있다. 이와 같이 비록 formaldehyde 그 자체는 하나의 활성기를 가졌지만 단백질 및 DNA의 아미노기와 결합에 의한 Schiff base 형성을 통해 또 다른 활성기를 생성하여 복수작용기성 DNA-단백질 교차결합이 가능하다.

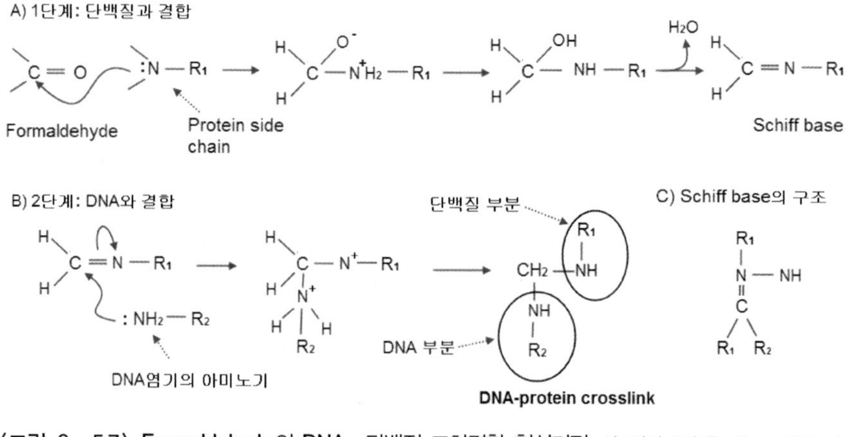

〈그림 6-57〉 Formaldehyde의 DNA-단백질 교차결합 형성기전: A) 먼저 1단계는 Formaldehyde가 단백질의 side chain과 결합하여 비효소적인 활성화 과정인 'Schiff base(또는 azomathine)'가 형성되어 단백질 교차결합이 유도된다. B) 형성된 shiff base는 다음 2단계를 통해 DNA 염기의 아미노기와 결합하여 DNA-단백질 교차결합을 유도한다. C) 여기서 'Schiff base'란 탄소와 이중결합으로 연결된 질소에 알킬기 또는 아릴기가 결합한 구조($R_1R_2C=N-R_3$, R_3=aryl or alkyl group)가 형성되는 것을 의미한다(참고: Barker).

Formaldehyde의 단백질과의 Schiff base 형성은 주로 lysine과 arginine의 side chain과의 결합을 통해 이루어진다. 형성된 Schiff base는 cytosine C4의 아미노기와 공유결합을 통해 최종적으로 DNA-단백질 교차결합을 유도한다. <그림 6-58>은 formaldehyde에 의한 cytosine과 lysine 사이 DNA-단

백질 교차결합을 형성한 구조이다.

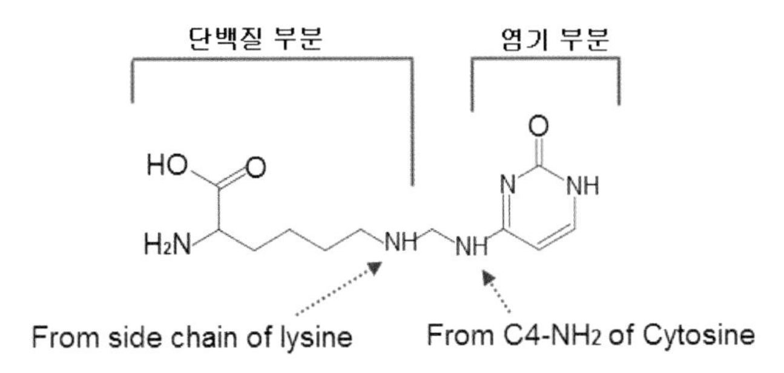

〈그림 6－58〉 **Cytosine－formaldehyde－lysine의 교차결합**: Formaldehyde에 의한 DNA－단백질 교차결합은 lysine과 arginine의 side chain과의 Schiff base 형성을 통한 단백질과의 결합 그리고 cytosine C4의 아미노기와의 공유결합을 통해 형성된다(참고: Barker).

- **Hydroxyl radical을 비롯한 ROS와 유기라디칼대사체 등에 의한 수소발췌－유도 DNA base radical은 단백질의 아미노산과 반응하여 DNA－protein 교차결합을 유도한다.**

ROS 및 유기라디칼대사체에 의해 생성된 라디칼성 염기는 아미노산과의 공유결합을 통해 DNA－단백질 교차결합을 유도한다. <그림 6－59>는 hydroxyl radical에 의해 생성된 thymine의 allyl radical과 염색질(chromatin)을 구성하는 단백질의 tyrosine과의 DNA－단백질 교차결합에 대한 기전이다. 유기라디칼대사체 또는 hydroxyl radical은 우선적으로 thymine C5의 메틸기의 수소발췌를 통해 allyl radical을 유도한다. Allyl radical은 단백질 내 방향족 잔기를 가진 tyrosine의 친핵성부위와 첨가반응을 통해 결합하여 최종적으로 산화되어 DNA－단백질 결합이 유도된다.

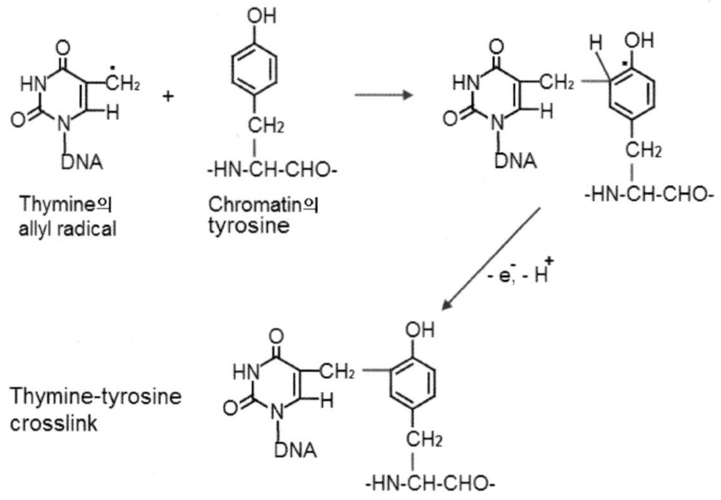

〈그림 6-59〉 **DNA-base radical에 의한 DNA-단백질 교차결합:** Hydroxyl radical 및 유기라디칼대사체의 thymine C5에 수소발췌를 통해 생성된 allyl radical이 chromatin의 tyrosine과 결합하여 DNA-단백질 교차결합을 유도한다(참고: Evans).

7) 비공유결합(non-covalent bond)을 통한 DNA 손상기전

◎ 주요 내용

- Non-covalent bond에 의한 DNA 손상 형태는 주로 DNA-groove binding과 DNA intercalation 등이 있다.
- DNA 이중나선내부 삽입(intercalation)은 주요 3단계 과정을 통해 이루어지며 삽입물질은 환구조이며 치환기를 가지고 있다.
- Actinomycin D는 major groove의 특정 염기서열을 선호하여 삽입이 이루어지지만 실제적으로는 minor groove 쪽으로 확장되어 삽입이 이루어진다.
- 대부분의 외인성물질은 2개의 DNA groove 중에서 minor groove에 결합하며 특히 A-T 염기쌍에 특이적으로 결합한다.

- **Non-covalent bond에 의한 DNA 손상 형태는 주로 DNA-groove binding과 DNA intercalation 등이 있다.**

친전자성대사체와 유기라디칼대사체 등의 활성중간대사체, 생체 내에서 자연분해에 의해 형성된 활성형물질을 비롯하여 ROS 등에 의한 DNA 손상은 주로 공유결합을 통해 adduct 형성과 나선절단 등으로 나타난다. 그러나 비가역적인 결합을 유도하는 공유결합과는 달리 비공유결합은 쉽게 끊어질 수 있기 때문에 비공유결합에 의한 DNA 손상은 원상태로 다시 회복되는 가역적인 경우가 많다. 이러한 비공유결합의 종류는 주로 수소결합, van der waals force, 소수성결합과 전하이동력(charge transfer forces) 등이 있다. 이들에 의한 DNA 손상 형태는 주로 DNA-groove binding(DNA 홈-결합)과 DNA intercalation(DNA 이중나선내부 삽입) 등이 있으며 이를 유도하는 물질은 <표 6-6>과 같이 DNA-groove binder(DNA groove 결합물질)과 DNA intercalator(DNA 이중나선내부-삽입물질) 등이 있다. 특히 bleomycin, doxorubicin 그리고 daunomycin 등은 대사 또는 자연분해를 통해 전환되어 DNA와 직접적인 공유결합을 형성할 수도 있다. DNA와 비공유결합적 상호작용에 의한 DNA 손상은 DNA 입체구조(conformation)의 변화, DNA의 비틀림 장력(torsional tension) 변화, 단백질-DNA의 상호작용 그리고 드물게 DNA 나선절단 등이 있다.

〈표 6-6〉 비공유결합에 의한 DNA와의 상호작용 물질 분류

Non-covalent DNA interacting agents	
Groove binding agents	DNA intercalators
Berenil	Actinomycin D
Bisbenzimadoles	Arylaminoalcohols
Bleomycin	Coumarins
Chloroquine	Cystodytin J
Chromomycin A3	Diplamine
Diamidine-2-phenylindole	Doxorubicin
Distamycin A	Daunomycin
Guanyl bisfuramidine	Echinomycin

Non-covalent DNA interacting agents	
Groove binding agents	DNA intercalators
Hoechst 33258	Ethidium bromide
Mithramycin	Indoles
Netamycin	M-AMSA
Netropsin	Mitoxantrone
Pentamidine	Naphthalimides
Pilcamycin	Phenanthridines
SN6999	Proflavine
	Quinolines and quinoxalines
SN7167	YO-1 and YOYO-1
	Chlorpheniramine
	Methapyrilene
	Tamoxifen

(참고: Li)

- **DNA 이중나선내부 삽입(intercalation)은 3단계 과정을 통해 이루어지며 삽입물질은 환구조이며 치환기를 가지고 있다.**

DNA 이중나선내부 삽입은 삽입물질이 DNA 염기쌍 사이에 삽입을 통해 DNA에 결합하는 것이다. DNA 이중나선내부 삽입물질은 대부분 평면의 방향족이며 비극성인 소수성 물질이다. DNA 이중나선내부 삽입이 이루어지기 위해서는 DNA 나선구조에 존재하는 다양한 작용기와의 반응을 통해 이루어지는데 이러한 반응은 삽입물질의 치환기와 이루어진다. 삽입물질은 염기쌍이 분리되어 형성된 빈 공간에 삽입되기 때문에 주로 환구조 형태이며 이를 intercalating ring(삽입환)이라 한다. <그림 6-60>에서처럼 삽입환은 삽입물질에 따라 다양한 수의 치환기가 붙어 있다. Ethidium이나 proflavine과 같은 간단한 삽입물질은 소수의 치환기를 가지고 있다. 그러나 daunorubicin이나 actinomycin과 같은 삽입물질은 삽입환에 다수의 치환기를 가지고 있기 때문에 복잡한 구조를 띤다.

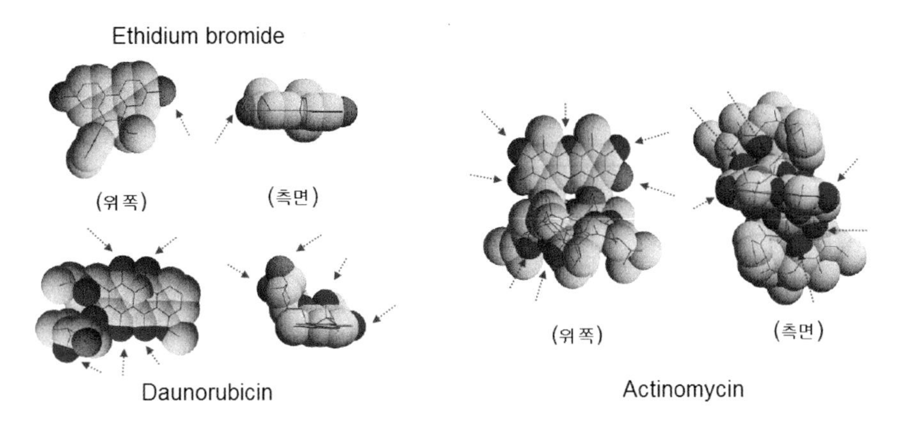

〈그림 6-60〉 다양한 치환기 수를 가진 삽입환(intercalating ring)의 결정구조: 삽입물질은 염기쌍이 분리되어 형성된 빈 공간에 삽입되기 때문에 주로 환구조 형태이며 이를 intercalating ring(삽입환)이라 한다. 삽입환은 삽입물질에 따라 다양한 수의 치환기가 붙어 있다(⋯▸: DNA와 비공유결합을 위한 작용기)(참고: Chaires).

DNA 이중나선내부 삽입은 DNA나선과 삽입물질의 복합체를 형성하는 과정을 통한 3단계로 이루어진다. 먼저 첫 번째 단계에서는 DNA 나선 간 삽입물질이 위치할 수 있는 공간형성을 위한 DNA의 입체구조적 변화(conformational transition)가 이루어진다. 이 과정에서 염기쌍의 결합분리에 의해 DNA 나선이 풀리면 <그림 6-61>에서처럼 인산기의 주변 공간이 증가된다. 또한 나선내의 부분전하가 감소되며 이를 의해 응축된 반대이온은 방출된다. 두 번째 과정에서는 수용액 속의 삽입물질이 DNA 이중나선내부의 삽입장소로 이동한다. 이러한 이동은 주로 삽입물질이 갖고 있는 소수성 반발력에 기인한다. 즉 삽입물질이 전체적으로 양전하를 띠게 되면 반발력을 가진 나선내의 양이온은 추가적으로 방출되면서 삽입물질이 이중나선내부로 유도된다. 마지막 3단계에서 삽입물질이 이중나선내부의 삽입위치로 이동하면 삽입물질 및 DNA의 분자들 사이에 수소결합, van der waals 그리고 정전기적 결합 등의 다양한 비공유결합을 통해 삽입이 안정화된다.

1 단계: Conformational change

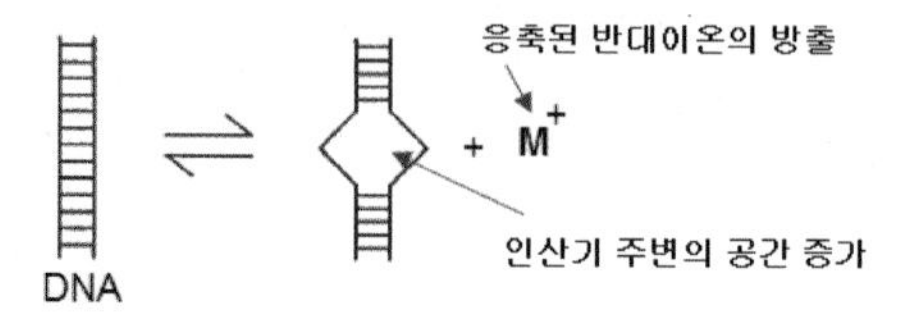

2 단계: 삽입물질의 hydrophobic transfer

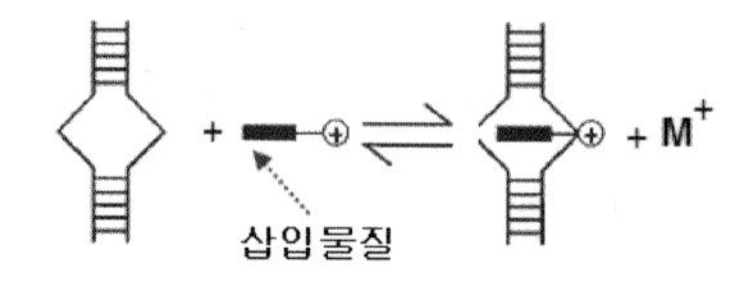

3단계: 삽입물질과 비공유결합

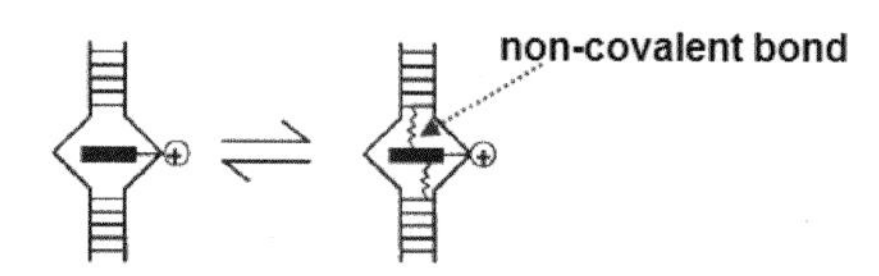

〈그림 6-61〉 DNA 이중나선내부 삽입의 3단계 과정: 이중나선내부 삽입은 DNA 나선과 삽입물질의 복합체를 형성하는 과정을 통해 3단계로 이루어진다. DNA 이중나선내부의 인산기 부위의 공간이 증가하면서 삽입물질과 반발력을 가진 이온은 응축되어 방출된다. 방출을 통해 형성된 물리력은 삽입물질의 공간 내로 이동을 유도한다(참고: Chaires).

- **Actinomycin D는 major groove의 특정 염기서열을 선호하여 삽입이 이루어지지만 실제적으로는 minor groove 쪽으로 확장되어 삽입이 이루어진다.**

Actinomycin D는 항암제 및 항생제로 이용되는 약물로 세균인 *Streptomyces* 로부터 분리된 chromophore(발색단, 화학물질의 색깔을 나타내는 부분)를 지닌 폴리펩티드이다. <그림 6-62>에서처럼 actinomycin D는 DNA 이중나선내부에 삽입되는 chromophore와 더불어 이에 연결된 2개의 depsipeptide (amide<-CONHR-> 결합이 ester(COOR) 결합으로 대체되는 polypepetide)로 구성되어 있다. 이러한 구성은 DNA-actinomycin 복합체를 형성하는 데 있어서 중요한 역할을 한다.

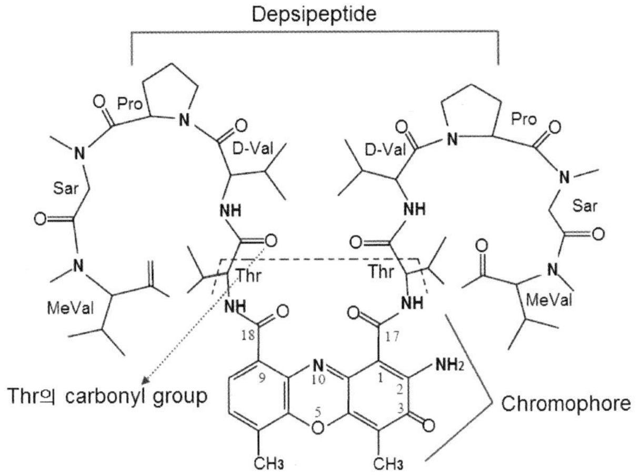

〈그림 6-62〉 **Actinomycin D의 화학구조:** Actinomycin D의 chromophore 구조와 이에 연결된 2개의 depsipeptide 등의 구조가 DNA 이중나선내부 삽입에 중요한 역할을 한다. 점선은 DNA와 수소결합을 위해 절단되는 부분이며 삽입 유도에 있어서 중요한 부위이다(참고: Gallego).

<그림 6-63>에서처럼 DNA 이중나선내부의 삽입 위치가 형성되면 actinomycin D가 DNA 이중나선내부로 유도된다. DNA-actinomycin 복합체 형성은 actinomycin D의 선호 염기인 guanine에서 이루어진다. Guanine을 중심으로 actinomycin D의 가장 선호하는 염기서열은 5'-GC-3', 5'-GG-3' 그리고 5'-GT-3' 등이 있다. Guanine에 대한 actinomycin D의 특정염기선호는 결정구조의 결합 특이성에 기인한다. Actinomycin D를 구성하는 threonine 잔기는 카르보닐기(CO=)의 산소를 통해 guanine의 2-amino group과 강한 수소결합을 유도하는 특이성을 나타내며 이는 actinomycin D의 선호 염기서열을 결정하는 요소이다.

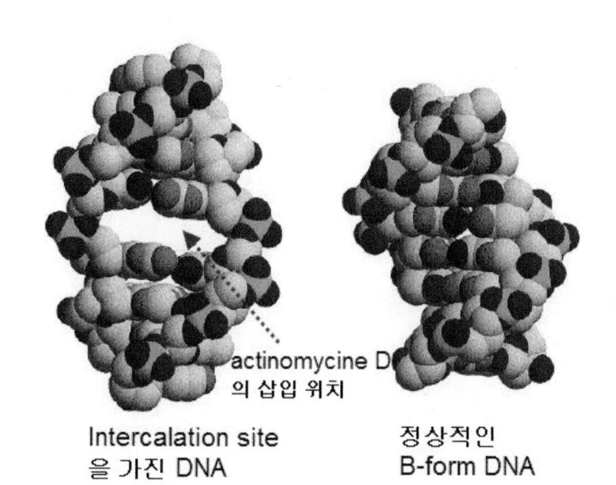

〈그림 6-63〉 DNA 내의 Actinomycin D의 삽입공간의 결정구조: Actinomycin D의 threonine-carbonyl group의 산소는 N^2G와 수소결합을 선호하며 주로 major groove의 5'-GC-3' 부위에 actinomycin D의 삽입을 유도한다(참고: Chaires).

<그림 6-64>는 major groove 내 6개의 DNA nucleotide(DNA hexanucleotide)에서 actinomycine D의 삽입 및 안정화를 위한 DNA 이중나선과의 결합을 표시한 것이다. Actinomycin D의 대표적인 선호 염기서열은 5'-GC-3'를 포함한 5'-ACCGCTTC-3'이다. Actinomycin D가 2개의 염기쌍인 5'-GC-3'에 위치하면 threonine의 carbonyl group 산소와 N^2G와의 수소결합에 의해 2개의 depsipeptide가 절단되면서 cyclic pentadepsipeptide 형태로 전환된다. 이러한 아주 큰 cyclic pentadepsipeptide이 형성되는 이유는 원활한 결합과 적절한 삽입공간의 확보를 위해서이다. 또한 염기와 결합된 chromophore는 2-aminophenozazin-3-one planar chrompphore으로 전환되면서 major groove에서 intercalation을 형성한다. 2개의 cyclic pentadepsipeptide는 minor groove쪽으로 확장되어 염기들과 비공유결합을 통해 안정화된다.

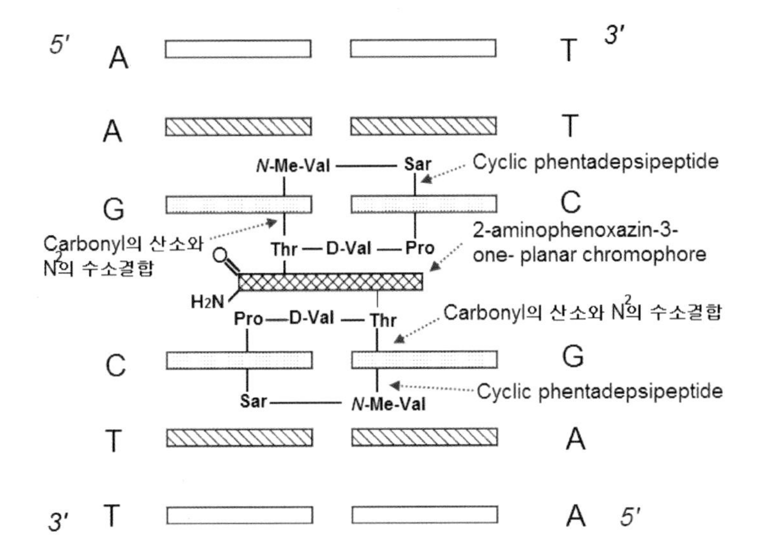

〈그림 6-64〉 **Actinomycin D의 특정 염기서열에서의 삽입 도식:** Actinomycin D의 대표적인 선호 염기서열은 5'-GC-3'를 포함한 5'-ACCGCTTC-3'이다. 두 개의 염기쌍인 5'-GC-3'에 threonine의 carbonyl group 산소와 N^2G와의 수소결합을 통해 두 개의 depsipeptide는 절단되면서 cyclic pentadepsipeptide 형태로 전환된다. Chromophore는 실제적인 삽입의 구조물이며 major groove 그리고 2개의 pentadepsipeptide는 minor groove에 확장되어 위치한다(참고: Gallego).

- **대부분의 외인성물질은 2개의 DNA groove 중에서 minor groove에 결합하며 특히 A-T 염기쌍에 특이적으로 결합한다.**

DNA-groove binding(DNA-홈 결합)이란 DNA의 외부 구조적 형태를 구성하는 minor groove와 major groove에 화학물질이 결합하는 것을 말한다. DNA groove은 major groove와 minor groove 등으로 구성되어 있다. 이들 내부 염기쌍들의 배열은 major groove 내부에서는 계단 형태, minor groove 내부에서는 철도 형태이다. 정상적인 DNA 전사와 관련된 신호전달단백질을 비롯한 여러 단백질은 major groove에 결합하여 DNA-protein 상호작용을 통해 정상적인 기능을 수행한다. DNA-protein 상호작용은 주로 DNA와 단백질 사이의 수소결합과 소수성 메틸기와의 반응을 통해 이루어진다. 기능수행을 위해 단백질이 minor groove과도 결합을 하지만 대부분 major groove와 결합하는 이유는 상호작용을 위한 전자공여자 또는 전자기여자 등의 작용기성 물질이 major groove에 많기 때문이다. 그러나 대부분의 단백질과는 달리 약물을 비롯한 대부분의 외인성물질은 물질의 크기 측면에서 minor groove에 적합하기 때문에 minor groove에 결합한다. 이들 대부분의 물질 크기는 1,000 dalton 이하이다. 따라서 DNA-groove에 결합하는 대부분의 외인성물질은 minor groove binder(결합물질)이다. Minor groove binder는 minor groove에서 다시 분리되는 가역적인 특성을 가지고 있기 때문에 DNA의 직접적인 손상을 유도하지 않는다. 그러나 DNA 내 유전자의 전사를 유도하는 신호전달물질을 비롯한 다양한 단백질의 결합을 방해하여 전사조절에 영향을 주게 된다. 예를 들어 distamycin A는 minor groove 결합을 통해 정상적인 기능을 위한 DNA의 나선구조의 풀림 및 연결 등과 관련된 topoisomerase Ⅱ의 활성을 저해한다. 이러한 minor groove binder 결합에 의한 특정단백질의 저해는 항암기전으로 이용되어 다양한 항암제로 개발되었다. 이들 항암제는 대부분 minor groove의 A-T 염기쌍이라는 특정 염기서열에 특이적 결합을 한다.

Minor groove binder는 화학구조적인 측면에서 다음과 같이 3가지 특징을 가지고 있다. 첫 번째, 방향족기(aromatic group)를 가지고 있기 때문에 평면부위(planar segment)가 형성되어 있다. 두 번째, minor groove binder는 또한 비대칭적이며 양전하를 띤다. 세 번째, minor groove binder는 groove의 크기와 돌출부분에 적합하도록 초생달 형태이다. <그림 6-65>에서처럼 hoechst 33258[2'-(4-hydroxyphenyl)-5-(4-methyl-1-piperazinyl)-2,5'-bi-benzimidazole], distamycin A 그리고 netropsin 등은 groove의 돌출부분에 결합할 수 있도록 전체 구조적으로 초생달 모양을 하고 있다.

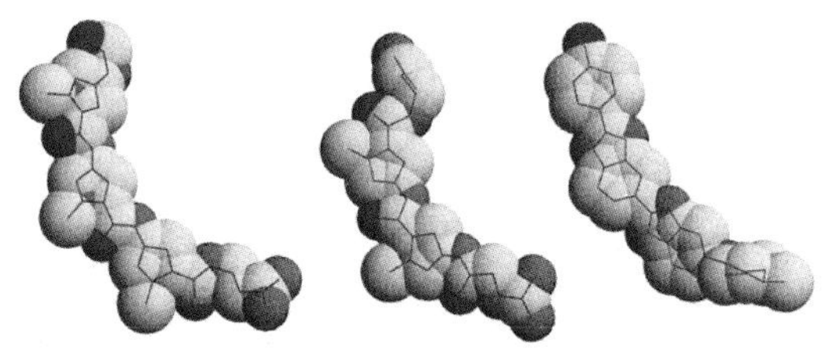

〈그림 6-65〉 **주요 minor groove binder의 초생달 형태:** 대부분의 minor groove binder는 minor groove의 크기와 돌출부분에 적합하도록 초생달 형태이다(참고: Chaires).

Hoechst 33258은 <그림 6-66>에서처럼 N-methyl piperazine 유도체로서 2개의 benzimidazole group과 각각 1개의 phenyl group 그리고 piperazine ring을 가진 합성물질이다. Hoechst 33258은 항기생충제이지만 주로 DNA 형광염색제로 이용되고 있다. Hoechest 33258은 minor groove의 A-T 지역에 주로 결합하는데 선호하는 염기서열은 -AATTT-이다. 염기의 N3 및 O2는 benzimidazole group의 2개 질소(<그림 6-66>에서 N1과 N3)와의 수소결합을 형성하며 piperazine group은 major groove의 -GC- 쪽으로 위치하면서 minor groove-hoechst 33258 복합체의 binding을 형성한다.

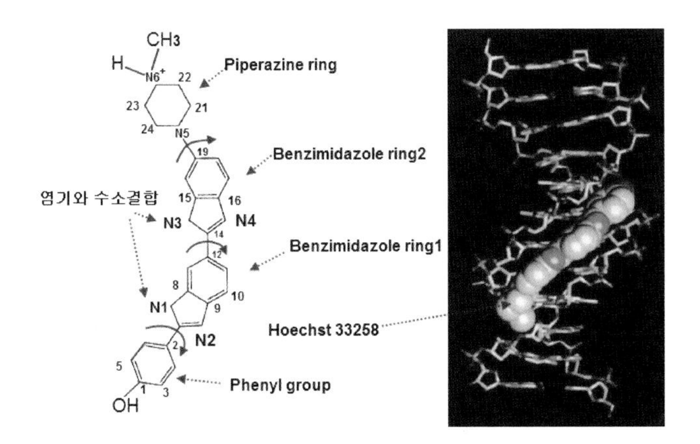

〈그림 6-66〉 **Hoechest의 구조와 minor groove-hoechst 33258 복합체:** 염기의 N3 및 O2는 benzimidazole group의 2개의 질소(그림에서 N1과 N3)와의 수소결합을 형성한다. Piperazine group은 major groove의 -GC- 쪽으로 위치하면서 DNA minor groove-hoechst 33258 복합체(사진)의 결합을 유도한다(참고: Vega).

2. 활성중간대사체에 의한 단백질 및 지질 손상

◎ 주요 내용

- 활성중간대사체에 의한 단백질 손상
- 활성중간대사체에 의한 지질 손상

1) 활성중간대사체에 의한 단백질 손상

◎ 주요 내용

- 활성중간대사체에 의한 단백질 손상 역시 DNA adduct 형성 기전과 유사하며 단백질 내의 친핵성의 특성보다 알킬화-유도물질의 s value에 의해 protein adduct 정도가 결정된다.
- Hard electrophile은 DNA 결합을 통해 genotoxicity를, soft electrophile은 단백질과의 결합을 통해 cytotoxicity를 유발하는 경향이 있다. 특히 soft electrophile은 생체전환을 통해 hard electrophilic metabolite로 전환된다.

- **활성중간대사체에 의한 단백질 손상 역시 DNA adduct 형성 기전과 유사하며 단백질 내의 친핵성의 특성보다 알킬화-유도물질의 s value에 의해 protein adduct 정도가 결정된다.**

친전자성대사체와 유기라디칼대사체 등 활성중간대사체의 종류에 따라 단백질 손상기전은 다르다. 친전자성대사체에 의한 단백질 손상기전은 공유결합에 의한 아미노산의 친핵성부위와의 adduct 형성에 의해 이루어지는데 이는 DNA 손상기전과 유사하다. 그러나 유기라디칼대사체에 의한 단백질 손상은 단백질에 carbonyl group(〉C=O)이 형성되는 protein carbonylation(단백질 카르보닐기화)에 의한 산화적 스트레스(oxidative stress)에 기인한다. 따라서 활성중간대사체에 의한 단백질 손상기전은 친전자성대사체의 공유결합에 의한 adduct 형성 그리고 유기라디칼대사체에 의한 carbonyl group 생성을 통한 산화적 스트레스 측면에서 이해할 수 있다.

친전자성대사체와 단백질의 친핵성부위와의 adduct 형성에 있어서 중요한 요소는 단백질의 친핵성부위 및 친전자성대사체의 물리화학적 특성이라고 할 수 있다. DNA의 친핵성부위와 결합에 의한 adduct 형성에서처럼 친전자성대사체는 단백질의 친핵성부위와의 공유결합을 통해 adduct를 형성한다. 또한 DNA 염기에 있어서 친핵성이 높은 부위가 알킬화를 위한 선호부위인 것처럼 단백질의 아미노산에서도 adduct 형성이 잘 발생하는 고친핵성 부위의 잔기가 존재한다. <그림 6-67>은 pH 7 정도에서 친전자성대사체와의 결합을 선호하는 친핵성 활성(nucleophilic reactivity)을 가진 아미노산의 side-chain 부위를 나타낸 것이다.

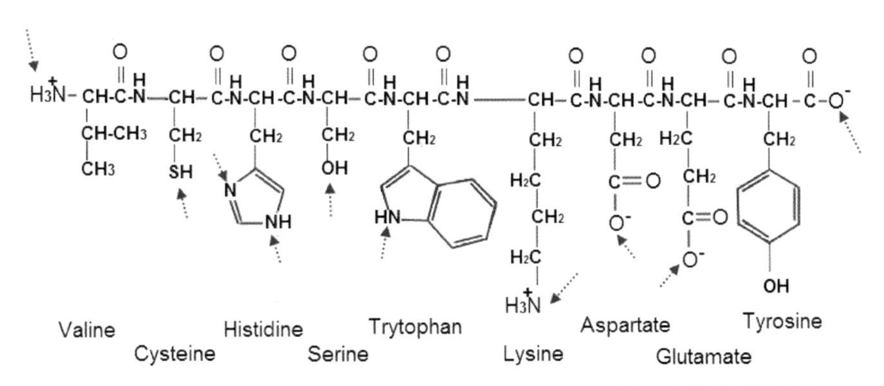

〈그림 6-67〉 친전자성대사체와 단백질 adduct를 형성하는 아미노산과 친핵성잔기: 이들은 pH 7 부근에서 양성자화 또는 비양성자화가 가장 잘 발생하는 친핵성부위(⋯→)이다(참고: Tornqvist).

친전자성대사체와 adduct를 형성하기 위해 이들 아미노산의 친핵성부위 활성화는 비-양자첨가형(non-protonated form, Y^-)의 존재와 밀접한 관계가 있다. 양자첨가 또는 양자화(protonation)란 proton(H^+)이 원자, 분자 또는 이온에 첨가되는 것을 말하며 이를 통해 친전자성대사체와 단백질의 결합 기전이 설명된다. $[H^+]$는 전자가 없고 양성자만 존재하기 때문에 전자가 부족한 친전자성대사체와 같은 특성을 갖는다. 아미노산을 포함한 모든 물질은 pK_a(acid dissociation constant, 산의 해리상수)를 갖고 있다. 물질이 양자첨가형(protonated form)이 될 것인가 또는 비-양자첨가형이 될 것인가는 주변 환경의 pH에 의존한다. 주변 pH가 물질의 pK_a보다 작으면 양자첨가형(protonated form)이 비-양자첨가형보다 많고 pH가 pK_a보가 크면 역현상이며 아래의 공식과 같은 관계가 설정된다.

non-protonated form

$$\frac{[Y^-]}{[Y^-]+[YH]} = \frac{1}{1+10^{pKa - pH}}$$

protonated form

단백질의 C-terminal이나 아미노산 glutamate와 aspartate 잔기의 탄화수소 부위는 pK_a가 3-4.5 범위이다. 이들은 혈액의 pH인 7.4의 환경에서 양자첨가화가 되지 않는다. 그러나 lysine의 아미노기, arginine의 guanidine 등의 염기성 질소는 높은 pK_a인 9.5~12.5이기 때문에 정상적인 혈액의 pH에서 양자첨가화가 형성된다. 즉 여기서 $[H^+]$가 결합하는 양자첨가화 기전과 같이 친전자성대사체가 이들 아미노산의 친핵성 잔기에 결합하여 단백질 adduct를 형성할 수 있다.

그러나 이러한 단백질 내의 친핵성부위의 pK_a는 친전자성대사체와의 알킬화 가능성을 제시할 수는 있지만 이들의 pK_a가 알킬화 강도를 결정하는 것은 아니다. 이러한 예는 외인성물질의 adduct 형성에 대한 주요 표적이 되는 hemoglobin(Hb)을 통해 이해할 수 있다. Hb의 친핵성부위는 N-terminal의 질소원자(valine), histidine의 imidazole nitrogen 그리고 cysteine의 thiol sulfur 등 3종류의 아미노산과 α-chain과 β-chain의 N-terminus 등이 있다. 이들이 친전자성대사체와의 반응 정도는 free base(쌍을 구성하지 않고 결합을 형성할 수 있는 전자를 가진 nitrogen) 생성 정도를 통해 알 수 있다. <표 6-7>은 Hb

의 5가지 친핵성부위의 pK_a와 생체 pH에서의 free base의 생성 정도를 나타낸 것이다. 일반적으로 pK_a가 높으면 염기성이 강하여 친전자성대사체와의 반응이 높다는 것을 의미하기 때문에 pK_a가 높은 α-chain의 N-terminus가 free base를 더 많이 생성하지만 반면에 pK_a가 낮은 β-chain의 N-terminus가 더 적은 free base를 생성하여야 한다. 그러나 pK_a를 통해 측정된 염기성 강도와 친핵성 강도는 상호 역비례하는 것으로 나타났다. 이와 같이 반드시 단백질 내의 친핵성부위의 pK_a가 친전자성대사체와의 알킬화 정도를 나타내는 것은 아니다.

〈표 6-7〉 단백질 내의 특정 친핵성부위의 해리상수와 pH 7.4에서 free base로 전환 가능성

Group	pK_a	% as free base
Cysteine-S	7.9~8.5	24~27
Histidine-ring-N	5.6~7.0	72~98
Terminal NH_2 in Hb(valines)		
α-Chain	7.8	28
β-Chain	6.8	80

(참고: Garner)

그러나 친전자성대사체의 단백질 및 DNA 친핵성부위에 대한 선별적 공유결합은 친핵성부위와의 반응 강도를 나타내는 Swain-Scott constant(*s* value)로 설명된다. <그림 6-68>은 Hb 내 친핵성부위인 histidine의 imidazole nitrogen과 알킬화-유도물질에 대한 *s* value(결합강도상수)에 따른 adduct 형성 정도를 나타낸 것이다. 알킬화-유도물질의 *s* value는 ethylene oxide(EtO), N-methyl-N-nitrosourea(MNU) 그리고 N-hydroxyethyl-N-nitrosourea (HO-EtNU) 등의 순으로 높으며 histidine의 imidazole nitrogen의 알킬화에 의한 adduct 형성도 비례적으로 증가하였다.

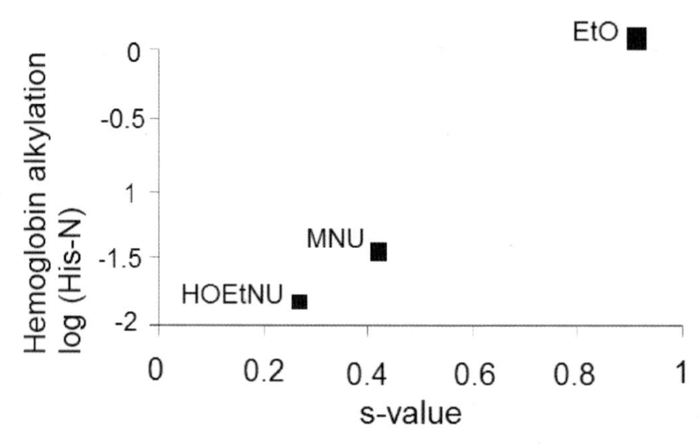

〈그림 6-68〉 **알킬화-유도물질의 s-value에 따른 hemoglobin의 adduct 형성:** s value는 ethylene oxide(EtO), N-methyl-N-nitrosourea(MNU) 그리고 N-hydroxyethyl-N-nitrosourea(HO-EtNU) 등의 순으로 높으며 histidine의 free base인 imidazole nitrogen의 알킬화에 의한 adduct 형성이 비례적으로 증가하는 것을 알 수 있다(참고: Pérez).

- **Hard electrophile은 DNA 결합을 통해 genotoxicity를, soft electrophile은 단백질과의 결합을 통해 cytotoxicity를 유발하는 경향이 있다. 특히 soft electrophile은 생체전환을 통해 hard electrophilic metabolite로 전환된다.**

또한 s value와는 달리 친전자성대사체의 물리화학적 특성 또한 단백질과의 친핵성부위와 공유결합을 통한 adduct 형성에 있어서 중요한 기전이다. 반응부위에서 전하밀도가 높은 hard electrophilic metabolite(중친전자성대사체)는 DNA의 친핵성부위와의 결합이 잘 유도되는 반면에 단백질 adduct는 전하밀도가 낮고 극성화가 잘 이루어지는 soft electrophile에 의해 유도가 잘된다. 이러한 측면에서 hard electrophile(경친전자성물질)은 genotoxicity, soft electrophile(경친전자성물질)은 cytotoxicity를 유발하는 것으로 이해할 수 있다. 외인성물질의 soft electrophile과 hard electrophile 생성은 생체 내에서 생체전환이 중요한 요소로 작용한다. 일반적으로 원물질(parent compound)은 대부분 친지질성으로 친전자성을 띠지 않는 경우가 대부분이다. 친전자성을 가지게 되면 생체 외에서 반응성이 있기 때문에 생체 내로 들어오기 어렵다. 그러나 원물질 자체가 친전자성을 가지며 이들을 친전자성원물질(electrophilic parent compound)

이라고 한다. 이러한 원물질의 경우에는 생체전환 없이 단백질과 adduct 형성이 가능한 soft electrophile의 특성을 가진다. 그러나 친전자성을 가진 원물질의 soft electrophile은 대부분 체내에서 생체전환을 통해 더 독성이 강한 hard electrophilic metabolite가 된다. 신경독성을 유발하는 acrylonitrile이나 acryamide 등이 대표적인 친전자성원물질이며 생체전환을 통해 hard electrophilic metabolite로 전환된다. Acrylonitrile인 경우에는 <그림 6－69>에서처럼 3경로를 통해 전환되는데 CYP2E1에 의해 2－cyanoethylene oxide의 hard electrophilic metabolite로 전환된다. Hard electrophile의 특성을 지닌 2－cyanoethylene oxide는 DNA의 친핵성부위와 결합하여 DNA adduct를 형성한다. 또한 acrylonitrile은 GSH transferase에 의해 GSH의 SH기와 결합하여 GSH 고갈을 유발한다. 마지막 경로는 친전자성원물질의 특성을 통해 효소－비의존적으로 단백질의 cysteine과 결합하여 protein adduct를 형성한다. 그러나 acrylonitrile은 이러한 3경로의 전환 과정과 더불어 또한 제2상반응의 glucuronidation을 통해 mercapturic acid로 전환되어 체외로 배출되기도 한다.

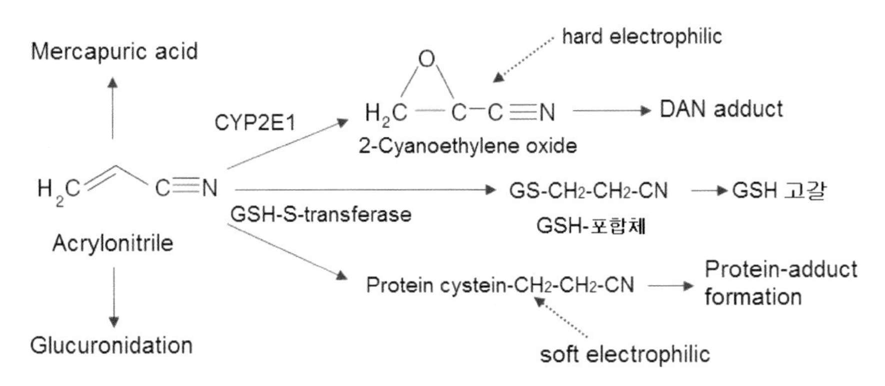

〈그림 6－69〉 **Acrylonitrile의 protein－adduct 형성기전:** Acrylonitrile은 친전자성원물질로 생체전환 없이 직접적으로 단백질 내 cysteine의 SH기와 결합하여 protein－adduct 형성을 유도한다. 이러한 protein－adduct 형성은 acrylonitrile의 soft electrophile의 특성에 기인한다. 또한 CYP2E1에 의해 생성된 hard electrophilic metabolite(중친전자성대사체)는 DNA의 친핵성부위와 결합하여 DNA adduct를 형성한다(참고: LoPachin).

Acrylamide도 acrylonitrile와 같이 <그림 6 – 70>에서처럼 친전자성원물질이며 CYP2E1에 의한 생체전환을 통해 더 독성이 강한 hard electrophilic metabolite가 된다. CYP2E1에 의해 생성된 glycidamide는 DNA adduct를 형성하며 또한 GSH – S – transferase에 의해 GSH의 SH와 결합하여 GSH – acryamid adduct를 형성한다. 반면에 친전자성원물질은 직접적으로 hemoglibin과 결합하여 hemoglobin – adduct를 형성한다. 이들 친전자성원물질은 친지질성물질보다 물과 용해성이 강하기 때문에 체내로 유입은 쉽지 않지만 일단, 생체 내로 들어오면 혈액에 존재하는 단백질들과의 protein – adduct를 주로 형성한다. 또한 생체전환을 통해 형성된 hard electrophilic metabolite는 DNA와 주로 결합하지만 protein과 결합하여 단백질 adduct 또한 형성한다.

〈그림 6 – 70〉 **Acrylamide의 다양한 대사경로와 hemoglobin과의 addcut 형성:** Acrylonitrile은 친전자성원물질로 생체전환 없이 직접적으로 단백질 내 cysteine의 SH기와 결합하여 protein – adduct를 유도한다. 이는 soft electrophile의 특성에 기인하며 또한 CYP2E1에 의해 생성된 hard electrophilic metabolite는 DNA의 친핵성부위와 결합하여 DNA adduct를 유도하기도 한다(참고: LoPachin).

신경종말 및 Purkinje 세포 등의 신경세포독성을 유발하는 acrylamide의 독성기전은 명확하게 알려지지 않았지만 protein adduct 형성 기전을 통해 일부 설명되고 있다. Acrylamide는 <그림 6 – 71>에서처럼 carbonyl carbon atom 부위에 친전자성을 가진 α,β – unsaturated aldehyde이다. Acrylamide의 친전자성부위는 단백질의 amine, imidazole 그리고 sulfhydryl group 등의 친핵성부위와 'Michael carbonyl condensation reaction(Michael 카르보닐 농축반응)'을 통해 protein – adduct를 형성한다. Michael 카르보닐 농축반응이란 친핵성 carbonion

부위에 α,β - unsaturated carbonyl compound가 첨가되는 반응을 의미한다. 그러나 여러 친핵성부위와의 결합이 가능하지만 단백질 내의 cysteine과 GSH의 SH와의 결합이 in vivo에서 가장 많이 이루어진다. 이들 - SH 결합을 통해 형성된 acrylamide - adduct는 <그림 7 - 71>에서처럼 S - (2 - carbamoylethyl)cystein adduct이다. 신경조직에서의 이러한 adduct 형성은 신경전달물질의 방출 감소를 유도하여 신경독성을 유발하는 기전으로 추정되고 있다.

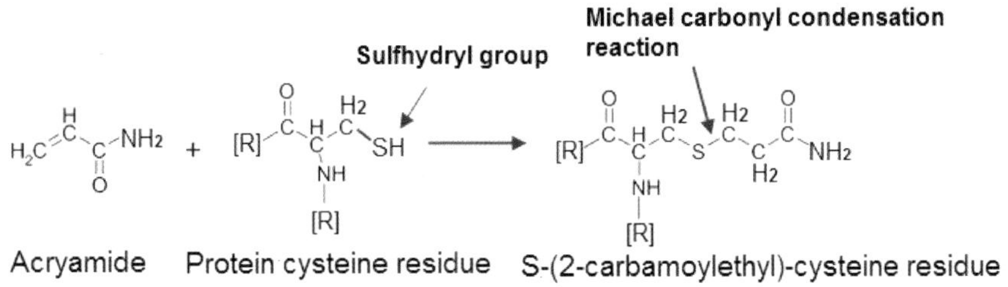

Michael carbonyl condensation reaction

Sulfhydryl group

Acryamide Protein cysteine residue S-(2-carbamoylethyl)-cysteine residue

〈그림 6 - 71〉 **Acrylamide의 protein 내 cysteine - SH와의 adduct 형성 기전:** Acrylamide의 친전자성부위는 단백질의 amine, imidazole 그리고 sulfhydryl group 등의 친핵성부위와 'Michael carbonyl condensation reaction(Michael 카르보닐 농축반응)'을 통해 protein - adduct를 형성한다(참고: LoPachin).

2) 활성중간대사체에 의한 지질 손상

◎ 주요 내용

- 외인성물질에 의한 지질에 대한 독성은 생체전환에 의해 생성된 유기라디칼대사체(organic redical metabolites) 및 redox - active species 등의 lipid peroxidation에 기인한다.

- Lipid peroxidation은 initiation, propagation 그리고 termination 등의 3단계 과정으로 이루어지며 지질과산화 - 특이적 친전자성물질도 생성된다.

- **외인성물질에 의한 지질에 대한 독성은 생체전환에 의해 생성된 유기라디칼대사체**(organic redical metabolites) **및** redox－active species **등의** lipid peroxidation**에 기인한다.**

외인성물질의 공격에 의한 지질 손상은 생체전환에 의한 친산화성물질 또는 산화촉진제(pro－oxidant)의 대사체 생성을 통해 주로 이루어진다. 생체전환에 의해 생성된 대부분의 유기라디칼대사체(organic redical or carbon－centered radical metabolites) 및 redox－active species 등은 산화촉진제이다. 일반적으로 산화촉진제는 유해활성산소를 생성하거나 항산화체계의 활성저해를 통해 산화적 스트레스(oxidative stress)를 유발하는 화학물질을 의미한다. 그러나 산화촉진제에 의한 지질의 독성은 다중불포화지질화합물(polyunsaturated lipid components)의 peroxidative decomposition(과산화성 분해) 또는 lipid peroxidation(지질과산화) 유도에 기인한다.

외인성물질에 의한 지질과산화는 대사체에 의한 직접적인 방법과 생화학적인 전환에 의해 생성된 부산물인 ROS 특히 hydroxyl radical에 의한 간접적인 방법에 의해 유발된다. 직접적인 지질과산화 과정은 CCl_4와 같이 생체전환을 통해 생성된 trichloromethyl radical 및 trichloromethylperoxyl radical 등의 유기라디칼대사체가 '수소발췌'같이 다중불포화지질화합물으로부터 직접적으로 전자를 도용하여 진행될 수 있다. 간접적인 방법은 앞서 설명한 redox－active species의 활성에 의해 생성된 ROS 특히 hydroxyl radical에 의해 지질과산화가 진행될 수 있다.

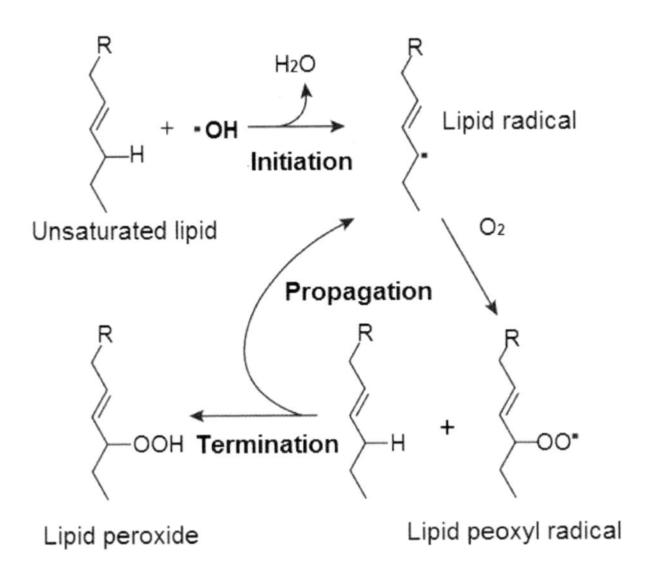

〈그림 6－72〉 불포화지방산의 지질과산화(lipid peorxidation)의 과정: 지질과산화는 ROS 및 유기라디칼에 의해 개시(initiation), 전파(propagation) 그리고 종결(termination) 등의 단계로 진행된다.

- **Lipid peroxidation은 initiation, propagation 그리고 termination 등의 3 단계 과정으로 이루어지며 지질과산화－특이적 친전자성물질도 생성된다.**

일반적으로 지질과산화는 <그림 6－72>에서처럼 개시(initiation), 전파(propagation) 그리고 종결(termination) 등으로 진행된다. 개시단계에서 유기라디칼대사체 (X·) 또는 ROS에 의해 전자가 상실되어 불포화지방산의 지질라디칼(lipid radical, R·)로 전환된다.

$$X^{\cdot} + RH \rightarrow R^{\cdot} + XH$$

지질라디칼은 불안정하여 산소와 반응을 통해 lipid peroxyl radical(ROO·)로 전환된다. 특히 lipid peroxyl radical도 불안정하여 주위의 다른 불포화지방산을 lipid radical로 전환시키며 자신은 lipid peroxide(ROOH)로 전환된다. 이와 같이 하나의 라디칼이 또 다른 라디칼을 생성하는 반복적인 단계를 전파라고 하며 라디칼의 연쇄반응 기전(chain reaction mechanism)이라고 한다.

$R^{\cdot} + O_2 \rightarrow ROO^{\cdot}$
$ROO^{\cdot} + RH \rightarrow ROOH + R^{\cdot}$

라디칼연쇄반응에서 종결은 여러 종류의 라디칼이 서로 반응하여 비라디칼성 종(non-radical species) 생성을 통해 이루어진다.

$ROO^{\cdot} + ROO^{\cdot} \rightarrow ROOR + O_2$
$ROO^{\cdot} + R^{\cdot} \rightarrow ROOR$
$R^{\cdot} + R^{\cdot} \rightarrow RR$

외인성물질에 의한 지질과산화는 지질 손상을 유도하는 주요 기전이지만 cholesterol ester, phospholipids, triglycerides 등의 다중불포화지방산의 지질과산화 과정에서 생성되는 부산물도 또 다른 세포독성을 유발하는 중요 기전이다. 이들 물질에 의한 지질과산화를 통해 생성되는 부산물은 다양한 탄소사슬 aldehyde의 길이 및 크기 측면에서 광범위한 종류가 있다. 화학구조적인 측면에서 활성을 지닌 짧은 탄소-사슬 aldehyde은 <그림 6-73>에서처럼 크게 3가지, 즉 2-Alkenals, 4-Hydroxy-2-alkenals 그리고 Ketoaldehyde 등으로 구분되며 지질과산화-특이적 부산물(lipid-peroxidation by-product)이다. 2-Alkenal은 2개의 친전자성 반응기를 가진 높은 반응성을 지닌 aldehyde이다. Acrolein, 2-Hexenal 및 Crotoaldehyde 등이 지질과산화-특이적 2-Alkenal이며 강력한 친전자성을 지녔다. 특히 4-Hydroxy-2-alkenal은 가장 대표적인 지질과산화-특이적 aldehyde이다. 이들 중 4-hydroxy-2-nonenal(HNE)는 linoleic acid와 arachidonic acid 등과 같은 ω-6 다중불포화지방산의 지질과산화 과정, 4-hydroxy-2-hexenal(HHE)는 ω-3 다중불포화지방산의 지질과산화 과정에서 발생하는 대표적인 부산물이다. HNE는 세포 내 친핵성물질과의 반응을 통해 동맥경화증 및 Alzheimer's 질환 등을 유발한다. HNE는 cysteine, histidine 그리고 lysine의 잔기와 반응하여 protein adduct를 형성한다. 지질과산화-특이적 ketoaldehyde는 malondialdehyde (MDA), glyoxal와 4-oxo-2-nonenal(ONE) 등이 있다. MDA는 지질과산화-특이적 부산물이며 가장 많이 생성되어 2-thiobarbituric acid(TBA)에 의해 정량되어 지질과산화의 지표물질로 이용되고 있다.

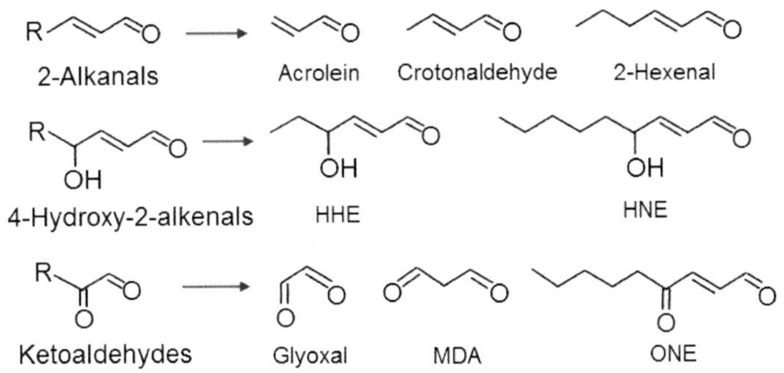

〈그림 6-73〉 **지질과산화 과정에서 생성된 주요 aldehyde:** 화학구조적인 측면에서 활성을 지닌 짧은 탄소-사슬 aldehyde은 그림에서처럼 크게 3가지, 즉 2-Alkenals, 4-Hydroxy-2-alkenals 그리고 Ketoaldehyde 등으로 구분되며 이들은 각각 지질과산화-특이적 부산물들이 있다. HHE: 4-hydroxy-2-hexenal, HNE: 4-hydroxy-2-nonenal(참고: Uchida).

제 7장 화학적 발암화 (Chemical carcinogenesis)

제7장의 주제

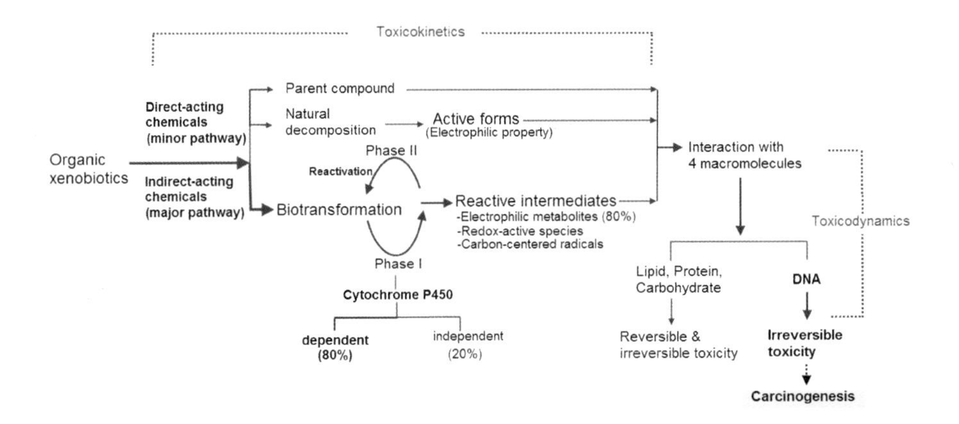

◎ 주요 내용

- 화학물질은 대표적인 발암원이며 인체발암원으로는 61종이 확인되었다.
- Cancer란 malignant tumor를 의미하며 chemical carcinogenesis가 대표적 기전이며 multi-stage theory가 있다.
- 발암의 multistage theory
- 발암화의 심층적 이해

- **화학물질은 대표적인 발암원이며 인체발암원으로는 61종이 확인되었다.**

화학물질에 의해 암이 유발된다는 것이 확인된 시기는 20세기 초기이다. 이후 화학물질에 의한 발암 기전은 사람 및 동물에게서 차이, 발암원의 생물학적 또는 화학적 분류, 발암원의 단일물질 또는 복합물질 그리고 환경적 요인 등의 관점에서 규명되어 왔다. 오늘날 발암의 다양한 요인이 IARC(International Agency for Research on Cancer)에 의해 <표 7-1>과 같이 분류되고 있다. 분류의 기준은 사람에게 있어서 발암의 유무이다. 모든 동물에게서 암을 유발하는 화학물질이 반드시 사람에게서 암을 유발하지는 않는다. 또한 동물에게는 암을 유발하지 않지만 사람에게는 유발하는 발암원도 있다. 단순히 DNA 손상 여부 측면에서 이러한 차이는 생체전환 또는 자연분해 과정에서의 DNA 손상을 유발하는 활성중간대사체 및 활성형물질의 생성 유무에 기인한다. 그러나 유전물질의 손상 없이 발암을 유도하는 발암물질도 확인되고 있기 때문에 이러한 해석은 다소 제한점이 있다. 이와 같은 사실을 바탕으로 IARC에 의한 발암원은 "확실한(definite)" Group 1의 인체발암물질, "발암성이 추정되는(probable)" Group 2A의 인체발암추정물질 또는 "가능성이 있는(possible)" Group 2B의 인체발암가능물질, "인체발암원으로 분류되지 않는(not classifiable)" Group 3의 인체비발암물질로 등으로 분류된다.

〈표 7-1〉 IARC에 의한 발암원의 분류

Groups	발암 강도	분류 기준	종류
Group 1	인체발암물질 (Definite Human Carcinogen)	노출과 암과의 원인관계에 대한 충분한 인체 증거가 있음	105종: 61종의 화학물질, 9종의 바이러스 및 병원균, 16종의 혼합물, 19종의 노출환경
Group 2A	인체발암추정물질 (Probable Human Carcinogen)	인간에 대해서 제한적인 증거가 있음-인간에 있어서 발암작용의 기전에 대한 구체적 연구를 통한 설명	66 종: 50종의 화학물질, 2종의 바이로스 및 병원균, 7종의 혼합물, 7종의 노출환경
Group 2B	인체발암가능물질 (Possible Human Carcinogen)	동물에서는 충분한 증거가 있으나 인간에 대해서는 증거가 불충분함	248종: 224종의 화학물질, 2종의 바이러스 및 병원균, 13종의 혼합물, 72종의 노출환경

Groups	발암 강도	분류 기준	종류
Group 3	인체비발암물질 (Not Classifiable as to its carcinogenecity)	동물에서 발암 증거가 불충분함	515종: 496 화학물질, 11종의 혼합물, 8종의 노출환경

* IARC: International Agency for Research on Cancer

특히 각 Group의 물질은 생물학적 또는 화학적 분류, 발암원의 단일물질 또는 복합물질 그리고 환경적 요인 등으로 다시 분류된다. Group 1에 속하는 105종의 인체발암원은 61종의 화학물질, 9종의 바이러스 및 병원균, 16종의 혼합물, 19종의 노출환경 등으로 분류된다. 그러나 9종의 바이러스, 병원균, 몇 종의 방사선 그리고 몇몇 무기이온을 제외하면 대부분 유기성 화학물질이 인체의 발암원이며 또한 직간접적으로 다른 발암원과 발암화에 관련이 있다. 특히 유기물질-유래 발암원 중에서 benzene, benzidine, chlornaphazine, chlorambucil, cyclosporine, diethylstilboestrol, mustard gas(sulfur mustard), cisplatin and bleomycin, formaldehyde, NNN와 NNK를 포함한 tobacco-specific nitrosamines, dioxin, benzo[a]pyrene, vinyl chloride 등의 발암원에 의한 DNA 손상 기전에 대해 이미 논하였다. 이들의 공통점은 생체전환 및 자연분해를 통해 활성중간대사체 또는 활성형물질로 전환된다는 점과 DNA 손상을 유발하는 알킬화-유도물질이라는 점이다. 비록 비유전물질-손상 발암물질도 있지만 외인성물질의 생체 내 활성중간대사체 또는 활성형물질 생성에 대한 이해는 DNA 알킬화 가능성을 설명해 주기 때문에 물질의 발암성 유무를 이해하는 데 가장 중요한 요소이다.

이와 같이 생체전환의 대사 과정에서 생성된 활성중간대사체에 의한 DNA 손상을 통해 암을 유도하는 물질을 간접-발암물질(indirect-carcinogen)이라고 한다. 반면에 원물질 또는 자연분해에 의해 생성된 활성형물질과 같이 효소에 의한 생체전환 과정이 없이 직접적으로 DNA와 결합하여 암을 유도하는 물질을 직접-발암물질(direct-acting carcinogen)이라고 한다. 그러나 이러한 DNA 손상을 유도하는 발암물질 외에도 DNA 손상을 유도하지 않고 발암에 영향을 주는 물질도 발암물질이라고 한다. 예를 들어 asbestos와 silica

는 유전독성을 유발하지 않고 발암을 유도하는 물질인데 epigenetic carcinogen 또는 non-genotoxic carcinogen(비유전물질-손상 발암물질)이라고 하며 다음 장에 다시 설명된다. 최근 들어 발암물질에 대한 연구는 'alcohol drinking and aflatoxin', 'alcohol drinking and HBV/HBC', 'alcohol drinking and tobacco smoking' 그리고 'tobacco smoking and asbestos/argenic/radon' 등과 같이 암 유발에 있어서 다양한 요인의 동시 노출에 의한 혼합작용(combined effects of multiple exposure)에 대해 많이 이루어지고 있다.

〈표 7-2〉 IARC에 의한 발암원 Group 1의 분류와 종류

61종의 화학물질
4-Aminobiphenyl, Aristolochic acid, Arsenic and arsenic compounds, Asbestos, Azathioprine, Benzene, Benzidine, Benzo[*a*]pyrene, Beryllium and beryllium compounds, *N,N*-Bis(2-chloroethyl)-2-naphthylamine(Chlornaphazine), Bis(chloromethyl)ether and chloromethyl methyl ether, 1,3-Butadiene, 1,4-Butanediol dimethanesulfonate(Busulphan; Myleran), Cadmium and cadmium compounds, Chlorambucil, 1-(2-Chloroethyl)-3-(4-methylcyclohexyl)-1-nitrosourea (Methyl-CCNU; Semustine), Chromium VI, Cyclophosphamide, Cyclosporine, Diethylstilboestrol, Dyes metabolized to benzidine, Erionite, Estrogen-progestogen menopausal therapy(combined), Estrogen-progestogen oral contraceptives(combined), Estrogens-nonsteroidal, Estrogens-steroidal, Estrogen therapy-postmenopausal, Ethanol in alcoholic beverages, Ethylene oxide, Etoposide, Etoposide in combination with cisplatin and bleomycin, Formaldehyde, Gallium arsenide, Melphalan, 8-Methoxypsoralen(Methoxsalen) plus ultraviolet A radiation, Methylenebis (chloroaniline), MOPP and other combined chemotherapy including alkylating agents, Mustard gas(Sulfur mustard), 2-Naphthylamine, Neutrons, Nickel compounds, *N'*-Nitrosonornicotine(NNN) and 4-(*N*-Nitrosomethylamino)-1-(3-pyridyl)-1-butanone(NNK), Oral contraceptives(sequential), Phenacetin, Phosphorus-32 as phosphate, Plutonium-239 and its decay products(may contain plutonium-240 and other isotopes) as aerosols, Radioiodines(short-lived isotopes, including iodine-131, from atomic reactor accidents and nuclear weapons detonation, exposure during childhood), Radionuclides, a-particle-emitting(internally deposited), Radionuclides (b-particle-emitting, internally deposited), Radium-224 and its decay products, Radium-226 and its decay products, Radium-228 and its decay products, Radon-222 and its decay products, Silica crystalline(inhaled in the form of quartz or cristobalite from occupational sources), Solar radiation, Talc containing asbestiform fibres, Tamoxifen, 2,3,7,8-Tetrachlorodibenzo-*para*-dioxin, Thiotepa, Thorium-232 and its decay products(administered intravenously as a colloidal dispersion of thorium-232 dioxide), *ortho*-Toluidine, Treosulfan, Vinyl chloride, X- and Gamma (g)-Radiation
9종의 바이러스 및 병원균
Epstein-Barr virus, Helicobacter pylori, Hepatitis B virus(chronic infection), Hepatitis C virus(chronic infection), Human immunodeficiency virus type 1, Human papillomavirus types(16, 18, 31, 33, 35, 39, 45, 51, 52, 56, 58, 59 and 66), Human T-cell lymphotropic virus type I, Opisthorchis viverrini, Schistosoma haematobium

16종의 혼합물(mixture)
Aflatoxins(naturally occurring mixtures of), Alcoholic beverages, Areca nut, Betel quid with tobacco, Betel quid without tobacco, Coal-tar pitches, Coal-tars, Household combustion of coal(indoor emissions from), Mineral oils(untreated and mildly treated), Phenacetin(analgesic mixtures containing), Plants containing aristolochic acid, Salted fish(Chinese-style), Shale-oils, Soots, Tobacco(smokeless), Wood dust

19종의 노출환경(Exposure circumstances)
Aluminium production, Arsenic in drinking-water, Auramine production, Boot and shoe manufacture and repair, Chimney sweeping, Coal gasification, Coal-tar distillation, Coke production, Furniture and cabinet making, Haematite mining(underground) with exposure to radon, Involuntary smoking(exposure to secondhand or 'environmental' tobacco smoke), Iron and steel founding, Isopropyl alcohol manufacture(strong-acid process), Magenta production, Painter(occupational exposure), Paving and roofing with coal-tar pitch, Rubber industry, Strong-inorganic-acid mists containing sulfuric acid(occupational exposure), Tobacco smoking and tobacco smoke

- **Cancer란 malignant tumor를 의미하며 chemical carcinogenesis가 대표적 기전이며 multi-stage theory가 있다.**

알킬화 등의 DNA 손상에 의한 돌연변이는 세포의 무한증식 및 전이 등의 형질전환을 유도한다. 이러한 과정에서 세포는 다양한 반응을 나타내는데 이들 반응과 발암과정에 관련된 주요 용어가 <표 7-3>에서 설명되었다. 일반적으로 종양(tumor)이란 증식이 무한하게 이루어지는 세포를 의미한다. 무절제하고 빠른 세포증식이 양성종양(benign tumor)으로 유도되기도 하지만 이들 일부는 악성종양(malignant tumor, cancer)으로 전환된다. 또한 무절제한 세포분열과 더불어 암세포의 다른 조직으로의 이동인 전이(metastasis)는 대표적인 악성 표현형이다. 양성종양은 다른 조직으로 침투나 전이가 되지 않으며 생리학적 중요한 부위를 압박하지 않는다면 생명에는 지장을 주지 않는다. 그러나 약성종양은 다른 기관으로의 전이와 침투가 이루어지며 생명을 위협한다.

〈표 7-3〉 암의 주요 용어

주요 용어	의 미
암(cancer)	전이 또는 주변의 다른 조직에 침투할 수 있는 능력을 가진 악성종양
종양(tumor)	시간에 따라 점차 악화되어 세포주기를 조절할 수 없는 성장에 대한 일반용어. 종양은 양성과 악성이 있음
신생물(neoplasm)	종양과 동일함
신형성(neoplasia)	비정상적이고 조절되지 않는 세포증식을 가진 새로운 조직의 성장
양성종양(benign tumor)	전이 또는 주변조직으로 침윤되지 않는 종양
악성종양(malignant tumor)	전이 또는 주변조직으로 침윤이 가능한 종양(암과 동일)
전이(metastasis)	원래 발생한 곳에서 떨어진 새로운 지점에 두 번째 종양을 형성하는 능력
발암 또는 발암화(carcinogenesis)	모든 종류의 악성종양 발생에 대한 일반적인 용어로 사용됨
불멸화된 세포(immortalized cell)	혈청의 성장인자를 가진 배양액을 통해 성장이 가능하거나 지속적으로 살아 있는 세포 그러나 암의 특성을 나타내는 형질전환은 되지 않은 상태의 세포이며 또한 정상세포 특성을 많이 가지고 있는 세포
형질전환 된 세포(transformed cell)	숙주에 주입하면 암을 유발할 수 있는 세포이며 반드시 숙주를 죽이지는 않는 세포
전이세포(metastatic cell)	완전히 형질전환 된 세포로서 다른 조직으로의 이동 또는 침투를 통해 새로운 클론 형성이 가능하며 숙주에 주입 시 사망을 유도하는 세포
Adenoma(선종)	선조직-유래 양성종양이며 양성종양에서 악성종양으로 전환되는 시점은 세포를 adenocarcinoma, 선-암종 연속체)
Carcinoma(암종)	상피세포-유래 형질전환 된 악성종양

일반적으로 **virus**나 다른 물리적인 요인과 같이 화학물질에 의한 발암도 '돌연변이'라는 측면에서 유사한 과정을 통해 유발된다. 오늘날 발암은 하나의 정상세포에서 여러 유전자의 돌연변이가 발생되어 이에 따른 세포의 형질전환에 의해 유발되는 과정으로 대체적으로 받아들여지고 있다. 즉, 선천적 유전자의 돌연변이 또는 새로운 돌연변이 등 여러 유전자에서 돌연변이의 발생과 축적으로 진행되는 다단계(**multi-stages**) 이론이 발암의 주요 기전이다. 그러나 세포의 암화는 비가역적이라는 것은 확실하지만 발암의 원인이 다양하듯이 기전도 역시 다양하게 다음과 같이 제시되고 있다.

- Nature and nurture theory(자연적 및 인위적 발암 이론)
- Stem cell theory(암줄기세포 이론)
- Multistage theory(다단계 이론)

- Mutation versus epigenetic theory(돌연변이 및 유전자 외적 이론)
- Oncogene/Tumor suppressor gene theory(발암유전자 및 발악억제유전자 이론)
- Integrative theory based on cell－cell communication(세포－세포 신호전달체계 이상에 의한 복합론)

이러한 여러 이론 중 하나의 이론으로 다양하고 수백 종의 암을 설명할 수는 없으며 또한 다양한 이론이 암의 기전을 설명하는데 응용되고 있다. 그러나 발암기전에서의 기본적인 이론이며 동시에 대립적 주제는 '암은 유전자의 질환이다(Cancer is an illness)' vs '암은 유전자 조절의 질환이다(Cancer is an illness of gene regulation)'로 요약된다. '암은 유전자의 질환'이라는 것은 암의 원인이 유전자 돌연변이에 기인한다는 의미이며 '암은 유전자 조절의 질환'이라는 것은 암의 원인이 유전자 활성을 조절하는 구조의 변화에 기인한다는 것을 의미한다. 그러나 발암기전에서 발암유전자의 발견으로 인하여 암은 유전자 돌연변이 또는 이상에 유래하는 질환이라는 것이 더욱 설득력을 갖게 되었으며 특히 유전자－돌연변이 발암기전(gene－mutation cancer hypothesis)이 더욱 일반화되고 있다. 유전자－돌연변이에서의 돌연변이란 염기 수준에서 발생하는 점돌연변이(point mutation)를 의미한다. 그러나 발암의 시작단계에서 세포 핵형이 정상적인 염색체의 수가 아닌 이수체(aneuploid)에 의한 발암기전인 염색체 이수성화－유도 발암화 이론(hypothesis for carcinogenesis via aneuploidization) 역시 제안되고 있다.

여기서 논하는 chemical carcinogenesis(화학적 발암화 또는 화학물질－유도 발암화)이란 화학물질에 의해 정상세포가 암세포로 형질전환 되는 과정을 의미한다. 그러나 형질전환의 원인이 되는 돌연변이는 120 여종의 암마다 각각 다른 유전자에 발생할 수 있으며 돌연변이 유전자의 수도 암마다 차이가 있다. 즉 암마다 원인이 되는 돌연변이 유전자의 종류와 유전자의 수가 다르다는 것이다. 이러한 점이 발암의 명확한 기전을 규명하고 이해하는데 있어서 가장 어려운 점이다. 일반적으로 화학적 발암화에 대한 기전은 발암의 다단계이론으로 가장 많이 설명되고 있다. 그러나 1992년 IARC에 의해 cancer는 아주 일부 기전만 알려진 다인성(multicausal) 및 다단계(multistage) 특성을 가진 질환군이었지만 2006년에 cancer는 비정상적인 세포의 무제한적 생장과 확산으로 특정되는 질환군으로 정의되고 있다.

1. 발암의 multistage theory

◎ **주요 내용**

- Carcinogenesis는 단계별로 돌연변이가 추가되는 multistage이며 proto-oncogene, tumor-suppressor gene와 DNA mismatch-repair gene 등 3부류의 유전자에서 돌연변이에 의해 진행된다.
- Multistage는 initiation, promotion, malignant conversion과 progression 등의 4단계로 구성되어 있다.

- **Carcinogenesis는 단계별로 돌연변이가 추가되는 multistage이며 proto-oncogene, tumor-suppressor gene와 DNA mismatch-repair gene 등 3부류의 유전자에서 돌연변이에 의해 진행된다.**

발암 또는 발암화란 정상적인 세포가 암세포로 형질전환 되는 것을 의미한다. 또한 세포의 발암은 정상세포가 다양한 종양전구(pre-neoplastic) 또는 종양성(neoplastic) 표현형 및 유전형을 발현하면서 다단계를 통해 암세포로 전환되는 매우 희귀한 과정이다. 세포분열은 거의 모든 조직에서 발생하는 생리적인 과정이다. 세포분열을 통해 생성된 새로운 세포는 문제를 가진 세포의 아포토시스(apoptosis, programed cell death, 세포자살)를 통해 사라진 세포를 대처하게 된다. 따라서 정상적인 상황 하에서 세포를 구성하는 조직과 기관의 완전한 형태의 유지는 이러한 아포토시스와 세포분열의 조절을 통한 균형에 의해 이루어진다. 세포의 발암화는 정상세포 내 여러 유전자의 돌연변이에 의해 이러한 세포의 증식과 죽음의 균형을 무너뜨리는 과정이며 결과이다. 이와 같이 유전자의 돌연변이가 발암의 중요한 동력이지만 모든 유전자 또는 모든 DNA의 돌연변이가 발암의 동력이 되지는 않는다. 발암화를 유도하는 돌연변이는 다음과 같이 3가지 주요 유전자로 요약된다.

① 다양한 기전을 통해 세포증식을 유도하는 proto–oncogene(발암전구유전자)
② DNA 수선을 위해 세포분열을 일시적으로 정지시키거나 세포성장을 중지시키는 발암억제유전자(tumor–suppressor gene)
③ 손상된 DNA의 수복과 관련된 염기쌍–오류 수선유전자 또는 DNA 수선유전자(DNA mismatch–repair gene)

유전자 손상 또는 DNA 손상 자체가 돌연변이를 의미하지는 않는다. 돌연변이(mutation)란 손상된 DNA가 DNA 복제와 더불어 세포분열을 통해 다음 세대로 상속 또는 전달되는 것을 의미한다. 따라서 발암화는 3종류의 주요 유전자의 손상이 세포분열을 통해 다음 세대의 세포에 전달되는 세포 클론화(cloning, 동일한 특성을 가진 세포의 집단화)가 필요하다. 종양의 개념에서 세포의 무한한 증식은 세포의 클론화에 의해 이루어진다. 이들 종양이 다른 조직으로 침투나 전이가 되지 않으면 무절제하고 빠른 세포증식에도 불구하고 양성종양(benign tumor)이다. 그러나 이들 종양들은 정상세포보다 DNA 손상이 쉽게 이루어지는 특성이 있다. 이는 또 다른 proto–oncogene, tumor suppressor gene와 DNA mismatch–repair gene 등에 추가 손상 및 돌연변이가 발생할 가능성이 높다는 것을 의미한다. 반복적으로 유전자 또는 DNA 손상을 입은 이들 일부 세포는 다른 기관으로의 전이와 침투가 가능한 악성종양(malignant tumor, cancer)으로 형질전환이 된다. 이와 같이 발암화의 다단계 이론이란 정상세포가 암세포로 전환하는 과정이 3종류의 여러 유전자에서 돌연변이를 통해 이루어지는데 돌연변이가 추가되면서 발암화가 단계별로 진행되는 과정을 의미한다. 이러한 일련의 돌연변이와 단계별 발암화 과정은 <그림 7–1>에서처럼 개시(initiation), 촉진(promotion), 악성전환(malignant conversion, progression에 포함되어 생략되기도 함) 그리고 진행(progression) 등의 4단계로 구분된다. 다단계를 통해 정상세포가 암세포로의 전환을 위해 다음과 같은 네 가지의 기본적 특성을 획득하게 된다.

① Clonality(클론성): 암세포는 하나의 정상세포에서 유래
② Autonomy(자율성): 정상적인 생체의 조절기능에서 벗어나 무조절적 성장
③ Anaplasia(기능적 퇴화): 암 발생 조직의 세포는 정상적인 세포로서의 기능을 상실
④ Metastasis(전이): 다른 조직으로의 암세포 침범

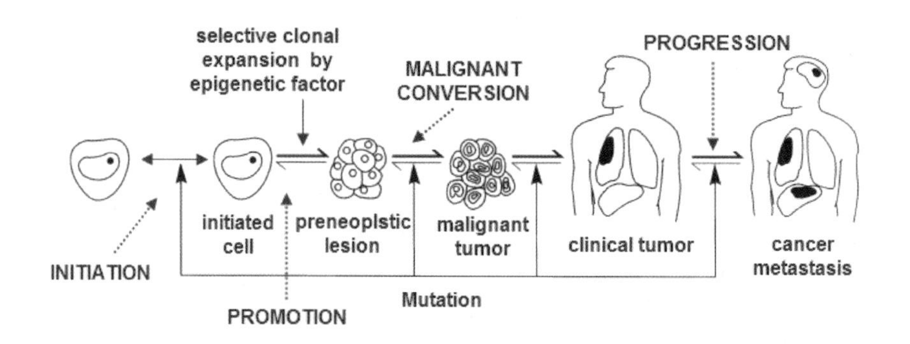

〈그림 7-1〉 발암화의 다단계와 단계별 특성과 돌연변이: 대부분의 발암화는 개시(initiation), 촉진(promotion), 악성전환(malignant tumor) 그리고 진행(progression) 단계로 구성되는데 각 단계는 추가적인 돌연변이에 의해 진전된다(참고: Weston).

요약하면 발암화란 하나의 정상세포가 여러 번의 돌연변이에 의해 여러 단계를 통해 증식 및 전이 등으로 형질전환이 되는 과정이다. 그러나 여러 단계에서 나타나는 현상들이 반드시 모든 암에서 동일한 과정을 통해 형성되는 것은 아니다. 또한 발암의 원인을 제공하는 돌연변이도 염기 수준에서 발생하는 점돌연변이(point mutation)와 염색체 수준에서 발생하는 염색체돌연변이(chromosomal mutation) 등의 여러 기전이 있다. 이와 같이 발암화의 다단계는 각 단계마다 돌연변이가 유발되는데 특히 점돌연변이에 의해 각 단계가 진행되는 이론을 유전자-돌연변이 발암 가설(gene-mutation cancer hypothesis)이라고 한다.

- Multistage는 tumor initiation, tumor promotion, malignant conversion과 tumor progression 등의 4단계로 구성되어 있다.

1) 종양개시(tumor initiation) 단계

종양개시는 DNA 또는 유전자의 비가역적 손상에 기인한다. 화학물질에 의한 유전자 또는 DNA 손상은 염기소실, 염기의 화학적 변형, inter-strand crosslink, DNA-protein crosslink 그리고 strand break 등이 있다. 특히 종양개시에 가장 빈번하게 발생하는 DNA 손상은 염기의 화학적 변형인 DNA adduct이다. 이러한 연유로 carcinogen-DNA adduct 형성은 화학적 발암화의 개시과정에서 가장 중심적인 DNA 손상이며 이론이다. 특히 종양의 개시를 유도하는 DNA 손상물질을 개시자(initiator)라고 한다. 그러나 어떠한 DNA 손상이라도 적어도 개시단계에서 다음과 같은 두 가지 과정을 거쳐야 정상세포가 암세포로의 전환이 가능하다.

① 손상을 가진 DNA 부위 또는 유전자 부위가 세포주기의 DNA 합성 시 수선(repair)이 되지 않은 상태로 다음 세대에 고정(fixation)되어 돌연변이를 가진 세포가 출현하여야 한다.

② DNA 손상 또는 돌연변이가 3가지 부류의 특정유전자, 즉 proto-oncogene, tumor-suppressor gene 그리고 DNA mismatch-repair gene 중에서 발생되어야 한다. 특히 proto-oncogene, tumor-suppressor gene 등은 대부분 신호전달체계(signal transduction), 세포주기 및 아포토시스 등의 조절과 관련된 유전자들이 대부분이다.

세 부류의 유전자 중의 하나 또는 그 이상의 유전자에 돌연변이가 고정(fixation)된 최초의 세포를 개시세포(initiated cell)라고 한다. 이 개시세포는 암세포의 중요한 특성인 클론화를 위한 조건을 갖춘 세포이다. 그러나 개시세포의 특성 중 선천적 생장의 자율성(inherent growth autonomy)의 유무에 대해서는 논란이 있다. 생장의 자율성은 결국 정상세포가 세포분열의 조절능력을 상실하게 되는 것이며 무한한 증식을 할 수 있다는 측면에서 암세포의 중요한 특성이다. 따라서 이러한 생장의 자율성에 대한 유지와 상실은 발암화에 있어서 중요한 기전이다. 개시세포는 정상세포와는 달리 세포생장의 조절을 받지 않는 선천적 생장의 자율성(inherent growth autonomy)을 가지고 있으며 여러 단계를 통해 악성종양으로서의 발전 가능성을 지닌 국소적 병소(focal lesion)를 형성한다는 주장이 있다. 그러나 단일 개시세포는 어떠한 생장의 자율성을 가지고 있지 않으며 비록 돌연변이를 가지고 있더라도 개시세포 생장은 정상적인 항상성 조절에 의해 이루어진다는 주장이 설득력을 더 얻고 있다. 즉 개시세포 내의 3부류 유전자에 돌연변이가 존재하기 때문에 발현이 된다면 어떤 측면에서라도 변형된 표현형이 나타날 수도 있지만 이러한 변형된 표현형은 또한 촉진단계의 촉진물질에 의해 나타난다고 이해되고 있다. 따라서 개시단계의 가장 중요한 특성은 3부류의 유전자에서의 돌연변이를 가진 세포의 출현이다.

2) 종양촉진(tumor promotion) 단계

종양촉진은 DNA 손상이 유발되어 돌연변이를 가진 세포인 개시세포의 선택적 클론화(selective cloning) 과정이다. 클론화는 일반적으로 protein kinase C 경로를 통해 이루어지며 발암화 과정에서 두 가지의 중요성이 있다. 첫 번째, 클론화가 중요한 것은 정상세포가 암세포로의 전환에 있어서 많은 돌연변이가 필요로 하기 때문이다. 예를 들어 사람의 대장암에서 암세포는 3부류의 유전자에서 적어도 5개 유전자에 돌연변이를 가지고 있다. 수많은 대장의 세포에서 단 하나의 개시세포가 적어도 5개의 유전자에서 돌연변이를 가지기에는 거의 불가능하다. 일반적으로 발암물질에 의해 손상을 입은 유전자의 대립유전자가 다시 돌연변이가 일어날 수 있는 빈도는 10^{-6} 정도인데(자연적으로 발생하는 유전자 돌연변이율이 유사분열 세포당 10^{-6}이기 때문에) 5개의 돌연변이가 발생할 확률은 아주 낮다. 따라서 돌연변이를 가진 개시세포에서 또 돌연변이가 일어나는 높은 확률을 위해서는 개시세포가 많아야 된다. 이와 같이 개시세포의 클론화는 악성종양으로의 진행을 위해 추가적인 돌연변이의 기회가 일어날 수 있도록 개시세포가 많아지는 과정이다. 이는 돌연변이 축적률이 세포분열율과 비례적이기 때문이다. 두 번째, 클론화의 또 다른 중요성은 클론화된 세포는 돌연변이의 수선 및 방어에 취약하다는 점이다. 이는 클론화된 개시세포가 정상세포보다 추가적인 돌연변이의 발생 가능성이 확률적으로 높다는 것을 의미한다.

이와 같이 개시세포의 클론화를 유도하는 물질을 촉진자(제) 또는 촉진물질(promotor)이라고 한다. 촉진물질은 개시물질과 달리 유전물질에 손상을 유발하지 않는 비돌연변이원성(non – mutagenic)이기 때문에 그 자체는 발암물질이 아니다. 특히 정상적인 세포의 발암화에 있어서 촉진물질 자체는 아무런 영향이 없지만 발암물질에 의한 돌연변이가 선행된 후에는 발암화를 촉진시킨다. 예를 들어 sodium arsenite는 정상적인 세포에 투여하였을 경우에 발암에 아무런 영향을 주지 않지만 UV 조사 후 sodium arsenite 투여는 종양의 세포 수와 크기를 증가시킨다.

일반적으로 개시단계가 이루어진 후 종양의 크기가 증가되는 클론화까지는 오랜 잠복기(latency period)가 존재한다. 암의 잠복기가 길다는 것은 개시세포의 클론화 과정의 시간이 길다는 것을 의미한다. 즉 개시단계는 순간적이면서 단시간에 발생되는 것과 비교하여 종양의 촉진단계는 오랜 시간에 걸쳐서 세포의 형태학적 변화를 비롯하여 생화학적, 분자 생물학적 변화가 진행된다. 일반적으로 사람에게 있어서 촉진단계는 평균 약 10년에 걸쳐 진행된다. 이러한 연유로 클론화를 통해 단 하나의 암세포가 직경 1㎝의 종양 크기로 성장하려면 5년에서 20년 또는 그 이상의 시간이 걸릴 수 있다. 따라서 발암화의 다단계 과정에서 촉진물질의 가장 중요한 역할은 개시세포의 클론화까지의 긴 잠복기를 감소시키는 것이다. 개시단계는 개시물질에 의하여 유발된 DNA 손상과 돌연변이로 인하여 비가역적이지만 촉진단계는 촉진물질이 제거되면 클론화가 지연 또는 멈추게 되는 가역적이다. 따라서 종양의 클론화는 촉진물질 노출의 빈도 및 양에 따라 결정된다고 할 수 있다. 그러나 <그림 7 – 2>에서처럼 촉진물질에 의한 개시세포의 생장은 'S – 형 생장곡선

(sigmoidal－like curve)'을 나타내는데 이는 역치와 더불어 특정 농도에서만 용량－반응 의존성(dose－response dependency)을 나타낸다는 것을 의미한다. 즉 촉진물질인 경우에는 어느 정도의 농도 이상에서 개시세포의 수가 증가되는 역치(threshold level)가 있고 또한 고용량에서는 독성에 의해 세포사멸이 되어 발암의 촉진 효과가 없다는 것을 의미한다. 촉진물질과는 달리 발암물질에 대한 역치가 존재하는가에 대한 논란 또한 있다. 발암물질의 역치 존재에 대해 찬성하는 쪽은 돌연변이에 대한 방어기전이 존재한다는 측면을 강조하고 반대하는 쪽에서는 단 하나의 물질로 의해 하나의 세포의 변화로 암 발생 가능성이 있다는 측면을 강조한다.

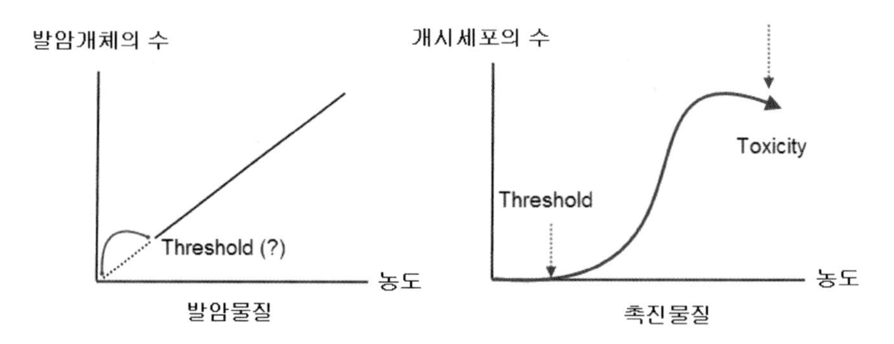

〈그림 7－2〉 발암물질과 촉진물질의 용량－반응 관계의 비교: 발암물질의 역치 존재에 대한 논란은 있지만 촉진물질에서는 어느 정도 이상의 농도에서 반응하는 역치가 존재한다.

대체적으로 발암화는 개시물질 및 촉진물질에 의해 단계적으로 진행되지만 어떤 발암물질은 개시물질과 촉진물질의 역할을 모두 할 수 있는데 이러한 발암물질을 완전발암물질(complete carcinogen)이라고 한다. B[a]P 그리고 4-aminobuphenyl 등이 완전발암물질에 해당한다. 그 외 개시물질의 역할만 하는 발암물질을 불완전발암물질(incomplete carcinogen)이라고 하는데 이들 물질이 노출된 후 촉진물질이 노출되어야 발암이 유발된다. 촉진물질의 이러한 특징으로 인하여 DNA 손상이 없이 개시세포를 촉진하는 물질을 non-genotoxic carcinogen(비유전자-손상 매개 발암물질)으로 분류되기도 한다. 대부분의 유기성 발암물질이 체내에서 제1상반응의 생체전환에 의해 활성화되어 DNA

손상을 유발하지만 이들 보조발암물질 또는 촉진물질들은 생체전환이 없이 개시세포의 클론화 등의 생물학적 영향을 매개할 수 있는 특성이 있다.

이와 같이 촉진단계에서 촉진물질의 가장 중요한 역할은 불완전발암물질에 의해 형성된 개시세포의 세포증식에 의한 클론화로 요약된다. 현재까지 가장 잘 알려진 촉진물질에 의한 촉진단계의 기전은 관엽식물인 croton 오일의 주성분인 12-tetradecanoylphorbol-13-acetate에 의한 calcium-phospholipid-의존성 효소계열인 protein kinase C 활성화를 통해 설명되고 있다. Protein kinase C는 자체의 활성화를 통해 세포생장을 유도할 수 있는 유전자의 외적 변화를 위한 신호전달체계를 자극하고 또한 이와 관련된 특정 단백질의 인산화를 유도한다. 결과적으로 12-tetradecanoylphorbol-13-acetate 노출에 의해 세포막을 가로지르는 iron flux, 호르몬 결합, 세포-세포 간 소통의 저해 등에 대한 변화가 유도된다. 또한 고지방식이를 통해 증가된 혈액 diacylglycerol 농도도 protein kinase C의 활성화를 통해 촉진단계를 유도한다. 그러나 protein kinase C 자체가 세포, 조직 또는 동물종마다 그 발현에 있어서 차이가 있는 multi-gene 계열이기 때문에 protein kinase C의 활성에 대한 반응은 세포마다 차이가 있다.

개시세포의 클론화를 위해 촉진단계에서는 개시세포의 유사분열 촉진이 유도되는데 이와 같이 세포증식을 유도하는 물질인 유사분열촉진제(mitogen)는 대부분 발암에서의 촉진물질로 역할을 할 수 있다. <표 7-4>에서처럼 이들은 내인성(endogenous) 또는 외인성 촉진물질(exogenous promotor)로 분류되며 조직 및 암 종류에 따라 특이적으로 분열을 촉진하는 역할을 한다. 예를 들어 12-tetradecanoylphorbol-13-acetate는 alicyclic chemical(방향족과 지방족이 혼합된 구조)로 마우스 피부의 발암에 있어서 촉진물질로 작용한다. Saccharin인 경우에는 방광, phenobarbital은 간 그리고 2,3,7,8-Tetrachlorodibenzo-*p*-dioxin은 랫드의 간을 비롯하여 폐 및 피부의 발암에 있어서 촉진물질로의 역할을 한다. Nafenopin은 간에서 peroxisome의 합성을 유도하는 proliferator이며 2,2,4-Trimethyl pentane은 신장암을 촉진하는 촉진물질이다. Cholic acid는 개시물질 및 촉진물질 모든 역할을 하며 특히 B[a]P와 같은 aromatic hydrocarbon의 일부 물질도 개시물질과 촉진물질의 역할을 모두 한다.

〈표 7-4〉 내인성 및 외인성 촉진물질의 종류

Endogenous promoters	Exogenous promoters
Estrogen Prolactin Thyroxin Tryptophan Cholic acid	12-tetradecanoylphorbol-13-acetate(TPA) Phenobarbital Saccharin Butylated hydroxytoluene Estradiol benzoate 2,2,4-Trimethyl pentane Nafenopin 2,3,7,8-Tetrachlorodibenzo-p-dioxin Chloroform Benzoyl peroxide Macrocyclic lactones Bromomethyl benzanthracene Anthralin Phenol Dichlorodiphenyltrichloroethane(DDT) Cigarette-smoke condensate Polychlorinated biphenyls(PCBs) Teleocidins Cyclamates

대부분의 암은 하나의 세포에서 시작되는 단일클론성(monoclonal)이지만 여러 암에서 다클론성(polyclonal)으로 나타난다. 단일클론성이면 세포가 거의 유사한 특성을 가져야 함에도 불구하고 종양세포는 독립적이면서 수많은 비정상적인 특성을 가지고 있다. 실제로 각각의 암세포들의 특이적 핵형과 표현형들은 세포주기당 겨우 소수 몇 %만이 같을 정도로 매우 다양하다. 그러나 특정유전자의 돌연변이는 암의 진행을 위해 선택되어 클론화된다. 이들 클론화된 세포집단은 부분적으로 다소 차이가 있지만 암세포로의 형질전환을 위한 어떤 세포집단보다 확률이 높다. 이와 같이 암세포 기전에서도 다윈의 '자연선택' 이론처럼 돌연변이-선택(mutation-selection)을 통해 암세포로의 발전 과정이 다윈의 진화론적 이론을 통해 설명되기도 한다. 그러나 일반적으로 촉진단계 및 촉진물질에 대해 다음과 같이 요약할 수 있다.

① 촉진단계는 촉진물질에 의해 유전자 손상을 가진 개시세포의 클론화를 위한 세포생장이 유도되는 단계이며 촉진물질은 보조발암물질로 대부분 비돌연변이원성이다.

② 클론화의 중요성은 돌연변이를 가진 개시세포에서 또 다른 돌연변이의 발생 확률을 높이기 위해서는 개시세포가 많아야 한다는 점과 클론화된 세포는 돌연변이의 수선 및 방어에 취약하다는 점이다.

③ 촉진물질은 개시세포의 클론화에 대해 'S-형 곡선(sigmoidal-like curve)'의 용량-반응 의존성(dose-response dependency)을 나타낸다. 촉진물질의 어느 정도 이상에서 반응이 나타나는 역치(threshold level)가 있는 반면에 고용량에서는 발암 촉진효과를 얻기보다 세포사멸을 유도한다. 또한 촉진물질은 제거되면 클론화가 지연 또는 멈추게 되는 가역성이다.

④ 개시세포의 클론화가 이루어지면 세포의 아포토시스가 감소된다. 개시세포의 클론화는 여전히 암 발생 이전의 암전구세포(preneoplasitc cell) 특성이지만 추가적인 돌연변이를 통해 암세포의 특성을 지닌 형질전환 된 세포들로 교체된다.

⑤ 현재까지 가장 잘 알려진 촉진물질에 의한 촉진단계의 기전은 12-tetradecanoylphorbol-13-acetate에 의한 calcium-phospholipid-의존성 효소계열인 protein kinase C 활성화로 설명되고 있는데 이의 활성화에 의해 세포분화 및 증식이 촉진된다.

3) 악성전환(malignant conversion)

클론화가 이루어진 세포집단은 아직 악성 표현형(malignant phenotype)이 발현되지 않은 암전구세포(preneoplasitc cell)이다. 만약 종양 촉진제의 노출 또는 투여가 악성전환이 발생하기 전에 중단된다면 양성종양이 되거나 또는 암전구세포는 퇴화된다. 악성전환(malignant conversion)은 촉진단계의 클론화된 암전구세포가 악성 표현형(malignant phenotype)이 발현되는 형질전환이 이루어지는 것을 의미한다. 일반적으로 다단계에 의한 발암화의 임상적 또는 생물학적 표현형은 세포과형성(hyperplasia), 형성이상증(dysplasia), 비정상 형태(abnormal morphology), 세포퇴화(anaplasia), 세포역분화(dedifferentiation), 다발성 약물내성, 불멸화(immortality), 접촉성장저해의 상실(loss of contact growth inhibition, 두 개 이상 세포가 접촉하는 경우에 세포성장이 멈추는 것이 상실되는 것), 이식을 위한 조직적합성(histocompatibility), 이질적인 바이러스에 대한 감수성, 종양세포-유도 신생혈관형성(angiogenesis), 비정상적인 대사, 생장자율성, 침윤(invasion) 그리고 전이(metastasis) 등이 있다. 물론 이러한 모든 생물학적 표현형이 반드시 악성 표현형은 아니다. 이 중 세포과형성이나 형성이상증 또는 세포퇴화 등은 암전구세포에서 나타나는 주요 표현형이다. 이 중에서 특히 악성 표현형으로는 이식을 위한 조직적합성(histocompatibility), 이질적인 바이러스에 대한 감수성, 비정상적인 대사, 생장자율성, 침윤 그리고 전이 등을 들 수 있다. 악성전환 단계는 발암억제유전자 또는 발암유전자 등의 유전자 추가적인 돌연변이를 통해 악성 표현형을 나타낼 수 있는 세포로의 전환 과정을 의미한다.

악성으로의 형질전환은 세포분열률과 악성전구세포의 양과 비례적으로 가속화된다. 악성전환을 위한 추가적인 돌연변이는 발암전구유전자 또는 발암억제유전자에서 발생하며 이들의 돌연변이는 유전자 불안정성을 증가시켜 추가적인 돌연변이가 쉽게 되도록 한다. 즉 악성전환은 발암유전자의 활성화 또는 발암억제유전자의 불활성화 등에 의해 매개되며 암전구세포는 암세포로의 특성을 가지게 된다. 악성전환단계는 다음 단계인 진행단계와 연속 또는 혼재되어 발생하며 암세포의 표현형은 더욱 다양하게 된다.

4) 종양진행(tumor progression) 단계

종양진행은 클론화된 세포에서 악성 표현형(malignant phenotype)의 발현과 이미 악성을 가진 암세포의 더욱더 악성적인 특성으로 발전되어 가는 과정을 의미한다. 특히 진행단계에서 가장 중요한 특성은 악성종양의 침윤과 전이다. 침윤은 일차적으로 생성된 종양세포의 부위를 다소 벗어난 주변조직에서의 생장을 의미한다. 침윤은 악성종양의 전형적인 특성인 단백분해효소인 protease 분비를 유도하는 유전자의 발현에 기인한다. 다른 조직 또는 부위로 암세포의 이동인 전이도 악성종양의 중요한 특성이다. 그러나 무엇보다도 종양진행 과정에서의 대표적인 악성 표현형은 유전자의 불안정성과 조절의 한계를 넘은 무절제한 세포생장이다. 특히 유전자의 불안정성에 의해 발암유전자의 활성화와 발암억제유전자의 불활성화를 유도하는 추가적인 유전자 돌연변이의 가능성을 증가시킨다. 발암전구유전자의 활성화는 일반적으로 2가지 기전으로 이루어진다. 첫 번째는 'ras' 유전자에서 12, 13, 59 그리고 61번째 코돈에서 돌연변이 발생처럼 발암전구유전자의 점돌연변이이며, 다른 기전은 myc, raf, her-2와 jun 등의 다유전자군(multi-gene family)에서처럼 유전자 중복 및 증폭에 의한 유전자 과발현이다. 또한 어떤 발암전구유전자는 이동을 통해 bcl-2 유전자 등의 강력한 프로모터에 재위치하여 과발현이 되기도 한다. 발암억제유전자의 불활성화는 이중적 양상(bimodal fashion)을 통해 이루어진다. 가장 빈번하게 일어나는 유전자의 불활성화 기전은 한쪽의 대립유전자가 점돌연변이가 이루어지면 다른 쪽 대립유전자는 절단, 재조합 그리고 염색체불분리 현상 등을 통해 불활성화가 이루어진다. 이러한 발암억제유전자의 불활성 및 발암전구유전자의 활성화는 종국적으로 세포생장을 촉진시키며 국소적 침윤 및 타 조직 및 기관으로 전이를 유도하는 악성 표현형의 발현에 대한 원인이 된다. 그러나 이들 돌연변이는 계획된 수순대로 이루어지는 것이 아니고 무순적으로 여러 돌연변이의 누적된 결과이다.

2. 발암화에 대한 심층적 이해

◎ 주요 내용

- Colon cancer는 발암의 다단계 이론에 있어서 가장 대표적인 모델이다.
- Carcinogen은 genotoxic carcinogen과 non-genotoxic carcinogen으로 구분되며 또한 촉진단계의 촉진물질과도 차이가 있다.

- 세포는 DNA 손상에 대해 sensor – transducer – effector 등의 신호전달체계를 통한 DNA – damage response을 수행한다. 그러나 sensor의 일종인 ATM의 불활성화는 암 및 유전질환 등을 유발하게 된다.

- 유전자 – 돌연변이 발암 가설에 있어서 발암과 관련된 유전자의 돌연변이는 전체 유전자의 약 2% 정도이다.

- 가장 대표적인 발암억제유전자는 RB와 T53 유전자이며 모든 암의 발암률에 있어서 약 50% 이상 이들 유전자의 돌연변이로 설명되고 있다.

- 다단계 발암화와 유전자 – 돌연변이 발암 가설에서 발암은 여러 번의 돌연변이가 유도되는데 이들의 돌연변이는 어떻게 발생하는가?

- 발암화는 돌연변이에 의해 종양개시가 된다는 것이 일반적인 이론이지만 염색체의 aneuoloidization 의한 종양개시 역시 제시되고 있다.

- 발암화에 있어서 genetic instability는 유전자 – 유래 및 유전자 외적 – 유래 등에 기인하며 clonal selection 및 subclonal selection을 유도하여 암세포로의 진행에 있어서 중요한 동력이다.

- 암줄기세포가설(cancer stem cell hypothesis) 역시 발암화의 기전으로 제시되고 있다.

- 화학적 발암화 과정에서 바이러스 등 생물학적 요인과 화학물질의 상호작용을 통해 형질전환을 촉진시킨다.

- 정상세포의 암세포로의 형질전환 과정에 발생하는 세포의 immortality를 유도하는 대표적인 기전은 세포의 복제세네센스 현상이다.

- **Colon cancer는 발암의 다단계 이론에 있어서 가장 대표적인 모델이다.**

결장암(colon cancer)은 적어도 4개 유전자의 차별적이고 연속적인 돌연변이를 통해 발생하며 발암화의 다단계 이론을 충족시키는 주요 발암 모델이다. 결장암과 관련하여 돌연변이의 주요 4개 유전자는 APC(adenomatous polyposis coli), K-ras, DCC(deleted in colon cancer) 그리고 p53 등이다. 이들의 연속적인 돌연변이를 통해 결장의 상피세포(colonic epithelium, 결장의 내부 면에 위치한 세포층)에 암이 유발된다. 유전자 APC의 돌연변이는 결정암에 있어서 전형적으로 가장 먼저 발생하거나 그렇지 않을 경우에 선천적인 경우가 대부분이다. APC의 돌연변이를 가진 개시세포는 증식을 통해 형성이상증(dysplasia, 비정상적인 adult cell) 또는 점막표면에 용종(polyp, 대부분 양성이지만 후에 악성으로 전환되기도 함) 형성을 유도한다. 돌연변이에 의한 용종은 수십 년 동안 휴지상태로 지속되기도 한다. 그러나 이들 중 한 세포에서 두 번째 돌연변이가 K-ras에서 발생하면 용종의 크기가 증가하거나 용종보다 더 큰 adenoma(선종)가 형성될 정도로 빠르게 증식한다. 용종 형성도 촉진단계의 결과이지만 두 번째 돌연변이를 통한 이러한 증식도 발암의 다단계 과정에서 촉진단계에 해당된다. 또한 이들 세포의 유전자 DCC 및 p53 등에서 연속적인 돌연변이가 발생하면 악성 표현형의 특성을 갖게 되며 유전자 발현을 통해 adenoma에서 carcinoma(암종)로 전환된다. 동일한 암이라도 이러한 차이에 의한 발암의 특성 때문에 암에 대한 이해가 어렵고 명확한 발암기전을 설명하기 어렵다는 것이다. 선천적으로 APC 유전자에 돌연변이를 가지고 태어나면 이를 가족성 선종성 용종증(Familial Adenomatous Polyposis, FAP)이라고 하며 결장암을 유발할 수 있는 개시세포를 가졌다는 의미이다. 그러나 결장암의 발생률에 있어서 약 15%가 이러한 FAP에 기인하고 나머지 약 85%는 우발적인 후천적 돌연변이에 기인한다.

- **Carcinogen은 genotoxic carcinogen과 non-genotoxic carcinogen으로 구분되며 또한 촉진단계의 촉진물질과도 차이가 있다.**

발암의 다단계에서 대부분의 직접- 또는 간접-발암물질은 DNA 손상을 통해 발암을 유도하는데 이러한 DNA 손상(유전자수준 및 염색체수준 돌연변이)을 통한 발암물질을 genotoxic(또는 mutagenic)-carcinogen(유전자 또는 유전물질-손상 매개 발암물질)이라고 한다. 그러나 유전자 또는 유전물질의 손상이 없이 장기간 노출에 의해 발암이 유도되는 발암물질을 non-geneotoxic(non-mutagenic) carcinogen(비유전자-손상 매개 발암물질)이라고 한다. 이들 non-genotoxic carcinogen은 발암의 다단계에서 DNA 손상을 유발하지 않고 개시세포의 세포생장을 유도한다는 측면에서 촉진물질과 유사한 점이 있다. 촉진물질은 genotoxic carcinogen 노출에 의한 개시세포가 형성된 후 세포생장의 촉진을 통해 발암에 영향을 준다. 따라서 이러한 genotoxic carcinogen에 의한 DNA 손상을 가진 개시세포가 없다면 아무리 노출되어도 촉진물질에 의해 발암이 유도될 수 없다는 점이다. 그러나 non-genotoxic carcinogen은 genotoxic carcinogen에 의한 DNA 손상의 유무와 관계없이 장기간 노출을 통해 발암을 유도할 수 있다는 점이다.

또한 non-genotoxic carcinogen은 보조발암물질(co-carcinogen)의 특성이 있다. 보조발암물질은 발암물질과 동시에 노출될 경우에 발암율 증가를 유도하는 물질이다. 일반적으로 촉진물질과 보조발암물질은 비유전적손상과 발암물질과 더불어 발암화를 증가시킨다는 측면에서 동일하다. 그러나 보조발암물질은 발암물질과 동일한 시간에 처리하였을 경우에 발암을 증가시키지만 촉진물질은 발암물질에 의해 돌연변이가 유도된 후에 처리하였을 경우에 발암을 증가시킨다는 점에서 차이가 있다.

물론 non-geneotoxic carcinogen도 발암의 촉진단계에서 개시세포의 클론화를 유도하는 촉진물질의 특성과 보조발암물질의 특성을 동시에 가지고 있다. 그러나 모든 non-genotoxic carcinogen이 촉진물질의 특성 그리고 보조발암물질의 특성을 나타내는 것은 아니다. <표 7-5>는 IARC에 의해 분류된 Group 1(77종), Group 2A(57종)와 Group 2B(237종)에 속하는 371종의 인체-발암물질 또는 발암가능한 화학물질 및 혼합물질 중에서 미생물복귀돌연변이시험(Ames test)의 음성을 나타낸 non-genotoxic carcinogen이다. 이는 IARC Group 1의 16.9%, Group 2A의 3.5% 그리고 Group 2B의 12.7%가 non-genotoxic carcinogen이다. 물론 인체-유래 세포가 아닌 미생물의 이용한 돌연변이원성 시

험으로부터 나온 결과이지만 발암물질 중에서 상당히 많은 물질이 non-genotoxic carcinogen이다.

〈표 7-5〉 인체 및 동물에서의 발암물질 중 non-genotoxic 발암물질

IARC Group 1	IARC Group 2A	IARC Group 2B
1. Dimethylarsinic acid 2. Berryllium Berryllium sulfate tetrahydrate 3. Chromium carbonyl 4. Cyclosporin 5. Estrogens, non-steroidal Chlorotrianise 6. Estrogen/progesterone therapy 7. Estradiol 8. Estrogens, steroidal 9. Ethinyl estradiol 10. Ethanol 11. Gallium arsenide 12. Nickel sulfate hexahydrate, Nickel(Ⅱ) oxide, Nickelocene 13. 2,3,7,8-Tetrachlorodibenzo-para-dioxin	1. Perchloroethylene 2. Lead acetate	1. Acetamide 2. Butylated hydroxyanisole(BHA) 3. Carbon tetrachloride 4. Catechol 5. Chlordane 6. Chloroprene 7. Dichlorodiphenyl-trichloroethane(DDT) 8. para-Dichlorobenzene 9. 1,4-Dioxane 10. Griseofulvin 11. Hexachlorobenzene 12. Hexachloroethane 13. ɣ-1,2,3,4,5,6-Hexachlorocyclohexane(Lindane) 14. Medroxyprogesterone acetate 15. 6-Methyl-2-thiouracil 16. Mirex 17. Nitrilotriacetic acid(NTA) 18. Nitrobenzene 19. Nitromethane 20. Ochratoxin A 21. Phenytoin 22. Polychlorophenols 23. Ponceau 3R 24. Progestins 25. Progesterone 26. 6-Propyl-2-thiouracil 27. Hexabromobiphenyl 28. Sodium ortho-phenylphenate 29. Vanadium pentoxide 30. Vinyl acetate

(참고: Hernandez)

현재 non-genotoxic carcinogen에 의한 발암기전은 수용체-매개 내분비호르몬 조율(receptor-mediated endocrine modulation), 비수용체-매개 내분비호르몬 조율(nonreceptor-mediated endocrine modulation), 종양촉진

(tumor promoting), 조직-특이적 독성유발물질(inducers of tissue-specific toxicity), 염증반응(inflammatory responses), 면역억제물질(immunosuppressants), 세포간신호전달의 저해제(gap junction intercellular communication inhibitors), 페록시좀 증식물질(peroxisome proliferator) 등을 통해 설명되고 있다. 그러나 peroxisome proliferator와 같이 비유전자적-발암물질이라도 일부 기전은 간접적으로 DNA 손상과 연관이 있다. Catalase 등 다양한 효소를 함유한 peroxisome의 증식은 증가된 peroxidative function(과산화 기능)을 유도한다. 활성화된 과산화 기능은 ROS 생성을 유발하며 이는 곧 DNA 산화적 손상을 통한 발암화를 유도할 수도 있다.

- **세포는 DNA 손상에 대해 sensor-transducer-effector 등의 신호전달 체계를 통한 DNA-damage response을 수행한다. 그러나 sensor의 일종인 ATM의 불활성화는 암 및 유전질환 등을 유발하게 된다.**

발암화의 다단계 이론에서는 정상세포가 여러 단계를 거치면서 추가적인 돌연변이를 통해 암의 악성 표현형을 발현하는 과정이라고 할 수 있다. 돌연변이는 DNA 손상을 통해 세포분열 시 수선되지 않고 딸세포에 전달되는 과정을 의미한다. 그러나 DNA 손상을 유발하는 방사선 및 화학물질 등의 유전독성 스트레스에 대해 대부분의 세포는 DNA-damage response(DDR, DNA-손상 반응)을 통해 돌연변이에 의한 암세포로의 전환을 막는다. DDR은 대단히 복잡한 과정인데 DDR은 <그림 7-3>에서처럼 화학물질에 의한 DNA 손상 신호 감지(sensing), 신호전달(signal transduction)과 이에 대한 세포 반응(cellular response)으로 전사인자의 활성화 등의 연속적 과정을 통해 이루어진다. 즉 DNA 손상에 대한 초기 신호가 감지기(sensor)에 의해 발견되어 전달자(transducer)를 통해 최종적으로 기능자(effector)에 전달되는 다양한 세포의 기능이 수행되는 과정이 DDR이다.

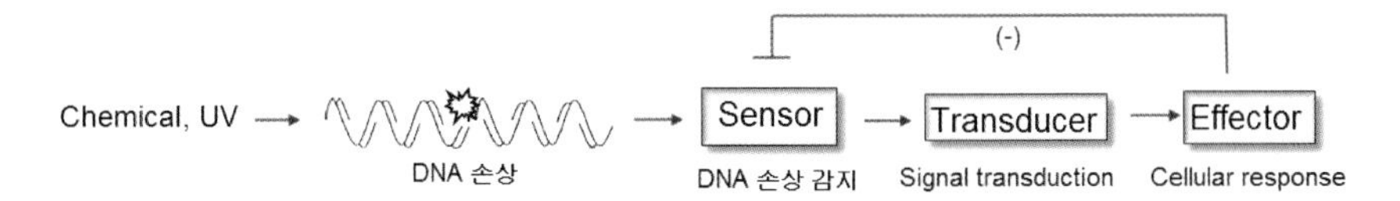

〈그림 7－3〉 전형적인 DNA damage response의 흐름: 화학물질 및 UV 등에 의해 DNA 손상이 유발되면 감지자(sensors)에 의해 발견되어 전달자에게 전달된다. 신호전달체계에 전달된 신호는 기능자(effectors)에 의해 전달되어 최종적으로 다양한 세포 기능의 발현을 통해 유전자적 손상에 대한 스트레스를 감소시킨다(참고: Yang).

유전독성물질에 대한 DDR의 주요 4대 반응으로는 DNA 손상 수선, 세포주기 조절(cell cycle regulation), 세포의 비가역적 복제 중지를 유도하는 세네센스(senescence) 현상 그리고 아파토시스 등이 있다. 그러나 최근에는 주요 4대 반응보다 더 광범위한 반응을 나타내는데 특히 <그림 7－4>에서처럼 RNA 스프라이싱(RNA splicing), 세포의 자율리듬(circadian rhythm), 방추사점검(mitotic spindle checkpoint), 유전자 발현을 위한 염색질의 기능적 구조에 대한 리모델링(chromatin remodeling), 방추사가 붙은 동원체를 구성하는 단백질(kinetochore proteins), 인슐린분비 신호체계(insulin signaling), 발암억제단백질(tumor suppressors), 전사조절인자(transcription), RNA 안정성(RNA stability), p53의 활성과 관련된 ubiquitine ligese 활성 등이 또 다른 중요한 DDR로 확인되고 있다. 이러한 DDR을 통해 세포는 세포 자체에 가해지는 유전독성－스트레스(genotoxic stress)의 감소를 유도하게 된다. 그러나 유전독성－스트레스에 대한 DNA 수선 등을 비롯한 적절한 반응이 수행되지 않을 경우에 유전자 불안정성이 증가되어 유전질환, 노화, 암 등과 같은 다양한 질환의 원인이 된다.

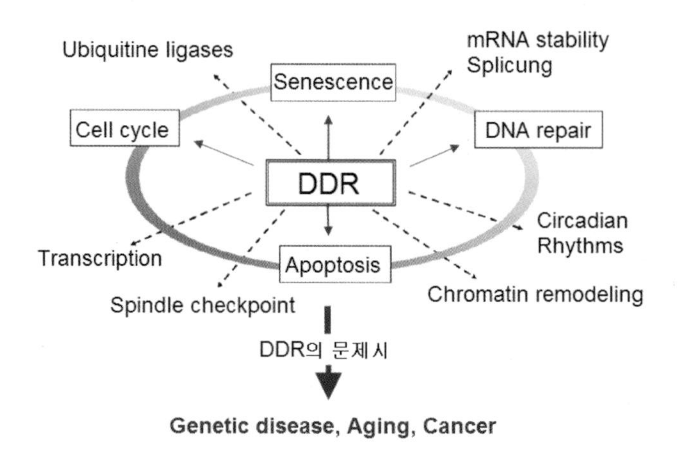

〈그림 7 - 4〉 DNA damage response의 생화학적 및 생리학적 결과: DNA 손상에 의한 DDR은 신호전달체계를 통해 다양한 반응이 유도되며 이들은 곧 유전독성에 의한 스트레스를 감시킨다. 그러나 DDR의 문제가 있는 경우에는 DDR의 주요 4대반응인 세포주기 조절, DNA 수선과 아포토시스 등의 수행에 문제가 발생하게 되며 유전질환, 노화 그리고 암 등이 발생된다. 최근 DDR의 주요 4대 반응에 외에 유전독성에 대해 다양한 DDR(점선)이 확인되고 있다(참고: Haper).

DNA 손상에 반응하여 DDR 수행을 위한 대표적인 감지자(sensor)는 탈인산화효소(kinase)인 ATM(ataxia - telangietasia, mutated)과 ATR(ATM and Rad3 - related) 등이 있다. 특히 DNA 손상에 의해 이들 두 효소를 통한 세포의 DDR 수행 기전을 'ATM/ATR regulation'이라고 한다. 특히 ATM은 화학물질 및 ionizing radiation에 의해 유도된 double - strand break, ATR은 화학물질 및 UV에 의한 기타 DNA 손상을 각각 감지한다. ATM과 ATR에 의한 DNA 손상에 대한 감지 기전으로는 a) 손상된 DNA와 직접적인 상호작용을 통한 활성화, b) DNA 수선 또는 수선 - 관련 단백질과의 상호작용을 통한 간접적인 활성화 등이 제시되고 있다. <그림 7 - 5>에서처럼 DNA 손상에 의해 활성화된 ATM과 ATR의 신호를 통해 발암억제단백질인 p53 전달자가 활성화되어 세포주기의 정지를 비롯하여 아포토시스 등의 DDR이 수행된다. 먼저 ATM과 ATR은 p53의 인산화를 통한 직접적인 상호작용을 통하거나 ATM과 같이 다른 탈인화효소 c - Abl 그리고 Chk2(cell cycle checkpoint kinase 2)를 통하여 p53 활성화를 유도한다. 또한 ATM은 p53 유전자의 음성조절자인 Mdm2(murine double minute 2)를 통해 p53 분해를 억제하며 또한 세포 내 축적을 돕는다. 이러한 p53 활성화는 DNA 손상에 의한 DDR의 일종인 아포토시스를 유도하여 유전독성-스트레스에 의한 영향을 감소한다. 또한 ATM 및 ATR 외에 DNA 손상에 있어서 다른 최초 감지자는 DNA-activated protein kinase(DNA-PK)이 있으며 이들 모두 phosphoinositide-3-kinase과에 속한다. 이들 최초의 감지자는 DNA 손상에 반응하여 신호전달 단백질인 p53을 비롯하여 c-Abl와 Chk2, Chk1(cell cycle checkpoint kinase 1), Brca1과 Brca2 등을 통해 아포토시스, 세포주기 조절과 DNA 수선 등을 유도한다. 또한 일단 이들 감지자가 DNA 손상에 대한 신호를 감지하고 신호전달체계를 통해 전달되어 DNA 수선 등 생물학적 결과 및 효과가 나타나면 DNA 손상에 대한 신호는 불활성화되거나 감소되는 조절이 이루어진다. 대부분 이러한 조절은 <그림 7-5>에서처럼 effector가 sensor의 활성을 저해하는 음성피드백조절(negative feedback control) 기전을 통해 이루어진다. <그림 7-5>에서 DNA 손상에 의한 ATM/ATR 조절기전은 Mdm2-p53 regulation loop(Mdm2-p53 조절고리)가 effector가 되어 ATM/ATR sensor의 활성을 조절하여 이루어진다. 이 regulation loop에서 p53은 Mdm2 발현을 유도하면 Mdm2는 ubiquitine 경로를 통해 p53의 급속한 분해를 유도한다.

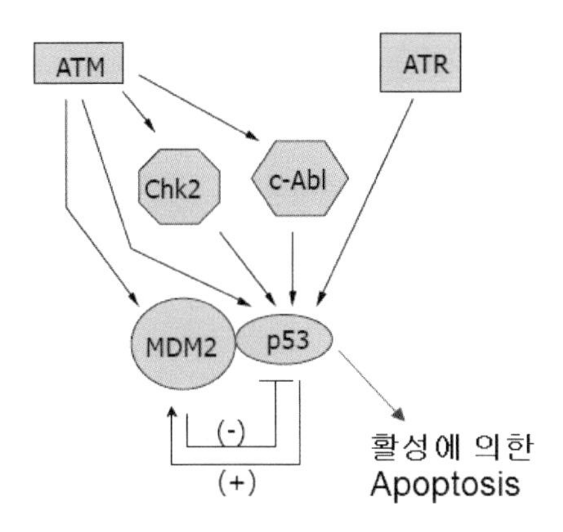

〈그림 7-5〉 DNA 손상에 의한 ATM/ATR regulation의 기전: ATM과 ATR은 DNA 손상을 감지하여 발암억제단백질인 p53 활성화 경로의 신호전달체계를 통해 아포토시스를 유도한다(참고: Yang).

그러나 DNA 손상의 신호를 감지하는 감지자인 ATM 및 ATR의 돌연변이는 발암과 밀접한 관계가 있다. 특히 ATM의 상동유전자 돌연변이(homozygous mutation)는 사람의 유전병의 원인이며 소뇌퇴화, 면역결핍, 암유발잠재인자(cancer – predisposition) – 의존성 등의 특성을 가진 Ataxia – telangiectasia(A – T, 혈관확장성 운동실조증)을 유발할 수 있다. 또한 돌연변이 – ATM 유전자를 가진 사람들에게서 T – cell pro – lymphatic cancer와 B cell chronic lymphatic cancer뿐 아니라 sporadic colon cancer(유전에 의한 것이 자연발생적 결장암) 등 다양한 암이 유발된다. 또한 ATM – 결핍 마우스에서 thymic lymphoma가 유발되는 것이 확인되었다. 이 외에도 ATM 돌연변이를 가진 A – T 환자는 DDR의 문제가 있을 수 있기 때문에 암 발생의 가능성이 높을 것으로 추측이 되며 특히 유방암 발병률이 높다. 또한 상동유전자 모두에서 돌연변이 발생이 아니더라도 한쪽 유전자에서만 돌연변이를 나타나는 이형유전자 돌연변이(heterozygous mutation)일지라도 암이 유발된다. 따라서 ATM의 결함은 <그림 7 – 6>에서처럼 DNA 손상에 대한 감지에 있어서 문제를 유발하며 이는 부적절한 DDR로 인하여 추가 돌연변이를 유도하여 발암의 원인이 된다는 것이다.

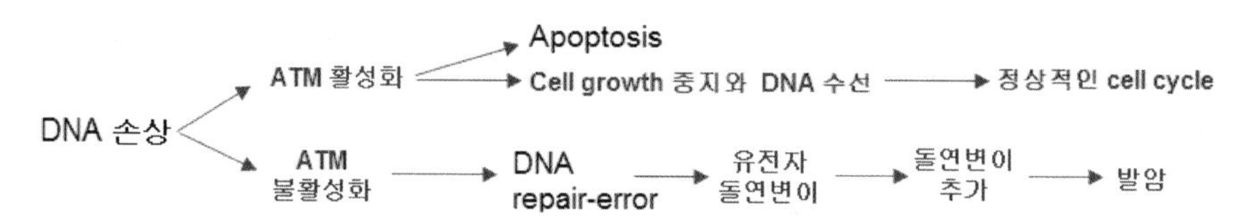

〈그림 7 – 6〉 ATM과 발암화의 관계: ATM의 불활성화는 DNA 손상에 대한 정상적인 세포반응의 실패, 즉 유전자 손상에 의한 돌연변이가 양산하게 되고 추가적인 돌연변이에 의해 암이 유도된다.

ATM과는 달리 또 다른 감지자 ATR의 돌연변이인 경우에는 마우스의 배발달(embryonic development)을 제외하고는 동물 및 사람 등에 있어서 어떠한 질병도 유발되지 않는다. 그러나 돌연변이에 의한 불활성화 또는 비정상적인 상태의 ATR 단백질 발현이 지나치게 과발현인 경우에는 자외선 등에 의한 DNA 손상에 대한 민감도가 증가되며 세포주기의 checkpoint가 불활성화되어 정상적인 세포주기 조절이 되지 않는다. 정상적인 ATR 단백질의 과발현인 경우에는 A-T 환자의 세포에서 S phase checkpoint 결함이 극복되어 정상적인 세포주기 조절이 이루어진다. ATM과 ATR의 돌연변이 측면에서 물론 두 유전자 모두 문제가 있다면 유전독성-스트레스에 대한 세포반응에 대한 문제가 발생한다. 그러나 두 유전자가 동시에 돌연변이가 유발되지 않고 둘 중 한 유전자에서만 돌연변이가 발생할 경우에는 DDR이 수행되기 때문에 두 유전자는 상호 보완적인 역할을 하는 것으로 추정된다.

- **유전자-돌연변이 발암 가설에 있어서 발암과 관련된 유전자의 돌연변이는 전체 유전자의 약 2% 정도이다.**

사람의 유전체에서 발생하는 수많은 돌연변이 중에서 전체 유전자 20,500개 중 약 2% 유전자의 돌연변이가 발암과 관련이 있다. 이 중 생식세포에서는 암과 관련된 유전자는 약 70개, 체세포에서는 약 342개의 유전자가 관련이 있는 것으로 추정되고 있다. 물론 2% 유전자 대부분은 발암의 개시단계를 시작하는 유전자 돌연변이와 관련이 있는 발암전구유전자, 발암억제유전자 그리고 DNA 수선유전자 등이다. 또한 이들 유전자 대부분은 정상적인 세포생장을 조절하는 세포 내부의 신호전달체계와 연결되어 있는 세포막의 수용체 그리고 이에 작용하는 성장인자(growth factor)와 사이토카인(cytokine) 등으로 분류된다. 일반적으로 이러한 세포생장을 조절하는 단백질은 <그림 7-7>에서처럼 (Ⅰ) 성장인자(growth factor), (Ⅱ) 성장인자수용체(growth factor receptors), (Ⅲ) 신호전달단백질(signal-transduction proteins), (Ⅳ) 전사인자(transcription factors), (Ⅴ) 아포토시스-유도 또는 -억제단백질(pro- 또는 anti-apoptotic proteins), (Ⅵ) 세포주기주절단백질(cell-cycle control proteins) 그리고 (Ⅶ) DNA 수선단백질(DNA repair proteins) 등 7가지 종류로 분류된다. 따라서 발암은 결국 이들 유전자의 돌연변이와 밀접한 관련이 있다.

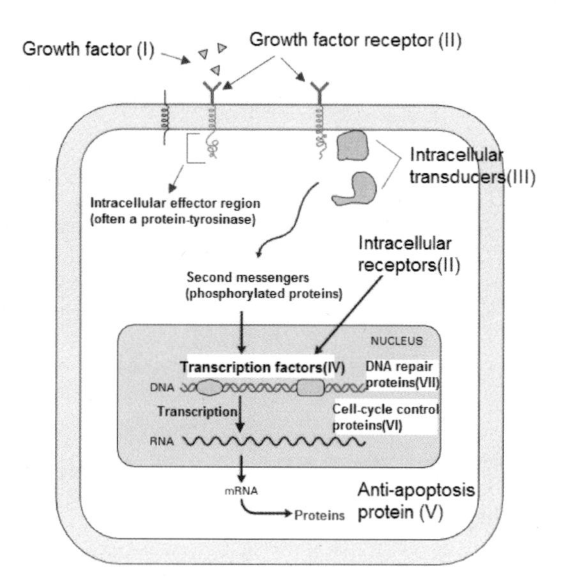

〈그림 7-7〉 세포생장을 조절하는 여러 단백질의 분류: 일반적으로 세포생장을 조절하는 단백질은 (Ⅰ) 성장인자(growth factor), (Ⅱ) 성장인자수용체(growth factor receptors), (Ⅲ) 신호전달단백질(signal-transduction proteins), (Ⅳ) 전사인자(transcription factors), (Ⅴ) 아포토시스-유도 또는 -억제단백질(pro- or anti-apoptotic proteins), (Ⅵ) 세포주기주절단백질(cellcycle control proteins) 그리고 (Ⅶ) DNA 수선단백질(DNA repair proteins) 등 7가지 종류로 분류된다. 이들 유전자의 돌연변이는 발암과 밀접한 관계가 있다(참고: Lodish).

발암전구유전자는 세포생장뿐 아니라 아포토시스, 분화 등에 관여하는 모든 유전자를 의미하는데 <표 7-6>에서처럼 발암전구유전자의 종류에 따라 다양한 생화학적 효소의 특성을 나타낸다. 대부분 이들 단백질은 세포분열의 촉진, 세포분화의 감소 그리고 항아포토시스 특성 등과 같은 전형적인 암세포 표현형을 유도하는데 기여한다. 발암유전자는 발암전구유전자의 돌연변이 결과로 변형된 유전자를 의미하는데 현재까지 발암유전자는 약 100개 정도 확인되었다. 따라서 이들 발암유전자는 결국 발암전구유전자의 정상적인 생화학적 특성의 변형을 유도하여 발암에 기여하게 된다.

〈표 7－6〉 세포조절에 관여하는 발암전구유전자의 종류와 생화학적 특성

분류	발암전구유전자	생화학적 특성
성장인자	c－sis	Platelet derived growth factor
성장인자수용체	c－erbB	Epidermal growth factor receptor
Signal transduction proteins	c－abl, c－src	
	H－ras, **K－ras**	G－protein kinase
Nuclear proteins	c－my, c－fos	Transcription factor

일반적으로 돌연변이에 의한 이들 유전자의 생산물의 양을 뜻하는 발현 정도는 유전자 종류에 따라 차이가 있다. 발암유전자의 경우에는 과다발현, 발암억제유전자 또는 염기쌍－오류 수선유전자의 경우에는 소량으로 발현되어 세포분열의 신호체계에 영향을 주게 된다. 돌연변이에 의해 과다발현이 이루어지는 발암유전자는 다음과 같은 돌연변이 기전을 통해 발암전구유전자에서 발암유전자로 전환된다.

- 유전자의 조절영역 및 암호화영역에서의 염기삽입 및 결실에 의한 점돌연변이
- 염색체중복을 통한 유전자증폭에 의한 발암전구유전자의 활성화
- 염색체전좌(chlomosome translocation)를 통한 새로운 염색체 내에서 발암전구유전자 발현의 활성화
- 염색체전좌를 통한 발암전구유전자의 생성물과 다른 유전자의 생성물과의 융합단백질(fusion protein) 형성을 통한 발암의 활성화

예를 들어 Kristen－ras 또는 K－ras 유전자는 점돌연변이에 의하여 발암유전자로 전환되는 대표적인 발암유전자이다. K－ras는 모든 폐암의 30%에서 돌연변이가 확인되었으며 특히, 암진단 및 치료를 위한 지표유전자이다. K－ras 유전자는 암세포에서 12, 13, 59 및 61 등의 코돈(codon)에서 돌연변이가 발생하는 코돈－특이적 돌연변이(codon－specific mutation)를 통해 발암전구유전자에서 발암유전자로 전환된다. 염색체전좌에 의한 발암유전자의 활성화에 대한 예로는 사람의 9번 염색체 말단과 22번 염색체 말단의 교환으로 발생하는 필라델피아 염색체(Philadelphia chromosome)가 있다. <그림 7－8> 에서처럼 우선적으로 9번과 22번 염색체가 절단되는데 이들 절단은 세포주

기 조절과 관련된 발암전구유전자인 ABL1 유전자와 BCR 유전자 주위에서 이루어진다. ABL1 유전자를 포함한 염색체 9번이 22번 염색체의 절단으로 드러난 BCR 유전자에 연결되어 융합된다. 이렇게 두 유전자가 융합되어 형성된 염색체를 필라델피아 염색체라고 한다. 융합된 BCR-ABL1 유전자는 발암전구유전자의 발암유전자로의 전환을 통해 생성된 것이며 이의 생성물은 세포주기와 분열 등을 조절하는 여러 단백질의 활성화를 유도한다. 결과적으로 염색체전좌에 의해 형성된 필라델피아 염색체는 만성 골수성 백혈병 (Chronic myelogenous leukemia, CML)의 혈액암을 유도하게 된다.

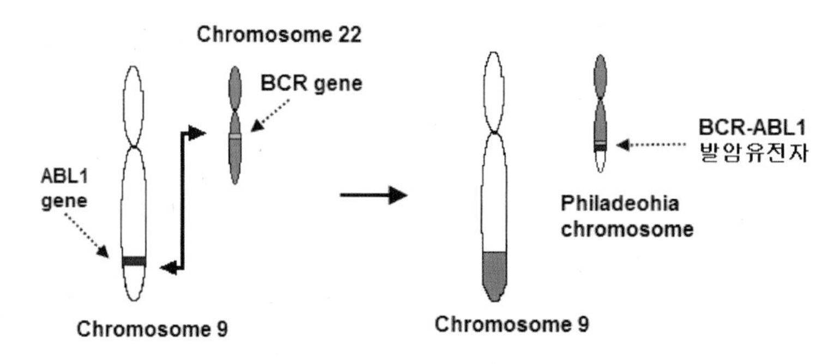

〈그림 7-8〉 염색체 전좌에 의한 발암유전자의 활성화: ABL1 유전자를 포함한 염색체 9번이 22번 염색체의 절단으로 드러난 BCR 유전자에 연결되어 BCR-ABL1의 발암유전자가 활성화된다.

발암화 다단계 이론의 각각의 단계에서 발생하는 돌연변이와 관련된 3종류의 주요 유전자들 중에서 발암화에 가장 큰 영향을 주는 유전자는 다른 어떤 유전자보다 발암유전자이다. 발암전구유전자의 돌연변이에 의해 발암유전자로의 전환이 발암화의 개시단계에서 발생해야 하며 이는 전체 발암화의 진행에 있어서 가장 중요한 역할을 한다.

- **가장 대표적인 발암억제유전자는 RB와 T53 유전자이며 모든 암의 발암률에 있어서 약 50% 이상 이들 유전자의 돌연변이로 설명되고 있다.**

돌연변이에 의해 발암유전자로 활성화되는 발암전구유전자와는 다르게 발암억제유전자(tumor suppressor gene 또는 anti－oncogene)는 돌연변이에 의해 활성화가 저해되어 발암에 기여한다. 정상적으로 발암억제유전자에서 발현된 단백질은 DNA 손상 등에 의한 비정상적인 세포분열이 유발되는 시기에 작동하여 세포생장 저해 또는 아포토시스의 유도를 통해 DNA 손상에 의한 돌연변이 발생을 예방한다. 특히 이 단백질은 DNA 손상의 수선 시기에는 세포분열 정지를 유도하며 DNA 수선이 이루어지지 않을 경우에는 세포의 죽음인 아포토시스를 유도한다. 이는 발암억제유전자의 단백질이 DNA 수선 유무에 따라 차별적인 DDR을 수행한다는 것을 의미한다. 그 외, 발암억제유전자의 일종인 전이억제유전자(metastasis suppressors)는 세포 사이 접착을 유지하여 분리에 의한 암세포의 다른 조직으로의 전이를 막는 역할을 한다. 이와 같이 발암억제단백질은 DNA 손상에 다른 DDR 그리고 전이 예방 등 다양한 기능을 하는데 다음과 같이 기능을 요약할 수 있다.

- 세포주기의 지속을 위해 필수적인 유전자들의 활성을 억제하는 발암억제유전자: 이러한 유전자들의 발현이 되지 않으면 세포주기는 지속될 수 없어 분열이 저해된다.

- DNA 손상 시 세포주기에 관련된 발암억제유전자: DNA에 손상이 유발되었을 경우 분열이 정지되지 않을 경우에는 딸세포에 손상된 유전자가 유전된다. 발암억제유전자의 단백질은 DNA 손상 시 세포주기를 정지시키며 DNA 수선이 이루어진 후 세포주기가 지속되도록 유도한다.

- DNA 손상이 수선되지 않았을 경우에 아포토시스를 유도하는 발암억제유전자: 손상된 유전자가 딸세포에 유전되지 않도록 세포의 자살을 유도한다.

- 전이억제유전자: 전이억제유전자의 단백질은 접촉저해의 상실을 막아 세포와 세포 사이를 접착시켜 암세포가 다른 기간으로 이동하는 것을 막는다.

이와 같이 발암억제유전자는 발암 다단계의 각 단계에서 세포 보호기능을 하는데 돌연변이가 발생할 경우에는 다른 유전자들의 돌연변이와 더불어 암 진행에 기여하게 된다. 또한 발암유전자가 대립유전자 중 하나만 돌연변이에 의해 활성화가 되는 반면에 발암억제유전자는 두 대립유전자에서의 돌연변이에 의해 기능이 상실되는 'two-hit hypothesis(이중-돌연변이 유발 이론)'를 통한 불활성화에 의해 발암화에 기여한다. 이는 비록 하나의 유전자에서 돌연변이가 유발되더라도 다른 하나의 정상적인 유전자에서는 정상적인 단백질이 생성되어 기능이 발휘되기 때문이다. 또한 돌연변이를 가진 발암억제유전자의 두 대립유전자는 열성인 반면에 돌연변이를 가진 발암유전자의 대립유전자는 전형적으로 우성이라는 것을 의미한다. 이와 같이 발암억제유전자와 발암전구유전자의 발암과 관련한 차이점이 <표 7-7>에 요약되었다.

〈표 7-7〉 발암전구유전자와 발암억제유전자의 비교

특성	발암전구유전자	발암억제유전자
발암화를 위한 유전자상의 돌연변이	한쪽 염색체의 유전자	상동염색체의 두 유전자의 돌연변이에 기인하는 two-hit hypothesis
돌연변이 유전자의 생식세포를 통한 유전	희박	빈번하게 발생
체세포 돌연변이에 의한 발암 기능성	가능	가능
돌연변이 유전자의 기능	기능 획득-우성대립유전자	기능 상실-열성대립유전자
세포생장에 대한 영향	세포생장 촉진	세포생장 억제

현재까지 약 10개의 발암억제유전자가 확인되었는데 가장 먼저 알려진 발암억제유전자의 생성물은 망막의 암인 망막아세포종(retinoblastoma, Rb)에서 확인된 Retinolblastoma 단백질(pRb)이다. Rb의 원인은 13번 염색체에 위치하는 Rb1 유전자의 돌연변이에 기인한다. Rb1 유전자의 단백질인 pRb(protein Rb의 약어)의 역할은 DNA 손상 때에 전사인자인 E2F와 결합하여 전사활성 복합체인 E2F-DP(E2 promoter-binding-protein-dimerization partners)를 형성하여 G1에서 G2기로의 세포주기 진행을 막는다. 이는 pRB가 복합체 형성을 통해 독립적으로 E2F의 활성을 저해하기 때문이다. 또한 pRb-E2F/DP 복합체는 histone deacetylase 효소를 염색질(chromatin) 쪽으로 유도하여 효소에 의한 S기-전사인자 저해를 통해 DNA 합성을 막는 역할을 한다. 이러한 기능은 pRb가 p14ARF를 통해 p53과 연관되어 이루어진다.

또 다른 중요한 발암억제단백질은 17번 염색체에 위치하는 TP53(tumor protein 53)에 의해 발현되는 p53(protein 53kDa의 약어 그러나 실제로 p53은 43.7kDa)

이다. p53의 발암억제와 관련된 기능은 <그림 7 - 9>에서처럼 크게 5가지 기능인 세포주기 진행 중지, 손상된 DNA 수선, 아포토시스 유도, 신생혈관 생성(angiogenesis) 억제 그리고 세포의 비가역적 복제 중지 현상인 복제세네센스(replicative senescence) 촉진 등으로 구분된다. p53이 이러한 다양한 기능을 수행할 수 있는 이유는 <그림 7 - 9>의 A)에서처럼 각각의 기능 수행을 위한 신호전달물질 또는 단백질에 대해 특이적으로 반응할 수 있도록 자체 내에 여러 개 도메인의 존재에 기인한다. p53 단백질은 393개의 아미노산 소단위체 4개로 구성된 사량체(tetramer)이다. <그림 7 - 9>의 A)에서처럼 소단위체는 위치적으로 N - terminal, Central core와 C - terminal 등으로 영역이 구분된다. TAD(transcription - activation domain)는 아미노산 서열 1 ~ 42번의 AD1(activation domain 1)과 43 ~ 63번의 AD2로 구성되어 있다. AD1은 전사인자의 활성을 유도하며 AD2는 아포토시스 활성을 돕는다. p53 활성화를 위해서는 단백질 자체에 인산화가 이루어지는데 이러한 인산화를 위한 위치가 N - terminal 도메인이다. 따라서 N - terminal의 인산화 영역은 인산화 단백질인 kinase의 우선적 표적이 되는 위치이다. PPR(proline - rich domain)은 64 - 93번의 아미노산으로 구성되어 있으며 p53의 아포토시스 기능을 위한 활성에 중요한 역할을 하는 영역이다. 아미노산 서열 94 ~ 292번으로 구성된 central DNA - binding domain(DBD)은 유전자의 프로모터에 결합하는 부위로 하나의 zinc 원자와 여러 개의 arginine을 함유하고 있다. 아미노산 325 ~ 355 영역인 TET(Tetramerization domain, 사량체화 도메인)은 p53의 소단위체가 서로 결합하여 이량체, 이들의 결합을 통해 최종적으로 사량체를 형성하는 부위이며 p53의 활성에 주요한 역할을 하는 영역이다. 그리고 아미노산 356 ~ 393번의 영역인 extreme C - terminus domain(CT)은 p53의 DBD와 특정유전자와의 결합을 조절하여 p53의 활성을 억제조절(down - regulation)하는 영역이다. C - terminal에는 두 개의 NLS(nuclear localization signaling domain)가 있으며 p53의 핵으로의 이동을 유도하는 도메인이다. 또한 NES (nuclear export signals)는 p53이 핵 내에 존재하도록 유도하는 영역이다.

p53은 DNA 손상과 발암유전자의 활성화 외에도 저산소증, 영양부족 그리

고 nitric oxide 등의 자극에 반응하여 기능을 수행한다. 이들의 반응에 대한 p53의 활성화는 음성조절단백질인 Mdm2(mouse double minute－2, 사람에서는 human double minute－2, HDM2)를 통해 이해되고 있지만 이 외의 여러 경로가 있다는 것으로 또한 추정되고 있다. p53의 활성화를 위해 자체의 N－terminal 위치의 인산화를 통해 Mdm2로부터 분리된다. 반대로 p53의 활성억제는 핵에서 세포질로 유도되어 Mdm2와의 복합체 형성 및 분해를 통해 이루어진다. P53의 분해는 ubiquitine을 p53에 공유결합을 유도하는 Mdm2의 ubiquitine ligese의 역할에 기인한다. 또한 Mdm－X도 Mdm2의 활성화를 유도하기 때문에 p53의 활성 조절에도 중요한 단백질이다.

A) p53 단백질의 소단위체 구조

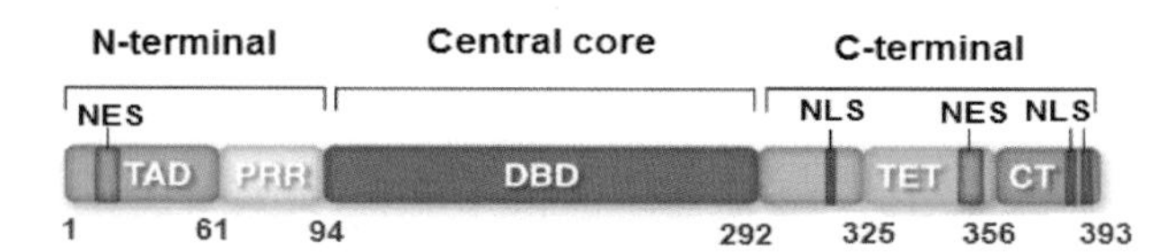

B) p53 활성화 기전과 다기능

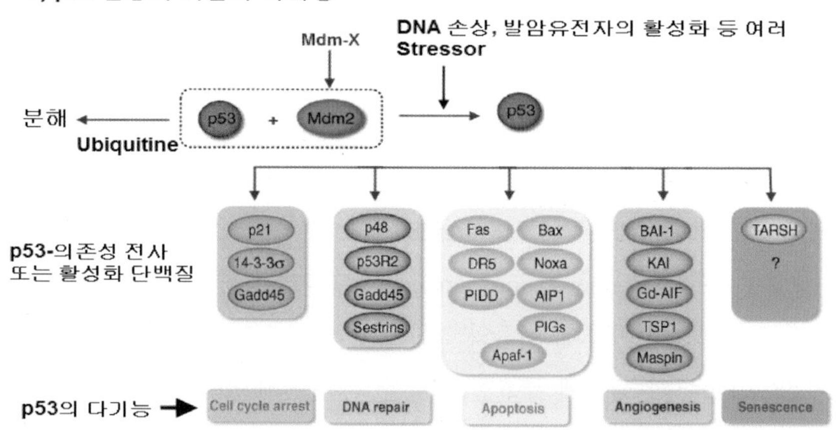

〈그림 7－9〉 p53의 소단위체 구조와 여러 신호전달체계를 통한 다양한 기능: DNA 손상에 반응하여 음성조절단백질인 Mdm2와의 복합체에서 분리된 p53은 DNA 수선이 이루어진 후 세포주기가 진행되도록 유도한다. 또한 손상된 DNA가 수선이 되지 않았을 경우에는 세포의 아포토시스를 유도하여 개체의 암으로의 위험을 줄인다(참고: Amaral).

DNA 손상에 대한 p53의 다양한 기능은 수백 개의 유전자에 대한 전사를 조절하는 전사인자의 역할을 통해 이루어지는데 이러한 역할을 통해 p53에 의해 주요 5가지 기능이 수행된다. 첫 번째, p53의 발암억제 기능에 있어서 가장 중요한 기능의 하나인 세포주기의 중지는 G1과 G2 시기를 통해 이루어진다. G1 시기에서 p53은 WAF1/CIP1 유전자에 결합하여 p21 단백질 발현을 유도하는 전사인자 역할을 한다. Cyclin-dependent kinase inhibitor 1 또는 CDK-interacting protein 1이기도 한 p21은 세포주기와 관련된 단백질의 인산화를 통해 활성화를 유도하는 CDK(cyclin-dependent kinase)와 결합을 한다. 결합을 통해 CDK에 의한 인산화가 저해되기 때문에 p21 단백질은 CDK 활성저해제이다. 다양한 CDK가 존재하는데 G1 시기에서 CDK2와 S/CDK 복합체, cyclin A-CDK와 cyclin B-CDK 등의 복합체 형성을 통해 세포주기를 촉진한다. 그러나 p21은 CDK와의 결합을 통해 세포주기의 진행을 G1 시기에서 정지시키며 S기에서 PCNA(proliferating cell nuclear antigen, 세포증식핵항원)에 결합하여 DNA의 복제를 막는다. 이와 같이 p53은 p21의 발현을 유도하여 CDK 활성저해를 통해 세포주기를 중지시키는 발암억제유전자의 역할을 한다. 그 외 P53은 G2기에서는 14-3-δ 또는 Gadd45 단백질의 발현을 유도하여 G2 시기에서 세포주기를 정지시키는데 도움을 준다.

두 번째 기능인 손상된 DNA의 수선을 위해서 p53은 전사활성-의존성 또는 그 자체의 독립적 기능(independent function)을 통해 mismatch repair(MMR, 오류-염기쌍 수선), non-homologous end-joining(NHEJ, 비상동염색체 말단 결합), homologous recombination(상동염색체 재조합), nucleotide excision repair(NER, 뉴클레오티드 절단 수선) 그리고 base excision repair(BER, 염기 절단 수선) 등의 다양한 DNA 수선 과정에 참여한다. 전사활성-의존성 DNA 수선 기능에서 p53의 역할도 전사인자로서의 기능을 통해 수행된다. p53은 MMR에 필요한 단백질을 발현하는 유전자인 MLH1, PMS2 그리고 MSH2 등의 전사를 촉진하기 위해 전사인자로서의 역할을 수행한다. 손상된 DNA 수선과정에서 또 다른 p53의 독립적 기능은 p53 자체가 가지고 있는 3'

−5' exonuclease(핵산말단가수분해효소) 역할을 통해 NER 수행을 들 수 있다. 또한 DNA 합성에 필요한 효소인 리보뉴클레오티드 환원효소(ribonucleotide reductase)의 단위체인 p48과 p53R2 단백질이 p53의 전사기능을 통해 유전자들로부터 발현된다. 그 외 ROS에 의한 DNA 손상에 대한 예방 및 수선하는 sestrin 그리고 Gadd45 등의 유전자가 p53의 전사인자 역할을 통해 발현된다.

P53의 세 번째 기능인 아포토시스에 대한 p53의 기능은 일반적으로 두 가지 기전, 즉 내인성 미토콘드리아 경로(intrinsic mitochondrial pathway)와 외인성 사멸수용체 경로(extrinsic death receptor pathway)를 통해 수행되며 이를 p53−의존성 아파토시스(p53−induced apoptosis)라고 한다. 미토콘드리아 경로를 통한 p53에 의한 아포토시스 유도는 미토콘드리아 막의 아포토시스−유도 전구단백질(pro−apoptotic members)이며 Bcl−2 계열인 Bax와 Bak 등의 유전자뿐 아니라 Noxa와 Puma 등의 유전자에 대한 전사인자의 역할을 통해 이루어진다. p53에 의해 발현된 이들 아포토시스−유도 전구단백질들은 미토콘드리아 내에서 단백질분해효소인 caspase(cysteine−aspartic protease) 활성을 통해 아포토시스를 유도한다. 또 다른 경로인 외인성 사멸수용체 경로에서 p53은 세포 사멸수용체(death receptor) 유전자의 활성을 통해 아포토시스를 유도한다. 세포막의 사멸수용체를 통한 아포토시스에서 p53은 DR5, Fas, PIDD(p53−induced protein with a death domain) 등의 유전자의 발현을 유도한다. 특히 DR5는 DNA 손상 시 발현이 유도되어 caspase 활성화를 유도하는 caspase−8 등과 같은 적응단백질(adaptor protein)의 활성을 통해 아포토시스를 유도한다. 또한 p53은 Apaf−1 발현을 유도하여 아포토시스 유도 시 세포 내 축적되는 cytochrome C, Apaf−1, caspase 9와 ATP 등으로 구성되어 형성된 복합체인 apoptosome 생성에 기여한다. 그 외 p53에 의해 미토콘드리아 단백질인 AIP1과 PIGs(p53−inducible genes) 등이 활성화되어 아포토시스가 유도된다.

p53의 네 번째 주요 기능은 암조직이 비대화되면서 생성되는 신생혈관형성(angiogenesis)의 저해이다. 신생혈과형성의 억제는 암조직의 발달뿐 아니라 전이를 막는 데 중요한 역할을 한다. p53에 의한 항신생혈관형성(anti−angiogenesis)은 TSP1, BAI−1, Maspin, Gd−AiF 그리고 항전이유전자(anti−metastasis gene)인 KAI 유전자 등의 전사 및 활성을 통해 유도된다.

마지막으로 p53에 의한 복제세네센스(replicative senescence) 유도도 p53의 중요한 항암기전이다. 세포의 복제세네센스 현상이란 몇몇 특정 세포를 제외하고 모든 세포에서 유한적 PD(population doubling, 배가증식)을 한 후 비가역적으로 복제가 중지되는 것을 의미한다. 즉 세포가 복제를 하면 할수록 세포의 PD 횟수는 짧아지며 최종적으로 복제 중지가 된다. 따라서 노화된 개체에서 분리된 세포들이 복제세네센스 현상을 많이 나타낼 수 있다. 또한 암이 무제한 복제의 특성이라는 측면에서 볼 때 p53에 의한 복제세네센스 현상은 일종의 항암기전으로 이해할 수 있는데 이는 복제세네센스가 생물학적 중요성이 크다는 것을 의미한다. 특히 세포의 복제세네센스 기전으로 p53-의존성 세네센스 현상이 확인되었다. p53은 돌연변이로 인하여 세포주기의 조절 능력을 상실한 세포에서 복제세네센스를 유도하여 발암억제단백질로서의 역할을 하는 것으로 추정된다. 이 외에도 세포의 복제세네센스 현상은 암을 비롯하여 노화 그리고 기타 질환의 원인으로 이해되고 오늘날 그 중요성이 더해 가고 있으며 이에 대해 다음 장에 추가로 논한다.

직장암의 70%, 유방암의 30~50% 그리고 폐암의 50% 정도로 모든 암에 있어서 TP53 유전자의 돌연변이에 의한 p53 불활성이 확인되고 있다. 발암전구유전자인 K-ras의 돌연변이가 코돈-특이적인 것과는 달리 TP53 유전자에서의 돌연변이는 코돈-비특이적으로 발생한다. 그러나 TP53 유전자의 돌연변이에 의한 암 발생률에 있어서 90% 이상이 p53 단백질 소단위체의 DBD 영역에서의 점돌연변이에 기인한다. 따라서 p53 단백질의 DBD 영역을 발현하는 TP53 유전자 부위에서의 손상 및 돌연변이는 p-53의 불활성에 의한 암 발생에 있어서 가장 중요한 원인으로 고려할 수 있다. 특히 DBD는 p53의 기능 수행을 위한 관련 유전자들의 프로모터에 결합하는 부위이다. TP53 유전자의 DBD 돌연변이에 의한 p53 불활성은 결합이 불가능하게 되면 세포주기에 영향을 주게 된다.

일반적으로 발암억제유전자는 하나가 아니라 두개의 대립유전자 돌연변이에 의해 유전자의 기능이 상실되는 이론인 'two-hit hypothesis'에 의해 기능이 결정된다. 그러나 TP53 유전자인 경우에 돌연변이 대립유전자와 정상적인 대립유전자로 구성된 유전자가 다음 세대로 전달되면 비교적 어린 시기에 암이 발생하는 'Li-Fraumeni syndrom(LFS)' 질환이 유발된다. 이는 LFS가 희귀한 상염색체우성유전(autosomal dominant hereditary)을 의미하며 생식세포의 TP53 대립유전자 중 하나의 유전자에서의 돌연변이에 기인한다. 비록 생식세포에서 TP53 대립유전자의 한 유전자에서 돌연변이가 있더라도 수정 전에는 정상적으로 세포생장이 조절된다. 그러나 돌연변이가 다음 세대에 유전된 경우와 수정 후 배 단계에서 발생할 경우에는 LFS 질환이 발생하게 된다. LFS 질환을 가진 사람은 유방암, 뇌암 그리고 급성백혈병 등 다양한 암 발생에 대한 위험을 가지고 있다. 이와 같이 TP53 유전자 돌연변이에 의해 p53 활성이 상실되면 유전자 불안정성은 증가하게 되고 또한 염색체의 수적 이상인 이배체 표현형(aneuploidy phenotype)이 빈번히 나타난다.

RB 및 TP 53 외의 발암억제유전자들은 APC, BRCA1과 2, CDKN1C, MEN1, NF1, NF2, TSC1 그리고 TSC1 등이 있으며 돌연변이에 의한 발암의 종류를 <표 7-8>에 요약하였다. 발암과 관련된 유전자인 발암전구유전자와 발암억제유전자 외에도 DNA 수선유전자 또는 DNA 염기쌍-오류 수선유전자에서의 돌연변이도 발암의 감수성 또는 위험성을 높이는 유전자군 중의 하나이다. 이러한 군에는 hMSH2, hMLHl, hPMSl와 hPMS2 유전자 등이 있으며 이들 수선유전자의 돌연변이에 의해 발생하는 가장 대표적인 암은 유전성 비선종성 대장암(HNPCC, hereditary nonpolyposis colorectal cancer)이 있다.

〈표 7-8〉 RB1과 TP53 외의 발암억제유전자와 특이적 암

Gene Symbol	Gene Name	Main Tumor Type	Secondary Tumor Type	Chromosomal Location
APC	Adenomatous polyposis coli	대장의 Familial adenomatous polyposis	-	5q21-q22
BRCA1, 2	Familial breast/ovarian cancer	Hereditary breast cancer	-	13q12.3

Gene Symbol	Gene Name	Main Tumor Type	Secondary Tumor Type	Chromosomal Location
CDKN1C	Cyclin-dependent kinase inhibitor 1C(p57) gene	Beckwith-Wiedemann syndrome	Wilms' tumor, rhabdomyosarcoma	11p15.5
MEN1	Multiple endocrine	Multiple endocrine neoplasia	Parathyroid/pituitary	11q13
NF1	Neurofibromatosis type 1 gene	Neurofibromatosis type 1 syndrome	Neurofibromas, gliomas, pheochromocytomas, myeloid leukemia	17q11.2
NF2	Neurofibromatosis type 2 gene	Neurofibromatosis type 2 syndrome	Bilateral acoustic neuromas, eningiomas, ependymomas	22q12.2
TSC1	Tuberous sclerosis type 1	Tuberous sclerosis	hamartomas, renal cell carcinoma	9q34
TSC2	Tuberous sclerosis type 2	Tuberous sclerosis	hamartomas, renal cell carcinoma	16p13.3

- **다단계 발암화와 유전자-돌연변이 발암 가설에서 발암은 여러 번의 돌연변이가 유도되는데 이들의 돌연변이는 어떻게 발생하는가?**

다양한 이유로 돌연변이의 발생 가능성이 나이와 더불어 증가하는데 발암의 위험성은 젊을 때보다 천 배 이상으로 급격하고도 기하급수적으로 증가한다. 이는 돌연변이를 가진 세포가 추가적인 돌연변이 발생 가능성이 그만큼 높기 때문이다. 일반적으로 유전자-돌연변이 발암 가설에서 정상세포의 발암을 위해서는 적어도 4~7개 정도의 유전자에서 돌연변이가 필요하다고 추정되고 있다. 결장암의 예에서처럼 적어도 4개 이상의 유전자에서 돌연변이가 유발되듯이 돌연변이를 가진 여러 특정유전자들의 세트만이 암을 유발할 수 있다는 것이다. 그러나 인체세포의 약 20,500개로 추정되는 유전자 중에서 암세포가 되기 위해 한 세포가 4~7개의 유전자에서 돌연변이를 유발하기 위해서는 무차별적 돌연변이가 필수적이다. 또한 과연 발암을 위해 이러한 무차별적 돌연변이의 발생이 가능한가에 대한 의문 역시 존재한다.

발암기전의 'Nature and nurture theory' 이론에 의하면 세포의 정상적 상황에서 자연적으로 발생하는 유전자 돌연변이율은 유사분열 세포당 10^{-6}이다. 즉 백만 개 세포 중 한 개의 세포에서 자연발생적 돌연변이가 유발된다는 의미이다. 암세포인 경우에는 4~7개의 특정유전자들에 돌연변이 유발이 필요한데 자연발생적 돌연변이율을 기초로 한다면 사람의 경우에는 $10^{24}-10^{42}$ 세포 중에서 단 하나의 세포만 암세포로 전환된다는 계산이 나온다. 또한 사람은 약 10^{14} 세포로 구성되어 있기 때문에 이는 곧 $10^{10}-10^{28}$ 사람 중에서 단 한 사람만 암이 발생하는 것으로 계산된다. 예를 들어 발암억제유전자가 열성이라고 가정하면 열성암유전자(recessive cancer gene)의 돌연변이율은 제곱이 되어야 하므로 암의 자연적인 발생률은 더욱 낮아지게 된다. 즉 외부 돌연변이를 유도하는 영향이 없이 단순히 유사분열과정에서 자연적인 돌연변이율로 근거하였을 경우에 사람에게서 암은 거의 발생할 수 없다는 결론을 얻을 수 있다. 또한 최근 발암화의 주요 기전의 하나로 제시되고 있는 암줄기세포 가설에서 줄기세포의 자연발생적 유전자 돌연변이율은 유사분열당 10^{-10}이므로 자연적인 암발생 확률은 더욱 낮아진다.

이와 같이 자연적인 돌연변이율 측면에서 한 세포의 4~7개 돌연변이에 의한 발암은 거의 불가능하다. 그런데 이러한 불가능에도 불구하고 다량의 유전자 돌연변이에 의해 암이 왜 발생하는가에 대한 의문을 가질 수 있다. 이러한 문제를 풀기 위해 유전자-돌연변이 발암 가설을 주장하는 쪽에서는 돌연변이-유발 유전자(mutator gene)를 응용하여 설명하고 있다. 돌연변이-유발 유전자란 하나 또는 여러 다른 유전자의 돌연변이율을 유도 또는 증가시키는 유전자이다. 돌연변이-유발 유전자는 DNA 중합효소의 활성을 저해하여 세포주기의 S 시기에서 잘못된 염기쌍 또는 염기 수선기능을 저하시키는 역할을 한다. 유전자-유발 돌연변이 발암 가설을 주장하는 쪽에 의하면 유전자가 다량으로 돌연변이가 유발되기 위해서는 발암전구유전자(또는 발암억제유전자와 DNA 수선유전자)의 돌연변이에 앞서 세포 내 다른 유전자의 돌연변이에 의해 발생하는 돌연변이-유발 유전자의 활성이 필수적이라는 것이다. 또한 돌연변이-유발 유전자는 활성에 의한 돌연변이를 통해 발암전구유전자의 발암유전자로의 전환유도하며 이런 기전으로 여러 유전자의 돌연변이를 유도하여 암을 일으키는 유전자-돌연변이 발암 가설의 핵심이 된다. 즉 돌연변이-유발 유전자는 초기 발암화 과정에서 개시세포의 돌연변이가 외부 발암원에 기인하지 않고 자연발생적 또는 발암물질-비의존적으로 유도된다는 것이다. 그러나 돌연변이-유발 유전자가 비록 세포 내 유전자 돌연변이를 유발할 수 있지만 세포의 발암으로 유도할 수 있을 정도로의 높은 빈도로 세포 내에서 유발할 수 있을지는 아직 의문으로 남아 있다. 유전자-돌연변이 발암 가설에는 이러한 다수의 특정유전자 돌연변이가 동일한 세포에서 일어나는 과정에 대한 이론 외에도 암-특이적 표현형에 대한 설명이 또한 필요하다. 돌연변이가 새로운 기능의 창출보다 오히려 기능의 상실을 유도하는데 암-특이적 표현형의 창출과 어떻게 연관이 되는가 하는 의문이 있을 수 있다. 즉 암-특이적 표현형의 창출은 표현형 자체가 너무 광범위하고 복잡하기 때문에 몇 개의 돌연변이의 결과로 설명하기에는 어려움이 있다는 것이다. 따라서 유전자 돌연변이가 여러 기능의 상실을 유도하는 것에 불구하고 어떻게 살아남아 실제적으로 암세포로 성장할 수 있을까 하는 의문에 대한 해결이 유전자-돌연변이 발암 가설을 설명하는 데 있어서 중요한 요점이다.

약 20,500개의 사람 유전자 중 어느 하나가 돌연변이 될 확률은 20,500분의 1이지만 4~7개 유전자 세트가 돌연변이를 가질 확률은 1 : $(20,500)^{4-7}$이다. 이는 정상적인 세포가 암세포가 되기 위해서는 거의 불가능하기 때문에 잠재적 암세포의 모든 유전자들은 암세포 이전에 돌연변이 유발이 필요하다는 것을 의미한다. 만약 앞서 언급한 돌연변이-유발 유전자를 가진 세포가 1,000번의 무차별적 돌연변이(random mutation)를 유발하였을 때 4개의 특정유전자의 돌연변이에 의해 암세포로의 전환이 될 수 있는 확률은 단지 1.5백만분의 1로 감소된다. 그리고 5,000번의 무차별적 돌연변이를 유발했을 경우에도 2,400번의 1 정도로 암세포로의 전환 가능성은 더욱 높게 된다. 그러나 어떤 세포가 수많은 돌연변이 과정을 통해 발생하는 발암화 과정에서 암의 개시단계가 구분이 가능하도록 세포주기가 진행되기에는 불가능하다는 것이다. 또한 여러 측면에서 유전자-돌연변이 발암 가설은 <표 7-9>에서처럼 주요 논리와 반론이 제시되고 있다. 특히 유전자-돌연변이 발암 가설에 반대하며 발암의 시작과 원인이 유전자 돌연변이보다 염색체 이수성이 더 큰 원인으로 제시되고 있다. 이와 같이 발암의 원인을 다단계 이론에서 염색체 이수성의 돌연변이로 설명되는 이론을 'Multiple aneuplodization(다단계 염색체 이수화)'이라고 한다.

〈표 7-9〉 유전자-돌연변이 발암의 다단계 가설의 주장과 반론(참고: Duesberg)

유전자-돌연변이 발암의 다단계 가설의 주장	반론
발암물질은 돌연변이원이다.	확인된 발암물질 중 약 20~30% 정도는 돌연변이를 유발하지는 않는다.
암의 표현형은 암-특이적 돌연변이에 결정된다.	그러나 어떤 유형의 고형암의 반은 특정유전자 또는 발암유전자가 결핍되어 있다. 즉 발암유전자는 대부분의 종양에서 임상적 특성을 부여하지 못한다. 확인된 발암유전자의 표현형모사(phenocopy)가 알려진 발암유전자가 발견될 수 없는 암에서도 유발될 수 있다.
암-특이적 돌연변이는 발암으로의 전환을 위해 선택적 장점을 준다.	암세포는 정상세포보다 발암억제유자에서조차 100배 많을 정도로 더욱 선택적으로 중립 또는 침묵 돌연변이를 가지고 있다.
암-유발 돌연변이는 클론성 암에서 형질전환 된 모든 세포에서 나타난다.	돌연변이 K-ras는 사람의 대장암에서 비-클론성이며 돌연변이 K-ras, H-ras 그리고 myc은 melanoma에서 비-클론성이다. 돌연변이 her/EGFR/neu/erb-2는 esophageal Barrett's cancer, bladder cancer, malignant glimas 그리고 유방암 등에서 역시 비클론성이다.
암은 발암유전자의 발현에 의해 유지된다.	발암유전자이라도 반드시 암 세포에서 발현이 이루어지는 것은 아니다.
정상세포는 발암유전자에 의해 암세포로 형질전환된다.	생체 모든 세포에서의 발암유전자를 가진 형질전환 마우스는 생명이 유지되며 또한 생식력도 있다. 이들은 클론성 암을 유도할 수 있는 위험성도 있지만 정상적으로 생명을 유지하는 데 필요한 기능성도 높다.
단지 4~7개의 유전자 돌연변이가 발암을 위해 필요하기 때문에 이러한 소수의 유전자만이 암세포에서 비정상적으로 발현된다.	수천 개의 유전자가 암세포에서 비정상적으로 발현된다.
유사분열당 10^{-6}이라는 자연발생적인 돌연변이의 낮은 발생률 측면에서 돌연변이-유발 유전자(mutator gene)는 개시세포의 암세포로의 자연발생적인 '진행' 등 발암화에 필수적이다.	돌연변이-유발 유전자는 소수의 암에서 발견될 뿐이다. 대부분 암의 유전자 돌연변이는 정상적이다. 더욱이 돌연변이-유발 유전자(mutator gene)는 발암화 후기의 과정에서 전형적으로 나타나는데 이는 신생조직 발달의 결과를 의미한다.
돌연변이-유발 유전자 없이 발생하는 대부분의 암은 전형적인 돌연변이처럼 유전자 측면에서 안정적이다.	모든 암세포는 정도의 차이는 있지만 유전자의 불안정성이 있다.

유전자-돌연변이 발암의 다단계 가설의 주장	반론
암새포의 유전자 불안정성은 돌연변이-유발 유전지의 존재와 특성에 비례한다.	암의 유전자 불안정성은 염색체 이수성의 정도와 비례적이다.
선천적 돌연변이-유발 유전자 활성은 모든 암의 위험성을 증가시킨다.	피부암의 원인이라고 고려되는 Xeroderma pigment-osum의 돌연변이-유발 유전자는 피부암이 아닌 발암의 위험성을 증가시키지 않는다.
암세포의 어떤 돌연변이 표현형, 즉 세포 불멸화, 약물내성 그리고 바이러스 내성 등은 정상적인 사람이나 동물에게서 나타난다.	30억 년 동안의 돌연변이 역사에도 불구하고 이러한 기대되는 표현형의 어느 것도 정상적인 개체에서 확인되지 않았다.
암세포는 4~7개의 특정 돌연변이 유전자와 상관이 없는 이수성 염색체를 가지고 있다.	모든 전형적인 유전자 돌연변이와는 달리 암세포는 염색체 이수성 표현형을 지니고 있다.

- **발암화는 돌연변이에 의해 종양개시가 된다는 것이 일반적인 이론이지만 염색체의 aneuoloidization에 의한 종양개시 역시 제시되고 있다.**

발암의 유전자 돌연변이 가설에서는 정상세포의 암세포로의 전환에 가장 큰 이유는 우성 발암유전자(dominant oncogene)의 활성이 유도되거나 또는 열성 항암유전자(recessive tumor suppressor gene)의 불활성화가 유도되는 것이다. 반면에 발암의 염색체의 이수성(aneuploidy) 또는 염색체 재편성(chromosome reassortment) 이론인 경우에는 이수체 생성으로 설명되고 있다. 이수체(aneuploid, 이수성 염색체)란 소수의 염색체가 감소되거나 추가되어 정상 이배체가 아닌 핵형을 의미한다. 암세포에서의 염색체 이수화는 특히 고형암(solid tumor)에서 많이 발생하지만 혈액암인 백혈병(leukemia)에서도 약 50% 정도로 확인되고 있다. 정상 이배체(diploid)를 가진 백혈병 세포와는 달리 이수체를 가진 백혈병 세포는 세포역분화, 불멸화 등의 특성을 나타내며 고형암에서와 같이 약물 내성을 갖는 돌연변이의 특성을 나타낸다. 이수체에 의한 악성 표현형의 발현 정도는 암세포의 이수성 정도에 비례하는데 이수성 염색체를 가진 암세포가 많으면 많을수록 더욱 많은 악성 표현형이 나타난다. 이수체에 의한 발암화도 다단계 이론으로 설명되고 있다. <그림 7-10>에서처럼 발암화의 개시는 발암물질 또는 자연발생적으로 생성된 무작위적 염색체 이수성에 의해 발생한다. 이수성 염색체는 유사분열과 관련된 효소와 염색체 합성 및 유지에 필요한 효소들의 부조화를 유도하기 때문에 유사분열의 염색체 분리에 있어서 에러유발-경향(error-prone)을 초래한다. 결과적으로 이수화는 불안정성 핵형을 유발하여 세포죽음뿐 아니라 암-특이적 염색체 배열(chromosome assortment, 세포분열 중 낭세포의 비상동염색체의 무질서한 배열)을 유도하는 연쇄반응을 야기한다.

발암의 다단계 이론에서는 추가적인 돌연변이에 의해 정상세포가 암세포로의 전환이 된다는 것인데 이수체에 의한 발암 가설과 비교가 많이 되고 있다. 이와 같은 이수성 염색체에 의한 발암 가설에서 이수체에 의한 핵형의 불안정성이 추가적인 유전자 돌연변이를 유발하여 세포가 악성 표현형을 나타내는 암세포로의 전환을 유도한다는 점에서 발암의 다단계 이론과 공통점이 있다. 그러나 추가적인 유전자 돌연변이 없이도 비정상적인 대사 및 형태, 다발성 약물내성, 불멸화(immortality), 침윤과 전이 등의 암-특이적 표현형이 이수체를 가진 세포에서 발생한다. 또한 유전자-돌연변이 가설에서 촉진물질에 의한 발암화의 가역성처럼 이수성 염색체에 의한 발암 기전에서도 발암의 가역성이 존재한다. 즉, 암전구세포와 정상세포의 혼합을 통해 정상적인 염색체 수를 가진 세포가 많아지면서 이수체를 가진 세포 감소와 암-특이적 표현형도 사라지는 가역성이 이수성 염색체에 의한 발암 가설에서도 확인되었다.

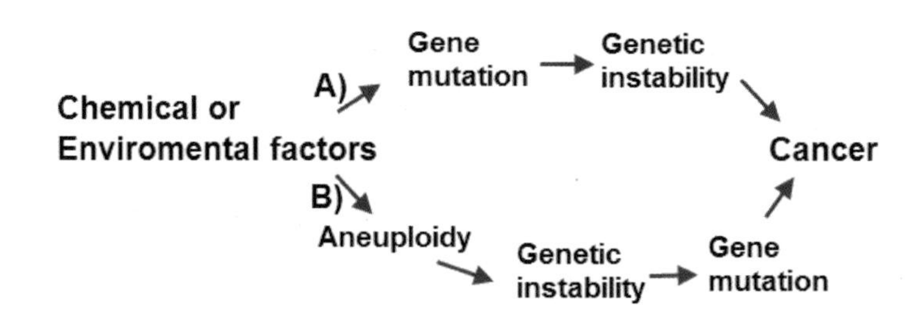

〈그림 7-10〉 **발암화를 유도하는 주요 2가지 기전:** (A) 유전자-돌연변이 발암 가설: 발암화는 축적된 돌연변이와 클론화 선택으로 개시된다. 또한 추가적인 돌연변이 등에 의한 유전자 불안정성 증가와 세포주기의 조절실패에 의한 악성으로 형질전환 등으로 이루어진다. (B) 이수체에 의한 발암 가설: 이수성 염색체에 의해 발암화의 개시가 시작될 수 있다. 염색체의 이수화는 발암물질에 의해 유도되기도 하지만 세포융합, transdifferentiation(역분화), horizontal gene transfer 그리고 유전자 외적 요인 등에 의해 유발된다. 특히 염색체 이수화는 유전자 불안정성 때문에 추가적인 유전자 돌연변이를 유도하여 발암을 유도한다는 측면에서 유전자-돌연변이 발암 가설과 공통점이 있기도 하다.

- **발암화에 있어서 genetic instability는 유전자-유래 및 유전자 외적-유래 등에 기인하며 clonal selection 및 subclonal selection을 유도하여 암세포로의 진행에 있어서 중요한 동력이다.**

유전자 불안정성(genetic instability)이란 유전체(genome, 염색체 내에서 발현되는 전체 유전자의 집합) 내에서 일시적 또는 영구적으로 비계획적 변화를 유발할 수 있는 일련의 현상을 의미한다. 유전자 불안정성은 모든 DNA 또는 유전자 내의 모든 변화를 내포한다. 유전자 불안정성은 크게 2가지 측면인 염기 수준과 염색체 수준으로 구분되나 유전자 외적 요인에 의해서도 유발된다. 염기 수준에서의 불안정성은 DNA 수선 과정의 오류에 기인하며 정상적인 염기서열이 아닌 상태를 의미한다. <표 7-10>에서처럼 염기 수준에서의 유전자적 불안성은 염기의 교체, 소실 그리고 추가 등을 통해 유발되는데 이는 외부적 또는 자연발생적인 DNA 손상 후 DNA 복제 시 수선기능의 결핍으로 유발된다. 특히 오류-염기쌍 수선과 수선을 위한 nucleotide 염기 절단의 문제 등이 DNA 수선 과정에서 나타난다. 또한 부수체(microsatellite, DNA 염기서열 중 반복되는 부분을 말하며 simple sequence repeat이라고도 함) 형성도 염기 수준에 의한 유전자 불안정성의 요인으로 작용한다.

염색체 수준에서의 불안정성은 염색체의 이동 또는 추가 그리고 상실 등을 통한 구조적 변화에 기인한다. 그러나 이수체와 같이 대부분의 암세포에서 나타나는 비정상적인 핵형 등의 수적 이상도 염색체 수준에서의 유전자 불안정성을 유발한다. 염색체 수준에서의 유전자 불안정성은 염색체의 양쪽 끝에 반복적 염기서열로 구성된 텔로미어(telomere)의 단축에 의해서도 기인한다. 텔로미어가 단축되어 일정한 길이에 도달하면 세포는 더 이상 복제되지 않는 비가역적 복제세네센스(irrversible replication senescence)에 도달한다. 그러나 정상세포에서 나타나지 않는 텔로머라제(telomerase)의 활성이 암세포에서는 나타난다. 이는 텔로미어가 재합성되어 결과적으로 세포가 지속적으로 분열하는 세포의 불멸화를 유도한다. 세포의 불멸화 역시 암세포로의 전환에 필수적인 표현형 특성이기 때문에 텔로미어 단축(telomere shortening)도 염색체 수준에서 유전자 불안정성의 원인이다.

유전자-외적 요인에 의한 유전자 불안정성은 메틸화(methylation), 히스톤(histone) 변형과 유전자의 미세환경 등에 의해 유발된다. DNA 메틸화 또는 cytosine C-5의 변형은 우선적으로 CpG island이라고 알려진 CG의 짧게 뻗어 나온 염기서열에서 발생한다. CpG island는 사람 유전체에 있어서 약 29,000개 정도가 유전자의 5' 말단에 위치한다. DNA 메틸화는 박테리아에서는 외부 DNA에 대한 방어기전으로 작용하지만 진핵세포에서는 유전자 발현의 조절기전으로 이해되고 있다. 그러나 대부분의 암에서 DNA 메틸화의 정도가 감소한다. 암세포에서 이러한 낮은 메틸화를 나타내는 유전자는 위암의 cyclin d2, 폐암과 결장암의 Ha-ras 그리고 췌장암의 Maspin과 S100P 등이 있다. 이와 같이 메틸화의 감소가 다양한 암의 진행 과정에서 발생하여 유전체 전체와 염색체뿐 아니라 유전자 불안정성을 유발한다. 히스톤도 아세틸화, 메틸화, 인산화, ubiquitination와 poly-ADP ribosylation 등에 의해 변형되어 단백질-DNA 상호작용을 위한 결합력(tightness) 감소와 같은 유전자 불안정성을 유발한다. 이는 궁극적으로 유전자 불안정성을 유발하여 암의 진행에 영향을 주는 기전으로 이해된다.

또한 미세환경에 의해 유전자 불안정성이 유발되는데 대표적인 미세환경 요인은 세포 내 저산소증(hypoxia)을 예로 들 수 있다. 저산소증은 종양 미세환경에서 일시적으로 나타나는데 이는 세포 내에서 저산소증과 재산소화(reoxygenation)의 순환을 유도한다. 또한 저산소증은 이러한 순환 과정을 통해 ROS의 발생과 SOD의 불활성화를 통해 DNA 손상을 비롯하여 DNA 합성, DNA 수선과 전사불활성화 등의 유전자 불안정을 유도한다.

이러한 유전자 불안정성은 암의 진행에 있어서 가장 중요한 동력으로 작용한다. 돌연변이에 의해 특정 개시세포에서 유전자 불안정성이 발생하면 개시세포의 클론화가 시작된다. 클론화된 세포집단 중에서 추가적인 유전자 불안성을 가진 세포는 또 다른 특성을 가진 세포의 클론화가 유도되는 clonal selection(클론화 선택)이 이루어진다. 또 다른 추가적인 유전자 불안성을 가진 클론의 특정 세포의 subclonal selection(후발클론화 선택)을 통해 더욱 암세포의 악성 표현형을 가진 클론으로 진행된다. <표 7 – 10>에서처럼 염기 및 염색체 수준의 유전자 – 유래 유전자 불안성과 유전자 외적 요인 – 유래 유전자 불안성은 발암화의 가장 중요한 특징이며 진행의 동력이 된다.

〈표 7 – 10〉 다양한 유전자 – 불안정 종류와 기전

유전자 불안정성의 원천	세부적 기전
염기 수준	
DNA 수선 결함	Mismatch repair 실수와 microsatellite 형성 수선을 위한 Nucleotide 절단의 문제 수선을 염기 절단의 문제
염색체 수준	
구조적 이상	염색체의 일첨가 소실과 삽입 그리고 이동
수적 이상	이수체 형성
Telomere	텔로미어 길이가 짧아짐
유전자 외적 요인(epigenetic factor)	
메틸화	메틸화의 감소
유전자의 미세환경	저산소증
히스톤 변형	
암줄기세포	세포 자체적으로 유전자적 또는 유전자 외적 요인의 변화

- **암줄기세포가설**(cancer stem cell hypothesis) **역시 발암화의 기전으로 제시되고 있다.**

암줄기세포의 모델은 최근 상당히 주목을 받으면서 발암화의 중요한 기전으로 받아들여지고 치료의 개념에서 접근 및 이해되고 있다. 암줄기세포란 자가재생(**self – renewal,** 줄기세포의 특성을 간직하면서 미분화세포로 증식하는 것) 능력을 가지고 있는 종양 내의 세포이며 종양을 구성하는 이질적 계통(heterogeneous lineage)의 세포 발생을 유도하여 발암화를 진행하는 세포이다. 암줄기세포의 존재는 배양 암세포주를 생체에 투입을 통해 확인되었다. 세포배양을 통해 불멸화가 된 세포군을 세포주(cell line)라고 한다. 이들은 대부분 암세포주인데 실험쥐에 이식하면 대부분 세포들이 암종양을 형성한다. 이와 같이 암줄기세포라는 것이 1997년에 구체화되기 전까지는 이들 세포주는 특성에서 차

이가 없는 균일성(homogeneity)을 가졌다거나 유사한 동종으로 추정되었다. 그러나 암조직에서 분리된 두 세포가 동일한 특성을 가지지 않는 것처럼 이들 불멸화된 세포도 다양한 이질적 특성을 가진 세포 집단이다. 또한 실험쥐에 이식된 모든 암세포가 생체 내에서 새로운 암조직을 형성하는 것이 아니고 이들 중 일부분만이 암조직을 형성할 수 있다는 것이 확인되었다. 이와 같이 이식을 통해 암조직을 형성할 수 있는 특성을 지닌 세포를 암줄기세포라고 한다.

이렇게 형성된 암조직 내에서 암줄기세포가 차지하는 비율은 약 1% 정도이다. 그러나 암줄기세포는 정상 줄기세포의 특징인 자가재생능력을 지니고 있기 때문에 자신과 또 다른 미분화 상태의 암줄기세포를 만들거나 암조직의 대부분을 이루는 일반 암세포도 만들어 암화를 진행할 수 있다. 특히 암줄기세포로 명명하는 이유는 악성 종양세포들이 보이는 다양한 이질성이 정상 줄기세포의 다양한 분화적 특성과 일치하기 때문이기도 하다. 예를 들어 정상 조직의 재생은 조직 줄기세포에 의해 수행된다. 줄기세포는 비대칭 분열(asymmetric division), 즉 하나의 딸세포는 줄기세포, 다른 딸세포는 분화세포로 분열된다. 이 과정에서 천천히 증식하는 줄기세포, 빠르게 증식하는 이행증폭세포(transit-amplifying cell), 최종 분화세포(terminally differentiated cell) 등의 다양한 세포가 존재하게 된다. 암조직도 여러 이질적 특성을 가진 세포들로 구성되어 있다. 그러나 발암화 기전에 있어서 암줄기세포의 가설은 암조직에서 암줄기세포가 차지하는 비율이 극히 일부분이기 때문에 종양발생의 기원이 줄기세포로만 설명될 수 없다는 반론도 제시되고 있다. 이러한 반론에도 불구하고 정상 줄기세포와 암줄기세포의 분화에 있어서 유사성 때문에 줄기세포에서 종양의 기원을 추론하고 있는 가설이 제시되고 있다. 먼저 종양은 암줄기세포 자체로만 구성되어 있는 것이 아니라 다기능성(여러 종류의 세포로 분화기능)이 다소 낮은 딸세포(less multipotent daughter cell)들로 구성되어 있다는 가설이다. 이 가설에 의하면 돌연변이에 의한 유전체 또는 유전자 불안정성이 줄기세포의 비대칭 세포분열 단계서 발생하고 추가적인 돌연변이에 의해 줄기세포의 발암화가 진행된다는 것이다. 두 번째 가설은 줄기세포 자체가 유전자의 돌연변이 축적을 통해 악성종양으로 전환되어 다양한 이질성을 가진 암세포로의 분화를 진행한다는 것이다. 이는 일반적으로 암줄기세포의 다양한 세포의 분화능력과 악성종양의 다양한 이질성을 가진 암세포 분화라는 특성에서 추론되었다. 세 번째 가설은 이행증폭세포 또는 줄기세포로부터 분화된 세포가 분화과정에서 유전자 돌연변이에 의해 발생한 탈분화세포(dedifferentiated cell)들이 줄기세포와 유사한 표현형을 나타내는 것이다. 여기서 탈분화란 발암화 과정에서 나타나는 형질전환과 같은 의미한다.

그러나 암줄기세포 가설에서 핵심적 원리는 종양이 줄기세포에서 먼저 발생하고 이들 종양세포들이 정상적인 줄기세포의 기본 특성을 가지는 것이다. 또한 암줄기세포 가설에서 특히 강조되는 것은 줄기세포 주변의 특정한 미세환경(microenvironment 또는 stem cell niche)에서 보내는 신호전달체계이다. 줄기세포의 무제한적인 자가재생능력과 분화는 이러한 신호에 의해 조절된다. 따라서 암줄기세포 가설에서는 돌연변이에 의해 이러한 줄기세포의 자가재생과 분화에 대한 신호체계가 변형되어 악성종양이 유발된다는 것이다.

- **화학적 발암화 과정에서 바이러스 등 생물학적 요인과 화학물질의 상호작용을 통해 형질전환을 촉진시킨다.**

암을 유발하는 바이러스로는 자궁경부암(cervical cancer)의 HPV, 간암의 Hepatitis B 그리고 임파암의 EBV(lymphoma의 일종) 등이 있으며 이들은 대부분 DNA 바이러스이다. 사람에게서 바이러스 감염에 의한 암의 발병률은 새와 같은 동물보다 낮지만 약 12% 정도이다. 바이러스 감염에 의한 발암화 양상은 급성－형질전환(acutely－transforming) 그리고 만성－형질전환(slowly－transforming) 등 2가지로 구분된다. 급성－형질전환 발암화에서는 바이러스 입자가 viral－oncogene(바이러스－발암유전자, v－onc)이라고 불리는 과활성화 발암유전자를 지니고 있다. 감염된 세포는 v－onc가 발현되는 즉시 형질전환이 이루어진다. 반면에 만성－형질전환 발암화에서는 바이러스의 유전체가 숙주 유전체 내의 발암전구유전자(proto－oncogene) 가까이에 삽입된다. 바이러스의 유전자 프로모터 또는 다른 전사조절인자가 차례로 숙주의 발암전구유전자의 과발현을 유도하여 무제한적인 세포생장을 유도한다. 그러나 바이러스 유전자 삽입이 숙주의 발암전구유전자에 대해 특이적이지 않고 또한 발암전구유전자 가까이 삽입되는 기회가 낮기 때문에 만성－형질전환형 바이러스에 의한 발암화는 v－onc를 지니고 있는 급성－형질전환형 바이러스에 의한 발암화와 비교하여 매우 긴 종양 잠복기를 가지고 있다.

이와 같이 바이러스 감염에 의한 발암화는 발암전구유전자 등의 활성화를 통해 이루어지지만 또한 바이러스의 유전체가 숙주의 발암억제유전자에의 삽입을 통한 불활성화를 유도하여 발암화를 유도 또는 촉진시킬 수 있다. 이러한 측면에서 볼 때 화학적 발암화 과정에서 바이러스 감염이 화학물질과 상호작용을 통해 발암화를 촉진 또는 상승작용을 유도할 수 있다. 예를 들면 hepatitis B virus와 aflatoxin B1 또는 알코올이 상호작용을 통해 간암을 조기 유발하는 것을 비롯하여 Epstein－Barr virus와 N－nitrosamines에 의한 비인강 암(nasopharyngeal carcinoma), human papilloma virus와 tobacco smoke에 의한 uterine cervix, oral cavity와 larynx 암 등이 있다.

이러한 상호작용은 화학물질 및 바이러스가 발암화의 각 단계에서 역할 분담을 달리하여 진행된다. 바이러스에 의해 유발된 발암화 과정의 개시단계에서 화학물질은 촉진제 역할 그리고 화학물질에 의해 유발된 개시단계에서 바이러스가 촉진제의 역할을 할 수 있다. 이러한 예로는 benzo[a]pyrene, 4－nitroquinoline－N－oxide과 3－methylcholanthrene 등으로 전처리된 세포에서 Simian virus 40(SV40)에 의해 형태적 형질전환이 쉽게 발생하는 것으로 설명된다. 또한 adenovirus SA7, mutant adenovirus type 5 또는 herpes simplex virus type 2 등의 바이러스에 의한 발암화 과정에서 polycyclic aromatic hydrocarbon의 전처리를 통해 형질전환이 촉진 및 증가된다.

- **정상세포의 암세포로의 형질전환 과정에 발생하는 세포의 immortality를 유도하는 대표적인 기전은 세포의 복제세네센스 현상이다.**

화학적 발암화에서 개시세포는 촉진물질에 의해 추가적인 돌연변이의 기회를 높이기 위해 클론화에 의해 개시세포가 집단화된다. 또한 추가적인 돌연변이를 통해 촉진단계의 세포는 악성전환을 거쳐 침윤과 전이되는 진행단계의 발암화 과정을 거친다. 그러나 이들 암전구세포 및 암세포가 유한적인 복제 능력을 가졌다면 특정 횟수의 복제 후 세포 스스로가 사멸되기 때문에 암조직의 크기는 한정적이고 또한 악성 표현형도 숙주 자체에 위협적이지 않다. 이를 극복하기 위해 암세포 또는 암전구세포의 또 다른 중요한 특성은 아무리 복제를 하여도 사멸되지 않는 세포의 불멸화(immortality)이다. 화학적 발암화 단계에서 이러한 불멸화는 악성전환 단계 이전의 암전구세포에서 획득되는 것으로 추정되고 있다. 현재까지 암세포의 불멸화 특성의 획득 기전에 있어서 복제세네센스 현상을 통해 가장 잘 설명되고 있다.

1) Replicative senescence의 개념과 생물학적 중요성

Hayflick은 1965년에 섬유아세포의 시험관 배양을 통해 세포 복제의 횟수(replicative life span)가 유한하다는 것을 확인하였다. 즉 세포복제 능력인 배가증식(PD, population doubling)이 세포의 종류마다 차이가 있지만 결국 일정한 횟수를 분열한 후 상실된다는 것이다. 이러한 제한된 횟수에 도달하면 더 이상 PD를 할 수 없는 상태를 일컬어 'Replicative Senescence(복제세네센스)'이라고 하며 'irreversible growth arrest(비가역적 세포복제 중지)'라 정의된다. 최근 다양한 세포로 구성된 개체를 통해서도 이러한 현상이 확인되었으며 특히 복제 횟수 정도와 세포노화의 진행 정도가 비례한다는 것뿐 아니라 세포의 암세포로의 전환과도 밀접한 관계가 있다. 'Hayflick 한계(limit)'라고도 일컫는 복제세네센스 현상에 있어서 분열정지는 일시적으로 분열중단 된 세포(quiescent cell), 최종 분화(terminal differentiations)에 의한 분열정지 된 세포 등과 세포학적 측면에서 유사점도 많으나 다음과 같은 세 가지 다른 특성에서 차이점이 있다. 첫째, 세네센스 세포는 유사분열 촉진제(mitogen)에 의한 세포주기에 반응이 없으며 특히 G_1의 DNA 상태로 분열정지 된다. 또한 세네센스 세포에서 분열중지는 G_1 시기뿐만 아니라 DNA 합성 후 시기인 G_2 시기에서도 비가역적으로 발생한다. 세포주기의 신호전달체계와 관련하여 EGF(epidermal growth factor), IGF(insulin-like growth factor) 그리고 PDGF(platelet-derived growth factor) 등 성장촉진인자에 대한 반응이 복제세네센스 세포에서 현저히 저하된다. 특히, G_1 시기의 조절과 관련하는 전사인자(transcription factor)인 AP1이나 E2F의 활성이 억제되며 동시에 cyclin-dependent kinase(cdk) 저해제인 p21이나 p16의 활성이 증가된다. 따라서 복제세네센스 세포는 일반 세포의 세포주기와 관련된 신호전달체계에 있어서 상당히 차이가 있다.

두 번째, 세포주기뿐만 아니라 대사 및 기능적인 측면에서 세네센스 세포는 단백질 발현에 있어서 차이가 있다. 세포 외 간질(extracellular matrix)을 구성하는 콜라겐분해효소(collagenase), 스트로메리신(Stromelysin) 그리고 피브로넥틴(fibronectin) 등의 활성이 정상세포와 비교하여 복제세네센스 세포에서 상당히 증가된다. 대사적 측면에서 다른 세포들과 비교하여 다소 낮은 대사율을 보이지만 복제세네센스 세포는 여전히 활성적이며 오랜 기간 동안 수명이 지속된다. 특히 복제세네센스 세포에서 β-galactosidase의 발현이 높은 것으로 확인되었는데 이는 일시적으로 분열중지 된 세포 또는 최종 분화에 의해 분열정지 된 세포 등과 구별하는 생물학적 지표 효소이다.

세 번째, 복제세네센스 세포는 apoptosis에 대해 높은 저항성을 갖는다. 이는 복제세네센스 현상이 비가역적으로 분열정지 되지만 죽음으로 즉시 유도되지 않는다는 것을 의미한다. 아포토시스에 대한 높은 저항성에 대한 기전은 anti-apoptosis 유전자인 Bcl-2의 발현이 증가하는 것으로 일부 설명되고 있다. 이상과 같이 세네센스 상태의 세포는 일시 중지된 젊은 세포를 비롯하여 최종 분화에 의한 세포, 중지된 세포들과 달리 여러 측면에서 명확한 차이를 보인다. 이는 세포주기에서 DNA 합성 및 세포 복제와 관련된 여러 조절 단백질의 발현 조절과 밀접한 관계가 있으며 복제세네센스 현상의 세포학적 그리고 생물학적 의의를 구명하는 데 중요한 특성이다.

복제세네센스 현상의 생물학적 중요성은 세포복제 횟수의 유한성이라는 특성에서 알 수 있듯이 노화와 암과의 관련성에 집중되어 많은 연구가 이루어졌다. 세포의 복제세네센스 현상이 노화와의 관련성을 설명하는 데 중요한 증거는 사람으로부터 분리된 세포의 in vitro에서의 복제 잠재력(replicative potential)을 통해 설명된다. 태아의 섬유아세포인 경우 60∼80PD, 중년층은 20∼40PD, 노년층은 10∼20PD 후 세네센스 상태로 진입하였다. 이는 세포가 PD를 거듭하면 복제세네센스 또는 Hayflick 한계에 접근한다는 것을 의미한다. 이는 세포학적 노화의 최종점이 비가역적인 분열정지인 복제세네센스에 도달이며 동시에 개체 노화의 최종 현상으로 이해된다.

이와 같이 개체의 노화와 더불어 진행되는 복제세네센스는 발암과 관련하여 생물학적 중요성이 있는 것으로 추정된다. 예를 들면 노화와 더불어 진행되는 복제세네센스는 노화에 따른 암에 대한 방어력이 취약한 노인들에게서 암의 또 다른 방어 기전으로 이해될 수 있다. 즉 복제세네센스 현상이 노화의 세포학적 최종 현상이지만 발암학적 측면에서는 세포의 또 다른 발암억제기전으로 이해할 수 있으며 이에 대해 다양하게 설명되고 있다. 암세포의 가장 큰 특성 중의 하나가 무한증식이다. 이러한 특성에는 우선적으로 세포의 불멸성이 선행되고 그 불멸성은 세포주기 조절에 관여하는 특정유전자 상실이나 기능의 변화에 기인한다. 이러한 암세포로의 전환에 필수적인 단계인 세포의 불멸성이 복제세네센스 현상에 의해 상실된다. 실험적 예를 들면, 섬유아세포에서 유래된 복제세네센스 세포와 SV40 T 항원에 의해 불멸화된 세포와의 융합(fusion) 결과, 이들의 하이브리드 세포에서는 DNA 합성이 저해될 뿐만 아니라 불멸성이 상실되었다. 특히 세포의 PD를 제한한다는 사실은 불멸성과 관련하여 복제세네센스 현상이 우성이라는 것을 보여 주고 있다.

2) p53-dependent senescence

복제세네센스 유도는 세포주기를 조절하는 단백질 발현이 정상세포와의 차이에 기인한다. 발암억제단백질인 p53과 pRb는 세포주기를 조절하는 중요한 조절인자이다. pRb는 자체 인산화를 통해 함께 복합체를 형성하고 있던 E2F 방출을 유도한다. E2F는 세포증식에 있어서 중심적인 역할을 하는 전사인자이다. 그러나 복제세네센스 세포에서는 Rb 단백질의 인산화가 감소된다. pRb의 인산화 감소는 E2F의 불활성화를 유도하여 DNA 합성과 세포주기를 G_1 시기에서의 정지를 유도한다. 복제세네센스 세포에서 pRb의 인산화 감소는 인산화-저해단백질인 p16(또는 p15)과 발암억제단백질인 p53을 통해 전사되는 p21에 이루어진다. <그림 7-11>에서처럼 cdk2와 cyclin E의 복합체는 pRB의 인산화를 통해 전사인자 E2F의 활성을 유도하여 세포주기를 활성화한다. 그러나 DNA 손상에 의해 반응하는 p53은 p21 유전자 전사를 통해 p21 단백질의 활성화를 유도한다. 활성화된 p21은 cdk2와 cyclin E의 복합체에 결합하여 불활성을 유도한다. 이는 cdk2에 의한 pRb 인산화 저해를 유도하며 결과적으로 E2F의 불활성화를 통한 세포주기의 진행을 저해하게 된다. 이와 같이 p53의 활성화에 의해 복제세네센스가 진행되는 것을 p53-의존성 세네센스(p53-dependent senescence)라고 한다. 그러나 p21의 활성이 p53에 의해 반드시 활성화가 이루어지는 것은 아니며 또한 p16 역시 cyclin D와 cdk4/6의 복합체와 결합하여 E2F 불활성을 유도한다. 이러한 p16 또는 p15에 의해 세포의 세네센스 현상이 유도되는 경로를 p53-비의존성 세네센스(p53-independent senescence) 기전이라고 한다.

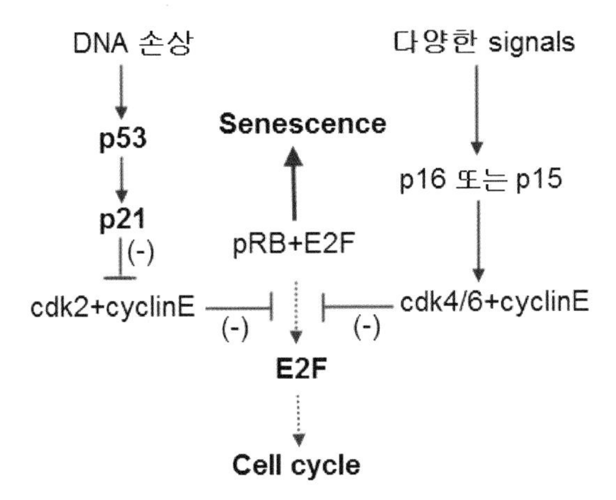

〈그림 7-11〉 p-53의존성 및 p53-비의존성 세네센스 경로: p53과 pRb는 세포주기를 조절하는 중요한 조절인자이다. 세네센스 세포에서 Rb 단백질의 인산화 정도가 감소되는 것이 확인되었다. Rb 단백질의 인산화는 transcription factor인 E2F의 방출을 유도하여 세포주기를 촉진시킨다. Rb 단백질의 인산화 감소는 E2F의 불활성화를 유도하여 DNA 합성과 세포주기를 G1 시기에서의 정지를 유도한다. 복제세네센스 세포에서 Rb 단백질의 인산화 감소는 p53-비의존성 경로인 p16 또는 p15와 p53-비의존성 경로인 발암억제유전자의 p53을 통해 전사되는 p21에 의한 cyclin과 cyclin-dependent kinase(cdk) 복합체 활성의 감소를 통해 이루어진다.

3) Replicative senescence와 다양한 질병의 원인으로의 cellular senescence(또는 premature senescence) 현상과의 차이점

유전적인 문제에 기인하는 조로증인 Werner's syndrome 환자에서 발암률이 높은 것은 이러한 복제세네센스 경로에서의 문제에 기인한다는 것을 잘 보여 준다. 유한적 세포분열이라는 복제세네센스 특성을 고려한다면 빠른 노화가 촉진되어 세네센스에 도달한 Werner's syndrome 환자에게서는 암발생률이 낮아야 한다. 그러나 이 환자들에게 발암률이 높다는 것이 확인되었으며 이는 복제세네센스 유도와 관련된 발암억제단백질 및 전사인자들을 발현하는 유전자에서의 돌연변이에 기인하는 것으로 확인되었다. 따라서 세포주기와 관련된 신호전달체계에서의 이상은 세포 복제세네센스 현상을 저해하여 세포의 불멸화를 통한 발암의 원인을 제공한다.

일반적으로 복제세네센스는 세포분열 시 발생하는 텔로미어 단축에 의해 발생하는 텔로미어-의존성 세네센스(telomere-dependent senescence)를 의미한다. 그러나 세네센스 현상이 다양한 질환의 원인이 된다는 것이 알려진 후에는 여러 세네센스 현상으로 구분하여 설명되고 있다. <표 7-11>에서처럼 세포의 대내외적으로 다양한 원인에 의하여 유도된 세네센스는 다양한 질환의 원인이 된다. 이와 같이 분열 외에도 세포의 내외적 요인에 의해 세포 자체가 가지고 있는 PD의 잠재력보다 빨리 유도되는 세네센스 현상을 'cellular senescence(세포-세네센스)' 또는 'premature senescence(조기-세네센스)'이라고 한다. 즉 세포의 정상적인 분열과 더불어 자연적으로 유도되는 복제세네센스는 내외적 요인 및 질환에 의해 유도되는 조기세네센스와 구별된다. 그러나 요인이 무엇이든지에 상관없이 어떤 세네센스라도 세포주기 및 세포분열의 비가역적 중지라는 개념을 갖는다.

〈표 7-11〉 다양한 요인에 유발되는 조기-세네센스와 다양한 질환(참고: park)

Stress 또는 원인물질	세네센스 세포	질환
Homocysteine-induced Oxidative stress	Umbilical endotherial cell	Atherosclerosis
Aging-induced oxidative stress	Prostatic epithelial cells	Benign prostatic hyperplasia
tert-butylhydroperoxide	WI-38 human diploid fibroblasts	Premature aging
Iron-induced Oxidative stress	Erythrocyte	β-thalassemia
Oxidative stress	Chondrocyte	Osteoarthritis
Cirrhosis samples	Hepatocyte	Human liver cirrhosis
Venous hypertension	Fibroblasts isolated from venous ulcers	Venous ulcers
Patients	Leucocyte	Coronary artery disease
Oxidative stress	Blood lymphocyte	Vascular dementia
Ischemia by transplantation	Tubular epithelial cells	Chronic renal allograft rejection

또한 유발 기전 측면에서 세네센스 현상은 발암유전자-유도성(oncogene-induced), ROS-유도성 그리고 텔로미어-의존성 세네센스 등으로 구분된다. 그러나 이들 모두는 앞서 설명한 DNA-손상 반응인 DDR을 통해 유도된다.

<그림 7 - 12>에서처럼 DDR(DNA damage response) 경로에 따라 세네센스는 Ras와 같은 발암유전자의 활성화에 의해 유도되는 기전인 발암유전자 - 유도성 세네센스(oncogene - induced senescence), ROS에 의한 DNA 손상에 의해 유도되는 DDR을 통한 기전인 ROS - 유도성 세네센스(ROS - induced senescence) 그리고 텔로미어 단축(telomere shortening)에 의한 기전인 텔로미어 - 의존성 세네센스(telomere - dependent senescence) 등으로 구분된다. 특히 텔로미어 - 의존성 세네센스는 정상적인 세포분열에 의한 텔로미어 단축을 통해 유도되기 때문에 특별히 '복제세네센스'의 주요 기전으로 구분된다. 또한 발암유전자 - 유도성 세네센스와 ROS - 유도성 세네센스는 정상적인 분열에 의한 텔로미어 단축보다 세포 또는 개체의 대내외적 요인에 의한 텔로미어 손상 및 기타 요인에 의해 조기에 유도되는 '조기 - 세네센스 또는 세포 - 세네센스'로 구분된다. 그러나 복제세네센스 또는 조기 - 세네센스 모두 세포의 분열을 중지시키는 역할을 하기 때문에 발암억제의 기전으로 이해할 수 있다.

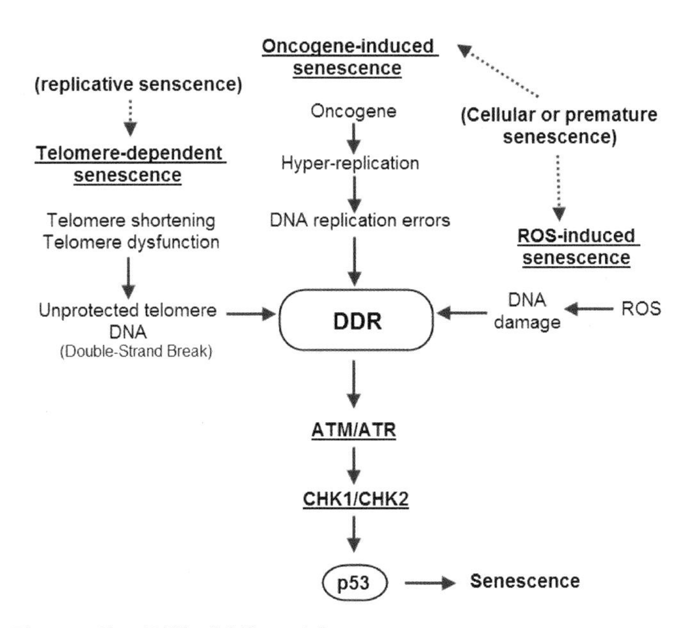

〈그림 7 - 1 2〉 다양한 세네센스 기전: 세네센스의 유발 기전 측면에서 보면 발암유전자 - 유도성, ROS - 유도성와 텔로미어 - 의존성 세네센스로 구분된다. 그러나 이들 모두 DDR(DNA damage response)을 통해 유도되어 p53 - 의존성 세네센스가 유도된다(참고: Ozturk).

발암전구유전자의 돌연변이에 의해 활성화된 발암유전자에 의해서도 세네센스가 유도된다. 지금까지 이들 발암유전자는 Ras, Raf, Mos, Mek 그리고 Myc 등이 있으며 이들에 의해 세네센스가 유도하는 것으로 확인되었다. Ras 발암유전자인 경우에는 발현을 통해 G1기에 비가역적으로 세포주기를 정지시키며 특히 세네센스 세포에서 p53 및 p16 단백질이 확인되었다. 이는 Ras 유전자의 발현은 p53 - 의존성과 p53 - 비의존성 경로의 모두를 통해 세네센스를 유도하는 것으로 이해된다. 이는 발암유전자의 활성화 에 의한 발암화가 진행되더라도 다른 한편으로는 발암화에 반응하여 발암유전자에 의한 세네센스가 유도되는 세포의 항암기전로 이해된다. DNA - 손상 반응인 DDR이 불활성화되면 발암유전자인 Ras에 의한 세네센스가 억제되는 것이 확인되었다. 이는 정상적인 DDR에서 발암유전자인 Ras가 발암화를 유도하기도 하지만 세네센스도 유도하는 것을 의미한다. 그러나 발암유전자 - 유도 세네센스 유도는 발암화의 다단계 과정에서 양성종양이 악성종양으로 전환되기 전 단계인 촉진단계 또는 그 이전의 단계에서 이루어지는 것으로 추정된다. <그림 7 - 12>는 발암유전자 - 유도 세네센스가 DDR에 의해 유도되는 것을 나타낸 것이다. 세포주기를 촉진하는 발암유전자 활성은 일시적으로 대량 - DNA합성(DNA hyper replication) 및 세포분열을 유도한다. 이러한 일시적인 대량 - DNA합성은 복제분기점 또는 DNA의 DSB(double strand breaks) 등의 복제결핍(replication error)을 유도할 확률이 높다. 결과적으로 DSB는 DNA - 손상 반응인 DDR를 통해 p53 - 의존성 세네센스를 유도하게 된다. 이와 같이 발암유전자에 의한 세네센스 유도기는 DDR를 통해 이루어지는 것으로 설명된다.

ROS 또는 산화적 스트레스에 의해 유도되는 세네센스인 ROS - 유도 세네센스는 다양한 질환의 원인으로 추정되고 있는 조기 - 세네센스의 가장 중요한 기전으로 이해되고 있다. 특히 약물이나 독성물질 등 외인성 스트레스보다 정상적 대사에 기인하는 내인성 산화적 스트레스에 의한 조기 - 세네센스는 인간의 노화와 더불어 발생하는 다양한 질환의 원인이다. 예를 들어 노화와 더불어 항산화적 방어가 감소하면서 산화적 스트레스가 증가된다는 것은 조기

-세네센스와 노화성 질환의 연관성을 잘 설명해 준다. 정상적인 신체 활동하에서 ROS 및 산화적 스트레스 생성의 대표적인 장소는 에너지 생성의 장소인 미토콘드리아 내막의 호흡계(respiratory system)이다. 특히 glucose, pyruvate 등과 같은 에너지가 풍부한 기질이 ATP 재생의 감소를 유도하여 미토콘드리아에서의 ROS 생성에 의한 세포독성을 감소시킨다는 점은 ATP 또는 에너지 대사 그리고 ROS 생성의 관련성을 잘 대변해 준다. 연구에 의하면 NADH에서 산소로 전달되는 총 전자의 약 1% 정도가 산소에 전달되어 superoxide anion radical 생성에 이용되며 체내 산소의 3~5%가 superoxide anion radical로 전환되는 것으로 추정되고 있다. 특히 과잉열량에 의해 생성된 과잉전자와 전자전달계의 uncoupling reaction(부조화 반응)은 미토콘드리아 기능 저하를 유도하여 ROS의 생성을 증가시킨다. 미토콘드리아의 기능 저하에 의한 산화적 스트레스 증가는 텔로미어의 단축과 더불어 세네센스를 유도하는 것으로 확인되었다. 역으로 산화적 스트레스의 정도를 낮추기 위해 정상적 식이의 약 40% 정도에 해당하는 열량제한(caloric restriction)을 했을 때 세네센스 현상이 지연되는 것이 확인되었다. 미토콘드리아에서 ROS 발생 외에도 H_2O_2를 섬유아세포에 처리하거나 또한 산소분압을 높여 ROS를 유도한 결과, 정상적인 세포보다 조숙한 세네센스 현상이 확인되었다. ROS-유도 세네센스에 대한 기전은 확실하게 밝혀지지 않았다. 그러나 산소분압이 높은 상황에서 텔로미어-의존성 세네센스 및 ROS에 의해 발암유전자-유도 세네센스가 유도되는 것이 확인되었다. 이러한 측면을 고려할 때 ROS-유도 세네센스는 텔로미어-의존성 또는 발암유전자-유도 세네센스 모두와 관련이 있는 것으로 설명되고 있다. 일반적으로 ROS-유도 세네센스 기전은 ROS에 의한 DNA 손상 그리고 이에 따른 DDR이 세네센스를 유도하는 것으로 이해되고 있다. 그러나 ROS가 산호전달체계에 있어서 p38 MAPK(mitogen-activated protein kinase) 활성화를 유도하여 Ras-의존성 p21 활성화를 통해 발암유전자-유도 세네센스도 확인되고 있다.

4) Telomere-dependent senescence와 trigger

텔레미어-의존성 세네센스는 지금까지 가장 많이 연구되었으며 세포의 복제세네센스 기전에 대한 이해에 있어서 핵심이다. 텔로미어는 'shelterin'이라고 불리는 6~7개의 텔로미어-특이적 단백질에 의해 둘러싸여 염색체의 양쪽 말단에 위치한다. 텔로미어는 'TTAGGG' 염기서열의 수많은 반복(5~20kb)으로 구성되어 있다. 텔로미어 말단은 2개의 loop를 형성하여 텔로미어 역할을 수행한다. <그림 7-13>에서처럼 두 loop는 3' 말단의 single-stranded G-rich 염기서열이 텔로미어 두 트랙 사이에 침입하여 형성된다.

D-loop(displacement loop)는 텔로미어 말단의 DNA 부분을 보호하기 위해 형성된다. T-loop는 모자를 씌운 듯 'capping(모자씌움)' 형태이다. 이는 염색체의 융합 방지와 유전자 안정화뿐 아니라 물리적 손상에 기인하는 내부 유전자의 정보 상실을 막아 주는 역할을 한다. 따라서 'capping'은 텔로미어 고유의 역할 수행을 유도하는 중요한 구조이다. 그러나 텔로미어는 유전자의 기능처럼 단백질을 발현할 수 있는 유전정보를 가지고 있지는 않다.

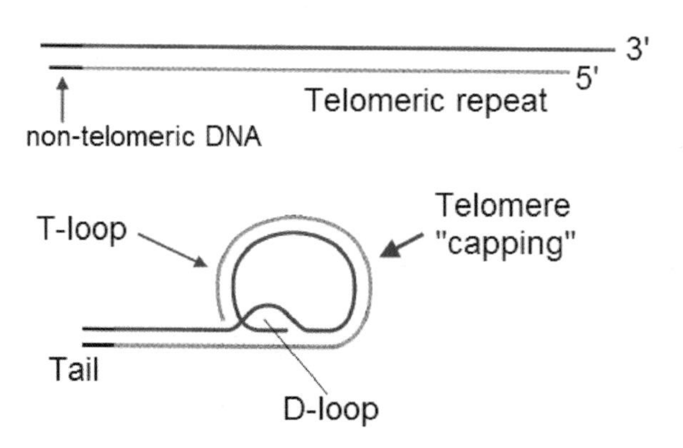

〈그림 7-13〉 텔로미어 말단의 t-loop와 D-loop: 텔로미어 말단에 생성되는 2개의 loop는 염색체 상호 융합을 방지하며 내부 유전체를 보호한다. 'capping'가 없어지면 DNA 두 가닥은 이중나선 절단(double-strand breaks, DSB)으로 인식된다.

이러한 역할과 더불어 다른 텔로미어의 생물학적 역할은 텔로미어의 단축에 기인한다. 텔로미어의 단축은 복제 동안의 물리적 손상 또는 ROS에 의한 공격 등의 원인도 있지만 <그림 7-14>에서처럼 말단-복제 문제(end-replication problem)가 가장 큰 요인이다. 선상형 염색체(linear chromosome)에서 DNA 복제는 반보존적이며 지연가닥(lagging strand)과 선도가닥(leading strand)에서 RNA primer를 따라 각각 5'→3' 방향으로 이루어진다. RNA primer는 분해되고 upstream primer로부터 합성된 DNA에 의해 교체된다. 그러나 선도가닥은 DNA 합성 5'→3'으로 복제되기 때문에 문제가 없지만 지연가닥에서는 분해된 primer를 대체할 새로운 DNA 합성을 위해서는 또 다른 primer가 필요하다. 그러나 지연가닥의 주형가닥은 이에 상보적인 더 이상의 DNA가 없다. 결과적으로 주형의 3'-말단부분에 대한 상보적인 지연가닥의 5'-말단은 합성되지 않는데 이 부분을 'Gap'이라고 하며 말단-복제 문제라고 한다.

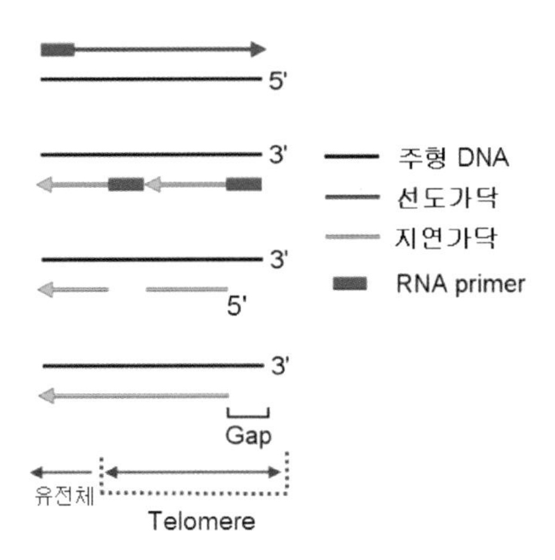

〈그림 7-14〉 텔로미어의 말단-복제의 문제를 유발하는 기전: 주형의 3'-말단에 상보적인 RNA Primer가 제거되면 이를 합성할 수 있는 주형 DNA가 없어 gap이 생긴다. 이 부분의 DNA가 합성이 되지 않아 텔로미어 단축의 원인이 된다.

텔로미어의 단축과 더불어 가장 중요한 생물학적 현상은 복제세네센스 유도이다. 텔로미어 단축에 의한 복제세네센스의 유도는 다양한 측면에서 증명되어 왔다. 세포의 PD(population doubling) 횟수에 따라 텔로미어 길이가 짧아지는 것이 사람 섬유아세포의 in vitro 시스템에서 확인되었다. 특히 텔로미어의 단축은 사람 섬유아세포의 경우에는 전체 분열 횟수 동안에 약 2,000~3,000bp(base pairs) 정도 감소하며 한 번 PD마다 약 30~200bp씩 감소한다. 이와 같이 분열 때마다 특정 길이가 단축되고 또한 특정 텔로미어 길이에서 세포의 분열 정지가 유도되기 때문에 텔로미어 길이는 세포의 유한한 복제 잠재력 계산이 가능한 'replicometer(복제 측정기)'의 역할을 한다.

이와 같이 텔로미어의 특정 길이는 유사 분열의 조절 시계(mitotic clock)로의 역할을 하고 있음을 보여 주고 있다. 텔로미어의 이러한 조절 시계의 역할을 고려할 때, 과연 텔로미어 위기 이전에 세네센스를 유도하는 'trigger'로 텔로미어 특정 길이라는 '역치(threshold level)'가 존재하는가? 특히 이러한 역치가 모든 세포의 복제세네센스 유도에 있어서 'trigger'로 적용될 수 있느냐 하는 의문도 제기되었다. 이러한 질문은 텔로미어의 초기 연구에서 텔로미어 단축이 생물학적 역할에 있어서 핵심으로 받아들여 졌다. 그러나 텔로미어를 합성하는 텔로미어합성효소(telomerase)에 의한 텔로미어 길이가 신장되어도 복제세네센스가 유도되며 또한 불멸화된 세포에서보다 복제세네센스 세포에서 텔로미어 길이가 더 긴 것도 확인되었다. 이러한 점은 텔로미어 단축 또는 길이가 생물학적 역할을 위해 유일하고 또한 최종적인 요인이 아니라는 것이다.

물론 특정 길이에서 텔로미어 단축이 복제세네센스를 유도하는 신호의 역할도 있을 수 있지만 텔로미어의 생물학적 역할을 수행하는 가장 중요한 것은 텔로미어의 'capping' 구조의 유무이다. 텔로미어의 capping 구조가 여러 요인에 의해 사라지게 되면 텔로미어의 역할을 상실하게 되는데 이를 텔로미어 기능상실(telomere dysfunction)이라고 한다. 텔로미어 기능상실의 원인은 capping의 상실로 생성되는 이중나선 절단(double-strand breaks, DSB)의 DNA 손상이다. <그림 7-12>에서처럼 이러한 DSB는 DDR을 통해 ATM-CHK2과 ATR-CHK1 경로의 p53-의존성 세네센스를 유발한다. 특히 최근 보고에 의하면 이러한 DSB 형태에 의한 DDR은 인산화된 H2AX, 53BP1, NBS1

과 MDC1 등의 결집을 유도하여 이루어지는 것으로 확인되었다. 따라서 이러한 측면을 고려할 때, 텔로미어의 단축에 의한 특정한 길이에서 세네센스가 유도되는 것이 아니라 텔로미어 기능상실을 막아 주는 'telomere capping'의 유무 그리고 여기서 발생하는 DNA 손상 유무에 의해 복제세네센스가 유도된다. 즉 세네센스를 유도하는 'trigger'로 텔로미어 길이의 특정 역치가 존재하는 것이 아니며 단축에 기인하는 capping이 없어져 나타나는 DSB가 'trigger'로 작용한다. 따라서 텔레미어-의존성 세네센스이란 세포분열에 의한 텔로미어 단축과 더불어 나타나는 DSB의 신호에 의해 유도되는 복제세네센스라고 규정할 수 있다.

5) Telomerase와 암세포의 불멸화

이와 같이 텔로미어-의존성 세네센스는 분열에 의한 텔로미어 단축과 capping 소멸에 의한 DSB에 기인한다. 또한 세네센스에 의한 발암 억제는 텔로미어가 신장(elongation)되어 capping-유도성 DSB 신호의 소실에 기인하는 것으로 추정되고 있다. 텔로미어의 신장은 텔로미어합성효소인 텔로머라제에 의해 이루어진다. 즉 텔로머라제 활성은 텔로미어 합성을 통해 분열에 의한 텔로미어 단축을 예방할 수 있다. 그러나 텔로머라제는 생식세포, 골수와 조혈세포 등을 제외한 사람의 체세포에서는 활성이 없다. 사람의 텔로머라제는 2007년에 구조가 확인되었는데 2개의 telomerase reverse transcriptase (TERT, 텔로머라제 역전사효소), telomerase RNA(TR or TERC)와 dyskerin (DKC1)으로 구성되어 있다. 대부분의 체세포가 텔로머라제 활성이 없는 이유는 TERC는 발현되지만 TERT 발현이 억제되기 때문이다. 이러한 TERT 유전자 발현의 억제는 체세포에서 세포분열에 따른 텔로미어 단축의 주요 원인이 된다. 또한 TERT는 텔로미어의 capping을 합성하며 텔로미어 전체의 형태를 유지하는 데 중요한 역할을 한다. 그러나 사람의 모든 암종류 중 약 80~90%에서 TERT 또는 텔로머라제 활성이 확인되었고 또한 활성이 암세포 지표로 이용되고 있다. 따라서 텔로머라제의 활성은 TERT의 발현이 필요하며 TERT 발현은 텔로미어 신장을 통해 세네센스를 넘는 세포 불멸화의 중요한 요인이다. 실제로 TERT 발현을 통한 텔로머라제 활성을 사람의 다양한 체세포에서 유도한 결과, 텔로미어의 신장과 더불어 세포의 불멸화가 확인되었다. 현재까지 TERT의 발현 억제와 유도가 어떻게 이루어지는지에 대한 명확한 기전은 확인되지 않았다. 일부 바이러스 DNA에 TERT 유전자삽입을 통하여 바이러스 단백질인 Hbx(viral X protein)와 preS2 단백질이 TERT 유전자의 발현을 유도하는 것으로 확인되었다. 또한 TERT 프로모터에 전사를 촉진하는 estrogen receptor, Sp1, Myc과 ER81 등을 위한 결합부위 그리고 전사를 억제하는 D receptor, MZF－2, WT1, Mad, E2F1과 SMAD interacting protein－1 등을 위한 결합부위가 있다. 그러나 아직 체세포에서의 TERT의 억제와 암세포에서의 TERT 재활성 또는 발현이 어떻게 이루어지는지는 불명확하다.

이와 같이 텔로머라제의 활성은 발암화의 다단계 측면에서 볼 때 악성종양으로 형질전환의 전단계인 세포의 불멸화에 기여하는 것으로 추정된다. 이러한 점을 고려할 때 정상적인 상황에서 텔로미어는 세포분열에 따라 단축이 되며 capping-유도성 DSB에 의해 세포의 유한한 PD가 결정된다. 이는 노화된 개체에서 암의 방어기전으로 이해된다. 개체가 노화가 되었을 경우에 면역과 대사 등의 다양한 측면에서 생리적 기능이 약화되어 암에 대한 방어력이 떨어진다 할 수 있다. 이러한 측면에서 개체 노화의 끝에서 세포 수준의 복제세네센스는 분열중지를 통해 무한한 복제의 특징인 암세포로의 전환에 대한 예방이 가능하다. 또한 단축에 의해 드러난 염색체 말단의 DSB는 수선기전에 의해 재봉합(religation)될 수도 있다. 그러나 세포분열 시 DSB의 말단은 다른 염색체의 말단들이 함께 융합될 수도 있다. 이러한 융합은 텔로미어 단축에 의해 발생되는 문제를 일시적으로 해결하지만 세포주기의 후기(anaphase)에서 비정상적으로 분리되어 여러 돌연변이와 염색체이상(chromosomal abnormalities)을 유발한다. 특히 이러한 염색체 손상 및 돌연변이는 세포의 아포토시스를 유발하거나 추가적인 돌연변이를 통해 <그림 7－15>에서처럼 텔로머라제 발현에 의한 세포의 불멸화를 유도한다.

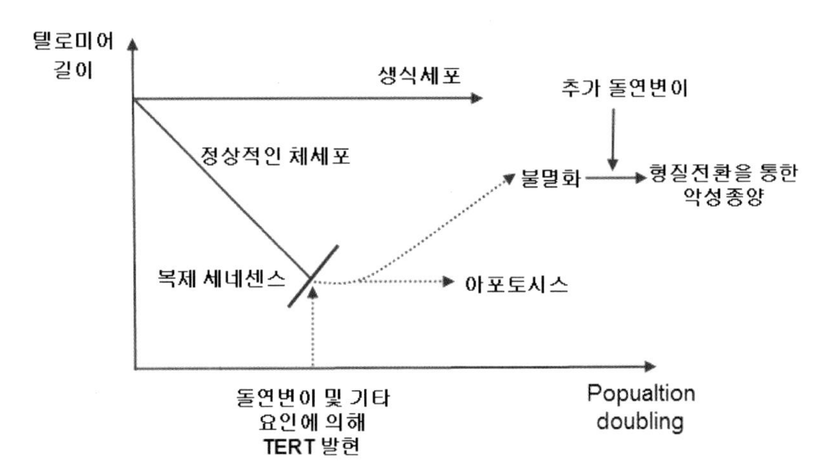

〈그림 7-15〉 세포의 세네센스 현상과 텔로미어 길이의 관계: 생식세포 및 혈액세포 등 체내의 소수 세포종류를 제외한 모든 세포는 텔로미어를 합성하는 텔로머라제의 활성이 없다. 따라서 일반세포는 염색체 끝에 존재하는 텔로미어가 분열을 통해 짧아지며 최종적으로 DNA 손상의 DDR(DNA damage response)로 인식되어 비가역적 세포분열정지가 되는 세네센스 현상에 진입하게 된다. 그러나 암세포인 경우에는 telomerase Reverse Transcriptase(TERT, 텔로머라제 역전사효소)의 텔로머라제 소단위체를 합성하여 텔로미어 단축을 막는다. 이를 통해 암세포는 비가역적 분열정지인 세네센스를 극복하여 암세포의 중요한 특징인 세포불멸화 특성을 갖는다.

참고문헌

Aleksunes, Lauren M. and José E. Manautou, Emerging Role of Nrf2 in Protecting Against Hepatic and Gastrointestinal Disease, Toxicologic Pathology, 2007, 35(4), 459 – 473.

Amakura, Yoshiaki, Tomoaki Tsutsumi, Kumiko Sasaki, Masafumi Nakamura, Takashi Yoshida, Tamio Maitani, Influence of food polyphenols on aryl hydrocarbon receptor – signaling pathway estimated by in vitro bioassay Phytochemistry, 2008, 69:3117 – 3130.

Amaral, Joana D., Rui E. Castro, Clifford J. Steer and Cecilia M.P. Rodrigues, p53 and the regulation of hepatocyte apoptosis: implications for disease pathogenesis, Trends in Molecular Medicine, 2009, 15(11):531 – 541

Asher, Gad, Orly Dym, Peter Tsvetkov, Julia Adler, Yosef Shaul., The Crystal Structure of NAD(P)H Quinone Oxidoreductase 1 in Complex with Its Potent Inhibitor Dicoumarol, Biochemistry, 2006, 45:6372 – 6378.

Barker, Sharon, Michael Weinfeld, David Murray, DNA – protein crosslinks: their induction, repair, and biological consequences, Mutation Research, 2005, 589:111 – 135.

Belous, Alexandra R., David L. Hachey, Sheila Dawling, Nady Roodi, and Fritz F. Parl, Cytochrome P450 1B1.Mediated Estrogen Metabolism Results in Estrogen – Deoxyribonucleoside Adduct Formation, Cancer Res, 2007, 67(2):812 – 817.

Bertram, John, S. The molecular biology of cancer, Molecular Aspects of Medicine, 2001, 21, 167 – 223.

Bolton, Judy L., Michael A. Trush, Trevor M. Penning, Glenn Dryhurst, Terrence J. Monks., Role of Quinones in Toxicology, Chemical Research in Toxicology, 200, 13(3): 135 – 160.

Bolton, Judy L., Michael A. Trush, Trevor M. Penning, Glenn Dryhurst, Terrence J. Monks., Role of Quinones in Toxicology, Chemical Research in Toxicology, 2000, 13(3), 135 – 160.

Burczynski, Michael E., Trevor M. Penning, Genotoxic Polycyclic Aromatic Hydrocarbon ortho−Quinones Generated by Aldo−Keto Reductases Induce CYP1A1 via Nuclear Translocation of the Aryl Hydrocarbon Receptor, CANCER RESEARCH, 2000, 60:908−915.

Cavalieri, Ercole L., Kai−Ming Li, Narayanan Balu, Muhammad Saeed, Prabu Devanesan, Sheila Higginbotham, Johz Zhao, Michael L. Gross, Eleanor G. Rogan., Catechol ortho−quinones: the electrophilic compounds that form depurinating DNA adducts and could initiate cancer and other diseases, Carcinogenesis, 2002, 23(6):1071−1077.

Chaires, Jonathan B., Energetics of Drug−DNA Interactions, John Wiley & Sons, Inc., 1997, Biopoly 44:201−215.

Chen, Jingyang, Manas K. Ghorai, Grace Kenney, JoAnne Stubbe, Mechanistic studies on bleomycin−mediated DNA damage: multiple binding modes can result in double−stranded DNA cleavage, Nucleic Acids Research, 2008, 36(11):3781−3790.

Chen, Taosheng, Nuclear receptor drug discovery, Current Opinion in Chemical Biology, 2008, 12:418−426.

Cho, Taehyeon M., Randy L. Rose, and Ernest Hodgson, In vitro metabolism of naphthalene by human liver microsomal cytochrome P450 enzymes, drug metabolism and disposition, 2006, 34(1):176−183.

Cojocaru Vlad, Peter J. Winn 1, Rebecca C. Wade., The ins and outs of cytochrome P450s, Biochimica et Biophysica Acta, 2007, 1770:390−401.

Colvin, D. Michael, Cancer biology, Chapter 48 Alkylating Agents and Platinum Antitumor Compounds, 2000, 5th edition:648−668.

Cytochrome P450 Nomenclature Committee, drnelson.utmem.edu/CytochromeP450

Cytochrome P450 Nomenclature Committee, drnelson.utmem.edu/CytochromeP450.

de Abreu, Fabiane C., Patrícia A. de L. Ferraz, Marília O. F. Goulart., Some Applications of Electrochemistry in Biomedical Chemistry. Emphasis on the Correlation of Electrochemical and Bioactive Properties, J. Braz. Chem. Soc., 2002, 13(1):19−35.

Denisov, I. G., T. M. Makris, S. G. Sligar, I. Schlichting, Structure and chemistry of cytochrome P450, Chem. Rev. 2005, 105:2253−2278.

Denisov, Ilia G., Thomas M. Makris,Stephen G. Sligar, Ilme Schlichting., Structure and Chemistry of Cytochrome P450, Chem. Rev., 2005, 105:2253−2277.

Dickinson, Dale A. et al., Human glutamate cysteine ligase gene regulation through the electrophile response element, Free Radical Biology & Medicine, 2004, 37(8):1152 − 1159.

Dickinson, Dale A., Henry Jay Forman., Cellular glutathione and thiols metabolism, Biochemical Pharmacology, 2002, 64:1019−1026.

Drabløs, Finn, Emadoldin Feyzi, Per Arne Aas, Cathrine B. Vaagbø, Bodil Kavli, Marit S. Bratlie, Javier Peña−Diaz, Marit Otterlei, Geir Slupphaug, Hans E. Krokan., Alkylation damage in DNA and RNA−repair mechanisms and medical significance, 2004, DNA Repair, 3:1389−1407.

Dronkert, Mies L. G., Roland Kanaar., Mini review Repair of DNA interstrand cross-links, Mutation Research, 2001, 486:217-247.

Duesberg, Peter, Ruhong Li., A Chain Reaction of Aneuploidizations, Cell Cyde, 2003, 2(3):2002-210.

Eichman, Brandt F., Blaine H. M. Mooers, Marie Alberti, John E. Hearst, P. Shing Ho, The Crystal Structures of Psoralen Cross-linked DNAs: Drug-dependent Formation of Holliday Junctions, J. Mol. Biol., 2001, 308:15-26.

Estabrook RW, Cooper DY, Rosenthal O. The light reversible carbon monoxide inhibition of the steroid C21-hydroxylase system of the adrenal cortex. Biochem Z. 1963, 338:741-755.

European food safety authority, Ethyl carbamate and hydrocyanic acid in food and beverages, Scientific Opinion of the Panel on Contaminants, The EFSA Journal, 2007, 551:1-44.

European food safety authority, hyl carbamate and hydrocyanic acid in food and beverages, Scientific Opinion of the Panel on Contaminants, The EFSA Journal, 2007, 551:1-44.

Evans, Mark D., Miral Dizdaroglu, Marcus S. Cooke, Oxidative DNA damage and disease: induction, repair and significance, 2004, Mutation Research, 2004:567, 1-61.

Franklin, C. C., Backos, D. S., et al,, Structure, function, and post-translational regulation of the catalytic and modifier subunits of glutamate cysteine ligase, Molecular Aspects of Medicine, 2009, 30:86-98.

Gallego, Jose, Angel R. Ortiz, Beatriz de Pascual-Teresa Federico Gago., Structure-affinity relationships for the binding of actinomycin D to DNA, 1997, Journal of Computer-Aided Molecular Design, 1997, 11:114-128.

Garner MH, Bogardt RA Jr, Gurd FR. Determination of the pK values for the alpha-amino groups of human hemoglobin. J Biol Chem. 1975, 25;50(12):4398-404.

Gaskell Margaret, Balvinder Kaur, Peter B. Farmer and Rajinder Singh, Detection of phosphodiester adducts formed by the reaction of benzo[a]pyrene diol epoxide with 20-deoxynucleotides using collision-induced dissociation electrospray ionization tandem mass spectrometry, Nucleic Acids Research, 2007, 35(15):5014-5027.

Gates, Kent S., Tony Nooner, and Sanjay Dutta., Biologically Relevant Chemical Reactions of N7-Alkylguanine Residues in DNA, Chemical Research in Toxicology, 2004, 17(7): 840-856.

Gates, Kent S., Tony Nooner, and Sanjay Dutta., Biologically Relevant Chemical Reactions of N7-Alkylguanine Residues in DNA, Chemical Research in Toxicology, 2004,17(7):840-856.

Glatt, Hansruedi, Ulrike Pabel, Walter Meinl, Hanne Frederiksen, Henrik Frandsen and Eva Muckel Bioactivation of the heterocyclic aromatic amine 2-amino-3-methyl-9H-pyrido[2,3-b]indole(MeAaC) in recombinant test systems expressing human xenobiotic-metabolizing enzymes, Carcinogenesis, 2004, 25(5):801-807.

Gonzalez, Frank J. and Robert H. Tukey, Section Ⅰ/General Principles, Chapter 3, DRUG METABOLISM Goodman & Gilman's The Pharmacological Basis of Therapeutics, 2005, 71-91.

Goodwin, Bryan and John T. Moore, CAR:detailing new models, TRENDS in Pharmacological Sciences, 2004, 25(8):437-441.

Gregus, Zoltan and Curtis D, Klaassen, CASARETT & DOULL'S TOXICOLOGY: THE BASIC SCIENCE OF POISONS, UNIT 1: Basic principle of toxicology, hapter 3: mechanisms of toxicity, MC GRAW HILL, 2008, 7th ed: 35-81.

Grinkova, Yelena V., Ilia G. Denisov, Michael R. Waterman, Miharu Arase, Norio Kagawal, Stephen G. Sligar, The ferrous-oxy complex of human Aromatase Biochemical and Biophysical Research Communications, 2008, 372:379-382.

Gross, Aaron, Ta Ren Ong, Rainer Grant, Todd Hoffmann, Daniel D. Gregory, Lakshmaiah Sreerama., Human aldehyde dehydrogenase-catalyzed oxidation of ethylene glycol ether aldehydes, Chemico-Biological Interactions, 2009, 178:56-63.

Guengerich, F. Peter, Cytochrome P450 oxidations in the generation of reactive electrophiles: epoxidation and related reactions, Archives of Biochemistry and Biophysics, 2003, 409:59-71.

Guengerich. F. Peter, Common and Uncommon Cytochrome P450 Reactions Related to Metabolism and Chemical Toxicity, Chemical Research in Toxicology, 2001(14)6: 611-650.

Gutierrez, peter L., The role of NAD(P)H OXIDOREDUCTASE(DT-DIAPHORASE) in the bioactivation of quinone containing antitumor agents: A review, 2000, Free radical biology & medicine, 2000, 29:263-275.

Hargreaves, Robert H. J., John A. Hartley, John Butler, Mechanism of action of quinone -containing alkylating agents: DNA alkylation by aziridinylquinones, Frontiers in Bioscience, 2000, 5:e172-180.

Hasler, Julia A., Ronald Estabrook, Michael Murray, Irina Pikuleva, Michael Waterman, Jorge Capdevila, Vijakumar Holla, Christian Helvig, John R. Falck, Geoffrey Farrell, Laurence S. Kaminsky, Simon D. Spivack, Eric Boitier, Philippe Beaune, Human cytochromes P450, Molecular Aspects of Medicine, 1999, 20:1-37.

Hernandez, Lya G., Harry van Steeg, Mirjam Luijten, Jan van Benthem, Mechanisms of non-genotoxic carcinogens and importance of a weight of evidence approach, Mutation Research, 2009, 682:94-109.

Higdon, JANE V., and BALZ FREI, Coffee and Health: A Review of Recent Human Research, Critical Reviews in Food Science and Nutrition, 2006, 46:101-123.

Hindupur K. Anandatheerthavarada, Gopa Biswas, Jayati Mullick, Naresh Babu V. Sepuri, Laszlo Otvos, Debkumar Pain and Narayan G. Avadhani, Dual targeting of cytochrome P4502B1 to endoplasmic reticulum and mitochondria involves a novel signal activation by cyclic AMP-dependent phosphorylation at Ser128.

The EMBO Journal, 1999, 18:5494 - 5504.

Hoffler U, El - Masri HA, Ghanayem BI., Cytochrome P450 2E1(CYP2E1) Is the Principal Enzyme Responsible for UrethaneMetabolism: Comparative Studies Using CYP2E1 - Null and Wild - Type Mice. Pharmacol Exp Ther, 2003, 305(2):557 - 64.

Hoffler, U. and Ghanayem, B. I., Increased bioaccumulation of urethane in CYP2E1 - / - versus CYP2E1 + / + mice. Drug Metab Dispos., 2005. 33:1144 - 1150.

Hoffler, U., El - Masri, H. A., and Ghanayem, B. I.,.Cytochrome P450 2E1(CYP2E1) is the principal enzyme responsible for urethane metabolism: comparative studies using CYP2E1 - null and wild - type mice. J. Pharmacol. Exp. Ther. 2003, 305:557 - 564.

IARC Monographs, DIMETHYL SULFATE, 1987, Supplement 7:575 - 588.

Iles, Karen E., Rui - Ming Liu, Mechanisms of glutamate cysteine ligase(GCL) induction by 4 - hydroxynonenal, Free Radical Biology & Medicine, 2005, 38:547 - 556.

Isin, Emre M., F. Peter Guengerich., Complex reactions catalyzed by cytochrome P450 enzymes, Biochimica et Biophysica Acta, 2007, 1770:314 - 329.

Isin, Emre M., F. Peter Guengerich., Complex reactions catalyzed by cytochrome P450 enzymes, Biochimica et Biophysica Acta, 2007, 1770:314 - 329.

Jaiswal, ANIL K., regulation of genes encoding NAD(P)H:quinone oxidoreductase, Free Radical Biology & Medicine, 200, 29:254 - 262.

Janosˇek, J., K. Hilscherova´, L. Bla´ha, I. Holoubek, Environmental xenobiotics and nuclear receptors interactions, effects and in vitro assessment, Toxicology in Vitro, 2006, 20:18 - 37.

Jeffrey, ALAN M., MICHAEL J. IATROPOULOS, AND GARY M. WILLIAMS., Nasal Cytotoxic and Carcinogenic Activities of Systemically Distributed Organic Chemicals,Toxicologic Pathology, 2006, 34:827 - 852.

Jelski, Wojciech, Maciej Szmitkowski., Alcohol dehydrogenase(ADH) and aldehyde dehydrogenase(ALDH) in the cancer diseases, Clinica Chimica Acta, 2008, 395:1 - 5.

Kim, James H., Kevin H.Stansbury, Nigel, Niger J.Walker, Michael A. Trush, Paul T. strickland., Metabolism of benzo[a]pyrene and benzo[a]pyrene - 7,8 - diol by human cytochreme P450 1B1, Carcinogenesis, 1998, 19(10):1847 - 1853.

Kin, Jiunn H, Masato Chiba, and Thomas A. Baillie, Is the Role of the Small Intestine in First - Pass Metabolism Overemphasized?, Pharmacological reviews, 2009, 51(2):135 - 157.

Kohle, Christoph, Karl Walter Bock, Activation of coupled Ah receptor and Nrf2 gene batteries by dietary phytochemicals in relation to chemoprevention. Biochemical Pharmacology. 2006(72): 795 - 805.

Koivisto, Pertti, Ilse - Dore Adler, Francesca Pacchierotti, Kimmo Peltonen, DNA adducts in mouse testis and lung after inhalation exposure to 1,3 - butadiene, 1998, Mutation Research, 1998, 397:3 - 10.

Kunitoh, Satoru, Susumu Imaoka, Toyoko Hiroi, Yoshuyasu, Takeyuki Monna, Yoshihiko Funae, Acetaldehyde as Well as Ethanol Is Metabolized by Human CYP2E1, The journal of pharmacology and experiment therapeutics, 1997, 280(2): 527－532.

Kwak, Mi－Kyoung, Nobunao Wakabayashi, Thomas W. Kensler, Chemoprevention through the Keap1－Nrf2 signaling pathway by phase 2 enzyme inducers, Mutation Research, 2004, 555:133－148.

Li, Heng－Hong, Jiri Aubrecht, Albert J. Fornace Jr., Toxicogenomics: Overview and potential applications for the study of non－covalent DNA interacting chemicals, Mutation Research, 2007, 623:98－108.

Liska, DeAnn, Michael Lyon, David S. Jones, Detoxification and biotransformational imbalances, Explore, 2006, 2(2):112－140.

Lodich, Harvey, berk, Arnold, Zipursky, S. lawrence, Matsudaira, Paul, Baltimore, David, Darnell, James E. Molecular Cel biology, New York, W.H. Freeman & Co. 1999.

LoPachin, Richard M., Anthony P. DeCaprio., Protein Adduct Formation as a Molecular Mechanism in Neurotoxicity, 2005, TOXICOLOGICAL SCIENCES, 2005, 86(2), 214－225.

LoPachin, Richard M., Anthony P. DeCaprio., Protein Adduct Formation as a Molecular Mechanism in Neurotoxicity, TOXICOLOGICAL SCIENCES, 2005, 86(2):214－225.

Lu, A. Y. H., and Coon, M. J., Role of hemoprotein P－450 in fatty acid ω－hydroxylation in a soluble enzyme system from liver microsomes. J. Biol. Chem., 1968, 243:1331－1332.

Lu, S. C., Regulation of glutathione synthesis. Curr. Topics Cell. Regulation, 2000, 36:95－116.

Lu, Shelly C., Regulation of glutathione synthesis, Mol Aspects Med. 2009, 30(1－2):42－59.

Maher, Pamela., The effects of stress and aging on glutathione metabolism, Ageing Research Reviews, 2005, 4:288－314.

Martin, Hannah M., John T. Hancock, Vyv Salisbury, Roger Harrison, Hannah M. Martin, John T. Hancock, Vyv Salisbury, Roger Harrison, Role of Xanthine oxidoreductase as an Antimicrobial Agent, Infection and immunity, 72(9):4933－4939.

Matic Marko, Andre Mahnsa, Maria Tsoli, Anthony Corradin, Patsie Polly, Graham R. Robertson, Pregnane X Receptor: Promiscuous regulator of detoxification pathways, The International Journal of Biochemistry & Cell Biology, 2007, 39:478－483.

Meijerman, Irma, Jos H. Beijnen, Jan H. M. Schellens., Combined action and regulation of phase Ⅱ enzymes and multidrug resistance proteins in multidrug resistance in cancer, Cancer Treatment Reviews, 2008, 34:505－520.

Mishina, Yukiko, Erica M. Duguid and Chuan He, Direct Reversal of DNA Alkylation Damage, Chem Rev., 2006, 106(2):215 - 232.

Monostory, Katalin and Jean - Marc Pascussi, Regulation of Drug - metabolizing Human Cytochrome P450s, Acta Chim. Slov. 2008, 55:20 - 37.

Nebert, D. W., Adesnik, M., Coon, M. J., Estabrook, R. W., Gonzalez, F. J., Guengerich, F. P., Gunsalus, I. C., Johnson, E. F., Kemper, B., Levin, W., Phillips, I. R., Sato, R., and Waterman, M. R. The P450 gene superfamily: recommended nomenclature. DNA, 1987, 6:1 - 11.

Nioi, Paul, John D. Hayes., Contribution of NAD(P)H:quinone oxidoreductase 1 to protection against carcinogenesis, and regulation of its gene by the Nrf2 basic - region leucine zipper and the arylhydrocarbon receptor basic helix - loop - helix transcription factors, Mutation Research, 2004, 555:149 - 171.

Noll, David M., Tracey McGregor Mason, and Paul S. Miller, Formation and Repair of Interstrand Cross - Links in DNA, Chem Rev., 2006, 106:277 - 301.

Omura T., Sato R. The carbon monoixde - binding pigment of liver microsomes. Ⅰ. Evidence for its hemoprotein nature. J Biol Chem. 1964, 239:2370 - 2378.

Omura T., Sato R. The carbon monoixde - binding pigment of liver microsomes. Ⅱ. Solubilization, Purification, and properties. J Biol Chem. 1964, 239:2379 - 2385.

Ozturk Mehmet, Ayca Arslan - Ergul, Sevgi Bagislar, Serif Senturk, Haluk Yuzugullu, Senescence and immortality in hepatocellular carcinoma, Cancer Letters, 2009, 286:103 - 113.

Paik, Johanna, Tod Duncan, Tomas Lindahl, Barbara Sedgwick, Sensitization of Human Carcinoma Cells to Alkylating Agents by Small Interfering RNA Suppression of 3 - Alkyladenine - DNA Glycosylase, Cancer Research, 2005, 65:10472 - 10477.

Park, Yeong - Chul, 세포 노화에 있어서 복제 세네센스 현상과 산화적 스트레스의 영향, 한국독성학회지, 2003, 19(3):161 - 172.

Penning, evor M., Michael E. Burczynski, Chien - Fu Hung, Kirsten D. McCoull, Nisha T. Palackal, Laurie S. Tsuruda, Dihydrodiol Dehydrogenases and Polycyclic Aromatic Hydrocarbon Activation: Generation of Reactive and Redox Active o - Quinones, Chem. Res. Toxicol., 1998, 2(1):1 - 18.

Penning, Trevor M., Michael E. Burczynski, Chien - Fu Hung, Kirsten D. McCoull, Nisha T. Palackal, Laurie S. Tsuruda, Dihydrodiol Dehydrogenases and Polycyclic Aromatic Hydrocarbon Activation: Generation of Reactive and Redox Active o - Quinones, 1998, Chem. Res. Toxicol., 1998, 12(1):1 - 18.

Pérez HL, Segerbäck D, Osterman - Golkar S. Adducts of acrylonitrile with hemoglobin in nonsmokers and in participants in a smoking cessation program. Chem Res Toxicol. 1999, 12(10):869 - 73.

Peter G. Wells, Yadvinder Bhuller, Connie S. Chen, Winnie Jeng, Sonja Kasapinovic, Julia C. Kennedy, Perry M. Kim, Rebecca R. Laposa, Gordon P. McCallum,

Christopher J. Nicol, Toufan Parman, Michael J. Wiley, Andrea W. Wong, Molecular and biochemical mechanisms in teratogenesis involving reactive oxygen species, Toxicology and Applied Pharmacology, 2005, 207:S354 - S366.

Phillips, Ian R., Elizabeth A. Shephard, Flavin - containing monooxygenases: mutations, disease and drug response, Trends in Pharmacological Sciences, 2007, 29(6): 294 - 301.

Pierard, Frederic, Andree Kirsch - De Mesmaeker., Bifunctional transition metal complexes as nucleic acid photoprobes and photoreagents, Inorganic Chemistry Communications, 2006, 9:111 - 126.

Plant, Nick, The human cytochrome P450 sub - family: Transcriptional regulation, inter - individual variation and interaction networks, Biochimica et Biophysica Acta, 2007, 1770:478 - 488.

Poulos TL, Finzel BC, Howard AJ., High - resolution crystal structure of cytochrome P450cam. J Mol Biol., 1987, 195(3):687 - 700.

Rieben, W. Kurt, Jr. and Roger A. Coulombe, Jr., DNA Cross - Linking by Dehydromonocrotaline Lacks Apparent Base Sequence Preference, TOXICOLOGICAL SCIENCES, 2004, 82:497 - 503.

Schneider, Hans - Jorg, Ligand binding to nucleic acids and proteins: Does selectivity increase with strength?, European Journal of Medicinal Chemistry, 2008, 43:2307 - 2315.

Seliskara, Matej, Damjana Rozman, Mammalian cytochromes P450 - Importance of tissue specificity Biochimica et Biophysica Acta(BBA) 2007, 1770, 3:458 - 466.

Teiber, John F., Katherine Mace, Paul F. Hollenberg, Metabolism of the β - oxidized intermediates of N - nitrosodi - n - propylamine: N - nitroso - β - hydroxypropylamine and N - nitroso - β - oxopropylpropylamine, 2001, Carcinogenesis, 2001, 22(3): 499 - 506.

Timsit1, Yoav E., Masahiko Negishi., CAR and PXR: The xenobiotic - sensing receptors, steroids, 2007, 7 2:231 - 246.

Tornqvist, M., C. Frea, J. Haglund, H. Helleberg, B. Paulsson, P. Rydberg., P rotein adducts: quantitative and qualitative aspects of their formation, analysis and applications, 2002, Journal of Chromatography B, 2002, 778:279 - 308.

Tornqvista, M., C. Freda, J. Haglundb, H. Hellebergb, Protein adducts: quantitative and qualitative aspects of their formation, analysis and applications, Journal of Chromatography B, 2002, 778:279 - 308.

Uchida, Koji, 4 - Hydroxy - 2 - nonenal: a product and mediator of oxidative stress, Prog Lipid Res., 2003, 42(4):318 - 43.

van Berkel, W.J.H., N.M. Kamerbeek, M.W. Fraaije, Flavoprotein monooxygenases, a diverse class of oxidative biocatalysts, Journal of Biotechnology, 2006, 124:670 - 689.

Vega, M. Cristina, Isabel GARCiA SAEZ, Joan AYMAMi, Ramon ERITJA, Gijs A. VAN DER MAREL, Jaques H. VAN BOOM, Alexander RICH, Miquel COLL.,

Three - dimensional crystal structure of the A - tract DNA dodecamer d(CGCAAATTTGCG) complexed with the minor - groove - binding drug Hoechst 33258, Eur. J. Biochem, 1994, 222, 721 - 726.
Weston, Ainsley, Curtis C Harris, Holland - Frei Cancer Medicine 8, Section 3: Cancer Etiology, Chapter 12 Chemical Carcinogenesis, The McGraw - Hill Co. 185 - 194.
Wijen, John P. H., Madeleine J. M. Nivard, Ekkehart W. Vogel, Genetic damage by bifunctional agents in repair - active pre - meiotic stages of Drosophila males, Mutation Research, 2001, 478:107 - 117.
Winterbourn, Christine C., Mark B. Hampton., Thiol chemistry and specificity in redox signaling, 2008, Free Radical Biology & Medicine, 2008, 45:549 - 561.
Xie, Zhongwen, Yangbin Zhang, Anton B. Guliaev, Huiyun Shen, Bo Hang, B. Singer, Zhigang Wang., The p - benzoquinone DNA adducts derived from benzene are highly mutagenic, DNA Repair, 2005, 4:1399 - 1409.
Xu, Wen, W. Keither Merritt, Lubomir V. Nechev, Thomas M. Harris, Constance M. Harris, R. Stephen Lloyd, Michael P. Stone., Structure of the 1,4 - Bis(2' - deoxyadenosin - N^6 - yl) - 2S,3S - butanediol Intra - Strand DNA Cross - link Arising form Butadiene diepoxide in the Human N - ras Codon 34 Sequence, National instituites of Health,2007, 20:187 - 198.
Yamaguchi Yoshitaka, Kishore K. Khan, You Ai He, You Qun He, James R. Halpert., Topological changes in the CYP3A4 active site probed with phenyldiazene: Effect of interaction with NADPH - cytochrome P450 reductase and cytochrome b5 and of site - eirected mutagenesis, drug metabolims and disposition, 2004, 32:155 - 161.
Yamanaka, Hiroyuki., Miki Nakajima, Tatsuki Fukami, Haruko Sakai, Akiko Nakamura,Miki Katoh, Masataka Takamiya, Yasuhiro Aoki, and Tsuyoshi Yokoi.,CYP2A6 and CYP2B6 are involved in nornicotine formation from nicotine in humans: Individual differences in these contributions, Drug metabolism and disposition, 2005, 33(12):1811 - 1818.
Yang, Jun, Zheng - Ping Xu, Yun Huang, Hope E. Hamrick, Penelope J. Duerksen - Hughes, Ying - Nian Y, ATM and ATR: Sensing DNA damage, World J Gastroenterol, 2004, 10(2):155 - 160.
Yano, Jason K., Michael R. Wester, Guillaume A. Schoch, Keith J. Griffin, C. David Stout, Eric F. Johnson., The Structure of Human Microsomal Cytochrome P450 3A4 Determined by X - ray Crystallography to 2.05 - A Resolution, The journal of biological chemistry, 2004, 279:38091 - 38094.
Zakhari, Samir, Overview: How Is Alcohol Metabolized by the Body?, 2006, 29(4): 245 - 254.

색인

(O)

(P)

(Q)

(R)

(U)

(V)

(W)

(X)

박영철

영남대학교 생물학 이학사
서울대학교 보건대학원 보건학 석사
Oregon State University 독성학 박사
대구가톨릭대학교 GLP센터 교수 & 센터장
e-mail: ycpark@cu.ac.kr

한약독성학 I
한약독성학 II
금연보건학개론 등 독성 관련 논문 다수

Yeong-Chul Park

Yeungnam University, Biology
Seoul National University, Graduate School of Public Health, Molecular Epidemiology
Oregon State University Ph.D. in Toxicology
Catholic University of Daegu, GLP Center, Professor & The head of center
e-mail: ycpark@cu.ac.kr

Toxicology for Herbal medicine I & II
Introductory Health for smoking cessation

독성학의 분자-생화학적 원리

The Molecular & Biochemical Principles of Toxicology

초판발행 | 2010년 7월 30일
초판2쇄 | 2012년 12월 1일
2판발행 | 2013년 8월 30일
2판인쇄 | 2013년 8월 30일

지 은 이 | 박영철
펴 낸 이 | 채종준
펴 낸 곳 | 한국학술정보㈜
주 소 | 경기도 파주시 문발동 파주출판문화정보산업단지 513-5
전 화 | 031) 908-3181(대표)
팩 스 | 031) 908-3189
홈페이지 | http://ebook.kstudy.com
E-mail | 출판사업부 publish@kstudy.com
등 록 | 제일산-115호(2000. 6. 19)

ISBN 978-89-268-1259-4 93430 (Paper Book)
978-89-268-1260-0 98430 (e-Book)